Arbeitsbuch zur Elektrotechnik 1

Springer

Berlin
Heidelberg
New York
Barcelona
Budapest
Hongkong
London
Mailand
Paris
Santa Clara
Singapur
Tokio

Prof. Dr.-Ing. Reinhold Paul

Technische Universität Hamburg-Harburg
Arbeitsbereich Technische Elektronik
Eißendorfer Straße 38
21073 Hamburg

Dr.-Ing. Steffen Paul

Lehrstuhl für Netzwerktheorie
und Schaltungstechnik
TU - München
80290 München

ISBN-13: 978-3-540-59484-0   e-ISBN-13: 978-3-642-79859-7
DOI: 10.1007/978-3-642-79859-7

Die Deutsche Bibliothek - CIP-Einheitsaufnahme
Paul, Reinhold: Arbeitsbuch zu Elektrotechnik 1 / Reinhold Paul; Steffen Paul.
Berlin; Heidelberg; New York; Barcelona; Budapest; Hongkong; London; Mailand;
Paris; Santa Clara; Singapur; Tokio: Springer, 1996

NE: Paul Steffen

Die Wiedergabe von Gebrauchsnamen, Handelsnamen, Warenbezeichnungen usw. in diesem Werk berechtigt auch ohne besondere Kennzeichnung nicht zu der Annahme, daß solche Namen im Sinne der Warenzeichen- und Markenschutz-Gesetzgebung als frei zu betrachten wären und daher von jedermann benutzt werden dürften.

Sollte in diesem Werk direkt oder indirekt auf Gesetze, Vorschriften oder Richtlinien (z.B. DIN, VDI, VDE) Bezug genommen oder aus ihnen zitiert worden sein, so kann der Verlag keine Gewähr für Richtigkeit, Vollständigkeit oder Aktualität übernehmen. Es empfiehlt sich, gegebenenfalls für die eigenen Arbeiten die vollständigen Vorschriften oder Richtlinien in der jeweils gültigen Fassung hinzuzuziehen.

Satz: Reproduktionsfertige Vorlagen vom Autor
SPIN: 10503026   68/3020 - 5 4 3 2 1 0 - Gedruckt auf säurefreiem Papier

Reinhold Paul, Steffen Paul

Arbeitsbuch zu Elektrotechnik 1

Mit 170 Abbildungen

Springer

Vorwort

Im Zusammenhang mit den Lehrbüchern "Elektrotechnik 1 und 2" wurde sehr oft nach Übungen und Material zur Prüfungsvorbereitung gefragt. Obwohl es verschiedene Aufgabensammlungen gibt, entschlossen wir uns, diesem Wunsche nachzukommen und den Studierenden der Elektrotechnik Trainingsmaterial zur Verfügung zu stellen.

Das vorliegende Arbeitsbuch hat drei Zielstellungen: Zum ersten soll das physikalisch-technische Verständnis des Stoffes so gefördert werden, daß Formeln nicht als mathematische Zusammenhänge und Vorschriften betrachtet werden, sondern *einen physikalischen Sachverhalt* präzise beschreiben. Aus solcher Sicht sind dann "Formeln" jeweils Teile eines Ganzen, nämlich des elektrotechnisch-physikalischen "Weltbildes". Dabei helfen vielfach Modellvorstellungen weiter. Um dieses "Denken in Modellen und physikalischen Vorstellungen" zu üben - es setzt zunächst intensives Erlernen und Auseinandersetzung mit dem Lehrstoff voraus - haben wir in einem separaten Repetitorium die wichtigsten Sachverhalte zusammengestellt. Es sollte als roter Faden für die Stoffwiederholung und Verflechtung dienen, nicht als Ersatz eines Lehrbuches.

Die zweite Zielstellung verfolgt die Anwendung des erlernten Stoffes auf Problemstellungen, d.h. die Lösung von Übungsaufgaben. Gerade hier gibt es immer wieder große Schwierigkeiten in folgenden Punkten: Erkennen des physikalisch-technischen Problems, der wirkenden elektrotechnischen Gesetze und ihrer logischen Verkettung so, daß schließlich mit den zugehörigen "Formeln" ein Lösungsansatz entsteht. Um diesen (nicht einfachen!) Schritt zu erleichtern, wurden Aufgaben unterschiedlichen Schwierigkeitsgrades gewählt. Darunter befinden sich auch sehr einfache, die dem Einstieg dienen. Ferner werden Lösungshinweise gegeben (als Hilfe zum Auffinden des Ansatzes) und ausführliche Lösungen vorgeführt. Die Diskussion erfolgt dort, wo angebracht. So kann der Leser sehr schnell selbst feststellen, an welcher Stelle Probleme auftreten und der Stoff vertieft werden muß. Thematisch konzentrieren sich die Aufgaben auf die Stoffschwerpunkte, wie sie heute anerkannt zum Grundwissen des Elektrotechnikers zählen.

Inhaltlich werden zu Feldberechnungen die Vektorbeschreibung konsequent benutzt und bei Netzwerken auch numerische Lösungen unter Nutzung linearer Gleichungslöser durchgeführt. Solche Werkzeuge sind heute auf jedem besseren Taschenrechner oder PC verfügbar.

Die dritte Zielstellung schließlich hat die Klausur und Prüfungsvorbereitung im Auge. Derartige Klausuren/Prüfungen sind für den Studenten der Elektrotechnik wohl die ersten Prüfungen seines engeren Fachgebietes.

Um solchen Anforderungen erfolgreich genügen zu können, bedarf es *anwendungsbereiter* Fachkenntnisse. Um sie zu aktivieren, werden zunächst Kontrollfragen gestellt mit einer (oder mehreren) richtigen Antwort. So läßt sich der Kenntnisstand prüfen. Gleichzeitig haben wir auf eine oder zwei Aufgaben verwiesen, mit denen erprobt werden kann, ob diese Grundkenntnisse auch anwendungsbereit sind. So lernt man nicht nur den jeweiligen Kenntnisstand abschätzen, sondern erhält auch ein Gefühl, ob die Klausurvorbereitung ausreicht. Erfahrungsgemäß umfassen Klausuraufgaben zu einem sehr großen Teil Aufgabenstellungen der angesprochenen Themenkreise. Dazu gehören neben Grundgrößen, die Berechnung einfacher elektrischer und magnetischer Felder, magnetische Kreise, Induktionsgesetz, der Übergang von Feldern zu Netzwerkelementen, Strom-Spannungsverhalten der Grundelemente, einfache Stromkreise, Standardverfahren der Netzwerkanalyse sowie Energie und Leistung in Feldern und Netzwerken. Gerade diese Themengruppe schließt der Aufgabenteil ein in einer Folge, die sich lose an das Lehrbuch "Elektrotechnik 1" anlehnt, aber auch mit dem Stoffaufbau anderer Lehrbücher kompatibel ist. Bezüge zum Lehrbuch "Elektrotechnik 1" tragen die Kennzeichnung I/Gl.Nr, Bezüge zum Repetitorium die bloße Gleichungsbenennung. Fortgeschrittenere Netzwerkanalyse, Wechselstromtechnik und überhaupt das dynamische Verhalten von Netzwerken werden in einem Folgeband behandelt.

Weil nichts abgeschlossen ist, sind wir für Anregungen und Verbesserungen stets dankbar, um so möglichst vielen Studenten ein praktisches Hilfsmittel zur Erlernung des Grundgebietes Elektrotechnik an die Hand zu geben.

Dem Hause Springer danken wir für die rasche Abwicklung und das bereitwillige Eingehen auf unsere Wünsche.

Der Zweitautor dankt Herrn Prof. Dr. J. A. Nossek, TU München, für das wohlwollende Verständnis zu dieser Arbeit.

Hamburg,   Reinhold Paul,
München, 1995   Steffen Paul

Inhaltsverzeichnis

B   Selbstkontrolle

Teil A

Aufgaben und Lösungen

1. Elektrische Grundgrößen

1.1 Ladung

Aufgabe 1.1/1 Inhomogene Ladungsverteilung

Auf einem isolierenden, dünnen Stab befinde sich eine Ladungsverteilung (pro Länge) $\lambda(x) = 5x^2\,\mu\mathrm{As/m^3}$, die in x-Richtung anwächst. Welche Ladung enthält ein Stab der Länge $l = 3\,\mathrm{m}$?

Lösung:
Da eine linienförmige Ladungsanordnung vorliegt, wird die Ladungsverteilung durch die Linienladungsdichte λ beschrieben (I/Gl.(1.4))[1]. Sie ändert sich ortsabhängig. Wir legen die x-Koordinate in die Stabrichtung und erhalten

$$Q = \int_0^l \lambda(x)\,\mathrm{d}x = \int_0^l 5x^2\frac{\mu\mathrm{As}}{\mathrm{m^3}}\,\mathrm{d}x = \frac{5}{3}l^3\frac{\mu\mathrm{As}}{\mathrm{m^3}} = 45\,\mu\mathrm{As}.$$

Diskussion: Die Gesamtladung Q stellt sich als gemittelte Ladung über die Ladungsverteilung dar.

Aufgabe 1.1/2 Homogene Ladungsverteilung

In einem sog. pn-Übergang (Bestandteil der Halbleiterdiode) bildet sich im Übergangsbereich vom p- zum n-Halbleitergebiet (Dotierungen N_A, N_D, homogener Querschnitt A) eine von beweglichen Trägern (links Löcher, rechts Elektronen) freie Schicht (Bild 1.1/2, s. auch I/Bild 2.69).

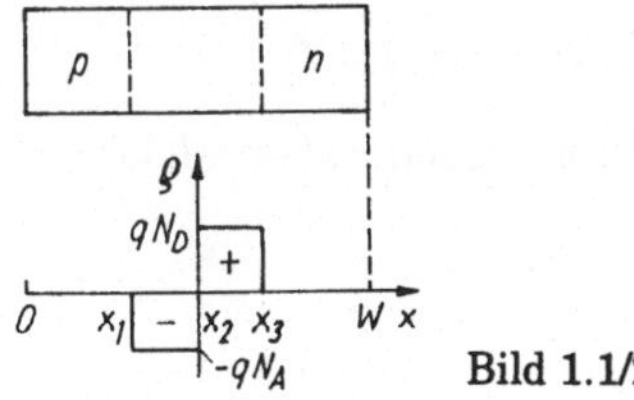

Bild 1.1/2

a) Formulieren Sie die Raumladungen in allen Teilgebietes des pn-Überganges.

b) Bestimmen Sie jeweils die entsprechende Gesamtladung.

---

[1] Gleichungsnummern beziehen sich auf R. Paul, Elektrotechnik 1.

c) Welche Beziehung für x_1, x_3 (Breite der Raumladungszone) muß gelten, wenn die Gesamtladung verschwinden soll?

Hinweis: Die Dotierungen (Akzeptoren N_A, Donatoren N_D) sollen die entsprechenden Trägerdichten (Löcher $p \leftrightarrow N_A$, Elektronen $n \leftrightarrow N_D$) erzeugen.

Lösung:

a) Wir formulieren zunächst die Raumladungsdichten in allen Halbleitergebieten:

$0 \leq x \leq x_1$: $\varrho = q(p - N_A) = 0$ Löcherdichte = Akzeptordichte, es liegt ein neutrales Halbleitergebiet vor

$x_1 < x < x_2$: $\varrho = -qN_A$ keine Löcher vorhanden, nur Akzeptoren als Störstellen

$x_2 < x < x_3$: $\varrho = +qN_D$ keine Elektronen vorhanden, nur Donatoren als Störstellen

$x_3 \leq x \leq W$: $\varrho = q(N_D - n) = 0$ Elektronendichte = Donatordichte.

Daraus folgen

- Ladung $Q_p^{''}$ (pro Fläche A) im Gebiet $0 \leq x \leq x_2$ wegen (I/Gl.(1.3)) mit dem Volumenelement $dV = A\,dx$ (A Querschnittsfläche)

$$Q_p^{''} = \int_0^{x_2} \varrho\,dx = \int_0^{x_1} 0\,dx + \int_{x_1}^{x_2} -qN_A\,dx = -qN_A(x_2 - x_1). \quad (1)$$

- Ladung $Q_n^{''}$ (pro Fläche A) im Gebiet $x_2 < x \leq W$

$$Q_n^{''} = \int_{x_2}^{W} \varrho\,dx = \int_{x_2}^{x_3} qN_D\,dx + \int_{x_3}^{W} 0\,dx = -qN_D(x_3 - x_2). \quad (2)$$

Wir haben damit die Gesamtladungen (pro Fläche) auf beiden Seiten des pn-Überganges bestimmt. Zahlenmäßig ergibt sich als Richtwert für die "Breite"$(x_3 - x_2)$ der Raumladungszone $\approx 1\,\mu m$ und damit $N_D \approx N_A \approx 10^{17}\,cm^{-3} \rightarrow Q'' \approx 1,6 \cdot 10^{-19}\,A \cdot 10^{17}\,cm^{-3} \cdot 1\mu m = 1,6 \cdot 10^{-6}\,As/cm^2$.

b) Gesamtladung $Q_{ges}^{''}$ des pn-Überganges ergibt sich aus den Teilladungen $Q_p^{''}$, $Q_n^{''}$:

$$Q_{ges}^{''} = Q_p^{''} + Q_n^{''} = q\left(-N_A(x_2 - x_1) + N_D(x_3 - x_2)\right) = 0.$$

Sie muß verschwinden, weil die Gesamtanordnung nach außen elektrisch neutral ist ($Q_p < 0$, $Q_n > 0$). Daraus folgt:

$$N_A \underbrace{(x_2 - x_1)}_{\text{Breite links}} = N_D \underbrace{(x_3 - x_2)}_{\text{Breite rechts}}. \quad (3)$$

Beispielsweise wäre ein hochdotiertes Gebiet (z.B. $p \approx N_A \approx 10^{18}\,cm^{-3}$) schmal, das niedrigdotierte (z.B. $n \approx N_D \approx 10^{15}\,cm^{-3}$) ist entsprechend breiter, damit beiderseits der Grenzlinie x_2 die gleichen Ladungen (aus Neutralitätsgründen) vorliegen.

Diskussion: 1. Die Größe Q'' als Ladung pro Fläche ergibt sich, weil statt der Integration über das Volumen (I/Gl.(1.2)) nur über die Länge integriert wurde. Genau genommen müßte Gl.(1) (und folgend) noch mit der Querschnittsfläche A des pn-Überganges (homogen angesetzt) multipliziert werden.
2. Raumladungsverteilungen spielen in der Elektrotechnik häufig eine Rolle; wir kommen öfters darauf zurück (vgl. Bild I/2.67).

Aufgabe 1.1/3 Flächenladungsdichte

Im oberflächennahen Bereich eines Halbleiters sollen sich Ladungen befinden, die zu einer Raumladungsdichte $\varrho(x) = \varrho_0 \exp -x/L_\mathrm{D}$ (eindimensional) führen. Sie fällt ins Halbleiterinnere ab (Bild 1.1/3). L_D sei eine gegebene "Eindringtiefe".

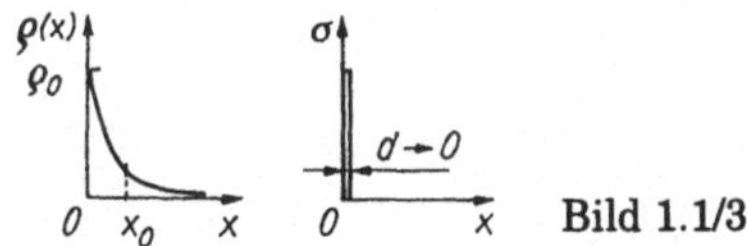

Bild 1.1/3

a) Welche Ladung ist in einer Schicht der Tiefe $x_0 = 5L_\mathrm{D}$ enthalten, wenn der Halbleiter eine Fläche A hat? Zahlen: $L_\mathrm{D} = 0,1\,\mu\mathrm{m}$, $A = 100\,\mu\mathrm{mm}^2$ (Vergleich: Durchmesser eines Haares $\approx 30\,\mu\mathrm{m}$, Fläche eines Transistors $\approx 100\,\mu\mathrm{m}^2$).

b) Die Ladung Q nach a) soll durch eine Flächenladungsdichte σ an der Halbleiteroberfläche ersetzt werden. Wie groß ist σ? Für einen Halbleiter liegt σ in der Größenordnung von $|\sigma| \approx 10^{12}\,\mathrm{As/cm}^2$.

Lösung:

a) Wir gehen aus vom Zusammenhang zwischen Gesamtladung und Raumladungsdichte I/Gl.(1.2) und bestimmen die in der Schicht der Dicke x_0 enthaltene Ladung:

$$
\begin{aligned}
Q &= \int_0^{x_0} A\varrho_0 \exp \frac{-x}{L_\mathrm{D}}\, \mathrm{d}x = -A\varrho_0 L_\mathrm{D}\left(e^{-5} - e^0\right)\\
&= A\varrho_0 L_\mathrm{D}\left(1 - e^{-5}\right) \approx A\varrho_0 L_\mathrm{D}.
\end{aligned}
$$

b) Der Zusammenhang zwischen einer Ladung Q und der zugehörigen Flächenladungsdichte lautet nach Gl.(1.1/6)

$$
Q = \int_A \sigma\, \mathrm{d}A = \sigma A.
$$

Soll diese Ladung gleich der durch die Raumladungsverteilung nach a) gegebenen Ladung sein, so gilt durch Vergleich: $\sigma = \varrho_0 L_\mathrm{D}$. Damit beträgt die Raumladungsdichte

$$
\varrho_0 = \frac{\sigma}{L_\mathrm{D}} = \frac{10^{12}\,\mathrm{As}}{0,1\,\mu\mathrm{m}\cdot\mathrm{cm}^2} = 10^{17}\,\frac{\mathrm{As}}{\mathrm{cm}^3}.
$$

Diskussion: Die Raumladungsdichte mit exponentiellem Abfall ins Innere des Halbleiters kann durch eine sehr dünne Schicht der Breite L_D mit konstanter Flächenladung ersetzt werden. Das Gebiet "hinter" der Flächenladung ist dann als ladungsfrei anzusetzen. Die Anwendung dieses Prinzips erfolgt beim sog. MOS-Feldeffekttransistor, aber auch an der Oberfläche von Metallplatten (Kondensatorelektroden!). Dort beträgt die "Eindringtiefe" Bruchteile eines nm, und deshalb sitzen die Ladungen in einer extrem dünnen Schicht an der Halbleiteroberfläche.

Aufgabe 1.1/4 Raumladungsdichte

Eine gleichförmige, sphärische Ladungsverteilung $\varrho(r)$ in einem Volumen stellt eine Gesamtladung $Q = 10^{-8}\,\mathrm{As}$ dar. Man berechne die homogene Raumladungsdichte ϱ, die in einer Kugel vom Radius $r = 2\,\mathrm{cm}$ herrschen muß, damit diese Ladung Q erzeugt wird.

Lösung:

Wir gehen wieder von I/Gl.(1.2) aus, nur ist jetzt ϱ konstant ($\varrho(r) = $ const., gleichförmig). Dann wird

$$Q = \varrho \int_V \mathrm{d}V = \varrho V = \varrho \frac{4}{3}\pi r^3 \Big|_{r_0} \rightarrow \varrho = \frac{Q}{4\pi/3 \cdot r_0^3} = 2,98 \cdot 10^{-4}\frac{\mathrm{As}}{\mathrm{m}^3}.$$

Aufgabe 1.1/5 Ladungsverteilung

Auf einem halbleitenden Stab im Raum befinde sich eine Linienladungsverteilung $\lambda(x,y,z) = (2x+3y-4z)\mathrm{As/m}^2$. Man berechne die Ladung auf einem Stabsegment zwischen den Punkten $P_1(2,1,5)\,\mathrm{m}$ und $P_2(4,3,6)\,\mathrm{m}$.

Lösung:

Wir beschreiben das Stabelement durch eine parametrisierte Gerade im Raum mit dem Kurvenparameter α, also $x = x(\alpha)$, $y = y(\alpha)$, $z = z(\alpha)$. Es soll gelten: $(x(0),y(0),z(0)) = P_1$, $(x(1),y(1),z(1)) = P_2$. Damit ergibt sich als lineare Parametrisierung der Geraden

$$\begin{aligned}
x(\alpha) &= x(0)(1-\alpha) + x(1)\alpha = (2 + \alpha(4-2))\,\mathrm{m} \\
y(\alpha) &= y(0)(1-\alpha) + y(1)\alpha = (1 + \alpha(3-1))\,\mathrm{m} \\
z(\alpha) &= z(0)(1-\alpha) + z(1)\alpha = (5 + \alpha(6-5))\,\mathrm{m}
\end{aligned}$$

mit $0 \leq \alpha \leq 1$. Damit kann λ durch den Kurvenparameter α beschrieben werden:

$$\begin{aligned}
\lambda(\alpha) &= (2[2 + \alpha(4-2)] + 3[1 + \alpha(3-1)] - 4[5 + \alpha(6-5)])\,\mathrm{m} \cdot \mathrm{As/m}^2 \\
&= (-13 + 6\alpha)\,\mathrm{As/m}.
\end{aligned}$$

Ferner gilt für die Länge eines infinitesimalen Längenstückes $\mathrm{d}s$ bei den gewählten Koordinaten (x,y,z)

$$\mathrm{d}s = \sqrt{\left(\frac{dx}{d\alpha}\right)^2 + \left(\frac{dy}{d\alpha}\right)^2 + \left(\frac{dz}{d\alpha}\right)^2}\, \mathrm{d}\alpha = 3\mathrm{m} \cdot \mathrm{d}\alpha.$$

Damit wird

$$Q = \int_0^1 (-13 + 6\alpha)\, \frac{\text{As}}{\text{m}} \cdot 3\,\text{m}\, \mathrm{d}\alpha = -30\,\text{As}.$$

1.2 Elektrischer Strom

Aufgabe 1.2/1 Strom, Ladung, Größenvorstellung

a) Durch einen Metalldraht bewegen sich in der Zeitspanne $\Delta t = 5\,\mu$s insgesamt $N = 10^{11}$ Elektronen gleichförmig. Wie groß ist der Strom I, Beziehung des Vorzeichens zur Bewegungsrichtung der Elektronen?

b) In einem Halbleitermaterial (GaAs) bewegen sich Elektronen mit einer Geschwindigkeit $v_\text{n} = 10^7\,\text{cm/s}$. Dabei wird durch einen Querschnitt $A = 10^3\,\mu\text{m}^2$ ein Strom $I = 20\,\text{mA}$ gemessen. Welche Elektronendichte herrscht im Halbleiter?

c) Ein Akkumulator (Kapazität $Q = 63\,\text{A} \cdot \text{h}$) wird mit einem konstanten Strom $I = 10\,\text{A}$ (z.B. Scheinwerfer) entladen. Nach welcher Zeit enthält er keine Ladung mehr?

d) Wieviele Elektronen werden durch eine Ladung von $0,65\,\text{pC}$ dargestellt?

e) Eine Fotodetektor möge pro 10 einfallender Photonen (auf seine Oberfläche) ein Elektron auslösen. Welche Ladung wird erzeugt, wenn $5 \cdot 10^{15}$ Photonen pro Sekunde auffallen? Welcher mittlere Strom fließt durch den Fotodetektor?

Lösung:

a) Nach I/Gl.(1.7) gilt ($\mathrm{d}Q \approx \Delta Q$, $\mathrm{d}t \approx \Delta t$):

$$I = \frac{\Delta Q}{\Delta t} = -\frac{qN}{\Delta t} = 3,2\,\text{mA}.$$

Zählpfeil gegen Bewegungsrichtung der Elektronen positiv.

b) Nach I/Gl.(1.7) gilt

$$\begin{aligned}
I &= A|q|vn \rightarrow n = \frac{I}{A|q|v} = \frac{20\,\text{mA}}{10^3\,\mu\text{m}^2 \cdot 10^7\,\text{cm/s} \cdot 1,6 \cdot 10^{-19}\,\text{As}} \\
&= 1,25 \cdot 10^{15}\,\text{cm}^{-3}.
\end{aligned}$$

c) In $t = 6,3\,\text{h}$, da $Q = It$. Bemerkung: Die sog. Akkumulatorkapazität gibt bei Energieumwandlung (chemisch $\rightarrow$ elektrisch) das Integral des Entladestromes über die Zeit an, nicht die gespeicherte Ladungsmenge.

d) $Q = |q|N \rightarrow N = 0,65\,\text{pAs}/(1,6 \cdot 10^{-19}\,\text{As}) \approx 4,1$ Millionen! Die Speicherzelle eines sog. dynamischen 64 MBit-Speichers in Computern speichert etwa $50 \dots 100\,\text{pC}$.

e) Gesamtladung: $Q = q\eta N$, dabei ist N/t der Photonenfluß pro Zeit und η die Ausbeute der Elektronen, die pro einfallenden Photonen entstehen (hier $\eta = 0,1$). Zahlenwert: $Q = q\eta N$, Strom $I = \Delta Q/\Delta t = 1,6 \cdot 10^{-19}\,\text{As}/1\,\text{s} \cdot 0,1 \cdot 5 \cdot 10^{15} = 80\,\text{mA}$.

Aufgabe 1.2/2 Zusammenhang Strom - Ladung

Gegeben sind typische Stromverläufe $i(t)$ (Bild 1.2/2 a, b). Es gilt nach I/Gl.(1.10)

$$Q(t) = \int_{t_0} i(t')\,dt' + Q(t_0)$$

Die Anfangsladung $Q(t_0)$ muß vorgegeben sein. Bestimmen Sie die Ladungsverläufe für die gegebenen Stromverläufe (Anfangsladung $Q(0) = 0$). Man formuliere dazu jeweils den Stromverlauf.

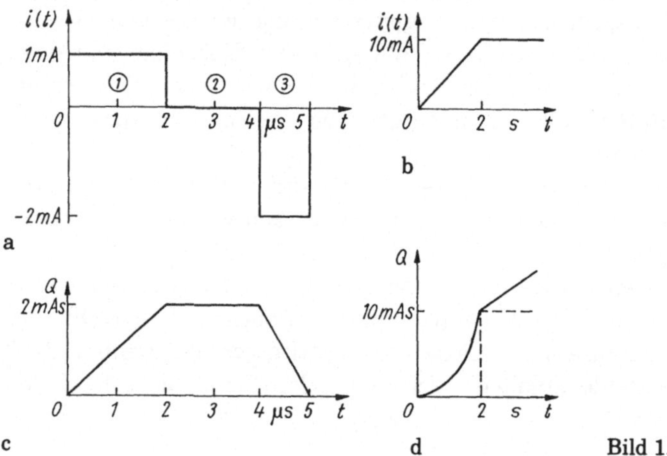

Bild 1.2/2

Lösung:

Verlauf a). Es gilt für $0 \leq t \leq 2\,\mathrm{s}$

$$Q(t) = \int_0^t 1\,\mathrm{mA}\,dt' + Q(0) = 1\,\mathrm{mA} \cdot t$$

und $Q(2\,\mathrm{s}) = 2\,\mathrm{mA}\cdot\mathrm{s}$. Im Intervall $2\ldots 4\,\mathrm{s}$ verschwindet i, deshalb bleibt $Q(t)$ konstant: $Q(4\,\mathrm{s}) = Q(2\,\mathrm{s})$ (Bild 1.2/2c).

Im Gebiet (3) gilt (mit $i = -2\,\mathrm{mA}$, $4\,\mathrm{s} \leq t \leq 5\,\mathrm{s}$)

$$Q(t) = \int_{4\,\mathrm{s}}^t i\,dt' + Q(4\,\mathrm{s}) = i\Big|_{4\,\mathrm{s}}^t + Q(4\,\mathrm{s}) = -2\,\mathrm{mA}(t - 4\,\mathrm{s}) + Q(4\,\mathrm{s}).$$

Zur Zeit $t = 5\,\mathrm{s}$ geht die Ladung durch Null.

Verlauf b) Der Stromverlauf ($0 \leq t \leq 2\,\mathrm{s}$) beträgt im Anfangsbereich $i(t) = 10\,\mathrm{mA}/2\,\mathrm{s} \cdot t = 5\,\mathrm{mA/s} \cdot t$; anschließend gilt $i = \mathrm{const}$. Damit folgt (Bild 1.2/2d)

$$Q(t) = \int_0^t i(t')\,dt' + \underbrace{Q(0)}_{0} = 5\,\mathrm{mA/s} \int_0^t t'\,dt' = 5\,\frac{\mathrm{mA}}{\mathrm{s}} \cdot \frac{t^2}{2}.$$

Anschließend ($t \geq 2\,\text{s}$) bleibt $i = 10\,\text{mA} = $ const., und es gilt

$$Q(t) = \int_{2\,\text{s}}^{t} 10\,\text{mA}\,dt' + Q(2\,\text{s}) = 10\,\text{mA}(t - 2\,\text{s}) + Q(2\,\text{s}) = 10\,\text{mA}(t - 1\,\text{s}).$$

Diskussion: Hier wurde die Anfangsladung $Q(0) = 0$ gesetzt. Durch eine Anfangsladung verschieben sich die Kurven parallel zur t-Achse. Positiver Stromfluß bedeutet Ladungszunahme, Stromumkehr Ladungsabnahme. Fließt kein Strom, so bleibt die Ladung konstant.

Aufgabe 1.2/3 Strom, Ladung

Gegeben sind Ladungsverläufe $Q(t)$ nach Bild 1.2/3a, b. Bestimmen Sie die Gleichungen $Q(t)$ und $i(t)$ in den jeweiligen Zeitbereichen.

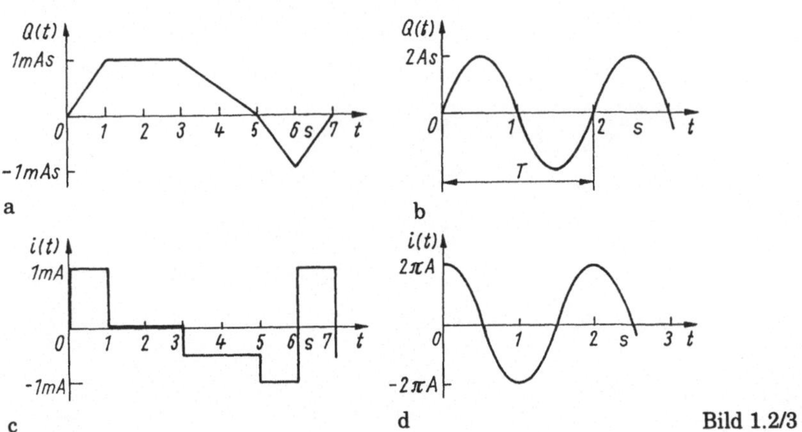

Bild 1.2/3

Lösung:

a) Wir formulieren den Verlauf $Q(t)$ (wegen der Knickpunkte) bereichsweise. Es gelten:

Zeitintervall	ΔQ	Strom
$0 \leq t \leq 1\,\text{s}$	$1\,\text{mAs}$	$i = \Delta Q/\Delta t = 1\,\text{mAs}/1\,\text{s} = 1\,\text{mA}$
$1\,\text{s} \leq t \leq 3\,\text{s}$	0	$i = 0$
$3\,\text{s} \leq t \leq 5\,\text{s}$	$-1\,\text{mAs}$	$i = -1\,\text{mAs}/2\,\text{s} = -0,5\,\text{mA}$
$5\,\text{s} \leq t \leq 6\,\text{s}$	$-1\,\text{mAs}$	$i = -1\,\text{mAs}/1\,\text{s} = -1\,\text{mA}$
$6\,\text{s} \leq t \leq 7\,\text{s}$	$1\,\text{mAs}$	$i = 1\,\text{mAs}/1\,\text{s} = 1\,\text{mA}.$

b) Ist $Q(t)$ analytisch gegeben (wie im Bild b), so gilt

$$i = \frac{dQ}{dt} = \hat{Q}\frac{d}{dt}\sin\left(\frac{2\pi t}{T}\right) = \hat{Q}\frac{2\pi}{T}\cos\left(\frac{2\pi t}{T}\right).$$

Damit wird

$$i(t) = 2\,\text{As}\frac{2\pi}{2\,\text{s}}\cos\left(\frac{2\pi t}{2\,\text{s}}\right).$$

Der Strom erreicht zu Zeitpunkten $t = 0, 1, 2\,\mathrm{s}$ den Größtwert. Wegen $\cos\beta = \sin(\pi/2 - \beta)$ erscheint die Stromkurve gegenüber der Ladungskure "zeitlich" eher, der "Strom eilt der Ladung voraus". Maximalwerte des Stromes $\hat{I} = 2\pi\,\mathrm{A}$.

c) Der Strom ist proportional der Steigung von $Q(t)$ (Bild 1.2/3c, d). Sie läßt sich sofort angeben. Ladungsabnahme bedeutet Richtumgsumkehr des Stromes. Grundsätzlich ist der Strom gleich der *Ladungsänderung pro Zeit*: Starke Änderung $\rightarrow$ großer Strom, keine Änderung $\rightarrow$ Strom $= 0$.

2. Elektrisches Feld

2.1 Grundlagen

Aufgabe 2.1/1 Feldbild

Gegeben sind folgende Felder:

1) *Kraftfelder* mit den Angaben (f: Maßstabs- und Dimensionskonstante)

a) $\mathbf{F}(x,y,z) = x\mathbf{e}_x \cdot f$ d) $\mathbf{F}(r,\varphi,z) = \mathbf{e}_\varphi f$

b) $\mathbf{F}(x,y,z) = y\mathbf{e}_x \cdot f$ e) $\mathbf{F}(x,y,z) = (x\mathbf{e}_x + y\mathbf{e}_y + z\mathbf{e}_z) \cdot f$

c) $\mathbf{F}(x,y,z) = z\mathbf{e}_y \cdot f$ f) $\mathbf{F}(x,y,z) = (-x\mathbf{e}_x - y\mathbf{e}_y) \cdot f$.

Skizzieren Sie jeweils das Bild ausgewählter Kraftlinien.

2) *Temperaturfelder* mit den Angaben (ϑ_i: Maßstabs- und Dimensionskonstante)

a) $\vartheta(x,y,z) = (x+y)\vartheta_1$ c) $\vartheta(r,\varphi,z) = r\vartheta_3$.

b) $\vartheta(x,y,z) = (x^2 + y^2)\vartheta_2$

Stellen Sie die Temperaturfelder jeweils für Flächen $\vartheta = $ const. ($\vartheta = 0, 1, 2$) dar.

Hinweis: Durch Normierung sollen die Größen dimensionslos sein.)

Lösung:

1) Es liegt das Feld einer vektoriellen Größe vor (Abschn. 2.1). Wir kennzeichnen den Betrag durch die Länge der Feldlinien bzw. die Liniendichte und die Richtung durch einen Pfeil. Dann ergeben sich folgende Situationen:

a) Die Feldlinien weisen in x-Richtung (bzw. $-x$) und nehmen proportional x zu (inhomogenes Feld, Bild 2.1/1a),

b) wie a), jedoch nimmt der Betrag in y-Richtung zu, das Feld hat aber nur eine x-Komponente (Bild 2.1/1b).

c) Das Feld weist in y-Richtung, wobei der Betrag $\sim z$ anwächst (Bild 2.1/1c).

d) Das Feld hat nur eine Komponente in φ-Richtung mit konstantem Betrag (Bild 2.1/1d).

e) In zweidimensionaler Darstellung (x-y-Ebene, z.B. $z = 0$) liegt ein Feld vor, dessen Komponenten vom Ursprung ausgehend proportional dem Abstand anwachsen (Bild 2.1/1e).

f) wie e), jedoch Feldlinien mit umgekehrter Richtung (Bild 2.1/1f).

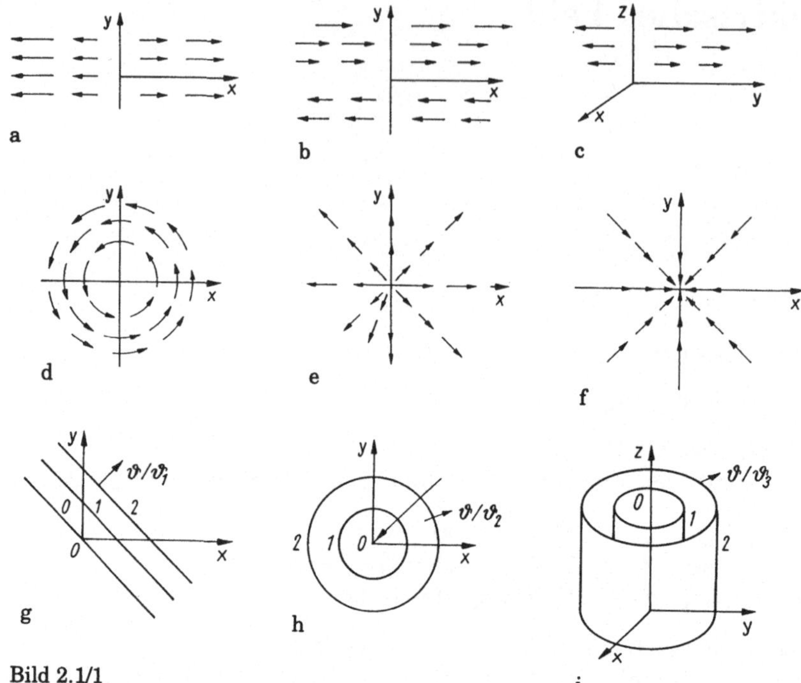

Bild 2.1/1

2) Das Temperaturfeld ist ein Skalarfeld (Abschn. 2.1). Es gibt z.B. Flächen (Linien), auf denen ϑ = const. gilt. Im Beispiel wurden Flächen mit gleichem Abstand (Temperaturunterschied) ausgewählt und gegeben.

a) Die Temperatur ϑ hängt vom Ort ab, auf den Geraden (Flächen $y = \vartheta/\vartheta_1\,|_{\text{const.}} - x$ liegt konstante Temperatur vor. Das ergibt in 2d - Darstellung einen Satz abfallender Geraden (Bild 2.1/1g).

b) Der Verlauf $\vartheta(x,y,z) = \vartheta/\vartheta_2\,|_{\text{const.}} = x^2 + y^2$ ist eine Kreisdarstellung mit $\vartheta/\vartheta_2 = 0$ im Ursprung (Bild 2.1/1h).

c) In Zylinderkoordinaten bedeutet $\vartheta = \vartheta\,|_{\text{const.}} = r\vartheta_3$ eine Folge "ineinandersteckender" Zylinder gegebener Länge (hier unbegrenzt), auf denen ϑ = const. gilt (Bild 2.1/1i).

Aufgabe 2.1/2 Linienintegral

a) Gegeben ist ein Kraftfeld $\boldsymbol{F} = 3x^2\boldsymbol{e}_x f$. Wie groß ist die Arbeit, die bei Verschiebung eines Massepunktes zwischen den Stellen $x = 1\,\text{m}$ und $x = 3\,\text{m}$ der x-Achse geleistet werden muß ($f = 1\,\text{N/m}^2$)?

b) Gegeben ist ein Kraftfeld $\boldsymbol{F}_x = r^{-3}\boldsymbol{e}_r f'$ (symmetrisches Zylinderfeld). ($f' = 1\,\text{Nm}^3$) Man bestimme die Arbeit, die bei Verschieben eines Massepunktes zwischen den Punkten $\mathrm{P}_1(r,\varphi,z) = (6\,\text{m}, 60°, 5\,\text{m})$ und $\mathrm{P}_2(r,\varphi,z) = (3\,\text{m}, 30°, 7\,\text{m})$ geleistet werden muß.

Lösung:

a) Es gilt:

$$W(1,2) = \int_{x_1}^{x_2} \boldsymbol{F} \cdot \mathrm{d}\boldsymbol{s} = \int_{1}^{3} 3x^2 \boldsymbol{e}_x \cdot \boldsymbol{e}_x f \,\mathrm{d}x = x^3 \Big|_{1}^{3} f = 26\,\mathrm{Ws}.$$

b) Wir erhalten:

$$W(1,2) = \int_{\mathrm{P}_1}^{\mathrm{P}_2} \boldsymbol{F} \cdot \mathrm{d}\boldsymbol{s} = \int_{6}^{3} r^{-3} \boldsymbol{e}_r \cdot \boldsymbol{e}_r f' \,\mathrm{d}r = -\frac{1}{2r^2} \bigg|_{6}^{3} f'$$

$$= -0,0417\,\mathrm{Nm}.$$

Das Linienintegral muß den Zylinderkoordinaten angepaßt werden. Weil $\boldsymbol{F}$ nur eine Komponente in r-Richtung hat, liefert vom Wegelement $\mathrm{d}\boldsymbol{s}$ nur $\boldsymbol{e}_r\,\mathrm{d}r$ einen Beitrag.

Aufgabe 2.1/3 Linienintegral, Umlaufintegral

Gegeben ist ein Kraftfeld $\boldsymbol{F} = (2y\boldsymbol{e}_x + 2x\boldsymbol{e}_y)\,f$. Man bestimme das Wegintegral längs des im Bild 2.1./3 skizzierten Weges. Welcher Schluß läßt sich für das Kraftfeld ziehen ($f = 1\,\mathrm{N/m}$)?

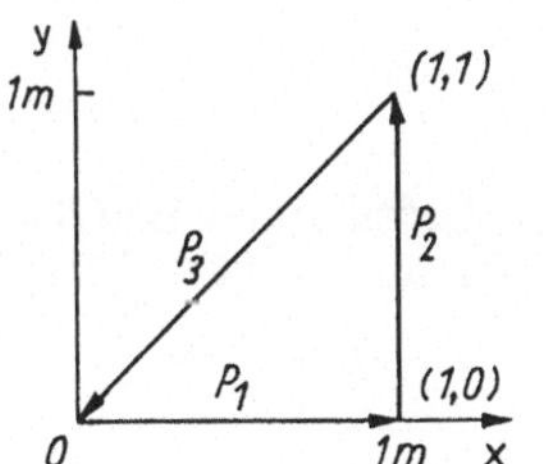

Bild 2.1/3

Lösung:
Wir bestimmen die einzelnen Wegintegrale $I_1 \ldots I_3$

$$I_1 = \int_{0,0}^{1,0} (2y\,\mathrm{d}x + 2x\,\mathrm{d}y)\,f\,\mathrm{m}^2 = \int_{0}^{1} 0\,\mathrm{d}x\,f\,\mathrm{m}^2 = 0$$

$$I_2 = \int_{1,0}^{1,1} (2y\,\mathrm{d}x + 2x\,\mathrm{d}y)\,f\,\mathrm{m}^2 = \int_{0}^{1} 2\,\mathrm{d}y\,f\,\mathrm{m}^2 = 2\,\mathrm{Nm}$$

$$I_3 = \int_{1,1}^{0,0} (2y\,\mathrm{d}x + 2x\,\mathrm{d}y)\,f\,\mathrm{m}^2 = \int_{1}^{0} (2x\,\mathrm{d}x + 2x\,\mathrm{d}x)\,f\,\mathrm{m}^2$$

$$= 2x^2\,f\,\mathrm{m}^2 \Big|_{1}^{0} = -2\,\mathrm{Nm}.$$

Damit gilt

$$\oint_{\mathrm{P}_1\,\mathrm{P}_2\,\mathrm{P}_3} \boldsymbol{F} \cdot \mathrm{d}\boldsymbol{s} = I_1 + I_2 + I_3 = 0.$$

Der geschlossene Weg wurde durch das sog. Umlaufintegral zum Ausdruck gebracht. Ein verschwindendes Umlaufintegral ist gleichbedeutend mit einem konservativen Kraftfeld: gleichwertige Aussagen sind (s. I/S. 60)

- die Arbeit verschwindet auf jedem geschlossenen Weg
- im Kraftfeld existiert eine potentielle Energie.

Aufgabe 2.1/4 Linienintegral

Auf eine Punktmasse m wirke die Kraft $\boldsymbol{F} = (3x\boldsymbol{e}_x + 2z\boldsymbol{e}_y - 4m\boldsymbol{e}_z)\,f$ ($f = 1\,\mathrm{N/m}$). Man bestimme die zu leistende Arbeit, wenn sich die Masse längs folgender geraden Linien bewegen soll:

a) von $(0, 0, 1\,\mathrm{m})$ nach $(0, 0, -2\,\mathrm{m})$
b) von $(2\,\mathrm{m}, 2\,\mathrm{m}, 0)$ nach $(0, 2\,\mathrm{m}, 0)$
c) von $(2\,\mathrm{m}, 2\,\mathrm{m}, 2\,\mathrm{m})$ nach $(0, 0, 2\,\mathrm{m})$.

Lösung:

Wir setzen an:

$$W = \int \boldsymbol{F} \cdot \mathrm{d}\boldsymbol{s} = \int (3x\boldsymbol{e}_x + 2z\boldsymbol{e}_y - 4\boldsymbol{e}_z) \cdot (\boldsymbol{e}_x\,\mathrm{d}x + \boldsymbol{e}_y\,\mathrm{d}y + \boldsymbol{e}_z\,\mathrm{d}z)\,f\,\mathrm{m}^2$$

$$= \int (3x\,\mathrm{d}x + 2z\,\mathrm{d}y - 4\,\mathrm{d}z)\,f\,\mathrm{m}^2$$

und erhalten der Reihe nach ($1\,f\,\mathrm{m}^2 = 1\,\mathrm{J}$)

a) Veränderung nur in z-Richtung, so daß nur dieser Anteil einen Beitrag liefern kann

$$W = \int_1^{-2} -4\,\mathrm{d}z\,\mathrm{J} = -4(-2 - 1)\,\mathrm{J} = 12\,\mathrm{J}.$$

b) Veränderung nur in x-Richtung

$$W = \int_2^0 3x\,\mathrm{d}x\,\mathrm{J} = \frac{3}{2}x^2\Big|_2^0 = -6\,\mathrm{J}\,(\text{Arbeit gegen die Kraft}).$$

c) Veränderung in x- und y-Richtung

$$W = \int_{2,2,2}^{0,0,2} (3x\,\mathrm{d}x + 2z\,\mathrm{d}y)\,\mathrm{J} = \int_{2,2,2}^{0,0,2} (3x\,\mathrm{d}x + 2 \cdot 2\,\mathrm{d}y)\,\mathrm{J}$$

$$= \int_2^0 3x\,\mathrm{d}x\,\mathrm{J} + \int_2^0 4\,\mathrm{d}y\,\mathrm{J} = \frac{3}{2}x^2\Big|_2^0\,\mathrm{J} + 4y\Big|_2^0\,\mathrm{J}$$

$$= \left(\frac{3}{2} \cdot 4 - 4 \cdot 2\right)\,\mathrm{J} = -14\,\mathrm{J}.$$

2.2 Elektrische Feldstärke, Potential, Spannung

Aufgabe 2.2/1 Feldkraft, zugeschnittene Größengleichung

Gegeben sind zwei Punktladungen, die sich in Luft im Abstand a befinden.

a) Stellen Sie eine zugeschnittene Größengleichung für die Kraft in mp auf, wenn die Ladung in fC und der Abstand der Ladungen in cm verwendet werden sollen. Für die elektrische Feldkonstante verwende man $\varepsilon_0 = 8,85 \cdot 10^{-12}\,\text{As/Vm}$ resp. $k = 1/(4\pi\varepsilon_0)$ (I/Gl.(2.2)).

b) Welche Kraft (Betrag) üben zwei Ladungen von $10\,\text{fC}$ im Abstand $a = 1\text{cm}$ aufeinander aus?

Lösung:

a) Nach I/Gl.(2.2) gilt $F = \frac{|Q_1 Q_2|}{a^2}k$. Wir schreiben jede physikalische Größe als Produkt von Zahlenwert und Einheit, also z.B. für die Kraft $F = (F/\text{mp}) \cdot \text{mp}$. Dabei ist F/mp der Zahlenwert und mp die gewünschte Einheit (I/Abschn. 0.2.3). Analog gilt $Q = (Q/\text{fC}) \cdot \text{fC}$, $a = (a/\text{cm}) \cdot \text{cm}$. Wir setzen dies in die Kraftgleichung ein:

$$\frac{F}{\text{mp}}\text{mp} = \frac{|Q_1/\text{fC} \cdot Q_2/\text{fC}|\,\text{fC}^2}{(a/\text{cm})^2 \cdot \text{cm}^2}k$$

also

$$\frac{F}{\text{mp}} = \frac{|Q_1/\text{fC} \cdot Q_2/\text{fC}|}{(a/\text{cm})^2} \frac{\text{fC}^2}{\text{cm}^2 \cdot \text{mp}}k.$$

Die linke Seite ist dimensionslos, also muß dies auch für die rechte Seite gelten. Wir rechnen weiter um

$$\frac{\text{fC}^2 \cdot k}{\text{cm}^2 \cdot \text{mp}} = \frac{\left(10^{-15}\,\text{As}\right)^2}{(10^{-2}\,\text{m})^2 \cdot 10^{-6}\,\text{kp}} \frac{1}{4\pi \cdot 8,85 \cdot 10^{-12}} \frac{\text{V} \cdot \text{m}}{\text{As}}$$

$$= \frac{10^{-8}}{4\pi \cdot 8,85} \frac{\text{V} \cdot \text{As}}{\text{kp} \cdot \text{m}}.$$

Mit $1\text{kp} \cdot \text{m} = 9,81\,\text{V} \cdot \text{As}$ wird schließlich

$$\frac{F}{\text{mp}} = 9,16 \cdot 10^{-12} \frac{|Q_1/\text{fC} \cdot Q_2/\text{fC}|}{(a/\text{cm})^2}.$$

b) Für die angegebenen Zahlenwerte ergeben sich

$$F = 9,16 \cdot 10^{-12} \frac{10 \cdot 10}{1^2}\,\text{mp} = 9,16 \cdot 10^{-10}\,\text{mp}.$$

Diskussion: Die ausgeübte Kraft ist wegen der außerordentlich kleinen Ladung sehr gering.

Aufgabe 2.2/2 Feldstärke, Kraft

Von einer Punktladung Q im Raum gehen radial nach allen Seiten Feldstärke-linien aus, es gilt (I/Gl.(2.6b)) $E = kQ/r^2 \cdot e_r$

a) Bestimmen Sie die Feldstärke für $-Q = 1\,\mu\text{As}$, $k = 9 \cdot 10^9\,\text{Vm/As}$ im Abstand $r = 3\,\text{m}$ von der Punktladung.

b) Was geschieht, wenn die Ladung ihr Vorzeichen ändert?

c) Die Punktladung befinde sich im Ursprung eines kartesischen Koordinatensystems. Welche Feldstärke herrscht in folgenden Punkten: $3\,\text{m}$ auf pos. x-Achse, $3\,\text{m}$ auf neg. x-Achse, $3\,\text{m}$ auf pos. y-Achse, Radius $3\,\text{m}$ auf einer Linie $x = y$, in der Ebene $z = 0$? Skizzieren Sie das Feldbild.

d) Man bestimme die Kraft zwischen 2 Punktladungen (in Luft), von denen sich eine mit negativer Ladung $-1\,\mu\text{As}$ im Ursprung eines kartesischen Koordinatensystems befindet, die andere (negative) mit $Q = -100\,\mu\text{As}$ im Abstand von $50\,\text{cm}$ auf der x-Achse. Welche Kraft wirkt auf die zweite Ladung (Betrag, Richtung?)

e) Wie würden sich die Verhältnisse ändern, wenn zwei Punktladungen der Ladung $1\,\text{As}$ im Abstand $d = 1\,\text{mm}$ gegenüberstehen?

Lösung:

a) Nach (I/Gl.(2.6b)) folgt

$$E = \frac{kQ}{r^2} = \frac{9 \cdot 10^9}{9}\,\frac{\text{V} \cdot \text{m}}{\text{As} \cdot \text{m}^2} \cdot 10^{-8}\text{As} = 10\,\frac{\text{V}}{\text{m}}.$$

Diese Feldstärke ist trotz kleiner Ladung durch den relativ großen Abstand nicht sonderlich hoch. Reduktion des Abstandes auf $3\,\text{cm}$ würde den 10^4-fachen Wert liefern! (Feldbild s. Bild I/2.6a).

b) Vorzeichenumkehr der Ladung (Feldbild I/2.6b).

c) Wir beachten jetzt die Richtung der Feldstärke. Nach I/Gl.(2.6b) liegt mit dem Einheitsvektor e_r ein sog. radialsymmetrisches Problem vor: E hat nur Komponenten in r-Richtung. In kartesischen Koordinaten lautet e_r in einer x-y-Ebene (Übergang zum zweidimensionalen Problem) $e_r = (xe_x + ye_y)/\sqrt{x^2 + y^2}$, dazu gehört die Feldstärke $E_r = E_x + E_y$ mit der Komponenten in x- und y-Richtung. Man erhält der Reihe nach

$$\begin{aligned}
E_x &= 10\,\text{V/m}\,e_x && \text{(pos. } x\text{-Achse)} \\
E_x &= -10\,\text{V/m}\,e_x && \text{(neg. } x\text{-Achse)} \\
E_y &= 10\,\text{V/m}\,e_y && \text{(pos. } y\text{-Achse)} \\
E_r &= E_x + E_y = 10\,\text{V/m} \cdot (xe_y + ye_y) \\
E_r &= \frac{Qk}{r^2}\,e_r = Qk\frac{xe_y + ye_y}{(x^2 + y^2)^{3/2}} = E_x + E_y.
\end{aligned}$$

Dabei wurde $r = \sqrt{x^2 + y^2}$ verwendet, da $z = 0$ sowie $r = re_r = xe_x + ye_y$. Der Ausdruck spiegelt nicht augenscheinlich die Symmetrie des Feldes wieder, sie wird erst bei Übergang zu Kugelkoordinaten (von denen hier nur die r-Komponente interessant ist) und Sitz der Punktladung im Ursprung deutlich. Wir erhalten für die gegebenen Punkte der Reihe nach: $\boldsymbol{E}_x = 10\,\text{V/m}\,\boldsymbol{e}_x$ (pos. x-Achse, $x_0 = 3\,\text{m}$, $y = 0$), $\boldsymbol{E}_x = -10\,\text{V/m}\,\boldsymbol{e}_x$ (neg. x-Achse, es ist $x_0 = -3\,\text{m}$!), $\boldsymbol{E}_y = +10\,\text{V/m}\,\boldsymbol{e}_y$. Zum Punkt P$(x_1, y_1)$ mit dem Radius $r = 3\,\text{m}$ gehören die Koordinaten $x_1 = y_1 = r_1/\sqrt{2}$ und damit

$$\boldsymbol{E}_r = \boldsymbol{E}_x + \boldsymbol{E}_y = \frac{Qk(x_1\boldsymbol{e}_x + y_1\boldsymbol{e}_y)}{\left(x_1^2 + y_1^2\right)^{3/2}} = \frac{Qk}{r_1^2}\boldsymbol{e}_r = 10\,\frac{\text{V}}{\text{m}}\,\boldsymbol{e}_r\,\Big|_{r_1 = 3\,\text{m}}.$$

Man erkennt zusammenfassend

- die Symmetrie des Feldes zur Lage der Ladung
- $\boldsymbol{E}$ ist radial nach außen gerichtet
- der Betrag von $\boldsymbol{E}$ nimmt mit dem Abstand ab
- auf einem Kreis (Kugel im Raum) mit festem Radius ist der Betrag von $\boldsymbol{E}$ konstant
- die Zusammensetzung des Feldes aus Teilkomponenten schließt immer eine Addition von Vektoren ein.

d) Die Kraftwirkung wird durch das Coulomb-Gesetz beschrieben ($k = 9 \cdot 10^9\,\text{Vm/As}$):

$$F = \frac{(-10^{-6}\,\text{As}) \cdot (-10^{-4}\,\text{As}) \cdot 9 \cdot 10^9\,\text{Vm}}{0,5^2\,\text{m}^2 \cdot \text{As}}\,\boldsymbol{e}_x = 3,6\,\text{N}\,\boldsymbol{e}_x.$$

Es wirkt die Kraft von $3,6\,\text{N}$ in positiver x-Richtung auf die zweite Ladung.

e) In diesem Fall ergibt sich die Kraft

$$F = \frac{1\,\text{As} \cdot 1\,\text{As} \cdot 9 \cdot 10^9\,\text{Vm}}{0,001^2\,\text{m}^2 \cdot \text{As}} = 9 \cdot 10^{15}\,\text{N} \approx 9,2 \cdot 10^{11}\,\text{Tonnen}.$$

Diese Kraft ist extrem groß. Sie verdeutlicht, daß in der mikroskopischen Welt (trotz sehr kleiner Ladungen) enorme Bindungskräfte auftreten.

Aufgabe 2.2/3 Elektrische Feldstärke einer Punktladung am Ort A

Gegeben sei eine Punktladung Q am Ort A(x_A, y_A) (wir setzen zweidimensionale Betrachtung in einer Ebene $z = 0$ voraus).

a) Wie groß ist die Feldstärke $\boldsymbol{E}$ in einem Punkt B(x_B, y_B)?
b) Wie groß sind $\boldsymbol{E}_x$, $\boldsymbol{E}_y$ in B?
c) Stellen Sie die Komponente $\boldsymbol{E}_x$ über x dar für den Sonderfall $y_B = y_A = 0$, $x_A = 0$ (Ladung Q im Ursprung) sowie für $y_B = y_A = 0$ (Ladung bei x_A).
d) Es befinde sich an der Stelle A $= (-4, 3, 2)\,\text{m}$ des kartesischen Koordinatensystems die Punktladung $Q = 100\,\text{nC}$. Welches Feld $\boldsymbol{E}$ herrscht im Ursprung ($k = 9 \cdot 10^9\,\text{Vm/As}$)?

Hinweis: Wir gehen vom Feld $E = kQ/r^2 e_r$ (I/Gl.(2.6b)) der Punktladung aus und drücken es in einem x-y-Koordinatensystem aus (Ebene $z = 0$, zweidimensionales Feld). Dabei kommt es besonders auf die Handhabe der Vektoren an (s. auch Aufgabe 2.2/2).

Lösung:

a) Die Ladung im Punkt A erzeugt im Punkt B eine Feldstärke mit dem Betrag (Bild 2.2/3a)

$$E = \frac{kQ}{r_{\mathrm{BA}}^2} \tag{1}$$

mit

$$r_{\mathrm{BA}} = \sqrt{\left(x_{\mathrm{B}} - x_{\mathrm{A}}\right)^2 + \left(y_{\mathrm{B}} - y_{\mathrm{A}}\right)^2}. \tag{2}$$

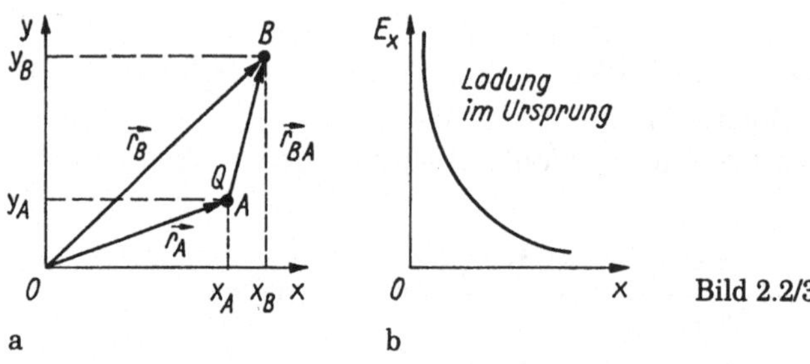

Der Feldstärkevektor E ergibt sich durch Multiplikation mit dem Einheitsvektor e_{BA} von A aus nach B:

$$E = \frac{Qk}{r_{\mathrm{BA}}^2}\, e_{\mathrm{BA}} \qquad \text{mit} \qquad e_{\mathrm{BA}} = \frac{r_{\mathrm{BA}}}{r_{\mathrm{BA}}}. \tag{3}$$

Der Vektor $r_{\mathrm{BA}} = r_{\mathrm{B}} - r_{\mathrm{A}}$ läßt sich durch r_{B}, r_{A} ausdrücken:

$$r_{\mathrm{B}} = x_{\mathrm{B}} e_x + y_{\mathrm{B}} e_y \qquad (r_{\mathrm{A}} \text{ analog}).$$

Damit wird

$$E = \frac{Qk}{r_{\mathrm{BA}}^3} \left((x_{\mathrm{B}} - x_{\mathrm{A}})e_x + (y_{\mathrm{B}} - y_{\mathrm{A}})e_y\right) \tag{4}$$

oder umgeschrieben

$$E = \frac{Qk\,(r_{\mathrm{B}} - r_{\mathrm{A}})}{|r_{\mathrm{B}} - r_{\mathrm{A}}|^3} = E_x e_x + E_y e_y. \tag{5}$$

Diese Form ist besonders zweckmäßig, wenn ein Ortsvektor r negative Komponenten hat. Sie gilt auch für den 3d-Raum und stellt ein wichtiges, verallgemeinertes Ergebnis dar. Befindet sich die Ladung Q im Ursprung ($r \rightarrow r_{\mathrm{A}} = 0$), so erhalten wir die Ergebnisse von Aufgabe 2.2/2.

b) Die Komponenten E_x, E_y gehen direkt aus Gl.(4) hervor, z.B. die Komponente E_x im Punkt B

$$E_x = \frac{Qk(x_B - x_A)\,e_x}{|r_B - r_A|^3} \quad\text{mit}\quad r_{BA} = r_B - r_A \quad (\text{Gl. (4))},\ \ (6)$$

also für den Betrag

$$E_x = \frac{Qk(x_B - x_A)}{|r_B - r_A|^3}.$$

Analog gilt für

$$E_y = \frac{Qk(y_B - y_A)\,e_y}{|r_B - r_A|^3}.$$

c) Zur Darstellung von $E_x(x)$ bei festem $y = y_B$ ersetzen wir in der Lösung Gl.(6) den Festwert x_B durch die Variable x. Im Sonderfall $x_A = y_B = y_A = 0$ wird dann

$$E_x = \frac{Qkx}{|x|^3} = \frac{Qk}{x^2} \quad\text{resp.}\quad E_x = \frac{Qk(x - x_A)}{|x - x_A|^3} = \frac{Qk}{(x - x_A)^2}.$$

Am Ort der Punktladung steigt die Feldstärke (Betrag) ins Unendliche an (Bild 2.2/3b).

d) Es liegt ein dreidimensionales Problem vor (wofür sich der Ortsvektor $r = xe_x + ye_y + ze_z$ sofort erweitern läßt). Gegenüber Aufgabe a) rückt der Punkt B in den Ursprung. Deshalb kann das Ergebnis Gl.(5) sofort übernommen werden:

$$E = -\frac{Qk\,r_A}{|0 - r_A|^3} = -\frac{Qk}{|r_A|^2}\,e_r.$$

Der Vektor r_{BA} von der Ladung zum Ursprung lautet $r_{BA} = r_B - r_A = ((0 - (-4))e_x + (0 - 3)e_y + (0 - 2)e_z)\,\text{m} = -r_A = (4e_x - 3e_y - 2e_z)\,\text{m}$ mit $r_A = \sqrt{29}\,\text{m}$. Insgesamt folgt:

$$\begin{aligned}
E &= \frac{9 \cdot 10^9\,\text{Vm} \cdot 100 \cdot 10^{-9}\,\text{As}}{29\,\text{As} \cdot \text{m}^2} \cdot \frac{(4e_x - 3e_y - 2e_z)}{\sqrt{29}} \\
&= \frac{31 \cdot (4e_x - 3e_y - 2e_z)}{\sqrt{29}} \frac{\text{V}}{\text{m}}.
\end{aligned}$$

Das Feld ist von der Ladung zum Ursprung hin gerichtet.

Diskussion: Der Vorteil von Gl.(5) links besteht darin, daß das Ergebnis unabhängig von einem Koordinatensystem ist (Vorteil der Vektordarstellung). Damit kann es leicht an andere Koordinatensysteme angepaßt werden.

Aufgabe 2.2/4 Elektrisches Feld mehrerer Punktladungen, Feldüberlagerung

Sind im Raum mehrere (n) Punktladungen verteilt, so überlagern sich die von ihnen ausgehenden Teilfeldstärken zur Gesamtfeldstärke gemäß I/Gl.(2.5) wegen der Linearität der Anordnung. Dies bedeutet mit dem Ergebnis von Aufgabe 2.2/3:

$$E = k \sum_{i=1}^{n} \frac{Q_i \, (r_\mathrm{B} - r_{\mathrm{A}i})}{|r_\mathrm{B} - r_{\mathrm{A}i}|^3},$$

wobei die $r_{\mathrm{A}i}$ die Ortsvektoren der jeweiligen Ladungen Q_i sind, r_B ist der Ortsvektor des Betrachtungspunktes.

a) Unter Nutzung des Ergebnisses Aufgabe 2.2/3 resp. I/Gl.(2.5) bestimme man die Feldstärke am Ort einer Ladung Q_3 als Folge der Ladungen Q_1, Q_2 (Ortsvektoren r_1, r_2), wobei alle Ladungen $Q_1 \ldots Q_3$ positiv sein sollen (Bild 2.2/4a).
b) Welche Kraft wirkt auf Q_3?
c) Wie groß ist das elektrische Feld im Punkt $(0,0,5)\,$m, das von den Punktladungen $Q_1 = 1,05\,\mu\mathrm{C}$ und $Q_2 = -1,65\,\mu\mathrm{C}$ ausgeht, die sich in den Punkten $(0,4,0)\,$m und $(3,0,0)\,$m befinden? (s. Bild 2.2/4b, $k = 9 \cdot 10^9\,\mathrm{Vm/As}$).

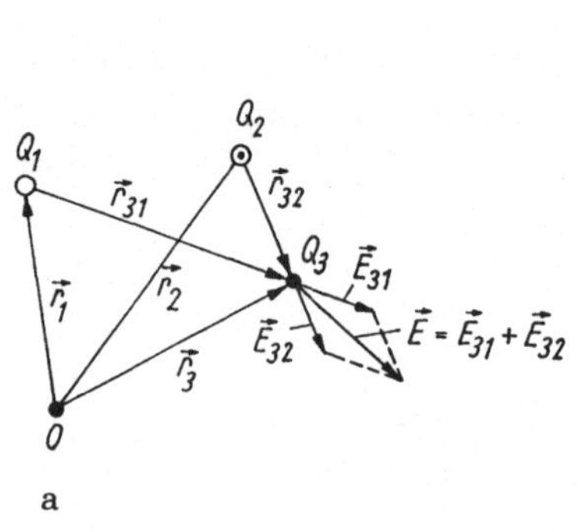

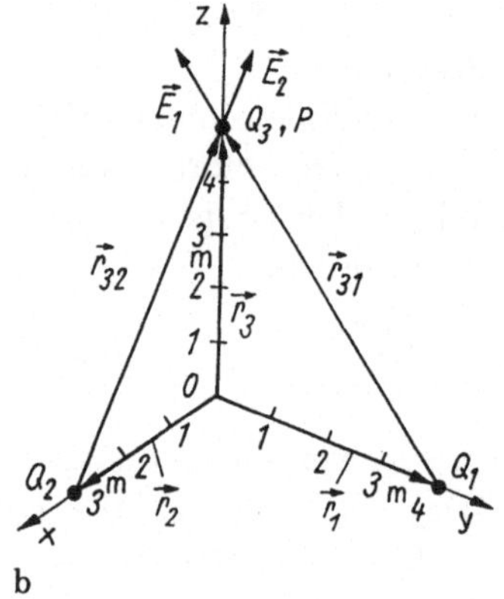

Bild 2.2/4

Lösung:

a) Die von Q_1, Q_2 ausgehenden Feldstärken am Ort von Q_3 betragen:

$$Q_1: \quad E_{31} = \frac{kQ_1}{r_{31}^2} \frac{r_{31}}{r_{31}}; \qquad r_{31} = r_3 - r_1 = r_\mathrm{B} - r_{\mathrm{A}1}$$

$$Q_2: \quad E_{32} = \frac{kQ_2}{r_{32}^2} \frac{r_{32}}{r_{32}}; \qquad r_{32} = r_3 - r_2 = r_\mathrm{B} - r_{\mathrm{A}2}$$

(Index: Ort der Feldstärke, Ursache). Die Gesamtfeldstärke am Ort von Q_3 lautet:

$$E = E_{31} + E_{32} = k \sum_{i=1}^{2} \frac{Q_i}{r_{3i}^2} \frac{r_{3i}}{r_{3i}}$$

(vektorielle Addition der Gesamtwirkung, Bild 2.2/4a).

b) Kraftwirkung: $F = Q_3 E = Q_3(E_{31}+E_{32})$. Der Vorzug des Feldstärkebegriffes besteht gerade darin, die Kraftwirkung auf eine Ladung an ihrem Ort zu beschreiben, wenn dort E herrscht (unabhängig davon, wodurch diese Feldstärke entsteht).

c) Die Radien $r_B - r_{Ai}$ lauten jetzt (s. Bild 2.2/4b))

$$r_{31} = r_3 - r_1 = -4e_y + 5e_z, \qquad r_{32} = r_3 - r_2 = -3e_x + 5e_z.$$

Damit folgen die Teilfeldstärken

$$
\begin{aligned}
E_1 &= \frac{1{,}05 \cdot 10^{-6}\,\text{As} \cdot 9 \cdot 10^9}{(4^2 + 5^2)\,\text{m}^2} \cdot \frac{\text{Vm}}{\text{As}} \cdot \frac{(-4e_y + 5e_z)}{\sqrt{41}} \\
&= (-144e_y + 180e_z)\ \text{V/m},
\end{aligned}
$$

analog $E_2 = (224{,}7e_x - 374{,}7e_z)\,\text{V/m}$ und damit $E = E_1 + E_2 = (224{,}7e_x - 144e_y - 194e_z)\,\text{V/m}$.

Aufgabe 2.2/5 Feld zweier Punktladungen

Zwei gleiche Punktladungen Q_1, Q_2 sind im Abstand d im Vakuum angeordnet. Es interessiert das Feldstärkefeld in Umgebung dieser Ladung sowohl für den Fall gleicher ($Q_1 = Q_2 = Q$), als auch entgegengesetzter ($Q_1 = -Q_2 = Q$) Ladungen in einer Ebene, die durch beide Punktladungen geht.

a) Ordnen Sie die Ladungen in einem kartesischen Koordinatensystem an und skizzieren Sie den Verlauf der Feldstärke längs einer Verbindungslinie zwischen beiden Ladungen für beide Vorzeichenfälle.

b) Geben Sie für beide Fälle die Feldstärke in einen Punkt P(x,y) unter Nutzung der Ergebnisse Aufgabe 2.2/4 allgemein und speziell für $y = 0$ (auf der Verbindungslinie) an.

c) Welchen Verlauf hat E längs der Symmetrielinie $x = 0$, y beliebig bei entgegengesetzten Ladungsvorzeichen?

Lösung:

a) Wir ordnen die Ladungen zweckmäßig in einem x-y-Koordinatensystem so an, daß Q_1 an der Stelle x_0 auf der positiven x-Achse, Q_2 spiegelbildlich auf der negativen x-Achse liegt (Bild 2.2/5a). Die Ladungen haben damit die Ortsvektoren $r_1 = -x_0 e_x = (-x_0, 0, 0)$, $r_2 = +x_0 e_x = (+x_0, 0, 0)$. Von Aufgabe 2.2/3 übernehmen wir, daß auf der x-Achse die Feldkomponente E_y verschwindet. Das Gesamtfeld längs der x-Achse gewinnen wir durch Überlagerung (vorzeichenbehaftete Addition) der von Q_1, Q_2 ausgehenden Teilfeldstärken. Eine Skizze des Feldverlaufes ergibt, daß sich bei ungleichen Vorzeichen zwischen beiden Ladungen ein positives Feld einstellt mit einem Minimum genau auf der Symmetrielinie (Bild 2.2/5b). Die Feldzusammensetzung für mehrere Punkte liefert qualitativ das skizzierte Feldbild. Bei gleichen Ladungsvorzeichen verschwindet die Feldstärke E_x exakt in der Symmetrieebene (Bild 2.2/5c).

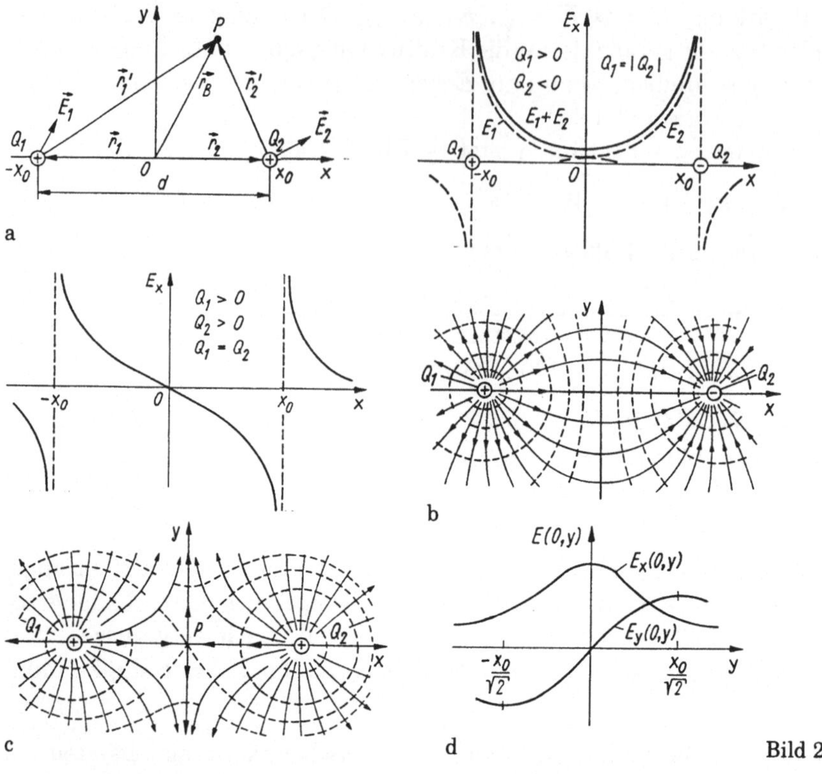

Die y-Komponente hat bei $y = 0$ einen sog. Staupunkt. Dort verschwinden die Feldkomponenten $\boldsymbol{E}_x$, $\boldsymbol{E}_y$, deshalb können sich dort Feldlinien kreuzen.

In Nähe der Ladung bleibt der Einfluß der anderen gering.

b) Entgegegesetzte Vorzeichen: $Q_1 > 0$, $Q_2 = -Q_1$. Wir erhalten für die Gesamtfeldstärke

$$
\begin{aligned}
\boldsymbol{E} &= \boldsymbol{E}_1 + \boldsymbol{E}_2 \\
&= \frac{kQ_1\left(x\boldsymbol{e}_x + y\boldsymbol{e}_y - (-x_0\boldsymbol{e}_x)\right)}{|(x + x_0)\boldsymbol{e}_x + y\boldsymbol{e}_y|^3}\,{}_{(+)}\, \frac{kQ_1\left(x\boldsymbol{e}_x + y\boldsymbol{e}_y - (x_0\boldsymbol{e}_x)\right)}{|(x - x_0)\boldsymbol{e}_x + y\boldsymbol{e}_y|^3} \\
&= kQ_1\left(\frac{(x + x_0)\boldsymbol{e}_x + y\boldsymbol{e}_y}{\left((x + x_0)^2 + y^2\right)^{3/2}}\,{}_{(+)}\, \frac{(x - x_0)\boldsymbol{e}_x + y\boldsymbol{e}_y}{\left((x - x_0)^2 + y^2\right)^{3/2}}\right).
\end{aligned}
$$

Für $y = 0$ wird daraus

$$
\boldsymbol{E} = \boldsymbol{E}_x = kQ_1\left(\frac{1}{(x + x_0)^2}\,{}_{(-)}\, \frac{1}{(x - x_0)^2}\right)\boldsymbol{e}_x
$$

und für $x = 0$ die Minimalfeldstärke

$$
E_{x\min}\big|_{0,0} = \frac{2kQ_1}{x_0^2}.
$$

Für gleiche positive Ladungen gilt jeweils das in Klammern stehende Vorzeichen. Dann verschwindet E_x bei $x = 0$.

c) Für $x = 0$ ergibt sich bei unterschiedlichen Ladungsvorzeichen für die Feldstärke $\boldsymbol{E}_x$ längs der y-Achse:

$$\boldsymbol{E} = kQ_1 \frac{x_0\boldsymbol{e}_x + y\boldsymbol{e}_y - (-x_0\boldsymbol{e}_x + y\boldsymbol{e}_y)}{(x_0^2 + y^2)^{3/2}} = kQ_1 \frac{2x_0\boldsymbol{e}_x}{(x_0^2 + y^2)^{3/2}} = \boldsymbol{E}_x,$$

für gleiche Vorzeichen wird

$$\boldsymbol{E} = kQ_1 \frac{2y\boldsymbol{e}_y}{(x_0^2 + y^2)^{3/2}} = \boldsymbol{E}_y.$$

Während im ersten Fall - übereinstimmend mit dem Feldbild (2.2/5b) - in der Symmetrielinie nur eine x-Komponente der Feldstärke existiert, die im Koordinatenursprung am größten ist, gibt es bei Ladungen gleichen Vorzeichens nur eine y-Komponente (mit Ausnahme des Punktes $y = 0$) (Bild 2.2/5c). Im Ursprung selbst wechselt E_y das Vorzeichen (Bild 2.2/5d).

Aufgabe 2.2/6 Homogenes Feld, Flächenladung in Luft

Gegeben ist eine unendlich ausgedehnte dünne Ebene (z.B. Metallfolie, auf der sich eine homogene, positive *Flächenladungsdichte* σ (Ladung pro Fläche) befindet. Die Ebene möge an der Stelle $y = 4\,\mathrm{m}$ in einem Rechtecksystem angeordnet sein. Dabei stellt sich ein elektrisches Feld $\boldsymbol{E} = k\sigma\,\boldsymbol{e}_n$ ($\boldsymbol{e}_n$ Einheitsvektor, Normalenvektor, senkrecht zur Fläche) ein. Gegeben: $\sigma = 10^{-8}\,\mathrm{C/m^2}$.

a) Skizzieren Sie die Anordnung und geben Sie die Feldstärke ober- und unterhalb der Ebene an.

b) Es sind jetzt zwei unendlich ausgedehnte Ebenen bei $x_0 = \pm 10\,\mathrm{cm}$ homogen mit gleicher (positiver) Flächenladungsdichte σ belegt. Bestimmen Sie die Feldstärke $\boldsymbol{E}$ an einem beliebigen Punkt innerhalb und außerhalb der Ebenen.

c) Wiederholen Sie Aufgabe b), wenn sich an der Stelle $x = -10\,\mathrm{cm}$ eine positive, bei $x = +10\,\mathrm{cm}$ eine betragsmäßig gleiche, aber negative Ladungsdichte befindet.

d) Wie groß ist die Ladung Q, der geladenen Ebene mit einer Fläche von $A = 1\,\mathrm{m^2}$?

e) Würden die Ergebnisse b), c) prinzipiell noch gelten, wenn die unendlich ausgedehnte Ebene durch ebene, flächenbegrenzte Folien gemäß Aufgabe d) ersetzt werden? Skizzieren Sie die Anordnung und den Verlauf der Feldlinien.

f) Es werden die Platten nach Aufgabe d) durch solche der Größe $A = 1\,\mathrm{cm^2}$ (Quadratform) ersetzt (Flächenladungsdichte σ gleich). Welche Änderungen bezüglich der Intensität des Feldes und seines Verlaufes treten auf?

Lösung:

a) Aus der Angabe $E = k'\sigma e_n$ folgt, daß das Feld konstanten Betrag hat und spiegelbildlich hinsichtlich der ladungsbelegten Ebene wirkt. Für das Beispiel gilt (Bild 2.2/6a)

$$\text{für } y > 4\,\text{m} : E = k'\sigma e_n = k'\sigma e_y$$
$$= 56,5 \cdot 10^9 \frac{\text{Vm}}{\text{As}} \cdot 10^{-8} \frac{\text{As}}{\text{m}^2} e_y = 565 \frac{\text{V}}{\text{m}} e_y$$
$$\text{für } y < 4\,\text{m} : E = -k'\sigma e_y.$$

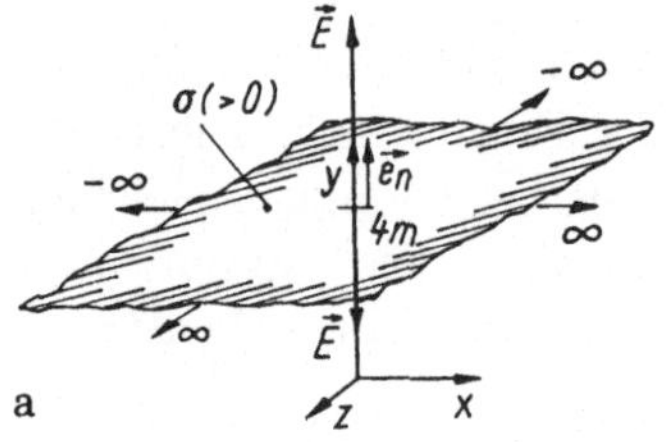

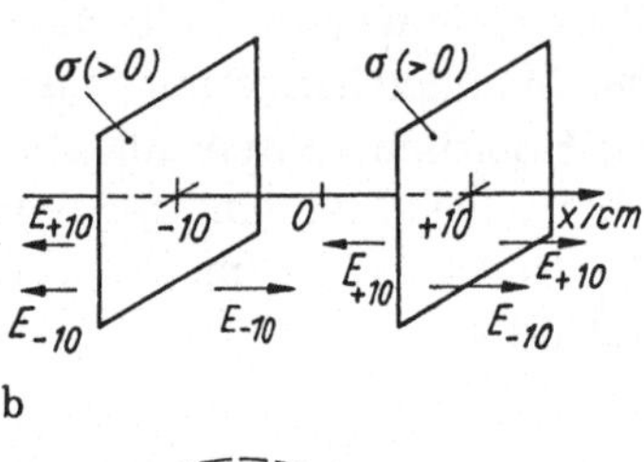

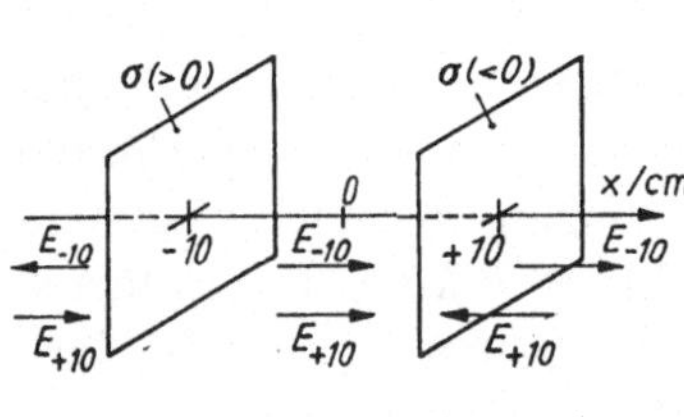

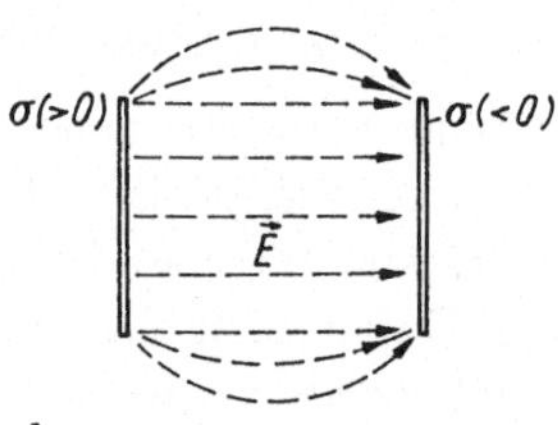

d   Bild 2.2/6

b) Beide Ladungsflächen erzeugen E-Felder in $\pm$-x-Richtung konstanter Stärke, d.h. unabhängig von x. Gesamtfeld (Bild 2.2/6b)

$$E = E'_{+10} + E_{-10} = \begin{cases} -k'\sigma e_x & x < -10\,\text{cm} \\ 0 & -10\,\text{cm} < x < 10\,\text{cm} \quad \text{(feldfrei)} \\ k'\sigma e_x & x > 10\,\text{cm}. \end{cases}$$

c) Analog zu b) gilt jetzt

$$E = E_{+10} + E_{-10} = \begin{cases} 0 & x < -10\,\text{cm} \quad \text{(feldfrei)} \\ k'\sigma e_x & -10\,\text{cm} < x < 10\,\text{cm} \\ 0 & x > 10\,\text{cm} \quad \text{(feldfrei)}. \end{cases}$$

Jetzt entsteht zwischen beiden Ladungsbelegungen ein homogenes Feld, der Außenraum ist feldfrei. Im Fall b) entsteht das Feld nur im Außenraum, nicht zwischen den Platten (Bild 2.2/6c).

d) $Q = \sigma_n A = 10^{-8}\,\text{As/m}^2 \cdot 1\text{m}^2 = 10\,\text{nC}.$

e) Das Prinzip bleibt gültig, lediglich treten an den Plattenrändern Änderungen der Feldlinien ein. Zwischen den Platten ist das Feld homogen, wenn Plattenfläche $\gg$ Plattenabstand (Bild 2.2/6d).

f) Durch die kleinere Fläche A' sinkt bei gleicher Flächenladungsdichte die Ladung pro Platte auf $Q' = QA'/A = 10^{-4}Q = 10^{-4} \cdot 10\,\text{nC}$. Weil jetzt die Linearabmessung der Platte (Seitenlänge) $\ll$ Abstand, wird das Feld inhomogen; anschaulicher Vergleich: zwei Punktladungen als Grenzfall.

Diskussion: Zwei Platten (in Luft), die sich in geringem Abstand (gegen ihre Linearabmessung) gegenüberstehen und auf denen sich die Ladungen $\pm Q$ befinden, erzeugen ein homogenes elektrisches Feld zwischen den Platten und einen praktisch feldfreien Außenraum (Kondensatorprinzip).

Hinweis: Die Beziehung $E = k\sigma_n e_n$ werden wir später begründen.

Aufgabe 2.2/7 Feldstärke, Linienladung

a) Gegeben ist eine unendlich lange Linienladung in z-Richtung (Bild 2.2/7) von $-\infty < z < \infty$, die sich auf einem geraden, dünnen Leiter befindet. Bestimmen Sie die Feldstärke E in einem Punkt im Abstand r vom Leiter.

b) Wie ändern sich die Ergebnisse, wenn der Leiter nur die endliche Länge $-a < z < +a$ besitzt?

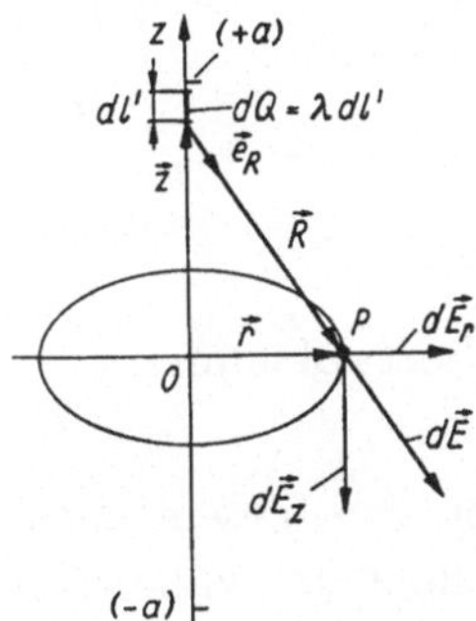

Bild 2.2/7

Hinweis: Ausgang ist die allgemeine Feldbeziehung einer Linienladung

$$E = k \int \frac{\lambda}{r^2} e_r\, \mathrm{d}l; \qquad [\lambda] = \frac{\text{C}}{\text{m}}.$$

Lösung:

a) Das Feld besitzt Zylindersymmetrie: Die Feldstärke ist unabhängig vom Azimutwinkel. Deswegen bietet sich die Einführung von Zylinderkoordinaten an. Wir gehen damit aus von

$$E = k \int_l \frac{\lambda}{R^2} \frac{R}{R}\, \mathrm{d}l', \tag{1}$$

wobei R variiert. Das Längenelement $\mathrm{d}l' = \mathrm{d}z$ liegt auf der z-Achse, λ ist unabhängig von z. Der Radiusvektor ist zugleich Abstandsvektor R von der Quelle zum Punkt P. Er lautet: $R = re_r - ze_z$. Das Ladungselement ist $\mathrm{d}Q = \lambda\,\mathrm{d}l' = \lambda\,\mathrm{d}z$. Damit folgt für die Teilfeldstärke

$$\mathrm{d}E = k\lambda\,\mathrm{d}z\, \frac{re_r - ze_z}{\left(r^2 + z^2\right)^{3/2}} = e_r\,\mathrm{d}E_r + e_z\,\mathrm{d}E_z$$

mit

$$\mathrm{d}E_r = \frac{k\lambda r\,\mathrm{d}z}{\left(r^2 + z^2\right)^{3/2}} \qquad \mathrm{d}E_z = \frac{-k\lambda z\,\mathrm{d}z}{\left(r^2 + z^2\right)^{3/2}}. \tag{2}$$

Dabei wurde $\mathrm{d}\boldsymbol{E}$ in die beiden Komponenten in r- und z-Richtung zerlegt. $\boldsymbol{e}_r$, $\boldsymbol{e}_z$ sind die zugehörigen Einheitsvektoren (Bild 2.2/7). Man sieht, daß aus Symmetriegründen zu jedem Ladungselement $\lambda\mathrm{d}z$ bei $+z$ ein solches bei $-z$ existiert. Es erzeugt die Feldbeiträge $\mathrm{d}E_r$ und $-\mathrm{d}E_z$, m.a.W. heben sich die Komponenten $\mathrm{d}E_z$ auf. So verbleibt:

$$\boldsymbol{E} = \boldsymbol{e}_r E_r = \boldsymbol{e}_r k\lambda r \int_{-\infty}^{\infty} \frac{\mathrm{d}z}{\left(r^2 + z^2\right)^{3/2}} = \boldsymbol{e}_r \frac{2k\lambda}{r}. \tag{3}$$

Die Integration erfolgt über den ganzen Stab ($-\infty < z < \infty$). Das Ergebnis gilt für die unendlich lange Linienladung: Die Feldstärke sinkt $\sim 1/r$ (Kugelladung $\sim 1/r^2$).

b) Linienladung endlicher Länge. Bei endlicher Länge der Linienladung ergibt sich (mit endlichen Integralgrenzen von $-a\ldots+a$) anstelle von Gl.(3)

$$\boldsymbol{E}_r = \boldsymbol{e}_r \frac{2\lambda ka}{\sqrt{r^2 + a^2}}. \tag{4}$$

Aufgabe 2.2/8 Potential, Spannung und Feldstärke typischer Felder

Kennt man die Feldstärke $\boldsymbol{E}$ in einem Punkt $\boldsymbol{r}$, so läßt sich diesem nach I/Gl.(2.9)ff. auch ein Potential $\varphi(\boldsymbol{r})$ zuordnen. Dabei muß über ein (willkürlich wählbares) Bezugspotential $\varphi(\boldsymbol{r}_\mathrm{B})$ entschieden werden. Für die Spannung U_AB zwischen zwei Punkten gilt $U_\mathrm{AB} = \varphi_\mathrm{A} - \varphi_\mathrm{B} = \int_\mathrm{A}^\mathrm{B} \boldsymbol{E}\cdot\mathrm{d}\boldsymbol{s}$ (I/Gl.(2.14)).

a) Bestimmen Sie den Potentialverlauf für ein homogenes Feld in x-Richtung (E positiv, negativ). Stellen Sie die Verläufe des Potentials und Feldes dar.

b) Der Bezugspunkt $x_0 = x_\mathrm{B}$ liege rechts. Welches Potential herrscht im Abstand r von einer Punktladung Q ($Q > 0$)?

c) Welches Potential herrscht im Abstand r von einer unendlich langen Linienquelle (Ladungsbelegung $\lambda > 0$)?

d) Bestimmen Sie die Feldstärken in folgenden Anordnungen: 1. zwischen zwei isolierenden parallelen Metallplatten (Abstand $d = 2\,\mathrm{cm}$), an denen eine Spannung $U = 100\,\mathrm{V}$ liegt, dto., wenn der Abstand auf $0,5\,\mathrm{mm}$ verringert wird.

2. Bestimmen Sie für eine Punktladung $Q = 1\,\mathrm{nAs}$ das Potential in den Punkten $r_\mathrm{A} = 10\,\mathrm{cm}$, $r_\mathrm{B} = 30\,\mathrm{cm}$ (Bezugspotential im Unendlichen Null) und die Spannung $U_\mathrm{AB} = \varphi_\mathrm{A} - \varphi_\mathrm{B}$ ($k = 9\cdot 10^9\,\mathrm{Vm/As}$).

3. In einer Batterie (Monozelle) Innenstiftdurchmesser $6\,\mathrm{mm}$, Außenzylinderdurchmesser $d_\mathrm{a} = 3\,\mathrm{cm}$, $U = 1,5\,\mathrm{V}$.

Lösung:

a) Homogenes Feld. Wir geben ein Feld $\boldsymbol{E}_x = E_x \boldsymbol{e}_x$ vor und erhalten (mit $\mathrm{d}\boldsymbol{x} = \boldsymbol{e}_x\,\mathrm{d}x$)

$$\varphi(x) - \varphi(x_{\mathrm{B}}) = \int_x^{x_{\mathrm{B}}} \boldsymbol{E}_x \cdot \mathrm{d}\boldsymbol{x} = \int_x^{x_{\mathrm{B}}} E_x \boldsymbol{e}_x \cdot \boldsymbol{e}_x\,\mathrm{d}x = \int_x^{x_{\mathrm{B}}} E_x\,\mathrm{d}x$$

$$= E_x(x_{\mathrm{B}} - x). \tag{1}$$

Für $\varphi(x_{\mathrm{B}}) = 0$ ergibt sich Verlauf (1) (Bild 2.2/8a), für Werte $\varphi(x_{\mathrm{B}}) > 0$ ist der Verlauf nach oben verschoben. Die Spannung $U_{x\mathrm{B}}$ wird

$$U_{x\mathrm{B}} = \varphi(x) - \varphi(x_{\mathrm{B}}) = E_x(x_{\mathrm{B}} - x). \tag{2}$$

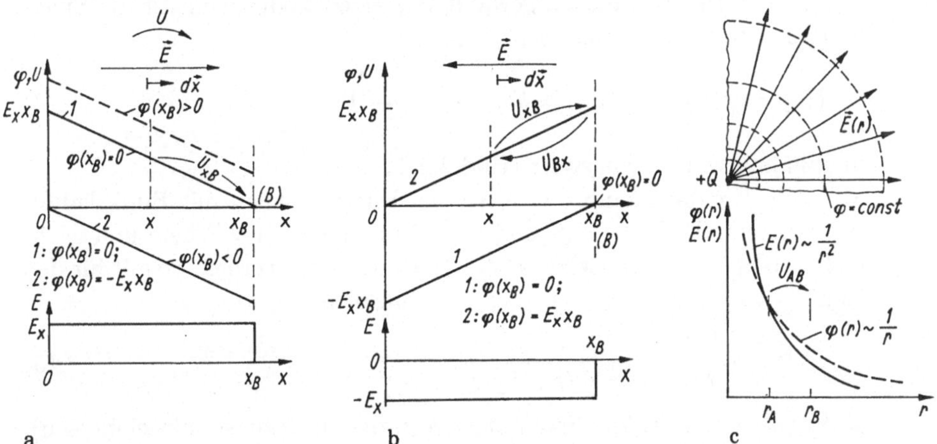

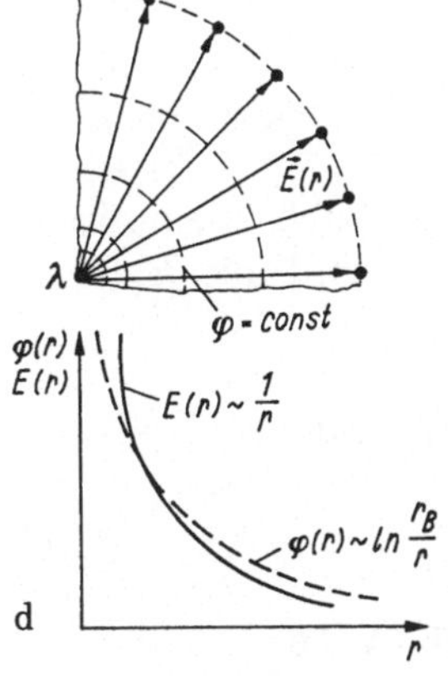

Bild 2.2/8

Sie ist im Bild (mit Richtungspfeil in Richtung der positiven Feldstärke) eingetragen. Die Spannung bleibt unabhängig von der Wahl des Bezugspunktes $\varphi(x_{\mathrm{B}})$. Bei negativer Feldrichtung $\boldsymbol{E} = -E_x \boldsymbol{e}_x$, $\mathrm{d}\boldsymbol{x} = \boldsymbol{e}_x\,\mathrm{d}x$ gilt

$$\varphi(x) - \varphi(x_{\mathrm{B}}) = \int_x^{x_{\mathrm{B}}} \boldsymbol{E}_x \cdot \mathrm{d}\boldsymbol{x} = -E_x(x_{\mathrm{B}} - x).$$

(Verlauf Bild 2.2/8b). Die Spannung $U_{xB} = -E_x(x_B - x)$ wird von Punkt x nach x_B negativ, also U_{Bx} positiv.

b) *Potential einer Punktladung* $(Q > 0)$. Das Potential, das von einer positiven Punktladung im Abstand r erzeugt wird, ist gegeben durch

$$\varphi(\boldsymbol{r}) - \varphi(\boldsymbol{r}_B) = \int_r^{r_B} \boldsymbol{E} \cdot \mathrm{d}\boldsymbol{s} = \int_r^{r_B} \frac{kQ}{r^2} \boldsymbol{e}_r \cdot \boldsymbol{e}_r \, \mathrm{d}r = -\frac{kQ}{r} \Big|_r^{r_B}$$

$$= kQ \left(\frac{1}{r} - \frac{1}{r_B} \right) \tag{3}$$

mit $\boldsymbol{E}_r$ nach Aufgabe 2.2/3 und $\mathrm{d}\boldsymbol{s} = \boldsymbol{e}_r \, \mathrm{d}r$, da das Feld radialsymmetrisch war (nur r-Komponente, Bild 2.2/8c). Häufig wird als Bezugspunkt $\varphi(r_B) = 0$ im Unendlichen gewählt $(r_B \to \infty)$. Allgemein ist die Spannung zwischen den Punkten $r_A > r_B$

$$U_{AB} = \varphi(\boldsymbol{r}_A) - \varphi(\boldsymbol{r}_B) = kQ \left(\frac{1}{r_A} - \frac{1}{r_B} \right) \tag{4}$$

unabhängig vom Bezugswert (Bild 2.2/8c).

Mit dem Ergebnis kann die bisher bei Feldproblemen mit Punktladungen auftretende Größe kQ (Ladung) durch die anschaulichere und leicht meßbare Spannung zwischen zwei Punkten ersetzt werden. So gilt für den Punkt r mit $U_{rB} = kQ(1/r - 1/r_B)$ schließlich

$$E_r(r) = \frac{kQ}{r^2} = \frac{U_{rB}}{r^2} \frac{1}{1/r - 1/r_B}. \tag{5}$$

Wird $r_B \to \infty$ gewählt (Spannung gegen diesen Bezugspunkt gemessen), so gilt

$$E_r(r) = \frac{U_{rB}}{r}.$$

Merke: Während die Feldstärke immer für einen Punkt gilt, ist die Spannung die Potentialdifferenz zwischen zwei Punkten!

c) *Potential einer Linienladung.* Das Potential, das sich durch eine positive, unendlich lange Linienladung im Abstand r ergibt, wird mit $E_r(r) = 2k\lambda/r \, \boldsymbol{e}_r$ (Aufgabe 2.2/7) und $\mathrm{d}\boldsymbol{s} = \boldsymbol{e}_r \, \mathrm{d}r$:

$$\varphi(\boldsymbol{r}) - \varphi(\boldsymbol{r}_B) = \int_r^{r_B} \boldsymbol{E} \cdot \mathrm{d}\boldsymbol{s} = 2k\lambda \int_r^{r_B} \frac{1}{r'} \boldsymbol{e}_r \cdot \boldsymbol{e}_r \, \mathrm{d}r'$$

$$= 2k\lambda \ln r \Big|_r^{r_B} = 2k\lambda \ln \frac{r_B}{r}. \tag{6}$$

Damit lautet die Spannung zwischen zwei Punkten r_A, r_B

$$U_{AB} = \varphi(\boldsymbol{r}_A) - \varphi(\boldsymbol{r}_B) = 2\lambda k \ln \frac{r_B}{r_A}. \tag{7}$$

So kann der Ladungsfaktor λ in Feldproblemen mit Linienladungen ebenfalls durch die Spannung ausgedrückt werden. Beispiel:

$$E_r(r) = \frac{2\lambda k}{r} = \frac{U_{AB}}{r \ln r_B/r_A}. \tag{8}$$

Das Feldbild der Linienquelle (Bild 2.2/8d) hat den gleichen qualitativen Verlauf wie die Punktquelle in der Ebene: radial nach außen verlaufende Feldstärkelinien (Ortsabfall schwächer), senkrecht dazu Kreise $\varphi = $ const. Durch die andere Ortsfunktion ergibt sich nur ein veränderter Abstand ausgewählter φ-Linien.

d) 1. Es liegt ein homogenes Feld vor mit $E = U/d = 50\,\mathrm{V/cm}$; für $d = 0,5\,\mathrm{mm} \to E = 2\,\mathrm{kV/cm}$. Vergleich: die Durchbruchsfeldstärke der Luft beträgt etwa $30\,\mathrm{kV/cm}$.

2. Das Feldstärke- und Potentialbild wurde im Bild 2.2/8c für ausgewählte Feldlinien dargestellt. Die E-Linien verlaufen radial von der Ladung ausgehend ($Q > 0$), die Potentiallinien stehen darauf stets senkrecht. Dies war eine allgemeine Eigenschaft eines Potentialfeldes (I/Gl.(2.11)). Die Potentiale lauten nach Gl. (3):

$$\varphi_A = Qk\frac{1}{r_A} = \frac{10^{-9}\,\mathrm{As}}{10}\,\frac{9\cdot10^9\,\mathrm{Vm}}{\mathrm{As}}\,\frac{1}{\mathrm{cm}} = 90\,\mathrm{V}$$

$$\varphi_B = 30\,\mathrm{V} \quad \text{(analog).}$$

Damit wird $U_{AB} = \varphi_A - \varphi_B = (90 - 30)\,\mathrm{V} = 60\,\mathrm{V}$.

3. Für das E- und φ-Feld in der Monozelle gilt das Modell der Linienladung. Wir denken uns die Ladung auf dem Innenleiter r_i sitzend, an der Stelle r_a einen Außenleiter mit der Gegenladung und erhalten mit Gl. (8)

$$E_r(r) = \frac{U_{AB}}{r\ln r_a/r_i}.$$

Den Höchstwert erreicht die Feldstärke am Innenleiter r_i:

$$E_r(r_i) = \frac{1,5\,\mathrm{V}}{3\,\mathrm{mm}\,\ln 15/3} = 0,31\,\frac{\mathrm{V}}{\mathrm{mm}} - 3,1\,\frac{\mathrm{V}}{\mathrm{cm}} = 310\,\frac{\mathrm{V}}{\mathrm{m}}.$$

Zum Vergleich: die Feldstärke, die dauernd auf den Menschen aufgrund atmosphärischer Quellen einwirkt, beträgt etwa $180\,\mathrm{V/m}$.

Aufgabe 2.2/9 Potentialüberlagerung

Gegeben sind zwei Punktladungen ($Q_1 = +10^{-12}\,\mathrm{As}$, $Q_2 = -10^{-11}\,\mathrm{As}$) in den Ecken eines Quadrates (Seitenlänge $l = 1\,\mathrm{m}$) sowie eine Linienladung auf der Gegenseite mit der Verteilung $\lambda = +10^{-11}\,\mathrm{As/m}$ (s. Bild 2.2/9). Bestimmen Sie das Potential im Zentrum P der Anordnung. Es gelte $k = 1/(4\pi\varepsilon_0) = 9\cdot10^9\,\mathrm{Vm/As}$.

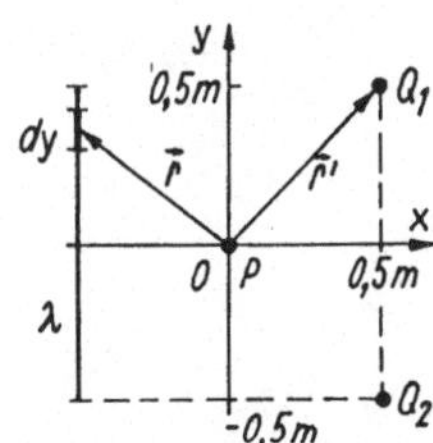

Bild 2.2/9

30   2 Elektrisches Feld

Hinweis: Für das von mehreren verteilten Quellen in einem Punkt entstehende Potential wenden wir den Überlagerungssatz I/Gl.(2.13) an: Jede Quelle erzeugt ein Teilpotential, das Gesamtpotential entsteht durch Überlagerung.

Lösung:
Das Potential zufolge der beiden Punktladungen ergibt sich nach Aufgabe 2.2/8 zu

$$\varphi_{\mathrm{P}_1} = k\left(\frac{Q_1}{r'} - \frac{|Q_2|}{r'}\right) = \frac{10^{-12} - 10^{-11}}{0,71\,\mathrm{m}} \cdot 9 \cdot 10^9 \frac{\mathrm{Vm}}{\mathrm{As}}\,\mathrm{As} = -0,114\,\mathrm{V}.$$

Die Linienladung trägt nach Aufgabe 2.2/8 mit dem Anteil[1]

$$\varphi_{\mathrm{P}_2} = k\int_{-0,5\,\mathrm{m}}^{0,5\,\mathrm{m}} \frac{10^{-11}\,\mathrm{As}\,dy}{\sqrt{0,5^2 + y^2}\,\mathrm{m}}$$

$$= 9 \cdot 10^9 \frac{\mathrm{Vm}}{\mathrm{As}} \cdot 10^{-11} \frac{\mathrm{As}}{\mathrm{m}} \ln\frac{\sqrt{2}+1}{\sqrt{2}-1} = 0,158\,\mathrm{V}$$

bei. Das Gesamtpotential lautet dann:

$$\varphi = \varphi_{\mathrm{P}_1} + \varphi_{\mathrm{P}_2} = (-0,114 + 0,158)\,\mathrm{V} = 44,6\,\mathrm{mV}.$$

Diskussion: Es wäre höchst unzweckmäßig, folgendermaßen vorzugehen:

- Bestimmung der von den Teilladungen herrührenden Feldstärken im Punkt P nach Richtung und Betrag (I/Gl.(2.6))
- vektorielle Überlagerung = vektorielle (!) Addition
- Bildung des Potentials durch Integration in Richtung des resultierenden Feldstärkevektors (I/Gl.(2.10), da die Linien φ = const. senkrecht auf den E-Linien steht).

Aufgabe 2.2/10 Potentialüberlagerung zweier Linienladungen

Eine relativ wichtige Ladungsverteilung ist die Anordnung zweier paralleler Linienladungen (gleich groß, aber entgegengesetztes Vorzeichen) in festem Abstand, weil dieses Gebilde eine typische Leiteranordnung der Elektrotechnik darstellt (Bild 2.2/10). Wir wollen nach dem Überlagerungsprinzip bestimmen:

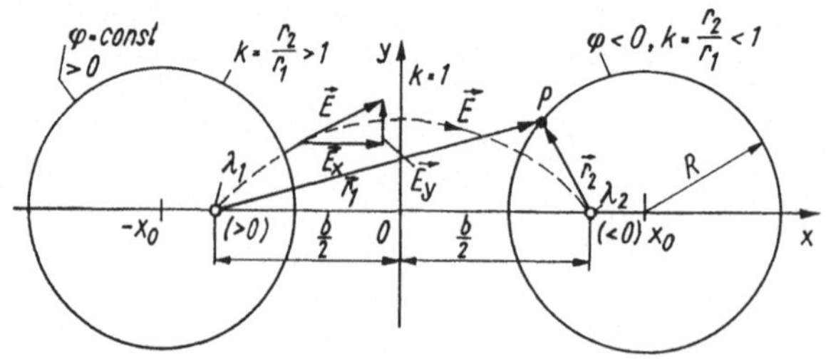

Bild 2.2/10

---

[1]Hinweis: Es gilt: $\int_{-b}^{b} \frac{dy}{\sqrt{a^2+y^2}} = \ln\frac{b+\sqrt{b^2+a^2}}{-b+\sqrt{b^2+a^2}}$.

a) die Feldverläufe,

b) das Potentialbild,

c) die minimale Feldstärke (anschaulich).

Lösung:

a) Nach dem Überlagerungssatz gehen von den beiden Linienladungen Feldlinien aus, die sich im Punkt P zur Gesamtfeldstärke überlagern. Da die
Potentialbestimmung (Aufgabe b) eine Integration über den resultierenden Feldvektor erfordert und $\boldsymbol{E}$ schwieriger zu ermitteln ist, bestimmen
wir zunächst das Potential und daraus die Feldstärke nach Richtung und
Betrag.

b) Das Potential einer Linienladung λ_1 im Abstand $\boldsymbol{r}_1(\boldsymbol{r}_2)$ beträgt $\varphi_{1/2} =$
$\lambda_{1/2}/(2\pi\varepsilon_0)\ln r_0/r_{1/2}$ gegenüber einem Bezugspunkt bei r_0. Für betrags-
gleiche Ladung $(\lambda_2 = -\lambda_1 = -\lambda)$ wird daraus

$$\varphi_{\text{ges}} = \varphi_1 + \varphi_2 = \frac{1}{2\pi\varepsilon_0}\left(\lambda_1 \ln\frac{r_0}{r_1} - \lambda_1 \ln\frac{r_0}{r_2}\right) = \frac{\lambda}{2\pi\varepsilon_0}\ln\frac{r_2}{r_1}. \tag{1}$$

Wir suchen zunächst die Äquipotentiallinien $\varphi =$ const. in der x-y-
Ebene definiert durch $r_2/r_1 = k$ (konstant), wobei k alle positiven Werte
durchläuft. Wegen der Symmetrie müssen nur die Kurven $0 < k < 1$
betrachten werden. Der Übergang zu kartesischen Koordinaten ergibt

$$r_1^2 = \left(x + \frac{b}{2}\right)^2 + y^2; \quad r_2^2 = \left(x - \frac{b}{2}\right)^2 + y^2. \tag{2}$$

Daraus folgt mit $r_2 = kr_1$ aufgelöst

$$\left(x - \frac{k^2+1}{k^2-1}\frac{b}{2}\right)^2 + y^2 = \left(\frac{kb}{k^2-1}\right)^2 = R^2.$$

Dies ist eine Schar exzentrischer Kreise in der x-y-Ebene mit den Radien

$$R = \left|\frac{kb}{k^2-1}\right|.$$

Ihre Mittelpunkte liegen im Abstand $x_0 = (k^2+1)/(k^2-1)\cdot b/2$ vom
Ursprung entfernt wie dargestellt auf der x-Achse.

c) *Feldstärke.* Die Gesamtfeldstärke $\boldsymbol{E} = E_x\boldsymbol{e}_x + E_y\boldsymbol{e}_y$ ergibt sich, indem
wir die entsprechenden partiellen Ableitungen

$$E_x = -\frac{\partial\varphi}{\partial x}; \qquad E_y = -\frac{\partial\varphi}{\partial y}$$

aus der Potentialfunktion $\varphi_{\text{ges}} = \varphi(x,y)$ bilden (I/Gl.(2.12)). Wir setzen $r_1(x,y)$, $r_2(x,y)$ nach Gl.(2) in Gl.(1) und erhalten (nach längerer
Rechnung) die gesuchte Funktion. Auf der Symmetrielinie $x = 0$ verschwindet E_y, wie aus dem Verlauf der $\boldsymbol{E}$-Linien hervorgeht. Dort ist
auch E_x minimal (s. Bild 2.2/5).

Aufgabe 2.2/11 Potential und Feldstärke

Für eine gegebene Potentialfunktion $\varphi = (x^3 + y^2 z)\,\text{V}/\text{m}^3$ bestimme man die Feldstärke E im Punkt $(4, 8, 6)\,\text{m}$ nach Betrag und Richtung.

Hinweis: Die Komponentenangabe x, y, z sei jeweils auf m normiert.

Lösung:

Wir bestimmen zunächst die Feldstärke allgemein (I/Gl.(2.12))

$$E = -(3x^2 e_x + 2yz e_y + y^2 e_z)\,\text{V}/\text{m}^3. \tag{1}$$

Im Punkt $(4, 8, 6)\,\text{m}$ wird daraus

$$E\,|_\text{P} = -(48 e_x + 96 e_y + 64 e_z)\,\text{V}/\text{m}.$$

Die Feldstärke E hat den Einheitsvektor

$$e_\text{E} = \frac{E}{|E|} = \frac{-(48 e_x + 96 e_y + 64 e_z)}{\sqrt{48^2 + 96^2 + 64^2}} = -0,384\,e_x - 0,768\,e_y - 0,51\,e_z \tag{2}$$

und den Betrag

$$E = \sqrt{48^2 + 96^2 + 64^2}\,\text{V}/\text{m} = 124,96\,\text{V}/\text{m}. \tag{3}$$

Diskussion: Da φ ein nichtlineare Ortsfunktion darstellt, hängt auch E (Gl.(1)) vom Ort ab. Es liegt ein inhomogenes Feld vor. Deshalb ändert sich Betrag und Richtung von E von Punkt zu Punkt.

Aufgabe 2.2/12 Potential, Spannung und Umlaufintegral

In einem Potentialfeld verschwindet das sog. Umlaufintegral $\oint E \cdot \text{d}s$.

a) Für ein homogenes Feld E_x (Bild 2.2/12) in einem x-y-System zeige man, daß $\oint E \cdot \text{d}s = 0$ erfüllt ist, wenn ein Umlauf längs der vier Punkte $\text{P}_1 \dots \text{P}_4$ gewählt wird.

b) Wie groß sind das Potential an der Stelle x und die potentielle Energie einer dort befindlichen Ladung Q?

c) Wie lautet die Spannung U_{12} zwischen zwei Punkten P_1, P_2 und die Differenz der potentiellen Energien der Ladung Q zwischen diesen Punkten?

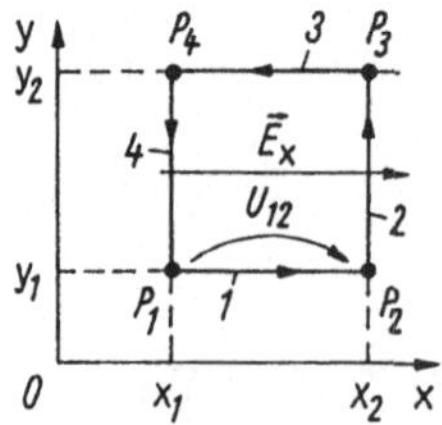

Bild 2.2/12

Hinweis: Wir zerlegen das Umlaufintegral in vier Wegintegrale längs der angegebenen Wege.

Lösung:

a) Die Aufteilung des Umlaufes auf einzelne Wegstrecken ergibt

$$\oint \boldsymbol{E}\cdot\mathrm{d}\boldsymbol{s} \;=\; \underbrace{\int_{P_1}^{P_2} \boldsymbol{E}_x\cdot\mathrm{d}\boldsymbol{x}}_{(1)} + \underbrace{\int_{P_2}^{P_3} \boldsymbol{E}_x\cdot\mathrm{d}\boldsymbol{y}}_{(2)}$$

$$+ \underbrace{\int_{P_3}^{P_4} \boldsymbol{E}_x\cdot\mathrm{d}\boldsymbol{x}}_{(3)} + \underbrace{\int_{P_4}^{P_1} \boldsymbol{E}_x\cdot\mathrm{d}\boldsymbol{y}}_{(4)}.$$

Die Anteile (2) und (4) verschwinden, da $\boldsymbol{E}\perp\mathrm{d}\boldsymbol{y}$. Da P_2, P_3 und P_1, P_4 jeweils gleiche x-Koordinaten haben, verbleiben mit $\mathrm{d}\boldsymbol{x} = \boldsymbol{e}_x\,\mathrm{d}x$, $\boldsymbol{E}_x = E_x\boldsymbol{e}_x$

$$\oint \boldsymbol{E}\cdot\mathrm{d}\boldsymbol{s} = \int_{x_1}^{x_2} E_x\,\mathrm{d}x + \int_{x_2}^{x_1} E_x\,\mathrm{d}x = 0.$$

Durch Umkehr der Grenzen heben sich beide Integrale auf.

b) Das Potential an der Stelle x beträgt (I/Gl.(2.10)):

$$\begin{aligned}\varphi(x) &= \varphi(0) - \int_0^x E_x\boldsymbol{e}_x\cdot\boldsymbol{e}_x\,\mathrm{d}x = \varphi(0) - E_x\cdot x \to \varphi_1 - \varphi_2\\ &= -E_x(x_1 - x_2).\end{aligned}$$

Die potentielle Energie lautet:

$$\begin{aligned}W(x) &= W(0) + Q(\varphi(x) - \varphi(0)) \to \Delta W = W_1 - W_2\\ &= Q\left(\varphi(x_1) - \varphi(x_2)\right).\end{aligned}$$

c) Spannung:

$$U_{12} = \varphi_1 - \varphi_2 \quad \text{und damit } W_1 - W_2 = QU_{12}.$$

2.3 Strömungsfeld

Aufgabe 2.3/1 Trägerbewegung

In einem Kupferdraht (Durchmesser $d = 1\,\mathrm{mm}$) fließt ein Gleichstrom $I = 0,5\,\mathrm{A}$.

a) Bestimmen Sie die Stromdichte (in Einheiten $\mu\mathrm{A}/\mu\mathrm{m}^2$, A/mm^2, $\mathrm{kA}/\mathrm{cm}^2$).
b) Wieviele Elementarladungen fließen pro Sekunde durch den Leiter?
c) Im Metall betrage die Trägerdichte $n = 8,5\cdot10^{22}\,\mathrm{cm}^{-3}$ (frei bewegliche Elektronen). Mit welcher Geschwindigkeit (sog. Driftgeschwindigkeit) bewegen sich die Ladungsträger?
d) Die Leitfähigkeit von Cu betrage $\varrho = 17,8\cdot10^{-3}\,\Omega\mathrm{mm}^2/\mathrm{m}$. Welche Beweglichkeit μ_n haben die Elektronen, welche Feldstärke muß demnach im Leiter herrschen?

Hinweis:

- Wir nehmen konstante Stromdichte an, weil die Leitfähigkeit eine reine Materialeigenschaft ist und nicht vom Querschnitt abhängt.
- Die Elektrizitätsmenge ist immer das Strom-Zeit-Produkt (s. I/Gl.(1.10)).
- Die Ladung pro Volumen (= Raumladungsdichte ϱ, I/Gl.(1.2)) ergibt sich zu Dichte $\cdot$ Elementarladung q; sie ist für Elektronen negativ.

Lösung:

a) Es gilt für die Stromdichte (da homogenes Feld vorliegt) $S = I/A = 4I/(\pi d^2) = 4 \cdot 0,5\,\mathrm{A}/(\pi \cdot 1\,\mathrm{mm}^2) = 0,636\,\mathrm{A/mm}^2 = 0,636\,\mu\mathrm{A}/\mu\mathrm{m}^2 = 0,0636\,\mathrm{kA/cm}^2$. Typische Stromdichtewerte in Leitern liegen zwischen $2\ldots10\,\mathrm{A/mm}^2$.

b) Die Zahl der transportierten Ladungen ergibt sich aus der Gesamtladung $Q = -Nq$. Sie wird als Strom I transportiert, also während der Zeitspanne $t_2 - t_1$

$$Q = \int_{t_1}^{t_2} I\,\mathrm{d}t = I \int_{t_1}^{t_2} \mathrm{d}t = I(t_2 - t_1) = -Nq \quad \text{oder}$$

$$N = \frac{Q}{|q|} = \frac{I(t_2 - t_1)}{q} = \frac{0,5\,\mathrm{A} \cdot 1\,\mathrm{s}}{1,6 \cdot 10^{-19}\,\mathrm{As}} = 3.65 \cdot 10^{18}.$$

Das ist die Zahl der pro Sekunde dahinfließenden Ladungsträger. Sie ist relativ groß. Auf die Stromflußrichtung und die Trägertransportgeschwindigkeit kommen wir später zurück; hier begnügen wir uns mit der Benutzung von $|q|$. (Die Elektronenladung $e = -q$ ist negativ.)

c) Die Träger haben die Dichte $n = N/V$. Die transportierte Ladungswolke bewegt sich mit der Geschwindigkeit v und legt dabei die Wegstrecke $\Delta l = v \cdot \Delta t$ zurück. Auf diese Weise wird die Gesamtladung $\Delta Q = n|q|A\Delta l$ durch den Querschnitt A "geschoben" (s. I/Bild 1.5). Pro Zeitspanne fließt dann der Strom

$$I = \frac{\mathrm{d}Q}{\mathrm{d}t} \approx \frac{\Delta Q}{\Delta t} = n|q|A\frac{\Delta l}{\Delta t} = n|q|Av$$

oder

$$v = \frac{I}{n|q|A} = \frac{0,5\,\mathrm{A}}{8,5 \cdot 10^{22}\,\mathrm{cm}^{-3} \cdot 1,6 \cdot 10^{-19}\,\mathrm{As}\,\pi \cdot 1\,\mathrm{mm}^2}$$

$$= 1,17 \cdot 10^{-3}\,\mathrm{cm/s}.$$

Diese sehr niedrige Geschwindigkeit überrascht, vermutet man doch einen viel höheren Wert. Die Erklärung ergibt sich durch zwei Sachverhalte: die hohe Trägerkonzentration n ($\approx 10^{22}\,\mathrm{cm}^{-3}$) sowie die Tatsache, daß es sich bei v um die mittlere Geschwindigkeit einer Ladungsträgerwolke handelt. Dem überlagert ist die hohe Geschwindigkeit, mit der Ladungsträger noch eine statistische Bewegung, herrührend von der Geschwindigkeitsverteilung vollführen. Sie äußert sich im Rauschen.

d) Nach I/Gl.(2.16) folgt als Beweglichkeit der Elektronen (ϱ: spezifischer Widerstand):

$$\mu_n = \frac{\kappa}{qn} = \frac{1}{q\varrho n} = \frac{1\,\mathrm{A} \cdot \mathrm{m} \cdot \mathrm{cm}^3}{1,6 \cdot 10^{-19}\,\mathrm{As} \cdot 17,3 \cdot 10^{-3}\,\mathrm{V} \cdot \mathrm{mm}^2 \cdot 8,5 \cdot 10^{22}}$$

$$= 42,5\,\frac{\mathrm{cm}^2}{\mathrm{Vs}}.$$

Die Feldstärke E ergibt sich entweder über die berechnete Geschwindigkeit und die Beweglichkeit oder die Stromdichtebeziehung $S = \kappa E$ (I/Gl.(2.19)). Wir erhalten $E = S/\kappa = \varrho S = 63,6\,\mathrm{A/cm}^2 \cdot 17,3 \cdot 10^{-9}\,\Omega \cdot \mathrm{m} = 110 \cdot 10^{-6}\,\mathrm{V/cm}$. Es genügt bereits eine geringe Feldstärke, um den Strom durch einen Metalldraht zu führen.

Aufgabe 2.3/2 Stromdichte, inhomogene

Ein Elektronenstrahl vom Kreisquerschnitt A führe den Strom I. Die Stromdichte ($\sim$ Trägerdichte) sinkt vom Kern her von einem Wert S_0 im Zentrum quadratisch mit r ab, am Außenrand gelte S_a (r_a gegeben). Zahlenwerte: $S_0 = 1\,\mathrm{A/mm}^2$, $S_\mathrm{a} = 0,5\,\mathrm{A/mm}$; Strahlradius $r_\mathrm{a} = 10\,\mu\mathrm{m}$.

a) Skizzieren Sie den Verlauf $S(r)$ und geben Sie die analytische Beziehung an.

b) Welcher Strom I wird insgesamt durch den Elektronenstrahl geführt?

c) Wie groß wäre I, falls über den Querschnitt konstante Stromdichte gleich S_0 herrschen würde?

Lösung:

a) Es gilt der skizzierte Verlauf (Bild 2.3/2a) mit dem Ansatz: $S(r) = S_0 - ar^2$. Die Größe a wird aus $S(r_\mathrm{a}) = S_\mathrm{a}$ für $r = r_\mathrm{a}$ bestimmt zu

$$a = -\frac{S_\mathrm{a} - S_0}{r_\mathrm{a}^2},$$

d.h.

$$S(r) = S_0 - \frac{S_0 - S_\mathrm{a}}{r_\mathrm{a}^2} r^2.$$

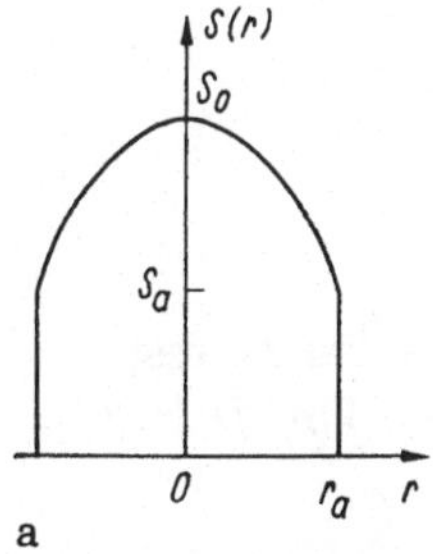

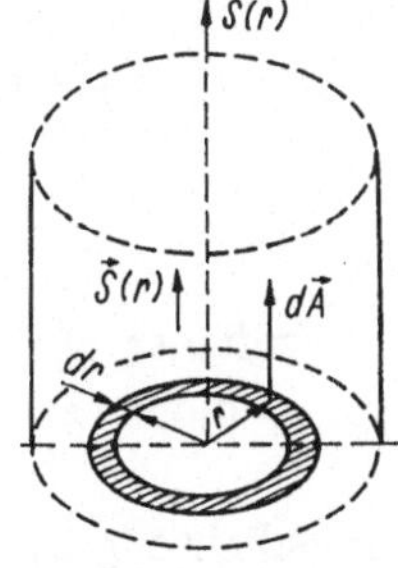

Bild 2.3/2

b) Der Strom beträgt wegen der inhomogenen Stromdichte $S(r)$

$$I = \int_0^{r_\mathrm{a}} \boldsymbol{S}(r) \cdot \mathrm{d}\boldsymbol{A} = \int_0^{r_\mathrm{a}} S(r) \cdot 2\pi r\, \mathrm{d}r, \qquad (\boldsymbol{S} \parallel \mathrm{d}\boldsymbol{A})$$

da $\mathrm{d}A(r) = 2\pi r\, \mathrm{d}r$. Wir haben als Querschnittelement $\mathrm{d}A$ einen Ring der Breite $\mathrm{d}r$ mit dem Umfang $2\pi r$ angesetzt (Bild 2.3/2b). Damit wird

$$\begin{aligned}
I &= 2\pi \int_0^{r_\mathrm{a}} \left(S_0 - \frac{S_0 - S_\mathrm{a}}{r_\mathrm{a}^2} r^2 \right) r\, \mathrm{d}r = 2\pi \left(\frac{S_0 r_\mathrm{a}^2}{2} - \frac{S_0 - S_\mathrm{a}}{r_\mathrm{a}^2} \frac{r_\mathrm{a}^4}{4} \right) \\
&= \pi r_\mathrm{a}^2 \frac{S_0 + S_\mathrm{a}}{2}.
\end{aligned}$$

Das Ergebnis kann interpretiert werden als Leiterquerschnitt πr_a^2, der mit dem arithmerischen Mittel der Stromdichte belastet ist. Zahlenwert: $I = \pi(10\,\mu\mathrm{m})^2 \cdot 1,5\,\mathrm{A}/(2\,\mathrm{mm}^2) = 0,94\,\mathrm{mA}$.

c) für $S_\mathrm{a} = S_0$ wird $I = \pi r_\mathrm{a}^2 S_0 = A S_0$, homogenes Strömungsfeld.

Hinweis: Die tatsächliche Stromdichte in einem Elektronenstrahl verläuft etwa nach einer Gaußverteilung; wir haben dies bewußt beiseite gelassen.

Aufgabe 2.3/3 Stromdichte, Strom, Raumladungsverteilung

Gegeben ist ein langer, stromdurchflossener Zylinder (Querschnitt A, Außenradius r_a) (in z-Richtung orientiert, vgl. Bild 2.3/3a) durch den Ladungsträger mit der Geschwindigkeit $\boldsymbol{v} = \boldsymbol{v}_z = v_z(z)\boldsymbol{e}_z$ fließen. Ihre Geschwindigkeit soll $\sim z$ wachsen: $v_z(z) = k_0 z$ ($k_0 = 4 \cdot 1/\mathrm{s}$). Dabei fließt der Strom I durch den (schlechten) Leiter.

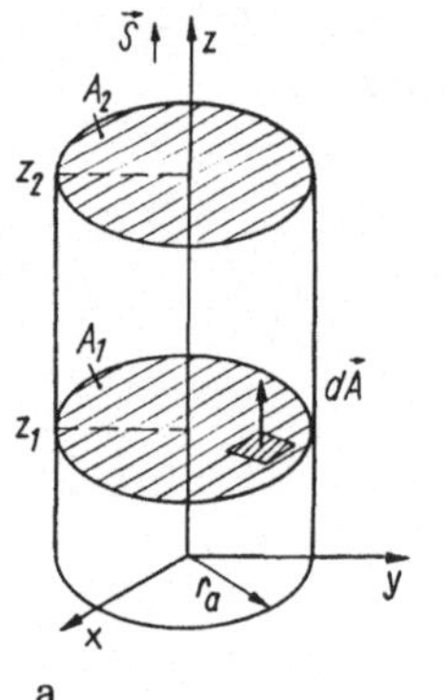

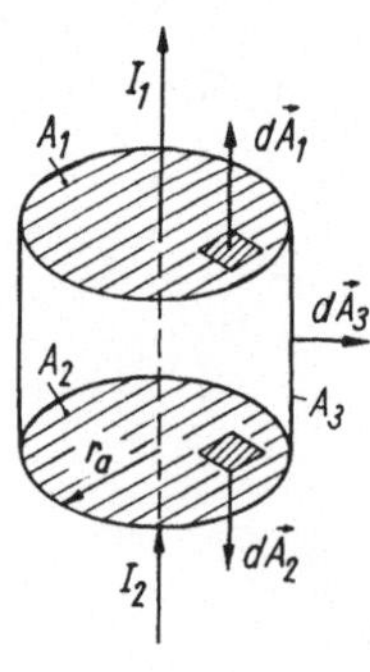

Bild 2.3/3

a) Man berechne die Raumladungsdichte $\varrho(z)$ an den Stellen z_1 resp. z_2, wenn dort der Strom I_1 resp. I_2 fließt ($z_1 = 2\,\mathrm{m}$, $z_2 = 4\,\mathrm{m}$, $I_1 = I_2 = 2\pi\,\mu\mathrm{A}$).

b) Wie groß ist die Raumladungsdichte $\varrho(z)$ allgemein, wenn der Strom $I(z) = 2\pi\,\mu\mathrm{A}$ unabhängig von z ist?

c) Welche Stromdichte S ergibt sich?

d) Man berechne $\oint S \cdot \mathrm{d}A$ für einen Zylinder, der von der Fläche bei z_1 und z_2 und der Außenberandung des Leiters bestimmt ist.

Lösung:

a) Wir nehmen an, daß die Stromdichte S über den stromdurchflossenen Querschnitt - ein Kreis parallel zur x-y-Ebene - konstant ist, aber zunächst von z abhängig zugelassen werde. Dann gilt nach I/Gl.(2.17)

$$I = I(z) = \int_A S \cdot \mathrm{d}A = \int_A \varrho(z) v_z \cdot \mathrm{d}A.$$

Als Flächenelement $\mathrm{d}A$ wählen wir einen Kreisring der Breite $\mathrm{d}r$ vom Umfang $2\pi r$, dessen Normalenvektor in die z-Achse zeigt: $\mathrm{d}A = e_z\,\mathrm{d}A = e_z 2\pi r\,\mathrm{d}r$. Da $\varrho(z)$ und $v(z)$ nicht von x, y abhängen und $v = v_z e_z$ parallel zur z-Achse verläuft, wird

$$\begin{aligned}
I &= \int_0^{r_\mathrm{a}} \varrho(z) v_z(z) e_z \cdot e_z\, 2\pi r\,\mathrm{d}r = \varrho(z) v_z(z) \int_0^{r_\mathrm{a}} 2\pi r\,\mathrm{d}r \\
&= \pi \varrho(z) v_z(z) r_\mathrm{a}^2
\end{aligned}$$

oder

$$\varrho(z) = \frac{I}{\pi v_z(z) r_\mathrm{a}^2} = \frac{I}{\pi k_0 z r_\mathrm{a}^2} \;\rightarrow\; \varrho(z_1) = \frac{2\,\mu\mathrm{As}}{4 \cdot 2\,\mathrm{m} \cdot (0,1\,\mathrm{m})^2} = 25\,\frac{\mu\mathrm{As}}{\mathrm{m}^3},$$

analog bei $z_2 = 4\,\mathrm{m}$:

$$\varrho(z_2) = \frac{2\,\mu\mathrm{As}}{4 \cdot 4\,\mathrm{m} \cdot (0,1\,\mathrm{m})^2} = 12,5\,\frac{\mu\mathrm{As}}{\mathrm{m}^3}.$$

Trotz gleichen Stromes sinkt die Raumladungsdichte mit wachsendem z ab, weil die Geschwindigkeit v_z anwächst.

b) Die z-Abhängigkeit der Raumladungsdichte $\varrho(z)$ lautet allgemein:

$$\varrho(z) = \frac{1}{z}\frac{I}{k_0 \pi r_\mathrm{a}^2}.$$

c) Die Stromdichte S beträgt

$$\begin{aligned}
S &= S_z = v_z \varrho(z) = \varrho(z) v_z(z) e_z = \frac{I}{k_0 \pi z r_\mathrm{a}^2} k_0 z e_z = \frac{I}{\pi r_\mathrm{a}^2} e_z = S_0 e_z \\
&= 200\,\mu\mathrm{A/m}^2 e_z.
\end{aligned}$$

Sie ist unabhängig von z, ebenso wie der Strom.

d) Das sog. Hüllintegral (I/Gl.(2.23)) bedeutet anschaulich, daß wir eine "Umhüllung" = Oberfläche (hier eines Zylinders) zu bilden haben, der von den beiden "Deckeln" (A_1, A_2) und der Mantelfläche A_3 umschlossen wird (Bild 2.3/3b). Daher gilt

$$\oint \boldsymbol{S} \cdot \mathrm{d}\boldsymbol{A} = \int_{A_1} \boldsymbol{S} \cdot \mathrm{d}\boldsymbol{A} + \int_{A_2} \boldsymbol{S} \cdot \mathrm{d}\boldsymbol{A} + \int_{A_3} \boldsymbol{S} \cdot \mathrm{d}\boldsymbol{A}$$

$$= \underbrace{\int_0^{r_a} S_0 \boldsymbol{e}_z \cdot \boldsymbol{e}_z 2\pi r \,\mathrm{d}r}_{I_1} + \underbrace{\int_0^{r_a} S_0 \boldsymbol{e}_z \cdot (-\boldsymbol{e}_z) 2\pi r \,\mathrm{d}r}_{I_2}$$

$$+ \underbrace{\int_{z_1}^{z_2} S_0 \boldsymbol{e}_z \cdot \boldsymbol{e}_r 2\pi r_a \,\mathrm{d}z}_{I_3} = 0.$$

Das erste Integral ist aus der vorherigen Aufgabe verständlich, das zweite über die Bodenfläche A_2 hat einen Normalenvektor, der senkrecht auf der Fläche "nach außen" zeigt und damit entgegengesetzt zur Stromdichte $\boldsymbol{S}$ negatives Vorzeichen besitzt. Für die Fläche A_3 wählen wir als Flächenelement $\mathrm{d}\boldsymbol{A}_3$ einen Zylinder vom (konstanten) Umfang $2\pi r_a$ und der Höhe $\mathrm{d}z$, dessen Normalenvektor in r-Richtung weist. Wegen $\boldsymbol{e}_z \cdot \boldsymbol{e}_r = 0$ liefert I_3 keinen Beitrag. Weil $I_1 = -I_2$, verschwindet $\oint \boldsymbol{S} \cdot \mathrm{d}\boldsymbol{A}$ insgesamt. Dies ist nichts anderes als der Knotensatz: betrachten wir den Zylinder als "Knoten", so fließen die Ströme I_1 ($I_3 = 0$) weg, der Strom I_2 zu und es gilt $\sum_\nu I = 0 = I_1 + \underbrace{I_3}_{0} - I_2$.

Aufgabe 2.3/4 Stromdichte, Strom

In einem Querschnitt (Bild 2.3/4) begrenzt durch $r_1 \leq r \leq r_2$, $0 \leq z \leq z_0$ existiere eine Stromdichte $\boldsymbol{S} = S_0 \exp(-r/R_0)\boldsymbol{e}_\varphi$ ($r_1 = 2\,\mathrm{cm}$, $r_2 = 4\,\mathrm{cm}$, $R_0 = 2\,\mathrm{cm}$), $S_0 = 20\,\mathrm{A/m^2}$, $z_0 = 10\,\mathrm{cm}$. Bestimmen Sie den Strom durch die Fläche des angegebenen Gebietes in einer Ebene $\varphi = $ const. allgemein und für die angegebenen Zahlenwerte.

Hinweis: Man verwende Zylinderkoordinaten und überlege zunächst die Lage der durchströmten Fläche und den Stromdichtevektor.

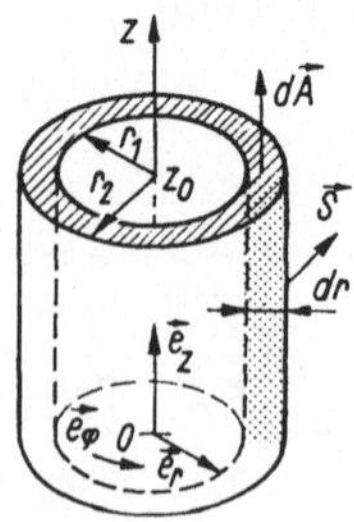

Bild 2.3/4

Lösung:

Die Anordnung stellt einen Zylindermantel (Höhe z_0), Wanddicke $r_2 - r_1$ mit der Achse im Zentrum des Zylinderkoordinatensystems dar. Die durchströmte Fläche bei $\varphi = $ const. ist damit ein Rechteck $\mathrm{d}\boldsymbol{A} = z_0 \,\mathrm{d}r\boldsymbol{e}_\varphi$, dessen Normalenvektor (wegen $\varphi = $ const.) in die φ-Richtung weist. Die Stromdichte $\boldsymbol{S}$

zeigt ebenfalls in φ-Richtung (offensichtlich handelt es sich um einen Strom, der im Zylindermantel fließt), wobei S von r abhängt. Wir erhalten:

$$I = \int_A \boldsymbol{S} \cdot \mathrm{d}\boldsymbol{A} = \int_{r_1}^{r_2} S_0 \exp\frac{-r}{R_0} z_0 \boldsymbol{e}_\varphi \cdot \boldsymbol{e}_\varphi \, \mathrm{d}r = S_0 z_0 \int_{r_1}^{r_2} \exp\frac{-r}{R_0} \, \mathrm{d}r$$

$$= S_0 z_0 R_0 \left(\exp\frac{-r_1}{R_0} - \exp\frac{-r_2}{R_0} \right)$$

$$= 20\,\mathrm{A/m^2} \cdot 0,1\,\mathrm{m} \cdot 2 \cdot 10^{-2}\,\mathrm{m} \cdot (\exp-1 - \exp-2) = 9,3\,\mathrm{mA}.$$

Aufgabe 2.3/5 Stromdichte

Gegeben ist ein von einem konstanten Strom durchflossener Leiter. Der Querschnitt A ändert sich von $A(0) = A$ (bei $x = 0$) auf $A(l) = kA$ bei $x = l$ (Bild 2.3/5a).

a) Bestimmen Sie die Stromdichte $S(x)$ als Funktion des Ortes und stellen Sie den normierten Verlauf $S(x)/S(0)$ über x dar.
b) Skizzieren Sie den Verlauf der Strömungslinien.
c) Welche Feldstärke $E(x)$ stellt sich längs des Leiters ein?
d) Wie ändern sich die Ergebnisse für einen kreisförmigen Leiter, dessen Durchmesser linear über dem Ort ansteigt?

Hinweis: Die spezielle Gestalt des Querschnittes ist für die Aufgabe unerheblich. Formulieren Sie zunächst $A(x)$.

Lösung:

a) Bild 2.3/5a zeigt die Anordnung. Es gilt z.B. für die Stelle x:

$$A(x) = A \left(1 + (k-1)\frac{x}{l} \right)$$

mit $A(0) = A$ bei $x = 0$ und $A(l) = kA$ bei $x = l$. Damit lautet die Stromdichte:

$$S(x) = \frac{I}{A(x)} = \frac{I}{A(1 + (k-1) \cdot x/l)}.$$

Mit $S_0 = I/A$ folgt als normierte Darstellung

$$\frac{S(x)}{S_0} = \frac{I}{1 + (k-1) \cdot x/l}.$$

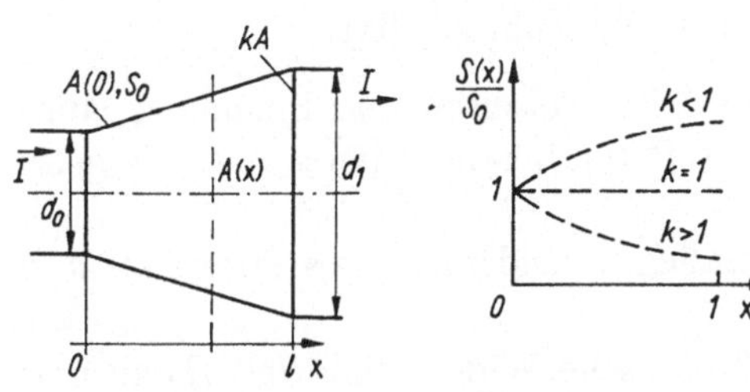

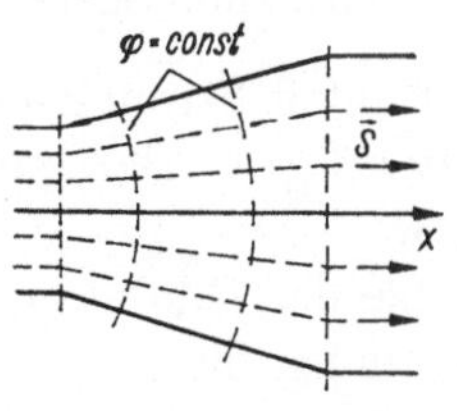

Bild 2.3/5

Bild 2.3/5b zeigt den Verlauf. Bei Querschnittszunahme sinkt, bei Abnahme steigt die Stromdichte. Dies entspricht dem Wesen der Stromdichte für einen vom konstanten Strom durchflossenen Leiter.

b) Der Verlauf der Strömungslinien wurde in Bild 2.3/5c dargestellt. Nach dem Wissen um Feldbilder (Abschn. 2.1) wird der Abstand ausgewählter Strömungslinien nach rechts größer, weil S abnimmt. Da die Linien streng genommen nicht parallel verlaufen, liegt ein inhomogenes Strömungsfeld vor.

c) Die Feldstärke E ist nach I/Gl.(2.19) der Stromdichte proportional, deshalb stimmt ihr Verlauf mit dem von $S(x)$ überein:

$$E(x) = \frac{S(x)}{\kappa}.$$

Würde beispielsweise die Leitfähigkeit κ ortsabhängig gemacht (in Halbleitern ist dies in bestimmter Weise möglich), so könnte bei gleicher Ortsfunktion $S(x) \sim \kappa(x)$ eine konstante Feldstärke erreicht werden. Wir werden dieses Ergebnis später bei der Widerstandsberechnung verwenden.

d) Ändert sich nicht der Querschnitt, sondern der Durchmesser $d(x)$ von d_0 (bei $x = 0$) auf $k'd_0$ (bei $x = l$), so gilt zunächst (mit $k' = d_1/d_0$)

$$d(x) = d_0 + (d_1 - d_0)\frac{x}{l} = d_0 \left(1 + (k' - 1)\frac{x}{l}\right).$$

Damit lautet die Stromdichte

$$S(x) = \frac{I}{A(x)} = \frac{4\,I}{\pi d^2(x)} = \frac{S_0}{\left(1 + (k' - 1) \cdot x/l\right)^2} \quad \text{mit} \quad S_0 = \frac{4\,I}{\pi d_0^2(x)}.$$

Bei gleichem k-Faktor ($k = k'$) erfolgt der Abfall jetzt stärker als bei linearer Flächenzunahme. Alle weiteren Betrachtungen gelten sinngemäß.

Hinweis: In Aufgabe b) wurden Stromdichtelinien dargestellt, die sich nach rechts öffnen. Deshalb gibt es einen geringen Unterschied zwischen der S-Linie und der Flächennormalen - oder als Umkehrschluß - die Querschnittsfläche muß leicht gewölbt sein, damit $S\|\mathrm{d}\boldsymbol{A}$. Letzteres ist bei genaueren 2d-Feldberechnungen der Fall.

Aufgabe 2.3/6 Strömungsfeld. Einfluß von Trennflächen

Gegeben sei ein aus zwei verschiedenen Materialien ($\kappa_1/\kappa_2 = 1/2$) zusammengesetzter (rechteckförmiger) Leiter, der vom Strom I in Längsrichtung durchflossen wird (homogenes Strömungsfeld, Bild 2.3/6a).

a) Wie verlaufen Stromdichte, Feldstärke, Potential und Spannung längs des Leiters? (Der Bezugspunkt des Potentials liege bei $x = l$.) Es gelte $d_1 = l/3$.

b) Stellen Sie das Feldbild der Stromdichte, Feldstärke, des Potentials und der Spannung dar.

c) Ordnen Sie den Teilgebieten 1, 2 ohmsche Widerstände R_1, R_2 zu und berechnen Sie die Teilspannungen U_1, U_2.

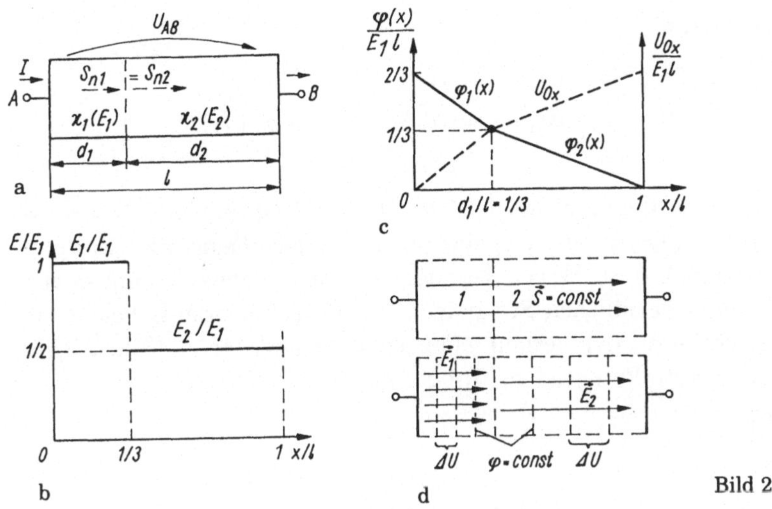

Bild 2.3/6

Hinweis: Im Leiterkreis fließt überall der gleiche Strom, bei gleichem Querschnitt herrscht überall die gleiche Stromdichte (homogenes S-Feld).

Lösung:

a) Es liegt ein homoges Strömungsfeld vor, d.h. $A(x) = $ const. und damit auch $S(x) = $ const.: $S_1 = S_2 = $ const. Tangentialkomponenten von S treten daher nicht auf (s. Gl.I/(2.25)). Damit gilt an der Grenzfläche $S_{n1} = S_{n2}$ oder $\kappa_1 E_1 = \kappa_2 E_2$ oder $E_1/E_2 = \kappa_2/\kappa_1 = 2/1$, und es entsteht ein Feldstärkesprung im Verhältnis 2 : 1. Da die Feldstärke E in den Teilgebieten konstant ist (Bild 2.3/6b), muß das Potential $\varphi(x)$ linear vom Ort abhängen. Wird $\varphi_2(l)$ als Potentialbezug gewählt, so gilt im Gebiet 2 ($E_x = E_2$)

$$\varphi_2(x) - \varphi_2(l) = \int_x^l E_x \, dx = E_2(l - x) = E_2 l(1 - x/l) \qquad d_1 \leq x \leq l$$

mit $\varphi_2(l) = 0$ und $\varphi_2(d_1) = E_2 l(1 - d_1/l) = E_2 l(d_2/l) = E_2 d_2$. Wir normieren das Potential auf $E_1 l$ und erhalten

$$\frac{\varphi_2(x)}{E_1 l} = \frac{E_2}{E_1}\left(1 - \frac{x}{l}\right) = \frac{1}{2}\left(1 - \frac{x}{l}\right) \quad \text{mit} \quad \varphi_2(d_1) = \frac{1}{3}E_1 l.$$

Im Abschnitt 1 ($0 \leq x \leq d_1$) gilt analog

$$\varphi_1(x) - \varphi_1(d_1) = \int_x^{d_1} E_1 \, dx = E_1(d_1 - x)$$

mit $\varphi_1(d_1) = E_2 d_2$, weil das Potential an der Grenzfläche bei d_1 stetig an das Potential des Gebietes 2 anschließen muß: $\varphi_1(d_1) = \varphi_2(d_2)$. Für

$x = 0$ wird dann

$$\varphi_1(0) - \varphi_1(d_1) = E_1 d_1 \quad \text{bzw.}$$
$$\varphi_1(0) = E_1 d_1 + \varphi_1(d_1) = E_1 d_1 + \varphi_2(d_1)$$
$$= E_1 d_1 + E_2 d_2 = U_{AB}.$$

Würde sich das Potential an der Trennfläche d_1 sprunghaft ändern, so entspräche dem ($E = -\mathrm{d}\varphi/\mathrm{d}x$) eine unendlich hohe Feldstärke, was physikalisch unmöglich ist. Wegen des endlichen Feldsprunges kommt es vielmehr zu unterschiedlichen Steigungen des Potentialverlaufs beiderseits der Trennfläche d_1, der Verlauf $\varphi(x)$ selbst ist aber stetig (Bild 2.3/6b, c). Das normierte Potential $\varphi_1(0)$ beträgt

$$\frac{\varphi_1(0)}{E_1 l} = \frac{d_1}{l} + \frac{E_2}{E_1}\frac{d_2}{l} = \frac{2}{3}.$$

Wir erhalten aus dem Ergebnis auch sofort

$$\frac{U_{AB}}{I} = \frac{E_1 d_1 + E_2 d_2}{l} = \frac{E_1 d_1 + E_2 d_2}{SA} = \frac{d_1}{\kappa_1 A} + \frac{d_2}{\kappa_2 A} = R_1 + R_2,$$

da $E = S/\kappa$, also die Reihenschaltung zweier Widerstände. Die Potentialdifferenz $\varphi(x) - \varphi(l) = U_{xl}$ ist die Spannung zwischen Punkt x und l in Richtung der Feldstärke, also des Potentialgefälles.
Die Spannung U_{0x} zwischen Punkt $x = 0$ und x

$$U_{0x} = \varphi_1(0) - \varphi_1(x) = \varphi_1(0) - U_{xl} - \varphi_2(l)$$
$$= \underbrace{\varphi(0) - \varphi(l)}_{U_{AB}} - U_{xl}$$

stellt das Komplement von U_{xl} zu U_{AB} dar. Würde man den Spannungsverlauf mit einem Spannungsmesser verfolgen (mit beweglichem Bezugspunkt P), so stellt U_{0x} den gespiegelten Verlauf des Potentials dar. Wir erhalten für den normierten Verlauf (Bild 2.3/6c)

$$\frac{U_{0x}}{E_1 l} = \frac{\varphi_1(0) - \varphi_1(x)}{E_1 l} = \frac{x}{l} \qquad 0 \le x \le d_1.$$

Für den Bereich $d_1 \le x \le l$ ergibt sich ein Verlauf

$$\frac{U_{0x}}{E_1 l} = \frac{\varphi_1(0) - \varphi_1(d_1) + \varphi_2(d_2) - \varphi_2(x)}{E_1 l} = \frac{2}{3} - \frac{E_2}{E_1}\left(1 - \frac{x}{l}\right).$$

b) Zur Darstellung des Feldbildes gehen wir von ausgewählten S-Linien aus, die beide Gebiete parallel (Bild 2.3/6d) durchsetzen. Ihnen entspricht im Gebiet 2 eine bestimmte ausgewählte Feldstärkeliniendichte. Im Gebiet 1 gilt $E_1 = 2E_2$: doppelte Anzahl ausgewählter E-Linien gegenüber Gebiet 2. Die Potentiallinien stehen senkrecht auf den E-Linien. Dabei entstehen "gleiche Kästchen". Im Gebiet 1 gibt es wegen der doppelten E-Liniendichte auch die doppelte Dichte der φ-Linien.

c) Aus Teilaufgabe a) übernehmen wir

$$U_{AB} = E_1 d_1 + E_2 d_2.$$

Division durch den Strom $I = SA$ (A Querschnittsfläche) und die Stromdichtebeziehung $S = \kappa_1 E_1 = \kappa_2 E_2$ ergibt mit der Widerstandsdefinition R_{AB} (Gl.(I/2.32))

$$R_{AB} = \frac{U_{AB}}{I} = \frac{E_1 d_1 + E_2 d_2}{SA} = \frac{d_1 E_1}{\kappa_1 E_1 A} + \frac{d_2 E_2}{\kappa_2 E_2 A} = R_1 + R_2$$

mit den Teilspannungen $U_1 = IR_1$, $U_2 = IR_2$ in Richtung des elektrischen Feldes.

Diskussion: Die drei Teilaufgaben machen den Unterschied zwischen der Feldbetrachtung (a, b) (I/Abschn. 2.3) und den sog. Integralgrößen U, I, R (I/Abschn. 2.4) des Strömungsfeldes deutlich. Mit der Feldbetrachtung (Größen E, S, φ) können wir die Feldverhältnisse an jedem Ort x des Feldes beschreiben, die Globalbeschreibung gibt nur Auskunft über das Verhalten zwischen "Verbindungsstellen" (= Grenzfläche = Potentialflächen bei $x = 0$, d_1, l), wobei für das jeweilige Gebiet der Widerstandsbegriff eingeführt wird.

Aufgabe 2.3/7 Inhomogenes Strömungsfeld

Gegeben ist ein kegelförmiger Übergang mit unterschiedlichen Leitfähigkeiten zwischen zwei Leitern mit den Kreisdurchmessern d_1, d_2 (Länge l_1, l_2, l_3, Bild 2.3/7a). Durch den Leiter fließt der Strom I. Es gelte $l_2 \gg (d_2 - d_1)$. Im Gebiet 2 soll der Querschnitt über der Länge x linear von A_1 (bei $x = l_1$) auf A_2 (bei $x = l_2$) anwachsen (vgl. Aufg. 2.3/5. $A_2 = kA_1$).

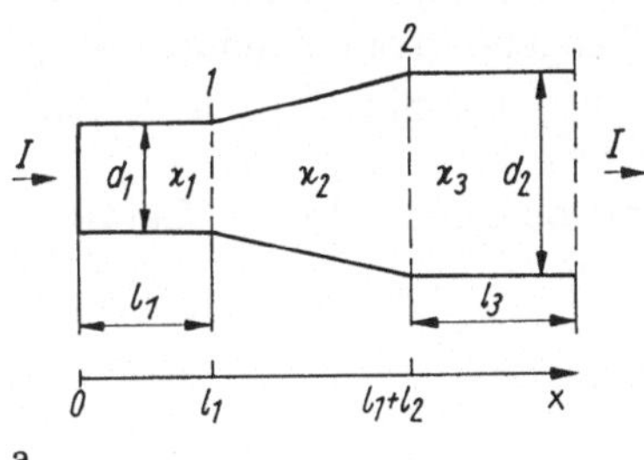

a

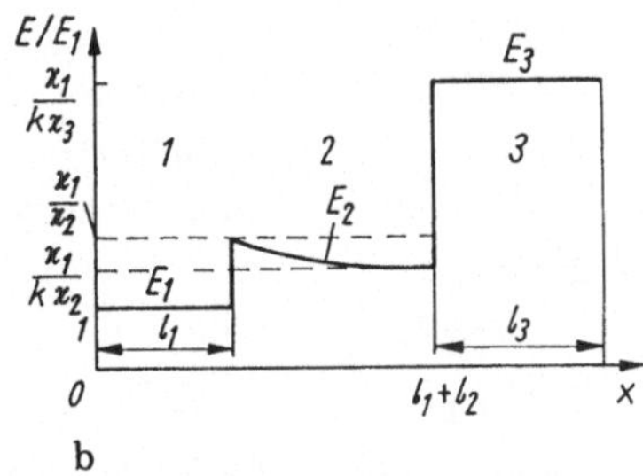

b

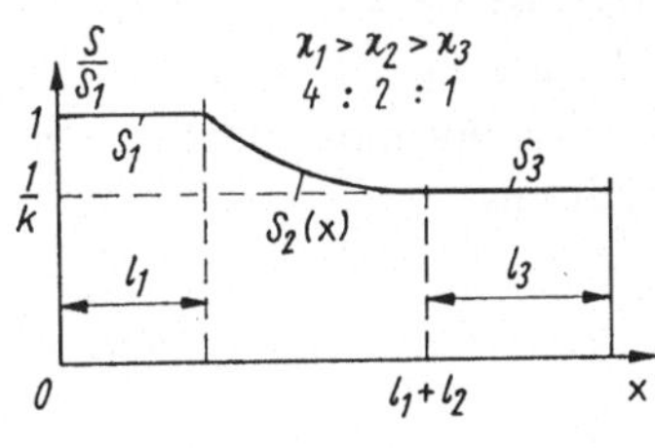

c

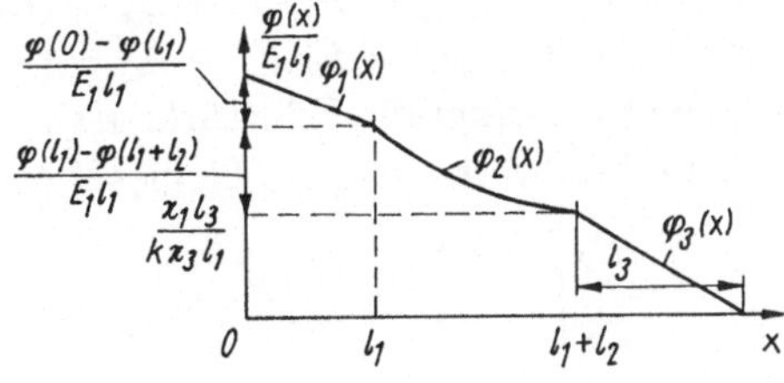

d

Bild 2.3/7

a) Wie verläuft die Stromdichte $S(x)$ über der Leiterlänge?

b) Wie verlaufen Feldstärke und Potential (Bezugspunkt des Potentials am rechten Rand)?

c) Welcher Widerstand stellt sich zwischen A und B ein?

Hinweis: Während in den Gebieten 1, 3 ein homogenes Strömungsfeld vorliegt (I = const., A = const.), stellt das Mittelgebiet ein inhomogenes Strömungsfeld dar. Wir haben es bereits in Aufg. 2.3/8 untersucht und übernehmen von dort die Lösung $S(x)/S_0 = 1/[1 + (x/l_2)(k - 1)]$.

Lösung:

a) Der eingeprägte Strom I verursacht die Stromdichte $S(x) = I/A(x)$, also in den Gebieten 1 und 3

$$S_1 = \frac{4I}{\pi d_1^2} = \text{const.}_1; \quad S_3 = \frac{4I}{\pi d_2^2} = \text{const.}_2.$$

Im Zwischengebiet ändert sich der Durchmesser und damit die Stromdichte $S_2(x)$ gemäß

$$\frac{S_2(x)}{S_1} = \frac{1}{1 + ((x - l_1)/l_2)(k - 1)}, \quad l_1 \leq x \leq l_1 + l_2$$

wobei

$$\frac{S_2(l_1 + l_2)}{S_1} = \frac{1}{k} = \frac{S_3}{S_1}.$$

Der Verlauf ist im Bild 2.3/7b dargestellt. Damit läßt sich das Strömungsfeld skizzieren. Weil die S-Linien im Gebiet nicht parallel verlaufen, treten an der Grenzfläche streng genommen Tangentialkomponenten auf (s. Gl.(I/2.26b)), die wir aber bei Annahme eines schlanken Kegels des Gebietes 2 ($k \gtrsim 1$) vernachlässigen wollen.

b) Die Feldstärke $E = S(x)/\kappa$ verläuft proportional $S(x)$. In den Gebieten 1, 3 gilt:

$$E_1 = \frac{S_1}{\kappa_1}; \quad E_3 = \frac{S_3}{\kappa_3}.$$

Im Gebiet 2 gilt $E_2(x) = (1/\kappa_2)S(x)$, dabei kommt es (wie in Aufgabe 2.3/6) an den Grenzflächen 1, 2 wieder zu Feldsprüngen (Bild 2.3/7c):
Grenzfläche 1: $E_2\kappa_2 = E_1\kappa_1 \rightarrow E_2 = (\kappa_1/\kappa_2)E_1$ bei $x_1 = l_1$;
Grenzfläche 2: $E_2\kappa_2 = E_3\kappa_3 \rightarrow E_2 = (\kappa_3/\kappa_2)E_3$ bei $x_1 = l_1 + l_2$.
Im Gebiet 1 beträgt die Feldstärke $E_1 = S_1/\kappa_1$, also normiert auf $E_1 \rightarrow 1$.
Der Anschlußwert bei l_1 im Gebiet 2 ergibt sich aus

$$E_2 = \frac{S_2}{\kappa_2}\bigg|_{l_1} = \frac{S_1}{\kappa_2} = \frac{\kappa_1}{\kappa_2}E_1.$$

Mit $\kappa_1 = 4\kappa$, $\kappa_2 = 2\kappa$ ($\kappa = \kappa_3$) wird daraus $E_2 = E_1/2$. Der Feldwert im Gebiet 2 an der Stelle $l_1 + l_2$ lautet

$$E_2 = \left.\frac{S_2}{\kappa_2}\right|_{l_1+l_2} = \frac{S_3}{\kappa_2} = \frac{S_1}{k\kappa_2} = \frac{\kappa_1}{k\kappa_2}E_1,$$

im Gebiet 3 schließlich folgt

$$E_3 = \frac{S_3}{\kappa_3} = \frac{S_1}{k\kappa_3} = \frac{\kappa_1}{k\kappa_3}E_1.$$

Das ergibt den dargestellten Feldverlauf: im hochohmigen Gebiet 3 die höhere Feldstärke, im niederohmigen die geringere, da $E \sim 1/\kappa$ bei $S \approx$ const. Die Stromdichteänderung macht sich im Gebiet 2 durch eine Feldinhomogenität bemerkbar.

Potentialverlauf. Wir erhalten das Potential $\varphi(x)$ aus

$$\varphi(x) - \varphi(l) = \int_x^l E\,\mathrm{d}x$$

(E Richtung und $\mathrm{d}s = e_x\,\mathrm{d}x$ übereinstimmend). Das führt in den Gebieten 1 und 3 auf linear abfallende φ-Verläufe (s. Aufg. 2.3/6). Für das Gebiet 2 folgt mit $E_2(x) = S_2(x)/\kappa_2$

$$\varphi(x) - \varphi(l_1 + l_2) = \frac{1}{\kappa_2} \int_x^{l_1+l_2} \frac{S_1\,\mathrm{d}x}{1 + ((x - l_1)/l_2)(k - 1)}.$$

Wegen $\int \mathrm{d}x/(b + ax) = (1/a)\ln(b + ax)$ ergibt sich ausgerechnet

$$\varphi(x) - \varphi(l_1 + l_2) = \frac{S_1 l_2}{\kappa_2(k - 1)} \ln \frac{k}{1 + ((x - l_1)/l_2)(k - 1)}.$$

Zwischen Ebene 1 und 2 bildet sich dann die Potentialdifferenz

$$\varphi(l_1) - \varphi(l_1 + l_2) = \frac{S_1 l_2}{\kappa_2(k - 1)} \ln k$$

oder bezogen auf $E_1 l_1$:

$$\frac{\varphi(l_1) - \varphi(l_1 + l_2)}{E_1 l_1} = \frac{\kappa_1 E_1 l_2 \ln k}{E_1 l_1 \kappa_2(k - 1)} = \frac{l_2 \kappa_1 \ln k}{l_1 \kappa_2(k - 1)}.$$

Dieser Wert muß zu $\varphi_3(l_1 + l_2)$ addiert werden, wobei an den Grenzflächen wieder Stetigkeit herrscht.

Das Potential φ_1 im Gebiet 1 wird schließlich

$$\varphi_1(x) - \varphi_1(l_1) = \int_x^{l_1} E_1\,\mathrm{d}x = E_1(l_1 - x).$$

Damit läßt sich der Potentialverlauf angeben. Im inhomogenen Feld hängt das Potential nichtlinear vom Ort ab.

c) Die Widerstände R_1, R_3 der Gebiete 1, 3 können wegen des homogenen Strömungsfeldes z.B. direkt mit der Widerstandsbemessungsgleichung $R_{AB} = \varrho l/A$ (I/2.34) bestimmt werden, für das Gebiet 2 hingegen ist R_2 nach der Lösungsmethodik I/Tafel 2.4 zu berechnen. Alle Teilgrößen kennen wir: $I \to S_2 \to E_2 \to U_{12} \to R_2$, ebenso die Potentialdifferenz

$$\varphi_2(l_1) - \varphi_2(l_1 + l_2) = U_{12}:$$

$$U_{12} = \frac{\kappa_1 E_1 l_2 \ln k}{\kappa_2(k-1)} = \frac{S_1 l_2 \ln k}{\kappa_2(k-1)} = \frac{I l_2 \ln k}{A_1 \kappa_2(k-1)}.$$

Damit wird

$$R_{12} = \frac{l_2 \ln k}{A_1 \kappa_2(k-1)} \rightarrow \left.\frac{l_2}{A_1 \kappa_2}\right|_{k \to 1}.$$

Das Ergebnis kann erklärt werden als Widerstand eines Zylinderstabes (Länge l_2, Querschnitt A_1), der sich durch die Konusform um einen Geometriefaktor $\ln k/(k-1) = f$ ändert. Zahlen: $k = 2$, $f = 0,69$, $k = 4$, $f = 0,46$, $k = 6$, $f = 0,36$. Bei Querschnittsvergrößerung sinkt der Widerstand ab.

2.4 Globale Größen Spannung, Strom, Grundstromkreis

Aufgabe 2.4/1 Zusammenhang Globalgrößen (U, I, R) $\leftrightarrow$ Feldgrößen (E, S, φ)

Häufig ist von einem Strömungsfeld - z.B. im homogenen Leiter - nur das Globalverhalten der Gesamtanordnung bekannt: U/I-Verhalten, Widerstand.

a) Bestimmen Sie für eine gegebene geometrische Anordnung eines Strömungsfeldes die Feldgrößen S, E, φ.

b) Bestimmen Sie den Teilwiderstand ΔR zwischen zwei Potentiallinien, die im Abstand $\Delta x \sim \Delta \varphi$ entfernt sind. Wie ergibt sich daraus der Gesamtwiderstand?

c) Wenden Sie das Ergebnis nach b) auf die Berechnung des Widerstandes nach Aufgabe 2.3/5 an.

Lösung:

a) Wir gehen grundsätzlich vom Wirkungsablauf aus (Bild 2.4/1a): die eingeprägte Globalgröße, z.B. der Strom ($\rightarrow$ Quelle), erzeugt ein Stromdichtefeld. Es wird von den Bedingungen an den Rändern bestimmt (I/Abschn. 2.3.3.4). Danach berechnen wir die in einem Feldpunkt P herrschende Feldstärke $E = S(I)/\kappa$, daraus das zugeordnete Potential $\varphi(x)$ und durch Integration zwischen zwei Potentialflächen den zugehörigen Spannungsabfall $U(I)$. Der Quotient U/I ergibt schließlich den Widerstand R_{AB} (Abfolge s. I/Tafel 2.4): Vorgabe Strom $I \rightarrow S(x) = I/A(x)$ als Quelle. Dabei wird zweckmäßig angenommen, daß $A(x)$ mit einer Potentialfläche zusammenfällt, also z.B. einer Kugel bei einer Punktladung oder einem Zylinder bei einer Linienladung (Symmetriebedingung für die Feldberechnung). Im homogenen Feld (wie hier) ist A konstant. Die Feldstärke folgt aus $E(x) = S(x)/\kappa(x)$ (bei $\kappa(x)$ ortsabhängig, sonst

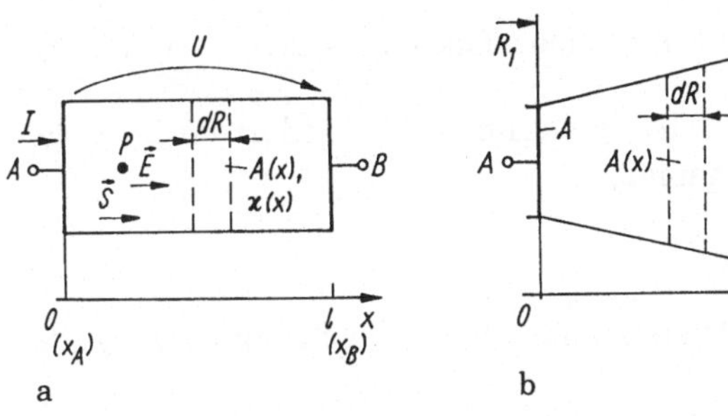

const.). Feldstärke und Stromdichtelinien verlaufen zueinander proportional.

Das Potential $\varphi(x) \sim \int \boldsymbol{E} \cdot \mathrm{d}\boldsymbol{s}$ ergibt sich durch Integration, dabei wird $\mathrm{d}\boldsymbol{s}$ zweckmäßig in die Feldlinienrichtung gelegt:

$$\varphi(x) = \varphi(l) + \int_x^l \boldsymbol{E} \cdot \mathrm{d}\boldsymbol{s} = \varphi(l) + \int_x^l E \, \mathrm{d}s = \varphi(l) + \frac{I(l-x)}{\kappa A},$$

Spannung $U = \varphi(0) - \varphi(l) = Il/(\kappa A) = IR$ ($\varphi(l) = 0$ gewählt).
Damit kann $\varphi(x) = f(I)$ oder - durch Eliminieren von I - der Verlauf $\varphi(x) = f(U)$ dargestellt werden (Wahl des Bezugspotentials erforderlich)

$$\varphi(x) = \varphi(l) + U(l - x) = U(l - x). \tag{1}$$

Die Potentiallinien stehen dabei stets senkrecht auf den $\boldsymbol{E}$-Linien.

b) Nach dem eben erläuterten Ablauf erhalten wir als Potentialdifferenz zwischen zwei Potentialflächen bei x_1, x_2:

$$\Delta U = \Delta \varphi = \varphi(x_1) - \varphi(x_2) = E \Delta x$$

und somit $\Delta U = I \Delta x / \kappa A, \rightarrow \Delta R = \Delta U / I = \Delta x / \kappa A$ oder verallgemeinert (bei einer Querschnittsfläche, die vom Ort abhängt):

$$\Delta R(x) = \frac{\Delta x}{\kappa A(x)}. \tag{2}$$

(Prinzipiell kann hier auch ortsabhängige Leitfähigkeit (nur in x-Richtung) vorliegen (s. I/Gl.(2.32)). Der Gesamtwiderstand R_{AB} ergibt sich durch Reihenschaltung (Summierung) aller Teilwiderstände

$$R_{\mathrm{AB}} = \sum_{\mu=1}^{N} \frac{\Delta x}{\kappa A(x)}$$

oder beim Übergang zum differentiellen Wegelement

$$R_{\mathrm{AB}} = \int_{R_1}^{R_2} \mathrm{d}R = \int_{x_{\mathrm{A}}}^{x_{\mathrm{B}}} \frac{\mathrm{d}x}{\kappa(x)A(x)}. \tag{3}$$

Hinweis: Dieses Ergebnis ist an symmetrische Felder gebunden und setzt voraus, daß die äußeren Berandungen (Kontaktflächen am Anfang und Ende des

Widerstandes) mit Potentialflächen zusammenfallen, die sich aus der Feldsymmetrie ergeben.

c) In Aufgabe 2.3/7 änderte sich die Querschnittsfläche (dort im Mittelgebiet, s. auch Aufgabe 2.3/5) gemäß

$$A(x) = A\left(1 + (k-1)\frac{x}{l}\right).$$

Damit wird das differentielle Widerstandselement bei Stromfluß längs des Leiters (Bild 2.4/1b)

$$dR = \frac{dx}{\kappa A(x)} = \frac{dx}{\kappa A(1 + (k-1)x/l)}.$$

Der Gesamtwiderstand entsteht durch "Reihenschaltung" aller Teilwiderstände:

$$R_{AB} = \int_{R_1}^{R_2} dR = \int_0^l \frac{dx}{\kappa A(1 + (k-1)x/l)} = \frac{l}{\kappa A(k-1)} \ln k. \tag{4}$$

Im Vergleich zu Aufg. 2.3/7 ist der Berechnungsaufwand deutlich niedriger als über Feldgrößen!

Aufgabe 2.4/2 Strömungsfeld einer Linienquelle. Koaxialwiderstand

Gegeben ist ein Rohr der Länge l mit gut leitendem Kern und Mantel (radialsymmetrische Anordnung, Bild 2.4/2a). Im Zwischengebiet befinde sich ein homogen leitfähiges Material ($\rightarrow \kappa$). Zwischen Innen- und Außenleiter liege eine Spannung. Auf diese Weise stellt sich im Zwischengebiet das Strömungsfeld einer Linienquelle ein.

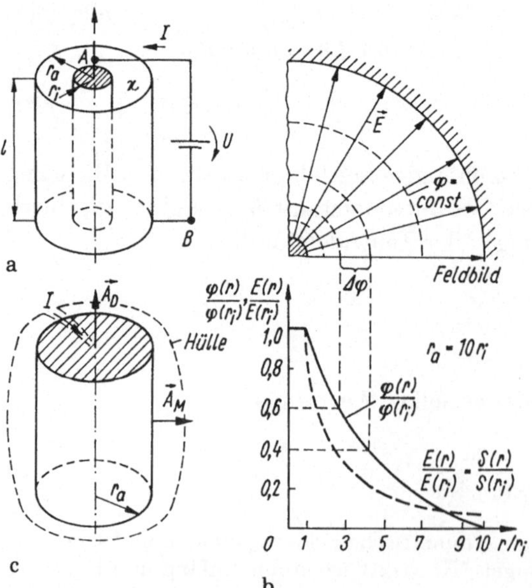

Bild 2.4/2

a) Skizzieren Sie den Verlauf der Stromdichte über dem Radius. Welche Werte gelten am Innen- und Außenleiter? Wie verläuft das Feldbild?

b) Wie verlaufen E und φ ?

c) Bestimmen Sie S, E und φ als Funktion von r bei gegebener anliegender Spannung!

d) Wie groß ist der Widerstand R_{AB}
   - aus der Definition U/I
   - über ein Modell der Reihenschaltung von Teilwiderständen?

e) Welche Näherung ergibt sich, wenn das Strömungsfeld in das eines dünnwandigen Zylinders übergeht?

f) Wie groß ist für Fall e) die Abweichung $\Delta R_{\mathrm{AB}}/R$ bezogen auf den Widerstand R eines homogenen Leiters gleicher Dicke?

Hinweis:

- Wir führen zunächst ein Zylinderkoordinatensystem ein.
- Das Feld ist wegen der Radialsymmetrie des Problems zweidimensional (nur in r-Richtung vorhanden), in z-Richtung existieren keine Komponenten. Deshalb gibt ein Querschnittsbild die Feldverhältnisse wieder.
- Innen- und Außenleiter sind Äquipotentialflächen.
- Für die Gewinnung der Feldlinien achten wir darauf, daß quadratähnliche Figuren entstehen.
- Die Aufgabe knüpft an die Linienquelle an (Aufg. 2.2/7, dort wurden E, φ bestimmt). Der Faktor k wird jetzt durch eine Stromeinspeisung ersetzt und der Zwischenraum mit leitfähigem Material gefüllt (dort Luft, $\rightarrow$ Stromdichte S tritt nicht auf).

Lösung:

a) Innen- und Außenleiter sind Äquipotentiallinien (Flächen), auf denen die S, E Komponenten senkrecht stehen müssen. Deshalb besitzen letztere nur radiale Komponenten. Gegeben ist I sowohl an den Stellen r_{i}, r_{a} als auch im Zwischenraum. Daher lautet die Stromdichte

$$S(r) = \frac{I}{A(r)} = \frac{I}{2\pi r l} \tag{1}$$

mit $A(r) = 2\pi r l$ als Zylindermantelfläche, durch die der Strom tritt. Es gelten

- Innenrand $S(r_{\mathrm{i}}) = I/(2\pi l r_{\mathrm{i}})$
- Außenrand $S(r_{\mathrm{a}}) = I/(2\pi l r_{\mathrm{a}})$.

Die Stromdichte sinkt nach außen ab (zweckmäßig normiert über r/r_{i} auftragen (Bild 2.4/2b).

b) Der exakte Ansatz geht davon aus, daß um den stromdurchflossenen Raum eine Hüllfläche gelegt werden muß mit $\oint S \cdot d\boldsymbol{A} = 0$ (I/Gl.(2.23)), d.h. der aus der Hülle austretende Nettostrom verschwindet. Dieser Strom setzt sich zusammen aus der Quellenzufuhr (z.B. durch einen dünnen Draht) und der Abfuhr über die Oberfläche (Bild 2.4/2c):

- Gesamtfläche $\boldsymbol{A}$ bestehend aus Mantel- ($\boldsymbol{A}_{\mathrm{M}}$) und Deckfläche $\boldsymbol{A}_{\mathrm{D}}$
$$\boldsymbol{A} = \boldsymbol{A}_{\mathrm{M}} + \boldsymbol{A}_{\mathrm{D}} = 2\pi r l \boldsymbol{e}_r + r^2\pi \boldsymbol{e}_z + r^2\pi(-\boldsymbol{e}_z).$$

- Das Strömungsfeld besitzt nur eine radiale Komponente

$$I = \int_A \boldsymbol{S} \cdot \mathrm{d}\boldsymbol{A} = \int_{r_\mathrm{i}}^{r_\mathrm{a}} S\boldsymbol{e}_r \cdot \mathrm{d}\boldsymbol{A} = S2\pi r l \rightarrow \boldsymbol{S}(r) = I/(2\pi l r)\boldsymbol{e}_r. \quad (2)$$

c) Die Feldstärke folgt aus

$$\boldsymbol{E} = \frac{\boldsymbol{S}}{\kappa} \rightarrow \boldsymbol{E}(r) = \frac{I}{2\pi l r}\boldsymbol{e}_r. \tag{3}$$

Das Potential $\varphi(r)$ im Punkt $P(r)$ lautet

$$\begin{aligned}
\varphi(r) &= \int_r^{r_\mathrm{a}} \boldsymbol{E}(r) \cdot \mathrm{d}\boldsymbol{r} + \varphi(r_\mathrm{a}) = \frac{I}{2\pi l \kappa} \int_r^{r_\mathrm{a}} \frac{\mathrm{d}r}{r} + \varphi(r_\mathrm{a}) \\
&= \frac{I}{2\pi l \kappa} \ln\frac{r_\mathrm{a}}{r} + \varphi(r_\mathrm{a}).
\end{aligned} \tag{4}$$

Damit beträgt die Spannung $U(r)$ zwischen Punkt r und Außenmantel:

$$U(r) = \varphi(r) - \varphi(r_\mathrm{a}) = \frac{I}{2\pi l \kappa}\frac{r_\mathrm{a}}{r}$$

und speziell am Innenleiter

$$U_{\mathrm{AB}} = U(r_\mathrm{i}) = \varphi(r_\mathrm{i}) - \varphi(r_\mathrm{a}) = \frac{I}{2\pi l \kappa} \ln\frac{r_\mathrm{a}}{r_\mathrm{i}}. \tag{5}$$

Im nächsten Schritt wird der Strom I in $E(r)$, $S(r)$ durch U_{AB} ersetzt:

$$E(r) = \frac{S(r)}{\kappa} = \frac{I}{2\pi \kappa l}\frac{1}{r} = \frac{U_{\mathrm{AB}}}{\ln r_\mathrm{a}/r_\mathrm{i}}\frac{1}{r}. \tag{6}$$

Ergebnis: Es verlaufen $E \sim 1/r$, $\varphi \sim \ln r_\mathrm{a}/r$, Abnahme nach außen, in Nähe des Innenleiters am stärksten (Bild 2.4/2b). Die Darstellung erfolgt zweckmäßig normiert.

d) Der Widerstand R_{AB} ergibt sich
- aus dem Quotient U_{AB}/I, weil ein eingeprägter Strom die Folge $I \rightarrow S \rightarrow E \rightarrow \varphi \rightarrow U_{\mathrm{AB}}$ auslöst. Wir erhalten

$$R_{\mathrm{AB}} = \frac{U_{\mathrm{AB}}}{I} = \frac{\ln r_\mathrm{a}/r_\mathrm{i}}{2\pi \kappa l}, \tag{7}$$

- durch Reihenschaltung von Teilwiderständen $R = \sum \Delta R(r)$. Der differentielle Teilwiderstand $\mathrm{d}R$ an der Stelle r ist ein Zylinder der Fläche $A(r)$ und Dicke $\mathrm{d}r$ mit

$$\mathrm{d}R = \varrho\frac{\mathrm{d}r}{A(r)} = \frac{\mathrm{d}r}{2\pi \kappa l r},$$

durch den die Strömungslinien gleichförmig treten. Der Gesamtwiderstand lautet

$$R_{\mathrm{AB}} = \int \mathrm{d}R = \int_{r_\mathrm{i}}^{r_\mathrm{a}} \frac{\mathrm{d}r}{2\pi l \kappa r} = \frac{1}{2\pi \kappa l} \ln\frac{r_\mathrm{a}}{r_\mathrm{i}}.$$

e) Soll das Strömungsfeld in das eines dünnwandigen Zylinders übergehen (Dicke $d = r_\mathrm{a} - r_\mathrm{i} = $ const., $d \ll r_\mathrm{i}$, r_a), d.h. also $A(r_\mathrm{i}) \approx A(r_\mathrm{a})$), so folgt:

$$S \;\approx\; \text{const.}(\rightarrow \text{ homogenes Strömungsfeld})$$

$$E \;=\; \frac{U_{\mathrm{AB}}}{r_{\mathrm{i}} \ln r_{\mathrm{a}}/r_{\mathrm{i}}} = \text{const..}$$

$$R_{\mathrm{AB}} \;=\; \frac{1}{2\pi\kappa l} \ln\left(\frac{r_{\mathrm{i}}+d}{r_{\mathrm{i}}}\right) = R_0 \ln\left(1 + \frac{d}{r_{\mathrm{i}}}\right) \approx \frac{d}{2\pi l \kappa r_{\mathrm{i}}} = \frac{d}{A\kappa}. \qquad (8)$$

Das ist der Widerstand eines homogenen Strömungsfeldes der ''Länge'' $d = r_{\mathrm{a}} - r_{\mathrm{i}}$ und vom Querschnitt $l(2\pi r_{\mathrm{i}}) = A$.

f) Es gilt für die relative Abweichung mit $x = d/r_{\mathrm{i}}$

$$\frac{\Delta R_{\mathrm{AB}}}{R_{\mathrm{AB}}} = \frac{R_{\mathrm{AB}}}{R_{\mathrm{AB}}} - 1 = \frac{2\pi\kappa l}{2\pi\kappa l}\frac{\ln(1+x)}{x} - 1 = \frac{\ln(1+x)}{x} - 1$$

$x = 0,01:\;\; -4,96\cdot 10^{-3}$, $x = 0,1:\;\; -46,8\cdot 10^{-3}$, $x = 0,2:\;\; -88,4\cdot 10^{-3}$, $x = 0,3:\;\; -125\cdot 10^{-3}$. Die Abweichung ist gering, z.B. für $d/r_{\mathrm{i}} = 0,1 \rightarrow \Delta R/R = -4,68\%$. Dies bestätigt, daß das Feld für große r immer homogener wird.

Aufgabe 2.4/3　Halbkugelwiderstand

Eine Halbkugelschale mit der Leitfähigkeit κ (Radien r_{i}, r_{a}) ist an den Innen- und Außenseiten mit gut leitendem Material beschichtet (Bild 2.4/3a). Am Innenkontakt werde der Strom I eingespeist und am Außenkontakt entnommen. Der Strom soll über die Kontaktfläche gleichmäßig verteilt sein.

Hinweis: Die Aufgabe modelliert den sog. Halbkugelerder: Widerstand einer sehr gut leitenden halbkugelförmigen Elektrode mit Mittelpunkt an der Erdoberfläche.

Die Aufgabe schließt inhaltlich an das Zylinderproblem an: es liegt eine Elektrode vor (mit Äquipotentialflächen als Kugel, Punktquelle, kugelsymmetrisches Feld), so daß S nur eine Radialkomponente hat. Als Hüllfäche dient eine Halbkugelfläche.

a) Bestimmen Sie Stromdichte $S(r)$, Feldstärke $E(r)$ und Potential $\varphi(r)$ bzw. die Spannung $U(r)$ ($\varphi = 0$ im Unendlichen) sowie die Spannung U zwischen r_{i}, r_{a}.

b) Bestimmen Sie den Widerstand R_{AB}.

c) Wie groß wird R_{AB} für $r_{\mathrm{a}} \rightarrow \infty$?

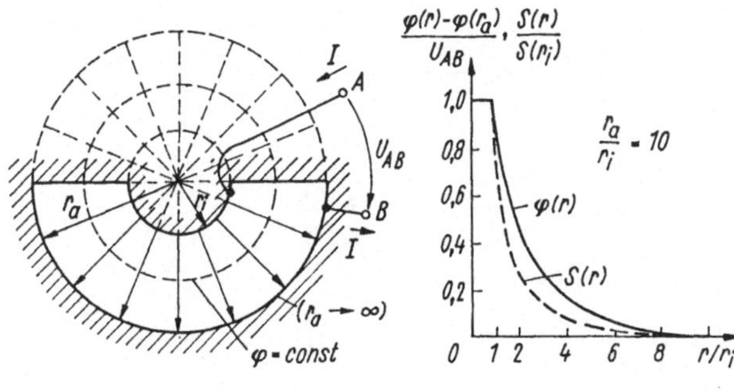

a　　　　　　　　　b　　　　　　　　　**Bild 2.4/3**

d) Wie groß ist die Spannung an der Erdoberfläche zwischen zwei Punkten im Abstand $0,7\,\mathrm{m}$ (sog. Schrittspannung), wenn in die Anordnung - aufgefaßt als Halbkugelerder eines Hochspannungsmastes - ein Strom $I = 10^3\,\mathrm{A}$ (z.B. durch Blitzschlag in den Mast) eingeprägt wird? Die Leitfähigkeit der Erde sei mit $\kappa = 3 \cdot 10^{-4}\,\mathrm{S/cm}$ angesetzt. Es gelte $r_\mathrm{i} = 0,5\,\mathrm{m}$.

Lösung:

a) Nach I/Gl.(2.23) gilt mit $\boldsymbol{S} = S_r \boldsymbol{e}_r$

$$I = \int_A \boldsymbol{S} \cdot \mathrm{d}\boldsymbol{A} = \int_A S \boldsymbol{e}_r \cdot \mathrm{d}\boldsymbol{A}_r = S_r 2\pi r^2.$$

Dabei wurde berücksichtigt, daß die Hüllfäche die halbe Kugelfläche und die Schnittfläche ist $\boldsymbol{A} = 2\pi r^2 \boldsymbol{e}_r + r^2\pi \boldsymbol{e}_z$. Durch letztere fließt kein Strom ($\boldsymbol{e}_z \cdot \boldsymbol{e}_r = 0$). So folgt (Bild 2.4/3b)

$$\boldsymbol{S}(r) = \frac{I}{2\pi r^2}\boldsymbol{e}_r \rightarrow \boldsymbol{E}(r) = \frac{\boldsymbol{S}(r)}{\kappa} = \frac{I}{2\pi\kappa r^2}\boldsymbol{e}_r. \tag{1}$$

Das Potential (bezogen auf r_a) lautet:

$$\varphi(r) - \varphi(r_\mathrm{a}) \;=\; U(r) = \int_r^{r_\mathrm{a}} \boldsymbol{E} \cdot \mathrm{d}\boldsymbol{r} = \frac{I}{2\pi\kappa} \int_r^{r_\mathrm{a}} \frac{\mathrm{d}r}{r^2}$$

$$\;=\; \frac{I}{2\pi\kappa} \left(-\frac{1}{r}\right)\Bigg|_r^{r_\mathrm{a}} = \frac{I}{2\pi\kappa} \left(\frac{1}{r} - \frac{1}{r_\mathrm{a}}\right). \tag{2}$$

Zwischen zwei Äquipotentialflächen bei r_a, r_i entsteht die Gesamtspannung U_AB:

$$U_\mathrm{AB} = \frac{I}{2\pi\kappa} \left(\frac{1}{r_\mathrm{i}} - \frac{1}{r_\mathrm{a}}\right). \tag{3}$$

Der Höchstwert des Potentials $\varphi(r)$ tritt bei r_i auf, Verdopplung von r halbiert jeweils das Potential. Für die Darstellung wählen wir am besten (Bild 2.4/3b)

$$\frac{\varphi(r) - \varphi(r_\mathrm{a})}{U_\mathrm{AB}} = \frac{1/r - 1/r_\mathrm{a}}{1/r_\mathrm{i} - 1/r_\mathrm{a}} = \frac{r_\mathrm{a} r_\mathrm{i}/r - r_\mathrm{i}}{r_\mathrm{a} - r_\mathrm{i}}.$$

Daraus ergibt sich für $r_\mathrm{a} \rightarrow \infty$

$$\varphi(r) - \varphi(r_\mathrm{a}) = \frac{I}{2\pi\kappa}\frac{1}{r} \quad \text{und} \quad \frac{\varphi(r) - \varphi(r_\mathrm{a})}{U_\mathrm{AB}} = \frac{r_\mathrm{i}}{r}.$$

b) Der Widerstand $R_\mathrm{AB}(r_\mathrm{i}, r_\mathrm{a})$ beträgt

$$\frac{U_\mathrm{AB}}{I} = \frac{I}{2\pi\kappa} \left(\frac{1}{r_\mathrm{i}} - \frac{1}{r_\mathrm{a}}\right). \tag{4}$$

c) Für $r_\mathrm{a} \to \infty$ ergibt sich ein Widerstand

$$R_\mathrm{AB}\big|_{r_\mathrm{a}\to\infty} = \frac{1}{2\pi\kappa r_\mathrm{i}}.$$

d) Die Spannung zwischen zwei Punkten ist im Bereich höchster Feldstärke am größten, also bei r_i. Ein Mensch, der am Erdungspunkt bei r_i steht, würde bei einem Schritt $(r_\mathrm{i} + 0,7\,\mathrm{m})$ in Richtung des Kugelradius die Spannung

$$\begin{aligned}
U_\mathrm{AB} &= \frac{I}{2\pi\kappa}\left(\frac{1}{r_\mathrm{i}} - \frac{1}{r_\mathrm{i} + 0,7\,\mathrm{m}}\right) \\[2mm]
&= \frac{10^3\,\mathrm{A}\cdot 10^{-2}\,\mathrm{m}}{2\pi\cdot 3\cdot 10^{-4}\,\mathrm{S}\cdot 0,5\,\mathrm{m}}\left(1 - \frac{0,5}{0,5+0,7}\right) = 6,18\cdot 10^3\,\mathrm{V}.
\end{aligned}$$

erfahren! Dieser Wert wäre tödlich (Grenzwert $\approx 60\,\mathrm{V}$!). Eine Senkung ist möglich durch größeren Erdradius (Verdopplung $\to$ halbe Spannung) und höhere Erdleitfähigkeit.

Aufgabe 2.4/4 Strömungsfeld, radiale und tangentiale Strömung

Gegeben ist ein Viertelkreisbogen mit ideal leitfähigen Elektroden, wobei der Strom einmal tangential (Bild 2.4/4a) zum anderen radial (Bild 2.4/4b) eingespeist werde. Man bestimme den Widerstand R_AB in beiden Fällen.

Lösung:
Im Falle Bild 2.4/4a bieten sich an: die Berechnung über den Ablauf I/Tafel 2.4 oder die Zusammenschaltung von differentiellen Teilwiderständen.

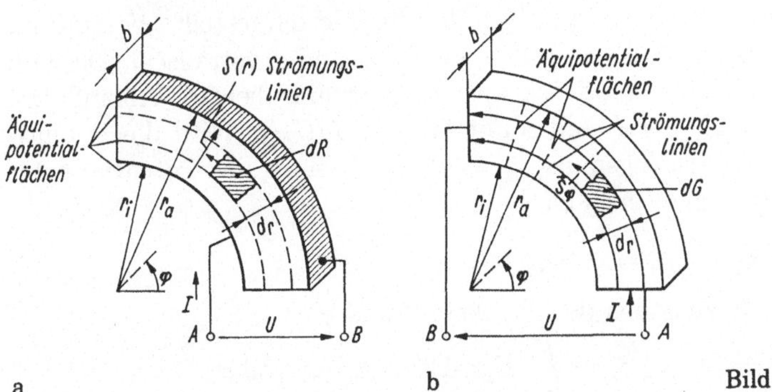

a   b   Bild 2.4/4

Innen- und Außenleiter geben wegen ihrer hohen Leitfähigkeit die Randbedingung vor: Äquipotentialfläche, auf der die Stromdichte- und Feldstärkelinien stets senkrecht stehen (d.h. $\boldsymbol{S}$ hat nur eine Komponente S_r). Nach dem Prinzip quadratähnlicher Figuren kann so das Feldbild qualitativ entwickelt werden.

Zur Berechnung von S_r prägen wir den Strom I ein und erhalten an einer beliebigen Stelle

$$I = \int_A \boldsymbol{S} \cdot \mathrm{d}\boldsymbol{A} = \boldsymbol{S} \cdot \boldsymbol{A} = S_r \boldsymbol{e}_r \cdot \boldsymbol{e}_r r b \varphi$$

mit $\mathrm{d}\boldsymbol{A} = r\varphi b \boldsymbol{e}_r$ als Zylindermantelfläche $(0 \le \varphi \le 2\pi)$. Daraus folgt

$$S_r(r) = \frac{I}{br\varphi} \sim \frac{1}{r}.$$

und mit $E_r = S_r/\kappa$ schließlich

$$U_{\mathrm{AB}} = \int_{r_\mathrm{i}}^{r_\mathrm{a}} E(r)\,\mathrm{d}r \boldsymbol{e}_r \cdot \boldsymbol{e}_r = \frac{I}{\varphi b \kappa} \int_{r_\mathrm{i}}^{r_\mathrm{a}} \frac{\mathrm{d}r}{r} = \frac{I}{\varphi b \kappa} \ln \frac{r_\mathrm{a}}{r_\mathrm{i}} \tag{1}$$

oder $R_{\mathrm{AB}} = 1/(\varphi b \kappa) \ln r_\mathrm{a}/r_\mathrm{i}$.

Für einen Viertelring gilt $\varphi = \pi/2$.

Ein zweiter Weg der Widerstandsbestimmung besteht darin, "Widerstandsstreifen" $\mathrm{d}R$ zu bilden, durch die der Strom fließt. Ein Widerstandselement hat die Größe entsprechend der Widerstandsbemessungsgleichung

$$\mathrm{d}R = \frac{1}{\kappa} \cdot \frac{\mathrm{d}r}{A(r)} = \frac{1}{\kappa} \cdot \frac{\mathrm{d}r}{br\varphi} = \frac{1}{\kappa b \varphi} \cdot \frac{\mathrm{d}r}{r},$$

der Gesamtwiderstand lautet (Reihenschaltung, da alle Teilwiderstände vom gleichen Strom durchflossen)

$$R_{\mathrm{AB}} = \int \mathrm{d}R = \frac{1}{\kappa b \varphi} \int_{r_\mathrm{i}}^{r_\mathrm{a}} \frac{\mathrm{d}r}{r} = \frac{1}{\kappa b \varphi} \ln \frac{r_\mathrm{a}}{r_\mathrm{i}}. \tag{2}$$

Im Falle Bild 2.4/4b laufen die Stromdichtelinien tangential zum Mittelpunkt des Kreisbogens, d.h. S hat nur eine Komponente in φ-Richtung: $\boldsymbol{S} = \boldsymbol{S}_\varphi$ und damit auch die Feldstärke $\boldsymbol{E} = \boldsymbol{E}_\varphi$. Weil die Potentialflächen stets senkrecht auf den $\boldsymbol{E}$-Linien stehen, gibt sich der im Bild dargestellte Verlauf: im Vergleich zur Lösung a) sind die Rollen von E, S und φ vertauscht. Deshalb bestimmen wir den Widerstand/Leitwert G_{AB} in umgekehrter Ablauffolge: U_{AB} erzeugt $\boldsymbol{E}_\varphi \to \boldsymbol{S}_\varphi \to I$ und somit $G_{\mathrm{AB}} = I/U_{\mathrm{AB}}$. Wird die Potentialfläche bei $\varphi = 0$ als Bezugspunkt gewählt, so beträgt das Potential einer Potentialfläche mit dem Winkel φ:

$$\mathrm{d}\varphi = \boldsymbol{E} \cdot \mathrm{d}\boldsymbol{l} = \boldsymbol{E}_\varphi \cdot \boldsymbol{e}_\varphi r\,\mathrm{d}\varphi = E_\varphi r\,\mathrm{d}\varphi$$

und die Spannung U zwischen den Winkeln 0 und φ:

$$U(\varphi) - U(0) \;=\; U_{\mathrm{AB}}(\varphi) = \int_0^\varphi E_\varphi r\,\mathrm{d}\varphi' = E_\varphi r \varphi \quad \text{oder}$$

$$E_\varphi \;=\; \frac{U(\varphi)}{r\varphi} \to S_\varphi(r) = \kappa E_\varphi(r) = \frac{U(\varphi)}{r\varphi}. \tag{3}$$

Daraus ergibt sich der Strom

$$I \;=\; \int_A \boldsymbol{S} \cdot \mathrm{d}\boldsymbol{A} = \int_{r_\mathrm{i}}^{r_\mathrm{a}} \frac{\kappa U(\varphi)}{r\varphi} b\,\mathrm{d}r \boldsymbol{e}_\varphi \cdot \boldsymbol{e}_\varphi = \frac{\kappa U(\varphi)}{\varphi} b \int_{r_\mathrm{i}}^{r_\mathrm{a}} \frac{\mathrm{d}r}{r}$$

$$\;=\; \frac{\kappa b U(\varphi)}{\varphi} \ln \frac{r_\mathrm{a}}{r_\mathrm{i}}$$

mit $\mathrm{d}\boldsymbol{A} = b\,\mathrm{d}r\boldsymbol{e}_\varphi$, weil der Normalenvektor des Flächenelementes in die φ-Richtung zeigt. Der Leitwert wird schließlich

$$G_{\mathrm{AB}} = \frac{I(U)}{U(\varphi)} = \frac{\kappa b}{\varphi}\ln\frac{r_{\mathrm{a}}}{r_{\mathrm{i}}}, \tag{4}$$

z.B. mit $\varphi = \pi/2$ für einen Viertelkreis.

Ein zweiter Weg zur Berechnung bietet sich über die Bemessungsgleichung I/(2.23) an: Wir zerlegen das Gebilde in Teilleitwerte

$$\mathrm{d}G = \frac{\kappa\,\mathrm{d}A}{l} = \frac{\kappa\,\mathrm{d}A}{r\varphi} = \frac{\kappa b\,\mathrm{d}r}{r\varphi},$$

die alle über den Querschnitt $r_{\mathrm{i}}\ldots r_{\mathrm{a}}$ parallelgeschaltet sind

$$G_{\mathrm{AB}} = \int \mathrm{d}G = \int_{r_{\mathrm{i}}}^{r_{\mathrm{a}}} \frac{\kappa b}{\varphi}\frac{\mathrm{d}r}{r} = \frac{\kappa b}{\varphi}\ln\frac{r_{\mathrm{a}}}{r_{\mathrm{i}}}. \tag{5}$$

Diskussion: Die Aufgabe verdeutlicht, daß

- der Widerstand eines Gebietes fundamental von der Art des Strömungsfeldes (und damit den Randwerten) bestimmt wird
- der Widerstand aus Teilelementen entwickelt werden kann (in denen das Feld annähernd homogen ist und damit die Bemessungsformel des linienhaften Leiters anwendbar ist)
- und die Art der ''Elementezusammenschaltung'' wesentlich von der eingeprägten Größe abhängt:
  - Stromeinprägung $\rightarrow$ Reihenschaltung $\rightarrow$ Spannung $\rightarrow$ Summe der Teilspannungsabfälle
  - Spannungseinprägung $\rightarrow$ Parallelschaltung der Widerstände (Summe der Teilleitwerte) $\rightarrow$ Strom = Summe der Teilströme.

Aufgabe 2.4/5 Parallele Zylinderleiter im Strömungsfeld. Widerstandsbestimmung

In einer leitenden, unendlich ausgedehnten Schicht konstanter Dicke d (Leitfähigkeit κ) befinden sich zwei dünne, sehr gut leitende Drähte (Abstand b). Einem Leiter wird der Strom zugeführt, vom anderen abgeführt. Zwischen den Elektroden entsteht ein Strömungsfeld (Bild 2.4/5a).

a) Man skizziere anschaulich den Verlauf von Stromdichte, Feldstärke und Potential. Wo tritt die größte Stromdichte auf? Wie verläuft das Potential zwischen den Leitern?

b) Man berechne $S(r)$, $E(r)$ und $\varphi(r)$ zweckmäßig durch Potentialüberlagerung.

c) Wie verlaufen die Äquipotentiallinien in der x-y-Ebene?

d) Man berechne den Widerstand R_{AB} der Anordnung.

Hinweis: Die Strömungslinien treten an einer Elektrode senkrecht aus und in die andere ein ($\rightarrow$ Radialfeld). Damit läßt sich ein $S(r)$-Verlauf qualitativ zeichnen. Die größte Dichte herrscht an den Elektroden. Ferner gilt $E(r) \sim S(r)$:

- Die Äquipotentiallinien stehen senkrecht auf den E-Linien.
- Wir berechnen das Feld durch Überlagerung der Potentiale, die von den Strömen $I,\,-I$ ausgehen (Feldstärke müßte vektoriell überlagert werden!)

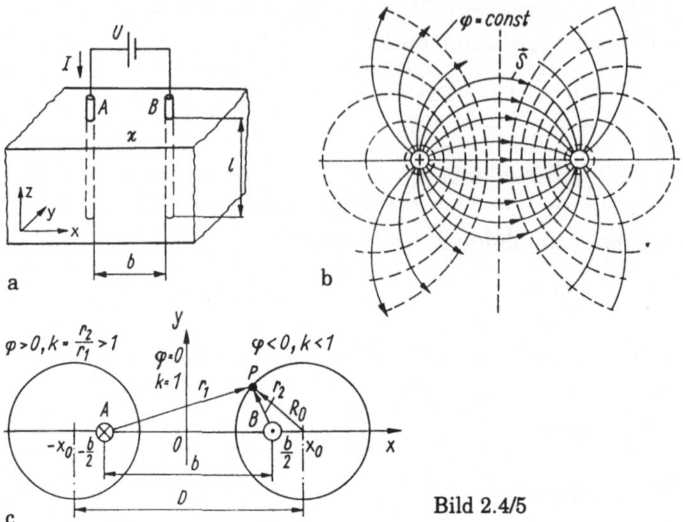

Bild 2.4/5

Der Feld- und Potentialverlauf zweier entgegengesetzt gleich großer Linienladungen wurde schon in Aufgabe 2.2/10 diskutiert. Darauf bauen wir auf.

Lösung:

a) Der Verlauf der $E-$ und φ-Linien aus Aufgabe 2.2/10 ergab für letztere im 2d-Feld der x-y-Ebene konzentrische Kreise als Äquipotentialflächen, deren Mittelpunkt auf der Verbindungslinie beider Quellen liegt. Da E- und φ-Linien senkrecht zueinander stehen, müssen auch die E-Linien Kreisabschnitte sein. Die S-Linien verlaufen proportional zu den E-Linien. Damit ist das Feldbild grundsätzlich bestimmt. Die größte Stromdichte (wie Feldstärke) tritt unmittelbar an den Einspeisepunkten auf (Bild 2.4/5b).

b) Den Verlauf des Potentials übernehmen wir von Aufgabe 2.2/10, nur muß der Vorfaktor jetzt die Einströmung I enthalten

$$\varphi_{\text{ges}} = \frac{I}{2\pi\kappa l} \ln \frac{r_2}{r_1}. \tag{1}$$

Setzt man $r_1, r_2 = f(x,y)$ (s. Gl.(2), Aufg. 2.2/10) ein, so ergibt sich die Feldstärke $E(x,y)$ im Punkt P aus

$$\boldsymbol{E}_x = -\frac{\partial\varphi}{\partial x}\boldsymbol{e}_x, \quad \boldsymbol{E}_y = -\frac{\partial\varphi}{\partial y}\boldsymbol{e}_y.$$

($\boldsymbol{S}$ analog).

c) Die Äquipotentialflächen sind parallele Zylinder spiegelbildlich zur y-Achse (Bild 2.4/5c). Die Kreise liegen mit dem Mittelpunkt auf der x-Achse symmetrisch zur y-Achse. Mittelpunkt x_0 und Radius R betragen:

$$x_0 = \frac{b}{2}\frac{k+1}{k-1}; \quad R = \frac{b\sqrt{k}}{k-1} \quad \text{für } x > 0 \tag{2}$$

um den Mittelpunkt $\pm x_0, 0$.

d) Der Berechnung des Widerstandes R_{AB} liegt folgender Gedanke zugrunde: Bei gegebener Quelle $\pm I$ stellt sich ein Potentialfeld nach Bild 2.2/10 ein. Würden die zylinderförmigen Potentialflächen durch zwei gut leitende Metallzylinder ersetzt, die zur y-Achse spiegelbildlich angeordnet sind, so bliebe das Potentialbild erhalten. Deshalb kann der Quellenstrom an den (unendlich gut leitenden) Metallzylindern zugeführt werden, die sich einstellende Spannung U_{AB} zwischen beiden ist proportional dem Widerstand R_{AB}.

Wir kehren dazu das Problem um: War vorher die Quelle I gegeben und stellte sich dadurch die zugehörige Potentialfläche ein (x_0, $R \to f$ (Quellen- und Leitergeometrie)), so geben wir jetzt die Leitergeometrie und das Potential $\varphi(r_2/r_1)$ vor (R Abstand) und suchen die Lage $\pm b/2$ der "Ersatzquellen $\pm I$", die eben das Potential φ mit der Strom- und Potentialverteilung, wie angegeben, erzeugen. Wir eliminieren dazu aus x_0 und R zunächst den Abstand b der Ersatzquelle und erhalten mit $k = r_2/r_1$

$$-\frac{x_0}{R} = \frac{1}{2}\frac{k^2+1}{k} = \frac{1}{2}\left(\frac{1}{k} + k\right)$$

oder rückeingesetzt

$$\sqrt{k} = \frac{x_0 + \sqrt{x_0^2 - R^2}}{R}, \qquad \frac{b}{2} = \sqrt{x_0^2 - R^2}. \tag{3}$$

Damit läßt sich das Potential φ_2 durch die geometrische Lage der Potentialflächen ausdrücken:

$$\varphi_2 = \frac{I}{2\pi\kappa l} \ln \frac{x_0 + \sqrt{x_0^2 - R^2}}{R}. \tag{4}$$

Die gleiche Situation gilt für $x < 0$ aus Symmetriegründen. Die Anwendung auf eine 2-Drahtleitung (unendlich gut leitend, Zwischenraum κ) ist jetzt einfach. Wir greifen zwei Zylinderflächen mit den Potentialen φ_2 und $-\varphi_2$ heraus (links $+\varphi_2$) und bestimmen den Widerstand $R_{AB} = U_{AB}/I$ mit $U_{AB} = \varphi_2 - (-\varphi_2) = 2\varphi_2$ zu

$$R_{AB} = \frac{2\varphi_2}{I} = \frac{1}{\pi\kappa l} \ln \frac{x_0 + \sqrt{x_0^2 - R^2}}{R}. \tag{5}$$

Die Leitergeometrie ergibt: $2x_0 = D$ und damit

$$R_{AB} = \frac{1}{\kappa\pi l} \ln\left(\frac{D}{2R} + \sqrt{\left(\frac{D}{2R}\right)^2 - 1}\right) = \frac{1}{\kappa\pi l} \operatorname{Arch}\frac{D}{2R}, \tag{6}$$

da $\ln\left(x + \sqrt{x^2 - 1}\right) = \cosh^{-1} x = \operatorname{Arch} x$ $(x \geq 1)$.

Diskussion: Aus dem Ergebnis gehen folgende Grenzfälle hervor:

- dünne Leiter in großem Abstand $(2R \ll D)$

$$R_{AB} \approx \frac{1}{\pi\kappa l} \ln \frac{D}{R}$$

- dicke Leiter in geringem Abstand $(2R \approx D)$[2]

$$R_{\mathrm{AB}} = \frac{1}{\pi \kappa l} \left(\ln 2x - \frac{1}{4x^2} - \frac{3}{32x^4} \right).$$

Das Ergebnis folgt auch direkt aus dem Potential φ_{P} (s.o.) selbst: großer Abstand bedingt $r_2 \gg r_1$ ($k \gg 1$) resp. $r_1 \gg r_2$ ($k \ll 1$). Dann liegen die Linienquellen wegen $x_0 \approx b/2$ praktisch in den Leiterachsen und der Punkt P, der die Lage des Potentialzylinders nach Vorgabe der Spannung $U_{\mathrm{AB}} = 2\varphi_{\mathrm{P}}$ zuordnet, auf den Leiteroberflächen.

Hinweis: Aus Symmetriegründen kann mit dem Ergebnis auch der Widerstand zwischen einem Leiter und der Symmetrieebene (als leitende Fläche gedacht) bestimmt werden ($\rightarrow$ halber Wert von R_{AB}). Wir kommen auf die Ergebnisse später beim Zylinderkondensator zurück.

Aufgabe 2.4/6 Flächenwiderstand

In Halbleitermaterialien kommt es häufig vor, daß die Leitfähigkeit von der Schichtdicke abhängt ($\rightarrow \kappa(d)$) oder sich die Leitfähigkeit über dem stromdurchflossenen Querschnitt ändert. Dann ist eine Verwendung von κ zunächst nicht möglich und die Angabe des sog. Flächenwiderstandes R_{S} zweckmäßig.

Gegeben sei eine Halbleiterschicht (in x-y-Ebene) Dicke d, deren Leitfähigkeit sich z-abhängig ändert: $\kappa(z)$ (Bild 2.4/6a).

a) Man bestimme den Widerstand/Leitwert eines linienhaften Leiters (Breite b, Länge l).

b) Nehmen Sie eine in der x-y-Ebene sehr ausgedehnte dünne Widerstandsschicht (z.B. Halbleiter) an. Wie könnte der Flächenwiderstand durch Aufsetzen von Elektroden gemessen werden? Welche Elektrodenform ist zweckmäßig? Anleitung: Prüfen Sie Punkt-, Zylinder- und ebene Elektroden!

c) Bestimmen Sie den Flächenwiderstand R_{S} von Cu-Schichten auf Leiterplatten (Dicke $\approx 1\,\mu$m).

Lösung:

a) Wir denken uns den Leitwert als Parallelschaltung vieler Teilleitwerte dG aufgebaut (Bild 2.4/6a)

$$\mathrm{d}G = \frac{\kappa(z)}{l} \cdot \mathrm{d}A = \frac{\kappa(z)}{l} \cdot b\,\mathrm{d}z.$$

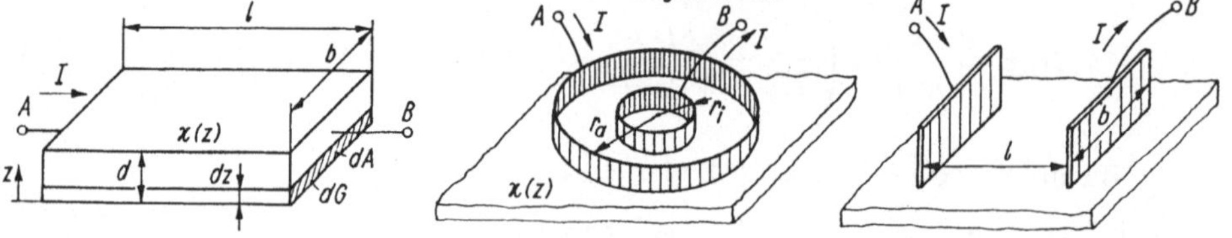

Bild 2.4/6

---

[2]Hierbei wurde verwendet $\cosh^{-1} x = \mathrm{Arch}\, x = \ln 2x - 1/(4x^2) - 3/(32x^4)$.

Der Gesamtleitwert beträgt dann

$$G = \int_0^d \frac{b}{l}\kappa(z)\,\mathrm{d}z = \frac{b}{l}\int_0^d \kappa(z)\,\mathrm{d}z = \frac{b}{l}G_\mathrm{S} \quad \text{mit } G_\mathrm{S} = \int_0^d \kappa(z)\,\mathrm{d}z.$$

Der Leitwert G_S kann als mittlerer Leitwert verstanden werden, er heißt Flächenleitwert G_S (Dimension S!). Der Reziprokwert ist der Flächenwiderstand R_S:

$$R = R_\mathrm{S}\frac{l}{b}.$$

Der Widerstand eines linienhaften Leiters wird durch Flächenwiderstand und Längen- zu Breitenverhältnis bestimmt!

b) Wir setzen zwei Elektroden auf die (sehr dünne) Schicht und prüfen das Feld:

- *Punktquelle:* scheidet aus, da hier ein 2d-Feld vorliegt
- *Zylinderelektroden:* Elektroden sind zwei konzentrische Zylinder (Bild 2.4/6b)

$$R_\mathrm{AB} = \frac{1}{2\pi\kappa d} \cdot \ln \frac{r_\mathrm{a}}{r_\mathrm{i}}.$$

  Zweckmäßig wäre die Wahl $r_\mathrm{a}/r_\mathrm{i} = \mathrm{e}$, dann gilt $R_\mathrm{AB} = R_S$.

- *Gerade Elektroden:* Für $l = b$ wird $R_\mathrm{AB} = R_\mathrm{S}$ unabhängig von der Elektrodengröße: Aufsetzen zweier Kontaktscheiden der Breite b im Abstand $b = l$ parallel zueinander!. Das Verfahren wird so durchweg angewendet (Bild 2.4/6c).

c) Der Schichtwiderstand einer Cu-Schicht auf einer Leiterplatte beträgt

$$R_\mathrm{S} - \frac{1}{d\kappa} = \frac{1\,\mathrm{m}}{10^{-6}\,\mathrm{m} \cdot 56,8 \cdot 10^6\,\mathrm{S}} = 17,6\,\mathrm{m\Omega}.$$

Halbleiterschichten haben Schichtwiderstände zwischen $10\ldots500\,\Omega$!

Aufgabe 2.4/7 Aktiver, passiver Zweipol. Erzeuger-, Verbraucherpfeilsystem

Stellen Sie die Kennlinie eines aktiven (unabhängigen) Zweipoles (z.B Spannungsquellenersatzschaltung) mit Innenwiderstand R_i dar im

a) Erzeugerpfeilsystem (EPS) bzw. im Verbraucherpfeilsystem (VPS). Wie lautet dabei die Strom-Spannungsbeziehung am Lastwiderstand R_a? Geben Sie dabei die Richtung der Quellen-, Klemmenspannungen und des Spannungsabfalles über R_i an.

b) Schalten Sie einen aktiven Zweipol nach Aufgabe a) mit einem passiven Zweipol R_a zum Grundstromkreis zusammen und geben Sie an:
- U-I-Beziehungen beider Zweipole. Welcher Strom fließt im Kreis?
- die Kennlinie beider Zweipole.
- Wie müßte die Zusammenschaltung lauten, wenn der aktive Zweipol im EPS gegeben wäre?

Hinweis: Beachten Sie die Festlegungen EPS, VPS (I/Abschn. 2.4.3.1)

Lösung:

a) Im EPS ergibt sich für den aktiven Zweipol (Bild 2.4/7a) $U = U_Q - IR_i$.
   Mit $U = IR_a$ (passiver Zweipol, VPS) wird daraus $I = U_Q/(R_i + R_a)$.
   Die Spannungsabfälle über R_i und R_a entsprechen den üblichen Zuord-
   nungen I, U des passiven Zweipols.
   Im VPS, also mit vertauschter Stromrichtung (Bild 2.4/7b), gilt

$$U = U_Q + I_1 R_i \quad \text{mit } U = I_2 R_a \rightarrow I_1 = -\frac{U_Q}{R_i + R_a}, \quad \text{da } I_1 = -I_2.$$

   d.h. eine umgekehrt (positiv) festgelegte Stromrichtung I_1.
b) Die Zusammenschaltung beider Zweipole kann beschrieben werden durch
   - die Klemmenbeziehungen (in EPS/VPS-Darstellung)
     aktiver Zweipol   passiver Zweipol
     $U_1 = U_Q - I_1 R_i$ $U_2 = R_a I_2$
     Verknüpfungsbeziehungen $I_1 = I_2 = I$; $U_1 = U_2$
     $$\rightarrow I = \frac{U_Q}{R_i + R_a}$$
   - die zugehörigen Kennliniengleichungen, eingetragen in ein Diagramm
     (Bild 2.4/7c).
   - Bei Darstellung des aktiven Zweipols im VPS ($U_1 = U_Q + I_1 R_i$) gilt
     für die Zusammenschaltung $I = I_1 = -I_2$, $U_1 = U_2$ (Bild 2.4/7b).

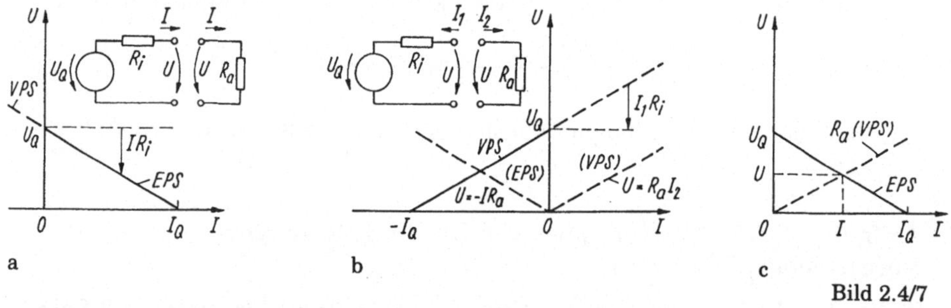

Bild 2.4/7

Aufgabe 2.4/8 Potentialverlauf, Maschensatz

Geben Sie für die Schaltung Bild 2.4/8a den Potentialverlauf, die Teilspannungsabfälle und den Maschensatz an (Bezugswert des Potentials sei Punkt
1). Tragen Sie die Potentialwerte des Beispiels ein. Wie würden sich die Werte
ändern, wenn als Nullpotential $\varphi_3 = 0$ gewählt würde?

Lösung:

Mit der allgemeinen Definition

$$U_{AB} = \varphi_A - \varphi_B = \int_A^B \boldsymbol{E} \cdot \mathrm{d}\boldsymbol{s}$$

folgt der Reihe nach für die Schaltung Bild 2.4/8b

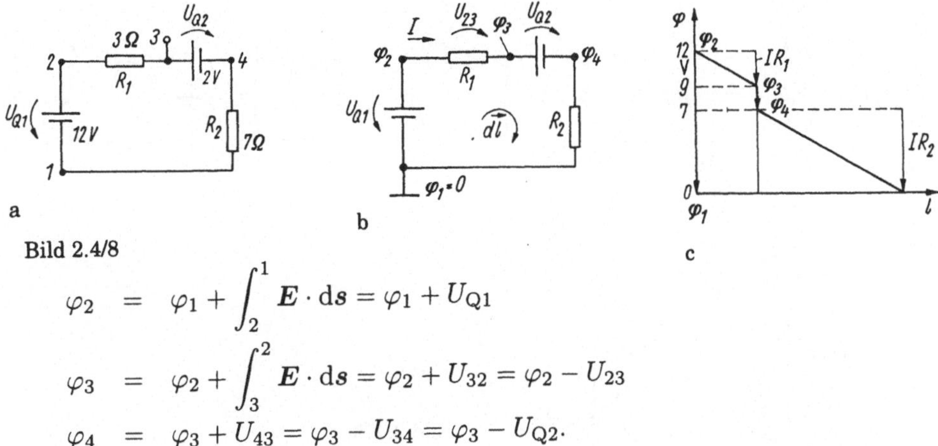

Bild 2.4/8

$$\varphi_2 \;=\; \varphi_1 + \int_2^1 \boldsymbol{E} \cdot \mathrm{d}\boldsymbol{s} = \varphi_1 + U_{Q1}$$

$$\varphi_3 \;=\; \varphi_2 + \int_3^2 \boldsymbol{E} \cdot \mathrm{d}\boldsymbol{s} = \varphi_2 + U_{32} = \varphi_2 - U_{23}$$

$$\varphi_4 \;=\; \varphi_3 + U_{43} = \varphi_3 - U_{34} = \varphi_3 - U_{Q2}.$$

Wir durchlaufen den Kreis in der angenommenen Stromrichtung. Dadurch liegt die Richtung des Potentialgefälles (über die Spannungsabfälle) fest: Stromfluß von Punkten höheren zu niederen Potentials. Bei Durchlauf einer Quelle vom Minus- zum Pluspol wird das Potential um U_Q angehoben ($\rightarrow$ Erhöhung der potentiellen Energie der Ladungsträger).

Weil sich das Potentialgefälle jeweils über eine bestimmte Wegstrecke ausdehnt, wurde dies im Bild 2.4/8b berücksichtigt. Nach einer Umlauflänge l kehrt man an den Ausgang zurück.

Als Maschensatz geschrieben ergibt sich:

$$U_{23} + U_{Q2} + U_{41} - U_{Q1} = 0.$$

Wird als Bezugspotential $\varphi_3 = 0$ gewählt, so "verschieben" sich alle Potentialwerte um $-\varphi_3 = -7\,\mathrm{V}$, die neuen Werte φ' lauten: $\varphi_1' = -9\,\mathrm{V}$, $\varphi_2' = +3\,\mathrm{V}$, $\varphi_3' = 0$. Der Maschensatz bleibt davon unberührt. Man erkennt daraus die Zweckmäßigkeit des eingeführten Spannungsbegriffs.

Aufgabe 2.4/9 Aktive, passive Zweipole

a) Stellen Sie die zu den Schaltungen 1)...7) Bild 2.4/9a gehörigen Kennlinien maßstabsgerecht dar ($R = 10\,\Omega$, $U_Q = 10\,\mathrm{V}$). Achten Sie auf die vorgegebenen Strom-Spannungsrichtungen! (Was drücken Sie aus?)

b) Wie unterscheiden sich die Kennlinien 1) und 2)? Wie kann Kennlinie 5) aus 1) und 3) gewonnen werden?

c) Geben Sie die Kennlinienzusammenhänge jeweils formelmäßig an. Um welchen Gleichungstyp handelt es sich?

Hinweis: Diese Übung dient dem Umgang mit dem Verbraucher- und Erzeugerpfeilsystem am Zweipol.

Lösung:

a) Im Bild 2.4/9b wurden in ein Koordinatensystem (VPS) alle Fälle eingetragen. Der erste und dritte Quadrant beschreibt wegen $P = UI > 0$

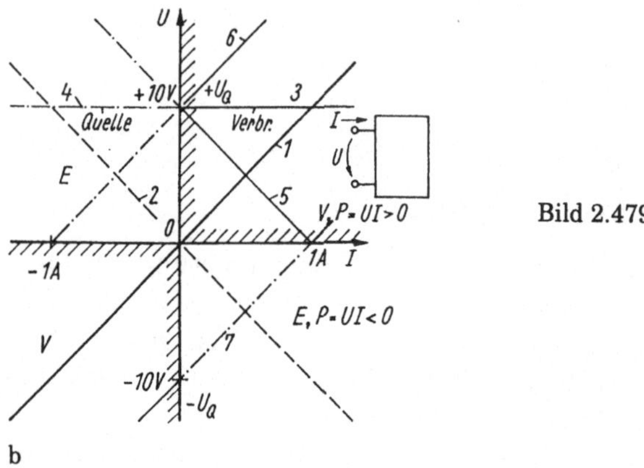

Bild 2.479

Verbraucherverhalten, der zweite und vierte wegen $P = UI < 0$ Erzeugerverhalten. Deshalb stellen die Fälle 1), 3) passive Zweipole (Leistungsaufnahme), die Fälle 5), 4) aktive (Leistungsabgabe) dar. Fall 5) ergibt sich aus 2) durch Verschieben um U_Q und arbeitet (abhängig vom Strom $I \lesseqgtr 0$) als Verbraucher/Erzeuger, ebenso Fall 6) (hervorgehend aus 1) und U_Q, oft als passiver Zweipol mit Gegenspannung bezeichnet). Fall 7) entspricht Fall 6) nur um $-U_Q$ verschoben (Erzeuger/Verbraucherverhalten).

b) Die Kennlinienunterschiede sind durch unterschiedliche Vorzeichen der Anstiege bestimmt: 1) $U = IR$, $R > 0$ passiver Zweipol (Leistungsverbrauch); 2) $U = I(-R) = IR'$, $R' < 0$, negativer Widerstand (Leistungserzeugung, aktiver Zweipol). Kennlinie 5) ergibt sich durch Addition von 1) und 3) (Reihenschaltung) und Richtungsumkehr des Stromes.

c) Es gelten (VPS) folgende Gleichungen: 1) $U = RI$, 2) $U = (-R)I$, 3) $U_Q = \text{const.}$, 4) $U_Q = \text{const.}$, 5) $U = U_Q - IR$, 6) $U = U_Q + IR$, 7) $U = -U_Q + IR$.

Aufgabe 2.4/10 Kennliniendarstellung. Ersatzschaltung

a) Geben Sie die Kennliniendarstellungen $U = f(I)$ der Schaltung Bild 2.4/10a)...d) (als Formel) an. Erklären Sie die Unterschiede der Schaltungen a) und b) sowie c) und d).

b) Bestimmen Sie jeweils den Strom I in den angegebenen Schaltungen Bild 2.4/10e)...i).

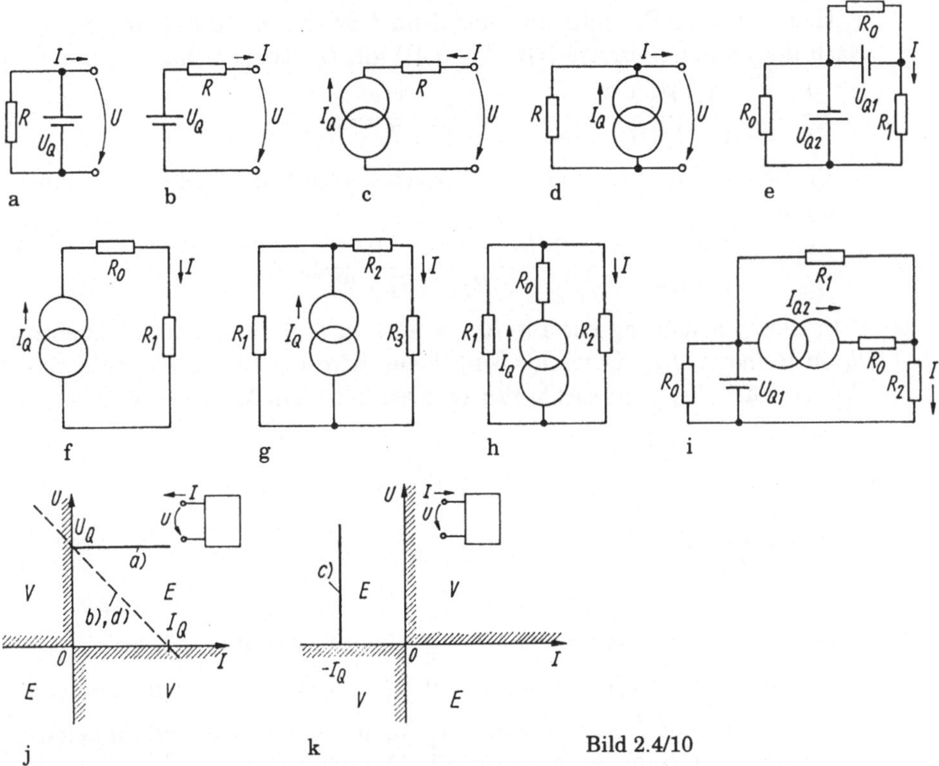

Hinweis: Unabhängige Quellen mit Zusatzelementen leiten sich aus dem Verhalten unabhängiger Quellen ab.

Lösung:

a) Die Kennliniendarstellungen Bild 2.4/10a)...d) sind im Bild 2.4/10j, k) skizziert: Bild a) stellt die unabhängige Quelle im EPS dar. Ein Widerstand R parallel zur idealen Spannungsquelle hat keinen Einfluß (nachprüfen!). Der Widerstand R in Reihe zu U_Q hingegen ergibt die U-I-Kennlinie der realen Spannungsquelle (Schaltung b). Die ideale Stromquelle im EPS (Bild c) ist unabhängig von einem Längswiderstand R. Sie wurde - der Stromrichtung I nach - in ein VPS-System (Bild 2.4/10k) eingetragen. Der Parallelleitwert $G = 1/R$ zu I_Q ergibt die technische Stromquelle (f).

Widerstände parallel zu idealen Spannungsquellen dürfen daher durch Leerlauf (R auftrennen), in Reihe zu idealen Stromquellen durch Kurzschluß (R überbrücken) ersetzt werden.

b) Der Strom I im Kreis berechnet sich aus Maschensatz, Knotensatz und Zweigbeziehungen, es gelten der Reihe nach:

e) $U_{Q1} + U_{Q2} + IR_1 = 0 \rightarrow I = -(U_{Q1} + U_{Q2})/R_1$

f) $I = I_Q$, Spannung: $U = U_{R_0} + U_{R_1} = I_Q(R_0 + R_1)$. (Der Strom fließt im geschlossenen Kreis unabhängig von R_0, R_1, Wesen der Stromquelle!)

g) Hier liegt eine Stromteilung vor, denn I ist nur ein Teilstrom von I_Q. Nach der Stromteilerregel (Gl. (I/2.3.4)) gilt (Leitwertverhältnis!):

$$\frac{I}{I_Q} = \frac{1/(R_2 + R_3)}{G_1 + 1/(R_2 + R_3)} = \frac{1}{1 + G_1(R_2 + R_3)}.$$

h) In diesem Fall gilt wieder die Stromteilerregel, doch bleibt R_0 ohne Einfluß

$$\frac{I}{I_Q} = \frac{G_2}{G_1 + G_2} = \frac{1/R_2}{1/R_1 + 1/R_2} = \frac{R_1}{R_1 + R_2}.$$

i) In dieser Schaltung entfällt R_0 parallel zu U_{Q1} (auftrennen), ebenso R_0 in Reihe zu I_{Q2} (kurzschließen). Dann wird der Strom I sowohl von U_{Q1} als auch I_{Q2} verursacht. Wir erhalten mit dem Maschensatz

$$U_{Q1} = I_1 R_1 + I R_2$$

und Knotensatz $I_1 + I_{Q2} = I$ durch Eliminieren von I_1:

$$I = \frac{U_{Q1} + I_{Q2} R_1}{R_1 + R_2}.$$

Aufgabe 2.4/11 Zusammenschaltung idealer Quellen

Gegeben sind die beiden Schaltungen Bild 2.4/11a, b) mit idealen Quellen.

a) Zeigen Sie, daß für Schaltung Bild 2.4/11a die Stromquelle und für Schaltung Bild 2.4/11b die Spannungsquelle überflüssig ist.

b) Nehmen Sie einen endlichen Widerstand R_i der Spannungsquelle (Bild a) bzw. Stromquelle (Bild b) an und bestimmen Sie I bzw. U.

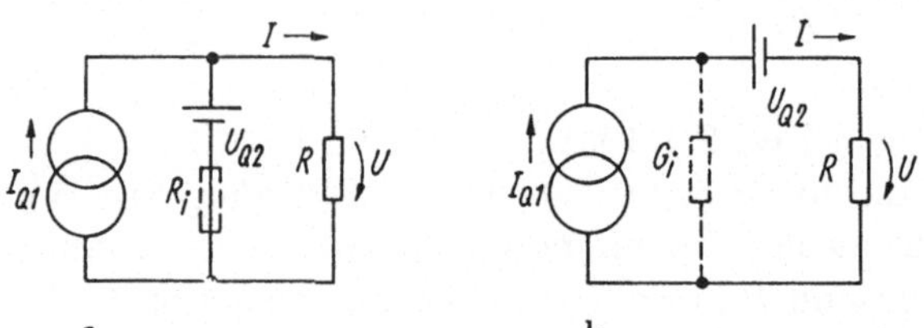

a   b   Bild 2.4/11

Lösung:

a) In beiden Fällen liegen ideale Quellen vor (Modellelemente). Die ideale Spannungsquelle stellt einen Kurzschluß dar, m.a.W. ist der Stromkreis für I_Q nur über die Quelle geschlossen. Deshalb hat I_{Q1} keine Wirkung auf den Strom durch R (Bild 2.4/11a). Im Bild 2.4/11b fließt der Strom I_{Q1} durch die Spannungsquelle U_{Q2} und damit durch R. Weil über I_{Q1} eine beliebige Spannung U abfallen kann, hat die Spannungsquelle U_{Q2} keinen Einfluß auf den Strom durch R.

b) Mit Innenwiderstand R_i ergibt sich für Bild 2.4/11a der Strom

$$I = \frac{U_{Q2} + I_{Q1} R_i}{R_i + R}$$

(aus Knotensatz, Nachweis), für Bild 2.4/11b gilt

$$U = \frac{I_{Q1} R_i R + U_{Q2} R}{R_i + R}$$

(Maschensatz, Nachweis). Im ersten Fall verschwindet der Einfluß von I_{Q1} mit $R_i \to 0$, im letzten der von U_{Q2} mit $G_i \to 0$ resp. $R_i \to \infty$.

Aufgabe 2.4/12 Leistungsumsatz im Grundstromkreis

Gegeben ist die Schaltung Bild 2.4/12 mit einem Schaltelement E, von dem nicht bekannt ist, ob es ein aktiver oder passiver Zweipol ist. Die Quelle U_Q erzeugt eine bestimmte Leistung P_Q, außerdem sind U_Q, R_1 und R_2 bekannt.

a) Prüfen Sie, ob ein aktiver oder passiver Zweipol vorliegt!

b) Bestimmen Sie die Leistung P, die der unbekannte Zweipol umsetzt.

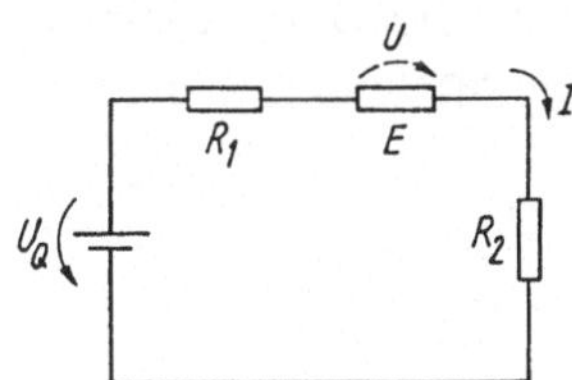

Bild 2.4/12

Hinweis: Man wiederhole den Leistungsumsatz einer Quelle in Relation zu den Klemmenbeziehungen.

Lösung:

a) Wir ordnen dem unbekannten Zweipol zunächst eine Verbraucher-Zählpfeilrichtung zu und erhalten aus dem Maschensatz:

$$U_Q = I(R_1 + R_2) + U, \quad \text{d.h. } U = U_Q - I(R_1 + R_2) \quad \text{mit } I = \frac{P_Q}{U_Q}.$$

Der Strom liegt durch die eingeprägte Leistung fest. Die Zahlenwerte ergeben $U = 100\,\text{V} - 3\,\text{A} \cdot 80\,\Omega = -140\,\text{V}$, dem Vorzeichen nach liegt ein aktiver Zweipol vor, weil nach Annahme des VPS ein positiver Zahlenwert auftreten müßte, wenn es sich um einen passiven Zweipol handeln würde.

b) *Leistungsbilanz.* Die Einzelleistungen betragen:
Aufgenommene Leistung:
$P_1 = I^2 R_1 = 9\,\text{A}^2 \cdot 50\,\Omega = 450\,\text{W}$
$P_2 = I^2 R_2 = 9\,\text{A}^2 \cdot 30\,\Omega = 270\,\text{W}.$
Erzeugte Leistung durch U_Q: $P_{\text{erz}} = 300\,\text{W}$
Bilanz $P_{\text{erz}} = P_1 + P_2 + P_E,$
d.h. $P_E = P_{\text{erz}} - P_1 - P_2 = (300 - 270 - 450)\,\text{W} = -420\,\text{W}.$
Die angesetzte Leistung ist Erzeugerleistung.

Aufgabe 2.4/13 Leistungsumsatz

Man bestimme die Leistung, die jedes Element in der Schaltung Bild 2.4/13 umsetzt und zeige, daß $P_{\mathrm{erz}} = \sum P_{\mathrm{abg}}$. Man überprüfe die Lösung für $I_{Q1} = 5\,\mathrm{mA}$, $I_{Q2} = 10\,\mathrm{mA}$, $G_1 = 2\,\mathrm{mS}$, $G_2 = 1\,\mathrm{mS}$.

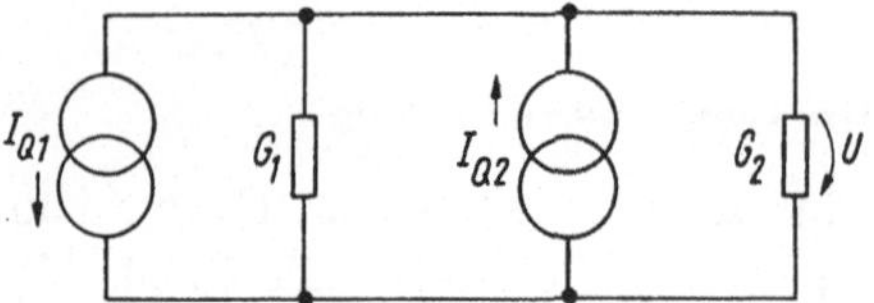

Bild 2.4/13

Lösung:

Wir fassen die beiden Stromquellen zusammen und erhalten als erzeugte Leistung $P_{\mathrm{erz}} = U(I_{Q1} - I_{Q2})$. Die absorbierte Leistung im Gesamtleitwert $G = G_1 + G_2$ beträgt $P_{\mathrm{abs}} = U^2 G = U^2(G_1 + G_2)$. Die Spannung U folgt zu $U = -(I_{Q1} - I_{Q2})/(G_1 + G_2)$. Damit wird:

$$P_{\mathrm{abs}} = \frac{(I_{Q1} - I_{Q2})^2}{(G_1 + G_2)^2}\,(G_1 + G_2) = \frac{(I_{Q1} - I_{Q2})^2}{(G_1 + G_2)} = P_{\mathrm{erz}}.$$

Zum gleichen Ziel führt die Berechnung zunächst der Spannung U und dann der Einzelleistungen. Die Spannung beträgt $U = (10 - 5)\,\mathrm{mA}/3\,\mathrm{mS} = 5/3\,\mathrm{V}$. Umgesetzte Leistungen:

G_1: $P_1 = U^2 G_1 = (5/3)^2 \cdot 2\,\mathrm{mW} = 5,55\,\mathrm{mW}$

G_2: $P_2 = U^2 G_2 = (5/3)^2 \cdot 1\,\mathrm{mW} = 2,77\,\mathrm{mW}$

Quelle I_{Q1} (Abgabe)

$P_{\mathrm{erz}} = I_{Q2} U = (5/3) \cdot 10\,\mathrm{mW} = 16,67\,\mathrm{mW}$

Quelle I_{Q2} (absorbiert, Richtung I_{Q1}!)

$P_{\mathrm{abs}} = I_{Q1} U = (5/3) \cdot 5\,\mathrm{mW} = 8,335\,\mathrm{mW}$.

Damit ist die Summe erfüllt: $P_{\mathrm{erz}} = P_{\mathrm{abs}} + P_1 + P_2$.

Hinweis: Wir werden später sehen, daß diese Leistungsbilanz nach dem Satz von Tellegen ganz allgemein für Netzwerke gilt und z.B. zur Kontrolle von Lösungen der Netzwerkanalyse dienen kann.

Aufgabe 2.4/14 Leistungsumsatz, Wirkungsgrad

Ein Verbraucher (Glühlampe $P_{\mathrm{a}} = 0,5\,\mathrm{W}$, Nennspannung U) sei über eine Leitung (Widerstand R_{L}) an eine Spannungsquelle (Batterie, U_Q, R_{B}, z.B. $U_Q = 1,5\,\mathrm{V}$, $R_{\mathrm{B}} = 0,5\,\Omega$, $R_{\mathrm{L}} = 0,5\,\Omega$) angeschlossen. Die Zahl der Batterien kann beliebig erhöht werden. Die Wahl der Glühlampenspannung sei bei gleicher Leistung P_{a} noch offen (z.B. $U = 3\,\mathrm{V}$, $U = 24\,\mathrm{V}$ u.a.).

a) Bestimmen Sie die Größe des Widerstandes R_{a} der Glühlampe als Funktion von U_Q, P_{a}, $R_{\mathrm{B}} + R_{\mathrm{L}}$. Welche Spannung U_Q muß wenigstens gewählt werden? Wie groß ist der Wirkungsgrad, wenn die Glühlampenspannung $U = 1,5\,\mathrm{V}$ beträgt?

b) Wie sind die Spannungsquelle und die Glühlampe bei vorgegebenen R_B, R_L auszulegen, damit der Leistungs-Wirkungsgrad η möglichst hoch wird? Wie müßte die Schaltung bemessen werden, damit $\eta = 0,95$ erreicht wird?

c) Wie ändern sich die Verhältnisse a), b), wenn die Spannungsquelle aus der Reihenschaltung von n gleichen Batterien aufgebaut wird? Wieviele Batterien sind erforderlich für die Glühlampe mit $P_a = 0,5\,\mathrm{W}$ sowie für eine Glühlampe mit $P_a = 5\,\mathrm{W}$? Diskutieren Sie, wie sich der Wirkungsgrad η mit steigender Zahl reihengeschalteter Batterien verbessert.

Hinweis: Man betrachte die Glühlampe als linearen Widerstand.

Lösung:

a) Wir fassen in der Ersatzschaltung Bild 2.4/14 zusammen: $R_B + R_L = R_i$ und fragen nach der Verbraucherleistung P_a. Mit $U = U_Q R_a/(R_i + R_a)$ (Spannungsteilerregel) wird

$$P_a = UI = \frac{U_Q^2 R_a}{(R_i + R_a)^2} \tag{1}$$

und aufgelöst nach R_a:

$$R_a = \frac{U_Q^2}{2P_a} - R_i \pm \sqrt{\frac{U_Q^2}{P_a}\left(\frac{U_Q^2}{4P_a} - R_i\right)}.$$

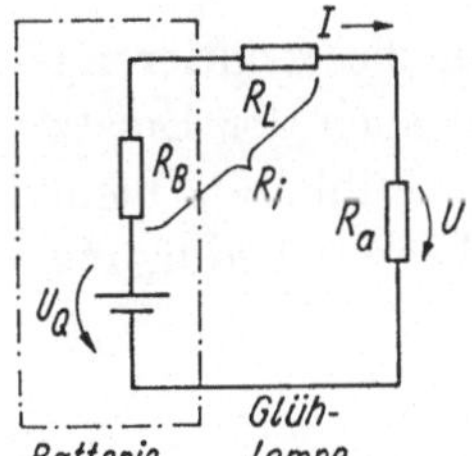

Bild 2.4/14

Damit R_a realisierbar ist, muß die Wurzel positiv bleiben, d.h.

$$\frac{U_Q^2}{4R_i} \geq P_a. \tag{2}$$

gelten. Die links stehende Leistung $U_Q^2/4R_i$ ist die Generatorleistung, die bei Anpassung $R_i = R_a$ an den Verbraucher abgeben würde. Weil aber P_a und R_i gegeben sind, muß die Batteriespannung wenigstens

$$U_Q \geq 2\sqrt{P_a R_i} \tag{3}$$

betragen (im Beispiel $P_a = 1\,\mathrm{W}$, $R_i = R_B + R_L = 1\,\Omega$). Dazu gehört $U_Q = 1,41\,\mathrm{V}$, d.h. die Aufgabe ist mit einer Batterie ($U_B = 1,5\,\mathrm{V}$) lösbar. Der Leistungs-Wirkungsgrad η

$$\eta = \frac{P_a}{P_Q} = \frac{UI}{U_Q I} = \frac{R_a}{R_i + R_a} \tag{4}$$

hängt vom Verhältnis R_a/R_i ab. Das Glühlämpchen hat den Widerstand $R_a = U^2/P = (1,5\,\mathrm{V})^2/0,5\,\mathrm{W} = 4,5\,\Omega$. Damit beträgt ($R_i = 1\,\Omega$)

$$\eta = \frac{R_a}{R_i + R_a} = \frac{4,5}{4,5 + 1} = 0,81.$$

b) Hoher Leistungs-Wirkungsgrad η verlangt $R_a \gg R_i$, dabei steigt allerdings bei konstant gehaltener Verbraucherleistung $P_a = U^2/R_a$ zwangs-läufig die Verbraucherspannung U und so auch die erforderliche Batteriespannung U_Q. Für einen gewünschten Leistungswirkungsgrad η ist ein Widerstandsverhältnis

$$\frac{R_a}{R_i} = \frac{\eta}{1 - \eta} \tag{5}$$

erforderlich. Aus der Verbraucherleistung P_a (1) folgt mit Ersetzen von R_a/R_i durch Gl.(5)

$$U_Q = \sqrt{\frac{P_a R_i}{\eta(1 - \eta)}}. \tag{6}$$

Für $\eta = 0,95$ wird damit bei $R_i = 1\,\Omega$, $P_a = 0,5\,\mathrm{W}$, $R_a = R_i\eta/(1 - \eta) = 19\,\Omega$, $\rightarrow$ Nennspannung $U = \sqrt{P_a R_a} = 3,08\,\mathrm{V}$, $U_Q = 3,24\,\mathrm{V}$ (Gl.(6)). Das Ergebnis ist plausibel: Mit steigender Spannung (U_Q, U) wird der Strom im Kreis geringer, damit sinkt die Verlustleistung $I^2 R_i$ und der Wirkungsgrad steigt.

c) Bei Reihenschaltung von n Batterien wächst nicht nur die resultierende Quellenspannung $U_Q = nU_B$ ($U_B = 1,5\,\mathrm{V}$), sondern auch der Ersatzinnenwiderstand: $R_i = nR_B + R_L$. Die Leistung der Glühlampe bleibt weiterhin konstant (P_a). Dann folgt aus der Realisierbarkeitsbedingung

$$U_Q = nU_B \geq 2\sqrt{P_a(nR_B + R_L)}.$$

Zur Erfüllung ist ein Mindestwert n erforderlich, er beträgt

$$n \geq \frac{2P_a R_B \pm \sqrt{4(P_a R_B)^2 + 4P_a R_L U_B^2}}{U_B^2}.$$

Zahlenwerte ergeben für $U_B = 1,5\,\mathrm{V}$, $P_a = 0,5\,\mathrm{W}$, $R_B = 0,5\,\Omega$, $R_L = 0,5\,\Omega$, $n \geq 0,924$, d.h. die Schaltung ist bereits mit einer Batterie ausführbar. In Aufgabe a) wurde $U_Q = 1,41\,\mathrm{V} < 1,5\,\mathrm{V} = U_B$ als Mindestspannung errechnet. Würde dagegen die Lampenleistung auf $P_a = 5\,\mathrm{W}$ steigen (bei sonst gleichen Daten), so wäre $n \geq 5,28$ erforderlich, d.h. mindestens 4 reihengeschaltete Batterien.

Mit steigender Batteriezahl n wächst der Verbraucherwiderstand nach Gl.(1) ($U_Q \rightarrow nU_B$, $R_i \rightarrow nR_B + R_L$) überproportional mit n und damit auch der Wirkungsgrad η Gl.(4).

Aufgabe 2.4/15 Leistungsumsatz bei begrenzter innerer bzw. äußerer Verlustleistung

Ein "Konstantspannungsgerät" mit $U_Q = 10\,\mathrm{V}$, $R_i = 0,1\,\Omega$ besitzt eine höchstzulässige innere Verlustleistung $P_V = P_{iz} = 100\,\mathrm{W}$.

a) Stellen Sie die Kennlinie $U(I)$ des aktiven Zweipols dar und tragen Sie die Verlustleistung $P_i = P_V$ ein. Ist Anpassung möglich? Wie groß sind bei Anpassung Wirkungsgrad und die abgegebene Leistung?

b) Berücksichtigen Sie die höchstzulässige Verlustleistung P_{iz}. Welcher Aussenwiderstand kann noch angeschlossen werden ohne Generatorüberlastung?

c) Stellen Sie die Kennlinien des aktiven und passiven Zweipols dar, wenn der passive Zweipol eine bestimmte Verlustleistung P_a nicht überschreiten darf (dagegen der aktive Zweipol keine innere Leistungsbegrenzung hat).

Lösung:

a) Wir tragen die Kennlinie des aktiven und passiven Zweipols auf (Bild 2.4/15a) und erkennen

- die im Verbraucher umgesetzte Leistung $P_a = UI$
- die im aktiven Zweipol umgesetzte Verlustleistung $P_i = (U_Q - U)I$.

Bei Anpassung $R_a = R_i$ beträgt $P_a = U_Q I_K/4 = U_Q^2/4R_i$. Die Leistung $P_Q = U_Q^2/R_i$ ist die Generatorleistung bei Kurzschluß $P_Q = U_Q I_K$. In der Darstellung $P = f(R_a/R_i)$ ergeben sich

- die vom aktiven Zweipol gelieferte Leistung

$$P_g = \frac{U_Q^2}{R_i + R_a} = \frac{U_Q^2}{R_i}\frac{1}{1 + R_a/R_i} \tag{1}$$

- die im Verbraucher umgesetzte Leistung

$$P_a = UI = \frac{U_Q^2}{R_i}\frac{R_a/R_i}{(1 + R_a/R_i)^2} \tag{2}$$

- die Verlustleistung im Innenwiderstand R_i

$$P_i = P_g - P_a = \frac{R_i}{R_a}P_a = \frac{U_Q^2}{R_i}\frac{1}{(1 + R_a/R_i)^2}. \tag{3}$$

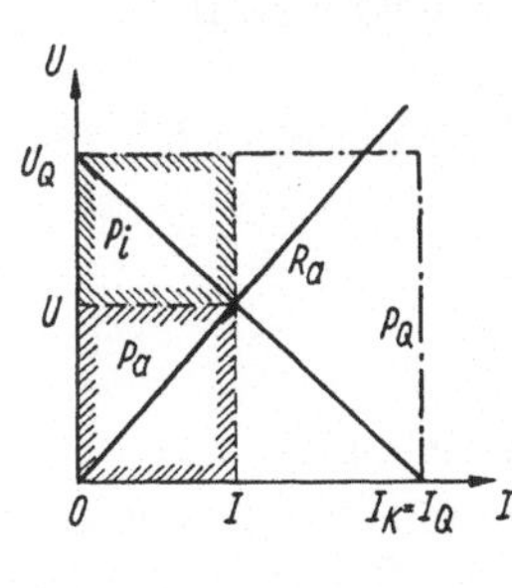

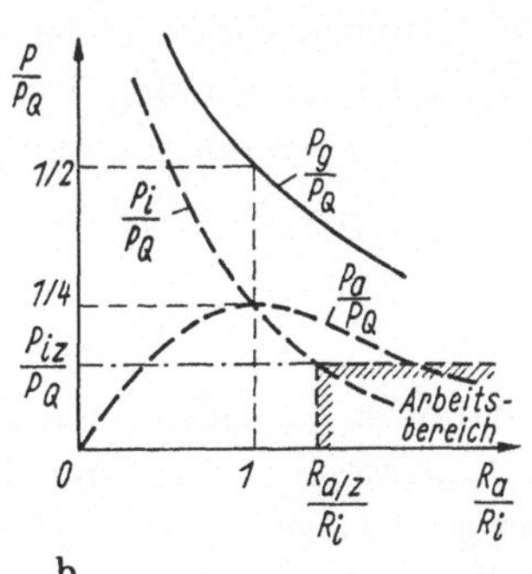

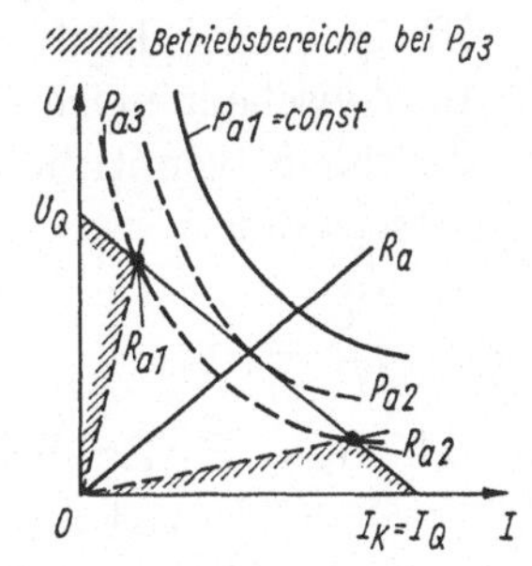

Bild 2.4/15

Bild 2.4/15b zeigt die Verläufe. Im Beispiel würde sich ergeben:
- Anpassung $R_{\mathrm{a}} = R_{\mathrm{i}} = 0,1\,\Omega$
- $P_{\mathrm{Q}} = U_{\mathrm{Q}}^2/R_{\mathrm{i}} = 1000\,\mathrm{W}(!)$
- P_{i} bei Anpassung: $P_{\mathrm{i}} = P_{\mathrm{Q}}/4 = 250\,\mathrm{W}$.

Damit würde der Generator wegen der begrenzt vorgegebenen Verlustleistung zerstört, d.h. Anpassung ist nicht möglich. Der Wirkungsgrad $\eta = P_{\mathrm{a}}/P_{\mathrm{g}} = UI/(U_{\mathrm{Q}}I) = R_{\mathrm{a}}/(R_{\mathrm{i}} + R_{\mathrm{a}})$ erreicht bei Anpassung 50%, 1/4 der Generatorleistung $P_{\mathrm{Q}} = U_{\mathrm{Q}}I_{\mathrm{K}}$ bei Kurzschluß wird an den Verbraucher abgegeben.

b) Die innere Verlustleistung P_{i} ist durch Gl.(3) gegeben, sie liegt bei Anpassung $R_{\mathrm{a}} = R_{\mathrm{i}}$ über der zulässigen Verlustleistung $P_{\mathrm{V}} = P_{\mathrm{iz}}$. Wir müssen jetzt umgekehrt den Außenwiderstand $R_{\mathrm{a}}|_z$ aus Gl.(3) für die höchstzulässige Verlustleistung P_{iz} bestimmen:

$$P_{\mathrm{iz}} = \frac{U_{\mathrm{Q}}^2}{R_{\mathrm{i}}} \left(\frac{1}{1 + R_{\mathrm{a}}/R_{\mathrm{i}}} \right)^2 \rightarrow \frac{R_{\mathrm{a}}|_z}{R_{\mathrm{i}}} = \sqrt{\frac{U_{\mathrm{Q}}^2}{R_{\mathrm{i}}P_{\mathrm{iz}}}} - 1. \tag{4}$$

Im Beispiel ergibt sich mit $P_{\mathrm{iz}} = 100\,\mathrm{W}$, $U_{\mathrm{Q}}^2/R_{\mathrm{i}} = 1000\,\mathrm{W}$, $R_{\mathrm{a}}|_z = 2,16R_{\mathrm{i}} = 0,216\,\Omega$. Die Situation $R_{\mathrm{a}} > R_{\mathrm{i}}$ wird als Überanpassung bezeichnet. Damit ist der mögliche Arbeitsbereich eingegrenzt (Bild 2.4/15b).

c) Wir tragen zu den Kennlinien des aktiven und passiven Zweipols noch die Verlusthyperbel $U = P_{\mathrm{a}}/I$ des passiven Zweipols ein (Bild 2.4/15c). Dann gibt es drei typische Fälle: keine Leistungsbegrenzung (Fall 1), beliebige Verhältnisse $R_{\mathrm{a}}/R_{\mathrm{i}}$ einstellbar; eine Berührung zwischen Leistungshyperbel und aktiver Zweipolkennlinie (Fall 2) und zwei Schnittpunkte (Fall 3) in Richtung abnehmender Verlustleistung P_{a}. Für Fall 3 gibt es aus

$$P_{\mathrm{a}} = UI = U_{\mathrm{Q}}^2 \frac{R_{\mathrm{a}}}{(R_{\mathrm{a}} + R_{\mathrm{i}})^2} = \text{const.}$$

aufgelöst nach R_{a}

$$R_{\mathrm{a}1/2} = \frac{U_{\mathrm{Q}}^2}{2P_{\mathrm{a}}} - R_{\mathrm{i}} \pm \sqrt{\frac{U_{\mathrm{Q}}^2}{P_{\mathrm{a}}} \left(\frac{U_{\mathrm{Q}}^2}{4P_{\mathrm{a}}} - R_{\mathrm{i}} \right)} \tag{5}$$

zwei Lösungen $R_{\mathrm{a}1/2}$ als Schnittpunkte mit der Kennlinie des aktiven Zweipols und damit zwei Bereiche, die nicht leistungsbegrenzt arbeiten. Im Zwischenbereich wird R_{a} leistungsmäßig überlastet.
Zu einem Schnittpunkt (Fall 2) kommt es, wenn die Wurzel in Gl. (5) verschwindet:

$$\frac{U_{\mathrm{Q}}^2}{4P_{\mathrm{a}}} = R_{\mathrm{i}},$$

d.h. $R_{\mathrm{a}} = R_{\mathrm{i}}$. Der Schnittpunkt liegt also beim Anpassungsfall.
Der Fall 3 ist z.B. interessant, wenn der Außenwiderstand zwischen einem großen und kleinen Wert geschaltet wird, dann ist der Zwischenbereich unwichtig (Anwendung: Transistor im Schalterbetrieb).

Beispiel. Es sei $U_Q = 10\,\mathrm{V}$, $P_a = 1\,\mathrm{W}$, $R_i = 10\,\Omega$. Dann ergeben sich die beiden Außenwiderstände $R_{a1} = 78,7\,\Omega$, $R_{a2} = 1,27\,\Omega$, somit tritt für Lastwiderstände $\infty > R_{a1} \geq 78,7\,\Omega$ und $1,27\,\Omega > R_{a2} > 0$ keine Überlastung ein.

Aufgabe 2.4/16 Netzgerät mit Strombegrenzung

Gegeben sei ein ideales Konstantspannungsnetzgerät mit $U_Q = $ const. ($R_i = 0$), das bei Überschreiten eines maximalen Stromes I_Q in einem Konstantstrombetrieb umschaltet (ein solches Gerät arbeitet mit innerer Strombegrenzung).

a) Zeichnen Sie die Kennlinie eines solchen Netzgerätes!

b) Welche Leistung wird an einen Lastwiderstand R_a abgegeben in den Bereichen $U_Q = $ const., $I_Q = $ const.? Welche Leistung kann maximal an den Widerstand geliefert werden? Vergleichen Sie die Ergebnisse mit denen eines üblichen aktiven Zweipols gleicher Quellenspannung U_Q und des Kurzschlußstromes $I_Q = U_Q/R_i$.

Lösung:

a) Die Kennlinie des Netzgerätes besteht aus der Geraden $U_Q = $ const. im Bereich $0 \leq I \leq I_Q$ und $I_Q = $ const. im Bereich ($0 \leq U \leq U_Q$, Bild 2.4/16). Die einsetzende Strombegrenzung (Kennlinienumschaltung) muß modellmäßig durch einen Schalter nachgebildet werden.

b) Bei variablem R_a sind alle Arbeitspunkte im Bereich $U_Q = $ const., $I_Q = $ const. einstellbar. Die abgegebene Leistung beträgt z.B. im Betrieb $U_Q = $ const.:

$$P_a = UI = U_Q I = \frac{U_Q^2}{R_a}.$$

Sie wird maximal für $R_a = U_Q/I_a$:

$$P_{amax} = U_Q I_Q.$$

Im Vergleich zum gewöhnlichen aktiven Zweipol

- lautet Leistungsanpassung jetzt $R_a = U_Q/I_Q$
- dabei wird die 4fache Leistung des Anpassungsfalles $R_a = R_i$ des üblichen Grundstromkreises geliefert! Das ergibt sich durch Eintrag der Kennlinie des aktiven Zweipols in das Kennlinienfeld.

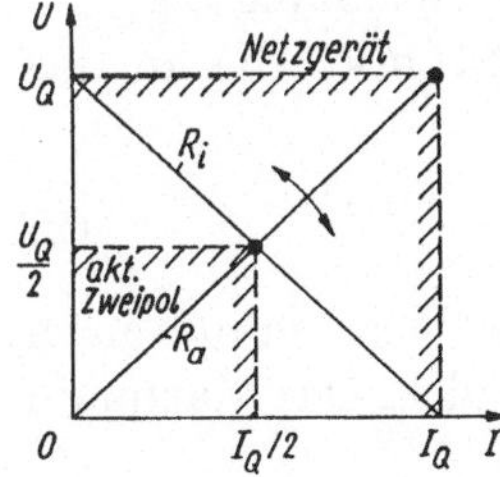

Bild 2.4/16

- Der Leistungs-Wirkungsgrad η wird hier bei Anpassung $R_\mathrm{a} = U_\mathrm{Q}/I_\mathrm{Q}$ gleich 1 im Vergleich zu 25 % dort.

Man erkennt zusammenfassend, daß eine derartige Rechteckkennlinie für Quellen deutlich vorteilhafter ist als die übliche Kennlinie des aktiven Zweipols. Deshalb realisieren elektronische Netzgeräte durch Reglerschaltungen den Kennlinientyp nach Bild 2.4/16. Eine Tendenz zur Annäherung an eine Knickkennlinie hat auch die Solarzelle (s.Aufg. 2.4/17).

Aufgabe 2.4/17 Nichtlinearer aktiver Zweipol - Solarzelle

Gegeben ist eine Solarzelle mit der Kennlinie

$$I = I_\mathrm{S}(\exp U/U_\mathrm{T} - 1) - I_\mathrm{F} \approx I_\mathrm{S}\exp U/U_\mathrm{T} - I_0$$

bei vernachlässigtem inneren Widerstand R (ideale Diodenkennlinie + Konstantstromquelle). I_0 ist der durch Lichteinwirkung erzeugte Fotostrom.

a) Skizzieren Sie die Kennlinie dieses aktiven Zweipols im VPS und EPS (maßstäblich, $I_\mathrm{S} = 10^{-5}\,\mathrm{mA}$, $U_\mathrm{T} = 40\,\mathrm{mV}$, $I_0 = 100\,\mathrm{mA}$, $R = 0$).
b) Wie groß ist die in von der Zelle durch I_0 abgegebene Leistung (im Leerlauf) $P = f(U)$? Tragen Sie den Verlauf auf. Wo hat P ein Maximum?
c) An die Zelle wurde ein Widerstand R_a angeschlossen ($R_\mathrm{a} = 10\,\Omega$). Welche Spannung stellt sich ein, welche Leistung wird umgesetzt?
d) Wie müßte R_a für maximale Leistungsabgabe gewählt werden? Wie groß ist der zugehörige Innenwiderstand?
e) Verwenden Sie statt der Diode in der Ersatzschaltung eine Diode mit Knickkennlinie und der Leerlaufspannung U_FO. Welche Kennlinie hat der aktive Zweipol dann? (Diskutieren Sie das Ergebnis mit Bezug auf die vorhergehende Aufgabe.)

Lösung:

a) , b) Die Kennliniengleichung lautet (im VPS) mit den gegebenen Zahlenwerten

$$I = 10^{-5}\,\mathrm{mA}(\exp 25\frac{U}{\mathrm{V}} - 1) - 10^2\,\mathrm{mA} \approx 10^{-5}\,\mathrm{mA}\exp 25\frac{U}{\mathrm{V}} - 10^2\,\mathrm{mA},$$

(Bild 2.4/17a), also im EPS (Bild 2.4/17b)

$$I \approx I_0 - I_\mathrm{S}\exp U/U_\mathrm{T} = 10^2\,\mathrm{mA} - 10^{-5}\,\mathrm{mA}\exp 25U/\mathrm{V} \qquad (1)$$

mit dem Konstantstrom I_0 bei $U = 0$ und der Leerlaufspannung $U|_{I=0} = U_1 = U_\mathrm{T}\ln I_0/I_\mathrm{S}$. Der Zahlenwert beträgt $U_l = 644\,\mathrm{mV}$. Die an den Klemmen abgebbare Leistung beträgt

$$P = UI = I_0 U - I_\mathrm{S}U\exp U/U_\mathrm{T}. \qquad (2)$$

Sie beginnt bei $P = 0$, wächst zunächst mit U etwa linear an, um nach einem Maximum wieder steil auf 0 (bei $I = 0$) abzufallen. Das Maximum ergibt sich aus

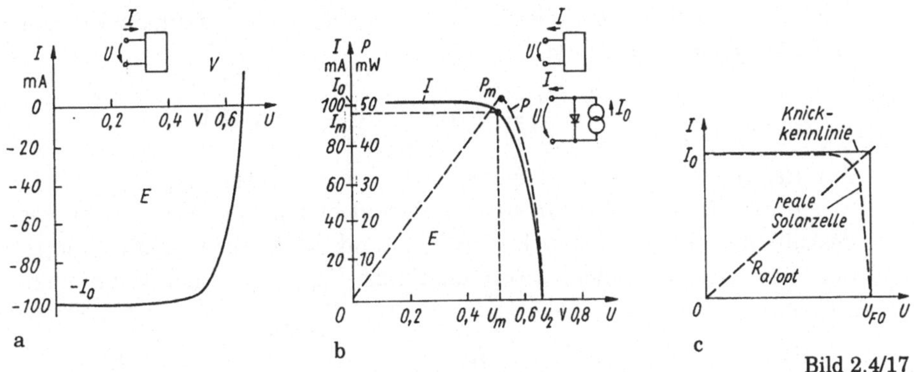

Bild 2.4/17

$$\frac{\mathrm{d}P}{\mathrm{d}U} \;=\; 0 = I_0 - \left(1 + \frac{U}{U_\mathrm{T}}\right) I_\mathrm{S} \exp\frac{U}{U_\mathrm{T}}, \qquad \text{d.h.}$$

$$\frac{I_0}{I_\mathrm{S}} \;=\; \left(1 + \frac{U_m}{U_\mathrm{T}}\right) \exp\frac{U_m}{U_\mathrm{T}} \tag{3}$$

mit

$$P_\mathrm{m} = U_\mathrm{m} I_\mathrm{m} = I_0 \frac{U_\mathrm{m}^2}{U_\mathrm{T} + U_\mathrm{m}} = 50,07\,\mathrm{mW}.$$

Die Lösung der Gleichung (3) muß numerisch erfolgen und liefert $U_\mathrm{m} = 538\,\mathrm{mV}$. Damit ergibt sich aus Gl.(2) $I_\mathrm{m} = 93,06\,\mathrm{mA}$ und $P_\mathrm{m} = 50,07\,\mathrm{mW}$. Die Leistung P_m drückt sich im Diagramm als Rechteckfläche aus, die kleiner als $I_0 U_l$ ist. Das Verhältnis

$$\frac{I_\mathrm{m} U_\mathrm{m}}{I_\mathrm{K} U_\mathrm{l}} < 1$$

heißt Füllfaktor, er beträgt $93,06 \cdot 538/(100 \cdot 644) = 0,777$.

c) Wird ein Verbraucher $R_\mathrm{a} = 10\,\Omega$ angeschlossen, so lauten die Gleichungen:

aktiver Zweipol $I = I_0 - I_\mathrm{S} \exp U/U_\mathrm{T}$,

passiver Zweipol $I = G_\mathrm{a} U$

oder zusammengefaßt

$$G_\mathrm{a} U \;=\; I_0 - I_\mathrm{S} \exp U/U_\mathrm{T}$$

$$\frac{I_0}{I_\mathrm{S}} \;=\; \exp\frac{U}{U_\mathrm{T}} + \frac{G_\mathrm{a} U}{I_\mathrm{S}} = \exp\frac{U}{U_\mathrm{T}} + \frac{G_\mathrm{a} U_\mathrm{T}}{I_\mathrm{S}} \frac{U}{U_\mathrm{T}}. \tag{4}$$

Mit Zahlenwerten ($x = U/U_\mathrm{T}$) wird daraus

$$10^7 = \exp x + x \cdot 4 \cdot 10^5.$$

Die Lösung führt auf $x = 15,183$, d.h. $U = 607\,\mathrm{mV}$. Die in R_a umgesetzte Leistung beträgt $P_\mathrm{a} = U_\mathrm{m}^2 G_\mathrm{a} = 36,91\,\mathrm{mW}$.

d) Die an R_a abgegebene Leistung

$$P_\mathrm{a} = UI = U^2 G_\mathrm{a}$$

wird maximal, wenn die Leistung der Solarzelle selbst maximal wird, also nach Aufgabe b) im Punkt U_m, I_m:

$$R_a\big|_{max} = \frac{U_m}{I_m} = \frac{U_m(U_T + U_m)}{I_0 U_m} = \frac{U_m + U_T}{I_0} = 5,78\,\Omega. \tag{5}$$

Zur Bestimmung des Innenwiderstandes ist die Beziehung $R_i = U_l/I_K$ wegen der starken Nichtlinearität sicher nicht zulässig. Wir bestimmen deshalb den differentiellen Innenwiderstand oder seinen Reziprokwert, den differentiellen Innenleitwert im Punkt U_m, I_m aus der Kennliniengleichung (1):

$$\frac{dI}{dU}\bigg|_m = -\frac{I_S}{U_T} \exp\frac{U}{U_T} = -\frac{I_S}{U_T} \exp\frac{U_m}{U_T} = -\frac{I_0}{U_m + U_T} = -\frac{1}{r_i}\bigg|_m. \tag{6}$$

Abgesehen vom negativen Vorzeichen (das sich durch das gewählte EPS ergibt), folgt über Gl. (1)

$$I_m = I_0 - I_S \exp\frac{U_m}{U_T} = I_0\frac{U_m}{U_T + U_m} = \frac{U_m}{r_i}. \tag{7}$$

Die Bedingung $r_i = R_a$ für Leistungsanpassung stimmt also auch hier, nur steht für die nichtlineare Quelle der differentiellen Innenwiderstand.

e) Wird die Diode (Bild 2.4/17b) durch eine solche mit Knickkennlinie und der Flußspannung $U_{FO} = U|_{I=0} = 644\,\text{mV}$ ersetzt (Bild 2.4/17c), so ergibt sich eine Rechteckform für den aktiven Zweipol: $I_Q = I_0 = \text{const.}$ für $0 \leq U \leq U_{FO}$, $U = U_{FO} = \text{const.}$, für $0 \leq I \leq I_Q$ (vgl. Aufgabe) Die maximal abgegebene Leistung ist $P_{max} = I_0 U_{FO} = 64\,\text{mW}$, dazu gehört ein Lastwiderstand $R_a = U_{FO}/I_0 = 6,44\,\Omega$ und ein Füllfaktor von 1. Das entspricht einem Leistungs-Wirkungsgrad 1. Die so getroffene Näherung liefert - im Vergleich zu den oben berechneten genauen Werten - befriedigende Näherungsansätze.

2.5 Anwendungen von Grundstromkreisen

Aufgabe 2.5/1 Spannungsteilerregel

Bestimmen Sie für Bild 2.5/1 jeweils die Teilspannung an R_1 als Funktion von U

a) in der Widerstandsform,
b) in der Leitwertform.

Formulieren Sie das Ergebnis jeweils in Worten! Es gelte $R_1 \ldots R_5 = R$. Wann müssen Hilfsspannungen eingeführt werden?

Hinweis:

- Wir führen in den Schaltbildern Ersatzwiderstände und Teilspannungen ein.
- Voraussetzung für die Anwendung der Spannungsteilerregel Gl.(2.4/6) ist unverzweigter Strom in dem Kreis, in dem die Teilung erfolgen soll.

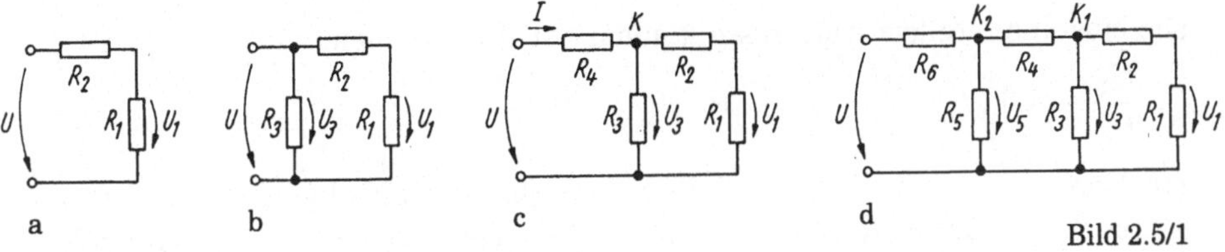

Bild 2.5/1

- Bei Stromverzweigung ist die Einführung einer Hilfsspannung zweckmäßig (siehe I/Abschn. 2.4.3.4).

Lösung:

Für die Schaltung a) liegt ein unverzweigter Stromkreis vor. Die Teilspannung beträgt

$$\frac{U_1}{U} = \frac{R_1}{R_2 + R_1}. \tag{1}$$

Für Schaltung b) liegt parallel zu der gegebenen Spannung U der Widerstand R_3, der Teiler R_1, R_2 selbst wird vom Strom unverzweigt durchflossen. Deshalb gilt Gl.(1) ebenso.

In Schaltung c) erfolgt am Knotenpunkt K eine Stromverzweigung. Wir führen die Hilfsspannung U_3 ein, bestimmen zunächst $U_1 = f(U_3)$ im unverzweigten Stromkreis R_1, R_2 und anschließend $U_3 = f(U)$ unter Einschluß der Stromteilung bei K.

Im ersten Schritt ergibt sich

$$\frac{U_1}{U_3} - \frac{R_1}{R_1 + R_2}, \tag{2}$$

im zweiten

$$\frac{U_3}{U} = \frac{R_3 \parallel (R_1 + R_2)}{R_4 + R_3 \parallel (R_1 + R_2)}. \tag{3}$$

Dabei wurde beachtet, daß am Knoten K der Ersatzwiderstand $R_3 \parallel (R_1 + R_2)$ liegt, durch den der Gesamtstrom I (dann unverzweigt) fließt.

Damit folgt aus Gl.(2), (3)

$$\frac{U_1}{U} = \frac{U_1}{U_3}\frac{U_3}{U} = \frac{R_1}{R_1 + R_2}\frac{R_3 \parallel (R_1 + R_2)}{R_4 + R_3 \parallel (R_1 + R_2)}. \tag{4}$$

Bei gleichen Widerständen gelten:

$$\frac{U_1}{U_3} = \frac{1}{2}; \quad \frac{U_3}{U} = \frac{R \parallel 2R}{R + R \parallel 2R} = \frac{2/3R}{R + 2/3R} = \frac{2}{5} \rightarrow \frac{U_1}{U} = \frac{1}{2} \cdot \frac{2}{5} = \frac{1}{5}.$$

In Schaltung d) (mit Stromteilung je bei K_1, K_2) führen wir an den Knoten jeweils Hilfsspannungen U_3, U_5 ein und verfahren wie eben:

$$\frac{U_1}{U} = \frac{U_1}{U_3} \cdot \frac{U_3}{U_5} \cdot \frac{U_5}{U}. \tag{5}$$

Die einzelnen Teilerverhältnisse können wir übernehmen:

$$\frac{U_1}{U_3} \to \text{Gl.}(2); \quad \frac{U_3}{U_5} \to \text{Gl.}(4) \quad (U \to U_5).$$

Zur Berechnung von U_5/U muß die Stromteilung bei K_2 beachtet werden (an K_2 ist das gesamte Netzwerk aus $R_1 \ldots R_5$ angeschlossen). Der Ersatzwiderstand R_{ers} zwischen K_2 und "Masse" beträgt in abgekürzter Schreibweise

$$R_{\text{ers}} = R_5 \parallel (R_4 + R_3 \parallel (R_1 + R_2)). \tag{6}$$

Anschaulicher (zur Erkennung des Bildungsgesetzes) ist die Leitwertform $(G = 1/R)$

$$G_{\text{ers}} = \frac{1}{R_{\text{ers}}} = G_5 + \frac{1}{R_4 + \frac{1}{G_3 + 1/(R_1 + R_2)}}, \tag{7}$$

denn sie läßt eine Kettenburchschreibweise erkennen. Damit lautet die Spannungsteilung

$$\frac{U_5}{U} = \frac{R_{\text{ers}}}{R_6 + R_{\text{ers}}} = \frac{1}{1 + R_6 G_{\text{ers}}}. \tag{8}$$

Mit den Gln.(2), (3), (7) und (8) läßt sich das Ergebnis angeben. Wir erhalten speziell für gleiche Widerstände:

$$G = \frac{1}{R} = G + \frac{1}{R + \frac{1}{1/R + 1/2R}}. \tag{9}$$

und damit

$$\frac{U_1}{U} = \frac{1}{2}\frac{2}{5} \cdot \frac{1}{1 + 8/5} = \frac{1}{13}.$$

Diskussion: Obwohl wir gleiche Teilwiderstände verwenden und pro Widerstandsabschnitt (Grundteiler) den Teilungsfaktor 1/2 erhalten (also bei zwei Stufen 1/4 erwarten bzw. 1/8 im dritten Fall), ergeben sich durch Belastung des vorhergehenden Teilers mit dem nachfolgenden jeweils größere Spannungsabsenkungen.

Abhilfe, ein definiertes Teilerverhältnis pro Stufe zu erhalten, schaffen mehrere Maßnahmen:

- hochohmige Teilerbemessung: Längswiderstand $\gg$ Querwiderstand und Bemessung des Teilers unter Lasteinfluß
- Einbau von sog. Trennverstärkern (Verstärker mit Spannungsverstärkung von 1, Eingangswiderstand ∞, Ausgangswiderstand 0: ideale spannungsgesteuerte Spannungsquelle).

Aufgabe 2.5/2 Spannungsteilerregel

Gegeben sind folgende Teilspannungen:

a1) $U_1 = \dfrac{R_1}{R_1 + R_2} U_{\text{ges}}$,   a4) $U_1 = \dfrac{xR}{R} U_{\text{ges}}$, $(x < 1)$,

a2) $U_1 = \dfrac{R_1}{R_1 + R_2 + R_3 + R_4} U_{\text{ges}}$,   a5) $U_1 = \dfrac{G_3}{G_1 + G_2 + G_3} U_{\text{ges}}$.

a3) $U_1 = \dfrac{R_1 R_2}{R_1 R_2 + R_3(R_1 + R_2)} U_{\text{ges}}$,

a) Geben Sie zu den Ergebnissen a1)...a5) die jeweilige Schaltung an!

b) Formulieren Sie die Spannungsteilerregel in Widerstandsform. Wie müßte sie in Leitwertform heißen? Diskutieren Sie damit die Schaltung!

Hinweis: Wir wenden die Spannungsteilerregel umgekehrt an. Ein Strom durchströmt unverzweigt eine Widerstandsreihenschaltung und erzeugt daran Teilspannungsabfälle. Dabei entsteht über dem Gesamtwiderstand im Nenner die Gesamtspannung.

Lösung:
Die Fälle a1) und a2) sind sofort darstellbar (Bild 2.5/2a, b), den Fall a3) bringen wir erst (durch Ausheben von $(R_1 + R_2)$) auf eine Form, die im Nenner eine Reihenschaltung erkennen läßt. Das ist R_3 und $R_1 \parallel R_2$ (Bild 2.5/2c). Die Schaltung a4) stellt ein Potentiometer dar, bestehend aus den reihengeschalteten Teilwiderständen $R_1 = xR$ und $R_2 = (1-x)R$ (x Abgriff, $0 \leq x < 1$)(Bild 2.5/2d).

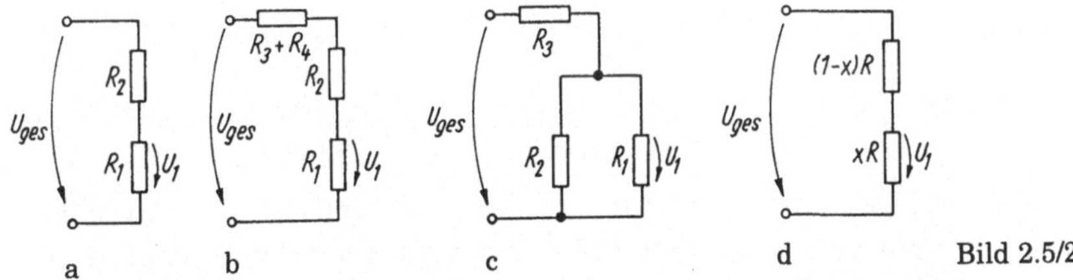

Für Schaltung a5) schließlich formulieren wir die Spannungsteilerbeziehung zunächst mit Widerständen:

$$\frac{U_1}{U_{\text{ges}}} = \frac{1/R_3}{1/R_1 + 1/R_2 + 1/R_3} = \frac{R_1 R_2}{R_2 R_3 + R_1 R_3 + R_1 R_2}$$

$$= \frac{R_1 R_2}{R_1 R_2 + R_3(R_1 + R_2)} = \frac{R_1 \parallel R_2}{R_1 \parallel R_2 + R_3},$$

das letzte Ergebnis ergibt sich sofort durch Herausheben von $(R_1 + R_2)$. Bild 2.5/2c stellt die Schaltung dar.

Diskussion: Die "Rückerkennung"der Schaltung aus dem Ergebnis gelingt bei einfachen Netzwerken problemlos, wenn man zunächst so umformt, daß der Zweig mit der größeren Spannung als Reihengesamtwiderstand erkennbar wird.

Aufgabe 2.5/3 Stromteilerregel

Bestimmen Sie für die Schaltungen Bild 2.5/3a...c) den Teilstrom I_1 durch R_1 als Funktion von I

a) in der Leitwertausdrucksweise,

b) in der Widerstandsausdrucksweise!

Formulieren Sie das Ergebnis jeweils in Worten.
Zahlenwerte: $R_1 = 2\,\Omega$, $R_2 = 1\,\Omega$, $R_3 = 4\,\Omega$, $R_4 = 4\,\Omega$, $G_1 = 0,5\,\text{S}$, $G_2 = 1\,\text{S}$, $G_3 = 0,25\,\text{S}$, $G_4 = 0,25\,\text{S}$.

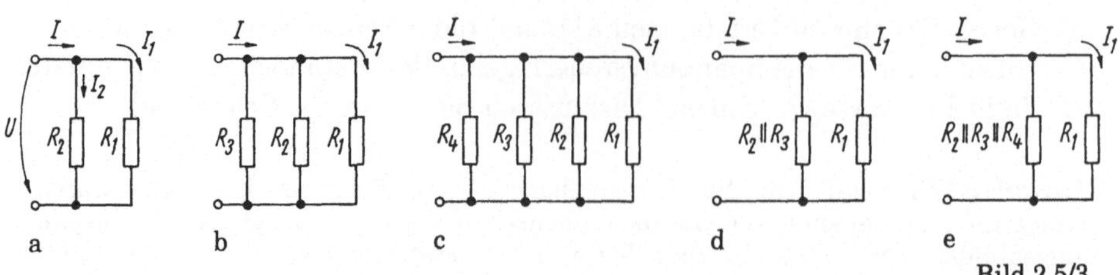

Bild 2.5/3

Hinweis: Für die Anwendung der Stromteilerbeziehung gehen wir zweckmäßig von der Leitwertformulierung (Teilstrom $\sim$ stromdurchflossener Teilleitwert) aus. Zur Analyse führen wir die Zweigströme und Zweigspannungen ein.

Lösung:

a), b) In Schaltung a) liegt an beiden Elementen die gleiche Spannung U. Für die Teilströme gilt $I_1 = G_1 U$, $I_2 = G_2 U$ und im Knoten

$$I = I_1 + I_2 = (G_1 + G_2)U.$$

Daraus folgt

$$\frac{I_1}{I} = \frac{G_1 U}{(G_1 + G_2)U} = \frac{G_1}{G_1 + G_2} = \frac{1/R_1}{1/R_1 + 1/R_2} = \frac{R_2}{R_1 + R_2}. \tag{1}$$

Bei gleicher Zweigspannung: Teilstrom zu Gesamtstrom wie stromdurchflossener Teilwert zum Gesamtleitwert *oder* nicht vom Teilstrom durchflossener Widerstand (R_2) zum Ringwiderstand ($R_1 + R_2$) der Masche zwischen den teilenden Knoten.

Die letzte Form ist leicht mißdeutbar und sollte daher nicht verwendet werden.

Für Schaltung b) ergibt sich dann analog (Bild 2.5/3d)

$$\frac{I_1}{I} = \frac{G_1}{G_1 + G_2 + G_3} = \frac{1/R_1}{1/R_1 + 1/R_2 + 1/R_3} = \frac{R_2 \parallel R_3}{R_1 + R_2 \parallel R_3}. \tag{2}$$

Im letzten Fall ist $R_2 \parallel R_3$ der nicht vom Strom I_1 durchflossene Ersatzwiderstand und $R_1 + R_2 \parallel R_3$ der Ringwiderstand der Masche. Für die Schaltung c) lautet die Lösung (Bild 2.5/3e)

$$\frac{I_1}{I} = \frac{G_1}{G_1 + G_2 + G_3 + G_4} = \frac{R_2 \parallel R_3}{R_1 + R_2 \parallel R_3 \parallel R_4}. \tag{3}$$

Gerade an diesem Beispiel wird die letztere unübersichtliche Form besonders deutlich. Die Zahlenwerte lauten der Reihe nach

$$\text{a)} \quad \frac{I_1}{I_2} = \frac{0,5\,\text{S}}{(0,5 + 1)\,\text{S}} = 0,33,$$

$$\text{b)} \quad \frac{I_1}{I_4} = \frac{0,5\,\text{S}}{(0,5 + 1 + 0,25)\,\text{S}} = 0,285,$$

$$\text{c)} \quad \frac{I_1}{I_2} = \frac{0,5\,\text{S}}{(0,5 + 1 + 0,25 + 0,25)\,\text{S}} = 0,25.$$

Aufgabe 2.5/4 Stromteilerregel

Kreuzen Sie die Ströme an, die durch folgende Stromteilerregeln bestimmt werden (Bild 2.5/4):

a) $I = \dfrac{G_2}{G_1 + G_2 + G_3} I_{\text{ges}}$

d) $I = \dfrac{R_1}{R_1 + R_2 + R_1 R_2/R_3} I_{\text{ges}}$

b) $I = \dfrac{R_1 R_3}{R_1 R_3 + R_2 R_3 + R_1 R_2} I_{\text{ges}}$

e) $I = \dfrac{G_1 + G_3}{G_1 + G_2 + G_3} I_{\text{ges}}$

c) $I = \dfrac{G_1}{G_1 + G_2 + G_3} I_{ges}$

f) $I = \dfrac{R_1 + R_3}{R_1 + R_3 + R_1 R_3/R_2} I_{\text{ges}}$.

Welches ist die günstigste Schreibweise der Stromteilerregel? Warum lassen sich die Fälle b), d) und f) schlecht interpretieren?

Lösung:

Wir führen zur Erklärung die Ströme I_1, I_2, I_3 durch die Widerstände $R_1 \dots R_3$ ein. Dann lauten die Lösungen:

a) I_2, b) I_2, die Form ist in $I/I_{\text{ges}} = (R_1 \parallel R_3)/(R_2 + R_1 \parallel R_3)$ überführbar, c) I_1, d) I_2, e) $I_1 + I_3$, f) wie e).

Schlecht interpretierbar sind die Ausdrücke b), d) und f), weil nicht direkt erkennbar ist, welche Widerstände nicht vom Strom durchflossen sind. Daher ist die Leitwertform der Stromteilerregel in jedem Falle vorzuziehen. Man gewinnt sie durch Einsetzen der jeweiligen Leitwerte statt der Widerstände und Umformung.

Aufgabe 2.5/5 Strom- und Spannungsteilerregel

Bestimmen Sie jeweils U als Funktion von I_{ges} durch zweckmäßige Anwendung der Strom- und Spannungsteilerregeln (Bild 2.5/5a...d).

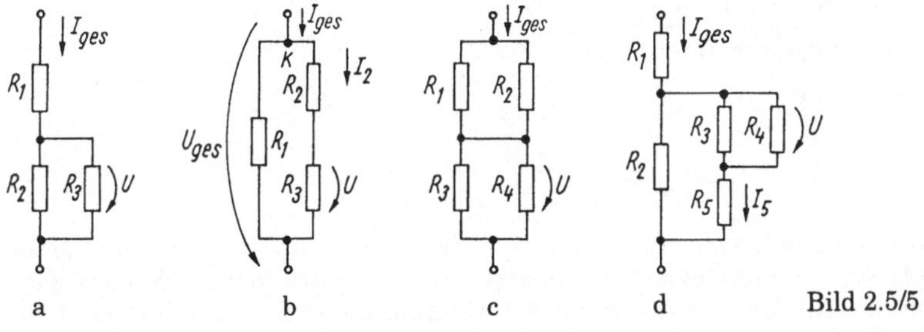

Bild 2.5/5

Hinweis: Bei Mehrfachanwendung der Strom- und Spannungsteilerregeln sind jeweils die Voraussetzungen sorgfältig zu beachten: unverzweigter Strom in Spannungsteilerabschnitten, gleiche Zweigspannung über Stromverzweigungsnetzwerk.

Lösung:

Schaltung Bild 2.5/5a ergibt direkt $U = R_3 I_3$ mit

$$\frac{I_3}{I_{\text{ges}}} = \frac{G_3}{G_2 + G_3} \rightarrow U = \frac{I_{\text{ges}}}{G_2 + G_3}.$$

Schaltung Bild 2.5/5b): Wir berechnen zunächst mit der Spannungsteilerregel

$$\frac{U}{U_{\text{ges}}} = \frac{R_3}{R_2 + R_3},$$

weil der Teilstrom I_2 den Zweig R_2, R_3 durchfließt. Am Knoten K wird I_2 als Teil von I_{ges} gebildet:

$$\frac{I_2}{I_{\text{ges}}} = \frac{1/(R_2 + R_3)}{G_1 + 1/(R_2 + R_3)} = \frac{1}{1 + G_1(R_2 + R_3)}$$

(der resultierende Leitwert des Zweiges 2 ist die Reihenschaltung der Widerstände R_3, R_2). Damit folgt

$$U = R_3 I_2 = \frac{R_3}{1 + G_1(R_2 + R_3)} I_{\text{ges}}.$$

Wir könnten U auch nur aus der Spannungsteilerform gewinnen

$$U = \frac{R_3}{R_2 + R_3} U_{\text{ges}} = \frac{R_3}{R_2 + R_3} \frac{1}{G_1 + 1/(R_2 + R_3)} I_{\text{ges}},$$

da $U_{\text{ges}} = I_{\text{ges}} R_{\text{ges}} = \dfrac{I_{\text{ges}}}{G_{\text{ges}}} = \dfrac{I_{\text{ges}}}{G_1 + 1/(R_2 + R_3)}$.

Schaltung Bild 2.5/5c). Wegen des Knotens zwischen R_1, R_2 und R_3, R_4 stellen R_1, R_2 "Vorwiderstände" dar und treten im Ergebnis nicht auf. Die Lösung lautet daher

$$U = I_4 R_4 \quad \text{mit} \quad \frac{I_4}{I_{\text{ges}}} = \frac{G_4}{G_3 + G_4}.$$

Schaltung Bild 2.5/5d). Wir bestimmen den Teilstrom I_5 als Funktion von I_{ges} und berechnen dann U:

$$\frac{I_5}{I_{\text{ges}}} = \frac{1/(R_5 + R_3 \parallel R_4)}{G_2 + 1/(R_5 + R_3 \parallel R_4)}.$$

Das Ergebnis lautet

$$U = I_5(R_3 \parallel R_4) = I_{\text{ges}} \frac{R_3 \parallel R_4}{1 + G_2(R_5 + R_3 \parallel R_4)}.$$

Diskussion: Die kombinierte Anwendung der Spannungs- und Stromteilerregel in kleineren Netzwerken mit einer unabhängigen Quelle führt meist schneller zum Ziel als ein entsprechendes Netzwerkanalyseverfahren. Beide Regeln sollten deshalb sicher beherrscht werden.

Aufgabe 2.5/6 Spannungsteilung mit minimalem Fehler

An eine Spannungsquelle (mit R_{Q}) werde ein Verbraucher R_{a} über einen Spannungsteiler R_1, R_2 angeschlossen (Bild 2.5/6). Es soll ein bestimmtes Teilerverhältnis $c = U/U_{\text{Q}}$ eingehalten werden, das allerdings durch R_{Q} und R_{a} verfälscht wird.

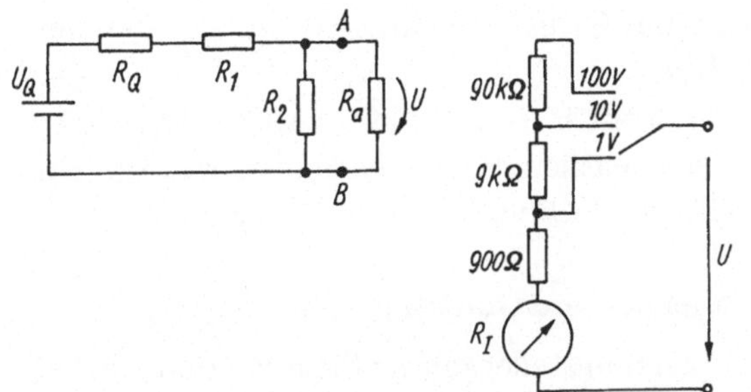

Bild 2.5/6

a) Wie sind R_1, R_2 zu wählen, damit der Fehler im Teilerverhältnis U'/U_Q (U' mit R_a) minimal wird?

b) Bestimmen Sie den Fehler für $R_Q = 100\,\text{k}\Omega$, $R_a = 1\,\text{M}\Omega$ und $c = 1/2$ sowie für $R_Q = 1\,\text{k}\Omega$, $R_a = 1\,\text{M}\Omega$, $c = 1/2$.

Hinweis: Man definiere den relativen Fehler $(U' - U)/U$ und bestimme U'.

Lösung:

a) Für den idealen Spannungsteiler würde bei $R_Q = 0$, $R_a \to \infty$ gelten:

$$\frac{U}{U_Q} = \frac{R_2}{R_1 + R_2} = c \text{ (const.)}.$$

Durch R_Q, R_a tritt eine Verfälschung auf, so daß sich die Spannung U' an R_a einstellt. Dann gilt

$$\frac{U'}{U_Q} = \frac{R_{\text{ers}}}{R_Q + R_1 + R_{\text{ers}}} \text{ mit } R_{\text{ers}} = R_2 \parallel R_a.$$

Wir definieren als relativen Fehler:

$$\varepsilon = \frac{U' - U}{U} = \frac{U'}{cU_Q} - 1$$

oder mit $R_1 = (1 - c)/cR_2$ und R_{ers}:

$$\varepsilon = \frac{R_2 R_a}{(cR_Q + R_2)(R_a + R_2) - cR_2^2} - 1.$$

Der Fehler wird - abhängig von R_2 - minimal, d.h. $\mathrm{d}\varepsilon/\mathrm{d}R_2 = 0$ für

$$R_2 = \sqrt{\frac{cR_Q R_a}{1 - c}}$$

mit

$$\varepsilon|_{\text{min}} = \frac{R_a}{(cR_Q + R_a) + 2\sqrt{cR_Q R_a}\sqrt{1 - c}} - 1.$$

b) Für die angegebenen Zahlenwerte folgen $R_2 = \sqrt{R_Q R_a} = 316\,\text{k}\Omega$, $R_1 = R_2(1 - c)/c = R_2$, $\varepsilon_{\text{min}} = -0,268$. Der Fehler ist relativ groß, denn R_Q, R_a sind nur eine Größenordnung verschieden. Für $R_a \to \infty$ gilt

$$\varepsilon = \frac{R_2}{cR_Q + R_2} - 1 = \frac{cR_Q}{cR_Q + R_2},$$

(das ist die übliche Beziehung des Grundstromkreises), für $R_Q \to 0$ verschwindet der Fehler schließlich.

Für das zweite Wertetrippel ergibt sich $R_2 = \sqrt{1\,\text{k}\Omega \cdot 1\,\text{M}\Omega} = 32,63\,\text{k}\Omega = R_1$ und $\varepsilon_{\min} = -0,03$, also ein deutlich geringerer Fehler, weil die Forderung $R_2 \ll R_a$ für unverfälschte Teilung besser erfüllt ist.

Aufgabe 2.5/7 Spannungsteilerkettenschaltung

Gegeben sei eine Kette gleicher Spannungsteiler mit n Gliedern (Bild 2.5/7a). Sie soll so bemessen werden, daß bei Kettenschaltung beliebig vieler Teilerglieder stets

- ein festes Spannungsteilverhältnis $U_n/U_{n+1} = 1/m$
- und ein fester Eingangswiderstand $R_{n+1} = R_n = R_0$ erhalten bleiben.

a) Stellen Sie die Gleichungen für R_1, R_2 als Funktion von m und R_0 auf.

b) Welche Werte ergeben sich für $m = 2$, $m = 3$? Prüfen Sie die Ergebnisse U_1/U_2 bzw. U_1/U_3 durch direkte Berechnung nach.

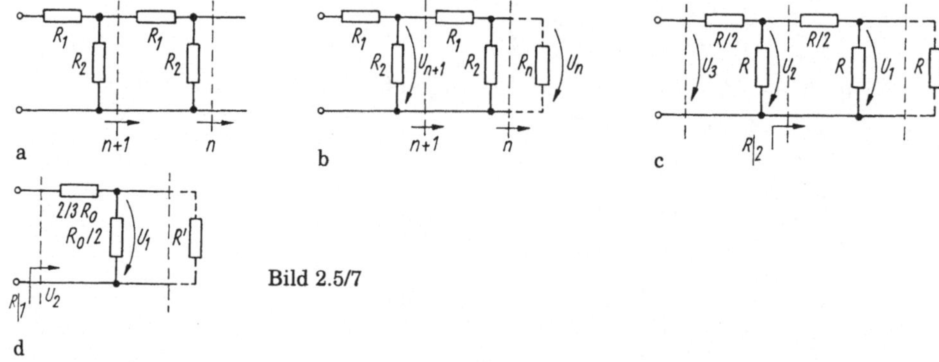

Bild 2.5/7

Lösung:

a) Wir greifen eine Stelle n heraus (Bild 2.5/7b). Dort liegt dem Widerstand R_2 noch der Eingangswiderstand R_n des Folgegliedes parallel. Dann gilt für die Spannungsteilung

$$\frac{U_n}{U_{n+1}} = \frac{R_2 \parallel R_n}{R_1 + R_2 \parallel R_n} = \frac{1}{m}. \tag{1}$$

Aus Gl.(1) folgt

$$\frac{1}{m} = \frac{R_2}{R_n + R_2}. \tag{2}$$

Mit der Angabe $R_0 = R_n$ läßt sich R_2 berechnen:

$$R_2 = \frac{R_0}{m - 1}. \tag{3}$$

Der Eingangswiderstand lautet mit $R_{n+1} = R_n$

$$R_n = R_1 + R_2 \parallel R_n.$$

Dies ergibt eine quadratische Gleichung

$$R_n^2 - R_1 R_n - R_1 R_2 = 0.$$

Aus ihr kann mit Gl.(3) R_1 berechnet werden zu

$$R_1 = \frac{R_n^2}{R_n + R_2} = \frac{R_0^2}{R_0 + R_0/(m-1)} = \frac{R_0(m-1)}{m}.$$

Damit stellen die beiden Widerstände

$$R_1 = R_0 \frac{m-1}{m}, \quad R_2 = R_0 \frac{1}{m-1} \tag{4}$$

die gesuchten Lösungen bei gegebenen m und R_0 dar.
Wir berechnen zur Kontrolle

$$\frac{U_n}{U_{n+1}} = \frac{1}{m} = \frac{1}{1 + R_1/(R_2 \parallel R_n)}$$

und erhalten die Lösung sofort bestätigt. Der Teiler hat damit die gewünschte Eigenschaft.

b) Für $m = 2$ folgt aus Gl. (4)

$$R_1 = \frac{2-1}{2} \cdot R_0 = \frac{R_0}{2}; \quad R_2 = R_0.$$

Das ist ein sog. $R/2 : R$- (oder $R\text{-}2R$-)Teiler, wie er oft in Analog-Digitalwandlern verwendet wird. Wir prüfen einige Fälle nach:
Nur ein Abzweigglied (Bild 2.5/7c)

$$\frac{U_1}{U_2} = \frac{R}{R + R/2} = \frac{2}{3}.$$

Am Ende stimmt das Teilerverhältnis nicht, weil dort als wichtige Voraussetzung die Widerstandsbelastung fehlt. Wird die Schaltung hingegen mit R belastet, so folgt

$$\frac{U_1}{U_2} = \frac{R/2}{R/2 + R/2} = \frac{1}{2}.$$

Für zwei Glieder gilt (Bild 2.5/7c)

$$\frac{U_1}{U_2} = \frac{U_1}{U_2} \frac{U_2}{U_3} = \frac{1}{2}.$$

Der Teiler U_1/U_2 bewirkt den Faktor $1/2$. Zur Bestimmung des Teilerverhältnisses U_2/U_3 bestimmen wir zunächst den Eingangswiderstand $R|_2$, der parallel zur R liegt:

$$R|_2 = R/2 + R/2 = R.$$

Damit gilt

$$\frac{U_2}{U_3} = \frac{R/2}{R/2 + R/2} = \frac{1}{2} \quad \text{usw.}$$

Für den Fall $m = 3$ ergibt sich (Bild 2.5/7d)

$$R_2 = R_0/2, \quad R_1 = 2/3R_0.$$

Das Teilerverhältnis eines Gliedes lautet bei dieser Bemessung

$$\frac{U_1}{U_2} = \frac{R_0/2}{R_0/2 + 2/3R_0} = \frac{3}{7}.$$

Wir versehen es mit einem Lastwiderstand R' so, daß

$$\frac{U_1}{U_2} = \frac{1}{3} = \frac{R_{\text{ers}}}{R_{\text{ers}} + 2/3R_0} = \frac{3}{7}.$$

gilt mit

$$R_{\text{ers}} = R_0/3 = R' \parallel R_0/2 \to R' = R_0.$$

Der Eingangswiderstand $R|_1$ der Schaltung beträgt voraussetzungsgemäß gleich R_0.

Werden zwei Glieder zusammengeschaltet, so belastet das erste Glied an der Stelle U_2 den Teiler wieder mit R_0. Für die Spannungsteilung wirkt dort der Widerstand $R_0/3$ und damit der Teilerfaktor $U_2/U_3 = 1/3$.

Diskussion: Im Vergleich zu Aufgabe 2.5/6 haben wir hier die Teilerbelastung durch die Folgeglieder mit in die Widerstandsbemessung durch die Forderung $R_n = R_{n+1}$ einbezogen. So können beliebig lange Teilerketten mit festem Teilerverhältnis aufgebaut werden. Im Falle $m = 2$ (Halbierung, sog. Binärteiler) ergibt sich bei n Teilergliedern ein Spannungsverhältnis

$$\frac{U_1}{U_n} = \left(\frac{1}{2}\right)^n.$$

In der Digitaltechnik entspricht n der sog. Bitzahl. Eine 10-Bit-Teilung hat dann ein Teilerverhältnis

$$\frac{U_1}{U_{10}} = \left(\frac{1}{2}\right)^{10}$$

Aufgabe 2.5/8 Widerstandsberechnung

Berechnen Sie den Ersatzwiderstand R_{AB} für die Schaltungen Bild 2.5/8a...h).

a) Allgemein unter Verwendung abgekürzter Schreibweisen (z.B. $R_1 \parallel R_2$).
b) Zahlenmäßig, wenn alle Widerstände gleich groß sind ($R = 10\,\Omega$).
c) Bestimmen Sie für alle Schaltungen den Leitwert G_{AB}. Welche Fälle sind leicht zu berechnen, welche Folgerung ist daraus zu ziehen?

Hinweis: Wir lösen die Aufgaben durch schrittweise Anwendung der Reihen- und Parallelschaltungsregeln. Dies ist uneingeschränkt möglich, weil es sich um lineare Widerstände handelt und die Netzwerke keine gesteuerten Quellen enthalten.

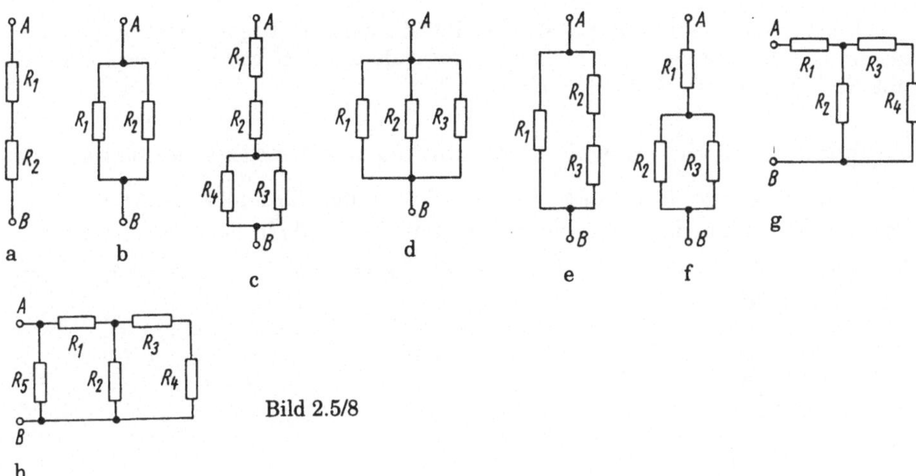

Bild 2.5/8

Lösung:

a) , b) Wir erhalten der Reihe nach:

Bild a) $R_{AB} = R_1 + R_2 \rightarrow R_{AB} = 2R = 20\,\Omega$

Bild b) $R_{AB} = R_1 \parallel R_2 = \frac{R_1 R_2}{R_1 + R_2} \rightarrow R_{AB} = R/2 = 5\,\Omega$,

Bild c) $R_{AB} = R_1 + R_2 + R_3 \parallel R_4 \rightarrow R_{AB} = R + R + R/2 = 5/2R = 25\,\Omega$

Bild d) $R_{AB} = R_1 \parallel R_2 \parallel R_3 = \left(\frac{R_1 R_2}{R_1 + R_2}\right) \parallel R_3 = \frac{R_1 R_2 R_3}{R_1 R_2 + R_1 R_3 + R_2 R_3}$
$\rightarrow R_{AB} = R/3 = 3,33\,\Omega$,

Bild e) $R_{AB} = R_1 \parallel (R_2 + R_3) = \frac{R_1 (R_2 + R_3)}{R_1 + R_2 + R_3} \rightarrow R_{AB} = R \parallel 2R = 2/3R = 6,66\,\Omega$,

Bild f) $R_{AB} = R_1 + (R_2 \parallel R_3) = R_1 + \frac{R_2 R_3}{R_2 + R_3} \rightarrow R_{AB} = R + R/2 = 2/3R = 15\,\Omega$,

Bild g) $R_{AB} = R_1 + R_2 \parallel (R_3 + R_4) = R_1 + \frac{R_2(R_3 + R_4)}{R_2 + R_3 + R_4} \rightarrow R_{AB} = R + 2R/3 = 5/3R = 16,6\,\Omega$,

Bild h) $R_{AB} = R_5 \parallel (R_1 + R_2 \parallel (R_3 + R_4)) = \frac{5/3RR}{R + 5/3R} = \frac{5}{8}R = 6,25\,\Omega$
vgl. Bild g)

c) Die Leitwerte G_{AB} lauten der Reihe nach

Bild a) $G_{AB} = \frac{1}{R_{AB}} = \frac{1}{R_1 + R_2} \rightarrow \frac{1}{2R}$,

Bild b) $G_{AB} = G_1 + G_2 = \frac{1}{R_1} + \frac{1}{R_2}$,

Bild c) $G_{AB} = \frac{1}{R_1 + R_2 + 1/(G_3 + G_4)} \rightarrow \frac{2}{5R}$,

Bild d) $G_{AB} = G_1 + G_2 + G_3 \rightarrow 3/R$,

Bild e) $G_{AB} = G_1 + \frac{1}{R_2 + R_3} \rightarrow \frac{1}{R} + \frac{1}{2}R = 3/2 \cdot 1/R$,

Bild f) $G_{AB} = \frac{1}{R_1 + 1/(G_2 + G_3)} \rightarrow \frac{2}{3}\frac{1}{R}$,

Bild g) $G_{AB} = \frac{1}{R_1 + \frac{1}{G_2 + 1/(R_3 + R_4)}} \rightarrow \frac{3}{5}\frac{1}{R}$,

Bild h) $G_{AB} = G_5 + G_{AB}|_{\text{Bild g}}$.

Diskussion: Bequem zu berechnen sind Reihenschaltungen von Widerständen und Parallelschaltung von Leitwerten. Der Umgang mit Widerständen und Leitwerten ist gleichberechtigt und sollte ausreichend geübt werden. Sorgfalt muß bei der abgekürzten Schreibweise auf die Klammeranwendung gelegt werden. Beispielsweise gilt $R_1 + R_2 \parallel R_3 \neq (R_1 + R_2) \parallel R_3$!

Aufgabe 2.5/9 Schrittweise Berechnung des Ersatzwiderstandes

Für das gegebene Netzwerk Bild 2.5/9 soll der Gesamtwiderstand R_{AB} schrittweise durch Bestimmung der Ersatzwiderstände in den jeweiligen Ebenen bestimmt werden. (Es sei speziell $R_1 = R_3 = R_5 = R_7 = R$, $R_2 = R_4 = R_6 = R/2$.)

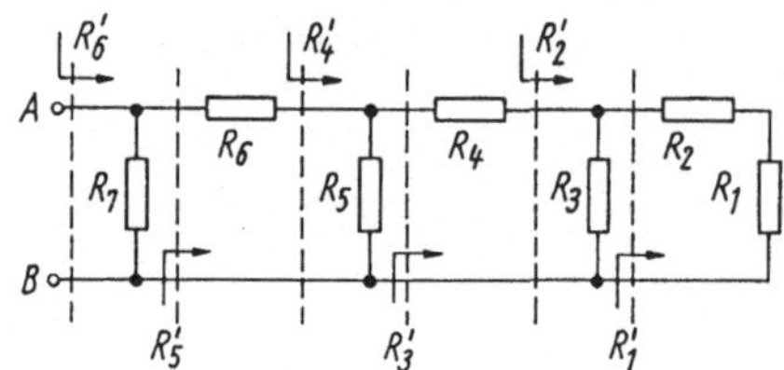

Bild 2.5/9

Hinweis: Wir wenden schrittweise die Regeln der Reihen- und Parallelschaltung an.

Lösung:
Es ergeben sich der Reihe nach:

- der Widerstand R_1'

$$R_1' = R_1 + R_2 \rightarrow \frac{3}{2}R$$

- der Widerstand R_2'

$$R_2' = R_3 \parallel R_1' = R_3 \parallel (R_1 + R_2) \rightarrow \frac{R \cdot 3/2R}{R + 3/2R} = \frac{3}{5}R$$

- der Widerstand R_3'

$$R_3' = R_4 + R_2' \rightarrow \frac{R}{2} + \frac{3}{5}R = \frac{11}{10}R$$

- der Widerstand R_4'

$$R_4' = R_5 \parallel R_3' = \frac{R_5 R_3'}{R_5 + R_3'} \rightarrow \frac{R \cdot 11R}{10(1 + 11/10)R} = \frac{11}{21}R$$

- der Widerstand R_5'

$$R_5' = R_6 + R_4' \rightarrow \frac{R}{2} + \frac{11}{21}R = \frac{43}{42}R$$

- der Widerstand R_6'

$$R_6' = R_7 \parallel R_5' \rightarrow \frac{R \cdot 43R}{42(1 + 43/42)R} = \frac{43}{85}R.$$

Diskussion: Mit wachsender Gliederzahl stellen sich offenbar folgende Werte ein:

- Widerstand R_7', R_9' usw. $R_9' \approx R$
- Widerstand R_8', R_6' (mit Querleitwert am Eingang) R_8', $R_6' \approx R/2$.

Wir werden dies in der folgenden Aufgabe eingehender untersuchen.

Aufgabe 2.5/10 Kettenschaltung von Widerstandsnetzwerken

Gegeben sind Spannungsteiler R_1, R_2 (Bild 2.5/10a), die zu einer Kettenschaltung zusammengefügt wurden. Die Widerstände R_1, R_2 sollen in festem Verhältnis $a = R_2/R_1$ stehen. Bestimmen Sie den

a) Eingangswiderstand $R_e = R|_n$ abhängig von der Stufenzahl ($n = 1, 2 \ldots$).
b) Welchem Grenzwert nähert sich $R|_n$ für $n \to \infty$? Leiten Sie Näherungen für $a \gg 1$ und $a \ll 1$ ab.

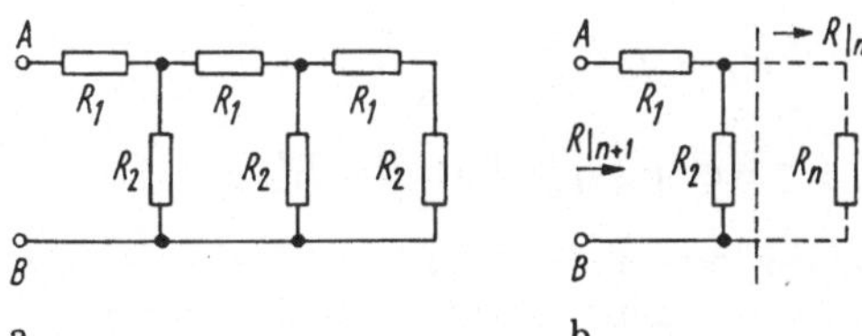

a　　　　　　　　b　　　　　　　　Bild 2.5/10

Hinweis: Das Problem schließt inhaltlich an Aufgabe 2.5/7 an, nur wird hier der Eingangswiderstand schrittweise durch Anwendung der Reihen- und Parallelschaltung berechnet.

Lösung:

a) Zwischen den Stufen n und $n + 1$ gilt die im Bild 2.5/10b dargestellte Ersatzschaltung mit dem Eingangswiderstand

$$R|_{n+1} = R_1 + R_2 \parallel R|_n = R_1 + \frac{1}{1/R_2 + 1/R|_n} = R_1 + \frac{aR_1R|_n}{aR_1 + R|_n}. \quad (1)$$

Der Wert muß iterativ bestimmt werden: Wir beginnen mit $n = 1$ ($R|_1 = R_1 + R_2 \to R|_2$ usw.).

b) Für $n \to \infty$ nähert sich offenbar $R|_{n+1} \to R|_n$. Wir erhalten in diesem Fall

$$R|_n = R_1 + \frac{1}{1/R_2 + 1/R|_n} \quad (2)$$

oder umgeformt

$$R|_n^2 - R_1R_2 - R|_nR_1 = 0.$$

Die Lösung lautet für $R|_n$ ($a \approx R_2/R_1$)

$$R|_n = +R_1/2 \pm \sqrt{(R_1/2)^2 + R_1R_2} = R_1/2\left(\sqrt{1 + 4a} + 1\right). \quad (3)$$

(Das negative Zeichen vor der Wurzel ist physikalisch unrealistisch.) Wir betrachten zwei Sonderfälle:

Für $a \ll 1$, d.h. $R_2 \ll R_1$ (also Folgeglied hochohmig gegen R_2) gilt mit $\sqrt{1+x} \approx 1 + x/2$

$$R|_n \approx \frac{1}{2}R_1(1 + 2a + 1) = R_1(1 + a) \approx R_1. \tag{4}$$

Der Eingangswiderstand nähert sich dem Wert R_1.

Für $a \gg 1$, d.h. $R_1 \ll R_2$ (Längselemente bestimmen den Hauptwiderstand) gilt

$$R|_n = \frac{1}{2}R_1\left(\sqrt{4a}\sqrt{1 + 1/4a} + 1\right) \approx \sqrt{R_1 R_2} + \frac{1}{2}R_1. \tag{5}$$

Jetzt liegen kleine Längswiderstände R_1 und große Querwiderstände R_2 vor.

Im Sonderfall $a = R_2/R_1 = R/(R/2) = 2$ ($R_2 = R$, $R_1 = R/2$) von Aufgabe 2.5/9 ergibt sich aus Gl.(3)

$$R|_n = \frac{1}{2}R_1\left(\sqrt{1 + 4 \cdot 2} + 1\right) = \frac{4}{2}R_1 = R.$$

Das ist der Eingangswiderstand der Kette (vgl. dort R_7', R_9' usw.).

Diskussion: Die Berechnung des Eingangswiderstandes einer langen Widerstandskette nach Gl.(2), die hier mehr aus der Anschauung erfolgte, läßt sich später einfacher mit Vierpoltheorie durchführen.

Aufgabe 2.5/11 Ersatzwiderstand, Stern-Dreieckwandlung

Man bestimme den Widerstand R_{AB} der Schaltung Bild 2.5/11a allgemein und speziell für $R_1 \ldots R_4 = R$.

Hinweis: Bestimmte Schaltungen erlauben keine unmittelbare Anwendung der Reihen- und Parallelschaltungen von Widerständen, weil zunächst eine Stern-Dreieckwandlung (oder umgekehrt) durchgeführt werden muß.

Lösung:

Wir wandeln zunächst den Widerstandsstern R_1, R_2, R_3 in eine Dreieckschaltung um (I/Bild 2.38). Es gelten die Ersatzelemente (Bild 2.5/11b)

$$G_{12} = \frac{G_1 G_2}{G_1 + G_2 + G_3}, \quad G_{23} = \frac{G_2 G_3}{G_1 + G_2 + G_3}, \quad G_{13} = \frac{G_1 G_3}{G_1 + G_2 + G_3}. \tag{1}$$

Dann beträgt der Eingangsleitwert G_{AB}

$$G_{AB} = \frac{1}{R_{AB}} = G_{13} + \frac{1}{1/G_{23} + 1/(G_{12} + 1/R_4)}. \tag{2}$$

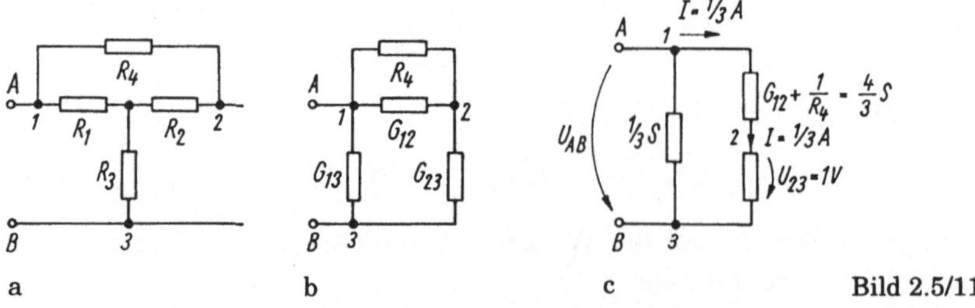

Bild 2.5/11

(Man prüfe diese Parallel-Reihenschaltung sorgfältig nach.) Prinzipiell ist die Aufgabe damit gelöst. Wir wollen auf eine weitere allgemeine Umformung verzichten.

Im Falle gleicher Elemente $R_1 = R_4 = R = 1/G$ gilt

$$G_{AB} = \frac{G}{3} + \frac{1}{3R + R/(1/3 + 1)} = \left(\frac{1}{3} + \frac{4}{15}\right) G$$

$$R_{AB} = \frac{15}{9} R.$$

Diskussion: Die Stern-Dreieckwandlung ist zur Analyse einiger Schaltungen (z.B. Brückenschaltung bei Spannungsquellen mit Innenwiderstand, überbrückte T-Schaltung u.a.) unerläßlich. Ein Problem stellt die Kontrolle des Lösungsergebnisses dar. Wir gehen dafür den umgekehrten Weg: Annahme eines Zweigergebnisses, z.B. der Spannung U_{23} über G_{23} ($U_{23} = 1\,\text{V}$) und Rückrechnung der Werte an den Klemmen AB, die notwendig wären, um U_{23} zu erzeugen. (Das Verfahren heißt Ähnlichkeitssatz, I/Abschn. 2.4.4.1). Im Beispiel folgten mit $U_{23} = 1\,\text{V}$ ($I = 1/3\,\text{A}$, $G_{23} = 1/3\,\text{S}$) die Klemmenspannung (Bild 2.5/11c)

$$U_{AB} = 1\,\text{V} + 1/3\,\text{A} \cdot 1/(4/3)\,\text{S} = 5/4\,\text{V}$$

und der Gesamtstrom

$$I_{AB} = I + U_{AB}G_{13} = 1/3\,\text{A} + 5/4\,\text{V} \cdot 1/3\,\text{S} = 9/15\,\text{A}.$$

Daraus ergibt sich der Leitwert

$$G_{AB} = \frac{I_{AB}}{U_{AB}} = \frac{(9/12)\,\text{A}}{(5/4)\,\text{V}} = \frac{9}{15}\,\text{S}.$$

Dies ist die gesuchte Lösung.

Aufgabe 2.5/12 Eingangswiderstand der Brückenschaltung (Kreuzschaltung)

a) Gegeben ist eine Kreuzschaltung (Bild 2.5/12a), deren Widerstand R_{AB} zunächst allgemein und später speziell für gleiche Widerstände bestimmt werden soll.

b) Geben Sie wenigstens zwei weitere Möglichkeiten zur Bestimmung von R_{AB} an.

Lösung:
In der Schaltung tritt eine Leitungskreuzung auf. Wir zeichnen die Schaltung um (von A beginnend den Stromweg nach B verfolgend). Das Ergebnis ist Bild 2.5/12b.
Der Versuch, in der umgezeichneten Schaltung elementare Reihen- und Parallelschaltungen zu erkennen und die Schaltung weiter zu vereinfachen, scheitert: es gibt keine einfache Berechnungsmöglichkeit. Die Aufgabe läßt sich lösen, wenn das zwischen den Knoten D, C, B liegende Widerstandsdreieck (schraffiert) in einen elektrisch bezüglich dieser Knoten

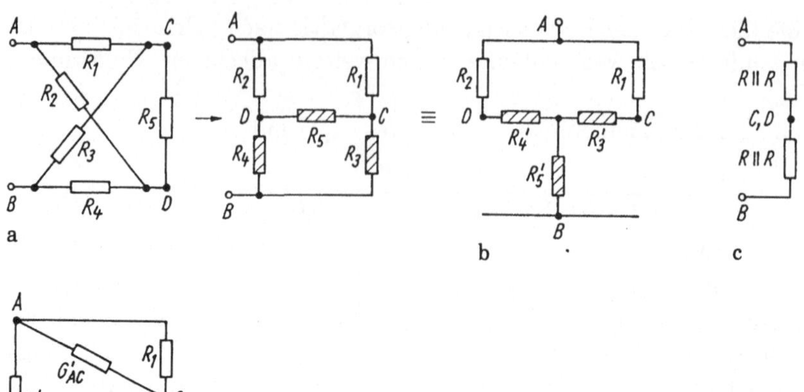

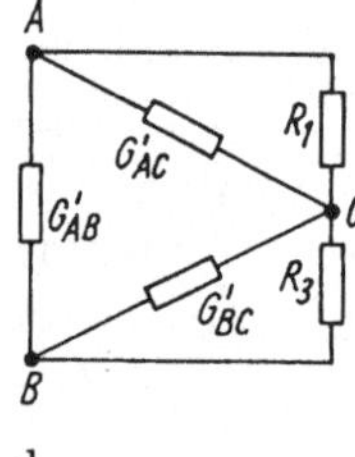

Bild 2.5/12

gleichwertigen Stern R_4', R_3', R_2' umgewandelt wird (I/Bild 2.38). Das ändert zwar die Schaltungsstruktur zwischen den Knoten B, C, D, nicht aber das elektrische Verhalten. So bleibt auch R_{AB} unverändert. Wir erhalten für die Ersatzelemente

$$R_3' = \frac{R_5 R_3}{R}, \quad R_4' = \frac{R_5 R_4}{R}, \quad R_5' = \frac{R_3 R_4}{R}, \quad \text{mit } R = R_3 + R_4 + R_5. \quad (1)$$

Daraus ergibt sich mit dem eingeführten Knoten E

$$R_{AB} = R_5' + (R_2 + R_4') \parallel (R_1 + R_3'). \tag{2}$$

Im Sonderfall gleicher Widerstände $R_1 \dots R_5 = R$ wird daraus:

$$R_3' = R_4' = R_5' = R^2/3R = R/3, \tag{3}$$

und so

$$R_{AB} = R/3 + (R + R/3) \parallel (R + R/3) = R/3 + (1/2) \cdot 4/3R = R.$$

Diskussion: Dieses Ergebnis überrascht, denn die Schaltung verhält sich bezüglich der Klemmen A, B wie ein einzelner Widerstand R.
Erklärung: Liegt an AB eine Spannung U_{AB} und sind alle Widerstände gleich, so fließt durch die Zweige ADB und ACB je der gleiche Strom, m.a.W. betragen die Spannungen $U_{DB} = U_{CB} = U_{AB}/2$ (Bild 2.5/12c). Zwangsläufig verschwindet $U_{DC} = 0$. Deshalb können beide Knoten zusammengeschlossen werden. Dann beträgt der Widerstand

$$R_{AB} = R_{AB} + R_{CD} = R/2 + R/2 = R.$$

c) Ein weiterer Lösungsweg ergibt sich, wenn z.B. der Widerstandsstern R_2, R_5, R_4 zwischen den Knoten A, B, C in ein "Dreieck" umgewandelt wird. (Wir bezeichnen den Knoten $D = 0$ jetzt als Null). Die entsprechenden Leitwertelemente lauten (Bild 2.5/12d)

$$G'_{AB} = \frac{G_{AO}G_{BO}}{G}, \quad G'_{AC} = \frac{G_{AO}G_{CO}}{G}, \quad G'_{BC} = \frac{G_{BO}G_{CO}}{G},$$

$$G = G_{AO} + G_{BO} + G_{CO}.$$

Damit beträgt der Widerstand

$$R_{AB} = \frac{1}{G'_{AB}} \parallel \left(R_1 \parallel \frac{1}{G'_{AC}} + R_3 \parallel \frac{1}{G'_{BC}} \right).$$

Die Ausrechnung führt auf obiges Ergebnis. Ein anderer Weg zur Berechnung von R_{AB} besteht schließlich darin, eine Spannung U_{AB} anzulegen und den Gesamtstrom $I_A = I_B$ durch Anwendung der Kirchhoffschen Gesetze zu bestimmen. Der Quotient

$$\frac{I_A}{U_{AB}} = \frac{1}{R_{AB}}$$

liefert dann R_{AB} nur ausgedrückt durch die Netzwerkelemente, weil I_A eine lineare Funktion von U_{AB} ist ($I \sim U_{AB}$). Besonders gut eignet sich dazu die Knotenspannungsanalyse.

Aufgabe 2.5/13 Ersatzwiderstand

Man bestimme den Widerstand R in der Schaltung Bild 2.5/13a so, daß sich $R_{AB} = 1\,\mathrm{k\Omega}$ ergibt. Überlegen Sie verschiedene Methoden. ($R_1 = 1\,\mathrm{k\Omega}$, $R_2 = 2\,\mathrm{k\Omega}$, $R_3 = 1\,\mathrm{k\Omega}$, $R_4 = 4/15\,\mathrm{k\Omega}$).

Lösung:

1. Es liegt nahe, den Widerstand R_{AB} als Funktion des noch unbekannten Widerstandes R allgemein (oder numerisch) zu berechnen und das Ergebnis nach R aufzulösen. Der Widerstand R_{AB} ergibt sich aus

$$\begin{aligned} R' &= R_2 + R \parallel R_1 = R_2 + 1/(G_1 + G) \\ R_{AB} &= R_4 + R_3 \parallel R' = R_4 + 1/(G_3 + G'). \end{aligned}$$

Daraus folgt umgeformt

$$G_1 + G = \frac{1}{R' - R_2} = \frac{G'}{1 - R_2 G'} = \frac{1 - G_3(R_{AB} - R_4)}{R_{AB} - R_4 - R_2(1 - G_3(R_{AB} - R_4))}.$$

Zahlenmäßig wird

$$G + 1\,\mathrm{mS} = \frac{1/(1 - 4/15) - 1}{1 - 2(1/(1 - 4/15) - 1)}\,\mathrm{mS} = \frac{4}{3}\,\mathrm{mS}, \quad G = \frac{1}{3}\,\mathrm{mS}$$

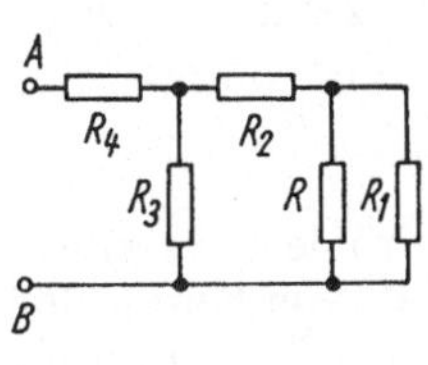

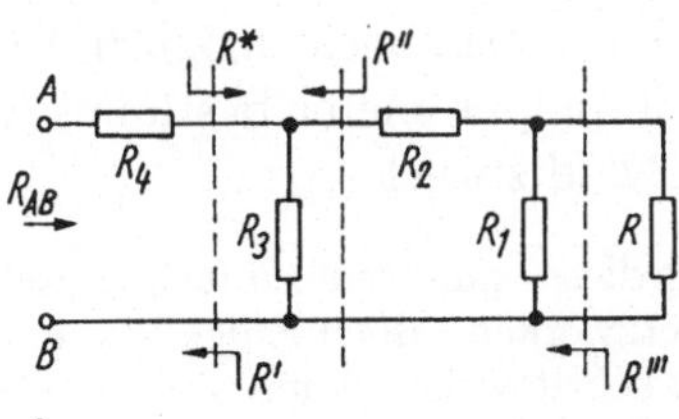

Bild 2.5/13

d.h. $G = 1/3\,\mathrm{mS}$ bzw. $R = 3\,\mathrm{k}\Omega$. Die Kontrolle ergibt $R' = 11/4\,\mathrm{k}\Omega$, $R_{AB} = 1\,\mathrm{k}\Omega$.

2. Ein zweiter Weg nutzt eine iterative Lösung: Wir nehmen bestimmte Werte R an und berechnen R_{AB} solange, bis $R_{AB} = 1\,\mathrm{k}\Omega$ erreicht ist. Anhaltspunkte für R liefern zunächst der Kurzschlußwiderstand R_{ABK} für $R = 0$ und der Leerlaufwiderstand R_{ABL} bei $R \to \infty$, denn R liegt im Bereich $0 \leq R < \infty$. Wir erhalten (Kontrolle!) $R_{ABK} = 14/15\,\mathrm{k}\Omega = 0{,}933\,\mathrm{k}\Omega$, $R_{ABL} = 61/60\,\mathrm{k}\Omega = 1{,}016\,\mathrm{k}\Omega$, d.h. R hat keinen starken Einfluß. Wir setzen im nächsten Schritt Werte im Bereich um R_1, R_2 an, denn R von der Größenordnung R_1, R_2 wird den größten Einfluß haben. Ansatzwerte sind $R = (0,1; 1; 10)\,\mathrm{k}\Omega$. Man erhält: $R_{AB}|_{0,1} = 0{,}943\,\mathrm{k}\Omega$, $R_{AB}|_1 = 0{,}980\,\mathrm{k}\Omega$, $R_{AB}|_{10} = 1{,}010\,\mathrm{k}\Omega$. Ein nächster Ansatzwert zwischen $R = (1...10)\,\mathrm{k}\Omega$ wäre $R = \sqrt{1 \cdot 10}\,\mathrm{k}\Omega = 3{,}16\,\mathrm{k}\Omega$, $R_{AB}|_{3,1} = 1{,}0007\,\mathrm{k}\Omega$. Die Abweichung vom Sollwert liegt in der Größenordnung 10^{-3} ($\to 0{,}1\%$) und reicht für technische Zwecke völlig aus, zumal ja auch R nur noch $\approx 5\%$ vom genauen Wert abweicht.

3. Der Widerstand R kann schließlich auch vom "Ergebnis R_{AB}" her aufgebaut werden. Würde man nämlich den Widerstand R^* bestimmen (Bild 2.5/13b), so ergäbe sich $R^* = R_{AB} - R_4$ (da $R_{AB} = R^* + R_4 = 1\,\mathrm{k}\Omega$). Das läßt sich aber durch einen Widerstand $R' = -R^* = R_4 - R_{AB}$ ausdrücken (umgekehrte Stromrichtung!), der von der Bezugsebene R' in Richtung auf den linken Schaltungsteil ermittelt wird, wenn zwischen A, B der Widerstand $-R_{AB} = -1\,\mathrm{k}\Omega$ liegt. Auf diese Weise berechnen wir der Reihe nach R'', R''' und R'''':

$$R'' = \frac{1}{G_3 + 1/(R_4 - R_{AB})}, \quad R''' = \frac{1}{G_1 + 1/(R_2 - R'')} \equiv -R.$$

Der Widerstand R''' muß aber gleich $-R$ sein, weil wir bei dieser Rückwärtsrechnung auch an den Anschlußklemmen von R die Stromrichtung vertauschen. Wir erhalten der Reihe nach mit eingesetzten Werten (R in $\mathrm{k}\Omega$, G in mS)

$$R'' = \frac{1}{1 + \frac{1}{4/15 - 1}} = -2.75\,\mathrm{k}\Omega, \quad R''' = -3\,\mathrm{k}\Omega = -R, \quad \text{d.h. } R = 3\,\mathrm{k}\Omega.$$

4. Ein weiterer (relativ einfacher Weg auch bei größeren Netzwerken) besteht darin, den Widerstand R als Abschluß eines sog. Vierpolnetzwerkes aufzufassen (das hier durch drei Parameter beschrieben wird) und R_{AB} als Eingangswiderstand zu bestimmen (s. II/7.2.4.2). In diesem Fall ist die Umkehrung $R = f(R_{AB})$ in allgemeiner Form leicht möglich. Für das spezielle Netzwerk müssen nur noch die Vierpolparameter bestimmt werden. Wir kommen auf dieses Beispiel im Folgeband zurück.

Diskussion: Die Lösung dieses zunächst einfach aussehenden Problems bereitet - vor allem bei größeren Netzwerken - doch einige Mühe. Der Ansatz von Kurzschluß - Leerlaufnäherungen mit schrittweiser Approximation "auf die Mitte" zu bietet ein gutes Iterationsverfahren (das sich leicht als Programm ausführen läßt). Die Rückrechnung nach Punkt 3 führt schnell zum genauen Wert (bei kleineren Netzwerken), das Verfahren 4 jedoch wird sich als das leistungsfähigste herausstellen.

Aufgabe 2.5/14 Ersatzwiderstand, Symmetriebeziehungen

Man bestimme den Widerstand R_{AB} (Bild 2.5/14a) aus Symmetrieüberlegungen. Wie könnte das Ergebnis kontrolliert werden?

Lösung:
Wird der Querwiderstand R symmetrisch unterteilt (Bild 2.5/14b), so liegt zwischen den Punkten P und B sowie A und P immer die Spannung $U/2$ unabhängig von R_1, R_2. Das folgt aus der Schaltungssymmetrie. Mit der Knotenspannung U_k des Knotens K (bezogen auf B) gilt im Knoten K:

$$G_1(U - U_k) + \frac{2}{R}\left(\frac{U}{2} - U_k\right) - G_2 U_k = 0.$$

Daraus folgt

$$U_k = \frac{U(G_1 + 1/R)}{G_1 + G_2 + 2/R}. \tag{1}$$

Der Gesamtstrom in A besteht aus I_1 und I_2, weil letzterer (im nicht dargestellten Zweig) aus Symmetriegründen genau dem Strom $G_2 U_k$ entspricht. Daraus folgt

$$G_{AB} = \frac{I_1 + I_2}{U} = \frac{G_1(U - U_k) + G_2 U_k}{U} = \frac{2G_1 G_2 + (G_1 + G_2)1/R}{G_1 + G_2 + 2/R}. \tag{2}$$

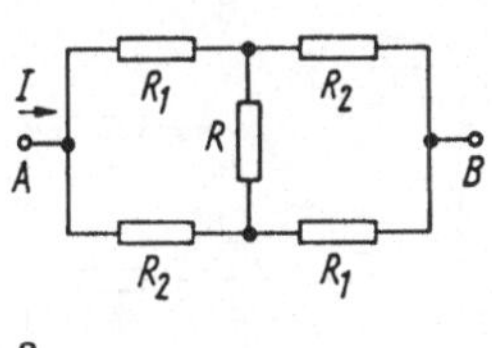

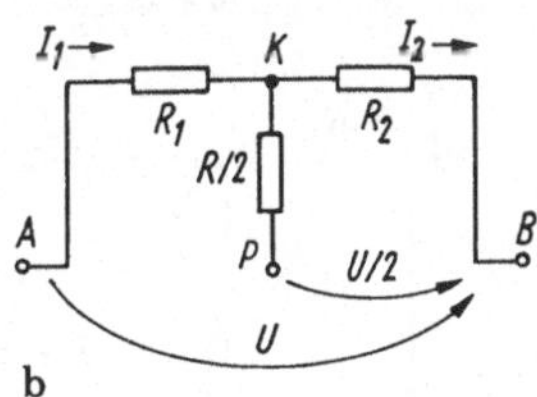

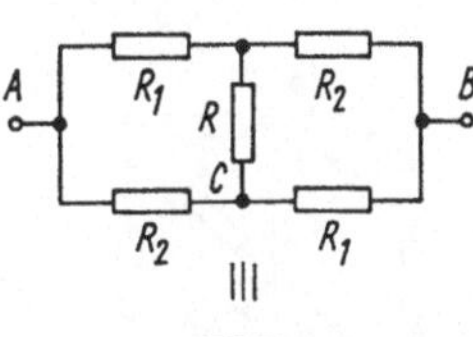

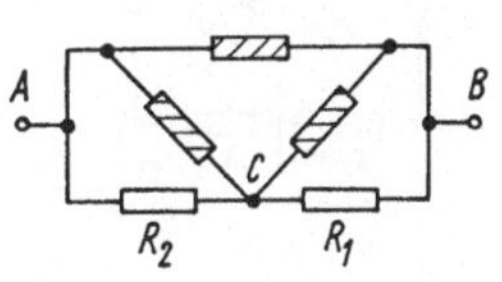

Bild 2.5/14

Als Kontrolle betrachten wir folgende Sonderfälle:
1. $G_1 = G_2 = G$. In diesem Fall wird $G_{AB} = G$ unabhängig von R (dies entspricht einer abgeglichenen Brückenschaltung).
2. $R \to 0$: Hier gilt $G_{AB} = (G_1 + G_2)/2$, was sofort nachvollziehbar ist.
3. $R \to \infty$: Jetzt gilt $G_{AB} = 2G_1 G_2/(G_1 + G_2)$, $\to R_{AB} = (R_1 + R_2) \parallel (R_1 + R_2) = (R_1 + R_2)/2$.
Eine weitere Herleitung der Lösung Gl.(2) ist durch Stern-Dreieckwandlung des Sternes R_1, R_2, R zwischen A, B, C möglich (Bild 2.5/14c). Die

Rechnung sei dem Leser überlassen. Auch eine Netzwerkanalyse, z.B. mit einem zwischen A, B eingeprägten Probestrom I_Q und Bestimmung der Spannung $U_{AB} \sim I_Q$ mit der Knotenspannungsanalyse und Bildung von $R_{AB} = U_{AB}/I_Q$ liefert das gesuchte Ergebnis.

Aufgabe 2.5/15 Widerstandsbestimmung, Symmetriebeziehungen

Bestimmen Sie die Widerstände R_{AB} bzw. R_{AC} und R_{AD} der Schaltungen Bild 2.5/15a)...c) (gleiche Zweigwiderstände R, z.B. $R = 1\,\Omega$).

Hinweis: : Die Schaltungen weisen durch gleiche Widerstandselemente Symmetrieeigenschaften auf, die für die Berechnung ausgenutzt werden können.

Lösung:

Wir beginnen mit der Untersuchung des Tetraeders (Bild 2.5/15a). Zunächst wird die Schaltung in die Ebene umgezeichnet (Bild 2.5/15d). Liegt zwischen den Knoten B und D eine Spannung (z.B. B $\rightarrow$ Potential φ, D $\rightarrow$ Potential $-\varphi$) und wird der Zweigwiderstand $R_{BD} = 2/2 \cdot R_{BD} = 2 \times (R/2)$ unterteilt, so erkennt man aus Symmetriegründen die Potentiallinie $\varphi = 0$. Deshalb

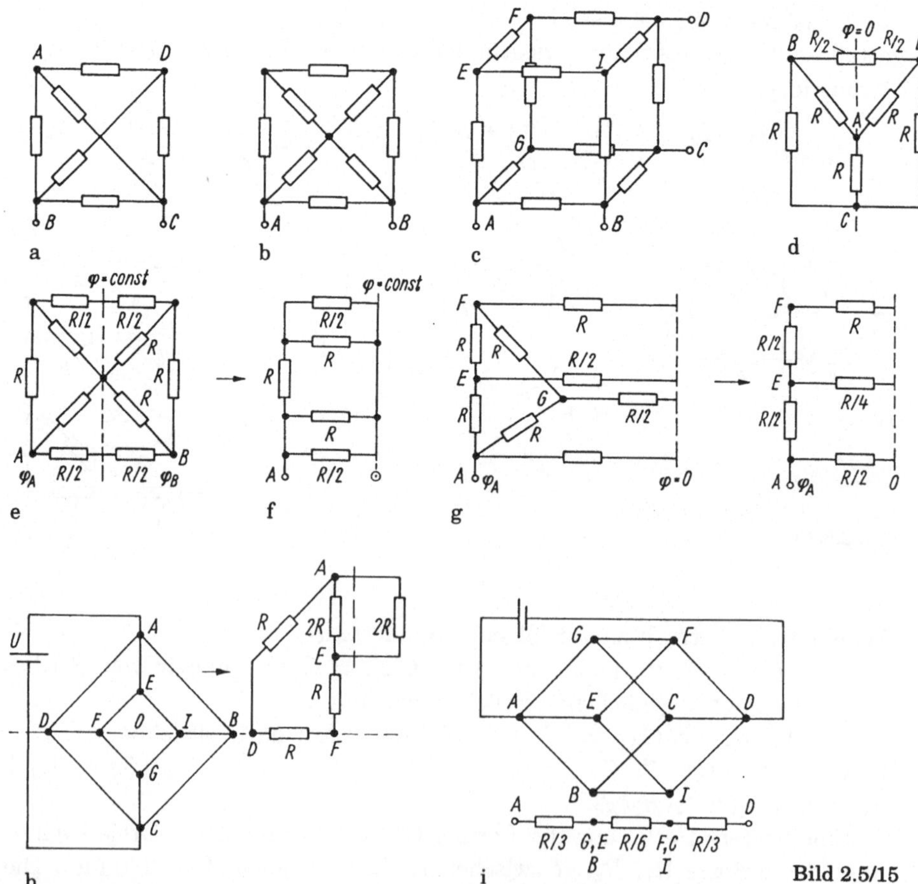

Bild 2.5/15

haben die Punkte A, C gleiches Potential. Zwischen den Punkten B und der Potentiallinie $\varphi = 0$ liegt so der Widerstand

$$R_{BO} = R/2 \parallel R \parallel R = R/2 \parallel R/2 = R/4.$$

R_{DO} ist gleich groß. Daher gilt

$$R_{BD} = R/2.$$

Für die Schaltung Bild 2.5/15b ist das Netzwerk bezüglich einer Schnittlinie $\varphi = $ const. durch den Knoten symmetrisch, wenn zwei Längswiderstände aufgeteilt werden (Bild 2.5/15e). Dann gilt für die Hälfte zwischen A und $\varphi = 0$ das im Bild 2.5/15f dargestellte Widerstandsnetzwerk mit dem Gesamtwiderstand $R_{AB} = 8/15R$, da $R_{A0} = 4/15R$.

c) Zur Bestimmung des Würfelwiderstandes R_{AB} (Bild 2.5/15c) führen wir zunächst Knotenbezeichnungen ein und suchen eine Symmetriefläche (Bild 2.5/15g) zwischen A und B. Der Stern AFG wird zum Dreieck AEF geschlagen, weil E und G auf gleichem Potential liegen. Damit läßt sich der Widerstand $R_{AB} = (7/12)R$ bestimmen.

Zum Widerstand R_{AB} gehört der Streckenkomplex nach Bild 2.5/15h. Aus Symmetriegründen läßt sich auch hier eine Potentialebene $\varphi = 0$ angeben: bezüglich A - C ist die Schaltung symmetrisch. Dabei wird der Widerstand R_{AE} zweckmäßig in $2R \parallel 2R$ unterteilt. Dann gilt für die linke Hälfte des Widerstandes R_{AO}

$$R_{AO} = 3R \parallel R = 3R/(3+1) = 3/4R,$$

also mit Hinzunahme der rechten Hälfte

$$R_{AO/ges} - (1/2) \cdot (3/4)R = 3/8R.$$

Der Gesamtwiderstand R_{AC} lautet dann

$$R_{AC} = 2R_{AO} = 3/4R.$$

Der Widerstand R_{AD} schließlich hat den im Bild 2.5/15i gezeichneten Streckenkomplex. Man kann leicht nachvollziehen, daß aus Symmetriegründen die Punkte G, E, B auf gleichem Potential liegen, ebenso I, C, F. Deshalb können diese Ebenen jeweils zu einem Knoten zusammengefügt werden und es verbleibt

$$R_{AD} = 2/3R + R/6 = 10/12R.$$

Der Vergleich der Ergebnisse zeigt

$$R_{AB} < R_{AC} < R_{AD}.$$

Diskussion: Wenn auch Symmetrieüberlegungen in einfachen Fällen rasch zum Zuge führen, so werden sie doch mit fortschreitender Komplexität des Netzwerkes schwieriger. In solchen Fällen ist es (von der Systematik her) oft einfacher, den Widerstand nach dem Verfahren des Probestromes zu bestimmen: Einspeisung eines Stromes in die gewünschten Klemmen, Aufstellung der Netzwerkgleichungen und Berechnung der Klemmenspannung als Funktion des Stromes.

3. Netzwerke

3.1 Kirchhoffsche Gleichungen

Aufgabe 3.1/1 Knotensatz

a) Stellen Sie für Schaltung Bild 3.1/1a den Knotensatz auf.

b) Stellen Sie die Beziehungen zwischen den Strömen $I_1 \ldots I_3$ und den Strömen $I_A \ldots I_C$ in Schaltung Bild 3.1/1b (in Gleichungsform) dar.

c) Welche Folgerung ist für den Transistor Schaltung Bild 3.1/1c bezüglich seiner Ströme zu ziehen?

d) Wie müßte man vorgehen, wenn aus dem unter b) gewonnenen bekannten Gleichungssystem umgekehrt das Netzwerk ermittelt werden soll? Warum ist keine Angabe über die Schaltelemente möglich?

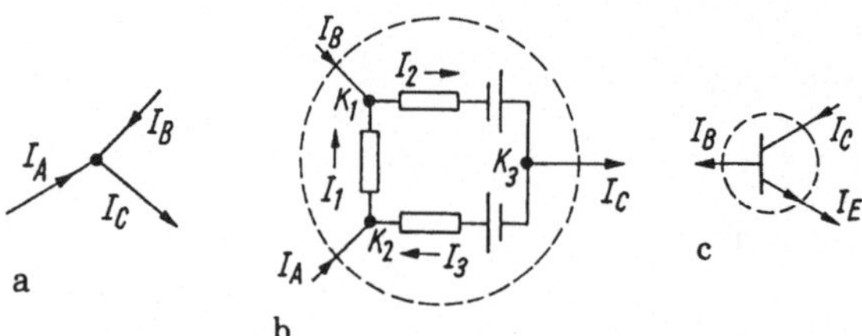

Bild 3.1/1

Lösung:

a) Für Schaltung Bild 3.1/1a lautet der Knotensatz $I_A + I_B = I_C$. Eine weitere Aussage ist nicht möglich.

b) In Schaltung Bild 3.1/1b führen wir drei Knoten $K_1 \ldots K_3$ ein und erhalten die folgenden Gleichungen durch Anwendung des Knotensatzes für jeden Knoten:

$$
\begin{aligned}
K_1 : \quad -I_1 \ +I_2 \qquad\quad &= \ +I_B \\
K_2 : \quad \ \ I_1 \qquad\ \ -I_3 &= \quad\ I_A \\
K_3 : \qquad\quad\ \ -I_2 \ +I_3 &= \ -I_C
\end{aligned}
$$

Das Gleichungssystem lautet in Matrixschreibweise:

$$
\begin{pmatrix} -1 & 1 & 0 \\ 1 & 0 & -1 \\ 0 & -1 & 1 \end{pmatrix} \cdot \begin{pmatrix} I_1 \\ I_2 \\ I_3 \end{pmatrix} = \begin{pmatrix} I_A \\ I_B \\ -I_C \end{pmatrix} .
$$

Die Addition aller drei Gleichungen ergibt $I_A + I_B - I_C = 0$, d.h. das System erfüllt auch als Ganzes den Knotensatz (links verschwindet die Summe jeder Zeile und Spalte der Matrix). Deshalb gilt die Bestimmungsgleichung $I_A + I_B = I_C$ für die Schnittlinie der drei Ströme $I_A \ldots I_C$ insgesamt unabhängig vom Inhalt des Schnittes.

c) Den Transistor kann man sich innerhalb einer Schnittlinie liegend denken. Das gilt für die Strombilanz stets $I_C = I_B + I_E$ unabhängig von den physikalischen Vorgängen im Transistor.

d) Wir gehen von einer Hülle aus, die $K_1 \ldots K_3$ umschließt (Bild 3.1/1b) (Summe aller Gleichungen) und erhalten zunächst die Summe aller über die Hülle fließenden Ströme (hier $I_A \ldots I_C$). Im nächsten Schritt verzweigen wir die zu jedem Strom $I_A \ldots I_C$ gehörenden Teilströme, z.B. I_1, I_2 zu I_B usw. und verbinden dann die so entstehenden Knoten entsprechend den Richtungen der Teilströme, z.B. I_1 zu K_1 zufließend und von K_2 wegfließend usw. Eine Aussage über die Elemente ist nicht möglich, da keine U-I-Beziehungen für die Elemente angegeben sind.

Aufgabe 3.1/2 Knotensatz

Gegeben sind folgende Gleichungssysteme

a) $I_1 = I_2 + I_3$,
b) $I_1 - I_2 = I_3$, $\quad I_2 + I_3 = I_4 + I_5$.

Zeichnen Sie dazu die Netzwerke mit den entsprechenden Knoten und Zweigen so, daß die angegebenen Ströme fließen. Wieviele Knoten sind jeweils erforderlich?

Lösung:

Ausgang ist der Knotensatz. Von einem Netzwerk mit k Knoten sind immer $k - 1$ voneinander unabhängig. Die angegebenen Gleichungen sind somit die unabhängigen Beziehungen. Damit gehören zum Fall a) zwei Knoten (Bild 3.1/2a), wobei K_2 automatisch aus K_1 folgt. Im Fall b) mit $k - 1 = 2$, d.h. $k = 3$ beginnen wir zunächst möglichst viele Ströme in eine Hüllfläche einzuschließen, also die Zahl gegebener Gleichungen zu senken. Addition beider Gleichungen ergibt $I_1 = I_4 + I_5$. Damit läßt sich eine erste Hülle S_1 entwerfen (Bild 3.1/2b). Innerhalb der Hülle verzweigt sich K_1 in I_2, $I_3 \rightarrow$ Knoten K_1, andererseits muß die Summe $I_2 + I_3$ gleich $I_4 + I_5$ sein $\rightarrow K_2$. Knoten 3 schließt die Stromkreise. Es gibt 2 unabhängige Knoten K_1, K_2 entspre-

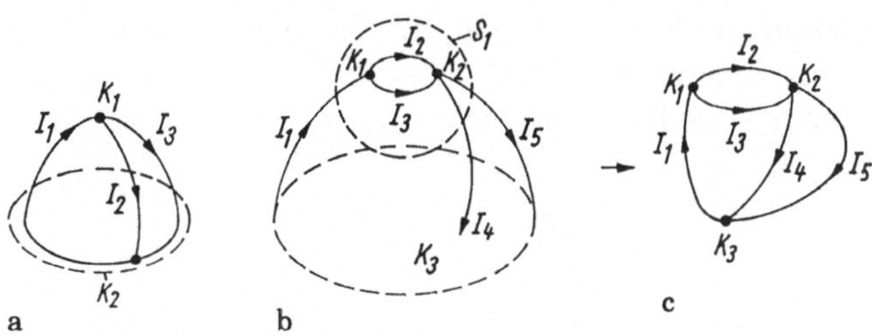

Bild 3.1/2

chend der beiden vorgegebenen Gleichungen. Da 5 Ströme vorkommen, aber
nur zwei Gleichungen verfügbar sind, müssen 3 weitere Bedingungen (z.B.
Zweigbeziehungen oder Vorgabewerte) existieren, damit die Aufgabe lösbar
ist.

Aufgabe 3.1/3 Knotensatz

a) Wieviele Zweige z und Knoten k hat das Netzwerk Bild 3.1/3a, wieviele
   unabhängige Knotengleichungen gibt es? Angenommen, die unabhängigen Gleichungen sind lösbar. Wieviele Ströme durch die Zweige müssen
   dann vorgegeben sein? Es sollen gelten: $I_1 = 1\,\text{A}$, $I_6 = 2\,\text{A}$, $I_3 = 3\,\text{A}$. Wie
   lautet das Gleichungssystem für die unbekannten Ströme? Schreiben Sie
   es in Matrixform. Wie lauten die Lösungen?

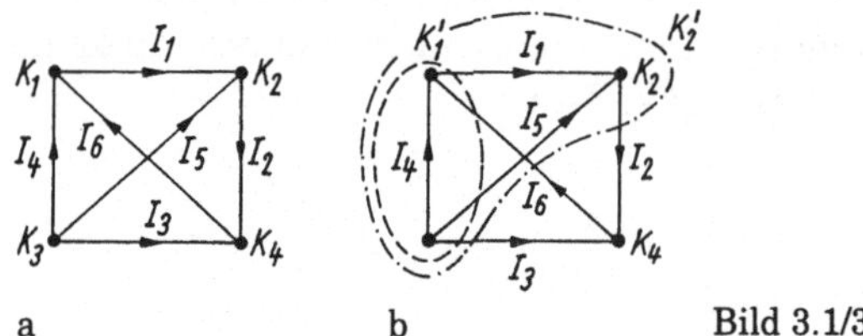

a   b   Bild 3.1/3

b) Schließen Sie der Reihe nach zunächst die Knoten K_1, K_3 in eine neue
   Schnittlinie, dann K_1, K_3 und K_2 ein und stellen Sie jeweils die Knotengleichungen auf. Wie wirkt sich dieses Verfahren auf die Zahl der jeweils
   zu bestimmenden Unbekannten aus?

Hinweis: Nach dem Knotensatz bilden wir nach Einführung (willkürlicher) Stromrichtungen in jedem Knoten die vorzeichenbehaftete Stromsumme.

Lösung:

a) Das Netzwerk hat $z = 6$ Zweige und $k = 4$ Knoten:

$$
\begin{aligned}
K_1 : &\quad I_4 \; +I_6 \; -I_1 \; = 0 \\
K_2 : &\quad I_1 \; +I_5 \; -I_2 \; = 0 \\
K_3 : &\; -I_4 \; -I_5 \; -I_3 \; = 0 \\
K_4 : &\quad I_2 \; -I_6 \; +I_3 \; = 0.
\end{aligned}
\tag{1}
$$

Die Addition der Knotengleichungen $K_1 \ldots K_3$ ergibt die Knotengleichung K_4. Deshalb liefern die 4 Knoten nur 3 unabhängige Gleichungen,
allgemein bei k Knoten nur $k - 1$ unabhängige Knotengleichungen. Wir
benötigen deshalb zur Lösung noch drei $(z - (k - 1))$ Vorgaben, z.B.
Zweigbeziehungen oder - wie hier - die Ströme I_1, I_6, I_3.
Die Knotengleichungen lauten geordnet

$$
\begin{aligned}
0 \; + \; I_4 \quad\; 0 \; &= \; I_1 - I_6 \\
-I_2 \quad\; 0 \; + \; I_5 \; &= \quad -I_1 \\
0 \; + \; I_4 \; + \; I_5 \; &= \quad -I_3
\end{aligned}
\tag{2}
$$

und als Matrix geschrieben

$$\begin{pmatrix} 0 & 1 & 0 \\ -1 & 0 & 1 \\ 0 & 1 & 1 \end{pmatrix} \cdot \begin{pmatrix} I_2 \\ I_4 \\ I_5 \end{pmatrix} = \begin{pmatrix} -1 \\ -1 \\ -3 \end{pmatrix}.$$

Die Lösung z.B. für den Strom I_4 würde mit der Cramerschen Regel lauten:

$$I_4 = \frac{\det \begin{pmatrix} 0 & -1 & 0 \\ -1 & -1 & 1 \\ 0 & 3 & 1 \end{pmatrix} \mathrm{A}}{1} = -1\,\mathrm{A}.$$

Dies bedeutet, daß I_4 entgegengesetzt zur angenommenen Richtung fließt. (Die allgemeine Lösung würde $I_4 = I_1 - I_6$ ergeben). Ganz analog erhalten wir die Ströme I_5 und I_2.

Die Zahl der Gleichungen läßt sich reduzieren, wenn wir zwei Knoten, z.B. K_1, K_3 zu einem neuen Knoten K_1' zusammenfassen (Bild 3.1/3b). (Auf diese Weise wird I_4 eliminiert, da dieser Strom nur innerhalb von K_1' vorkommt.)

$$\begin{aligned} K_1' : \quad & I_6 - I_1 - I_5 - I_3 = 0 \\ K_2 : \quad & +I_1 + I_5 - I_2 = 0 \end{aligned}$$

oder umgeformt (gegebene Größen rechts)

$$\begin{aligned} K_1' : \quad & -I_5 = -I_6 + I_1 + I_3 \\ K_2 : \quad & -I_2 + I_5 = -I_1. \end{aligned}$$

Jetzt verbleiben nur noch die beiden Unbekannten I_5, I_2. Im nächsten Schritt wählen wir eine neue Schnittlinie K_2', die auch K_2 umfaßt. Sie schließt neben I_4 auch I_1, I_5 ein, wofür dann keine Gleichungen mehr aufzustellen sind:

$$K_2' : -I_3 + I_6 - I_2 = 0 \rightarrow I_2 = I_6 - I_3 = (2 - 3)\,\mathrm{A} = -1\,\mathrm{A}.$$

Hinweis: : Die Aufstellung des Gleichungssystems in Matrixform bietet den Vorteil, die auf vielen Taschenrechnern und PCs vorhandenen Löser für lineare Gleichungssysteme verwenden zu können. Dies empfiehlt sich vor allem bei größeren Gleichungssystemen, die so numerisch einfacher lösbar sind.

Aufgabe 3.1/4 Knotensatz

a) Bestimmen Sie für das angegebene Netzwerk Bild 3.1/4 die Ströme zwischen folgenden Knoten (Stromflußrichtung vom ersten zum zweiten Knoten, erster - zweiter Index) I_{12}, I_{21}, I_{32}, I_{24}, I_{05}, I_4, I_5. Wieviele Knoten k hat das Netzwerk, wieviele haben mehr als zwei Zugänge? Formulieren Sie die Knotengleichungen für die letztgenannten Knoten als Gleichungssystem und geben Sie die allgemeine Lösung z.B. für I_4 an (in Determinantenform). Gegeben: $I_1 = 20\,\mathrm{mA}$, $I_2 = 160\,\mathrm{mA}$, $I_3 = 100\,\mathrm{mA}$.

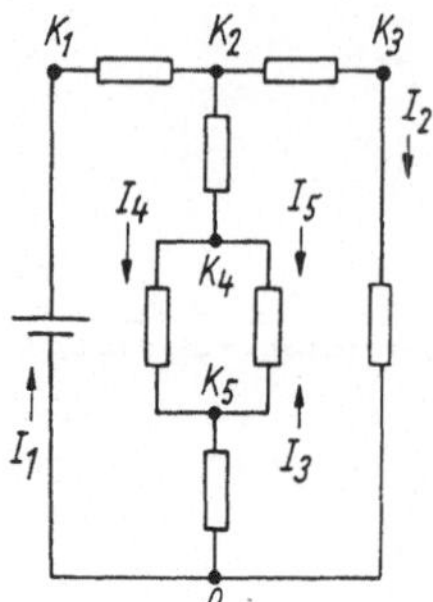

Bild 3.1/4

b) Wie würde das Gleichungssystem als Zahlenwertsystem lauten, wenn die bekannten Ströme in mA (A) gegeben sind? Worauf ist bei der Lösung (z.B. mit Taschenrechnern und eingebautem Gleichungslöser) zu achten?

Lösung:

a) Es ergeben sich durch Anwendung des Knotensatzes der Reihe nach für die einzelnen Knoten $K_1 \ldots K_5$:

$$I_{12} = I_1 = 20\,\text{mA} = -I_{21},\ I_{32} = -I_2 = -160\,\text{mA}$$

$$I_{24} = I_{12} + I_{32} = I_1 - I_2 = -140\,\text{mA} = I_{50} = -I_{05},\ \text{d.h.}$$

$$I_{05} = 140\,\text{mA},\ I_{24} = I_4 + I_5 = I_4 - I_3 \rightarrow$$

$$I_4 = I_{24} + I_3 = -140\,\text{mA} + 100\,\text{mA} = -40\,\text{mA},\ I_5 = -I_3.$$

Vorhanden sind insgesamt $k = 6$ Knoten $(0, 1 \ldots 5)$, davon sind $k - 1 = 5$ unabhängige Knoten sowie drei Knoten mit mehr als 2 Anschlüssen. Die Knoten 1, 3 ergeben nur triviale Knotengleichungen. Dann folgt für die Knoten 2, 4, 5

$$K_2 : I_1 - I_2 = I_{24},\ K_4 : I_{24} = I_4 - I_3,\ K_5 : I_4 - I_3 = I_{50}$$

oder geordnet (unbekannt I_{24}, I_4, I_{50})

$$\begin{array}{ccccccc}
I_{24} & & 0 & & 0 & = & I_1 - I_2 \\
I_{24} & - & I_4 & & 0 & = & -I_3 \\
0 & & I_4 & - & I_{50} & = & I_3
\end{array} \rightarrow$$

$$\begin{pmatrix} 1 & 0 & 0 \\ 1 & -1 & 0 \\ 0 & 1 & -1 \end{pmatrix} \cdot \begin{pmatrix} I_{24} \\ I_4 \\ I_{50} \end{pmatrix} = \begin{pmatrix} I_1 - I_2 \\ -I_3 \\ I_3 \end{pmatrix}.$$

Die Lösung nach I_4 ergibt $I_4 = (I_3 + I_1 - I_2)/1 = -40\,\text{mA}$. Als Zahlenwertsystem würde man erhalten (z.B. bei Angabe der Ströme in A):

$$\begin{pmatrix} 1 & 0 & 0 \\ 1 & -1 & 0 \\ 0 & 1 & -1 \end{pmatrix} \cdot \begin{pmatrix} I_{24} \\ I_4 \\ I_{50} \end{pmatrix} = \begin{pmatrix} -0,14 \\ -0,1 \\ 0,1 \end{pmatrix}.$$

Obwohl die Lösung hier wegen der kleinen Matrix noch leicht direkt durchführbar ist, empfiehlt sich die Nutzung eines Gleichungslösers im Taschenrechner: $I_{24} = -0,14\,\text{A}$, $I_4 = -0,040\,\text{A}$, $I_{50} = -140\,\text{mA}$.

Aufgabe 3.1/5 Knotensatz

Gegeben ist die Schaltung Bild 3.1/5a.

a) Wieviele Knoten hat sie, wieviele haben mehr als zwei Verbindungen? Wie groß ist die Zahl der unabhängigen Knoten?

b) Man formuliere die Knotengleichungen der Knoten 1...5. Ist es zweckmäßig, das Gleichungssystem allgemein zu lösen?

c) Schreiben Sie die Knotensätze, wenn die Knoten 1, 2 und 6 sowie 1, 2, 3 in Schnittlinien gelegt werden.
Gegeben: $I_{01} = 10\,\text{mA}$, $I_{02} = -4\,\text{mA}$, $I_{04} = 12\,\text{mA}$.

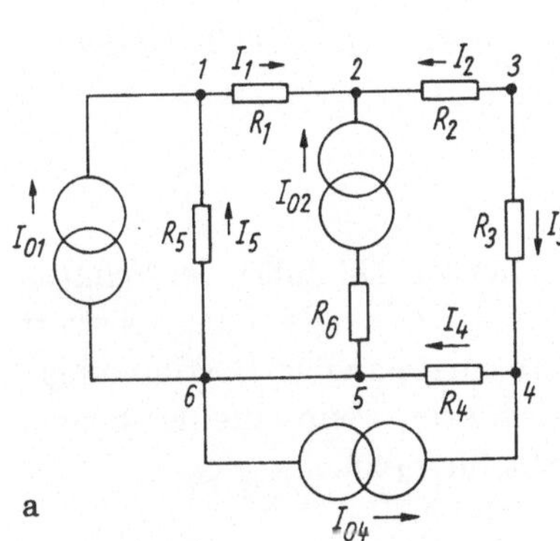
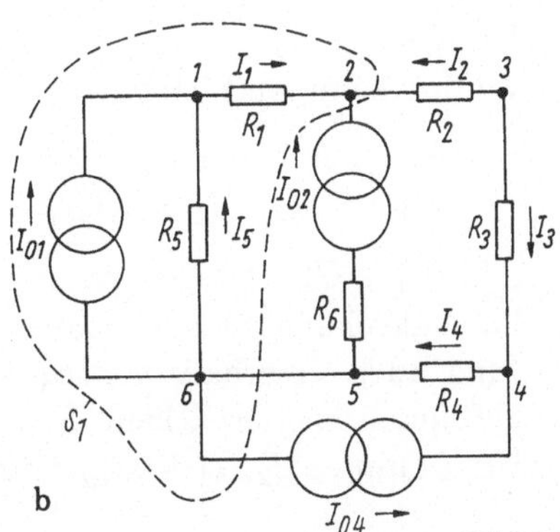

Bild 3.1/5

Lösung:

a) Es gibt 5 Knoten (5 und 6 fallen zusammen), davon vier (1, 2, 4, 5) mit drei und mehr Abzweigungen.

$$K_1: \quad I_1 = I_5 + I_{10}$$
$$K_2: \quad I_1 + I_{20} + I_2 = 0$$

b)
$$K_3: \quad I_2 + I_3 = 0$$
$$K_4: \quad I_3 + I_{04} = I_4$$
$$K_5: \quad I_4 = +I_{02} + I_5 + I_{01} + I_{04}$$

oder geordnet in Matrixform

$$\begin{pmatrix} 1 & 0 & 0 & 0 & -1 \\ 1 & 1 & 0 & 0 & 0 \\ 0 & 1 & 1 & 0 & 0 \\ 0 & 0 & 1 & -1 & 0 \\ 0 & 0 & 0 & 1 & -1 \end{pmatrix} \cdot \begin{pmatrix} I_1 \\ I_2 \\ I_3 \\ I_4 \\ I_5 \end{pmatrix} = \begin{pmatrix} I_{10} \\ -I_{20} \\ 0 \\ -I_{40} \\ I_{01} + I_{02} + I_{04} \end{pmatrix}$$

Die Lösungen lauten $I_1 = -8\,\text{mA}$, $I_2 = 12\,\text{mA}$, $I_3 = -12\,\text{mA}$, $I_4 = 0\,\text{mA}$, $I_5 = -18\,\text{mA}$. Es fallen die vielen Nulleinträge und die besetzte Hauptdiagonale auf (solche Matrizen sind typisch für Netzwerkprobleme). Diese

Matrixform erlaubt, die Lösung auch schrittweise ($\rightarrow$ Gauß-Algorithmus) noch mit vertretbarem Aufwand durchzuführen.

c) Für die Schnittlinie S_1 (Bild 3.1/5b), die Knoten 1, 2, 6 (und die Stromquelle I_{01}) umfassen soll, vereinbaren wir Ströme in die Hülle positiv und erhalten

$$S_1 : -I_{04} + (I_4 - I_{02}) + I_{02} + I_2 = 0,$$

d.h. $I_4 + I_2 = I_{04}$. So kann Knoten 5 mit in die Hülle übernommen werden, da der Strom I_{02} (ebenso wie I_{01}) das Ergebnis nicht beeinflußt. Zusätzlich gelten noch K_3 und K_4, so daß sich jetzt das Gesamtsystem ergibt:

$$\begin{aligned} S_1 : \quad & I_2 + I_4 = I_{04} \\ K_3 : \quad & I_2 + I_3 = 0 \\ K_4 : \quad & I_3 - I_4 = -I_{04}. \end{aligned}$$

Da Knoten K_3 (als sog. ''Zweierknoten'') mit $I_2 = -I_3$ leicht eliminiert werden kann, verbleibt

$$\begin{aligned} S_1 : \quad & I_2 + I_4 = I_{04} \\ K_4 : \quad & -I_2 - I_4 = -I_{04}, \end{aligned}$$

d.h. beide Gleichungen gehen auseinander hervor. Da außer der Schnittliniengleichung S_1 keine zweite unabhängige Knotengleichung existiert (und auch innerhalb von S_1 keine weitere unabhängige Bestimmungsgleichung existiert), kann S_1 nur verträglich sein, wenn eine der beiden Unbekannten I_2, I_4 verschwindet. Das trifft für I_2 zu.

Aufgabe 3.1/6 Knotensatz

Gegeben ist ein Netzwerk Bild 3.1/6a, von dem ein Teil der fließenden Ströme bekannt ist ($I_1 = 1\,\text{mA}$, $I_2 = 2\,\text{mA}$, $I_3 = -3\,\text{mA}$, $I_4 = -4\,\text{mA}$). Gesucht sind die Ströme $I_A \dots I_D$. Prüfen Sie, ob das Problem grundsätzlich lösbar ist. (Spannungsquellen nicht dargestellt).

Hinweis: Wir prüfen zunächst die Bedingungen für die vollständigen Kirchhoffschen Gleichungen.

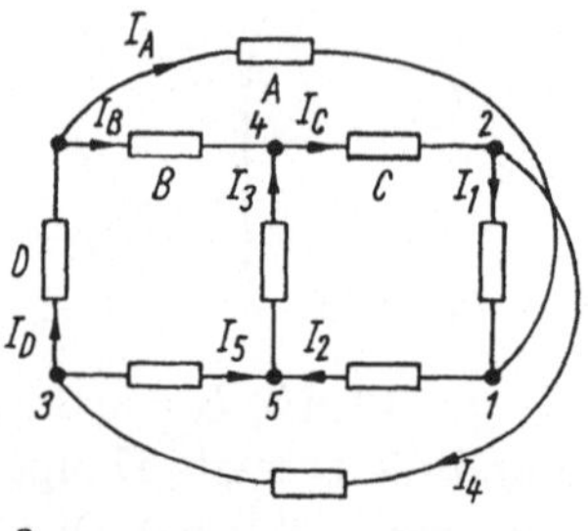

a

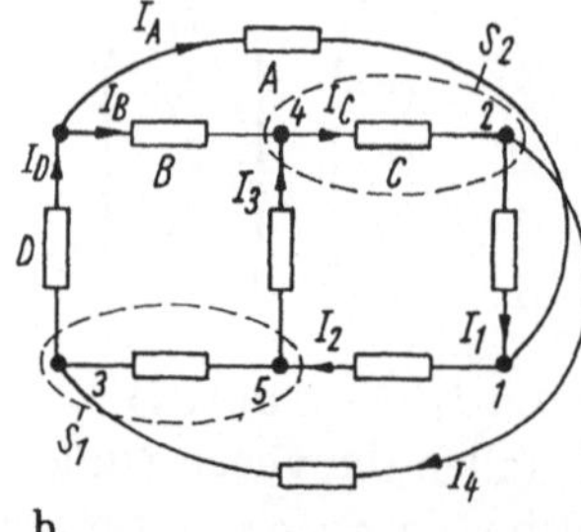

b   Bild 3.1/6

Lösung:
Gesucht sind in dem Netzwerk mit $z = 9$ Zweigen und $k = 6$ Knoten und $z - (k - 1) = 4$ unabhängigen Maschen die Zweigströme $I_A \ldots I_D$. Würden diese Ströme als Maschenströme eingeführt werden, so ist das Problem eindeutig lösbar. Wir entscheiden uns für die Knotenbetrachtung und wollen von den $k - 1 = 5$ unabhängigen Knoten solche (unter Zuhilfenahme von Schnittlinien) wählen, bei denen jeweils nur eine Unbekannte auftritt. Das trifft zu für (Bild 3.1/6b):

$$
\begin{aligned}
\mathrm{K}_1 : \quad I_A &= I_2 - I_1 \to 1\,\mathrm{mA} \\
\mathrm{K}_2 : \quad I_C &= I_1 + I_4 \to -3\,\mathrm{mA} \\
\mathrm{S}_1 : \quad I_D &= I_4 + I_2 - I_3 \to 1\,\mathrm{mA} \\
\mathrm{S}_2 : \quad I_B &= I_1 + I_4 - I_3 \to 0.
\end{aligned}
\tag{1}
$$

Würde hingegen das Knotengleichungssystem (unter zusätzlicher Einführung für I_5) aufgestellt werden, so ergibt sich

$$
\begin{matrix}
1 \\ 2 \\ 3 \\ 4 \\ 5
\end{matrix}
\begin{pmatrix}
1 & 0 & 0 & 0 & 0 \\
0 & 1 & 0 & 0 & 0 \\
0 & 0 & 1 & 0 & 1 \\
0 & -1 & 0 & 1 & 0 \\
0 & 0 & 0 & 0 & 1
\end{pmatrix}
\cdot
\begin{pmatrix}
I_A \\ I_C \\ I_D \\ I_B \\ I_5
\end{pmatrix}
=
\begin{pmatrix}
I_2 - I_1 \\ I_1 + I_4 \\ I_4 \\ -I_3 \\ I_3 - I_2
\end{pmatrix}.
$$

Wird Zeile 5 zu 3 negativ addiert (und damit I_5 eliminiert), so gilt

$$
\begin{matrix}
1 \\ 2 \\ 3 \\ 4
\end{matrix}
\begin{pmatrix}
1 & 0 & 0 & 0 \\
0 & 1 & 0 & 0 \\
0 & 0 & 1 & 0 \\
0 & -1 & 0 & 1
\end{pmatrix}
\cdot
\begin{pmatrix}
I_A \\ I_C \\ I_D \\ I_B
\end{pmatrix}
=
\begin{pmatrix}
I_2 - I_1 \\ I_1 + I_4 \\ I_4 - I_3 + I_2 \\ -I_3
\end{pmatrix}.
$$

Dieses Gleichungssystem ist aber mit den oben durch verschiedene Schnittlinien bereits gewonnenen Gleichungen identisch. Die Lösung lautet $I_A = 1\,\mathrm{mA}$, $I_C = -3\,\mathrm{mA}$, $I_D = 1\,\mathrm{mA}$, $I_B = 0$.

Diskussion: Die Nutzung geschickt gelegter Schnittlinien kann die Analyse erheblich vereinfachen, denn Ströme, die nur innerhalb einer Schnittlinie fließen (z.B. zwischen Knoten 3, 5, 7 bzw. 2, 4) treten nicht auf. Dadurch lassen sich die gesuchten Lösungen direkt gewinnen.

Aufgabe 3.1/7 Maschensatz

Für die Schaltung Bild 3.1/7 bestimme man die Spannungen U_1, U_2, U_3, U_5. (Die dargestellten Elemente sind allgemein zu verstehen, sie können auch Spannungsquellen enthalten.)

a) Stellen Sie ein Gleichungssystem für die gesuchten Größen auf und bringen Sie es in Matrixform.

b) Versuchen Sie, die Zahl der Unbekannten schrittweise zu reduzieren.

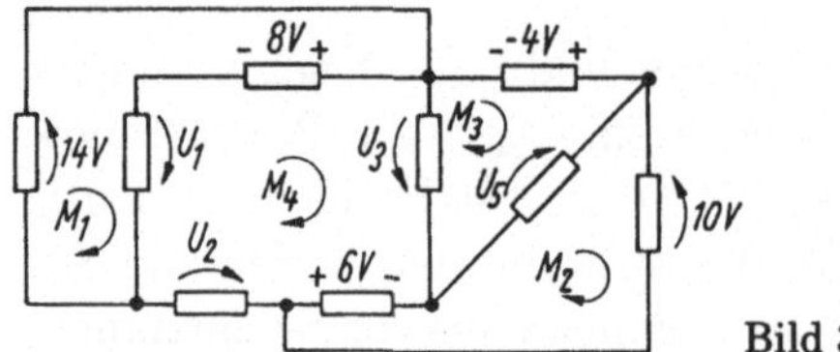

Bild 3.1/7

Lösung:

a) Die Schaltung hat $z = 9$ Zweige, $k = 6$ Knoten (einschließlich der sog. 2er Knoten). Damit gibt es $m = z - (k - 1) = 4$ unabhängige Maschen für die vier gesuchten Spannungen

$$\begin{array}{lll}
M_1 \circlearrowright: & 14\,\text{V} + 8\,\text{V} + U_1 = 0 & U_1 = -22\,\text{V} \\
M_2 \circlearrowright: & U_5 - 10\,\text{V} + 6\,\text{V} = 0 & U_5 = 4\,\text{V} \\
M_3 \circlearrowright: & 4\,\text{V} - U_5 - U_3 = 0 & U_3 = 0\,\text{V} \\
M_4 \circlearrowright: & U_3 - 6\,\text{V} - U_2 - U_1 - 8\,\text{V} = 0 & U_2 = 8\,\text{V}
\end{array}$$

oder geordnet und als Matrixgleichung geschrieben:

$$\begin{pmatrix} 1 & 0 & 0 & 0 \\ 0 & 1 & 0 & 0 \\ 0 & -1 & -1 & 0 \\ -1 & 0 & 1 & -1 \end{pmatrix} \cdot \begin{pmatrix} U_1 \\ U_5 \\ U_3 \\ U_2 \end{pmatrix} = \begin{pmatrix} -22\,\text{V} \\ 4\,\text{V} \\ -4\,\text{V} \\ 14\,\text{V} \end{pmatrix} . \tag{1}$$

Im vorliegenden Fall lassen sich die Unbekannten aufgrund der günstigen Wahl der Maschen einfach ermitteln (Maschen so gewählt, daß jeweils nur eine bzw. wenige Unbekannte auftreten.)

b) Eine Reduktion der Zahl der Unbekannten durch Eliminieren von Gleichungen bedeutet, die zwei Maschen gemeinsame Spannung zu umgehen. Beispielsweise gibt die Addition der Maschengleichungen M_2, M_3: $M_2 + M_3 \circlearrowright: -U_3 + 0 = 0$, damit verbleiben nur noch M_1, M_4:

$$\begin{array}{ll}
M_1 \circlearrowright: & U_1 + 22\,\text{V} = 0 \\
M_4 \circlearrowright: & -U_1 - U_2 - 14\,\text{V} = 0
\end{array}$$

oder

$$\begin{pmatrix} 1 & 0 \\ -1 & -1 \end{pmatrix} \cdot \begin{pmatrix} U_1 \\ U_2 \end{pmatrix} = \begin{pmatrix} -22\,\text{V} \\ 14\,\text{V} \end{pmatrix} .$$

Im Gleichungssystem (1) werden so die zweiten und dritten Zeilen und Spalten gestrichen und zwar

U_5: Eliminierung $\rightarrow$ 2. Zeile zu 3. Zeile addieren, 2. Zeile und Spalte streichen $U_3 = 0$ führt zum Streichen der 3. Zeile/Spalte.

Damit kann U_3 durch einen Kurzschluß ersetzt werden. Werden jetzt $M_1 + M_4$ addiert

$$M_1 + M_4 : -U_2 + 8\,\text{V} = 0,$$

so führt dies zur Eliminierung von U_1, und die neue Schleife geht über die Werte $14\,\text{V}$, $U_3 = 0$, $-6\,\text{V}$, $-U_2$. Wir werden dieses Verfahren später eingehender betrachten.

Aufgabe 3.1/8 Unabhängige Maschengleichungen

a) Für die Schaltung Bild 3.1/8 sollen alle möglichen Maschen angegeben werden. Wieviele gibt es? Gegeben: $U_Q = 10\,\text{V}$, $U_2 = 6\,\text{V}$, $U_1 = 3\,\text{V}$.

b) Wieviele Maschen sind unabhängig?

c) Wie können die unabhängigen Maschen systematisch gewonnen werden?

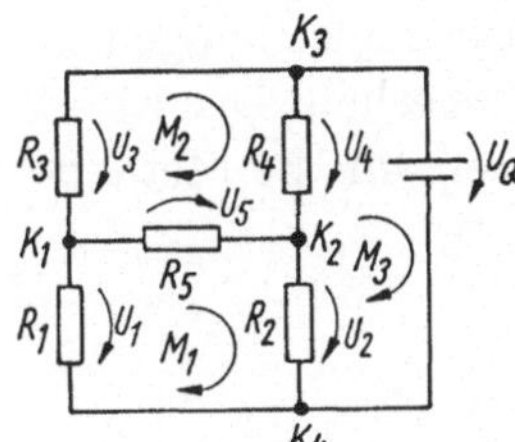

Bild 3.1/8

Lösung:

a) Wir führen die Spannungsabfälle ($U_1 \ldots U_5$, willkürliche Richtungsannahme) ein. Dann lassen sich aufstellen

die Maschen $M_1 \ldots M_3$
die Maschen $M_4 \ldots M_7$.

Man erhält:

$$M_1\circlearrowleft: \qquad U_2 - U_1 + U_5 = 0$$
$$M_2\circlearrowleft: \qquad U_4 - U_5 - U_3 = 0 \tag{1}$$
$$M_3\circlearrowleft: \qquad U_Q - U_2 - U_4 = 0$$

und für die Maschen $M_4 \ldots M_7$

$$M_4\circlearrowleft: \qquad U_Q - U_1 + U_5 - U_4 = 0$$
$$M_5\circlearrowleft: \qquad U_Q - U_2 - U_5 - U_3 = 0$$
$$M_6\circlearrowleft: \qquad U_Q - U_1 - U_3 = 0 \tag{2}$$
$$M_7\circlearrowleft: \qquad -U_3 - U_1 + U_2 + U_4 = 0.$$

Grundsätzlich gehen $M_4 \ldots M_7$ aus $M_1 \ldots M_3$ hervor, z.B. $M_4 := M_3 + M_1$ usw.

b) Damit sind die Maschen $M_1 \ldots M_3$ voneinander unabhängig (nachprüfen!). Das Netzwerk hat $k = 4$ Knoten, $z = 6$ Zweige, also $m = z - (k - 1) = 6 - 3 = 3$ unabhängige Maschengleichungen. Die Maschen $M_4 \ldots M_7$ sind von $M_1 \ldots M_3$ abhängig, weil sie Zweige in den Umläufen enthalten, die bereits in $M_1 \ldots M_3$ auftreten.

Zur Lösung der $z = 6$ Zweigspannungen müssen somit 3 bekannt sein (z.B. aus den drei Knotengleichungen und den jeweiligen Widerstandsbeziehungen, wir nehmen statt dessen U_Q, U_1, U_2 als gegeben an). Die drei unbekannten Spannungen U_3, U_4, U_5 gehen aus Gl.(1) hervor:

$$M_1\circlearrowleft: \qquad +U_5 = U_1 - U_2$$
$$M_2\circlearrowleft: \qquad -U_3 + U_4 - U_5 = 0 \tag{3}$$
$$M_3\circlearrowleft: \qquad -U_4 = +U_2 - U_Q$$

oder als Matrixgleichung

$$\begin{pmatrix} 1 & 0 & 0 \\ -1 & 1 & -1 \\ 0 & -1 & 0 \end{pmatrix} \cdot \begin{pmatrix} U_5 \\ U_4 \\ U_3 \end{pmatrix} = \begin{pmatrix} U_1 - U_2 \\ 0 \\ U_2 - U_Q \end{pmatrix} = \begin{pmatrix} -3\,\mathrm{V} \\ 0 \\ -4\,\mathrm{V} \end{pmatrix}.$$

mit den Lösungen $U_3 = 7\,\mathrm{V}$, $U_4 = 4\,\mathrm{V}$, $U_5 = -3\,\mathrm{V}$.

c) Die systematische Aufstellung der unabhängigen Maschengleichungen erfolgt so, daß jede neue Gleichung eine neue Unbekannte erhält. Das ist bei $M_1 \to U_5$, bei $M_3 \to U_4$, bei $M_2 \to U_3$. Später nutzen wir die Methode des vollständigen Baumes.

Aufgabe 3.1/9 Netzwerkgrundbegriffe

a) Wieviele Zweige und Knoten hat die Schaltung Bild 3.1/9a, wie sieht der Streckenkomplex aus?

b) Wie lauten die Knoten- und Maschengleichungen? Wieviele unabhängige Maschengleichungen sind möglich?

c) Wieviele Zweige und Knoten hat das Netzwerk, wenn nur sog. *wesentliche Knoten* (solche mit mehr als zwei Verzweigungen) gezählt werden und ebenso Zweige nur zwischen solchen Knoten gelten?

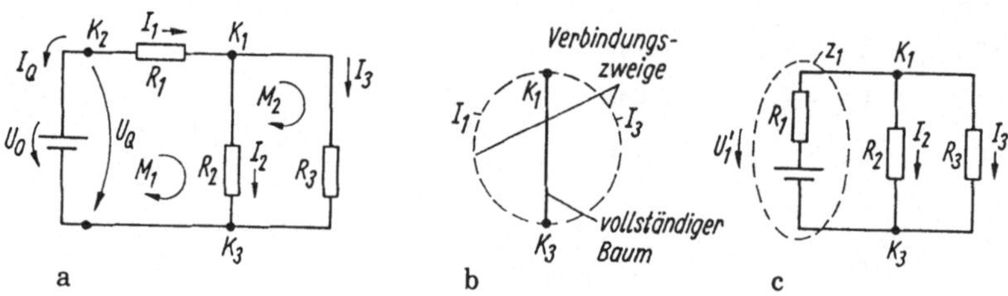

Bild 3.1/9

Lösung:

a) Das Netzwerk hat $z = 4$ Zweige und $k = 3$ Knoten. Einen möglichen Streckenkomplex zeigt Bild 3.1/9b.

b) Zu den $z = 4$ Zweigen gehören $k-1 = 2$ Knotengleichungen, $z-(k-1) = 2$ unabhängige Maschengleichungen und 4 Zweiggleichungen:

Knotengleichungen

$$K_1: \quad I_1 = I_2 + I_3$$
$$K_2: \quad I_1 = -I_Q \tag{1}$$

Maschengleichungen

$$M_1 \circlearrowleft: \quad U_1 + U_2 - U_Q = 0$$
$$M_2 \circlearrowleft: \quad U_3 - U_2 = 0 \tag{2}$$

unbekannt sind I_Q, $I_1 \ldots I_3 \to 4$, $U_0 \ldots U_3 \to 4$
Zweigbeziehungen:

$$z_0: \quad U_0 = U_{Q1}$$

$$z_1: \quad U_1 = I_1 R_1$$

$$z_2: \quad U_2 = I_2 R_2$$

$$z_3: \quad U_3 = I_3 R_3.$$

Durch Einsetzen der Zweigbeziehungen lassen sich 4 Unbekannte eliminieren, es verbleiben

- 2 Knotengleichungen (1), die Maschengleichungen gehen über in

$$I_1 R_1 + I_2 R_2 - U_0 = 0, \quad I_3 R_3 - I_2 R_2 = 0. \tag{3}$$

Gegeben sind: $U_0 = U_Q$ (Wegfall einer Zweigbeziehung) I_Q beliebig (ideale Quelle, d.h. durch I_1 bestimmt): Wegfall der Knotengleichung K_2.

Verbleibend:

$$K_1 : I_1 = I_2 + I_3 \qquad M_1\circlearrowleft : I_1 R_1 + I_2 R_2 = U_Q$$
$$M_2\circlearrowleft : I_3 R_3 - I_2 R_2 = 0.$$

Damit verbleiben drei Gleichungen für die unbekannten Ströme I_1, I_2, I_3.

Ergebnis:

- Jede ideale Spannungsquelle erübrigt die Aufstellung der Knotengleichung an der Quelle (K_2) und die Einführung eines separaten Stromes durch die Quelle: Reduktion der Zweig- und Knotenzahl um je 1
- es ist zweckmäßig, die Reihenschaltung einer idealen Quelle mit Innenwiderstand (= reale Quelle) als einen Zweig aufzufassen.
- Das gleiche trifft für reihengeschaltete NWE (z.B. zwei Widerstände) zu, die man als Gesamtwiderstand (und damit einen Zweig) auffaßt.
- Die Zahl der unabhängigen Maschengleichungen bleibt bei Benutzung wesentlicher Knoten und Zweige erhalten.

c) Die Schaltung Bild 3.1/9c hat jetzt $z = 3$ Zweige und $k = 2$ wesentliche Knoten, wird also durch einen unabhängigen Knoten, zwei unabhängige Maschen und 3 Zweigbeziehungen beschrieben ($\rightarrow$ 6 Gln. für 6 Unbekannte):

$$K_1 : I_1 = I_2 + I_3 \qquad M_1\circlearrowleft : U_2 - U_1' = 0$$
$$M_2\circlearrowleft : U_3 - U_2 = 0.$$

Zweigbeziehungen:

$$z_0 : U_1' = U_Q - I_1 R_1, \quad z_2 : U_2 = I_2 R_2, \quad z_3 : U_3 = I_3 R_3.$$

Unbekannt: $I_1 \dots I_3$, $U_1 \dots U_3$.

Einsetzen der Zweigbeziehungen führt z.B. auf drei Gleichungen für die drei Ströme.

Aufgabe 3.1/10 Netzwerkgrundbegriffe

Gegeben ist das Netzwerk Bild 3.1/10.

a) Wieviele Zweige hat es?

b) In wievielen Zweigen ist der Strom unbekannt?

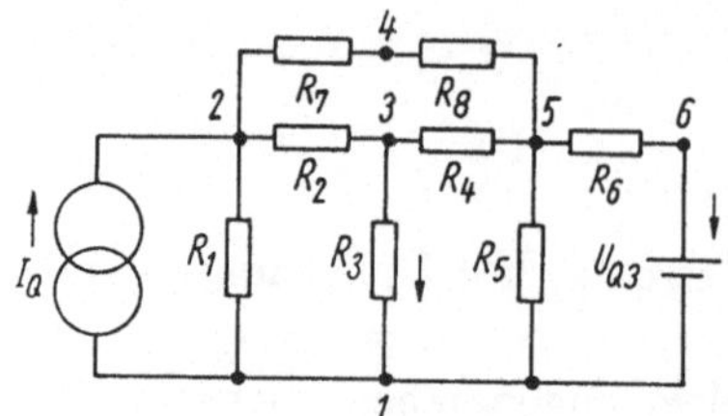

Bild 3.1/10

c) Wieviele wesentliche Zweige (Reihenschaltung von zwei und mehr NWE) gibt es?

d) Wieviele wesentliche Zweige gibt es mit unbekannten Strömen?

e) Wieviele Knoten hat das Netzwerk?

f) Wieviele wesentliche Knoten besitzt das Netzwerk?

g) Wie groß ist die Zahl der unabhängigen Maschengleichungen ausgedrückt einmal durch Zweige und Knoten sowie durch wesentliche Zweige und Knoten?

Lösung:

a) Das Netzwerk hat 10 Zweige als Verbindungen zwischen jeweils zwei Knoten.

b) Bekannt ist der Strom der Stromquelle, deshalb gibt es $10 - 1 = 9$ unbekannte Zweigströme.

c) Es gibt 8 wesentliche Zweige z'. Das sind solche, die keine wesentlichen Knoten (Stromverzweigungen) enthalten: R_1, R_2, R_3, R_4, R_5, $R_7 + R_8$, $R_6 + U_{Q3}$, I_Q,

d) Es gibt 7 wesentliche Zweige mit unbekannten Strömen, nämlich alle nach c) außer der Stromquelle.

e) Das Netzwerk hat $k = 6$ Knoten.

f) Wesentliche Knoten sind solche mit mehr als zwei Verzweigungen. Es gibt vier: K_1, K_2, K_3, K_5.

g) Mit $z = 10$ und $k = 6$ gibt es $z - (k - 1) = 10 - 5 = 5$ unabhängige Maschengleichungen, ausgedrückt durch wesentliche Zweige $z' = 8$ und wesentliche Knoten $k' = 4$, also $z' - (k' - 1) = 8 - 3 = 5$ unabhängige Maschengleichungen.

Aufgabe 3.1/11 Kirchhoffsche Gleichungen

Von einem Netzwerk Bild 3.1/11a sind folgende Maschengleichungen gegeben:

$$U_{Q1} = -I_1 R_1 + I_2 R_2 + I_3 R_3$$
$$U_{Q3} + U_{Q2} = I_3 R_3 - I_4 R_4$$
$$U_{Q1} - U_{Q3} = I_2 R_2 - I_5 R_5.$$

Tragen Sie alle Zweigströme so ein, daß die vorstehenden Gleichungen gelten!

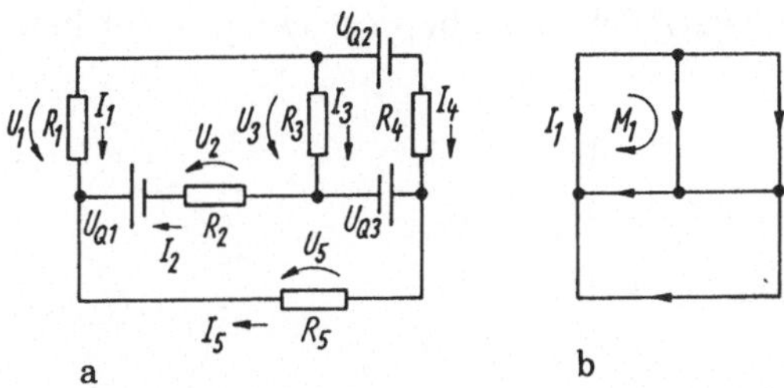

a   b   Bild 3.1/11

Lösung:

Wir beginnen mit dem Umlauf in einer Masche, z.B. M_1: Spannungsabfälle in Umlaufrichtung haben positives Vorzeichen. Mit der üblichen U-I-Relation am Widerstand ($U = RI$) liegt dann $I_1 R_1$ in Umlaufrichtung, aber $I_2 R_2$ und $I_3 R_3$ entgegengesetzt orientiert. Ganz analog ergeben sich die beiden übrigen Maschen (Bild 3.1/11b). Eine Kontrolle ist durch Aufstellung der Knotenpunktgleichungen möglich.

Aufgabe 3.1/12 Kirchhoffsche Gleichungen, verkürzte Form

a) Auf die Schaltung Bild 3.1/12 wende man die Kirchhoffschen Gleichungen an und bestimme die Spannung U_x allgemein.

b) Welche Spannung stellt sich für $R_1 = R_2 = R_3 = R_4 = R_5 = 1\,\mathrm{k\Omega}$, $U_{Q1} = 10\,\mathrm{V}$, $U_{Q2} = 20\,\mathrm{V}$, $U_{Q3} = 30\,\mathrm{V}$ ein?

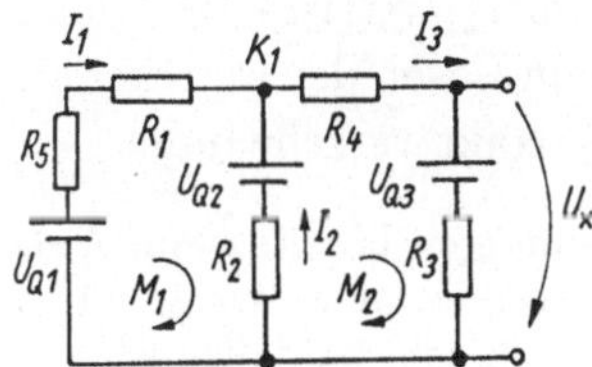

Bild 3.1/12

Lösung:

a) Nach Vorbereitung des Netzwerkes (Knotenbezeichnung, Einführung von Zweigströmen $I_1 \ldots I_3$ in willkürlicher Richtung, Zweigfestlegung) ergeben sich: $z' = 3$ (wesentliche) Zweige, $k' = 2$ (wesentliche) Knoten, $m = z' - (k' - 1) = 2$ unabhängige Maschengleichungen. Wir wählen die Ströme als Unbekannte, berechnen I_3 und damit $U_x = U_{Q3} + I_3 R_3$. Es gelten:

$$\text{Knotengleichung:} \quad \mathrm{K}_1: \quad I_1 + I_2 = I_3$$
$$\text{Maschengleichung:} \quad \mathrm{M}_1 \circlearrowleft: \quad U_{Q2} - I_2 R_2 + I_1 R_1 - U_{Q1} + I_1 R_5 = 0$$
$$\mathrm{M}_2 \circlearrowleft: \quad U_{Q3} + I_3 R_3 + I_2 R_2 - U_{Q2} + I_3 R_4 = 0.$$

Bemerkung: Hier wurden die drei Zweigbeziehungen

$$z_1': \quad U_1 = U_{Q1} - I_1(R_1 + R_5)$$
$$z_2': \quad U_2 = U_{Q2} - I_2 R_2$$
$$z_3': \quad U_3 = U_{Q3} + I_3(R_4 + R_3) \quad \text{(Richtung beachten!)},$$

bereits beim Aufstellen der Maschengleichungen berücksichtigt. Geordnet nach den Unbekannten folgt:

$$K_1: \qquad I_1 + I_2 - I_3 \qquad\quad = 0$$
$$M_1\circlearrowleft: \quad (R_1 + R_5)I_1 - R_2I_2 + 0 \quad = U_{Q1} - U_{Q2}$$
$$M_2\circlearrowleft: \quad 0 + R_2I_2 + (R_3 + R_4)I_3 \quad = U_{Q2} - U_{Q3}$$

oder in Matrixform

$$\begin{pmatrix} 1 & 1 & -1 \\ R_1 + R_5 & -R_2 & 0 \\ 0 & R_2 & R_3 + R_4 \end{pmatrix} \cdot \begin{pmatrix} I_1 \\ I_2 \\ I_3 \end{pmatrix} = \begin{pmatrix} 0 \\ U_{Q1} - U_{Q2} \\ U_{Q2} - U_{Q3} \end{pmatrix}.$$

Die Lösung nach I_3 liefert:

$$I_3 = \frac{\det \begin{pmatrix} 1 & 1 & 0 \\ R_1 + R_5 & -R_2 & U_{Q1} - U_{Q2} \\ 0 & R_2 & U_{Q2} - U_{Q3} \end{pmatrix}}{\det \begin{pmatrix} 1 & 1 & -1 \\ R_1 + R_5 & -R_2 & 0 \\ 0 & R_2 & R_3 + R_4 \end{pmatrix}}.$$

Mit $U_x = U_{Q3} + I_3R_3$ ist die Aufgabe damit prinzipiell gelöst.

b) Für die angegebenen Zahlenwerte ergibt sich $I_1 = -5\,\mathrm{mA}$, $I_2 = 1,67 \cdot 10^{-12}\,\mathrm{mA}$, $I_3 = -5\,\mathrm{mA}$ sowie $U_x = U_{Q3} + I_3R_3 = (30 - 5)\,\mathrm{V} = 25\,\mathrm{V}$. Das hier trotz gleicher Ströme $I_1 = I_3$ noch ein Strom $I_2 = 1,67 \cdot 10^{-12}\,\mathrm{mA}$ auftritt,ist auf die Taschenrechnergenauigkeit beim Lösen der Matrixgleichung zurückzuführen, man kann zeigen, daß I_2 exakt verschwindet.

Diskussion: Wir haben durch Einbezug der Zweigbeziehungen bereits beim Aufstellen der KHG die Hälfte der Gleichungen eingespart, so daß für z-Zweige nur z Unbekannte auftreten. Bei der zahlenmäßigen Rechnung lohnt sehr bald die rechnergestützte Auswertung, doch beweist das Beispiel, daß stets eine Kritik der Ergebnisse folgen sollte. Der Nachweis, daß der Strom I_2 exakt verschwindet, läßt sich mit dem Maschenstromverfahren führen.

Aufgabe 3.1/13 Kirchhoffsche Gleichungen

Geben Sie für jede Schaltung Bild 3.1/13a...c an:

a) Zahl der Zweige und Knoten,
b) Zahl der unabhängigen Knoten- und Maschengleichungen.
c) Stellen Sie die notwendigen Gleichungen zur Berechnung der Zweigspannungen auf (nur Ansatz, keine Lösung)!

Lösung:

a) Wir erhalten für die jeweiligen Schaltungen als Zweigzahl z (wesentliche Zweigzahl z') und Zahl k (bzw. k', wesentliche Knoten):
Schaltung a) $z' = 3$, $k' = 2$ resp. $z = 5$, $k = 4$, $m = 2$

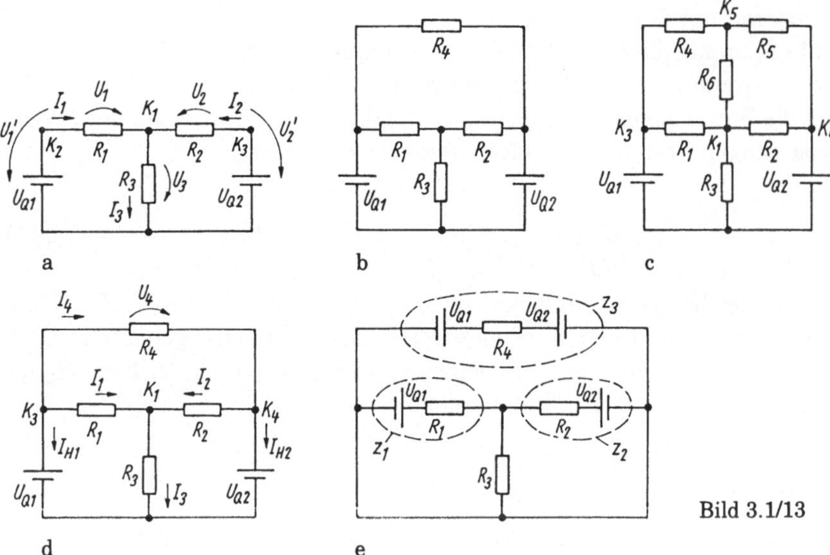

Bild 3.1/13

Schaltung b) $z = 6$, $k = 4$, $m = 3$
Schaltung c) $z = 8$, $k = 5$, $m = 4$.

b) Die Zahl unabhängiger Knoten- und Maschengleichungen betragen jeweils

	Knotengleichungen	Maschengleichungen
Schaltung a)	1 (wesentl.)	2
Schaltung b)	3	3
Schaltung c)	4	4.

Verwendet werden gleichzeitig die U-I-Beziehungen der Netzwerkelemente.

c) Für Schaltung a ergeben sich nach Einführung der Strom-Spannungsrichtungen (Bild 3.1/13d):
unabhängige Maschengleichungen

$$\mathrm{M_1}\circlearrowleft: \qquad U_{Q1} - U_1 - U_3 = 0$$

$$\mathrm{M_2}\circlearrowleft: \qquad U_{Q1} - U_{Q2} - U_1 + U_2 = 0, \tag{1}$$

unabhängige Knotengleichung:

$$\mathrm{K_1}: \quad I_1 + I_2 = I_3, \tag{2}$$

(Knotengleichungen $\mathrm{K_2}$, $\mathrm{K_3}$ an idealen Spannungsquellen entfallen, da I_1 resp. I_2 zugleich durch die Quelle fließt.)
NWE-Beziehungen:

$$U_1 = I_1 R_1, \ \ U_2 = I_2 R_2, \ \ U_3 = I_3 R_3. \tag{3}$$

Das sind 6 Gleichungen zur Bestimmung der Unbekannten $U_1 \dots U_3$, $I_1 \dots I_3$. Sie lassen sich durch Einsetzen der Netzwerkelementbeziehungen

reduzieren auf drei für entweder
- die Spannungen $U_1 \ldots U_3$ (Zweigspannungsverfahren) oder
- die Ströme $I_1 \ldots I_3$ (Zweigstromverfahren).

Für die Spannungen (Eliminieren der Ströme durch Einsetzen der NWE-Beziehungen in die Knotengleichung) wird daraus

$$
\begin{aligned}
-U_1 & & - & U_3 & = & -U_{Q1} \\
-U_1 & + & U_2 & & = & U_{Q2} - U_{Q1} \\
U_1/R_1 & + & U_2/R_2 & - U_3/R_3 & = & 0.
\end{aligned}
\tag{4}
$$

Dieses Gleichungssystem läßt sich nach den Unbekannten $U_1 \ldots U_3$ lösen. Damit sind auch die Ströme bestimmt. Zum Vergleich geben wir noch die Beziehungen an, wenn die beiden Quellen mit jeweils R_1 bzw. R_2 als wesentliche Zweige aufgefaßt werden:

Knotengleichung

$$
\mathrm{K}_1 : I_1 + I_2 = I_3,
\tag{5}
$$

unabhängige Maschengleichungen

$$
\begin{aligned}
\mathrm{M}_1 \circlearrowleft : \quad U_1' - U_3 &= 0 \\
\mathrm{M}_2 \circlearrowleft : \quad U_2' - U_3 &= 0,
\end{aligned}
\tag{6}
$$

Zweigbeziehungen:

$$
\begin{aligned}
U_3 &= I_3 R_3 \\
U_1' &= U_{Q1} - I_1 R_1 \\
U_2' &= U_{Q2} - I_2 R_2
\end{aligned}
\tag{7}
$$

Unbekannt: $I_1 \ldots I_3, U_3, U_1', U_2' \rightarrow 2z = 6$ Gleichungen.

Einsetzen der Zweigbeziehungen führt auf $z = 3$ Gleichungen für $I_1 \ldots I_3$. (Gleichungen können mit den Zweigbeziehungen (3) auch auf die Form (4) gebracht werden.)

Ergebnis. Ansatz der realen Spannungsquelle als ein Zweig (dto. Reihenschaltung von Widerständen) und Berücksichtigung der Zweigbeziehungen schon beim Aufstellen der Gleichungen vereinfacht den Aufwand erheblich.

In Schaltung Bild 3.1/13b tritt gegenüber Schaltung a) ein weiterer Zweig R_4 auf und damit I_4, U_4 als weitere Unbekannte, gleichzeitig lassen sich die idealen Quellen nicht über Innenwiderstände in reale Quellen umformen (später werden wir allerdings sehen, daß dies mit dem Quellenversetzungssatz hier möglich wäre.) Aus der Schaltung folgt, daß R_4 keinen Einfluß auf die Ströme durch R_1, R_2, R_3 haben kann, denn als Verbindungszweig zweier Quellen liegt I_4 durch $(U_{Q1} - U_{Q2})/R_4$ fest. (Hätten U_{Q1}, U_{Q2} Innenwiderstände, würde das nicht gelten!)

Dennoch wollen wir formal vorgehen: es gibt $z = 6$ Zweige, $k = 4$ Knoten und $m = z - (k - 1) = 3$ unabhängige Maschen, also $2z$ unbekannte Zweiggrößen. Weiter existieren: 4 Zweigbeziehungen für die Widerstände $R_1 \ldots R_4$ und 2 Zweigbeziehungen für die beiden idealen Quellen $U_1' = U_{Q1}, U_2' = U_{Q2}$ (I beliebig). Dadurch reduziert sich die Zahl der unbekannten Zweiggrößen auf 6, z.B. die Ströme $I_1 \ldots I_4$ und die beiden Ströme I_{H1}, I_{H2} durch die Quellen (Bild 3.1/13d). So verbleiben: 3 Knotengleichungen

$$
\begin{aligned}
&\mathrm{K}_1: \quad I_1 + I_2 = I_3 \qquad \text{s. Gl.(5)} \\
&\mathrm{K}_3: \quad I_1 + I_4 + I_{\mathrm{H1}} = 0 \\
&\mathrm{K}_4: \quad I_4 = I_2 + I_{\mathrm{H2}}.
\end{aligned}
\tag{8}
$$

Die Maschengleichungen mit eingesetzten Strömen lauten

$$
\begin{aligned}
&\mathrm{M}_1\circlearrowleft: I_1 R_1 + I_3 R_3 - U_{\mathrm{Q1}} = 0 \\
&\mathrm{M}_2\circlearrowleft: -I_2 R_2 + U_{\mathrm{Q2}} - I_3 R_3 = 0 \\
&\mathrm{M}_3\circlearrowleft: I_4 R_4 + U_{\mathrm{Q2}} - U_{\mathrm{Q1}} = 0.
\end{aligned}
\tag{9}
$$

Aus der letzten Gleichung folgt sofort die Lösung für I_4, so daß nur noch 5 Unbekannte $I_1 \ldots I_3$, I_{H1}, I_{H2} zu lösen sind. Wir gehen noch einen Schritt weiter: Die eingeführten Quellenströme I_{H1}, I_{H2} fungieren als Hilfsgrößen, denn durch die Quelle kann ein beliebiger Strom fließen, eben so, daß K_3, K_4 jeweils erfüllt sind. Da sie nur in den Knoten unmittelbar an den Quellen auftreten (und I_4 unabhängig durch $I_1 \ldots I_3$ bestimmt ist), tragen sie nicht zur Bestimmung von I_1, I_2 bei, m.a.W. kann auf die Knotengleichungen K_3, K_4 überhaupt verzichtet werden: es handelt sich um Knoten an idealen Quellen. Damit werden die Ströme $I_1 \ldots I_3$ ausschließlich durch die Gleichungen K_1, M_1, M_2 bestimmt, also das gleiche System wie in Schaltung a) (z.B. in Matrixform)

$$
\begin{pmatrix} 1 & 1 & -1 \\ R_1 & 0 & R_3 \\ 0 & -R_2 & -R_3 \end{pmatrix} \cdot \begin{pmatrix} I_1 \\ I_2 \\ I_3 \end{pmatrix} = \begin{pmatrix} 0 \\ U_{\mathrm{Q1}} \\ -U_{\mathrm{Q2}} \end{pmatrix}.
\tag{10}
$$

Beispielsweise ergeben sich für $U_{\mathrm{Q1}} = 10\,\mathrm{V}$, $U_{\mathrm{Q2}} = 20\,\mathrm{V}$, $R_1 = 1\,\mathrm{k\Omega}$, $R_2 = 2\,\mathrm{k\Omega}$, $R_3 = 4\,\mathrm{k\Omega}$ ($R_4 = 2\,\mathrm{k\Omega}$), die Lösungen $I_1 = -1,43\,\mathrm{mA}$, $I_2 = 4,28\,\mathrm{mA}$; $I_3 = 2,85\,\mathrm{mA}$, dazu kommt $I_4 = -5\,\mathrm{mA}$. Löst man das aus den Gleichungen K_1, K_3, K_4, M_1, M_2 hervorgehende Gleichungssystem für $I_1 \ldots I_3$, I_{H1}, I_{H2} (5×5 Matrix) für die gleichen Werte, so ergeben sich $I_1 \ldots I_3$ unverändert, dazu kommen $I_{\mathrm{H1}} = -I_4 - I_1 = 6,43\,\mathrm{mA}$, $I_{\mathrm{H2}} = I_4 - I_2 = -9,28\,\mathrm{mA}$. Die beiden letzte Werte ergeben sich auch mit den Lösungen von $I_1 \ldots I_3$, durch nachträgliche Berechnung über K_3, K_4. Zusammengefaßt bestätigt sich das bereits festgestellte Ergebnis: Knotengleichungen für Knoten unmittelbar an idealen Spannungsquellen brauchen in den KHG nicht berücksichtigt zu werden, auch entfällt damit die Einführung eines Hilfsstromes durch die jeweilige Quelle!

Damit verlieren die idealen Spannungsquellen allerdings auch ihren Zweigcharakter und die Zahl der Zweige beträgt insgesamt nur 4: So gibt es neben $z = 4$ (nämlich über R_1, R_2, R_3, R_4) noch 2 Knoten (K_1, K_2) (K_3, K_4 zählen nicht!) und damit $m = 3$ unabhängige Maschengleichungen (M_1, M_2, M_3, s.o.) und die Knotengleichung K_1.

Formal verhalten sich die idealen Spannungsquellen U_{Q1}, U_{Q2} so, als ob sie in einem "Superknoten" enthalten wären, der wohl die Knotenbilanz automatisch erfüllt, aber zwischen seinen Klemmen eine Spannung zuläßt. (Wir kommen auf dieses Konzept später zurück.)

Übrigens läßt sich die eben erwähnte Zahl von 4 Zweigen auch anders bestätigen: Wir schieben die Quellen "durch die Knoten K_3, K_4 hindurch" (Bild 3.1/13e). Dann müssen in jedem Zweig nach dem Knoten die gleichen Quellen eingeführt werden (Der Maschensatz bleibt damit erhalten!) Durch Zusammenfassen mit den Längswiderständen liegen reale Spannungsquellen vor: die Schaltung hat nur noch zwei Knoten und 4 Zweige.

In Schaltung Bild 3.1/13c schließlich mit einem weiteren Knoten K_5 (und einer Verbindung zu K_1) gibt es (nach den eben gewonnenen Erkenntnissen unter Weglassen der durch die idealen Spannungsquellen gebildeten Knoten und Zweige) insgesamt $z = 6$ Zweige (nämlich durch $R_1 \ldots R_6$), $k = 3$ Knoten (K_2, K_1, K_5) und damit $m = 4$ unabhängige Maschengleichungen z.B. für die 6 Zweigströme durch $R_1 \ldots R_6$ als Unbekannte. Das könnte z.B. sein die Maschen U_{Q1}, R_1, R_3; U_{Q2}, R_2, R_3; U_{Q1}, R_4, R_6, R_3; U_{Q2}, R_5, R_6, R_3. Stets tritt dabei eine neue Unbekannte (z.B. I_1 durch R_1, I_2 durch R_2 usw.) hinzu. Damit lassen sich die 6 Kirchhoffschen Gleichungen aufstellen und für eine konkret gegebene Schaltung numerisch lösen (eine allgemeine Lösung wäre hier nicht mehr sinnvoll).

Aufgabe 3.1/14 Kirchhoffsche Gleichungen, Zweigcharakter der idealen Stromquelle

Oft liest man, daß eine ideale Stromquelle keinen Zweig bildet und damit zur Zweigzahl nicht beiträgt. Wir wollen dies näher untersuchen.

a) Wieviele Zweige und Knoten hat die Schaltung Bild 3.1/14a?
b) Stellen Sie die reduzierten KHG auf.
c) Lösen Sie die Gleichung für I_3.
d) Führen Sie die gleiche Betrachtung durch, wenn I_Q nicht als Zweig gezählt wird.
e) Stellen Sie mit den Ergebnissen nach d) die KHG für die Schaltung Bild 3.1/14b auf und bestimmen Sie die Spannung U_2.

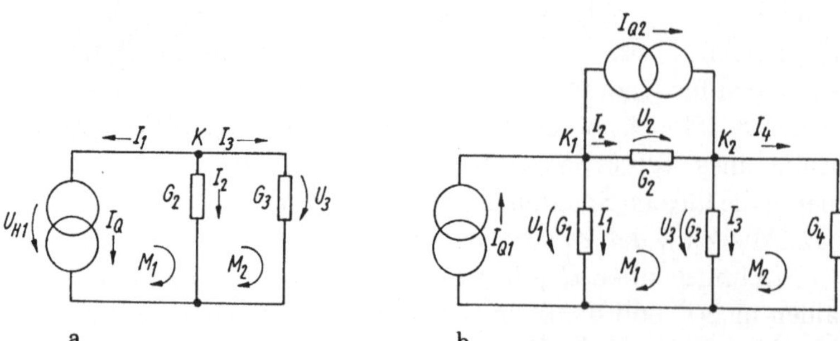

a   b   Bild 3.1/14

Lösung:

a) Wir setzen die ideale Stromquelle zunächst als Zweigbeziehung (U_{H1}, I_1) an und erhalten für die Schaltung $z = 3$ Zweige, $k = 2$ Knoten und $m = z - (k - 1) = 2$ unabhängige Maschen: Maschengleichungen

$$M_1 \circlearrowleft : \quad U_2 - U_{H1} = 0$$
$$M_2 \circlearrowleft : \quad U_3 - U_2 = 0,$$

Knotengleichung

$$K : \quad I_1 + I_2 + I_3 = 0,$$

NWE-Beziehungen: $I_1 = -I_Q$, Hilfsspannung U_{H1} beliebig $I_2 = G_2 U_2$, $I_3 = G_3 U_3$.

Für die $2z = 6$ Unbekannten stehen somit drei KHG und drei Zweigbeziehungen zur Verfügung. Da $I_1 = -I_Q$ als Quellenstrom bekannt ist, reduziert sich die Zahl der Unbekannten um eine, m.a.W. kann eine Gleichung entfallen, nämlich $M_1 \circlearrowleft$, weil sich Spannung U_{H1} über einer idealen Stromquelle einstellt und damit $M_1 \circlearrowleft$ automatisch erfüllt ist. Dies bedeutet Wegfall der idealen Quelle als Zweig!

b) Die reduzierten KHG (mit z Unbekannten) ergeben sich durch Einarbeiten der NWE-Beziehungen in Knoten- und Maschensätze, z.B.

$$M_1 \circlearrowleft : \quad R_2 I_2 - U_{H1} = 0 \qquad\qquad K : -I_Q + I_2 + I_3 = 0.$$
$$M_2 \circlearrowleft : \quad R_3 I_3 - R_2 I_2 = 0$$

Das sind $z = 3$ Gleichungen für die Unbekannten I_2, I_3, U_{H1}. Wir erhalten als Gleichungssystem:

$$I_2 + I_3 = I_Q, \quad R_2 I_2 - U_{H1} = 0, \quad -R_2 I_2 + R_3 I_3 = 0.$$

c) Die Lösung für I_3 lautet:

$$I_3 = \frac{I_Q R_2}{R_2 + R_3} = \frac{I_Q G_3}{G_2 + G_3}$$

(Stromteilerregel). Auch I_2 hängt nur von I_Q ab, nicht aber von der Hilfsspannung U_{H1} über der idealen Stromquelle, m.a.W. ist die Maschengleichung M_1 überflüssig! (Bei einer idealen Spannungsquelle wäre der Hilfsstrom I_H durch die Quelle überflüssig).

d) Wir betrachten jetzt die ideale Stromquelle als "offenen Zweig" und erhalten damit für die gleiche Schaltung: $z = 2$, $k = 2$ (unverändert!) und $m = 1$:

Maschengleichung

$$M_2 \circlearrowleft : \quad U_3 - U_2 = 0$$

Knotengleichung

$$I_Q - I_2 - I_3 = 0$$

NWE-Beziehungen: $I_2 = G_2 U_2$, $I_3 = G_3 U_3$.
Das sind vier $(2z)$-Gleichungen für die vier Unbekannten U_2, U_3, I_2, I_3. Berücksichtigung der NWE-Beziehungen bereits in den KHG, z.B. im

Knotensatz ($\rightarrow$ reduzierte KHG) führt auf

$$M_2\circlearrowleft : U_3 - U_2 = 0; \quad K : I_Q - G_2U_2 - G_3U_3 = 0.$$

Das sind $z = 2$ Gleichungen für die beiden Unbekannten U_2, U_3.
Die Einführung der idealen Stromquelle als offenen Zweig, der nicht zur
Zweigzahl beiträgt, eliminiert automatisch die mit der Quelle sonst ein-
zuführende Zweispannung U_H und damit eine unabhängige Maschengleichung: Reduktion der Zahl der Unbekannten. Das Verfahren ist also
zulässig (doch sollte man immer diesen Hintergrund bedenken!). Wir werden diesen Gedanken später bei der sog. Supermasche aufgreifen.

e) Die Schaltung (Bild 3.1/14b) hat $z = 4$ Zweige (die Stromquellen zählen
als offene Zweige nicht) und $k = 3$ Knoten, also gibt es 2 unabhängige
Maschengleichungen:

$$\begin{aligned}
K_1 : &\quad I_{Q1} = I_1 + I_{Q2} + I_2 \qquad & M_1\circlearrowleft : &\quad U_2 + U_3 - U_1 = 0 \\
K_2 : &\quad I_{Q2} + I_2 = I_3 + I_4 \qquad & M_2\circlearrowleft : &\quad U_4 - U_3 = 0
\end{aligned}$$

Zweigbeziehungen: $I_1 = G_1U_1$, $I_2 = G_2U_2$, $I_3 = G_3U_3$, $I_4 = G_4U_4$.
Somit gibt es $2z = 8$ Gleichungen für die Unbekannten $I_1 \ldots I_4$, $U_1 \ldots U_4$.
Zu den reduzierten KHG kommen wir durch Einsetzen der NWE-Bezieh-
ungen in die Knotengleichungen, weil eine Spannung (U_2) gesucht ist
(wäre der Strom gesucht, würden wir die Spannungen in den Maschengleichungen durch Ströme ausdrücken) Ergebnis (geordnet):

$$\begin{aligned}
K_1 : &\quad G_1U_1 + G_2U_2 &= I_{Q1} - I_{Q2} \\
K_2 : &\quad -G_2U_2 + G_3U_3 + G_4U_4 &= I_{Q2} \\
M_1\circlearrowleft : &\quad -U_1 + U_2 + U_3 &= 0 \\
M_2\circlearrowleft : &\quad U_3 - U_4 &= 0.
\end{aligned} \qquad (1)$$

Es hätte sich sofort in dieser Form ergeben, wenn beim Aufstellen der
Knotengleichungen statt der Ströme $I_1 \ldots$, die NWE-Beziehungen ver-
wendet worden wären. Grundsätzlich kann Gl.(1) gelöst werden; eine
Vereinfachung ergibt sich durch $U_3 = U_4$ (Wegfall von M_2):

$$\begin{aligned}
K_1 : &\quad G_1U_1 + G_2U_2 &= -I_{Q2} + I_{Q1} \\
K_2 : &\quad -G_2U_2 + (G_3 + G_4)U_3 &= I_{Q2} \\
M_1\circlearrowleft : &\quad -U_1 + U_2 + U_3 &= 0.
\end{aligned}$$

Die Lösung für U_2 ist leicht möglich, sie lautet

$$U_2 = \frac{-I_{Q2}G_1 - (I_{Q2} - I_{Q1})(G_3 + G_4)}{(G_2 + G_3 + G_4)G_1 + G_2(G_3 + G_4)}.$$

Von der Richtigkeit überzeugt man sich durch Betrachtung von Grenz-
fällen, z.B. $I_{Q2} = 0 \rightarrow$ Spannungs-/Stromteilerregel für G_2, $I_{Q1} = 0$ dto.;
Kompensation $U_2 = 0$ für $I_{Q1}(G_3 + G_4) = I_{Q2}(G_1 + G_3 + G_4)$.
Werden die Stromquellen in Spannungsquellen (U_{Q1}, U_{Q2}) umgewandelt,

so bedeutet Kompensation $U_{Q2} = I_2R_2$ mit $I_2 = \dfrac{U_{Q1} + U_{Q2}}{R_1 + R_2 + R_3 \parallel R_4}$.

Genau das ist die angegebene Kompensationsbedingung.

Diskussion: Die Einführung der idealen Stromquelle als "offenen Zweig" und damit Wegfall der zugehörigen Maschengleichung mit der Stromquelle vereinfacht die Aufstellung der KHG beträchtlich. Das Problem tritt prinzipiell nicht auf bei einem Analyseverfahren, das auf Maschengleichungen verzichtet: die Knotenspannungsanalyse.

3.2 Netzwerktheoreme

Aufgabe 3.2/1 Überlagerungssatz

a) Bestimmen Sie für Schaltung Bild 3.2/1a die Spannung U_2 mit dem Überlagerungssatz. Es soll zunächst nur U_{Q1}, dann nur U_{Q2} wirken. Veranschaulichen Sie Ihr Vorgehen, indem Sie zu jeder Teillösung eine getrennte Schaltung zeichnen. Ist die Anwendung des Überlagerungssatzes hier erforderlich? Bestimmen Sie die Leistungsanteile in R_2 herrührend von U_{Q1}, U_{Q2}. Gilt der Überlagerungssatz für die Leistungen?

b) Bestimmen Sie jeweils für die Schaltungen Bild 3.2/1b1-b3 die Spannung U (Größe, Richtung) über dem Widerstand R ($U_{Q1} = 4\,\text{V}$, $I_{Q2} = 1\,\text{A}$, $R = 2\,\Omega$, $R_1 = 1\,\Omega$)!

c) Jemand wendet den Überlagerungssatz wie folgt an: In der Schaltung Bild 3.2/1c1 fließt der Strom I_2' durch R_2, in der Schaltung Bild 3.2/1c2 der Strom I_2''. Die Überlagerung beider Schaltungen zur Schaltung Bild 3.2/1c3 führt auf den Strom $I_2 = I_2' + I_2''$. Was ist an dieser Betrachtungsart falsch? Welcher Strom fließt tatsächlich durch R_2?

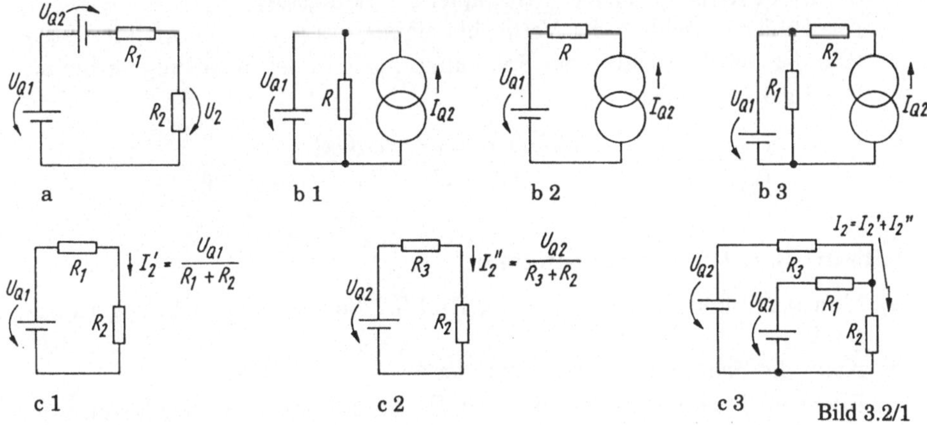

a   b 1   b 2   b 3

c 1   c 2   c 3   Bild 3.2/1

Hinweis: Man arbeite die Lösungsmethodik "Überlagerungssatz" durch.

Lösung:

a) Es gilt für die Spannung U_2

- U_2' nur von U_{Q1} herrührend (U_{Q2} kurzgeschlossen)

$$U_2' = U_{Q1}\frac{R_2}{R_1 + R_2}$$

- U_2'' nur von U_{Q2} herrührend (U_{Q1} kurzgeschlossen)

$$U_2'' = U_{Q2} \frac{R_2}{R_1 + R_2}.$$

Gesamtwirkung (auf Richtung der Teilwirkungen achten)

$$U_2 = \frac{U_{Q1} R_2 - U_{Q2} R_2}{R_1 + R_2} = \frac{U_{Q1} - U_{Q2}}{R_1 + R_2} R_2.$$

Das Ergebnis hätte auch durch Zusammenfassen der Spannungsquellen ($\rightarrow U_{Q1} - U_{Q2} = U_{Qers}$) ohne Überlagerungssatz bestimmt werden können.

Leistungen:

- von $U_{Q1} \rightarrow P' = U_2'^2 / R_2$
- von $U_{Q2} \rightarrow P'' = U_2''^2 / R_2$
- Gesamtleistung

$$P_{ges} = P' + P'' = \frac{1}{R_2} \frac{R_2^2}{(R_1 + R_2)^2} \left(U_{Q1}^2 + U_{Q2}^2\right)$$

$$\neq \frac{1}{R_2} \frac{R_2^2}{(R_1 + R_2)^2} \left(U_{Q1} - U_{Q2}\right)^2 !$$

Überlagerungssatz gilt nicht für die Leistungen!

b) Schaltung Bild 3.2/1b1. Spannung U hängt nicht von I_{Q2} ab, da durch ideale Spannungsquelle bestimmt: $U = U_{Q1} = 4\,\text{V}$. (Prüfen Sie das Ergebnis überlegungsmäßig.)

Schaltung Bild 3.2/1b2. Spannung $U = I_{Q2} R = 2\,\text{V}$ nur durch I_{Q2} bestimmt (für U_{Q1} wirkt die Spannungsquelle wie Leerlauf).

Schaltung Bild 3.2/1b3. Spannung nur durch U_{Q1} bestimmt (vgl.3.2/1 b1, R_2 in Reihe zu idealer Stromquelle wirkungslos).

c) Der Fehler besteht in der Vernachlässigung des jeweiligen Spannungsteilers, der bei Kurzschluß der Spannungsquelle in der Schaltung verbleibt. Richtiges Ergebnis:

$$I = \frac{(I_{Q1} + I_{Q2}) G_2}{G_1 + G_2 + G_3} = \frac{G_2 \left(U_{Q1} G_1 + U_{Q2} G_3\right)}{G_1 + G_2 + G_3}.$$

Aufgabe 3.2/2 Überlagerungssatz

a) Man bestimme die Spannung U_3 Bild 3.2/2a nach dem Überlagerungssatz!

b) Kann die Spannung U_3 verschwinden?

c) Fließt im Falle b) ein Strom durch R_3, könnte $R_3 \rightarrow \infty$ zugelassen werden?

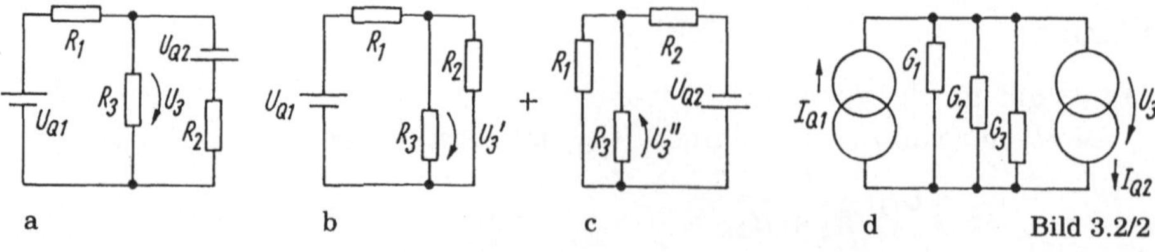

Bild 3.2/2

d) Bestimmen Sie die Teilgrößen U_3', U_3'' und U_3 für $U_{Q1} = 10\,\text{V}$, $U_{Q2} = 20\,\text{V}$, $R_1 = 100\,\Omega$, $R_3 = 500\,\Omega$, $R_2 = 1\,\text{k}\Omega$.

e) Der Widerstand R_3 werde durch eine Halbleiterdiode D (wie angegeben) ersetzt (Kennlinie Gl.(I/2.63), $I_S = 1\,\text{nA}$, $U_T = 25\,\text{mV}$). Kann der Überlagerungssatz angewendet werden?

Hinweis: Nach der Lösungsmethodik I/Abschn. 2.4.4.2 ergibt sich die gesuchte Größe (U_3) durch vorzeichenbehaftete Addition (Überlagerung) der Teilwirkungen als Funktion der einzelnen Teilursachen, dabei sind nicht wirkende ideale Spannungsquellen durch Kurzschluß, ideale Stromquellen durch Leerlauf (Auftrennen) zu ersetzen.

Lösung:

a) Nach der Lösungsmethodik ist wie folgt zu verfahren:
- nur U_{Q1} wirkend (U_{Q2} vorübergehend kurzgeschlossen) $\rightarrow U_3'$. Dann gilt die Schaltung Bild 3.2/2b. Die Teilspannung U_3' folgt über die Spannungsteilerregel zu

$$U_3' = \frac{U_{Q1}(R_2 \parallel R_3)}{R_1 + (R_2 \parallel R_3)} = \frac{U_{Q1}}{R_1}\frac{1}{G_1 + G_2 + G_3}.$$

- nur U_{Q2} wirkend (U_{Q1} vorrübergehend kurzgeschlossen) $\rightarrow U_3''$. Es gilt Schaltung Bild 3.2/2c. Bestimmung von U_3'' nach Spannungsteilerregel

$$U_3'' = \frac{U_{Q2}(R_1 \parallel R_3)}{R_2 + (R_1 \parallel R_3)} = \frac{U_{Q2}}{R_2}\frac{1}{G_1 + G_2 + G_3}.$$

- Überlagerung der Teilwirkungen U_3', U_3'' (unter Beachtung der Richtungen!) ergibt

$$U_3 = U_3' - U_3''$$
$$U_3 = \frac{U_{Q1}(R_2 \parallel R_3)}{R_1 + (R_2 \parallel R_3)} - \frac{U_{Q2}(R_1 \parallel R_3)}{R_2 + (R_1 \parallel R_3)} = \frac{I_{Q1} - I_{Q2}}{G_1 + G_2 + G_3}.$$

Diese letzte Form hätte sich sofort ergeben, wäre die Ausgangsschaltung in die Stromquellenform umgewandelt worden (Bild 3.2/ 2d). Dann fließt der gesamte Quellenstrom $I_{Q1} - I_{Q2}$ durch den Leitwert $G_1 + G_2 + G_3$ und erzeugt dort die Spannung U_3.

b) Die Spannung U_3 verschwindet für $I_{Q1} = I_{Q2}$ oder

$$\frac{U_{Q1}}{R_1} = \frac{U_{Q2}}{R_2},$$

wenn sich also die Spannungen U_{Q1}/U_{Q2} wie die Teilwiderstände R_1/R_2 verhalten.

c) Für $U_3 \rightarrow 0$ verschwindet zwangsläufig auch der Strom $I_3 = U_3/R_3$, deshalb kann auch $R_3 \rightarrow \infty$ (d.h. $G_3 \rightarrow 0$) gewählt werden. Ein Zustand, bei dem die Spannung zwischen zwei Punkten verschwindet ohne daß Strom fließt (ein Kurzschlußbügel würde ebenso $U_3 \rightarrow 0$ erzwingen), heißt *Kompensation* oder virtueller Kurzschluß. Er spielt eine Rolle beim Operationsverstärker.

d) Die Zahlenwerte liefern:

$$U_3' = \frac{0,1\,\text{A}}{(10+1+2)\,\text{mS}} = 7,69\,\text{V}, \quad U_3'' = \frac{20\,\text{mA}}{13\,\text{mS}} = 1,54\,\text{V}$$

und damit $U_3 = U_3' - U_3'' = 6,15\,\text{V}$.

e) Der Überlagerungssatz gilt nur in linearen Netzwerken, also nicht für die Diodenschaltung (auch, wenn sie z.B. anstelle von R_1 benutzt würde!). (Prüfen Sie dies durch Berechnung der Ströme/Spannungen nach.)

Aufgabe 3.2/3 Überlagerungssatz. Netzwerk für DA-Umsetzer

Gegeben ist eine Kettenschaltung mit n Spannungsquellen gemäß Bild 3.2/3a, die alle einzeln eingeschaltet werden können. Wie setzt sich die Spannung U_A am Eingang aus den Einzelspannungen zusammen?

Hinweis: Man berechne die Teilwirkung jeder Spannung zu U_A nach dem Überlagerungssatz.

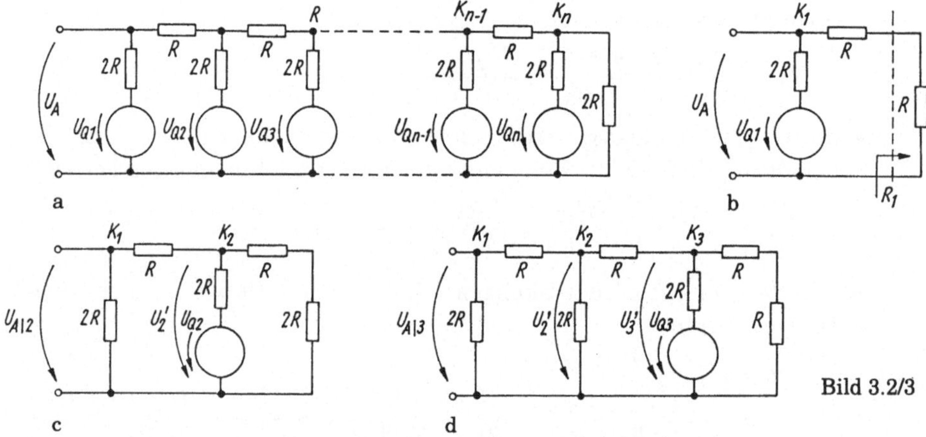

Bild 3.2/3

Lösung:

Wir beginnen mit der Spannung U_{Q1}, alle übrigen Quellen sind ausgeschaltet. Bild 3.2/3b zeigt die Anordnung. Zunächst wird überprüft, welcher Ersatzwiderstand R_1 wirkt. Vom rechten Abschluß der Kette beginnend liegt am Ausgang $2R \parallel 2R$, d.h. am Knoten K_n der Widerstand R nach Masse. Am Knoten K_{n-1} liegen wieder parallel der Widerstand $2R$ nach Masse und der Widerstand $R + R$, also wieder insgesamt R. Diese Situation setzt sich von Knoten zu Knoten fort. Deshalb beträgt $R_1 = R$ und die Spannung U_A herrührend von U_{Q1} beträgt (Spannungsteilerregel)

$$U_A|_1 = U_{Q1}\frac{2R}{2R+2R} = \frac{U_{Q1}}{2}. \tag{1}$$

Wirkt im nächsten Schritt nur die Spannung U_{Q2} (Bild 3.2/3c), so gelten zunächst

$$\frac{U_2'}{U_{Q2}} = \frac{2R \parallel 3R}{2R + 2R \parallel 3R} \quad \text{und wieder:} \quad \frac{U_{A|2}}{U_2'} = \frac{2R}{R+2R} = \frac{2}{3}.$$

Zusammengefaßt wird somit

$$\frac{U_{A|2}}{U_{Q2}} = \frac{2}{3}\frac{2R\,\|\,3R}{2R+2R\,\|\,3R} = \frac{4}{16} = \frac{1}{4}, \quad \text{also } U_{A|2} = \frac{U_{Q2}}{4} = \frac{U_{Q2}}{2^2}. \tag{2}$$

Für die Spannung U_{Q3} wird sinngemäß durch Mehrfachanwendung der Spannungsteilerregel (Bild 3.2/3d):

$$\frac{U_{A|3}}{U_2'} = \frac{2R}{2R+R} = \frac{2}{3}, \quad \frac{U_2'}{U_3'} = \frac{2R\,\|\,3R}{R+2R\,\|\,3R} = \frac{6}{11}$$

und schließlich

$$\frac{U_3'}{U_{Q3}} = \frac{R_{30}}{2R+R_{30}} = \frac{2\cdot 11}{2(21+11)} = \frac{11}{32} \quad \text{mit } R_{30} = 2R\,\|\,(R+2R\,\|\,3R)$$

Zusammengefaßt gilt:

$$\frac{U_{A|3}}{U_2'}\frac{U_2'}{U_3'}\frac{U_3'}{U_{Q3}} = \frac{U_{A|3}}{U_{Q3}} = \frac{2}{3}\frac{6}{11}\frac{11}{32} = \frac{1}{8}, \quad \text{also } U_{A|3} = \frac{U_{Q3}}{8} = \frac{U_{Q3}}{2^3}. \tag{3}$$

Durch Fortsetzen dieses Vorganges erkennt man allgemein

$$U_{A|n} = U_{Qn}/2^n. \tag{4}$$

Wirken gleichzeitig alle Quellen, so führt der Überlagerungssatz auf

$$U_A = \sum_n U_{A|n} = \sum_n U_{Qn}/2^n. \tag{5}$$

Jede Folgespannung hat somit nur den halben Einfluß der vorhergehenden Spannungsquelle.

Haben die Spannungen U_{Q1}, U_{Q2} entweder einen Wert 0 oder U, so kann die Folge U_{Q1}, U_{Q2} usw. als Dualzahl interpretiert werden. Dabei besitzt U_{Q1} den höchsten Stellenwert, U_{Q2} den zweithöchsten usw. Gilt beispielsweise $n = 3$ und $U = 8\,\mathrm{V}$, so hat die Ausgangsspannung, abhängig von U_{Q1}, $U_{Q2}\ldots$ folgende Werte:

U_{Q1}/V	U_{Q2}/V	U_{Q3}/V	U_A/V
0	0	0	0
0	0	8	1
0	8	0	2
0	8	8	3
8	0	0	4
8	0	8	5
8	8	0	6
8	8	8	7.

Die mehrstellige Dualzahl setzt sich aus den Werten der Quellenspannungen $U_{Q1}\ldots U_{Q3}$ zusammen, die Größe U_A ist der jeweils zugehörige Analogwert. Daher wirkt das Netzwerk als Digital-Analog-Umsetzer. Die Spannungsquellen $U_{Q1}\ldots U_{Q3}$ sind Digitalwerte (vorhanden oder nicht), U_A der Analogausgangswert.

Aufgabe 3.2/4 Versetzungssatz

Man zeige durch Anwendung des Versetzungssatzes die Gleichwertigkeit der im Bild 3.2/4a gegebenen Schaltung.

Hinweis: Der Zustand eines Netzwerkes ändert sich nicht, wenn zusätzliche ideale unabhängige Spannungsquellen so in eine Masche eingefügt werden, daß der Maschensatz erhalten bleibt. Gleichermaßen können ideale unabhängige Stromquellen über beliebige weitere Knoten geführt werden, ohne daß sich der Zustand ändert.

Lösung:

Bild 3.2/4a ergibt sich durch schrittweises Aufspalten des Widerstandes R in n Parallelzweige und Versetzung der Spannungsquelle. Deshalb gehen wir den umgekehrten Weg: Verschiebung der linken Spannungsquelle über Knoten K_1 und Zusammenfassen der Elemente (Bild 3.2/4b).

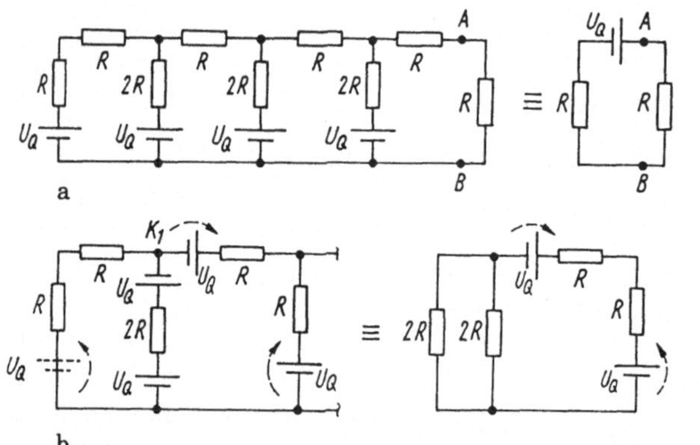

Bild 3.2/4

Aufgabe 3.2/5 Ähnlichkeitssatz

Gegeben ist die Schaltung Bild 3.2/5.

a) Man bestimme die Spannung U_6 mit dem Ähnlichkeitssatz:

b) Was würde mit U_6 bei Verdopplung aller Widerstandswerte geschehen? Prüfen Sie Ihre Antwort mit der Zweipoltheorie nach.

c) Es werde an Stelle 2 eine zweite Spannung U_{Q2} eingeführt (z.B. $U_{Q2} = 4\,\text{V}$). Wie groß ist U_6 (U_Q, U_{Q2})? Kann der Ähnlichkeitssatz zur Lösung verwendet werden?

d) Anstelle von U_{Q2} werde eine Halbleiterdiode (in Flußpolung) eingesetzt. Kann U_6 mit dem Ähnlichkeitssatz bestimmt werden?

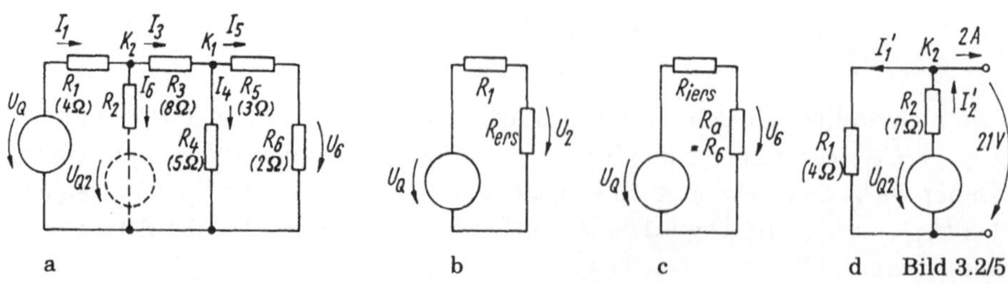

Bild 3.2/5

Hinweis: Der Ähnlichkeitssatz geht von einer angenommenen Lösung aus, ist auf lineare Netzwerke beschränkt und berechnet die erforderliche Quelle von der Lösung her.

Lösung:

a) Wir führen zunächst Zweiggrößen in die Schaltung ein und beginnen mit der Annahme von $U_6 = 2\,\text{V}$. Die schrittweise Berechnung ergibt:

$$
\begin{aligned}
I_5 &= U_6/R_6 = 2\,\text{V}/2\,\Omega = 1\,\text{A} \\
U_4 &= I_5 R_5 + U_6 = 1\,\text{A} \cdot 3\,\Omega + 2\,\text{V} = 5\,\text{V} \\
I_4 &= U_4/R_4 = 5\,\text{V}/5\,\Omega = 1\,\text{A}; \\
I_3 &= I_4 + I_5 = 1\,\text{A} + 1\,\text{A} = 2\,\text{A} \\
U_2 &= I_3 R_3 + U_4 = 2\,\text{A} \cdot 8\,\Omega + 5\,\text{V} = 21\,\text{V}; \\
I_2 &= U_2/R_2 = 21\,\text{V}/7\,\Omega = 3\,\text{A} \\
I_1 &= I_2 + I_3 = 2\,\text{A} + 3\,\text{A} = 5\,\text{A}; \\
U_Q &= I_1 R_1 + U_2 = 5\,\text{A} \cdot 4\,\Omega + 21\,\text{V} = 41\,\text{V}.
\end{aligned}
$$

Weil tatsächlich nur eine Quellenspannung $U_Q = 8\,\text{V}$ anliegt und $U_6 \sim U_Q$ gilt (lineares Netzwerk!), muß zutreffen:

$$
\frac{U_{6\text{richt}}}{U_6} = \frac{U_{Q\text{richt}}}{U_Q} \rightarrow U_{6\text{richt}} = U_6 \frac{U_{Q\text{richt}}}{U_Q} = 2\,\text{V}\,\frac{8\,\text{V}}{41\,\text{V}} = 0,390\,\text{V}.
$$

b) Nichts, U_6 würde seinen Wert behalten, denn Widerstandsverdopplung hätte Stromhalbierung zur Folge $\rightarrow RI = \text{const}$. Wir prüfen das anschaulich von der Quelle her: Die Teilspannung U_2 in bezug auf U_Q ist nur durch das Widerstands*verhältnis* bestimmt, nicht die Absolutwerte der Widerstände.

Jeder Widerstand möge um den Faktor m vergrößert werden. Dann gilt für den Ersatzwiderstand am Knoten (2)

$$
R_{\text{ers}} = R_2 \,\|\, (R_3 + (R_4 \,\|\, (R_5 + R_6))) . \tag{1}
$$

Wir setzen überall m-fach vergrößerte Werte an, z.B. $R_5 + R_6 \rightarrow mR_5 + mR_6 = m(R_5 + R_6)$, $R_4 \rightarrow mR_4$. Dann gilt

$$
R_4 \,\|\, (R_5 + R_6) \rightarrow mR_4 \,\|\, (R_5 + R_6) \tag{2}
$$

(Nachweis!) und mit somit insgesamt

$$
R_{\text{ers}} \rightarrow mR_{\text{ers}}.
$$

Damit gilt (Bild 3.2/5b)

$$
\frac{U_2}{U_Q} = \frac{R_{\text{ers}}}{R_1 + R_{\text{ers}}} \rightarrow \frac{mR_{\text{ers}}}{mR_1 + mR_{\text{ers}}}.
$$

Das Teilerverhältnis bleibt erwartungsgemäß erhalten. Wenn die Knotenspannung U_2 erhalten bleibt, gilt dies aus gleichen Gründen auch für U_4 und damit U_6.

Für die Anwendung der Zweipoltheorie fassen wir R_6 als Außenwiderstand R_a auf und erhalten mit der Spannungsteilerregel

$$\frac{U_6}{U_Q} = \frac{R_a}{R_{iers} + R_a} = \frac{mR_a}{mR_{iers} + mR_a} \quad \text{unverändert.}$$

(Die Vergrößerung von R_{iers} auf mR_{iers} läßt sich analog nachweisen.) Der Strom I_5 durch R_6 fällt jedoch auf den Wert I_5/m.

c) Die Antwort lautet: "Ja", wenn wir den Ähnlichkeitssatz mit dem Überlagerungsprinzip kombinieren:

- Wir setzen zunächst nur $U_{Q1} = U_Q$ in Betrieb und berechnen $U_6(U_{Q1})$. Dazu wird wie eben ein Wert U_6' angenommen, die zugehörige Spannung U_Q' berechnet und mit dem Ähnlichkeitssatz der richtige Wert U_6 bestimmt.

- Anschließend setzen wir U_{Q1} außer Betrieb, fügen U_{Q2} ein und berechnen einen Wert $U_6(U_{Q2})$ wieder mit dem Ähnlichkeitssatz.

Das Gesamtergebnis

$$U_6(U_Q, U_{Q2}) = U_6(U_{Q1}) + U_6(U_{Q2})$$

ergibt sich durch Überlagerung.

Den Zusammenhang $U_6(U_Q)$ kennnen wir aus Lösung a). Um $U_6(U_{Q2})$ zu berechnen, nehmen wir wieder $U_6'(U_{Q2}) = 2\,\text{V}$ an. Dann bleiben die Ergebnisse bis zur Spannung $U_2 = 21\,\text{V}$ unverändert. Damit fließt durch R_1 der Strom (Bild 3.2/5d)

$$I_1' = U_2/R_1 = 21\,\text{V}/4\,\Omega.$$

Im Knoten 2 ergibt sich der Gesamtstrom

$$I_2' = I_1' + I_3 = 21/4\,\text{A} + 2\,\text{A} = 7,25\,\text{A}.$$

Die Quellspannung U_{Q2} beträgt

$$U_{Q2} = I_2'R_2 + U_2 = 7\,\Omega(21/4 + 2)\,\text{A} + 21\,\text{V} = 71,5\,\text{V}.$$

Insgesamt gilt:

$$\frac{U_{Q2richt}}{U_{Q2}} = \frac{U_{6richt}}{U_6} \rightarrow$$

$$U_6(U_{Q2})_{richt} = U_6(U_{Q2})\frac{U_{Q2richt}}{U_{Q2}} = 2\,\text{V} \cdot 4\,\text{V}/71,5\,\text{V} = 0,111\,\text{V}.$$

Wir erhalten bei gleichzeitigem Wirken beider Quellen:

$$U_6 = U_6(U_Q) + U_6(U_{Q2}) = (0,390 + 0,111)\,\text{V} = 0,501\,\text{V}.$$

d) Einfügen der Halbleiterdiode macht das Netzwerk nichtlinear und damit ist der Ähnlichkeitssatz nicht anwendbar.

Diskussion: Der Ähnlichkeitssatz ist ein nützliches Hilfsmittel zur Lösungskontrolle einer linearen Netzwerkaufgabe, ebenso ein Analyseverfahren für kleinere Netzwerke. Für große Netzwerke wird er rasch aufwendig.

Aufgabe 3.2/6 Kirchhoffsche Gesetze, Leistungsumsatz

Gegeben sind in Schaltung Bild 3.2/6a die folgenden Ströme und Spannungen:
$I_A = 4\,\text{A}$, $I_C = 6\,\text{A}$, $U_B = 4\,\text{V}$, $U_D = 8\,\text{V}$.

a) Bestimmen Sie die in den Zweipolen jeweils umgesetzte Leistung. Welche sind aktiv, welche passiv?

b) Wie groß ist die gesamte, im Netzwerk umgesetzte Leistung?

Hinweis: Der Leistungsumsatz im Zweipol drückte sich durch die Strom - Spannungsbezugsrichtungen aus (VPS, EPS). In einem Netzwerk gilt der Satz von Tellegen: Die von den Quellen eines Netzwerkes gelieferte Leistung ist in jedem Zeitpunkt gleich der in den resistiven Netzwerkelementen in Wärme umgesetzten Leistung.

Lösung:

a) Mit den Maschen- und Knotensätzen werden zunächst die Zweipolgrößen bestimmt und dazu die gesuchten Größen U_A, I_D willkürlich eingeführt (Bild 3.2/6b).
   Zweipol A: $U_A + U_D - U_B = 0$, $\rightarrow U_A = U_B - U_D = (4 - 8)\,\text{V} = -4\,\text{V}$
   Leistung (VPS): $P_A = I_A U_A = 4\,\text{A}(-4\,\text{V}) = -16\,\text{W}$: aktiver Zweipol
   Zweipol B: Leistung (VPS): $P_B = U_B(-I_A) = -4\,\text{V} \cdot 4\,\text{A} = -16\,\text{W}$: aktiver Zweipol
   Zweipol C: $U_C = U_D$ Leistung (VPS) $P_C = I_C U_C = I_C U_D = 6\,\text{A} \cdot 8\,\text{V} = 48\,\text{W}$: passiver Zweipol
   Zweipol D: Strom I_D über Knotensatz $I_A = I_C + I_D$ $\rightarrow$
   Leistung (VPS) $P_D = U_D I_D = U_D(I_A - I_C) = 8\,\text{V}(4 - 6)\,\text{A} = -16\,\text{W}$: aktiver Zweipol.

b) Mit Aufgabe a) ergibt sich als Leistungsbilanz (Rechenkontrolle)

$$P_{\text{ges}} = P_A + P_B + P_C + P_D = (-16 - 16 + 48 - 16)\,\text{W} = 0.$$

Zweipol C ist passiv, die übrigen sind aktive Zweipole. Die verschwindende Gesamtleistung ist nach dem Energiesatz zu erwarten.

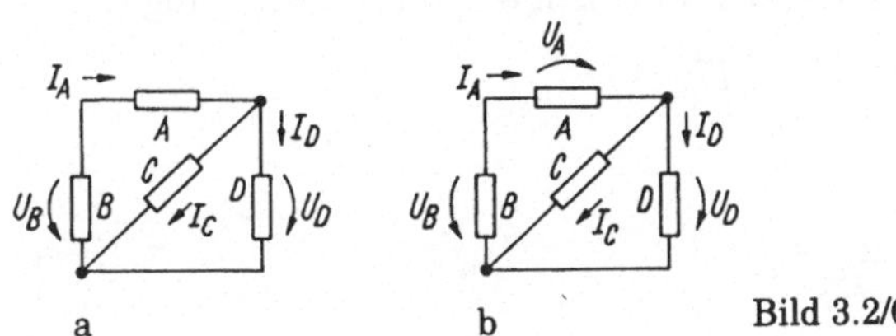

Bild 3.2/6

3.3 Zweipoltheorie

Aufgabe 3.3/1 Zweipoltheorie

a) Es soll die Spannung U_4 der Schaltung Bild 3.3/1a nach der Zweipoltheorie bestimmt werden. Geben Sie die Teilschritte an, die der Reihe nach durchzuführen sind. (Formulieren Sie so allgemein, daß Ihre Lösungsmethodik auch auf andere Beispiele anwendbar ist!)

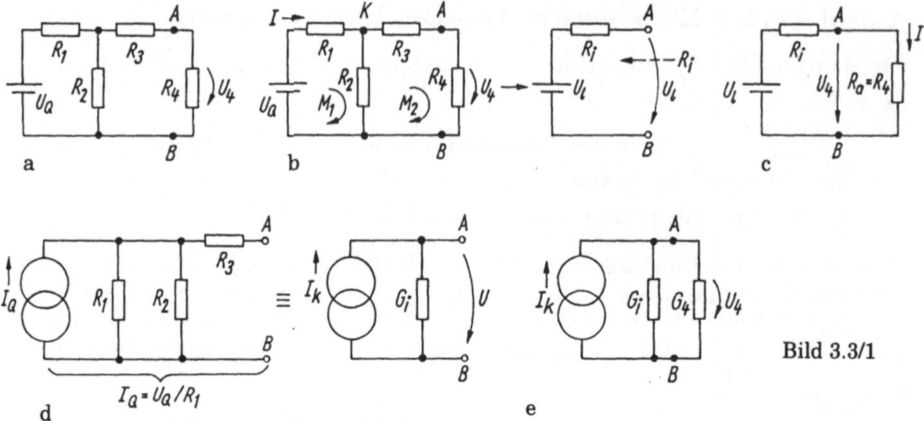

Bild 3.3/1

b) Wandeln Sie die Quelle U_Q, R_1 in eine Stromquelle um und bestimmen Sie U_4.

Hinweis: Arbeiten Sie die Lösungsmethodik "Zweipoltheorie" durch.

Lösung:

a) Wir unterteilen die Schaltung in passiven und aktiven Zweipol. Der passive Zweipol ist das Netzwerkelement, an den die gesuchte Größe auftritt (hier R_4), der Rest stellt den aktiven Zweipol dar (Bild 3.3/1b). Anschließend bestimmen wir die Ersatzgrößen Leerlaufspannung und Innenwiderstand des aktiven Zweipoles:

Leerlaufspannung. Eintragen des Spannungspfeiles "Leerlaufspannung" an den Klemmen AB des aktiven Zweipols. Es ergeben sich zwei Maschen:

$$\text{M}_1\circlearrowleft : -U_Q + I(R_1 + R_2) = 0$$

(im Knoten K findet wegen des Leerlaufs keine Stromverzweigung statt),

$$\text{M}_2\circlearrowleft : U_1 - U_2 = 0 \quad \text{mit } U_2 = IR_2.$$

Daraus folgt:

$$U_1 = U_2 = IR_2 = \frac{R_2}{R_1 + R_2}U_Q. \tag{1}$$

Dieses Ergebnis ist ebenso (schneller) über die Spannungsteilerregel zu erhalten.

Innenwiderstand. Es wird U_Q durch Kurzschluß ersetzt und von AB aus "in den aktiven Zweipol hineingemessen". Dann gilt.

$$R_\text{i} = R_\text{AB} = R_3 + R_1 \parallel R_2 = R_3 + \frac{R_1 R_2}{R_1 + R_2}. \tag{2}$$

Im letzten Schritt fügen wir den aktiven und passiven Zweipol wieder zusammen (Bild 3.3/1c) und erhalten

- den Strom im Kreis $I = U_1/(R_i + R_4)$
- die Spannung an R_4 (Spannungsteilerregel)

$$U_4 = \frac{R_4}{R_i + R_4} U_1 = \frac{R_4}{R_4 + (R_3 + R_1 \parallel R_2)} \frac{R_2}{R_1 + R_2} U_Q. \qquad (3)$$

Es mag offen bleiben, in welcher Form die Lösung (3) etwa zahlenmäßig ausgewertet wird.

b) Die Umwandlung der Spannungs- in eine Stromquelle (mit Einbezug von R_1) führt auf Schaltung Bild 3.3/1d. Wir führen die Berechnung von U_4 über die Stromquellenersatzschaltung des aktiven Zweipols durch.

Der *Innenleitwert* $G_i = 1/R_i$ wird bestimmt durch Entfernen der Stromquelle I_Q. Dann bleibt von AB her gesehen noch der Leitwert

$$G_i = \frac{1}{R_i} = \frac{1}{R_3 + R_1 \parallel R_2}$$

(vgl. Gl.(2)). Das ist zu erwarten, denn R_i stimmt für die Stromquellen- und Spannungsquellenersatzschaltung überein.

Der *Kurzschlußstrom* I_k (Kurzschluß der Klemmen AB) fließt nach Bild 3.3/1e durch R_3. Er ergibt sich z.B. über die Stromteilerregel:

$$\frac{I_k}{I_Q} = \frac{G_3}{G_1 + G_2 + G_3}, \qquad I_k = \frac{G_3}{G_1 + G_2 + G_3} \frac{U_Q}{R_1}. \qquad (4)$$

Dieses Ergebnis hätte ebenso über Leerlaufspannung Gl.(3) und Innenwiderstand R_i (Gl.(2)) gewonnen werden können:

$$I_k = U_1/R_i = U_1 G_i.$$

Im letzten Schritt schalten wir den aktiven und passiven Zweipol zusammen (Bild 3.3/1f). Die Spannung U_4 beträgt

$$U_4 = I_k R_{ges} = \frac{I_k}{G_1 + G_4}. \qquad (5)$$

Die Durchrechnung führt auf

$$U_4 = \frac{G_3}{G_1 + G_2 + G_3} \frac{1}{G_i + G_4} \frac{U_Q}{R_1},$$

was auf die Form Gl.(3) gebracht werden kann.

Diskussion: Beide Ersatzschaltungsformen des aktiven Zweipols führen zum gleichen Ergebnis, es gibt keine allgemeine Regel für die zweckmäßigste Form (bei vielen Parallelzweigen ist die Stromquellenform zweckmäßiger).

Die Zweipolersatzschaltung sagt nichts über den inneren Aufbau der tatsächlichen Schaltung aus. Sie kann daher nur zur Berechnung von Größen außerhalb des aktiven Zweipols verwendet werden.

Im Interesse einer übersichtlichen Lösung werden Umformungen, Einsetzen von Zwischentermen, numerische Lösungen erst am Ende der Rechnung ausgeführt.

Ergebniskontrolle. Es ist zweckmäßig, durch einige typische Schaltungsänderungen übersichtliche Fälle zu schaffen, mit denen das Ergebnis kontrolliert werden kann. Wir beziehen uns dabei auf Gl.(3).

- für $R_3 \to \infty$ muß $U_4 \to 0$ gehen (trifft zu)
- für $R_3 \to 0$ muß U_4 durch Spannungsteilung bestimmbar sind:

$$U_4 = U_Q \frac{R_2 \parallel R_4}{R_1 + R_2 \parallel R_4}$$

  (trifft zu, Umrechnung durchführen)
- für $R_1 = R_3 = 0$ muß $U_4 = U_Q$ gelten (trifft zu)
- für $R_2 \to \infty$ gilt die Spannungsteilung

$$U_4 = U_Q \frac{R_4}{R_1 + R_3 + R_4}$$

(trifft zu).

Wir dürfen so davon ausgehen, daß die gewonnene Lösung stimmt. (Hier mag diese Kontrolle trivial erscheinen, bei komplizierteren Schaltungen muß dies nicht so sein.)

Aufgabe 3.3/2 Zweipoltheorie

Geben Sie die Ersatzelemente des aktiven Zweipols für die Schaltungen Bild 3.3/2a, b) an.

Lösung:

Bild 3.3/2a): Zum Innenwiderstand tragen nur R_2, R_3 bei: (Kurzschluß der Spannungsquelle schließt R_1 aus, Unterbrechung der Stromquelle R_4). Daher gilt (Bild 3.3/2c)

$$R_i = R_2 \parallel R_3 \tag{1}$$

(R_4 kann aus der Schaltung entfernt und R_1 kurzgeschlossen werden).

Zur Berechnung der Leerlaufspannung wandeln wir I_{Q2} (mit R_2) in eine Spannungsquelle U_{Q2} um (Richtung beachten, $U_{Q2} = I_{Q2}R_2$) und erhalten

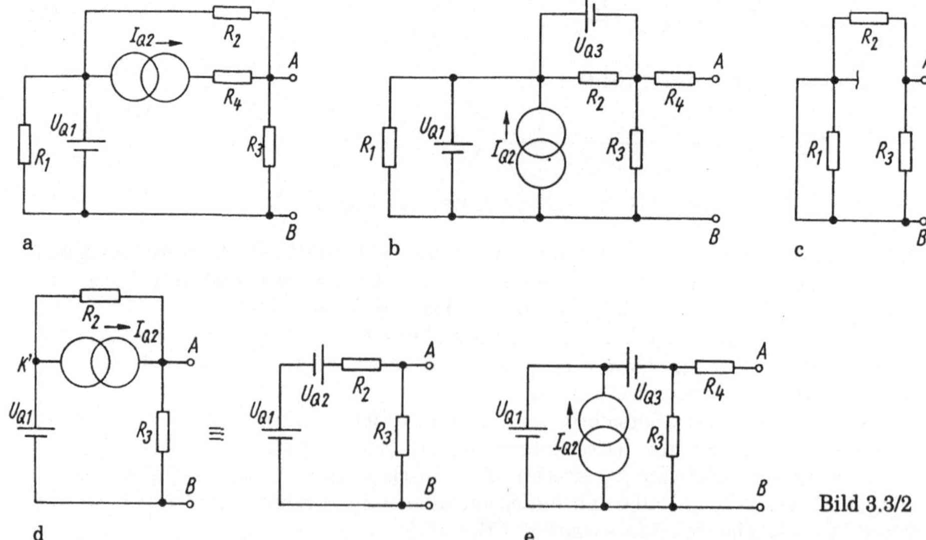

Bild 3.3/2

für die Leerlaufspannung (Bild 3.3/2d):

$$U_l = \frac{R_3(U_{Q1} + U_{Q2})}{R_2 + R_3}. \tag{2}$$

Kontrolle: *Kurzschlußstrom*

$$I_k = \frac{U_l}{R_i} = \frac{R_3}{R_2 + R_3}\frac{U_{Q1}}{R_2 \parallel R_3} + \frac{I_{Q2}}{R_2 \parallel R_3(G_2 + G_3)}. \tag{3}$$

Aus der Schaltung (Bild 3.3/2d) folgt

$$I_k = U_{Q1}/R_2 + I_{Q2}. \tag{4}$$

Dabei wurde die Stromquelle am Knoten K' "durch die Spannungsquelle" hindurch verschoben, was nach dem Quellenteilungssatz ohne weiteres möglich ist (man überlege sich diesen Schritt).

Schaltung Bild 3.3/2b: Jetzt tragen aus gleichen Gründen R_1, R_2, R_3 nicht zu den Ergebnissen bei. Wir erhalten für den Innenwiderstand in der so vereinfachten Schaltung (Bild 3.3/2e)

$$R_i = R_4. \tag{5}$$

(R_3 ist durch die beiden reihengeschalteten Spannungsquellen kurzgeschlossen!).

Für die Leerlaufspannung betrachten wir zunächst die Wirkung der Stromquelle I_{Q2}. Sie arbeitet direkt auf die ideale Spannungsquelle U_{Q1} mit Innenwiderstand $R_{i1} = 0$, also treibt I_{Q2} nur einen Strom durch U_{Q1} an. (Ein möglicher Teilstrom über U_{Q3}, R_3 kommt wegen R_3 nicht in Frage.) Weil I_{Q2} nur durch U_{Q1} fließt, kann diese Quelle nicht zur Leerlaufspannung beitragen und deshalb entfallen. Die Leerlaufspannung ergibt sich dann zu

$$U_l = U_{Q1} - U_{Q3}. \tag{6}$$

Diskussion: Die scheinbar komplizierten Schaltungen haben relativ einfache Ersatzwerte, weil Widerstände parallel zu idealen Spannungsquellen und in Reihe zu idealen Stromquellen grundsätzlich entfallen (also durch Leerlauf bzw. Kurzschluß ersetzt werden). Kombinationen von idealen Strom- und Spannungsquellen, wie hier benutzt, treten praktisch selten auf, sie wurden hier nur zu Übungszwecken verwendet.

Aufgabe 3.3/3 Zweipoltheorie

Berechnen Sie für die einzelnen Schaltungen Bild 3.3/3a-g jeweils die Ersatzgrößen U_l, R_i, I_k des aktiven Zweipols (Ergebnisse als Tabelle anordnen)!

a) Was ändert sich jeweils (Begründung)?
b) Können für die Folgeschaltungen jeweils die Ergebnisse der vorhergehenden benutzt werden?
c) Bestimmen Sie die Zweipolgrößen der Schaltung g). Wie ist systematisch vorzugehen?

Zahlenwerte: $U_{Q1} = U_{Q2} = 10\,\text{V}$, $R_1 \ldots R_5 = 10\,\Omega$, $I_Q = 1\,\text{V}$.

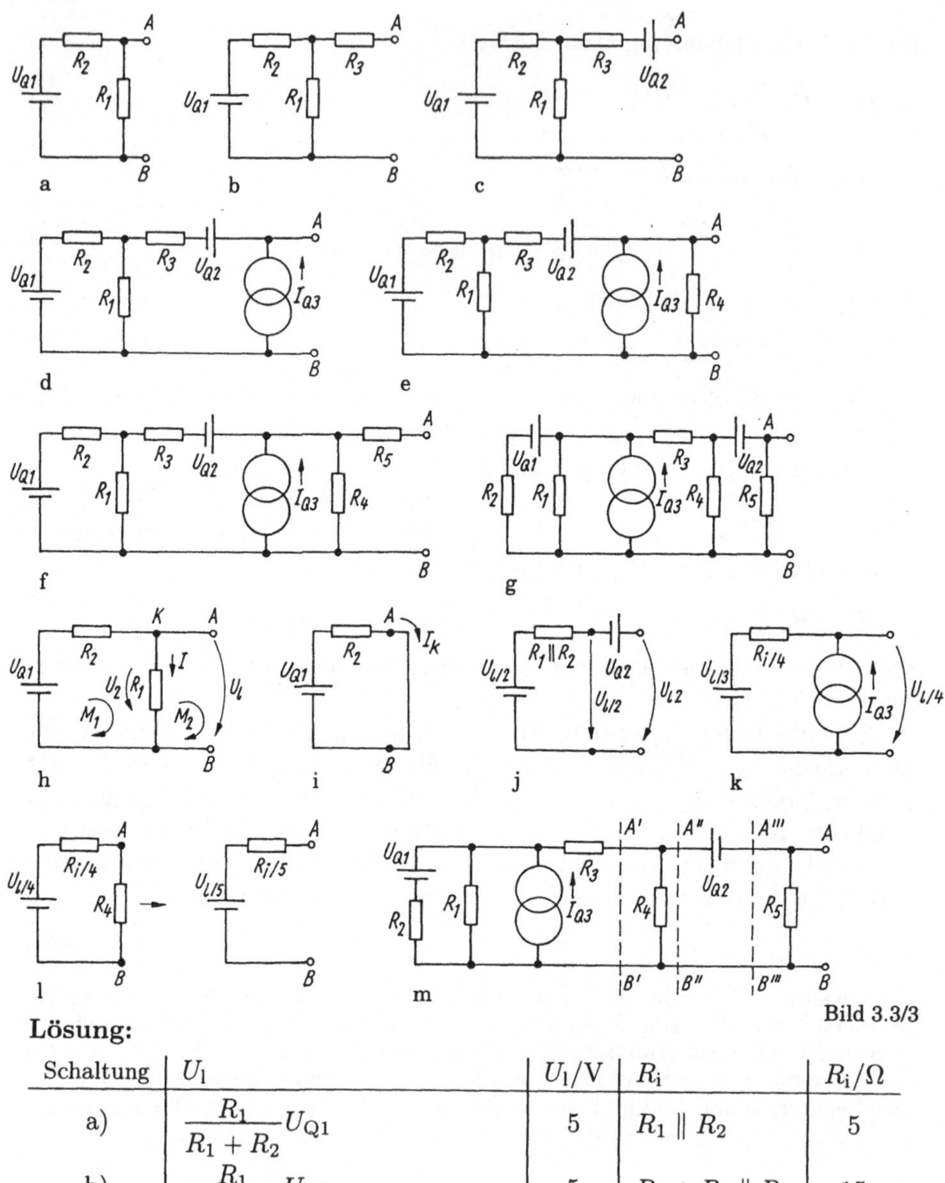

Bild 3.3/3

Lösung:

Schaltung	U_1	U_1/V	R_i	R_i/Ω
a)	$\dfrac{R_1}{R_1 + R_2} U_{Q1}$	5	$R_1 \parallel R_2$	5
b)	$\dfrac{R_1}{R_1 + R_2} U_{Q1}$	5	$R_3 + R_1 \parallel R_2$	15
c)	$U_{Q2} + \dfrac{R_1}{R_1 + R_2} U_{Q1}$	15	$R_3 + R_1 \parallel R_2$	15
d)	$U_{Q2} + \dfrac{R_1}{R_1 + R_2} U_{Q1} + I_{Q3} R_\text{i}$	30	$R_3 + R_1 \parallel R_2$	15
e)	$\dfrac{R_4}{R_{\text{i}|4} + R_4} U_{1|4}$	12	$R_{\text{i}|4} \parallel R_4$	6
f)	$\dfrac{R_4}{R_{\text{i}|4} + R_4} U_{1|4}$	12	$R_5 + R_{\text{i}|5}$	16.

$(R_{\text{i}|4}$ von Schaltung 4)

a) , b) Die einzelnen Schaltungen werden systematisch erweitert, um das Verständnis der Zweipoltheorie zu üben.

Schaltung Bild 3.3/3a: Leerlaufspannung. Wir führen für die Leerlaufspannung U_l einen Richtungspfeil zwischen AB ein, ebenso einen Strom in der Masche M_1 (Bild 3.3/3a,h) und erhalten:

$$M_1\circlearrowleft:\quad U_{Q1} = (R_2 + R_1)I$$
$$M_2\circlearrowleft:\quad U_l - U_2 = 0 \quad \text{mit } U_2 = IR_1.$$

Der Strom I erzeugt an R_1 den Spannungsabfall U_2, der gleichzeitig in Masche 2 auftritt. Am Knoten K findet keine Stromverzweigung statt (Leerlaufbedingung, $I_{AB} = 0$!). Damit folgt

$$U_2 = U_l = IR_2 = \frac{R_1}{R_1 + R_2}U_{Q1}.$$

Dies ist aber die Spannungsteilerregel: die Leerlaufspannung ergibt sich hier als Teilspannung U_2 im unverzweigten Stromkreis U_{Q1}, R_1, R_2.

Zur Berechnung des Innenwiderstandes $R_i = R_{AB}$ wird die unabhängige Quellenspannung durch einen Kurzschluß ersetzt:

$$R_i = R_{AB} = R_1 \parallel R_2.$$

Ist schließlich noch der Kurzschlußstrom I_k (Bild 3.3/3b) gesucht, so ergibt sich

• aus der Schaltung (Stromkreis U_Q, R_2):

$$I_k = \frac{U_{Q1}}{R_2}$$

• oder nach dem Zweipolersatzschaltbild 3.3/3i, zu

$$I_k = \frac{U_l}{R_i} = U_{Q1}\frac{R_1}{R_1 + R_2} \cdot \frac{(R_1 + R_2)}{R_1 R_2} = \frac{U_{Q1}}{R_2}.$$

Schaltung 3.3/3b. Gegenüber Schaltung 1 bleibt die Leerlaufspannung erhalten (im Leerlauf fließt durch R_3 kein Strom), der Innenwiderstand enthält aber R_3:

$$R_i = R_{AB} = R_3 + R_1 \parallel R_2.$$

Schaltung 3.3/3c. Zur Schaltung 3.3/3b wird noch eine weitere Spannungsquelle U_{Q2} in Reihe geschaltet. Mit der Zweipolersatzschaltung 3.3/3j wird deutlich, daß sich die neue Leerlaufspannung

$$M\circlearrowleft:\quad U_l|_3 - U_l|_2 - U_{Q2} = 0 \rightarrow U_l|_3 = U_l|_2 + U_{Q2}$$

aus der Leerlaufspannung von Schaltung 3.3/3b durch Addition (Richtung beachten!) ergibt. Der Innenwiderstand bleibt unverändert (ideale Spannungsquelle widerstandslos).

Schaltung 3.3/3d. Jetzt wird eine Stromquelle I_{Q3} zusätzlich angeschaltet. Nach Bild 3.3/3k setzt sich jetzt die Leerlaufspannung $U_l|_4$ zusammen (Überlagerungssatz) aus der bisherigen Leerlaufspannung $U_l|_3$ und einem Spannungsabfall, den I_{Q3} am Widerstand $R_i|_4$ erzeugt. (Der Strom

kann nur im aktiven Zweipol fließen, Leerlaufbedingung.) Richtung des Spannungsabfalles durch I_{Q3}-Richtung gegeben:$U_l|_4 = U_l|_3 + R_i|_4 I_{Q3}$.
Hier wird der Vorteil der Zweipoltheorie besonders deutlich. Wir müssen nicht den Ersatzleitwert für den Stromweg von I_{Q3} neu berechnen und dann die Leerlaufspannung bestimmen, sondern können die bisherigen Ergebnisse nutzen.
Zum Innenwiderstand trägt I_{Q3} nicht bei, denn bei der Innenwiderstandsberechnung sind unabhängige Stromquellen zu entfernen (auftrennen).
Schaltung 3.3/3e. An dieser Stelle könnte die Versuchung wachsen, mit einer aufwendigeren Analyse zu beginnen. Sie ist jedoch überflüssig, wenn wir die bisherigen Ergebnisse für Schaltung 3.3/3d wieder in einer Zweipolschaltung darstellen (Bild 3.3/3l) mit $U_l|_4$ und $R_i|_4$ und R_4 zwischenzeitlich als "Lastelement" betrachten. Dann ergibt sich zwischen AB die Leerlaufspannung (Spannungsteilerregel)

$$U_{AB} = U_l|_5 = \frac{R_4}{R_i|_4 + R_4} U_l|_4$$

und mit dem Innenwiderstand $R_i|_5 = R_4 \parallel R_i|_4$. Die Ergebnisse $U_l|_4$ und $R_i|_4$ übernehmen wir von oben.
Schaltung 3.3/3f. Gegenüber Schaltung 3.3/3e ändert sich durch R_5 nur der Innenwiderstand:

$$R_i|_6 = R_5 + R_i|_5,$$

die Leerlaufspannung bleibt erhalten.

Diskussion:

- Die Zweipoltheorie ist ein einfache und übersichtliche Netzwerkanalysemethode.
- Die Zweipolersatzschaltung sagt *nichts* über den inneren Aufbau der tatsächlichen Schaltung aus (das wird in den Fällen e), f) besonders deutlich). Man kann sie daher nur zur Berechnung von Größen *außerhalb* des Zweipols verwenden. Original- und Ersatzschaltung verhalten sich nur bezüglich des Klemmenverhaltens gleichwertig. So wird z.B. in Schaltung f) im Innern beständig Leistung durch die Quelle umgesetzt, in der zugehörigen Zweipolersatzschaltung nicht!
- Kennt man zwei Größen der Ersatzschaltung (hier z.B. U_l, R_i), so ist die dritte bestimmt. Es hängt von der Schaltung ab, welcher Weg der zweckmäßigste ist.
- Die Ersatzgrößenbestimmung beginnt für R_i stets von den Klemmen AB aus, für U_l und I_k häufig auch "aus der Schaltung heraus". (Dabei kann es aber durchaus vorteilhaft sein, Teile in der Schaltung selbst wieder durch einfachere Ersatzschaltungen zu ersetzen.)

c) *Schaltung Bild 3.3/3g.* Zur Berechnung der Ersatzgrößen U_l und R_i führten wir in der Schaltung selbst schrittweise Vereinfachungen durch (Bild 3.3/3m). Beispielsweise hat die Schaltung links von A', B' die Leerlaufspannung

$$U_l|_{A'B'} = \frac{R_1}{R_1 + R_2} \cdot U_{Q1} + I_{Q3} \cdot R_1 \parallel R_2. \tag{1}$$

Da U_{Q1} und I_{Q3} unabhängig voneinander wirken, ist das Ergebnis nach dem Verständnis der Schaltungen a) und d) sofort herzuleiten (übrigens auch aus den Ergebnissen von Schaltung d für $R_3 = 0$, $U_{Q2} = 0$). Der Innenwiderstand R_i zwischen A'B' beträgt

$$R_{iA'B'} = R_3 + R_1 \parallel R_2. \tag{2}$$

Wir legen im nächsten Schritt die "Ersatzschnittlinie" nach A", B" und bestimmen die Leerlaufspannung. Das ist diejenige Spannung, die die bisherige Ersatzzweipolquelle nach Gl.(1) und (2) jetzt an R_4 erzeugt:

$$U_l|_{A''B''} = \frac{R_4 U_l|_{A'B'}}{R_4 + R_{iA'B'}}.$$

Dazu gehört der Innenwiderstand $R_{iA''B''}$ (von den Klemmen in die bisherige Schaltung gesehen)

$$R_{iA''B''} = R_4 \parallel R_{iA'B'}$$

mit $R_{iA'B'}$ nach Gl.(2). Im nächsten Schritt schließlich verlegen wir die Schnittebene nach A"', schließen also U_{Q2} ein (dadurch ändert sich R_i nicht!). Wichtig ist nun, daß die Spannung U_{Q2} der bisherigen Leerlaufspannung $U_{lA''}$ offenbar entgegenwirkt. Wir bilden den Umlauf:

$$M\circlearrowright : U_{Q2} + U_{lA'''} - U_{lA''} = 0 \quad U_{lA'''} = U_{lA''} - U_{Q2}. \tag{3}$$

Im letzten Schritt wird die Schnittlinie an die Knoten AB verlegt und so R_5 eingeschlossen:

- es ändert sich der Innenwiderstand
  $$R_{iAB} = R_5 \parallel R_{iA''B''} = R_5 \parallel (R_4 \parallel (R_3 + R_1 \parallel R_2)),$$
- es ändert sich die Leerlaufspannung. Für den Leerlauf $U_{lA'''}$ (Gl.(3)) tritt zwischen dem bisherigen Innenwiderstand $R_{iA'''}$ und R_5 eine Spannungsteilung auf:
  $$U_{lAB} = \frac{R_5}{R_5 + R_{iA''}} U_{lA'''}. \tag{4}$$

Damit ist die Aufgabe gelöst. Die Zahlenwerte betragen $R_{iAB} = 3,75\,\Omega$, $U_{lAB} = -4,36\,\mathrm{V}$.

Diskussion: Aus dem Ablauf der Gesamtaufgabe gehen klar die Vorteile der Zweipoltheorie hervor. Um beispielsweise Schaltung 3.3/3g mit der Zweigstromanalyse zu lösen, müßten 5 Unbekannte eingeführt und das Gleichungssystem gelöst werden, z.B mit dem Gaußschen Algorithmus, obwohl nur eine Unbekannte (U_5) benötigt wird!

Die Übersichtlichkeit (Lösungskontrolle) bleibt nur erhalten, wenn "verkürzte Schreibweisen" zur Anwendung kommen. Vor allem sollte man sich hüten, kompliziertere Formen (z.B. komplexere Zusammenschaltungen von Widerständen u.a.) zu früh auszurechnen und die Rechnung durch zu große Terme zu belasten.

Erst am Ende der Lösung werden die Rechnungen ausgeführt, u.U. am besten sofort numerisch.

Aufgabe 3.3/4 Ersatzschaltung des aktiven Zweipols

Gegeben sind die Ersatzschaltungen elektrisch gleichwertiger aktiver Zwei-pole (Bild 3.3/4a-h). Prüfen Sie die bei Leerlauf bzw. Kurzschluß im Innern umgesetzte Verlustleistung.

Hinweis: Die Gleichwertigkeit einer Zweipolersatzschaltung bezieht sich auf das Klemmenverhalten, nicht die im Innern tatsächlich ablaufenden Vorgänge.

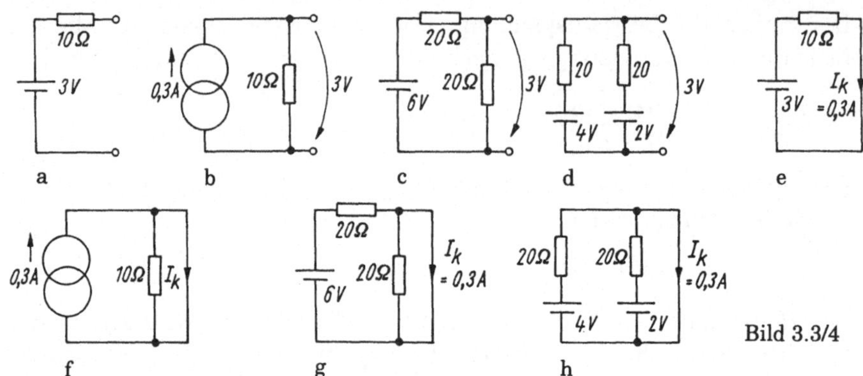

Bild 3.3/4

Lösung:

Die Berechnung der Verlustleistung (z.B. $P = I_k^2 R_i = 0,9\,\text{W}$ im Fall 3.3/4b) ergibt bei gleicher Leerlaufspannung und Innenwiderstand der Schaltung ganz unterschiedliche Verlustleistungen im Innern, die beständig umgesetzt wer-den, ohne daß der Zweipol nach außen Leistung abgibt. Die Werte lauten: a) $P = 0$; b) $P = 0,9\,\text{W}$; c) $P = 0,9\,\text{W}$; d) $P = 0,1\,\text{W}$; e) $P = 0,9\,\text{W}$; f) $P = 0$; g) $P = 1,8\,\text{W}$; h) $P = 1\,\text{W}$.

Aufgabe 3.3/5 Zweipoltheorie. Parallelschaltung von n Spannungsquellen

a) Gegeben sind n Spannungsquellen (je U_{Qn}, R_{in}), die parallel geschaltet werden sollen. Wie lauten die Ersatzspannung und der Ersatzwiderstand des neuen aktiven Zweipols?

b) Welcher Strom fließt, wenn die Ersatzquelle mit dem Außenwiderstand R_a belastet ist?

c) Wird in der Quelle auch bei Leerlauf Leistung umgesetzt, wie groß ist sie ggf.?

d) Berechnen Sie die Ersatzgröße für die Parallelschaltung von 3 Autobat-terien mit $U_1 = 12\,\text{V}$, $U_2 = 11\,\text{V}$, $U_3 = 10\,\text{V}$, $R_1 = R_2 = R_3 = 0,01\,\Omega$.

Hinweis: Wir gehen von der Spannungsquellenersatzschaltung des aktiven Zwei-pols aus.

Lösung:

a) Die Aufgabe kann verschieden gelöst werden, am zweckmäßigsten wohl mit dem Überlagerungssatz. Jede Spannungsquelle erzeugt eine Teilspan-

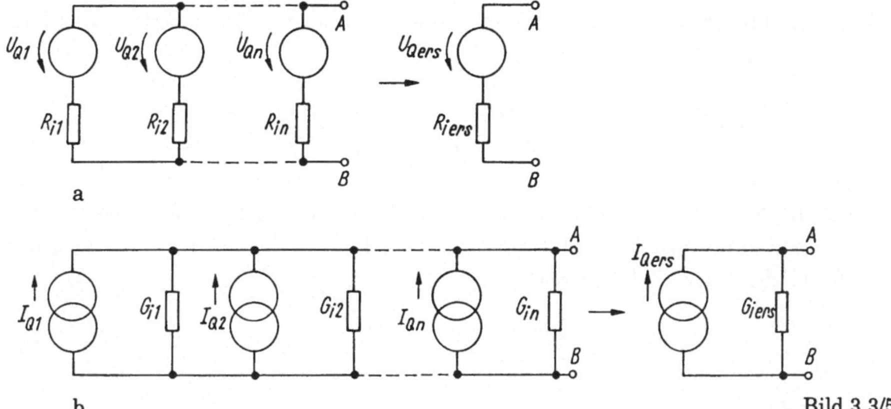

nung an AB (Bild 3.3/5a, Spannungsteilerregel) und die Gesamtspannung ergibt sich durch Überlagerungen. Eine zweite Lösung ist über die Zweipoltheorie möglich. Wir geben jeder Spannungsquelle eine Stromquellenersatzschaltung, schalten diese alle parallel und wandeln die so gewonnene resultierende Stromquellenersatzschaltung wieder in eine Spannungsquellenersatzschaltung zurück (Bild 3.3/5b).

Die Umwandlung der allgemeinen Spannungsquellen in gleichwertige Stromquellen führt auf

$$I_{Q\nu} = \frac{U_{Q\nu}}{R_{i\nu}}, \quad \nu = 1, 2 \ldots n.$$

Die Teilströme $I_{Q\nu}$ fassen wir nach dem Knotenpunktsatz zu einem neuen Quellenstrom I_{Qers} zusammen

$$I_{Qers} = \sum_{\nu=1}^{n} I_{Q\nu} = \sum_{\nu=1}^{n} \frac{U_{Q\nu}}{R_{i\nu}}. \tag{1}$$

Der Ersatzinnenwiderstand R_{iers} folgt aus der Parallelschaltung der Einzelwiderstände

$$\frac{1}{R_{iers}} = \sum_{\nu=1}^{n} \frac{1}{R_{i\nu}}. \tag{2}$$

Im Schlußschritt überführen wir die Ersatzstromquellenanordnung wieder in eine Spannungsquellenersatzschaltung mit U_{Qers}, R_{iers}:

$$U_{Qers} = I_{Qers} R_{iers}$$

mit

$$U_{Qers} = \frac{\sum_{\nu=1}^{n} \frac{U_{Q\nu}}{R_{i\nu}}}{\sum_{\nu=1}^{n} \frac{1}{R_{i\nu}}} = \frac{\sum_{\nu=1}^{n} U_{Q\nu} G_{i\nu}}{\sum_{\nu=1}^{n} G_{i\nu}} \tag{3}$$

$$\frac{1}{R_{iers}} = \sum_{\nu=1}^{n} \frac{1}{R_{i\nu}} = \sum_{\nu=1}^{n} G_{i\nu}. \tag{4}$$

b) Wird die Ersatzquelle mit dem Außenwiderstand R_a belastet, so fließt der Strom

$$I = \frac{U_\mathrm{Qers}}{R_\mathrm{a} + R_\mathrm{iers}} = \frac{U_\mathrm{Qers}}{R_\mathrm{iers}\left(1 + \frac{R_\mathrm{a}}{R_\mathrm{iers}}\right)} = \frac{\sum_{\nu=1}^{n} \frac{U_{\mathrm{Q}\nu}}{R_{\mathrm{i}\nu}}}{1 + R_\mathrm{a}\sum_{\nu=1}^{n}\frac{1}{R_{\mathrm{i}\nu}}}. \tag{5}$$

c) Auch im Leerlauf fließen Ströme durch die Teilwiderstände, wenn sich die einzelnen Quellenspannungen unterscheiden. So wird im Widerstand R_1 (Bild 3.3/5a) die Leistung

$$P_1 = \frac{U_1^2}{R_1} = G_1\left(U_\mathrm{Qers} - U_\mathrm{Q1}\right)^2 \tag{6}$$

umgesetzt und in R_2

$$P_2 = \frac{U_2^2}{R_2} = G_2\left(U_\mathrm{Qers} - U_\mathrm{Q2}\right)^2,$$

usw., also in allen Widerständen

$$\begin{aligned}
P_\mathrm{ges} &= \sum_{\nu=1}^{n} P_\nu = \sum_{\nu=1}^{n} G_\nu\left(U_\mathrm{Qers} - U_{\mathrm{Q}\nu}\right)^2 \\
&= \sum_{\nu=1}^{n} G_\nu\left(\frac{\sum_{\nu=1}^{n} G_\nu U_{\mathrm{Q}\nu}}{\sum_{\nu=1}^{n} G_\nu} - U_{\mathrm{Q}\nu}\right)^2.
\end{aligned} \tag{7}$$

Daraus ergibt sich für $n = 2$

$$P_\mathrm{ges} = (U_\mathrm{Q1} - U_\mathrm{Q2})^2 G_1 G_2 \frac{G_2 + G_1}{(G_1 + G_2)^2} = \frac{(U_\mathrm{Q1} - U_\mathrm{Q2})^2}{R_1 + R_2}. \tag{8}$$

Dies ist gerade die Verlustleistung, die eine Quelle mit der Spannung $(U_\mathrm{Q1} - U_\mathrm{Q2})$ am Gesamtwiderstand $R_1 + R_2$ erzeugt. Sie verschwindet nur bei Spannungsgleichheit der Quellen.

d) Die Ersatzgrößen für die Parallelschaltung dreier Autobatterien mit unterschiedlichen Quellenspannungen liefert nach Gl.(3)

$$\begin{aligned}
U_\mathrm{Qers} &= \frac{U_1 G_1 + U_2 G_2 + U_3 G_3}{G_1 + G_2 + G_3} = \frac{1}{3}(U_1 + U_2 + U_3) \\
&= \frac{12 + 11 + 10}{3}\,\mathrm{V} = 11\,\mathrm{V}
\end{aligned}$$

$$R_\mathrm{iers} = 1/3 R_\mathrm{i} = 0,0033\,\Omega.$$

In diesen Batterien wird die Leistung

$$\begin{aligned}
P_\mathrm{ers} &= G_1(U_\mathrm{Qers} - U_1)^2 + G_2(U_\mathrm{Qers} - U_2)^2 + G_3(U_\mathrm{Qers} - U_3)^2 \\
&= G\left((11\,\mathrm{V} - 12\,\mathrm{V})^2 + (11\,\mathrm{V} - 11\,\mathrm{V})^2 + (11\,\mathrm{V} - 10\,\mathrm{V})^2\right) \\
&= 100\,\mathrm{S}\cdot(1\,\mathrm{V}^2 + 0 + 1\,\mathrm{V}^2) = 200\,\mathrm{W}
\end{aligned}$$

im Leerlauf beständig in Wärme umgesetzt (in den Batterien 1 und 3), ohne daß nach außen Leistungsabgabe erfolgt. Die Parallelschaltung von

Batterien sollte deshalb wegen der möglichen raschen Selbstentladung vermieden werden.

Aufgabe 3.3/6 Wheatstonsche Brücke. Abgleich. Zweipoltheorie

Gegeben ist eine Brückenschaltung (Bild 3.3/6a), mit der ein unbekannter Widerstand R_X (bei sonst bekannten Elementen R_N, R_1, R_2, R_U, U_Q) bestimmt werden soll. R_3 stellt den Innenwiderstand eines Indikators (z.B. Spannungsmesser) dar. Bei Brückenabgleich verschwindet $U_{34}(= 0)$.

a) Stellen Sie die Abgleichbedingung $U_{34} = 0$ durch Anwendung der Spannungsteilerregel auf.

b) Bestimmen Sie die Spannung U_{34} nach der Zweipoltheorie.

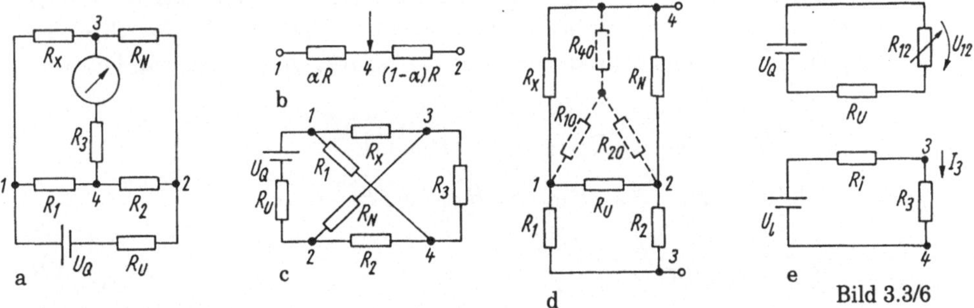

Bild 3.3/6

Hinweis: Wir betrachten zunächst die Spannungsverhältnisse zwischen den Punkten 3 und 4 mit dem Maschensatz und formulieren die Bedingung für $U_{34} = 0$.

Lösung:

a) Der Maschensatz liefert für die Maschen M_1, M_2

$$M_{134}\circlearrowright: \quad U_{13} - U_{34} - U_{14} = 0 \rightarrow U_{13} = U_{14} \quad \text{für } U_{34} = 0$$
$$M_{324}\circlearrowright: \quad U_{32} - U_{42} + U_{34} = 0 \rightarrow U_{32} = U_{42} \quad \text{für } U_{34} = 0. \tag{1}$$

Im abgeglichenen Zustand stimmen somit z.B. U_{32} und U_{42} überein. Die Spannungsteilerregel liefert damit

$$\frac{U_{32}}{U_{12}} = \frac{R_N}{R_X + R_N}; \quad \frac{U_{42}}{U_{12}} = \frac{R_2}{R_1 + R_2}. \tag{2}$$

Daraus folgt im Abgleichzustand

$$\frac{R_X}{R_N + R_X} = \frac{R_2}{R_1 + R_2}$$

oder gleichwertig

$$\frac{R_X}{R_N} = \frac{R_1}{R_2}. \tag{3}$$

Bei bekannten Werten R_N, R_1, R_2 kann R_X bestimmt werden.

Die Einstellung des Abgleichzustandes erfolgt entweder durch Veränderung von R_N (dann läßt sich mit R_1/R_2 die Größenordnung wählen) oder durch Variation von R_1/R_2, z.B. mittels eines Potentiometers mit dem Widerstandsabgriff αR (Bild 3.3/6b). Im letzten Fall gilt:

$$\frac{R_X}{R_N} = \frac{\alpha R}{(1-\alpha)R} = \frac{\alpha}{1-\alpha}. \tag{4}$$

Die größte Empfindlichkeit hat die Brücke für $\alpha \approx 1/2$ (Brückenmitte).

b) Die Spannungsteilerregel liefert zwar die Abgleichbedingung sehr rasch, nicht aber den Strom, der in Abgleichnähe durch R_3 fließt. Wir betrachten daher R_3 als passiven Zweipol, den Rest der Schaltung als aktiven, gekennzeichnet durch Leerlaufspannung und Innenwiderstand.

Im ersten Schritt wird die Schaltung umgezeichnet (Bild 3.3/6c). Wir bestimmen zunächst den Innenwiderstand und schließen dazu U_Q kurz. Dann liegt Schaltung Bild 3.3/6d vor. Der Innenwiderstand $R_i = R_{34}$ läßt sich nicht mittelbar bestimmen, weil das Dreieck z.B. R_X, R_N, R_U zunächst in einen gleichwertigen Stern (R_{10}, R_{20}, R_{40}) umgewandelt werden muß. Es gilt

$$R_i = R_{34} = R_{40} + (R_{10} + R_1) \parallel (R_{20} + R_2). \tag{5}$$

Dabei hängen R_{10}, R_{20}, R_{40} von R_X, R_N, R_U ab, z.B.

$$R_{40} = \frac{R_X R_N}{R_X + R_N + R_U}. \tag{6}$$

Zur Berechnung der Leerlaufspannung $U_{34} = U_l$ bestimmen wir zunächst $U_l = f(U_{12})$, die Spannung am Brückeneingang und dann U_{12} als Funktion von U_Q. (Dieser Schritt ist wegen des Spannungsquelleninnenwiderstandes zweckmäßig.)

Es ergibt sich für den ersten Schritt

$$U_{AB} = U_l = U_{12} \left(\frac{R_1}{R_1 + R_2} - \frac{R_X}{R_X + R_N} \right). \tag{7}$$

Das ist die Differenz der beiden Spannungen U_{42}, U_{32} nach der Spannungsteilerregel (2).

Der Widerstand R_{12}, mit dem der Quellengrundstromkreis U_Q, R_U, R_{12} belastet ist, ist der Widerstand des Brückennetzwerkes zwischen den Klemmen 1, 2 bei leerlaufenden Klemmen 3, 4 ($R_3 \to \infty$). Er lautet

$$R_{12} = (R_X + R_N) \parallel (R_1 + R_2). \tag{8}$$

Damit beträgt die Teilspannung U_{12} nach der Spannungsteilerregel:

$$\frac{U_{12}}{U_Q} = \frac{R_{12}}{R_U + R_{12}} \tag{9}$$

oder zusammengefaßt die Leerlaufspannung $U_l = U_{AB}$

$$U_l = U_{AB} = \left(\frac{R_1}{R_1 + R_2} - \frac{R_X}{R_X + R_N} \right) \frac{R_{12}}{R_U + R_{12}} U_Q. \tag{10}$$

Der Innenwiderstand R_i des Zweipols ist durch Gl.(5) gegeben. Im letzten Schritt bestimmen wir den Strom I_3 durch R_3 und erhalten (Bild 3.3/8e):

$$I_3 = \frac{U_1}{R_i + R_3} = \left(\frac{R_1}{R_1 + R_2} - \frac{R_X}{R_X + R_N} \right) \frac{U_Q}{R_i + R_3} \cdot \frac{R_{12}}{R_U + R_{12}}. \quad (11)$$

Bei Abgleich verschwindet I_3 wie erwartet, in Abgleichnähe hängt jedoch I_3 in komplizierter Weise von R_X/R_N ab. Für eine innenwiderstandslose Spannungsquelle ($R_U = 0$) vereinfachen sich die Terme etwas.

Aufgabe 3.3/7 Widerstandsbrücke, stromgespeist

In eine Wheatstonebrücke sind zwei Widerstände R_1, R_2 (Sensoren) eingebaut, deren Widerstandswerte sich durch Zug bzw. Druck um $\pm\Delta R$ gegenläufig ändern (Bild 3.3/7a). Im Diagonalzweig befinde sich ein Strommesser (Innenwiderstand R_I). Die Brücke werde durch eine Konstantstromquelle I_Q gespeist.

Bestimmen Sie den Strom I_I im Querzweig als Funktion der Widerstandsänderungen ΔR bei sonst bekannten Größen (I_Q, R, R_I).

Hinweis: Zur Lösung der Aufgabe bietet sich die Zweipoltheorie (in Stromquellenersatzschaltung) und das Knotenpotentialverfahren wegen der Stromquelleneinprägung an.

Lösung:

Zweipoltheorie. Wir benutzen die Stromquellenersatzschaltung und zeichnen die Schaltung zunächst um (Bild 3.3/7b). Der Innenwiderstand wird bei abgetrennter Stromquelle I_Q bestimmt, er beträgt

$$R_i = R_{34} = (R + R) \parallel (R + \Delta R + R - \Delta R) = R \quad (1)$$

und bleibt unabhängig von der Widerstandsänderung. (Im Falle der Wheatstonbrücke nach Aufgabe 3.3/6 nicht!).

Der Kurzschlußstrom $I_k|_{U_{34}=0}$ wird zweckmäßig aus Leerlaufspannung $U_{34}|_{I=0}$ und R_i bestimmt. Wir erhalten zunächst U_{34} ausgedrückt durch U_{12} über die Spannungsteilerregel (Bild 3.3/7a)

$$U_{34} = -U_{42} + U_{32} = -U_{12} \left(\frac{R - \Delta R}{R + R - \Delta R} - \frac{R + \Delta R}{R + R + \Delta R} \right) \quad (2)$$

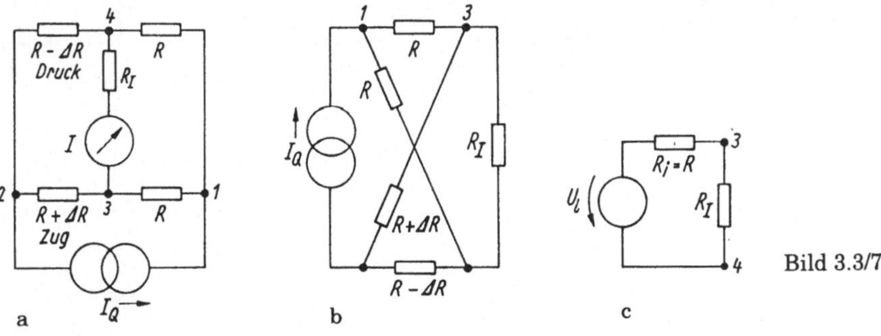

mit der Spannung $U_{12} = I_Q/G_{\text{ges}} = I_Q R_{\text{ges}}$ und $R_{\text{ges}} = (R + R - \Delta R) \parallel (R + R + \Delta R)$. Insgesamt beträgt die Leerlaufspannung

$$
\begin{aligned}
U_1 &= U_{34}|_{I=0} = I_Q R_{\text{ges}} \left(\frac{R + \Delta R}{2R + \Delta R} - \frac{R - \Delta R}{2R - \Delta R} \right) \\
&= \frac{I_Q}{4R} 2R\Delta R = \frac{\Delta R I_Q}{2}.
\end{aligned}
\tag{3}
$$

Die Leerlaufspannung ist der Widerstandsänderung streng proportional.

Schließlich ergibt sich mit der Ersatzschaltung des Grundzweipols der Diagonalstrom (Bild 3.3/7c)

$$
I_I = \frac{U_1}{R_i + R_I} = \frac{\Delta R I_Q}{2(R + R_I)}.
\tag{4}
$$

Der Vorteil der Schaltung wird offenbar: Der Strom I_I ist streng der Widerstandsabweichung proportional, ein deutlicher Vorteil gegenüber der Standardschaltung (Aufgabe 3.3/6) Die stromgespeiste Brücke wird sehr verbreitet in der Sensortechnik verwendet.

Aufgabe 3.3/8 Zweipoltheorie. Kompensation. Potentiometerschaltung

Gegeben sei ein aktiver Zweipol (R_{i1}, U_{l1}), dessen Leerlaufspannung U_l unter Verwendung eines Spannungsmessers (Widerstand R_U) fehlerfrei bestimmt werden soll. Dies kann dadurch erfolgen, daß ein zweiter aktiver Zweipol mit einstellbarer Leerlaufspannung

- durch einen Spannungsmesser R_U belastet wird (Bild 3.3/8a) und man ihn
- mit dem ersten Zweipol über einen weiteren Strommesser I zu einem Stromkreis zusammenschaltet (sog. Kompensationsschaltung).

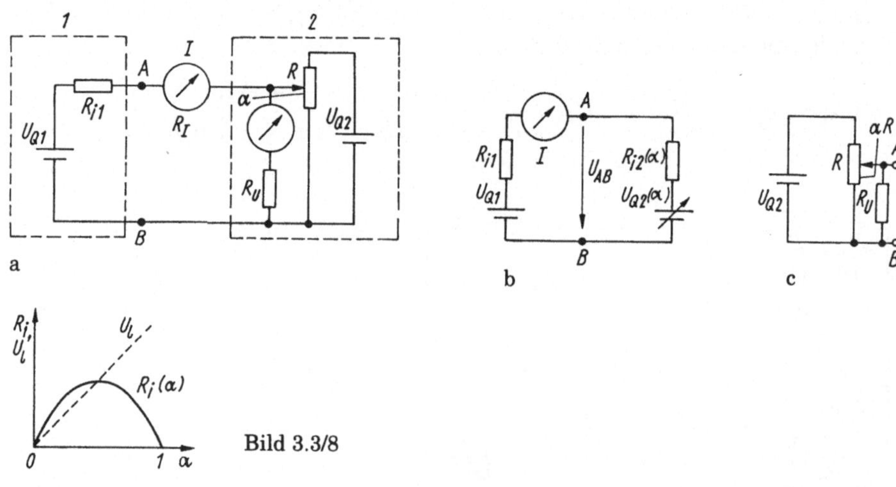

Bild 3.3/8

Im Falle $I = 0$ kann dann die Leerlaufspannung U_{l1} exakt aus der angezeigten Leerlaufspannung des Zweipols 2 bestimmt werden.

a) Geben Sie eine Ersatzschaltung der Anordnung mit den beiden Zweipolen an und stellen Sie die Kompensationsbedingung auf.

b) Bestimmen Sie U_{l2} und R_{i2} von Zweipol 2 mit und ohne Einfluß des Spannungsmessers. Zahlenbeispiel: $U_{l1} = 10\,\mathrm{V}$, $R_{i1} = 10\,\mathrm{k}\Omega$, $R_\mathrm{U} = 1\,\mathrm{k}\Omega$, $R = 1\,\mathrm{k}\Omega$ (Potentiometer), $U_{\mathrm{Q}2} = 20\,\mathrm{V}$.

c) Welcher Fehler entsteht, wenn die Spannung U_{AB} bei direktem Anschalten des Spannungsmessers (ohne Kompensationsschaltung) gemessen wird?

d) Bei welcher Schleiferstellung α herrscht Abgleich?

e) Mit welchem Ersatzaußenwiderstand R_{AB} wird der aktive Zweipol 1 durch die Kompensationsschaltung effektiv belastet? Wie groß ist der Ersatzwiderstand bei halber Schleiferstellung ($\alpha = 1/2$)?

Hinweis: Es liegt hier eine Schaltung mit zwei reihengeschalteten aktiven Zweipolen vor, die sich wieder auf den Grundstromkreis rückführen läßt. Wir betrachten Zweipol 2 mit Meßinstrument als eine Einheit.

Lösung:

a) Wir ordnen jedem Zweipol eine Spannungsquellenersatzschaltung zu, wobei die Leerlaufspannung U_{l2} von Zweipol 2 durch das Potentiometer veränderbar sein soll (Bild 3.3/8b). Die beiden Leerlaufspannungen wirken entgegen. Aus dem Kreis erhalten wir (Maschensatz!)

$$U_{l2} - U_{l1} + I(R_{i1} + R_\mathrm{I} + R_{i2}) = 0$$
$$I = \frac{U_{l1} - U_{l2}}{R_\mathrm{I} + R_{i1} + R_{i2}}. \tag{1}$$

Der Strom verschwindet bei der Kompensationsbedingung $U_{l1} = U_{l2}$. Gelingt es umgekehrt, U_{l2} auf U_{l1} "einzustellen", so wird die Spannung U_{l1} tatsächlich im Leerlauf bestimmt, unabhängig von den Eigenschaften des Spannungsmesser R_U! (Sein Einfluß ist in R_{i2} und U_{l2} enthalten, aber U_{l2} wird abgelesen)

b) Wir betrachten Zweipol 2, zunächst ohne R_U (fassen also R_U als passiven Zweipol auf, Bild 3.3/8c). Für den aktiven Zweipol ergeben sich
   - die *Leerlaufspannung* U_l nach der Spannungsteilerregel
$$U_\mathrm{l} = U_{\mathrm{Q}2}\frac{\alpha R}{\alpha R + (1-\alpha)R} = \alpha U_{\mathrm{Q}2}. \tag{2}$$
   Sie kann direkt über das Potentiometer (Gesamtwiderstand R, Teilwiderstand αR ($0 \le \alpha \le 1$)) eingestellt werden.
   - der *Innenwiderstand*
$$R_\mathrm{i} = \alpha R \parallel (1-\alpha)R = \alpha(1-\alpha)R. \tag{3}$$
   Er verschwindet bei $\alpha = 0$ und $\alpha = 1$ und hat ein Maximum $R/4$ bei $\alpha = 1/2$. So liegt ein Zweipol mit variablem Innenwiderstand vor (Bild 3.3/8d).

- Wir fügen jetzt den aktiven Zweipol 2 mit dem Spannungsmesser R_U zusammen und erhalten als Klemmenspannung

$$U_{AB} = \frac{U_1 R_U}{R_U + R_i} = \frac{\alpha U_{Q2}}{1 + \alpha(1 - \alpha)(R/R_U)}. \tag{4}$$

In erster Näherung steigt $U_{AB} \sim \alpha$. (Der Einfluß im Nenner wegen R/R_U hat zwar Einfluß auf die Funktion $U_{AB}(\alpha)$, nicht aber auf die Höhe der einstellbaren Spannung.) Durch Verändern von α und Beobachten des Nulldurchganges des Strommesers nach Gl.(1) kann somit U_{l1} exakt bestimmt werden.

In Abgleichnähe ($U_{l1} = 10\,\text{V}$) beträgt die Potentiometerstellung $\alpha \approx 1/2$, deshalb hat Zweipol 2 den effektiven Innenwiderstand Gl.(3) $R_{i2} \approx 1/4R = 250\,\Omega$.

c) Bei direktem Anschluß des Spannungsmessers an Zweipol 1 entsteht die Spannung

$$U'_{AB} = U_{Q1} \frac{R_U}{R_{i1} + R_U},$$

also der Fehler

$$\frac{U'_{AB}}{U_{Q1}} - 1 = \frac{-R_{i1}}{R_{i1} + R_U} = \frac{-10\,\text{k}\Omega}{11\,\text{k}\Omega} = -91\%!$$

M.a.W. ist dieser Fall wegen $R_U \ll R_{i1}$ indiskutabel.

d) Im Abgleichfall verschwindet der Strom $I \to U_{AB} = U_{Q1}$. So ergibt sich mit Gl.(4)

$$\frac{U_{Q1}}{U_{Q2}} = \frac{\alpha}{1 + \alpha(1 - \alpha)(R/R_U)}. \tag{5}$$

Daraus folgt für $U_{Q1}/U_{Q2} = 10/20 \to \alpha \approx 1/2$, bei Berücksichtigung des Nenners $\to \alpha \approx 0,62$.

e) Wir definieren als Außenwiderstand des Zweipols 1 $R_{AB} = U_{AB}/I$ oder mit Gl. (1) und $U_{AB} = U_{Q1} - I R_{i1}$

$$R_{AB} = \frac{U_{AB}}{I} = \frac{U_{Q1}}{I} - R_{i1} = \frac{R_{i1} + R_{i2}}{1 - \frac{\alpha(U_{Q2}/U_{Q1})}{1+\alpha(1-\alpha)(R/R_U)}} - R_{i1}.$$

Dabei wurde der Strom I nach Gl.(1) und die Leerlaufspannung U_{AB} Gl.(4) verwendet. Offensichtlich verschwindet der Strom I bei einer bestimmten Schleiferstellung (Gl.(5)), d.h. es ist $R_{AB} \to \infty$ (Leerlauf) möglich! Genau dies bezweckt eine Kompensationsschaltung: Das zu messende Objekt wird durch die (relativ niederohmigen) Meßinstrumente nicht belastet. Für $\alpha = 1/2$, $U_{Q2}/U_{Q1} = 2$, $R_i = \alpha(1 - \alpha)R$ folgt

$$R_{AB} = \frac{10\,\text{k}\Omega + 0,2\,\text{k}\Omega}{1 - \frac{1}{1+1/4}} - 10\,\text{k}\Omega = 41\,\text{k}\Omega,$$

da $R_{i2} = R_U \parallel (\alpha(1 - \alpha)R) = 0,2\,\text{k}\Omega$. Für $\alpha \approx 0,62$ geht $R_{AB} \to \infty$, wie erwartet.

Aufgabe 3.3/9 Zweipoltheorie. Aktiver Zweipol

Gegeben sei die Schaltung Bild 3.3/9a. Mit der Zweipoltheorie zeige man, daß

$$R_\mathrm{L} = R_{12} \quad \text{für} \quad R_2 = \frac{2RR_\mathrm{L}^2}{3R^2 - R_\mathrm{L}^2} \tag{1}$$

gilt.

a) Welche Leerlaufspannung $U_\mathrm{l} = U_\mathrm{AB}$ entsteht an AB (mit Einbezug von R_L)?

b) Zeigen Sie, daß aus der Forderung $R_{12} = R_\mathrm{L}$ der Widerstand R_2 gerade nach Gl.(1) gewählt werden muß. Wie groß ist der Ersatzinnenwiderstand R_AB mit der Bemessung nach Gl.(1)?

c) Welche Spannung hat der Punkt P gegen Masse, speziell für $U_\mathrm{AB} = U_\mathrm{Q}/2$?

d) Erklären Sie, warum realisierbare (d.h. positive) Widerstände R_2 nach Gl.(1) mit der Bedingung $\sqrt{3}R > R_\mathrm{L}$ einhergehen.

e) Welche Widerstände R_2, R ergeben sich (bei gegebenem R_L), wenn ein Spannungsteilerverhältnis $U_\mathrm{AB}/U_\mathrm{Q} = 1/3$ eingestellt werden soll?

f) Welcher der Widerstände der Schaltung verbraucht die meiste Leistung? Wie groß sind die Leistungen jeweils?

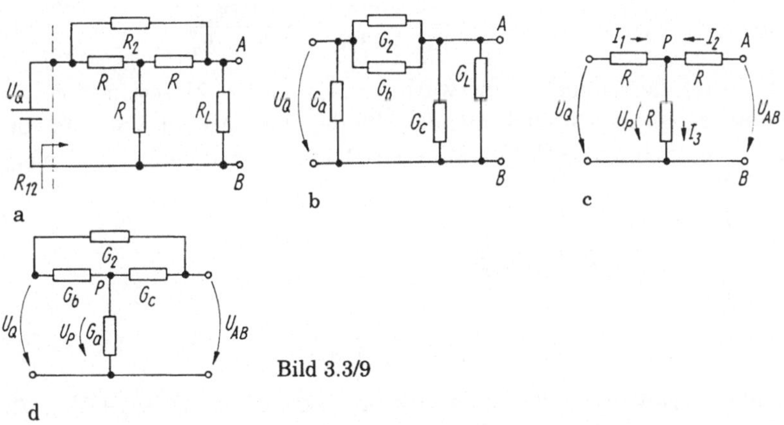

Bild 3.3/9

Lösung:

a) Wir rechnen zunächst die Sternschaltung in eine Dreieckform um (vgl. I/Bild 2.38) und erhalten die Ersatzschaltung Bild 3.3/9b mit $G_\mathrm{a} = G_\mathrm{b} = G_\mathrm{c} = 1/3R$. Die Spannungsteilerregel führt auf ($R_\mathrm{a} = R_\mathrm{b} = R_\mathrm{c} = 3R$)

$$\frac{U_\mathrm{AB}}{U_\mathrm{Q}} = \frac{R_\mathrm{L} \parallel R_\mathrm{a}}{R_\mathrm{L} \parallel R_\mathrm{a} + R_2 \parallel R_\mathrm{b}} = \frac{3R_\mathrm{L}}{3R_\mathrm{L} + \frac{3R_2(R_\mathrm{L}+3R)}{R_2+3R}}$$

mit R_2 nach Gl.(1). Der zweite Term im Nenner lautet ausgeschrieben:

$$\frac{R_2(3R + R_{\mathrm{L}})}{3R + R_2} = \frac{6R_{\mathrm{L}}^2}{3R - R_{\mathrm{L}}}.$$

Damit wird das Spannungsteilerverhältnis endgültig

$$\frac{U_{\mathrm{AB}}}{U_{\mathrm{Q}}} = \frac{3R_{\mathrm{L}}}{3R_{\mathrm{L}} + \frac{6R_{\mathrm{L}}^2}{3R - R_{\mathrm{L}}}} = \frac{3R - R_{\mathrm{L}}}{3R + R_{\mathrm{L}}}. \tag{2}$$

b) Um die Bedingung Gl.(1) für R_2 aus der Forderung $R_{12} = R_{\mathrm{L}}$ nachzuweisen, gehen wir von der bereits umgeformten Ersatzschaltung Bild 3.3/9b aus. Der Leitwert $G_{12} = 1/R_{12}$ beträgt (mit $G = 1/R$, $G_2 = 1/R_2$)

$$G_{12} = \frac{1}{R_{\mathrm{L}}} = \frac{G}{3} + \frac{1}{\frac{1}{G_{\mathrm{L}} + G/3} + \frac{1}{G_2 + G/3}}.$$

Wir lösen die Gleichung nach G_{L} auf und erhalten das Zwischenergebnis

$$G_{\mathrm{L}}^2 = \frac{2}{3}GG_2 + \frac{G^2}{3} \quad \text{oder} \quad \frac{1}{R_2} = \frac{3}{2} \cdot \frac{R}{R_{\mathrm{L}}^2} - \frac{1}{2R}.$$

Das ist Gl.(1). Der Ersatzwiderstand R_{iers} (von den Klemmen AB her bestimmt!) lautet

$$R_{\mathrm{iers}} = R_2 \parallel (R + (R \parallel R)) = \frac{3RR_2}{2R_2 + 3R} = \frac{6RR_{\mathrm{L}}^2}{9R^2 + R_{\mathrm{L}}^2}. \tag{3}$$

c) Zur Erklärung der zunächst unerwarteten Lösung Gl.(2) bestimmen wir die Spannung U_{P} im Punkt P aus der Überlegung, daß mit Vorgabe von U_{Q} und U_{AB} auch U_{P} festliegen muß. Der Knotensatz $I_1 + I_2 = I_3$ liefert (Bild 3.3/9c)

$$\frac{U_{\mathrm{Q}} - U_{\mathrm{P}}}{R} + \frac{U_{\mathrm{AB}} - U_{\mathrm{P}}}{R} = \frac{U_{\mathrm{P}}}{R}.$$

Daraus folgt:

$$3U_{\mathrm{P}} = U_{\mathrm{Q}} + U_{\mathrm{AB}}, \quad U_{\mathrm{P}} = (U_{\mathrm{Q}} + U_{\mathrm{AB}})/3. \tag{4}$$

Der Punkt P erreicht somit 2/3 des arithmetischen Mittels $(U_{\mathrm{Q}} + U_{\mathrm{AB}})/2$ der Spannungen $U_{\mathrm{Q}}, U_{\mathrm{AB}}$. Die Spannung U_{AB} liegt durch die Spannungsteilerregel über R_2, R_{L} (und den Widerstandsstern) fest. Wird beispielsweise $U_{\mathrm{AB}} = U_{\mathrm{Q}}/2$, so stellt sich $U_{\mathrm{P}} = U_{\mathrm{Q}}/2$ ein. Dies ist plausibel, denn die Schaltung kann als Brücke aufgefaßt werden mit dem Diagonalzweig P...A. $U_{\mathrm{AB}} = U_{\mathrm{Q}}/2$ stellt Brückenabgleich dar.

d) Wäre $R_{\mathrm{L}} > \sqrt{3}R$, so gäbe es keinen ohmschen Widerstand, der die Bedingung Gl.(1) erfüllt. Die Bedingung Gl.(1) folgt aus der Forderung $R_{12} = R_{\mathrm{L}}$, d.h. einer Vorschrift für den Eingangswiderstand der Schaltung. Entfällt sie, so entfällt das Ergebnis $R_{\mathrm{L}} > \sqrt{3}R$.

e) Die Vorgabe $U_{AB}/U_Q = m = 1/3 = R_L/(R_{iers} + R_L)$ erfordert nach Lösung a) ein Widerstandsverhältnis

$$\frac{R}{R_L} = \frac{1}{3} \cdot \frac{1+m}{1-m}.$$

Dazu gehört nach Gl.(1) der Widerstand R_2:

$$\frac{R_2}{R_L} = \frac{2R/R_L}{3(R/R_L)^2 - 1},$$

also speziell für $m = 1/3$

$$\frac{R}{R_L} = \frac{2}{3}; \quad \frac{R_2}{R_L} = \frac{8}{13}.$$

Für einen gegebenen Lastwiderstand R_L und gewünschtes Spannungsteilerverhältnis liegen damit R und R_2 und somit R_{iers} fest.

f) Zur Abschätzung der Leistung ermitteln wir jeweils $P = U^2/R$ für jeden Widerstand. Der Widerstand R_2 hat den Leistungsumsatz (mit Gl.(2))

$$P_2 = \frac{(U_Q - U_{AB})^2}{R_2} = \frac{U_Q^2}{R_2}\left(1 - \frac{3R - R_L}{3R + R_L}\right)^2 = \frac{2U_Q}{R}\frac{3R^2 - R_L^2}{(3R + R_L)^2}.$$

Im Widerstand R_a wird umgesetzt:

$$P_a = \frac{U_P^2}{R_a} = \frac{1}{9R}(U_Q + U_{AB})^2 = \frac{U_Q^2}{9R}\left(1 + \frac{3R - R_L}{3R + R_L}\right)^2$$

$$= \frac{U_Q^2}{9R}\frac{6R^2}{(3R + R_L)^2}.$$

Der Widerstand R_b verbraucht (mit $U_Q - U_P = 2/3U_Q - U_{AB}/3$)

$$P_b = \frac{(U_Q - U_P)^2}{R} = \frac{U_Q^2}{9R}\left(2 - \frac{3R - R_L}{3R + R_L}\right)^2 = \frac{U_Q^2}{9R}\left(\frac{3R + 3R_L}{3R + R_L}\right)^2.$$

Im Widerstand R_c wird die Leistung

$$P_c = \frac{(U_{AB} - U_P)^2}{R} = \frac{(U_Q - 2U_{AB})^2}{9R} = \frac{U_Q^2}{9R}\left(\frac{3R - 3R_L}{3R + R_L}\right)^2$$

umgesetzt. Wir erkennen, daß
- R_b für $R_L > R$ die große Leistung umsetzt, R_c am wenigsten
- die umgesetzte Leistung hängt vom Verhältnis R/R_L ab.

Aufgabe 3.3/10 Leistungsanpassung

In der Schaltung Bild 3.3/10 soll dem Widerstand R_3 maximale Leistung zugeführt werden. Wie ist R_3 zu wählen?

a) Bestimmen Sie diese Leistung, wie groß ist sie maximal?
b) Wiederholen Sie Aufgabe a) mit der Zweipoltheorie. Wie groß ist R_3 zu wählen? Wie groß sind in diesem Falle U und I?

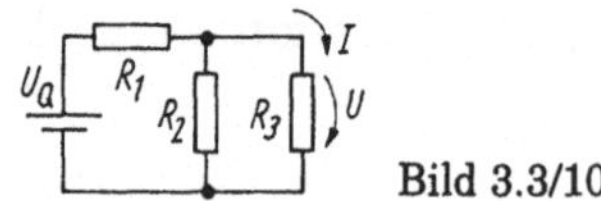

Bild 3.3/10

Lösung:

a) Die im Widerstand R_3 umgesetzte Leistung beträgt $P_V = U^2/R_3$. Sie soll maximal werden. Da die Spannung U selbst von R_3 abhängt, $(U(G_3))$, ist dieser Zusammenhang zunächst zu bestimmen. Die Spannungsteilerregel liefert:

$$\frac{U}{U_Q} = \frac{R_2 \parallel R_3}{R_1 + R_2 \parallel R_3} = \frac{1}{1 + R_1(G_2 + G_3)}. \tag{1}$$

Damit beträgt die Verlustleistung in R_3

$$P_V = \frac{U_Q^2 G_3}{(1 + R_1(G_2 + G_3))^2}. \tag{2}$$

Das Maximum dieser Funktion folgt aus der Bedingung

$$\frac{dP_V}{dG_3} = 0 \rightarrow 0 = \frac{(1 + R_1(G_2 + G_3))^2 - 2(1 + R_1(G_2 + G_3))R_1 G_3}{(1 + R_1(G_2 + G_3))^4},$$

d.h. für

$$G_3|_{\max} = \frac{1}{R_1} + G_2 = G_1 + G_2 \tag{3}$$

Durch Bildung der zweiten Ableitung an dieser Stelle läßt sich zeigen, daß tatsächlich ein Maximum vorliegt. Rückeinsetzen ergibt als maximale Leistung

$$P_V|_{\max} = \frac{U_Q^2(G_1 + G_2)}{(2 + 2R_1 G_2)^2} = \frac{U_Q^2 G_1}{4(1 + R_1 G_2)}. \tag{4}$$

b) Wir lösen die gleiche Aufgabenstellung mit der Zweipoltheorie und betrachten die Schaltung U_Q, R_1, R_2 als aktiven, R_3 als passiven Zweipol. Die Ersatzgrößen des aktiven Zweipols lauten:

$$U_l = U_Q \frac{R_2}{R_1 + R_2}; \quad R_i = R_2 \parallel R_1.$$

Maximale Leistung an $R_a = R_3$ wird bei Anpassung $R_a = R_i$ übertragen (resp. $G_a = G_i$)

$$G_a = G_i \rightarrow G_3 = 1/(R_2 \parallel R_1) = G_1 + G_2. \tag{5}$$

Dieses Ergebnis stimmt erwartungsgemäß mit Gl.(3) überein, doch wird es viel einfacher als oben erhalten.

Im Anpaßfall $R_a = R_i$

• sinkt die Spannung U_{AB} auf $U_l/2$:

$$U_{AB} = \frac{1}{2} \frac{U_Q}{1 + R_1 G_2} = \frac{U_Q}{1 + R_1(G_2 + G_3)} \bigg|_{G_3 = G_1 + G_2}$$

- beträgt die Leistung an R_a (vgl. Gl.(4)):

$$P_{Vmax} = \frac{U_1^2}{4R_i} = \frac{1}{4}\frac{U_Q^2(G_1 + G_2)}{(1 + R_1 G_2)^2} = \frac{U_Q^2}{4R_i^2(G_1 + G_2)} \qquad (6)$$

(vgl. Gl.(4)).

Diskussion: Bei Anpassung eines Verbrauchers an eine Schaltung zum Zwecke maximaler Leistungsübertragung bietet die Anwendung der Zweipoltheorie klare Vorteile. Beispielsweise entfällt die aufwendigere Extremwertsuche nach Aufgabenteil a), da die Bedingung maximaler Leistungsübertragung bei Anpassung $R_a = R_i$ allgemein für lineare Zweipole gilt.

3.4 Maschenstrom-, Knotenspannungsanalyse

Aufgabe 3.4/1 Netzwerktopologie

a) Gegeben sind die Streckenkomplexe Bild 3.4/1a...c. Wieviele Knoten- und Maschengleichungen sind jeweils unabhängig?
b) Im Netzwerk Bild 3.4/1c sind die Zweige näher bezeichnet. Wählen Sie einen vollständigen Baum und geben Sie unabhängige Maschen (beispielhaft) an.

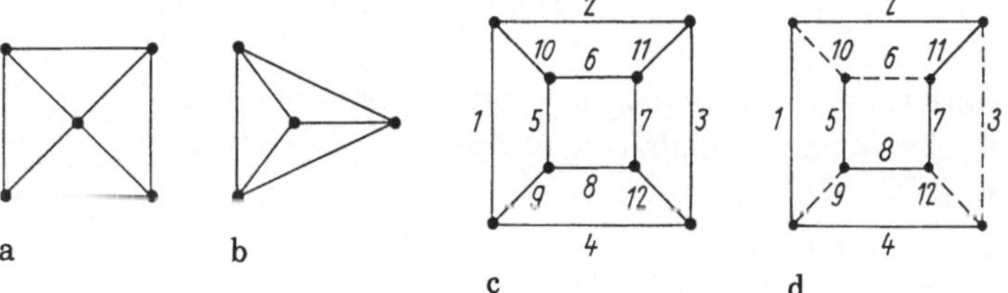

Bild 3.4/1

Lösung:

a) Netzwerk a) hat $z = 8$ Zweige und $k = 5$ Knoten, somit $m = z - k + 1 = 4$ unabhängige Maschengleichungen. Für Netzwerk b) gelten analog $z = 6$, $k = 4$, $m = 3$. Für Netzwerk c) gelten $z = 12$ und $k = 8$, mithin gibt es $m = 5$ unabhängige Maschen. Im Bild 3.4.1d wurde ein vollständiger Baum eingetragen. Jeder Knoten ist mit jedem Knoten verbunden, ohne daß geschlossene Umläufe entstehen. Dann stellen I_3, I_6, I_9, I_{10} und I_{12} die unabhängigen Maschenströme dar (markiert dargestellte Zweige). Sind sie bekannt (z.B. aus der Netzwerkanalyse), so ergeben sich alle restlichen über den Knotensatz.

Da das Netzwerk über $k = 8$ Knoten verfügt, sind $k - 1$ Knotengleichungen unabhängig. Damit stehen mit den z Zweigbeziehungen insgesamt $z + m + (k - 1) = 2z$ Gleichungen zur Bestimmung aller $2z$ Variablen (U, I) zur Verfügung. Werden die z Zweigbeziehungen (NWE-Beziehungen, z.B. der Art $U = RI$) mit einbezogen, so gibt es insgesamt z Gleichungen für z Unbekannte.

Aufgabe 3.4/2 Schaltungsgraph, Baum, Fundamentalmaschen

Gegeben sei die Schaltung Bild 3.4/2a mit bekannten Elementen

a) Wieviele Zweige und Knoten hat die Anordnung?
b) Was sind wesentliche Zweige und Knoten?
c) Geben Sie einige vollständige Bäume an. Wie lauten die zugehörigen unabhängigen Maschengleichungen ausgedrückt durch die Spannungen?
d) Erläutern Sie, wie in einer unabhängigen Maschengleichung ein Maschenstrom eingeführt werden kann.

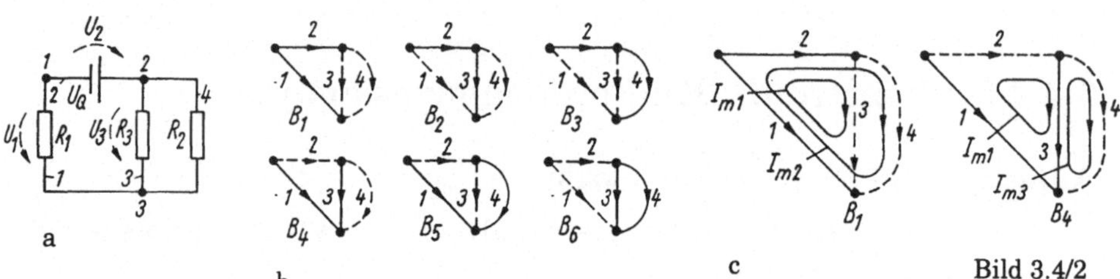

Bild 3.4/2

Lösung:

a) , b) Das Netzwerk hat $z = 4$ Zweige und $k = 3$ Knoten, davon sind die Knoten (2) und (3) und die Zweige z_2, z_3 sowie z_1, z_4 wesentlich.

c) Der Baum eines verbundenen Graphen entsteht aus den Originalgraphen so

- daß durch Entfernen von Zweigen noch alle Knoten verbunden sind
- und keine geschlossenen Schleifen verbleiben.

Es gibt höchstens

$$\frac{z!}{(z-k+1)!(k-1)!} = \frac{4!}{2!2!} = 6 \quad \text{Bäume.}$$

Im Bild 3.4/2b wurden sie dargestellt. Baum B_6 scheidet aus (geschlossene Schleife). Die unabhängigen Maschengleichungen lassen sich sofort angeben, z.B. für

Baum B_1	Baum B_4
$M_1\circlearrowleft : U_3 = U_1 - U_2$	$M_1\circlearrowleft : U_2 = U_1 - U_3$
$M_2\circlearrowleft : U_4 = U_1 - U_2$	$M_2\circlearrowleft : U_3 = U_4.$

d) Ein Maschenstrom I_m fließt nur in einer unabhängigen Masche (als "Ringstrom" $\leftrightarrow$ Vorstellungsgröße). Beispielsweise werden in B_1 M_1: die Zweigspannungen U_1, U_2, U_3 durch einen Maschenstrom I_{m1} gebildet, der nur in M_1 fließt (Bild 3.4/2c):

$$U_3 - U_1 + U_2 = 0$$
$$I_{m1}R_3 + I_{m1}R_1 - U_Q = 0.$$

Dabei ist auf die Richtung von I_m und der jeweiligen Zweigspannung zu achten: $(U_3 = I_{m1}R_3$, aber $U_1 = -I_{m1}R_1)$. $U_2 = -U_Q$ entsteht durch die Quellenspannung, was nach dem Maschenstromkonzept zulässig ist.

Ganz analog wird für Masche $M_2\circlearrowleft$ ein Maschenstrom I_{m2} eingeführt. Dann fließen *tatsächlich* (meßbar!)

- durch R_2, R_3 nur die Maschenströme I_{m2}, I_{m1}
- durch R_1 die vorzeichenbehaftete Summe der Maschenströme.

Ist z.B. der Strom durch R_1 gesucht, so müssen alle beiden Maschenströme berechnet werden; für den Strom durch R_3 genügt I_{m1}. M.a.W. bestimmt die Wahl des Baumes (und damit Festlegung der Maschenströme) den Lösungsaufwand für einen Zweigstrom mit!

Für Baum B_4 wählen wir die beiden Maschenströme I_{m1}, I_{m3}, jetzt fließt z.B. durch R_1 nur I_{m1}.

Aufgabe 3.4/3 Systematische Baumsuche. Zahl der unabhängigen Maschen

a) Man bestimme zum Netzwerk Bild 3.4/3a die Schaltungsgraphen und alle möglichen Bäume und Kobäume.

b) Wie lauten die z Elementbeziehungen?

c) Fassen Sie die Spannungsquelle U_{Q1} und R_1 sowie $R_2 + R_3$ als jeweils einen Zweig auf. Wieviele Zweige und Knoten verbleiben dann? Was folgt für die Zahl notwendiger Gleichungen? Führen Sie für den Zweig mit der idealen Stromquelle eine Hilfsspannung U_H ein.

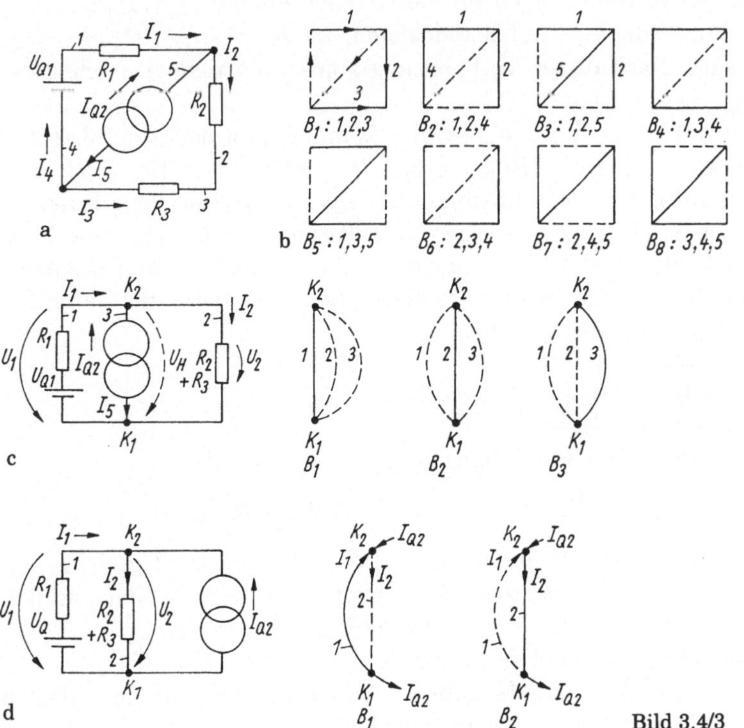

Bild 3.4/3

d) Fassen Sie die idealen Stromquelle I_{Q2} nicht als Zweig auf. Wieviele Zweige, Knoten und unabhängige Maschengleichungen hat das Netzwerk dann? Formulieren Sie das Gleichungssystem.

Lösung:

a) Das Netzwerk hat $z = 5$ Zweige und $k = 4$ Knoten, also höchstens

$$\frac{z!}{(z - k + 1)!(k - 1)!} = \frac{5!}{2!3!} = 10 \quad \text{vollständige Bäume.}$$

Die systematische Baumsuche läuft wie folgt ab:
Annahme eines ersten Zweiges, des nächsthöheren anliegenden usw. So ergibt sich obige Aufstellung (10 Möglichkeiten). Dabei scheiden 1, 4, 5 und 2, 3, 5 aus, da sie Schleifen bilden. Im Bild Bild 3.4/3b wurden die Bäume dargestellt.

b) Die Schaltung hat $k - 1 = 3$ unabhängige Knoten (Gleichungen) und $m = z - (k - 1) = 2$ unabhängige Maschengleichungen, also insgesamt $z = 5$ Gleichungen, die für U, I aus den KHG resultieren. Dazu kommen die $z = 5$ Zweigbeziehungen:

$$\begin{aligned}
&z_1 : U_1 - I_1 R_1 = 0 \qquad &&z_4 : U_4 = -U_{Q1} \\
&z_2 : U_2 - I_2 R_2 = 0 \qquad &&z_5 : +I_5 + I_{Q2} = 0. \\
&z_3 : U_3 - I_3 R_3 = 0 &&
\end{aligned} \tag{1}$$

Damit stehen 10 Gleichungen für die 10 Unbekannten $I_1 \ldots I_5$, $U_1 \ldots U_5$ zur Verfügung, die sich auf 8 reduzieren, da $I_5 = -I_{Q2}$, $U_4 = -U_{Q1}$ gegeben sind. Nach dieser Vorbereitung könnte mit dem Aufstellen der KHG begonnen werden.

c) Jetzt folgt mit $z = 3$ und $k = 2 \rightarrow m = 2$, und es gibt höchstens $3!/(2!1!)$ $= 3$ vollständige Bäume (Bild 3.4/3c). Wir wählen den Baum B_1 aus. Der Zweig mit der (idealen) Stromquelle I_{Q2} wird beschrieben durch die Zweiggrößen I_5 und eine (unbekannte) Hilfsspannung U_H zwischen Knoten 2 und 1, die wir der Stromquelle zuordnen können, genau wie einen Hilfsstrom durch ideale Spannungsquellen (s.u.). Es gelten für Baum B_1:
- unabhängige Maschengleichungen
$$M_1\circlearrowright : U_H - U_1 = 0 \qquad M_2\circlearrowright : U_2 - U_1 = 0 \tag{2}$$
- unabhängige Knotengleichungen K_2:
$$K_2 : I_1 - I_5 - I_2 = 0. \tag{3}$$
Dazu kommen an Zweigbeziehungen:

$$z_1 : U_1 = U_{Q1} - I_1 R_1, \quad z_2 : U_2 - I_2(R_2 + R_3) = 0, \quad z_3 : I_5 = -I_{Q2}. \tag{4}$$

Das sind $2z = 6$ Gleichungen für die Unbekannten U_1, U_2, U_H, I_1, I_2, I_5. Man sieht deutlich den Vorteil, so viel als möglich reihen- oder parallelgeschaltete Elemente jeweils zusammenzufassen! Weiterhin
- liegt der Strom I_5 durch I_{Q2} fest
- stellt sich $U_H = U_1$ nach Maßgabe von U_1 ein (Eigenschaft einer idealen Stromquelle, Spannung über ihr beliebig!),

so daß damit $I_5(\rightarrow z_2)$ und $U_\mathrm{H}(\rightarrow \mathrm{M}_1)$ als Unbekannte entfallen. Somit verbleiben schließlich 4 Unbekannte (I_1, I_2, U_1, U_2) bestimmt durch

- zwei Zweigbeziehungen (z_1, z_3)
- den Knotensatz
- den Maschensatz M_2.

Das sind noch $z = 2$ Gleichungen mit $2z$ Unbekannten, einem Knoten ($k = 2$ wie bisher), aber nur noch einer unabhängigen Masche (M_2) ($m = 1$).

Die Einführung der idealen Stromquelle als Zweig macht eine Hilfsspannung U_H über ihr erforderlich. Sie ist jedoch durch die umgebende Schaltung bestimmt, wodurch sich dieser Zweig eliminiert. Es genügt daher, eine ideale Stromquelle nur in der Knotenbilanz zu berücksichtigen, nicht als Zweig!

Anders ausgedrückt: die reale Stromquelle $(I_\mathrm{Q}; G_\mathrm{i})$ bildet stets nur einen Zweig (nämlich den durch G_i).

(Eine analoge Aussage gilt für ideale Spannungsquellen, deshalb konnte die Reihenschaltung $U_{\mathrm{Q}1}$ mit R_1 als ein Zweig dargestellt werden, weil der Hilfsstrom $I_\mathrm{H} = I_4$ durch die Quelle stets gleich I_1 ist).

d) Es gilt jetzt (Bild 3.4/3d) $z = 2$, $k = 2 \rightarrow m = 1$. Damit gibt es $z!/m!(k-1)! = 2$ mögliche Bäume, im Bild sind sie angegeben. Es gelten

- Knotengleichung

$$I_1 + I_{\mathrm{Q}2} - I_2 = 0 \tag{5}$$

- Maschengleichung

$$U_1 - U_2 = 0. \tag{6}$$

- Zweigbeziehungen (s. Gl.(4))

$$z_1 : U_1 = U_{\mathrm{Q}1} - I_1 R_1, \quad z_2 : U_2 - I_2(R_2 + R_3) = 0.$$

Durch Eliminieren von z.B. U_1, U_2, d.h. Verwendung der Zweigbeziehungen, verbleiben dann nur die KHG:

$$I_1 + I_{\mathrm{Q}2} - I_2 = 0, \quad U_\mathrm{Q} - I_1 R_1 = I_2(R_2 + R_3).$$

Dieses System läßt sich sofort nach I_1, I_2 lösen. Das sind die reduzierten KHG, denn man verwendet die Zweigbeziehungen (NWE-Beziehungen) mit.

Zweckmäßig werden deshalb die gesuchten Größen (Zweigströme, Zweigspannungen) bereits beim Aufstellen der KHG mit eingeführt (also hier statt der Maschengleichung $U_1 = U_2$ geschrieben (Maschenumlauf!): $I_2(R_2 + R_3) - U_{\mathrm{Q}1} + I_1 R_1 = 0$), um die Zahl der Gleichungen so niedrig wie möglich zu halten.

Diskussion: Das Beispiel zeigt

- Die Aufstellung des Baumes gibt einen sicheren Weg zur Feststellung der unabhängigen Maschengleichungen.
- Netzwerkzweige mit "unwesentlichen" oder sog. "2er Knoten" (nur zwei Zweige angeschlossen) sollten immer zu einem Zweig zwischen "wesentlichen" Knoten (mehr als 2 Zweige angeschlossen) zusammengefaßt werden.
- Reale Spannungs- und reale Stromquellen werden jeweils als ein Zweig betrachtet (die ideale Stromquelle tritt damit in der Zweigzahl nicht auf).

Aufgabe 3.4/4 Schaltungsgraph, Unabhängige Maschen

a) Für die Schaltung Bild 3.4/4a gebe man alle möglichen vollständigen Bäume (und Kobäume) an und notiere die z Zweigbeziehungen.

b) Vereinfachen Sie die Schaltung auf möglichst wenige Zweige und formulieren Sie dann die KHG.

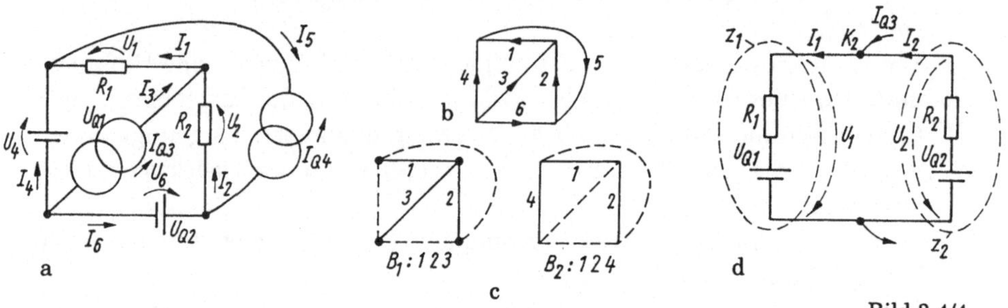

Bild 3.4/4

Lösung:

a) Wir gehen formal vor und ordnen jedem Zweipol einen Zweig zu. Dann gibt es $z = 6$ Zweige und $k = 4$ Knoten, also höchstens

$$\frac{z!}{(z - k + 1)!(k - 1)!} = \frac{6!}{3!3!} = 20 \quad \text{Bäume.}$$

Wir zeichnen den Streckenkomplex (Bild 3.4/4b), beginnend mit den Zweigen 1, 2 und variieren systematisch:

1	2	3	1	3	5	2	3	5	3	4	5
1	2	4	1	3	6	2–	–3–	–6	3	4	6
1–	–2–	–5	1	4	5	2	4	5	3	5	6
1	2	6	1	4	6	2	4	6	4–	–5–	–6
1–	–3–	–4	1	5	6	2	5	6			
			2	3	4						

So entstehen insgesamt 16 vollständige Bäume, beispielsweise scheiden 1 2 5, 1 3 4 (und andere) als geschlossen aus (Bild 3.4/4c zeigt zwei Beispiele).

Die $z = 6$ Zweigbeziehungen lauten:

$$1: U_1 = R_1 I_1 \qquad 4: U_4 = -U_{Q1}$$
$$2: U_2 = R_2 I_2 \qquad 5: I_5 = -I_{Q4}$$
$$3: I_3 = I_{Q2} \qquad 6: U_6 = -U_{Q2}.$$

Dazu kommen noch $k - 1 = 3$ Knotengleichungen und $m = z - (k - 1) = 3$ unabhängige Maschengleichungen von den Kirchhoffschen Beziehungen her.

b) Aus der Schaltung Bild 3.4/4d wird sichtbar, daß die ideale Stromquelle I_{Q4} nur einen Strom durch die idealen Spannungsquellen U_{Q1}, U_{Q2} treibt, mithin *nicht* die Zweigströme I_1, I_2 beeinflußt. Deshalb kann sie fortfallen (auftrennen). Dann werden die Spannungsquellen (U_{Q1}, R_1; U_{Q2}, R_2) jeweils in den Zweigen z_1, z_2 zusammengefaßt. Die ideale Stromquelle zählt nicht als Zweig (s. Aufg. 3.4/3). Damit verbleiben $z = 2$, $k = 2 \to m = 1$:

$$\mathrm{K}_2: \quad I_1 = I_2 + I_{Q3} \qquad \mathrm{M}_1\circlearrowleft: U_2 - U_1 = 0.$$

Zweigbeziehungen:

$$z_1: \quad U_1 = U_{Q1} + I_1 R_1 \quad \text{(Richtung } I_1 \text{ beachten!)}$$
$$z_2: \quad U_2 = U_{Q2} - I_2 R_2.$$

Durch Einsetzen der beiden Zweigbeziehungen ergibt sich das reduzierte KHG mit 2 Gleichungen für die beiden Unbekannten, z.B. I_1, I_2 (oder U_1, U_2). Das Baumproblem stimmt mit der vorhergehenden Aufgabe überein.

Diskussion: Jedes Netzwerk sollte vor Beginn der Analyse soweit als möglich vereinfacht werden. Das betrifft vor allem

- die Wirkung von idealen Quellen
- die Widerstände in Reihe und parallel zur idealen Quelle und
- die Zusammenfassung von reihen- bzw. parallelgeschalteten Widerständen u.a.

Zielstellung: möglichst geringe Zahl von Zweigen und Knoten.

Aufgabe 3.4/5 Maschenstromanalyse

a) Stellen Sie die Maschenstromgleichungen der Schaltungen 3.4/5a...c nach Einführung von Maschenströmen auf (keine Lösung)
b) Wie kann die Widerstandsmatrix von Schaltung c) rasch gewonnen werden, ohne Maschenstromumläufe durchzuführen?
c) Bestimmen Sie die Maschenströme für Schaltung c), falls $R_1 \ldots R_6 = 10\,\Omega$, $U_{Q1} = U_{Q2} = 10\,\mathrm{V}$ gewählt werden.

Hinweis: Repetieren Sie die Grundlagen des Maschenstromverfahrens. Es ist ein vollständiger Baum zu bestimmen.

Lösung:

a) In Schaltung Bild 3.4/5a gibt es nur einen Strom, der zugleich Maschenstrom I_m ist

$$I_m = \frac{U_{Q1}}{R_2 + R_3 + R_4} = \frac{U_{Q1}}{\sum R}. \tag{1}$$

Der Ringwiderstand $\sum R$ ist der Summenwiderstand in der vom Strom I_m durchflossenen Masche.

Es gibt für die Schaltung mit $z = 3$, $k = 2$ (wesentliche Zweige und Knoten) $m = 2$ unabhängige Maschen und damit 2 Maschenströme. Wir bilden einen vollständigen Baum (der alle Knoten verbindet, ohne einen geschlossenen Weg zu bilden). Bild 3.4/5d zeigt eine Lösung. Wir führen die beiden unabhängigen Maschenströme I_{m1}, I_{m2} ein und erhalten

$$\begin{aligned}
\mathrm{M}_1\circlearrowleft: \quad & I_{m1}(R_2 + R_3 + R_4) - I_{m2}R_4 && = -U_{Q1} \quad \text{rechte Seite} \\
\mathrm{M}_2\circlearrowleft: \quad & -R_4 I_{m1} + (R_2 + R_3 + R_4)I_{m2} && = -U_{Q2} + U_{Q1}.
\end{aligned} \tag{2}$$

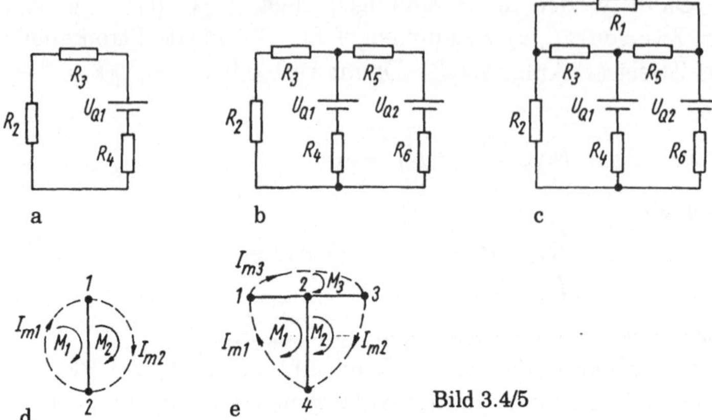

Zum Aufstellen einer Maschengleichung bewegen wir uns mit dem entsprechenden Maschenstrom (in gewählter Umlaufrichtung) und addieren alle Spannungsabfälle an den von ihm durchflossenen Widerständen (= Ringwiderstand dieser Masche). Anschließend bestimmen wir die Spannungsabfälle, die andere Maschenströme über die betreffenden Widerstände in dieser Masche erzeugen: positives Vorzeichen bei gleich orientierten Strömen, sonst negatives. So entsteht Gl.(2). Die unbekannten Maschenströme I_{m1}, I_{m2} lassen sich leicht bestimmen.

Für Schaltung c) mit $z = 6$, $k = 4 \rightarrow m = 3$ gibt es drei unabhängige Gleichungen und damit Maschenströme. Wir wählen einen Baum nach Bild 3.4/5e. Jeder Maschenstrom fließt durch einen Verbindungszweig. Wir stellen die Gleichungen sofort in Widerstandsform auf

$$
\begin{array}{lcccl}
 & I_{m1} & I_{m2} & I_{m3} & \text{rechte Seite} \\
M_1\circlearrowright: & R_2 + R_3 + R_4 & -R_4 & -R_3 & = -U_{Q1} \\
M_2\circlearrowright: & -R_4 & R_4 + R_5 + R_6 & -R_5 & = U_{Q1} - U_{Q2} \\
M_3\circlearrowright: & -R_3 & -R_5 & R_1 + R_3 + R_5 & = 0.
\end{array}
$$

b) Die Widerstandsmatrix ergibt sich (nach Festlegung der Maschenströme und ihrer Richtungen, d.h. Wahl des vollständigen Baumes) direkt aus der Schaltung durch Bestimmung der jeweiligen Ring- und Koppelwiderstände nach folgendem Schema:

- Reihenfolge der Maschenströme festlegen (der gesuchte sollte am Anfang stehen,wenn zur Lösung des Gleichungssystems die Cramersche Regel verwendet wird oder am Ende bei Anwendung des Gauß-Algorithmus).
- Für jede Masche (Zeile) Ring-, Koppelwiderstände und eingeprägte Spannungen eintragen. In den Hauptdiagonalen stehen stets die Ringwiderstände. Koppelwiderstände negatives Vorzeichen, wenn durchfließende Ströme entgegenwirken.
- Eingeprägte Spannungsquelle rechts hat positives Zeichen, wenn entgegengesetzt zur Umlaufrichtung orientiert. (Man prüfe dies nach.)

- Die Matrix ist symmetrisch.

In allgemeiner Form lautet das Ergebnis

$$\boldsymbol{R} \cdot \begin{pmatrix} I_{\mathrm{m1}} \\ I_{\mathrm{m2}} \\ I_{\mathrm{m3}} \end{pmatrix} = \begin{pmatrix} -U_{\mathrm{Q1}} \\ U_{\mathrm{Q1}} - U_{\mathrm{Q2}} \\ 0 \end{pmatrix}.$$

c) Wir lösen die Aufgabe zweckmäßig numerisch. Da U in V, R in Ω gegeben sind, ergibt sich I jeweils in A und es gilt

$$\begin{pmatrix} 30 & -10 & -10 \\ -10 & 30 & -10 \\ -10 & -10 & 30 \end{pmatrix} \cdot \begin{pmatrix} I_{\mathrm{m1}} \\ I_{\mathrm{m2}} \\ I_{\mathrm{m3}} \end{pmatrix} = \begin{pmatrix} 10 \\ 0 \\ 0 \end{pmatrix}.$$

Die Lösung lautet $I_{\mathrm{m1}} = -0,5\,\mathrm{A}$, $I_{\mathrm{m2}} = I_{\mathrm{m3}} = 0,25\,\mathrm{A}$.

Das Ergebnis $I_{\mathrm{m2}} = I_{\mathrm{m3}}$ überrascht nicht, denn in den Maschen M_2, M_3 verschwinden die Quellenspannungen. Deshalb muß bei gleichem Ringwiderstand der gleiche Ringstrom fließen.

Aufgabe 3.4/6 Maschenstromanalyse

Von einem Netzwerk sind die Widerstandsmatrix und der Spannungsquellenvektor bekannt (Bild 3.4/6a).

a) Kann daraus auf das Netzwerk und seine Maschenströme geschlossen werden?

b) Wie lautet das vollständige System der Maschengleichungen?

c) Wie hängen die Ströme I_1 durch R_1, I_2 durch R_2 von den Maschenströmen ab?

d) Wie müßten die Maschenströme eingeführt werden, wenn z.B. I_4 durch R_4 nur von einem Maschenstrom abhängen soll? Wie sieht die zugehörige Widerstandsmatrix aus?

e) Welcher vollständige Baum gehört zur gegebenen Schaltung?

Hinweis: Wir kehren die Maschenstromanalyse um und suchen aus der gegebenen Widerstandsmatrix die jeweils verwendeten Maschenströme und das Netzwerk.

$$[R] = \begin{bmatrix} (R_1 + R_3 + R_5) & -R_3 & R_5 \\ -R_3 & (R_2 + R_3 + R_4) & R_4 \\ R_5 & R_4 & (R_4 + R_5 + R_6) \end{bmatrix} \; ; \; [U] = \begin{bmatrix} 0 \\ -U_{Q1} \\ U_{Q2} - U_{Q1} \end{bmatrix}$$

a

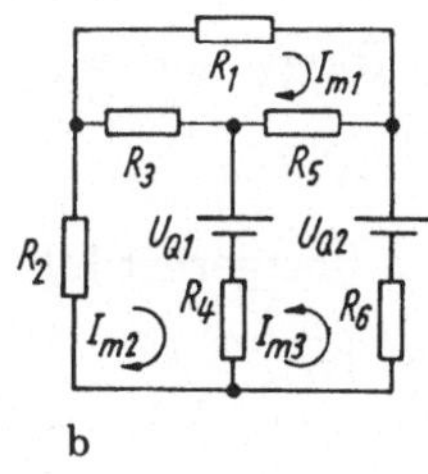
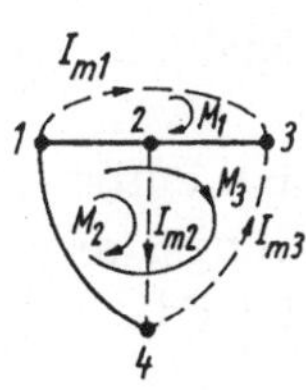
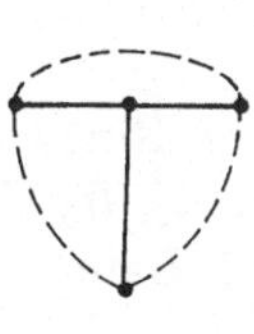

b   c   d   Bild 3.4/6

Lösung:

a) Es gibt drei Maschenströme, davon eine Masche ohne Spannungsquellen. Die Ringwiderstände (Hauptdiagonalglieder) geben zunächst die zu den Maschenströmen gehörenden Maschen an. Wir erhalten durch Umlauf längs des Widerstandsringes R_1, R_5, R_3 die Masche $M_1 \rightarrow I_{m1}$. Analog verfahren wir mit dem Maschen $M_2 \rightarrow I_{m2}$ und $M_3 \rightarrow I_{m3}$. Offen ist noch die zu wählende Umlaufrichtung. Damit liegt zunächst die Netzwerkstruktur grundsätzlich fest (Bild 3.4/6b).

Die gegenseitigen Richtungen der Maschenströme erkennen wir aus den Vorzeichen der Koppelwiderstände. Beispielsweise hat R_3 negatives Vorzeichen, dann müssen I_{m1}, I_{m2} entgegengesetztem Umlaufsinn haben (wie eingetragen). Wir legen eine Richtung für I_{m1} fest (s. Bild 3.4/6b) und haben so gleichzeitig die von I_{m2}. Durch R_5 beispielsweise fließen I_{m3} und I_{m1} gleichgerichtet. Dann muß dies auch für R_4 zutreffen (Kontrolle).

Falls die rechte Gleichungsseite fehlt, kann die Richtung der Maschenströme bezüglich der Spannungsquellen nicht näher spezifiziert werden (es sei denn nach Schaltbild und üblicher Richtungskonvention). Im vorliegenden Fall muß zu den festgelegten Richtungen der Maschenströme die rechte Seite gemäß Spannungsvektor in der Matrixgleichung ergänzt werden. Mit Bezug auf die Maschenstromrichtungen ergeben sich dann die Quellenrichtungen (Bild. 3.4/6b).

b) Wir erhalten als vollständiges System

$$\boldsymbol{R} \cdot \begin{pmatrix} I_{m1} \\ I_{m2} \\ I_{m3} \end{pmatrix} = \begin{pmatrix} 0 \\ -U_{Q1} \\ U_{Q2} - U_{Q1} \end{pmatrix}.$$

(Man vergleiche diese Lösung mit Aufgabe 3.4/5 und erkläre die Unterschiede.)

c) Für die Zweigströme gilt: $I_2 = -I_{m2}$, $I_1 = I_{m1}$.

d) Wenn I_4 nur von einem Maschenstrom abhängen soll, so müßte I_4 in einem Verbindungszweig (nicht vollständiger Baum) liegen. Bild 3.4/6c gibt einen Beispielbaum. Unabhängige Maschen wären dann M_1, M_2, M_3. Stellen Sie die Widerstandsmatrix auf!

e) Je ein Maschenstrom fließt jeweils in einem Verbindungszweig. Dort dürfen keine Koppelwiderstände auftreten. Aus der Matrix erkennt man, daß

- in $M_1 \circlearrowleft$: R_1 nicht als Koppelwiderstand auftritt, wohl aber im Ringwiderstand
- in $M_2 \circlearrowleft$: R_2 nicht als Koppelwiderstand, sondern im Ringwiderstand und
- in $M_3 \circlearrowleft$: R_6 nur im Ringwiderstand auftritt.

Deshalb müssen R_1, R_2, R_6 Verbindungszweige sein. Das Restgerüst bildet den vollständigen Baum (Bild 3.4/6d).

Aufgabe 3.4/7 Maschenstrommatrix

Bestimmen Sie die Schaltung, die zu folgender Maschenstrommatrix und den Spaltenvektoren der Spannungsquellen und Maschenströme gehört:

$$
\begin{pmatrix}
R_1 + R_3 & -R_1 & 0 \\
-R_1 & R_1 + R_2 + R_6 & -R_2 \\
0 & -R_2 & R_2 + R_4 + R_5
\end{pmatrix}
\cdot
\begin{pmatrix}
I_a \\
I_b \\
I_c
\end{pmatrix}
=
\begin{pmatrix}
U_{Q1} \\
0 \\
0
\end{pmatrix}.
$$

a) Was bedeuten die Elemente der Haupt- und Nebendiagonalen anschaulich?

b) Zeichnen Sie die einzelnen Ringmaschen, in denen die Ströme $I_a \ldots I_c$ fließen.

c) Durch welche Elemente sind die Ströme I_a und I_b, I_b und I_c, I_a und I_c direkt verknüpft?

d) Fügen Sie jetzt die Ringmaschen b) unter Beachtung von c) zusammen. Prüfen Sie umgekehrt mit der Maschenstromanalyse, ob sich die angegebene Matrixdarstellung wieder ergibt.

Lösung:

a) Es gibt drei Ringwiderstände und ebenso viele Maschenströme. Man erkennt, daß R_2 und R_1 zwei Maschen gemeinsam sind ($\to$ Koppelwiderstände). Wir beginnen mit der Ringmasche $M_1 \circlearrowleft U_Q$, R_1, R_3 (Bild 3.4/7), tragen anschließend an R_1 die Widerstände R_2, R_6 an (Ring, M_2) und an R_2 schließlich R_4, R_5 (M_3). Damit ist die Schaltungsstruktur bereits erkenntlich.

b) Im nächsten Schritt tragen wir in Masche 1 den Ringstrom I_a in einer Richtung an, die zweckmäßig mit U_Q korrespondiert ($U_Q = +IR\ldots$). Die Richtung des Ringstromes I_b der Nachbarmasche ergibt sich aus dem Vorzeichen des Koppelwiderstandes R_1. Damit folgt Schaltung Bild 3.4/7 rechts).

Ringstrom I_c koppelt nicht in M_1 ein (Koeffizient 0). Seine Richtung in bezug auf I_b ergibt sich aus dem Vorzeichen von R_2.

c) I_a, $I_b \to R_1$, $I_b, I_c \to R_2$, I_a, $I_c = 0$.

d) Die Kontrolle ist leicht durchzuführen.

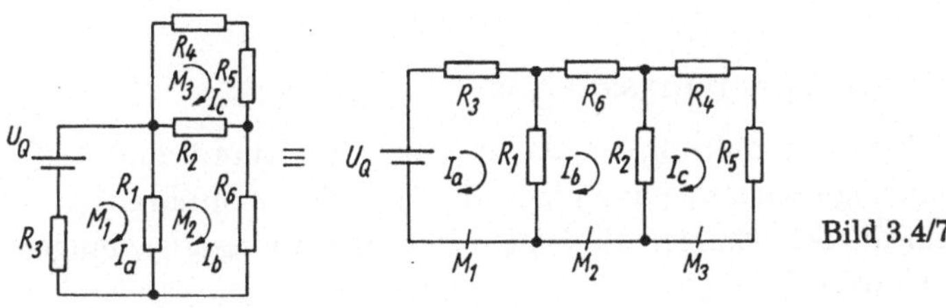

Bild 3.4/7

Aufgabe 3.4/8 Maschenstromanalyse

Für das Netzwerk Bild 3.4/8a berechne man den Eingangswiderstand $R_e = R_{AB} = U_Q/I_1$ mit dem Maschenstromverfahren unter der Annahme $U_Q = 100\,\mathrm{V}$, $R_1 \ldots R_6 = R = 50\,\mathrm{k\Omega}$. Welcher Aufwand würde bei Direktberechnung von R_e entstehen?

Hinweis: Wir bereiten die Schaltung für die Maschenstromanalyse vor, bestimmen die Zahl unabhängiger Maschen und legen einen Maschenstrom durch I_1.

Wir benutzen für die numerische Lösung Normierungen, z.B. U in Volt, R in kΩ, I in mA.

Lösung:

Die Lösung kann auf verschiedene Weise erfolgen:

- numerisch (wenn ein entsprechendes Gleichungslösungsprogramm vorliegt, wie hier angenommen)
- durch Berechnung des Ersatzwiderstandes an den Klemmen AB.

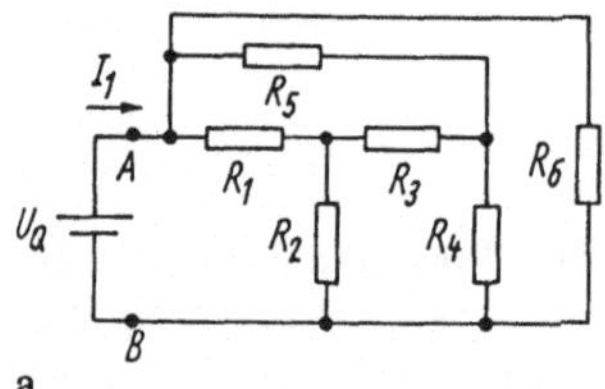
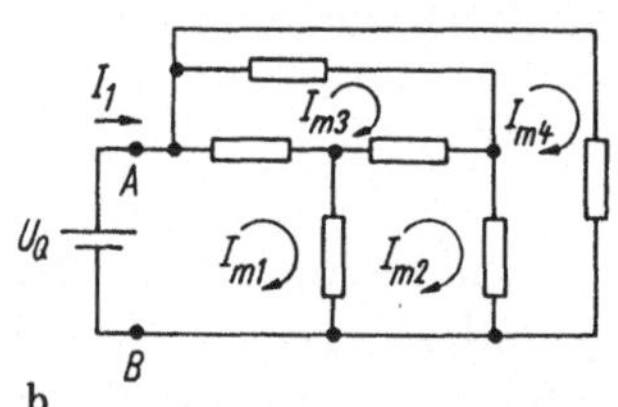

a   b   Bild 3.4/8

Die Maschenstromgleichungen ergeben vier unabhängige Maschenströme $I_{m1} \ldots I_{m4}$ (Bild 3.4/8b) (Nachweis!) mit der Matrixform (z.B. Ringwiderstand $M_1 :\to R_1 + R_2 = 100\,\mathrm{k\Omega}$, Ringwiderstand $M_2 :\to R_2 + R_3 + R_4 = 150\,\mathrm{k\Omega}$ usw.)

$$\begin{pmatrix} 100 & -50 & -50 & 0 \\ -50 & 150 & -50 & -50 \\ -50 & -50 & 150 & -50 \\ 0 & -50 & -50 & 150 \end{pmatrix} \cdot \begin{pmatrix} I_{m1} \\ I_{m2} \\ I_{m3} \\ I_{m4} \end{pmatrix} = \begin{pmatrix} 100 \\ 0 \\ 0 \\ 0 \end{pmatrix}.$$

Lösung: $I_{m1} = 4\,\mathrm{mA}$, $I_{m2} = 3\,\mathrm{mA}$, $I_{m3} = 3\,\mathrm{mA}$, $I_{m4} = 2\,\mathrm{mA}$. Der Eingangswiderstand beträgt $R_e = U_Q/I_{m1} = 100\,\mathrm{V}/4\,\mathrm{mA} = 25\,\mathrm{k\Omega}$. Die direkte Berechnung verlangt eine Stern-Dreieckwandlung ($R_1 \ldots R_3$) und ist allgemein aufwendiger als die numerische Berechnung. Dafür lassen sich allerdings besser Schlußfolgerungen, z.B. des Einflusses von R_4 ziehen. Die numerische Berechnung würde eine neue Widerstandsmatrix und die Lösung des Gleichungssystems erfordern.

Aufgabe 3.4/9 Knotenspannungsanalyse

a) Bestimmen Sie für die Schaltung 3.4/9a...d jeweils die Knotenzahl k.

b) Wieviele unabhängige Knotenspannungen sind jeweils einzuführen?

c) Schreiben Sie für die Schaltungen c), d) die Knotenspannungsgleichungen für Knoten A, C auf.

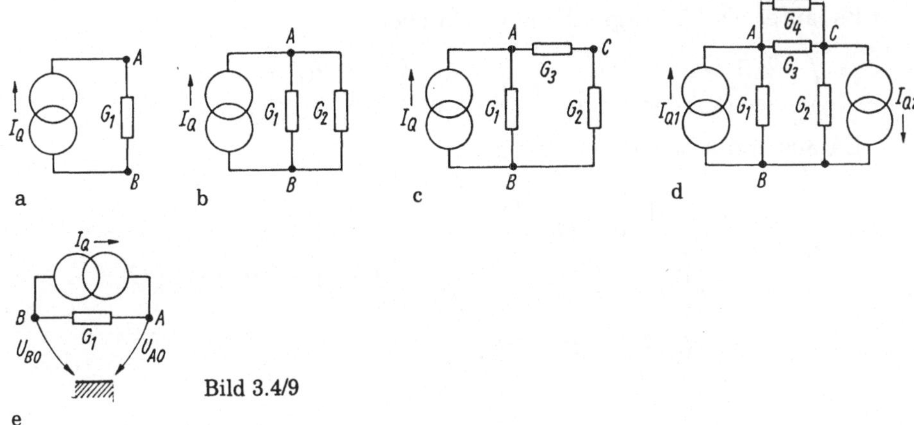

Bild 3.4/9

d) Bestimmen Sie für Schaltung c) die Knotenleitwertmatrix. Berechnen Sie U_{AB}, U_{CB}.

e) Welche Spannung U_{AB}, U_{BC} stellen sich für $G_1 \ldots G_3 = G$ ein?

f) Lesen Sie die Knotenleitwertmatrix für Schaltung d) direkt aus der Schaltung ab.

Hinweis: Die Analyse erfolgt nach der Lösungsmethodik . Wir wählen einen Bezugsknoten (hier C). Die Netzwerkelemente werden zweckmäßig als Leitwerte angegeben.

Lösung:

a) , b) In Bild 3.4/9a gibt es zwei Knoten, also

- entweder eine Knotenspannung mit Bezugspunkt auf einem der beiden Knoten A, B, U_{AB}
- oder zwei Knotenspannungen U_{AO}, U_{BO}, wenn ein neutraler Bezugspunkt gewählt wird (Bild 3.4/9e).

Sinngemäßes gilt für Schaltung b).

Schaltung c) hat drei Knoten und damit entweder zwei oder drei Knotenspannungen: U_{AB}, U_{CB} resp. U_{AO}, U_{BO}, U_{CO}. Sinngemäßes trifft auf Schaltung d) zu.

c) Es gilt In Schaltung 3.4/9c im Knoten A nach dem Knotensatz

$$G_1 U_{AB} + G_3(U_{AB} - U_{CB}) = I_Q$$

für Knoten C analog

$$-G_3 U_{AB} + (G_2 + G_3)U_{CB} = 0.$$

d) Die Knotenleitwertmatrix zu Schaltung 3.4/9c entsteht aus dem Schema

	U_{AB}	U_{CB}	rechts
K_A :	$(G_1 + G_3)$	$-G_3$	I_Q
K_B :	$-G_3$	$(G_2 + G_3)$	$0.$

Es lautet als Matrixgleichung geschrieben

$$\begin{pmatrix} G_1 + G_3 & -G_3 \\ -G_3 & G_2 + G_3 \end{pmatrix} \cdot \begin{pmatrix} U_{AB} \\ U_{CB} \end{pmatrix} = \begin{pmatrix} I_Q \\ 0 \end{pmatrix}.$$

Daraus ergibt sich durch Auflösen

$$U_{AB} = \frac{\begin{vmatrix} I_Q & -G_3 \\ 0 & G_2 + G_3 \end{vmatrix}}{\begin{vmatrix} G_1 + G_3 & -G_3 \\ -G_3 & G_2 + G_3 \end{vmatrix}} = \frac{I_Q(G_2 + G_3)}{G_1 G_2 + G_1 G_3 + G_2 G_3}$$

$$= I_Q(R_1 \parallel (R_2 + R_3))$$

$$U_{CB} = \frac{\begin{vmatrix} G_1 + G_3 & I_Q \\ -G_3 & 0 \end{vmatrix}}{\begin{vmatrix} G_1 + G_3 & -G_3 \\ -G_3 & G_2 + G_3 \end{vmatrix}} = \frac{I_Q G_3}{G_1 G_2 + G_1 G_3 + G_2 G_3}$$

$$= I_Q(R_2 \parallel (R_1 + R_3)).$$

Die Ergebnisse lassen sich z.B. durch Anwendung der Spannungs- und Stromteilerregel bestätigen.

e) Für die angegebene Spezialisierung beträgt $U_{AB} = 2/3 \cdot I_Q/G$; $U_{CB} = I_Q/3G = U_{AB}/2$ (Spannungsteilerregel).

f) Mit den eingeführten Knotenspannungen U_{AB}, U_{CB} folgt direkt aus der Schaltung:

	U_{AB}	U_{CB}	rechts
K_A :	$(G_1 + G_3 + G_4)$	$-(G_3 + G_4)$	I_{Q1}
K_B :	$-(G_3 + G_4)$	$(G_2 + G_3 + G_4)$	$-I_{Q2}$.

Dabei wurden beachtet:

- am Knoten der Knotenspannung Summe aller angeschlossenen Leitwerte = Knotenleitwert (am Knoten A $\to$ G_1, G_3, G_4) $\to$ Hauptdiagnonalelement
- zwischen den Knoten: Koppelleitwert, stets negativ ($\to$ Nebendiagonalelemente)
- Matrix (bei fehlenden gesteuerten Quellen) stets symmetrisch
- rechte Seite: Knoteneinströmungen (positiv, wenn zum Knoten hin gerichtet).

Diskussion: Die Knotenspannungsanalyse hat gegenüber der Maschenstromanalyse mehrere Vorteile: Wegfall der Baumsuche. Koppelelemente stets negativ. Die Analyse der Schaltung mit der Maschenstrommethode würde neben zwei Maschengleichungen noch eine Methode zum Einschluß der idealen Stromquelle erfordern.

Aufgabe 3.4/10 Knotenspannungsanalyse

a) Für die Schaltung Bild 3.4/10a bestimme man die Spannung U_{AB} mit der Knotenspannungsanalyse.

b) Welches Ergebnis erhält man für $U_{Q1} = U_Q$, $U_{Q2} = 2U_Q$, $U_{Q3} = 3U_Q$, $R_1 = R_2 = R_3 = R_4 = R$.

Hinweis: Die Knotenspannungsanalyse geht in ihrer Ursprungsform von Stromquellen als Einspeisungen aus. Spannungsquellen müssen umgewandelt oder nach besonderen Methoden behandelt werden. Da die Spannung U_{AB} gesucht ist, wählen wir Knoten B als Bezug, führen Knoten 1 und 2 und die Knotenspannungen U_{k1}, U_{k2} ein.

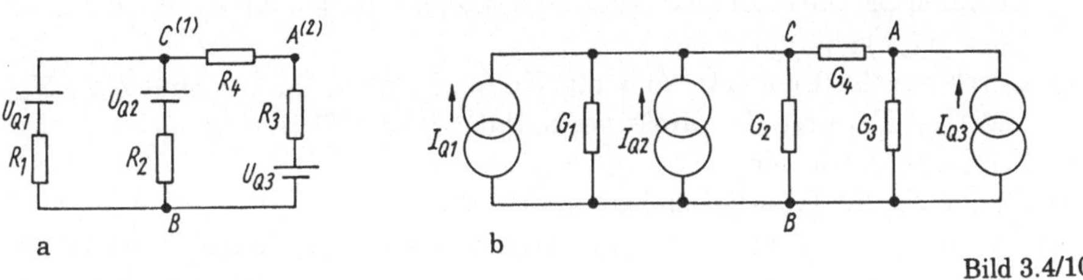

Bild 3.4/10

Lösung:

a) Im ersten Schritt werden die drei Spannungsquellen $U_{Q1} \ldots U_{Q3}$ unter Nutzung des jeweiligen "Innenwiderstandes" im Zweig (R_1, R_2, R_3) in Stromquellen mit parallel liegenden Innenleitwerten umgeformt (Richtung beachten! Bild 3.4/10b). Die Stromquellen I_{Q1}, I_{Q2} werden zusammengefaßt.

Aus der Schaltung lesen wir ab:

$$
\begin{array}{cccc}
 & U_{k1} & U_{k2} & \text{rechts} \\
\text{K}_1: & (G_1 + G_2 + G_4) & -G_4 & I_{Q1} \mid I_{Q2} \\
\text{K}_2: & -G_4 & (G_3 + G_4) & I_{Q3}
\end{array}
$$

mit $I_{Q1} = U_{Q1}/R_1$, $I_{Q2} = U_{Q2}/R_2$, $I_{Q3} = U_{Q3}/R_3$. Die Spannung $U_{k2} = U_{AB}$ folgt zu

$$
U_{AB} = \frac{\begin{vmatrix} G_1 + G_2 + G_4 & I_{Q1} + I_{Q2} \\ -G_4 & I_{Q3} \end{vmatrix}}{\begin{vmatrix} G_1 + G_2 + G_4 & -G_4 \\ -G_4 & G_3 + G_4 \end{vmatrix}}
$$

$$
= \frac{I_{Q3}(G_1 + G_2 + G_4) + G_4(I_{Q1} + I_{Q2})}{G_3(G_1 + G_2 + G_4) + G_4(G_1 + G_2)}.
$$

b) Für die gegebenen Werte wird

$$
U_{k2} = \frac{I_{Q3}3G + G(I_{Q1} + I_{Q2})}{5G^2} = 12/5\,U_Q.
$$

Aufgabe 3.4/11 Knotenspannungsmatrix

Welche Schaltung gehört zur folgenden Knotenspannungsmatrix sowie den Knotenspannungs- und Stromquellenvektoren? (Bezug 0 sei ein Knoten der

Schaltung)

$$\begin{pmatrix} G_2 + G_6 & -G_2 & \\ & G_1 + G_2 + G_7 & -G_1 \\ -G_4 & & G_1 + G_4 + G_5 \end{pmatrix} \cdot \begin{pmatrix} U_{10} \\ U_{20} \\ U_{30} \end{pmatrix} = \begin{pmatrix} 0 \\ I_{Q1} - I_{Q2} \\ I_{Q2} \end{pmatrix}.$$

Hinweis: Die Matrix ist unvollständig eingetragen.

a) Was bedeuten die Elemente der Haupt- und Nebendiagonalen?
b) Zeichnen Sie die einzelnen Knotenpunkte, die zu den Knotenspannungen $U_{10} \ldots U_{30}$ gehören!
c) Durch welche Elemente sind die Knotenspannungen U_{10} und U_{20}, U_{20} und U_{30}, U_{10} und U_{30} direkt verknüpft? Tragen Sie die Elemente in das Knotengerüst b) ein.
d) Stellen Sie die Gesamtschaltung dar.
e) Prüfen Sie mit der Knotenspannungsanalyse, ob die konstruierte Schaltung richtig ist.

Hinweis: Wir kehren die bisherige Analysestrategie (Aufsuchen der Knotenspannungen zu einer gegebenen Schaltung) um: Beschreibung ist gegeben, Schaltung gesucht.

Lösung:

a) Die Hauptdiagonalelemente sind die am jeweiligen Knoten angeschlossenen Gesamtleitwerte, die Nebendiagonalelemente die Koppelleitwerte zu den betreffenden Knoten. Die Matrix ist symmetrisch (falls keine gesteuerten Quellen enthalten, was hier angenommen wird).
b) Die Schaltung hat drei Knotenspannungen (gegen einen Netzwerkbezugsknoten), also insgesamt $k = 4$ Knoten. Wir geben sie vor (Bild 3.4/11).
c) die Verknüpfungsgrößen zwischen den Knoten sind
   von Knoten 1 nach Knoten 2 $\rightarrow G_2$
   von Knoten 2 nach Knoten 3 $\rightarrow G_1$
   von Knoten 1 nach Knoten 3 $\rightarrow G_4$ (umgekehrt muß bei der hier gegebenen Symmetrie der Matrix auch gelten):

   $$K_2 \rightarrow K_1 : \ G_2 \quad K_3 \rightarrow K_1 : G_4 \ \text{usw.}$$

d) Hauptdiagonalelemente sind die Summe aller Koppelelemente und der Leitwerte zum Bezugsknoten, also verbleibt im Knoten 1 G_6 nach 0. Analog ergeben sich die Leitwerte G_7, G_5 für Knoten 2 und 3.
   Die rechts stehenden Einströmungen bedeuten:
   • Zufluß I_{Q2} zu Knoten 3
   • Zufluß I_{Q1} zu Knoten 2, Abfluß I_{Q2}.
   Damit ist Quelle I_{Q2} bestimmt. Da I_{Q1} nur einen Zustrom zu K_2 ergibt und K_1 keinen Quellenanschluß hat, kann I_{Q1} nur über den Bezugspunkt 0 fließen. Somit ist die Schaltung bestimmt.
e) "Ablesen" der Knotenleitwertmatrix aus der Schaltung führt Schritt für Schritt auf die oben angegebene Form.

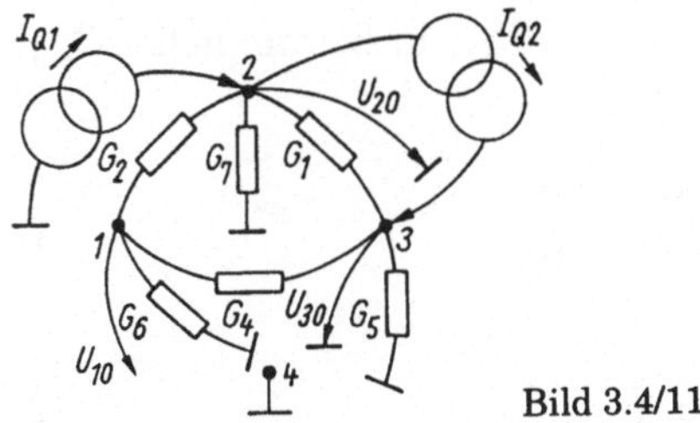

Bild 3.4/11

Aufgabe 3.4/12 Bestimmung der Zweipolersatzgrößen mit der Knotenspannungsanalyse

Gegeben sei ein beliebiger, (linear) aktiver Zweipol, z.B. die Schaltung Bild 3.4/12a. An den Klemmen AB werde ein Probestrom I_{AB} eingeprägt. Wie kann aus der sich einstellenden Spannung U_{AB} auf die Kenngrößen U_l, R_i des aktiven Zweipols geschlossen werden? Man bestimme U_{AB} mit der Knotenspannungsanalyse. Wie lauten die Werte für $U_{Q1} = U_Q$, $U_{Q2} = 2U_Q$, $R_1 \ldots R_4 = R$.

Hinweis: Wir gehen von der Spannungsquellenersatzschaltung eines aktiven Zweipols aus und prägen einen Strom I_{AB} ein (Richtung beachten!).

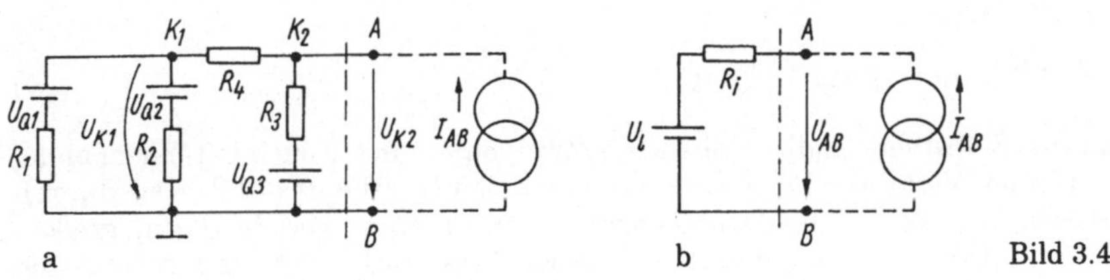

a   b   Bild 3.4/12

Lösung:

Wird ein Probestrom I_{AB} in einen aktiven Zweipol eingeprägt, so beträgt seine Klemmenspannung (Bild 3.4/12b)

$$U_{AB} = U_l + R_i I_{AB}. \tag{1}$$

Die Zweipolgrößen ergeben sich aus

- Leerlauf ($I_{AB} = 0$)

$$U_{AB}|_{I=0} = U_l \tag{2}$$

- Widerstand R_i: Koeffizient von I_{AB} oder im Kurzschlußfall ($U_{AB} = 0$)

$$R_i = -U_l/I_{AB}. \tag{3}$$

Sind die Zweipolersatzgrößen eines (beliebigen) linearen Netzwerkes zu bestimmen, so prägen wir an den betreffenden Zweipolklemmen einen Probestrom I_{AB} ein und berechnen U_{AB} z.B. mit der Knotenspannungsanalyse.

Wir formen die beiden Spannungsquellen U_{Q1}, U_{Q2} in Stromquellen I_{Q1}, I_{Q2} um und erhalten dann das Gleichungssystem

$$
\begin{array}{cccc}
 & U_{k1} & U_{k2} & \text{rechte Seite} \\
K_1 & G_1 + G_2 + G_4 & -G_4 & U_{Q1}G_1 + U_{Q2}G_2 \\
K_2 & -G_4 & G_3 + G_4 & I_{AB}.
\end{array}
\tag{4}
$$

Die Lösung lautet mit $U_{k2} = U_{AB}$

$$
U_{k2} = U_{AB} = \frac{I_{AB}(G_1 + G_2 + G_4) + G_4(U_{Q1}G_1 + U_{Q2}G_2)}{G_3(G_1 + G_2 + G_4) + G_4(G_1 + G_2)}.
\tag{5}
$$

Am Knoten K_2 tritt als erregende Quelle von außen der Probestrom I_{AB} auf. Der Vergleich mit Gl.(1) liefert

- als Leerlaufspannung (Term unabhängig von I_{AB})

$$
U_1 = \frac{G_4(U_{Q1}G_1 + U_{Q2}G_2)}{G_3(G_1 + G_2 + G_4) + G_4(G_1 + G_2)}
\tag{6}
$$

- als Innenwiderstand

$$
R_i = \frac{G_1 + G_2 + G_4}{G_3(G_1 + G_2 + G_4) + G_4(G_1 + G_2)}.
\tag{7}
$$

Mit Gl.(6), (7) sind die Zweipolersatzgrößen bekannt. Für die gegebenen Werte wird daraus

$$
U_1 = (3/5)U_Q, \quad R_i = (3/5)R.
\tag{8}
$$

Diskussion: Selbstverständlich hätten die Zweipolparameter auch mit einem anderen der üblichen Verfahren bestimmt werden können (welche, man führe sie durch), doch besteht der Vorteil des Knotenspannungsverfahrens gerade darin, größere Netzwerke bequem zusammenfassen zu können (z.B. auch solche mit gesteuerten Quellen!).

4. Elektrostatisches Feld

4.1 Feldgrößen

Aufgabe 4.1/1 Homogenes Feld im Dielektrikum

Gegeben sind zwei parallele, gut leitende Platten im Abstand d ausgefüllt mit einem homogenen Dielektrikum ε_r. Auf den Platten befinden sich die Ladungen $\pm Q$. Das Dielektrikum sei frei von weiteren Ladungen.

a) Bestimmen Sie die Feldgrößen D, E und φ im Raum zwischen den Platten. Stellen Sie D, E, φ über x dar.

b) Wie können die Ergebnisse a) durch Überlagerung der Felder zweier ebener Flächenladungen (Aufg. 2.2/6) mit der Flächenladungsdichte σ gewonnen werden?

Lösung:

a) Wir gehen nach dem Lösungsschema (I/Tafel 2.10) vor: Die Ladungen $\pm Q$ auf den Platten verursachen die Oberflächenladungsdichten σ (auf Seite des Dielektrikums), wobei gilt $Q = \int_A \sigma \cdot \mathrm{d}A = \sigma \cdot A$ (σ, A gleiche Richtung). Die Flächenladungsdichte ist Ursache von D-Linien: $D = \sigma = Q/A = $ const.: homogenes D-Feld. Es gilt $D = D_x e_x$, weil die Linien nach rechts gerichtet sind. Mit D ist die Feldstärke E verkoppelt: $E = D/\varepsilon = $ const. Aus E folgt als Potential

$$\varphi(x) - \varphi(0) = - \int_0^x E \cdot \mathrm{d}x = - \int_0^x E \,\mathrm{d}x = -\frac{Q}{\varepsilon A} x. \tag{1}$$

Dabei läuft die Integration von $x = 0$ (Bezugspunkt) nach rechts (E, $\mathrm{d}s$, gleiche Richtung). Das Potential sinkt linear in Richtung von E. Zwischen zwei Punkten x_1, x_2 fällt dann die Spannung

$$U_{12} = \varphi(x_1) - \varphi(x_2) = \varphi(0) - \varphi(d) = \frac{Qd}{\varepsilon A} \tag{2}$$

ab. In der Darstellung über x

- erfahren D, E an Stelle der Flächenladungsdichte σ einen Sprung
- verlaufen D, E im Dielektrikum homogen und das Potential φ ändert sich proportional $-x$ (Bild 4.1/1a).

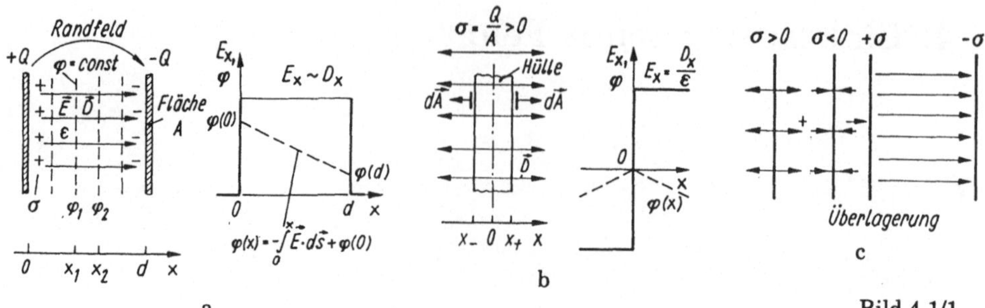

Bild 4.1/1

Zusammengefaßt: homogenes Feld im Dielektrikum

$$\boldsymbol{D},\ \boldsymbol{E} = \text{const.};\quad \varphi \sim -Ex \tag{3}$$

Diskussion: An den Plattenrändern treten sog. Feldinhomogenitäten auf. Homogenes Feld zwischen den Platten um so besser erfüllt, je kleiner deren Abstand d im Verhältnis zu den Plattenabmessungen ist.

b) Wir überlagern die Felder, die von zwei ebenen Flächenladungen (Ausdehnung unendlich) mit den Flächenladungsdichte $\pm\sigma$ ausgehen (Bild 4.1/1b). Eine positive Flächenladungsdichte verursacht (vgl. Aufgabe 2.2/6)

$$D_x = \pm\frac{\sigma}{2},\quad E_x = \pm\frac{\sigma}{2\varepsilon}\quad (x > 0 \text{ bzw. } x < 0)$$

$$\varphi(x) = \varphi(0) \mp \frac{\sigma x}{2\varepsilon}.$$

Nach jeder Seite geht dabei der halbe Ladungsfluß aus. Das ergibt sich durch Auswertung von $\oint \boldsymbol{D} \cdot \mathrm{d}\boldsymbol{A}$ über die Flächen bei $x = x_+ > 0$, $x = x_- < 0$:

$$D_x(x_+)\boldsymbol{e}_x \cdot \boldsymbol{e}_x A + D_x(x_-)\boldsymbol{e}_x \cdot (-\boldsymbol{e}_x)A = Q = A\sigma.$$

Aus Symmetriegründen gilt $D_x(x_+) = -D_x(x_-)$. Charakteristisch sind die E-, D-Sprünge und der Potentialknick am Ort der Flächenladung. Wir überlagern jetzt eine positive und negative Flächenladungsdichte und erhalten für das Gebiet zwischen den Platten (Bild 4.1/1c)

$$D_{\text{ges}} = +\frac{\sigma}{2} - \left(-\frac{\sigma}{2}\right) = \sigma = \frac{Q}{A};\quad E = \frac{Q}{\varepsilon A}.$$

Im Außenraum (z.B. links) gilt dagegen

$$D_{\text{ges}} = -\frac{\sigma}{2} - \left(-\frac{\sigma}{2}\right) = 0: \quad \text{feldfrei}.$$

Aufgabe 4.1/2 Felder von Punktladungen im homogenen Dielektrikum

In einem homogenen Dielektrikum (mit ε_r) sind Punktladungsverteilungen (s.u.) gegeben. Bestimmen Sie jeweils die Feldstärke $\boldsymbol{E}$, die Verschiebungsflußdichte D und das Potential φ am Ort P und benutzen Sie dabei bereits erarbeitete Lösungen.

a) Gegeben ist eine (positive) Punktladung Q am Ort A mit dem Radiusvektor r_1, gesucht sind die Feldgrößen im Ort P mit dem Radiusvektor r_P (vgl. Aufg. 2.2/3).

b) Gegeben sind zwei positive Punktladungen Q_1, Q_2 auf der x-Achse (Stellen $-x_0$, $+x_0$, Bild 4.1/2a). Gesucht sind die Feldgrößen im Punkt P (Radien r_1' von Q_1, r_2' von Q_2) (vgl. Aufg. 2.2/4).

c) *Anwendung:* Vier Punktladungen (Bild 4.1/2b) sind in den Eckpunkten eines Quadrates (Seitenlänge d) angeordnet (symmetrisch zum Bezugspunkt). Bestimmen Sie das Potential $\varphi(x)$ längs der x-Achse.

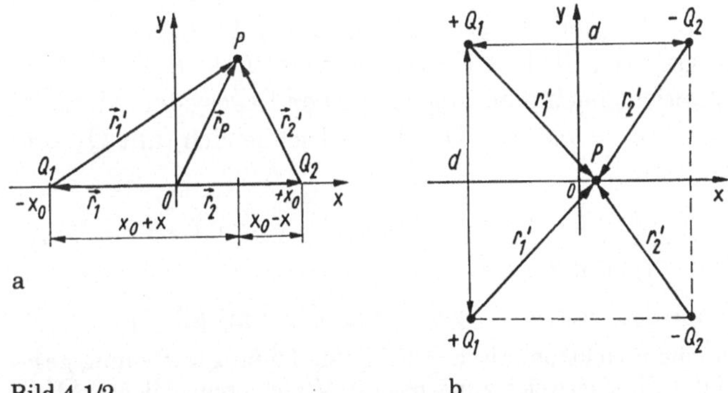

Bild 4.1/2

Hinweis: : Wegen der großen praktischen und theoretischen Bedeutung der Punktladung haben wir ihr Feld bereits im Abschnitt 2.2 grundsätzlich betrachtet, hier schließen wir die Auswirkungen auf die Feldverhältnisse im Dielektrikum an.

Lösung:

a) Ist eine (positive) Punktladung Q am Ort P mit dem Radiusvektor r_1 gegeben, so berechnet sich die Feldstärke E (herrührend von Q) am Ort P (Radiusvektor r_P) zu

$$E = \frac{Q}{4\pi\varepsilon}\frac{1}{|r_P - r_1|^2}\frac{r_P - r_1}{|r_P - r_1|}. \tag{1}$$

Durch Vergleich mit Aufgabe 2.2/3 Gl.(1) ergibt sich die dort eingeführte Konstante k zu $k = 1/(4\pi\varepsilon_0\varepsilon_r)$. Sie beträgt ausgerechnet $k = 1/(4\pi \cdot 8,85\,\mathrm{pF/m}) = 8,991 \cdot 10^9\,\mathrm{Vm/As} \approx 9 \cdot 10^9\,\mathrm{Vm/As}$.

Die Verschiebungsflußdichte D als zweite Feldgröße des elektrostatischen Feldes ergibt sich zu

• entweder $D(r) = \varepsilon_0\varepsilon_r E(r)$

• oder über das Hüllintegral I/Gl.(2.70) direkt aus der Ladung Q selbst

$$Q = \oint D \cdot dA \to \oint D\,dA = DA. \tag{2}$$

Wir denken uns dazu die Punktladung am Ort r_1 von einer Hüllfläche (zweckmäßig eine Kugelfläche zur einfacheren Integration mit dem Radius r) umgeben, in deren Mittelpunkt die Ladung sitzt. Wegen der Kugelsymmetrie ist $|D|$ auf der Kugeloberfläche konstant und D hat die gleiche Richtung wie das Flächenelement dA. Deshalb gilt

$$Q = D(r)A(r) \quad \text{und } D(r) = \frac{Q}{A(r)} = \frac{Q}{4\pi r^2} \tag{3}$$

oder in Vektorform geschrieben

$$D = \frac{Q}{4\pi r^2} \cdot \frac{r}{r} = \frac{Q}{4\pi r^2} e_r. \tag{4}$$

Dabei ist e_r der Einheitsvektor in r-Richtung. D wächst - wie E - proportional zu Q und sinkt quadratisch mit wachsendem Radius, denn durch jede Kugelfläche geht der gleiche Verschiebungsfluß $\oint D \cdot dA$.

In gewähltem Bezugssystem (Bild 4.1/2a) gehört zu Punkt P der Radiusvektor r_P, ihm entspricht nach dem ursprünglichen Lagesystem (Ladung am Ort r_1) der Vektor $r_1' = r_P - r_1$. Damit wird schließlich (mit $Q_1 \equiv Q$ und $r \equiv r_1'$)

$$D(r) = \frac{Q}{4\pi} \frac{1}{|r_P - r_1|^2} \frac{r_P - r_1}{|r_P - r_1|}. \tag{5}$$

Das ist aber - bis auf den Faktor ε - genau das Ergebnis Gl.(1).

Diskussion: Ist in einem elektrostatischen Feld eine Ladungsverteilung gegeben, so bestimmt man üblicherweise zunächst die Verschiebungsdichte $D(r)$, daraus die Feldstärke $E(r)$ und damit das Potential. Wegen der großen Bedeutung der Punktladung haben wir ihre Feldverteilung $E(r)$ in Aufgabe 2.2/3 vorgegeben, die eigentliche Herleitung erfolgt durch Gl.(2).
Die weiteren Bemerkungen und Betrachtungen zur Feldverteilung sind dann mit Aufgabe 2.2/3 identisch.
Das Potentialfeld der Punktladung folgt aus

$$\varphi(r) = \int_r^B E \cdot ds + \varphi(r_B),$$

wenn sich der Punkt P im Abstand r (s.o.) von der Punktladung entfernt befindet. r_B ist ein Bezugspunkt für das Potential. Die Analyse wurde in Aufgabe 2.2/8b durchgeführt (s. Gl.(3))

$$\varphi(r) = \varphi(r_B) + \frac{Q}{4\pi\varepsilon}\left(\frac{1}{r} - \frac{1}{r_B}\right) \tag{6}$$

(wobei $r \equiv r_1' = r_P - r_1$, s.o.).
Zusammengefaßt gelten damit für die positive Punktladung (im Ursprung)

$$D(r) = \frac{Q}{4\pi r^2}e_r; \quad E(r) = \frac{Q}{4\pi\varepsilon r^2}e_r; \quad \varphi(r) = \underbrace{\frac{Q}{4\pi\varepsilon r} + \varphi(r_B) - \frac{Q}{4\pi\varepsilon r_B}}_{K}. \tag{7}$$

Die Konstante K wird durch die Randbedingungen bestimmt.

Das Potential sinkt $\sim 1/r$; die Feldstärke mit $\sim 1/r^2$ (mit $E \to +\infty$ für $r \to 0$, positive Ladung). Die Äquipotentialflächen sind konzentrische Kugeln, deren Abstand für konstante Potentialdifferenz nach außen wächst.

b) Zur Lösung bieten sich zwei Wege an:

- Wir bestimmen die von den Ladungen Q_1, Q_2 (beide hier positiv angesetzt) im Punkt P erzeugten Feldstärken $\boldsymbol{E}_1$, $\boldsymbol{E}_2$ (s. Aufg. 2.2/5), wobei $k = 1/(4\pi\varepsilon)$ und berechnen das Potential über

$$\varphi = - \int (\boldsymbol{E}_1 + \boldsymbol{E}_2) \cdot \mathrm{d}\boldsymbol{s} + K$$

durch Feldüberlagerung.

- Wir bestimmen den von jeder Ladung in P erzeugten Potentialanteil. Dieser Weg ist deutlich kürzer.

Das Potential einer Punktladung Q_1 im Abstand r_1' von ihrer Lage ergibt sich zu

$$\varphi_1 = \frac{Q_1}{4\pi\varepsilon r_1'} \qquad (\varphi_2 \leftrightarrow Q_2 \text{ analog}). \tag{8}$$

Das gesamte Potential folgt damit zu (Bild 4.1/2a)

$$\varphi = \frac{1}{4\pi\varepsilon} \left(\frac{Q_1}{r_1'} + \frac{Q_2}{r_2'} \right). \tag{9}$$

Die Radien r_1', r_2' des Punktes P betragen

$$r_1' = \sqrt{(x_0 + x)^2 + y^2}; \quad r_2' = \sqrt{(x - x_0)^2 + y^2}. \tag{10}$$

Damit ist die Aufgabe gelöst. Wird die Feldstärke E in P gewünscht, so ist zu bilden

$$E_x = -\frac{\partial \varphi}{\partial x}; \quad E_y = -\frac{\partial \varphi}{\partial y} \tag{11}$$

mit $\boldsymbol{E} = E_x \boldsymbol{e}_x + E_y \boldsymbol{e}_y$. Man erhält bei der Berechnung über Gl.(8) die in Aufgabe 2.2/5 angegebenen Lösungen. Die Berechnung des Potentials durch Feldüberlagerung ist somit aufwendiger.

c) Wir überlagern die von den Einzelladungen herrührende Ladung entsprechend Aufgabe b). Es folgt nach Gl.(8) mit den Einzelanteilen (Bild 4.1/2b)

$$\varphi(r) = \frac{1}{4\pi\varepsilon} \left(\frac{Q_1}{r_1'} + \frac{Q_1}{r_1'} - \frac{Q_2}{r_2'} - \frac{Q_2}{r_2'} \right) = \frac{2Q}{4\pi\varepsilon} \left(\frac{1}{r_1'} - \frac{1}{r_2'} \right)$$

mit $r_1' = \sqrt{(d/2)^2 + (d/2 + x)^2}$; $r_2' = \sqrt{(d/2)^2 + (d/2 - x)^2}$.

Aufgabe 4.1/3 Feld der Linienladung im Dielektrikum

Gegeben ist eine unendlich lange Linienquelle λ in z-Richtung im homogenen Dielektrikum, die sich auf einem geraden, dünnen Leiter befinden möge. Bestimmen Sie die Feldgrößen $\boldsymbol{D}$, $\boldsymbol{E}$, $\varphi(r)$.

Lösung:

Wir verfahren grundsätzlich wieder nach der Lösungsmethodik und gehen von der Ladungsverteilung $\lambda = Q/l$ (Ladung pro Länge) aus. Anschaulich liegt ein parallelebenes, zylindersymmetrisches Feld vor (vgl. Aufg. 2.2/7). Die D-, E-Linien verlaufen radial von der Linienquelle weg unabhängig von z. Das Feldbild entspricht dem des Strömungsfeldes (Aufg. 2.4/2), nur treten an die Stelle der S-Linien jetzt die D-Linien. Die Verschiebungsflußdichte bestimmen wir über den Gaußschen Satz:

$$D = \frac{Q}{A(r)} = \frac{1}{2\pi\varepsilon r}\frac{Q}{l} = \frac{\lambda}{2\pi\varepsilon r}$$

oder genauer

$$\boldsymbol{D} = \frac{\lambda}{2\pi\varepsilon}\frac{1}{r}\boldsymbol{e}_r. \tag{1}$$

Daraus folgt $\boldsymbol{E} = \boldsymbol{D}/\varepsilon$. Dies ist das Ergebnis von Aufgabe 2.2/7. Deshalb beträgt die dort verwendete Konstante k jetzt $2k = 1/(2\pi\varepsilon)$, d.h. $k = 1/(4\pi\varepsilon)$.

Das Potential $\varphi(r)$ im Abstand r von der Leiterachse, bezogen auf einen frei wählbaren Punkt mit dem Abstand r_B, ergibt sich durch Integration von $E(r')$ zwischen r bis r_B längs r (vgl. auch Aufg. 2.2/8)

$$\varphi(r) = \int_r^{r_\mathrm{B}} \boldsymbol{E}\cdot\mathrm{d}\boldsymbol{r} = \int_r^{r_\mathrm{B}} \frac{Q}{2\pi\varepsilon l}\frac{\mathrm{d}r}{r} = \frac{Q}{2\pi\varepsilon l}\ln\frac{r_\mathrm{B}}{r} + \varphi(r_\mathrm{B}). \tag{2}$$

r ist der Abstand senkrecht zur Linienladung.

Der Bezugspunkt des Potentials kann hier nicht, wie beim kugelsymmetrischen Fall, im Unendlichen liegen, weil dann φ für endliche r über alle Grenzen wächst. Zusammengefaßt:

$$D = \frac{Q}{2\pi r l}\boldsymbol{e}_r; \quad E = \frac{D}{\varepsilon}; \quad \varphi(r) = \frac{Q}{2\pi r l}\ln\frac{r_\mathrm{B}}{r} + \varphi(r_\mathrm{B}). \tag{3}$$

Damit lassen sich die Wirkungen mehrerer Linienquellen bequem überlagern (s. Aufg. 2.2/10).

Aufgabe 4.1/4 D und E an Grenzflächen

In einer y-z-Ebene liege die Grenze zweier Dielektrika ($\varepsilon_1 = 3\varepsilon_0$, $\varepsilon_2 = 9\varepsilon_0$) (Bild 4.1/4a). Im Bereich negativer x-Werte betrage die Feldstärke $\boldsymbol{E}_1 = (6\boldsymbol{e}_x + 3\boldsymbol{e}_z)\,\mathrm{V/m}$. (Die Grenzfläche sei ladungsfrei angenommen.)

a) Bestimmen Sie die Verschiebungsflußdichte $\boldsymbol{D}_2$ (Betrag, Richtung) im Bereich positiver x-Werte.

b) Skizzieren Sie die Komponenten von $\boldsymbol{D}$ beiderseits der Grenzfläche.

Lösung:

a) Aus den Grenzflächenbedingungen I/Gl.(2.77)ff. ergibt sich: Die Normalkomponente von $\boldsymbol{D}$ ist beiderseits der Grenze stetig (Grenzfläche frei von

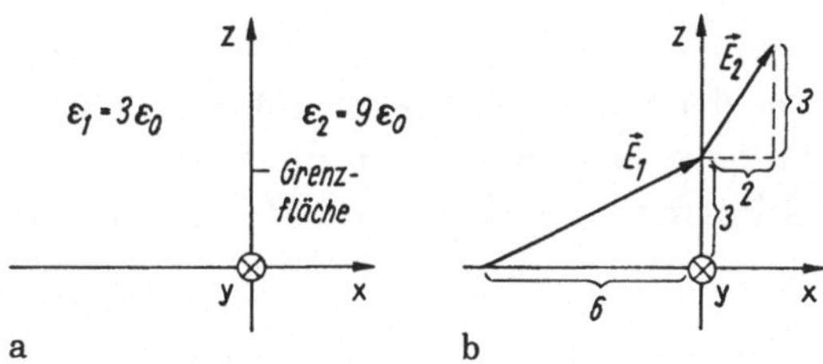

a   b   Bild 4.1/4

Zwischenladungen angenommen). Daher gilt:

$$D_{x1} = D_{x2}. \tag{1}$$

Daraus folgt (Normalkomponente $\hat{=}x$-Richtung)

$$D_{x2} = 3\varepsilon_0 E_{x1} = 3\varepsilon_0 \cdot 6\,\mathrm{V/m} = 18\varepsilon_0\,\mathrm{V/m}. \tag{2}$$

Die Tangentialkomponente der Feldstärke ($=$ Komponente $\boldsymbol{E}_z$) ist beiderseits stetig:

$$E_{z1} = E_{z2}. \tag{3}$$

Das bedingt

$$\left.\frac{D_\mathrm{t}}{\varepsilon}\right|_2 = \left.\frac{D_\mathrm{t}}{\varepsilon}\right|_1 \tag{4}$$

oder mit $\boldsymbol{D}_\mathrm{t} = \boldsymbol{D}_z \sim \boldsymbol{E}_z$:

$$\boldsymbol{D}_{\mathrm{t}2} = \frac{\varepsilon_2}{\varepsilon_1}\boldsymbol{D}_{\mathrm{t}1} = \varepsilon_2\boldsymbol{E}_{\mathrm{t}1} = \varepsilon_2\boldsymbol{E}_{z1} = \varepsilon_2 3e_z\,\frac{\mathrm{V}}{\mathrm{m}} = 9\varepsilon_0 3e_z\,\frac{\mathrm{V}}{\mathrm{m}}. \tag{5}$$

Zusammengefaßt wird so schließlich:

$$\boldsymbol{D}_2 = D_{x2}\boldsymbol{e}_x + D_{z2}\boldsymbol{e}_z = (18\boldsymbol{e}_x + 27\boldsymbol{e}_z)\varepsilon_0\,\frac{\mathrm{V}}{\mathrm{m}}. \tag{6}$$

Die Feldstärke rechts ergibt sich zu

$$\begin{aligned}
\boldsymbol{E}_2 &= \frac{\varepsilon_1}{\varepsilon_2}\boldsymbol{E}_{x2} + \boldsymbol{E}_{z1} = 3/9\boldsymbol{E}_{x2} + \boldsymbol{E}_{z1} = (3\cdot 6/9\boldsymbol{e}_x + 3\boldsymbol{e}_z)\,\frac{\mathrm{V}}{\mathrm{m}} \\
&= \frac{1}{9}\cdot(18\boldsymbol{e}_x + 27\boldsymbol{e}_z)\,\frac{\mathrm{V}}{\mathrm{m}}.
\end{aligned} \tag{7}$$

d.h. $\boldsymbol{E}_2$ und $\boldsymbol{D}_2$ sind proportional, ebenso $\boldsymbol{E}_1$ und $\boldsymbol{D}_1$, wie zu erwarten. Im Bild 4.1/4b wurden die Feldkomponenten skizziert (Angabe in V/m).

Diskussion: Die Stetigkeit der tangentialen Feldstärkekomponenten und normalen Verschiebungsdichtekomponenten an Grenzflächen hat ihr Analogon im Strömungsfeld: Stetig sind die Tangentialkomponente der Feldstärke sowie die Normalkomponenten der Stromdichte ($\hat{=}$ Verschiebungsflußdichte $\boldsymbol{D}$).

Aufgabe 4.1/5 Stetigkeit der Verschiebungsflußdichte

An einem Plattenkondensator (Luft als Dielektrikum, Abstand d) liege eine Spannung U (Bild 4.1/5a). Es werde in den Raum zwischen den Platten eine Glasplatte ($\varepsilon_r = 6,8$; Dicke d_2) eingeführt (bei gleicher anliegender Spannung). Dabei kommt es in der darüberliegenden Luftschicht zum Durchschlag. (Die Durchschlagfeldstärke in Luft beträgt $E_k \approx 30\,\text{kV/cm}$; in Si $\approx 500\,\text{kV/cm}$.) Wie kann das Phänomen erklärt werden? Zahlenwerte: $U = 29\,\text{kV}$, $d = 10\,\text{mm}$, $d_2 = 3\,\text{mm}$.

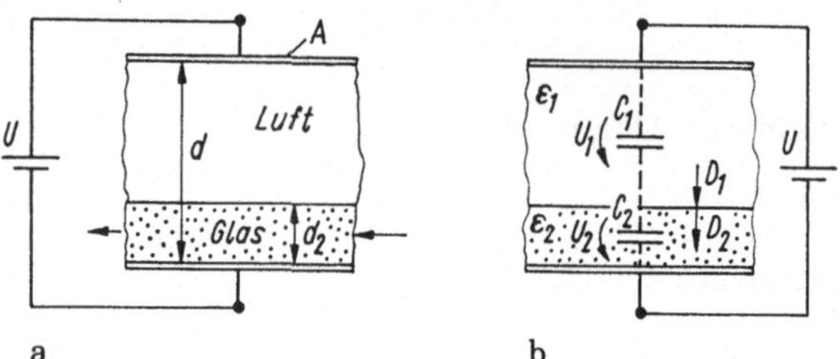

Bild 4.1/5

Lösung:

Wir behandeln das Problem über zwei reihengeschaltete (Platten)- Kondensatoren, auf denen die Ladung erhalten bleibt (I/Gl.(2.84)). Es betragen (Bild 4.1/5b):

- die Teilkapazität des Lufkondensators ($\varepsilon_{r1} = \varepsilon_1 = 1$)

$$C_1 = \frac{\varepsilon_0 A}{d - d_2} \tag{1a}$$

- die Teilkapazität des von der Glasplatte ausgefüllten Raumes ($\varepsilon_{r2} = \varepsilon_2$)

$$C_2 = \frac{\varepsilon_2 \varepsilon_0 A}{d_2}. \tag{1b}$$

Durch Reihenschaltung der Kondensatoren teilt sich die Spannung U auf. Dabei bleibt die Ladung erhalten ($Q_1 = C_1 U_1 = Q_2 = C_2 U_2$) und es gilt

$$\frac{U_2}{U_1} = \frac{C_1}{C_2}, \tag{2}$$

außerdem

$$U_1 + U_2 = U = \text{const.} \tag{3}$$

Zusammengefaßt ergeben sich dann die Teilspannungen

$$U_1 + \frac{C_1}{C_2}U_1 = U; \quad U_1 = \frac{C_2}{C_1 + C_2}U; \quad U_2 = \frac{C_1}{C_1 + C_2}U. \tag{4}$$

Da homogenes Feld herrscht, beträgt die Feldstärke im Gebiet 1

$$E_1 = \frac{U_1}{d - d_2} = \frac{U}{d - d_2 + d_2/\varepsilon_2}, \tag{5}$$

und im Gebiet 2 analog

$$E_2 = \frac{U_2}{d_2} = \frac{U}{d + \varepsilon_2(d - d_2)}. \tag{6}$$

Grundlage der unterschiedlichen Feldstärken ist die Stetigkeit der Verschiebungsflußdichte in beiden Gebieten (Normalkomponenten, Tangentialkomponenten treten nicht auf):

$$\varepsilon_2 E_2 = \varepsilon_1 E_1 \rightarrow \varepsilon_2 E_2 = E_1.$$

Sie ist zugleich Ursache der Ladungserhaltung.

Zahlenmäßig ergeben sich

- die Spannung U_1

$$U_1 = \frac{U}{1 + d_2/((d - d_2)\varepsilon_2)} = \frac{29\,\text{kV}}{1 + 3/(7 \cdot 6,8)} = 27,28\,\text{kV}$$

- die Feldstärke

$$E_1 = \frac{29\,\text{kV}}{(10{-}3 + 3/6,8)\,\text{mm}} = 38,97\,\frac{\text{kV}}{\text{cm}}.$$

Dieser Wert liegt über der Durchbruchsfeldstärke von Luft, daher erfolgt der Durchbruch zwangsläufig.

Die Feldstärke E_2 im Glas beträgt nach Gl.(6) dagegen nur $E_2 = 5,73\,\text{kV/cm}$.

Aufgabe 4.1/6 Quergeschichtetes Dielektrikum

Ein Plattenkondensator sei mit zwei Dielektrika so ausgefüllt, daß die Grenzfläche parallel zu den Kondensatorplatten verläuft (Bild 4.1/6a). Auf den Platten befinde sich die Ladung $\pm Q = \text{const.}$

a) Skizzieren Sie die D- und E-Felder für gleiche Dielektrika $\varepsilon_1 = \varepsilon_2$ und für $\varepsilon_1 > \varepsilon_2$.

b) Bestimmen Sie den Potentialverlauf $\varphi(x)$ (Bezugspotential $\varphi(0) = 0$) für beide Fälle und stellen Sie die Verläufe dar. Welche Spannung fällt jeweils zwischen den Platten ab?

c) Welche Kapazität hat die Anordnung in beiden Fällen? Wie groß sind die Teilkapazitäten?

d) In welcher Beziehung stehen Ladungen, Spannungen und Kapazitäten?

Hinweis: Da die Ladung $Q = \text{const.}$ vorgegeben ist (Ursache), leiten sich alle Größen aus Q bzw. D ab, beispielsweise herrschen im Fall a1), a2) gleiche D-Werte: $D_1 = D_2$ (Voraussetzung: Grenzfläche$\|$Kondensatorfläche, d.h. Grenzfläche ist Potentialfläche). Ausgang I/Gl. (2.77)ff.

Lösung:

a) 1) Die homogen über die Kondensatorplatten verteilten Ladungen $\pm Q$ erzeugen D-Linien (von positiven Ladungen ausgehend). Wir wählen ausgewählte D-Linien z.B. 4. Das E-Feld verläuft proportional D, wir nehmen ebenfalls 4 ausgewählte E-Linien an (Bild 4.1/6b).

2) Wird $\varepsilon_1 = 2\varepsilon_2$ gewählt, so bleiben die Ladung Q und damit das D-Feld unverändert (Bild 4.1/6c), aber gemäß I/Gl. (2.77) folgen die Feldstärken

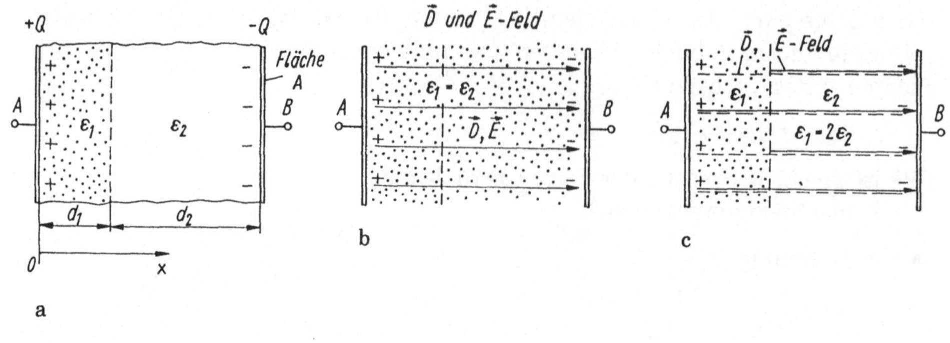

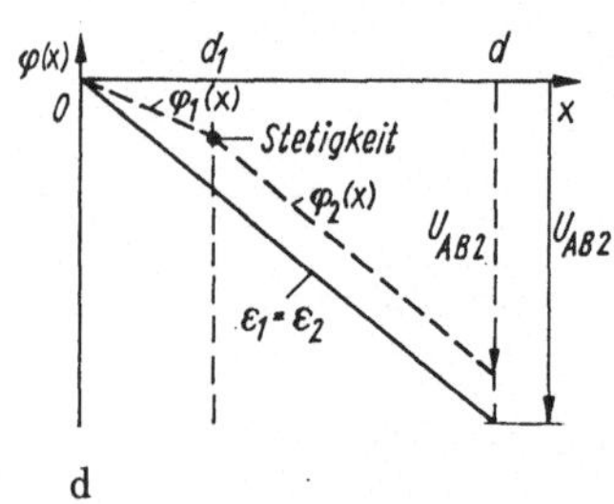

Bild 4.1/6

an der Grenzfläche (Stetigkeit von D_n!) aus der Bedingung:

$$\varepsilon_1 E_1 = \varepsilon_2 E_2, \quad \text{d.h. } \frac{E_1}{E_2} = \frac{\varepsilon_2}{\varepsilon_1} = \frac{1}{2}. \tag{1}$$

Damit stellt sich für die Feldstärkelinien ein Verhältnis von $1/2 = 2/4$ ein (Bild 4.1/6c), an der Grenzfläche entspringen zusätzliche Feldlinien. (Normalkomponente unstetig, Grenzflächenbedingung).

b) 1) Der Potentialverlauf ergibt sich durch Integration der Feldstärke

$$\varphi_A = \varphi(0) + \int_A^0 \boldsymbol{E} \cdot \mathrm{d}\boldsymbol{s} = \varphi(0) - \int_0^A \boldsymbol{E} \cdot \mathrm{d}\boldsymbol{s}.$$

Der Integrationsweg läuft dabei in (positiver Richtung) von $\boldsymbol{E}$. Der Bezugspunkt $\varphi(0) = 0$ liegt gemäß Vorgabe an der positiven Platte. Es folgt wegen $E = \text{const.}$

$$\varphi(x) = -Ex \quad \text{oder} \quad -\varphi(x) = Ex.$$

(Bild 4.1/6d). Die Feldstärke E liegt durch die Ladung Q fest

$$E_1 = \frac{D}{\varepsilon_1} = \frac{Q}{\varepsilon_1 A} = \frac{Q}{\varepsilon_2 A} = E_2. \tag{2}$$

2) Mit verschiedenen Dielektrika gilt:
• im Gebiet $0 \le x \le d_1$:

$$\varphi_1(x) = -\int_0^x E_1 \, \mathrm{d}x = -E_1 x = -\frac{Q}{\varepsilon_1 A} = -\frac{\varepsilon_2}{\varepsilon_1} E_2 x = -\frac{1}{2} E_2 x. \tag{3}$$

Das Gefälle des Potentials ist kleiner als im Fall b1).

- Im Gebiet $d_1 \leq x \leq d$ gilt:

$$\varphi(x) \;=\; -\int_0^x E\,dx = -\int_0^{d_1} E_1\,dx - \underbrace{\int_{d_1}^x E_2\,dx}_{\varphi_2(x)}$$

$$=\; -E_1 d_1 - E_2(x - d_1) = -E_2\left(\frac{\varepsilon_1}{\varepsilon_2}d_1 + x - d_1\right). \tag{4}$$

Dabei schließt das Potential an der Stelle $x = d_1$ stetig an.
Der Spannungsabfall zwischen den Platten beträgt

$$U_{AB} = \varphi_A - \varphi_B = 0 - \varphi_B = -\varphi|_{x=d}.$$

Wir erhalten
- im Fall 1
$$U_{AB1} = E_2 d \quad (\varepsilon_1 = \varepsilon_2) \tag{5}$$
- im Fall 2
$$U_{AB2} = -\varphi|_{x=d} = E_2\left(\frac{\varepsilon_2}{\varepsilon_1}d_1 + d - d_1\right). \tag{6}$$

Es fällt jetzt eine geringere Spannung ab (Bild 4.1/6c) als im Fall 1.

c) Die Kapazität kann auf zwei Wegen berechnet werden:
  - aus der Definitionsgleichung $C_{AB} = Q/U_{AB}$. Im ersten Fall wird daraus
    mit (1)
    $$C_{AB} = \frac{Q}{E_2 d} = \frac{\varepsilon_2 A}{d} = \frac{\varepsilon_1 A}{d}; \tag{7}$$
    die Kapazität des Plattenkondensators,
  - im zweiten Fall mit Gl.(6)
    $$C_{AB} = \frac{Q}{U_{AB}} = \frac{\varepsilon_2 A}{(\varepsilon_2/\varepsilon_1)d_1 + d - d_1} \tag{8}$$
    oder umgeschrieben:
    $$\frac{1}{C_{AB}} = \frac{1}{A}\left(\frac{d_1}{\varepsilon_1} + \frac{d - d_1}{\varepsilon_2}\right) = \frac{1}{C_1} + \frac{1}{C_2}. \tag{9}$$
    Dabei sind C_1, C_2 die Teilkapazitäten der jeweiligen dielektrischen Schicht.

d) Wir betrachten noch die Beziehungen zwischen Ladungen und Kapazitäten. Es gilt wegen der Konstanz der Ladung

$$Q = C_{AB}U_{AB} = C_1 U_1 = C_2 U_2$$

und $U_{AB} = U_1 + U_2$ (Maschensatz). Daraus folgen: $U_1/U_2 = C_2/C_1$ und

$$U_1 \;=\; \frac{C_2}{C_1 + C_2}U = \frac{\varepsilon_2 d_1 U}{\varepsilon_1(d - d_1) + \varepsilon_2 d_1}$$

$$U_2 \;=\; \frac{C_1}{C_1 + C_2}U; \quad U_2 \text{ analog.}$$

Aufgabe 4.1/7 Feld mit längsgeschichtetem Dielektrikum

Gegeben ist ein Plattenkondensator (Abmessung A, d) mit dem Dielektrikum ε_1. Durch teilweises Einschieben eines Dielektrikums ε_2 gleicher Dicke d entsteht ein sog. längsgeschichtetes Dielektrikum (Bild 4.1/7a). Es gelte $\varepsilon_2 = 2\varepsilon_1$. Die vom Dielektrikum ε_2 besetzte Plattenfläche sei A_2.

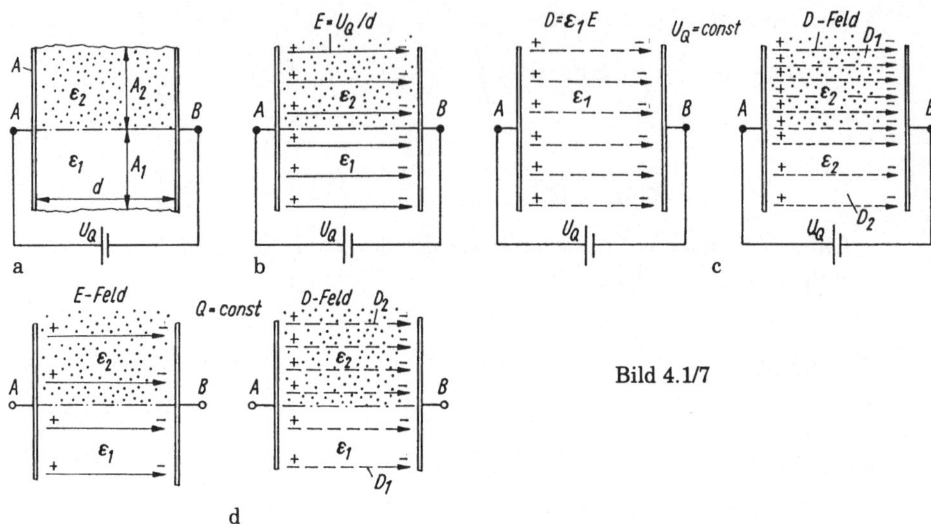

Bild 4.1/7

a) Bestimmen Sie die $\boldsymbol{D}$- und $\boldsymbol{E}$-Felder vor und nach Einbringen des Dielektrikums 2 und zwar für folgende beiden Nebenbedingungen:

1) Der Kondensator bleibt während des gesamten Vorganges an der Spannungsquelle U_Q angeschlossen.

2) Er wird an U_Q angeschlossen, nach Aufladen von der Spannungsquelle getrennt und erst dann das Dielektrikum ε_2 eingeführt.

b) Bestätigen Sie ihre Ergebnisse mit dem Modell der Teilkapazitäten C_1, C_2.

Hinweis: Ausgang ist der Zusammenhang $Q = UC$. Bei konstant gehaltener Spannung muß sich durch Material 2 die Kapazität ändern, bei geladenem Kondensator und abgetrennter Spannungsquelle Spannung und Kapazität.

Lösung:

a) Bei anliegender Spannung U_Q = const. ist dadurch $E_1 = E_2 = E =$ const. vorgegeben, also das E-Feld in beiden Gebieten ε_1, ε_2 gleich. Wir stellen es durch eine Anzahl ausgewählter E-Linien dar (Bild 4.1/7b). Die Verschiebungsflußdichte $\boldsymbol{D} = \varepsilon\boldsymbol{E}$ ändert sich hingegen. Sie ist im Gebiet 2 wegen $\varepsilon_2 = 2\varepsilon_1$ doppelt so groß. Wählen wir für das Gebiet ε_1 die gleiche Liniendichte wie für $\boldsymbol{E}$, so verdoppelt sich die Liniendichte nach Einschieben im oberen Teil. Gehen wir von insgesamt 6 D-Linien aus, so entfallen auf den unteren Teil $6/2 = 3$ Linien, auf den oberen hingegen $2 \cdot 3 = 6$ Linien (Bild 4.1/7c) (Gesamtzahl 9 gegenüber 6 bei homogenem Dielektrikum ε_1).

Wird der Kondensator zunächst geladen und abgeschaltet, so hat er die gleiche Ladung wie im ersten Fall (vgl. Bild 4.1/7b, c). Im Gegensatz zu oben bleibt jetzt Q und damit D = const. (Bild 4.1/7d). Einschieben des Dielektrikums bedeutet

- daß in beiden Gebieten gleiche Feldstärke ($\sim U!$) herrscht (bestimmt durch sich einstellende Plattenspannung, Abstand bleibt erhalten), jedoch die Feldstärke gegenüber Fall 1 sinkt (C steigt, U sinkt).
- bei fester Gesamtzahl der D-Linien sich die Verteilung D_2, D_1 ändert.

b) Über die Kapazitätsbetrachtung bestimmen wir zunächst

- die Ausgangskapazität mit Dielektrikum ε_1

$$C = \frac{\varepsilon_1 A}{d} \tag{1}$$

- die Teilkapazitäten nach Einbringen des Dielektrikums ε_2

$$C_1 = \frac{\varepsilon_1 A_1}{d}; \quad C_2 = \frac{\varepsilon_2 A_2}{d} = \frac{\varepsilon_2(A - A_1)}{d}. \tag{2}$$

Die Gesamtkapazität beträgt

$$C' = C_1 + C_2 = \frac{\varepsilon_1 A_1 + \varepsilon_2(A - A_1)}{d}. \tag{3}$$

Im ersten Fall (U_Q = const.) ist die Ausgangsladung der Kapazität proportional:

$$Q = CU_Q. \tag{4}$$

Nach Einfügen des Materials ε_2 stellt sich die Ladung

$$Q' = C'U_Q = (C_1 + C_2)U_Q \tag{5}$$

ein bzw. bei $A_1 = A_2 = A/2$ also

$$C' = \frac{A}{d}\left(\frac{\varepsilon_1}{2} + \frac{\varepsilon_2}{2}\right) = \frac{A}{2d}(\varepsilon_1 + \varepsilon_2) = \frac{3}{2}C. \tag{6}$$

Die Kapazität wächst wie erwartet. (Dies drückt sich in der Vergrößerung der ausgewählten D-Linien von 6 auf 9 aus, Bild 4.1/7c).

Wird der Kondensator mit ε_1 zunächst geladen, so trägt er die Ladung $Q = CU_Q$ nach Gl.(4). Sie bleibt nach Entfernen der Spannungsquelle erhalten und führt bei Einfügen von ε_2 zur Spannng U':

$$Q = CU_Q = (C_1 + C_2)U' = Q_1 + Q_2 \tag{7}$$

oder mit den Teilladungen Q_1, Q_2 auf C_1, C_2 auf

$$U' = \frac{C}{C_1 + C_2}U_Q = \frac{\varepsilon_1 A}{\varepsilon_1 A_1 + \varepsilon_2(A - A_1)}U_Q. \tag{8}$$

Daraus folgt mit $A_1 = A_2 = A/2$:

$$U' = \frac{2\varepsilon_1}{\varepsilon_1 + \varepsilon_2}U_Q \rightarrow \frac{2\varepsilon_1}{3\varepsilon_1}U_Q = \frac{2}{3}U_Q. \tag{9}$$

Die Spannung U' fällt auf $2/3U_Q$, die Kapazität wächst auf $C' = 3/2C$, d.h. Q bleibt erhalten.

Die Feldstärke ergibt sich aus U'

$$E = \frac{U'}{d} = 2\frac{\varepsilon_1}{\varepsilon_1 + \varepsilon_2}\frac{U_Q}{d}. \tag{10}$$

Da U_Q/d die Ausgangsfeldstärke für Bild 4.1/7b war, sinkt die Feldstärke jetzt ab (und zwar auf $2/3U_Q/d$, also 4 E-Linien (Bild 4.1/7d). Die Verschiebungsflußdichte D stimmt im Ausgangszustand mit oben überein. Die Gesamtzahl bleibt wegen $Q = $ const. $\sim D$ erhalten, sie teilt sich allerdings wegen $Q = Q_1 + Q_2 \rightarrow Q_1 \sim D_1$, $Q_2 \sim D_2$ folgendermaßen auf

$$Q_1 \;=\; C_1 U' = \frac{C_1 C}{C_1 + C_2} U_Q = \frac{\varepsilon_1 A/2}{\varepsilon_1 A/2 + \varepsilon_2 A/2} \cdot \frac{\varepsilon_1 A U_Q}{d}$$

$$=\; \frac{\varepsilon_1}{\varepsilon_1 + \varepsilon_2} Q, \tag{11}$$

d.h.

$$D_1 = \frac{\varepsilon_1}{\varepsilon_1 + \varepsilon_2} D \quad \text{mit } D = Q/A. \tag{12}$$

Analog gilt

$$Q_2 = C_2 U' = \frac{\varepsilon_2}{\varepsilon_1 + \varepsilon_2} Q \rightarrow D_2 = \frac{\varepsilon_2}{\varepsilon_1 + \varepsilon_2} D \tag{13}$$

und somit $D_1 + D_2 = D$. Im gegebenen Beispiel ist dann $D_1 = 1/3D$, $D_2 = 2/3D$. Das sind im unteren Teil (von den dort vorhandenen Linien) nur noch 2, im oberen Teil 4 Linien.

Diskussion: Die sich einstellenden D- und E-Felder gehen von der Zwangsbedingung $U_Q = $ const. oder $Q = $ const. aus. Diese Größen legen die Feldgröße fest, mit der zu beginnen ist.

Aufgabe 4.1/8 Ladungen, Abschirmwirkung

a) Eine positive Ladung Q ist über eine gut leitende Metallkugel verteilt (Radius r_1, Bild 4.1/8a). Bestimmen Sie die Feldgrößen D, E und φ inner- und außerhalb der Kugel. Wie groß ist die Oberflächenladungsdichte?

b) Eine positive Punktladung Q liegt im Zentrum einer gut leitenden Hohlkugel (Wanddicke $r_a - r_i$), inner- und außerhalb befinde sich Luft. Bestimmen Sie $D(r)$, $E(r)$, $\varphi(r)$.

Lösung:

a) Innerhalb der Kugel muß die Ladung nach dem Gaußschen Satz verschwinden (I/Gl.(2.70b)):

$$\oint D \cdot dA = 0, \qquad (r < r_1)$$

da keine Ladung innerhalb der Hülle vorhanden ist. Auf der Kugeloberfläche ($r = r_1$) gilt hingegen

$$\oint D \cdot dA = Q = D4\pi r_1^2 \tag{1}$$

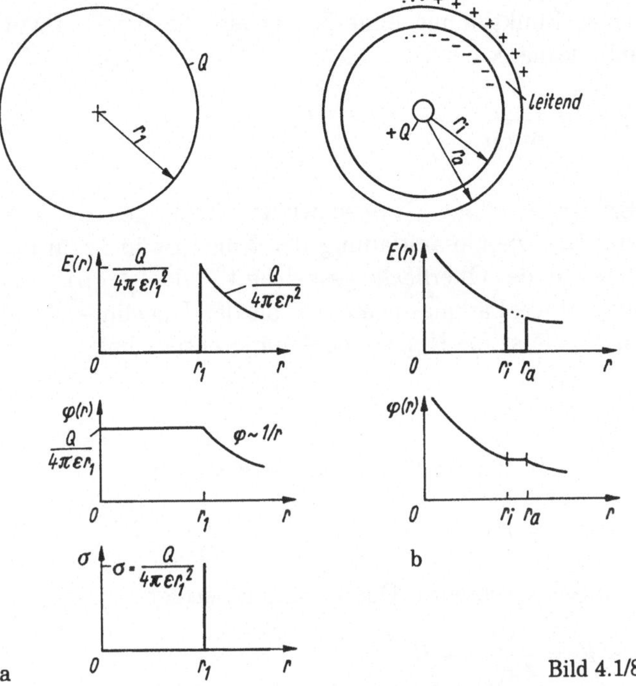

Bild 4.1/8

und analog für die Feldstärke

$$\boldsymbol{E} = \frac{Q}{4\pi\varepsilon r^2}\boldsymbol{e}_r \quad (r \geq r_1) \tag{2}$$

$$\boldsymbol{D} = \varepsilon\boldsymbol{E}.$$

Das Potential folgt aus (Bezugspunkt im Unendlichen, $\varphi(\infty) = 0$)

$$\varphi(r) = -\int_{\infty}^{r} \boldsymbol{E} \cdot \mathrm{d}\boldsymbol{s} = -\frac{Q}{4\pi\varepsilon}\int_{\infty}^{r} \frac{\mathrm{d}r'}{r'^2} = \frac{Q}{4\pi\varepsilon r} \quad (r \geq r_1) \tag{3}$$

mit $\varphi(r_1) = Q/(4\pi\varepsilon r_1)$.

Da $\boldsymbol{E}$ im Kugelinneren verschwindet, bleibt φ innerhalb der Kugel konstant.

Die Oberflächenladungsdichte $\sigma = Q/A(r_1)$ verschwindet überall außer an der Stelle $r = r_1$.

Bild 4.1/8a zeigt die Verläufe: Stetigkeit des Potentials an der Kugeloberfläche, Sprung der Feldstärke an der Kugelwand. Sie ergibt sich aus der Annahme, daß die Ladungsfront σ die Dicke Null hat.

b) Es liegt ein kugelsymmetrisches Problem vor mit drei Bereichen: 1) $r > r_\mathrm{a}$, 2) $r_\mathrm{i} < r < r_\mathrm{a}$, 3) $r < r_\mathrm{i}$.

Im Außenbereich $r > r_\mathrm{a}$ erhalten wir mit dem Gaußschen Satz

$$\oint \boldsymbol{D} \cdot \mathrm{d}\boldsymbol{A} = D(r)A(r) = Q$$

$$D(r) = \frac{Q}{4\pi\varepsilon_0 r^2} \quad (r > r_\mathrm{a}). \tag{4}$$

Das ist das Feld einer Punktladung ohne Bezug auf die Kugel. Dazu gehört das Potential (Bezug ∞)

$$\varphi = -\int_{\infty}^{r} E(r')\,dr' = \frac{Q}{4\pi\epsilon_0 r}. \tag{5}$$

Innerhalb der Kugel ($r_{\mathrm{i}} < r < r_{\mathrm{a}}$) verschwindet $E(r)$, weil das Gebiet raumladungsfrei ist. Die Gesamtladung der Kugel ist in Form der Oberflächenladung $+\sigma$ an der Oberfläche gespeichert (Bild 4.1/8b). Deshalb wird eine gleich große Ladungsdichte $-\sigma$ an der Kugelinnenwand influenziert. Wegen $E = 0$ ist die Kugel eine Äquipotentialschale:

$$\varphi_2(r_{\mathrm{i}}) = \varphi_1(r_{\mathrm{a}}) = \frac{Q}{4\pi\varepsilon_0 r_{\mathrm{a}}}. \tag{6}$$

Im Innenraum $r < r_{\mathrm{i}}$ ergibt der Gaußsche Satz jetzt wieder

$$E(r) = \frac{Q}{4\pi\varepsilon_0 r^2} \qquad (r < r_{\mathrm{i}}), \tag{7}$$

weil die Ladung Q umschlossen wird. Das Potential beträgt

$$\varphi = \int E(r)\,dr + K = \frac{Q}{4\pi\varepsilon_0 r} + K.$$

Dabei wurde die Integrationskonstante K berücksichtigt, weil $\varphi(r_{\mathrm{i}}) = \varphi(r_{\mathrm{a}})$ gelten muß und damit

$$K = \frac{Q}{4\pi\varepsilon_0 r}\left(\frac{1}{r_{\mathrm{a}}} - \frac{1}{r_{\mathrm{i}}}\right).$$

Zusammengefaßt wird

$$\varphi(r) = \frac{Q}{4\pi\varepsilon_0 r}\left(\frac{1}{r} + \frac{1}{r_{\mathrm{a}}} - \frac{1}{r_{\mathrm{i}}}\right) \qquad (r \leq r_{\mathrm{i}}). \tag{8}$$

Bild 4.1/8b zeigt die Lösungen im gesamten Bereich. Es fallen die Sprünge von E auf, das Potential verläuft stetig.

4.2 Globale Größen Verschiebungsfluß, Spannung, Kapazität

Aufgabe 4.2/1 Geschichteter Zylinderkondensator

Gegeben sei ein Koaxialkabel mit geschichtetem Dielektrikum (Länge l), Innen- und Außenradius und gut leitenden Elektroden, an dem die Spannung $U_{\mathrm{AB}} = U$ liegt (Bild 4.2/1a). Das Dielektrikum soll an der Stelle r_x wechseln (ε_1, ε_2). Der Einfluß der Deckfläche kann vernachlässigt werden.

a) Man berechne die Größe $\boldsymbol{D}(\boldsymbol{r})$, $\boldsymbol{E}(\boldsymbol{r})$ zunächst für homogenes Dielektrikum.

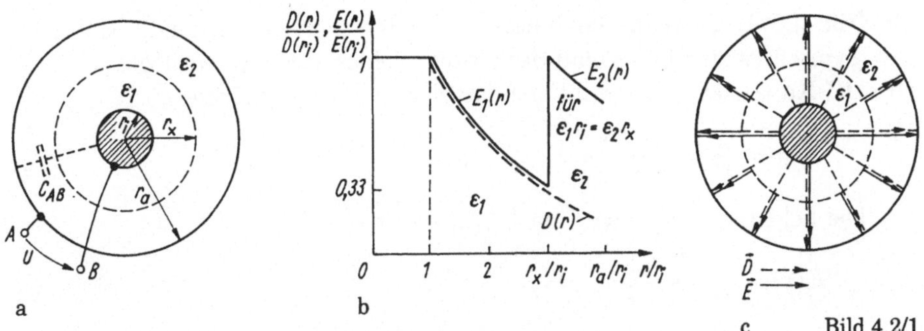

a   b   c   Bild 4.2/1

b) Wie groß ist die Kapazität C_{AB} $(\varepsilon_1 = \varepsilon_2 = \varepsilon)$?

c) Wo tritt die höchste Feldstärke auf?

d) Der Innenradius r_i sei variabel, der Außenradius r_a fest. Bei welchem r_i ist die maximale Feldstärke nach c) am kleinsten (U fest)?

e) Wie ändern sich die Verhältnisse a)...d), wenn sich die Dielektrika unterscheiden? Es gelte $r_a = 4r_i$, $\varepsilon_1 = 3\varepsilon_2$. r_x soll so eingestellt werden, daß an der Trennfläche keine höhere Feldstärke als am Innenradius auftritt.

f) Bestimmen Sie die Kapazität des Koaxialkabels.

g) Zeigen Sie, daß die Kapazität des geschichteten Kondensators auch als Reihenschaltung zweier Einzelkondensatoren darstellbar ist.

Hinweis: Wir verteilen eine Probeladung $+Q$ $(-Q$ auf Metall) auf die Länge l des Innenleiters (zylindersymmetrische Anordnung) und berechne damit die Feldgrößen (s. Lösungsmethodik I/Tafel 2.10).

Lösung:

a) Wir bringen auf die Innenelektrode eine Probeladung Q, von der ein Verschiebungsfluß ausgeht. Dabei muß gelten:

$$\oint \boldsymbol{D} \cdot \mathrm{d}\boldsymbol{A} = \oint D_r \, \mathrm{d}A = D_r A(r) = Q$$

mit $A(r) = 2\pi r l$ und erhalten die Verschiebungsflußdichte

$$\boldsymbol{D}_r(r) = \frac{Q}{2\pi r l} \boldsymbol{e}_r. \tag{1}$$

Wegen Radialsymmetrie gibt es nur die r-Komponente von D_r. Die unbekannte Probeladung Q muß auf die vorgegebene Spannung U_{AB} zurückgeführt werden entweder über die Kapazität $U_{AB} = C_{AB}Q$ oder das Feldstärkeintegral:

$$U = \int_{r_i}^{r_a} \boldsymbol{E} \cdot \mathrm{d}\boldsymbol{s} = \int_{r_i}^{r_a} \frac{\boldsymbol{D}(r)}{\varepsilon} \cdot \mathrm{d}\boldsymbol{r} = \int_{r_i}^{r_a} \frac{Q}{2\pi r l} \, \mathrm{d}r = \frac{Q}{2\pi r l} \ln r \Big|_{r_i}^{r_a}$$

$$= \frac{Q}{2\pi r l} \ln \frac{r_a}{r_i}. \tag{2}$$

Wir substituieren Q in Gl.(1) und erhalten

$$\boldsymbol{D}(r) = \frac{U\varepsilon}{r \ln r_a/r_i} \boldsymbol{e}_r; \quad \boldsymbol{E}(r) = \frac{\boldsymbol{D}(r)}{\varepsilon}. \tag{3}$$

Bild 4.2/1b zeigt die Feldbilder. Sie unterscheiden sich qualitativ nicht. Typisch ist der $1/r$-Abfall des Zylinderfeldes, das hier vorliegt.

b) Die Kapazität C_{AB} ergibt sich aus der Definitionsgleichung zu

$$C_{AB} = \frac{Q}{U} = \frac{2\pi\varepsilon l}{\ln r_a/r_i}.$$
(4)

c) Die Feldstärke $E(r)$ wird nach Gl.(3) mit $U = U_{AB}$

$$E(r) = \frac{U}{\ln r_a/r_i}\frac{1}{r}.$$

Sie hat den höchsten Wert an der Stelle $r = r_i$:

$$E(r_i) = E_{max} = \frac{U}{r_i \ln r_a/r_i}.$$
(5)

d) Nach Gl.(5) wächst die Feldstärke mit $r_i \to 0$ zufolge des Faktors $1/r_i$ über alle Grenzen und $\ln r_a/r_i$ geht gegen Null, wenn sich $r_i \to r_a$ nähert. Dazwischen muß es eine minimale Feldstärke geben. Wir führen dazu die Variable $x = r_i/r_a$ ein und erhalten

$$E_{max}(x) = \frac{U}{r_a}\frac{1}{x \ln 1/x} = -\frac{U}{r_a x \ln x} \qquad (x \le 1).$$
(6)

Zunächst bleibt E_{max} für alle sinnvollen x stets positiv mit den Sonderfällen

$E_{max} \to \infty$ für $x \to 1$ (verschwindender Elektrodenabstand)
$E_{max} \to \infty$ für $x \to 0$ (innere Elektrode verschwindet).

Im Zwischenbereich hat E_{max} dort ein Minimum, wo der Nenner ein Maximum aufweist. Es gilt

$$\frac{d}{dx}(-x \ln x) = -\ln x - 1$$

und mit der Forderung einer verschwindenden Ableitung

$$\ln x|_{max} = -1$$

oder beiderseits exponiert

$$x|_{max} = \left.\frac{r_i}{r_a}\right|_{max} = e^{-1}.$$
(7)

Rückeingesetzt in Gl.(6) ergibt sich

$$E_{max}|_{opt} = -\frac{U}{r_a}\frac{1}{e^{-1}\ln e^{-1}} = \frac{U}{r_a}e.$$
(8)

e) Unterscheiden sich beide Dielektrika wie im Bild 4.2/1a dargestellt, so
- ändert sich der D-Verlauf nicht, da alle D-Linien senkrecht auf die Trennfläche der beiden Dielektrika treffen und die Normalkomponente von D stetig ist
- unterscheiden sich die E-Linien und zwar gilt

$$D_n = \varepsilon_1 E_1|_{r_x} = \varepsilon_2 E_2|_{r_x}.$$
(9)

Im Material mit größerem ε herrscht die kleinere Feldstärke.
Wir bestimmen zunächst die Spannung U zwischen Innen- und Außenradius:

$$U = \int_{r_i}^{r_x} \frac{\boldsymbol{D}(r) \cdot \mathrm{d}\boldsymbol{r}}{\varepsilon_1} + \int_{r_x}^{r_a} \frac{\boldsymbol{D}(r) \cdot \mathrm{d}\boldsymbol{r}}{\varepsilon_2} = \frac{Q}{2\pi l} \left(\frac{1}{\varepsilon_1} \ln \frac{r_x}{r_i} + \frac{1}{\varepsilon_2} \ln \frac{r_a}{r_x} \right)$$

$$= \frac{Q}{2\pi \varepsilon_1 l} \left(\ln \frac{r_x}{r_i} + \frac{\varepsilon_1}{\varepsilon_2} \ln \frac{r_a}{r_x} \right) = \frac{Q}{2\pi \varepsilon_1 l} \ln \left(\frac{r_x}{r_i} \left(\frac{r_a}{r_x} \right)^{\varepsilon_1/\varepsilon_2} \right). \tag{10}$$

Damit gilt rückeingesetzt in Gl.(1) (Eliminierung der Ladung Q)

$$\boldsymbol{D}(r) = \frac{Q \boldsymbol{e}_r}{2\pi \varepsilon_1 l} \frac{1}{r} = \frac{U}{\ln \left(\frac{r_x}{r_i} \left(\frac{r_a}{r_x} \right)^{\varepsilon_1/\varepsilon_2} \right)} \frac{1}{r} \boldsymbol{e}_r. \tag{11}$$

Der Verlauf ist in Bild 4.2/1b dargestellt, allerdings bezogen auf $D(r_i)$.
Die Feldstärken betragen

- im Material ε_1:

$$\boldsymbol{E}_1(r) = \left. \frac{\boldsymbol{D}(r)}{\varepsilon_1} \right|_{r_i \leq r \leq r_x} \tag{12a}$$

- im Material ε_2:

$$\boldsymbol{E}_2(r) = \left. \frac{\boldsymbol{D}(r)}{\varepsilon_2} \right|_{r_x \leq r \leq r_a}. \tag{12b}$$

An der Grenzschicht $r = r_x$ ändert sich E nach Gl.(9). Zwei Bemessungen sind möglich:

- Wir geben r_x und ε_1, ε_2 vor, damit liegt E_2 nach Gl.(12a, b) durch Stetigkeit von D fest. Dann kann für $\varepsilon_1 > \varepsilon_2$ eine Feldstärke E_2' auftreten, die größer als $E_1(r_i)$ ist und u.U. zum Durchschlag des Isolators führt.

- Wir geben entweder nur r_x oder ε_1 vor und suchen den Wert ε_2 resp. r_x, für den $E_2|_{r_x}$ gerade den Höchstwert von $E_1(r_i)$ erreicht. So wird die Feldstärke im Isolator "homogenisiert" und die Durchbruchsgefahr vermieden. Der letztgenannte Weg ist technisch einfacher, denn ε_1, ε_2 liegen durch die Materialien fest und r_x läßt sich bequemer einstellen.

In diesem Fall sind uns bekannt:

- die Höchstfeldstärke am Innenleiter nach Gl.(3)

$$E_1(r_i) = \frac{Q}{2\pi \varepsilon_1 r_i l}; \rightarrow \varepsilon_1 r_i E_1(r_i) = \frac{Q}{2\pi l}$$

- die Höchstfeldstärke im Material ε_2 an der Stelle r_x (Gl.(12b)):

$$E_2(r_x) = \frac{Q}{2\pi \varepsilon_2 r_x l}; \rightarrow \varepsilon_2 r_x E_2(r_x) = \frac{Q}{2\pi l}.$$

Daraus folgt durch Vergleich mit $E_1(r_i) = E_2(r_x)$:

$$\varepsilon_1 r_i = \varepsilon_2 r_x. \tag{13}$$

Wir benötigen somit ein Material, das im Außenraum ein kleines ε_2 hat:
$\rightarrow r_x = r_i(\varepsilon_1/\varepsilon_2)$.

Die Gesamtspannung U wird bei dieser Bemessung nach Gl.(10)

$$U = \frac{Q}{2\pi l}\left(\frac{1}{\varepsilon_1}\ln\frac{\varepsilon_1}{\varepsilon_2} + \frac{1}{\varepsilon_2}\ln\frac{r_\mathrm{a}}{r_\mathrm{i}}\frac{\varepsilon_2}{\varepsilon_1}\right)$$

$$= \frac{Q}{2\pi\varepsilon_1 l}\ln\left(\frac{\varepsilon_1}{\varepsilon_2}\left(\frac{r_\mathrm{a}}{r_\mathrm{i}}\frac{\varepsilon_2}{\varepsilon_1}\right)^{(\varepsilon_1/\varepsilon_2)}\right). \tag{14}$$

Zahlenbeispiel: Wir behalten die Beziehung $r_\mathrm{a}/r_\mathrm{i} = 4$ bei und setzen $\varepsilon_1/\varepsilon_2 = 3$, d.h. $r_x = 3r_\mathrm{i}$. Dann ergibt sich im homogenen Fall nach Gl.(2) die Gesamtspannung

$$U = \frac{Q}{2\pi\varepsilon_1 l}\ln 4,$$

im geschichteten Dielektrikum nach Gl.(14) jedoch

$$U = \frac{Q}{2\pi\varepsilon_1 l}\ln\left(3\left(4\frac{1}{3}\right)^3\right) = \frac{Q}{2\pi\varepsilon_1 l}\ln 7,11,$$

also eine größere Spannung (bei gleicher Ladung), m.a.W. benötigt der geschichtete Koaxialleiter eine größere Spannung, um die gleiche Höchstfeldstärke am Innenleiter zu erreichen, er wird damit "durchschlagfester". (Das war Zweck der Schichtung des Dielektrikums.)

f) Die Kapazität ergibt sich nach der Definition (mit Gl.(14)) zu

$$C = \frac{Q}{U} = \frac{2\pi\varepsilon_1 l}{\ln\left(\dfrac{\varepsilon_1}{\varepsilon_2}\left(\dfrac{r_\mathrm{a}}{r_\mathrm{i}}\dfrac{\varepsilon_2}{\varepsilon_1}\right)^{(\varepsilon_1/\varepsilon_2)}\right)} \tag{15}$$

mit der Bemessung Gl.(13). Im Vergleich zum homogenen Dielektrikum $(\varepsilon_1 = \varepsilon_2)$:

$$C|_\mathrm{hom.} = \frac{2\pi\varepsilon_1 l}{\ln r_\mathrm{a}/r_\mathrm{i}} \tag{16}$$

sinkt die Kapazität durch das geschichtete Dielektrikum. Im Beispiel erhalten wir für das homogene Feld $(r_\mathrm{a} = 4r_\mathrm{i})$

$$C = \frac{2\pi\varepsilon_1 l}{\ln 4},$$

für das geschichtete Dielektrikum dagegen

$$C = \frac{2\pi\varepsilon_1 l}{\ln 7,11}.$$

g) Die Kapazität nach Gl.(15) läßt sich mit der Spannungsaufteilung in $U = U(r_\mathrm{i}, r_x) + U(r_x, r_\mathrm{a})$ auch darstellen als

$$\frac{1}{C_\mathrm{AB}} = \frac{U}{Q} = \frac{U(r_\mathrm{i}, r_x) + U(r_x, r_\mathrm{a})}{Q} = \frac{1}{C_{r_\mathrm{i}, r_x}} + \frac{1}{C_{r_x, r_\mathrm{a}}} \tag{17}$$

mit

$$C_{r_\mathrm{i},r_x} = \frac{2\pi\varepsilon_1 l}{\ln r_x/r_\mathrm{i}}; \quad C_{r_x,r_\mathrm{a}} = \frac{2\pi\varepsilon_2 l}{\ln r_\mathrm{a}/r_x}. \tag{18}$$

Das ist die Reihenschaltung der beiden Zylinderkondensatoren C_{r_i,r_x} und C_{r_x,r_a}, d.h. die Grenzfläche bei r_x ist zugleich Elektrode des inneren und äußeren Kondensators.

Aufgabe 4.2/2 Koaxialkabel, Bemessung

An einem Koaxialkabel (mit geerdeten Außenmantel) liege eine Spannung $U = 1\,\mathrm{kV}$. Es habe ein 2-fach geschichtetes Dielektrikum ($\varepsilon_{\mathrm{r}1} = 4,2$, $\varepsilon_{\mathrm{r}2} = 3,1$, $r_\mathrm{i} = 10\,\mathrm{mm}$, $r_x = 20\,\mathrm{mm}$, $r_\mathrm{a} = 40\,\mathrm{mm}$, Bild 4.2/2).

Welche maximale Feldstärke tritt in jedem Dielektrikum auf?

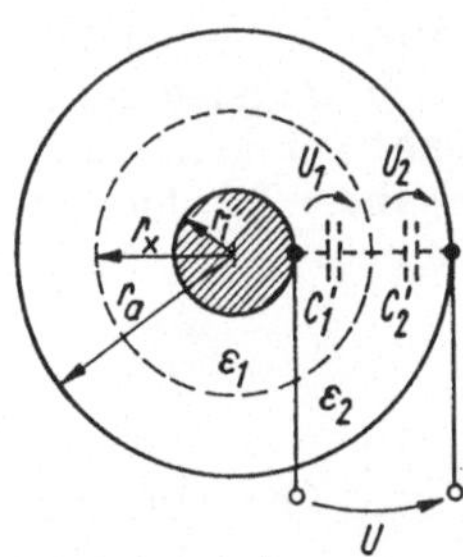

Bild 4.2/2

Hinweis: Es handelt sich um eine praktische Anwendung der Aufgabe 4.2/1. Wir wollen hier aber einen rascheren Lösungsweg einschlagen und die Anordnung als kapazitiven Spannungsteiler auffassen.

Lösung:
Wir betrachten die Anordnung als Reihenschaltung zweier Teilkapazitäten (pro Länge, $\rightarrow C'$):

$$C_1' = \frac{2\pi\varepsilon_1}{\ln r_x/r_\mathrm{i}}; \quad C_2' = \frac{2\pi\varepsilon_2}{\ln r_\mathrm{a}/r_x} \tag{1}$$

mit der Gesamtkapazität

$$C' = \frac{C_1' C_2'}{C_1' + C_2'} = \frac{2\pi\varepsilon_1\varepsilon_2}{\varepsilon_2 \ln r_x/r_\mathrm{i} + \varepsilon_1 \ln r_\mathrm{a}/r_x}. \tag{2}$$

Über den Kapazitäten fallen die Teilspannungen U_1, U_2 ab, es gilt

$$\frac{U_2}{U_1} = \frac{C_1}{C_2} \quad \text{und } U_1 + U_2 = U. \tag{3}$$

Die Teilkapazitäten betragen:

$$C_1' = \frac{2\pi 4,2 \cdot 8,85\,\mathrm{pF}}{\ln 20/10\,\mathrm{m}} = 0,336\,\frac{\mathrm{nF}}{\mathrm{m}}$$

$$C_2' = \frac{2\pi 3,1 \cdot 8,85\,\mathrm{pF}}{\ln 40/20\,\mathrm{m}} = 0,248\,\frac{\mathrm{nF}}{\mathrm{m}}.$$

Daraus folgt für das Spannungsteilerverhältnis

$$\frac{U_2}{U_1} = \frac{C_1}{C_2} = \frac{0,336}{0,248} = 1,3511$$

und mit $U_1 + U_2 = 1\,\text{kV}$ die Spannung $U_1 = 425\,\text{V}$ sowie die Ladung $Q' = C_1'U_1 = 142,9\,\text{nC/m}$. Die maximale Feldstärke tritt stets am Innenrand des Dielektrikums auf:

$$E(r_\text{i})|_\text{max} = \frac{Q'}{2\pi\varepsilon_1 r_\text{i}} = \frac{142,9\,\text{nC/m}}{2\pi \cdot 4,2 \cdot 8,85\,\text{pF/m} \cdot 0,01\,\text{m}} = 61,19\,\text{kV/m}.$$

Analog ergibt sich aus der Stetigkeit der Verschiebungsflußdichte

$$E(r_2)|_\text{max} = \frac{\varepsilon_2}{\varepsilon_1} E(r_\text{i}) = \frac{3,1}{4,2} \cdot 61,19\,\text{kV/m} = 45,16\,\text{kV/m}.$$

Diskussion: Für die praktische Berechnung ist dieser vorgeführte Weg gegenüber Aufgabe 4.2/1 vorzuziehen, obwohl hier die tieferen physikalischen Vorgänge nicht so klar zutage treten wie oben. Insbesondere wird durch Vorgabe von ε_1, ε_2 und r_x keine gleichmäßige Feldspitzenverteilung erreicht wie in Aufgabe 4.2/1, hier ist $E(r_x)|_2 < E(r_\text{i})|_1$.

Aufgabe 4.2/3 Ortsabhängiges Dielektrikum

Ein Plattenkondensator habe ein Dielektrikum $\varepsilon(x)$, das vom Ort abhängt (Bild 4.2/3a). Seine Platten tragen die Ladungen $\pm Q$.

a) Skizzieren Sie die $\boldsymbol{D}$- und $\boldsymbol{E}$-Felder.

b) Bestimmen Sie den Potentialverlauf allgemein (Bezugspotential $\varphi(0) = 0$).

c) Berechnen Sie die Kapazität allgemein.

d) Bestimmen Sie die Kapazität für folgende ε-Verläufe:

    1. Linearer Anstieg von ε_1 bei $x = 0$ auf ε_2 bei $x = d$ (Welcher Fall stellt sich für $\varepsilon_2 \to \varepsilon_1$ ein?)

    2. Verlauf $\varepsilon \sim 1/x$ von ε_1 bei $x = 0$ auf ε_2 bei $x = d$. (Formulieren Sie jeweils zunächst die Ortsabhängigkeiten.)

e) Zeigen Sie, daß sich das Ergebnis c) erklären läßt durch eine Reihenschaltung von diskretisierten Teilkapazitäten mit verschiedener Breite der Isolatorscheibe und verschiedenen ε-Werten.

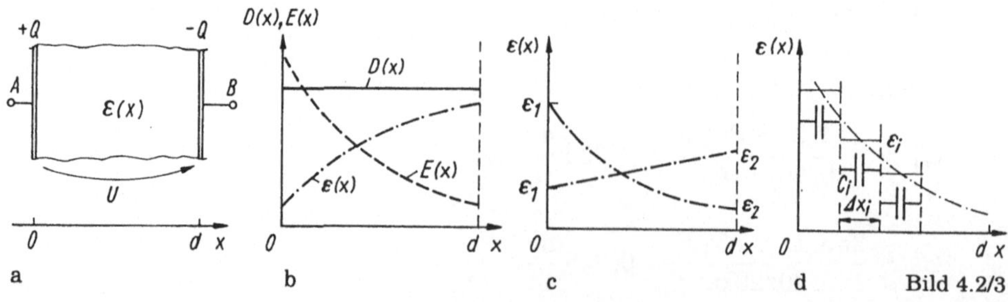

Hinweis: Verfolgen Sie die Lösungsmethodik zur Kapazitätsberechnung schrittweise und berücksichtigen Sie dabei die Ortsabhängigkeit von ε.

Lösung:

a) Die Ladung $Q =$ const. ist vorgegeben, deshalb entsteht überall im Dielektrikum die konstante Verschiebungsdichte $\boldsymbol{D}$ mit $D = Q/A$. Die Feldstärke $\boldsymbol{E} = \boldsymbol{D}/\varepsilon(x)$ hängt dagegen vom Ort ab. Sie ist wegen $\varepsilon(x)E(x) = D =$ const. besonders hoch in Gebieten mit kleinem ε und umgekehrt (Bild 4.2/3b).

b) Wir ermitteln das Potential $\varphi(x)$ über Gl.(2.2/7)

$$\varphi(x) = -\int_0^x \boldsymbol{E} \cdot \mathrm{d}\boldsymbol{s} = -\int_0^x E(x')\,\mathrm{d}x' = -\int_0^x \frac{D\,\mathrm{d}x'}{\varepsilon(x')}$$

$$= -\frac{Q}{A}\int_0^x \frac{\mathrm{d}x'}{\varepsilon(x')} \tag{1}$$

mit $\varphi(0) = 0$ oder die Spannung

$$U_{\mathrm{AB}} = \varphi_{\mathrm{A}} - \varphi_{\mathrm{B}} = 0 - \varphi(d) = \frac{Q}{A}\int_0^d \frac{\mathrm{d}x}{\varepsilon(x)}. \tag{2}$$

c) Die Kapazität ergibt sich damit zu

$$C = \frac{Q}{U_{\mathrm{AB}}} = \frac{A}{\int_0^d \mathrm{d}x/\varepsilon(x)} \quad \text{resp.} \quad \frac{1}{C} = \frac{1}{A}\int_0^d \frac{\mathrm{d}x}{\varepsilon(x)}. \tag{3}$$

d) Bei linear ortsabhängigem Verlauf $\varepsilon(x)$ gilt (Bild 4.2/3c) Fall

$$\varepsilon(x) = \varepsilon_1 + \frac{x}{d}(\varepsilon_2 - \varepsilon_1). \tag{4}$$

Damit wird mit $\alpha = (\varepsilon_2 - \varepsilon_1)/\varepsilon_1$ [1] sowie $\eta = x/d$

$$\frac{1}{C} = \frac{d}{\varepsilon_1 A}\int_0^1 \frac{\mathrm{d}\eta}{1 + \alpha\eta} = \frac{d}{A\varepsilon_1(\varepsilon_2 - \varepsilon_1)/\varepsilon_1}\ln(1 + \eta\alpha)\Big|_0^1$$

$$= \frac{d}{A(\varepsilon_2 - \varepsilon_1)}\ln\left(1 + \frac{\varepsilon_2 - \varepsilon_1}{\varepsilon_1}\right) = \frac{d}{A(\varepsilon_2 - \varepsilon_1)}\ln\frac{\varepsilon_2}{\varepsilon_1}. \tag{5}$$

Im Grenzfall $\varepsilon_2 \to \varepsilon_1$ ergibt sich für $1/C$ die Form $0/0$. Um den Grenzwert berechnen zu können, benutzt man die l'Hospitalsche Regel: Ableiten von Zähler und Nenner nach $(\varepsilon_2 - \varepsilon_1)$ getrennt

$$\to \frac{1/\varepsilon_1 \cdot 1/(1 + (\varepsilon_2 - \varepsilon_1)/\varepsilon_1)}{1} \tag{6}$$

und dann Ausführen des Grenzüberganges. Es folgt

$$\frac{1}{C} = \frac{d}{A\varepsilon_1},$$

also das exakte Ergebnis für konstantes ε, da in Gl.(4) der ortsabhängige Term entfällt.

---

[1] Es ist $\int \mathrm{d}x/(ax + b) = (1/a)\ln(ax + b)$.

Im Falle $\varepsilon \sim 1/x$ setzen wir an:

$$\varepsilon(x) = \frac{k}{x+a} \tag{7}$$

mit $\varepsilon_1 = k/a$, $\varepsilon_2 = k/(d+a)$. Daraus folgt durch Division: $a = d\cdot\varepsilon_2/(\varepsilon_2 - \varepsilon_1)$ und rückeingesetzt

$$\varepsilon(x) = \frac{\varepsilon_1 d}{\alpha x + c}; \quad \alpha = \frac{\varepsilon_1 - \varepsilon_2}{\varepsilon_2}. \tag{8}$$

Die Kapazität ergibt sich aus

$$\begin{aligned}
\frac{1}{C} &= \frac{1}{A}\int_0^d \frac{\alpha x + d}{\varepsilon_1 d}\,\mathrm{d}x = \frac{1}{A\varepsilon_1 d}\left(\frac{\alpha d^2}{2} + d^2\right) \\
&= \frac{d}{\varepsilon_1 A}\left(\frac{\varepsilon_1 - \varepsilon_2}{2\varepsilon_2} + 1\right) = \frac{d}{\varepsilon_1 A}\frac{\varepsilon_1 + \varepsilon_2}{2\varepsilon_2}.
\end{aligned} \tag{9}$$

e) Wir ersetzen das Integral von Gl.(3) durch eine Summe über diskrete Kapazitätsbeiträge der Streifenbreite Δx_i und einem mittleren ε-Wert ε_i (s. Bild 4.2/3d). Dann gilt

$$\frac{1}{C} = \frac{1}{A}\sum_{i=1}^{n}\frac{\Delta x_i}{\varepsilon_i}, \tag{10}$$

wobei die Summe über die Zahl der Teilkondensatoren zu bilden ist.

Diskussion: Technisch lassen sich Dielektrika mit ortsabhängigem $\varepsilon(x)$ in begrenztem Umfang durch Halbleiter- und Semihalbleitermaterialien realisieren (sog. Mehrkomponentenhalbleiter), deren Materialzusammensetzung ortsabhängig gesteuert wird.

Aufgabe 4.2/4 Kugelkondensator

Gegeben sei ein Kugelkondensator (Radien r_i, r_a, Zwischenraum homogenes ε), Elektroden aus Metall. Zwischen beiden Elektroden liege die Spannung U.

a) Wie lautet die Feldstärke $E(r)$ im Zwischenraum?

b) Wie lautet der Potentialverlauf $\varphi(r)$?

c) Wie groß ist die Kapazität C berechnet aus der Definition? Welcher Wert stellt sich für $r_\mathrm{a} \to \infty$ ein?

d) Berechnen Sie die Kapazität aus der Zusammenschaltung von Teilkapazitäten, die aus Kugelschalen gebildet werden.

e) Zeigen Sie, daß die nach Aufgabe c) berechnete Kapazität für große Radien, aber geringen Abstand mit der Bemessungsformel des Plattenkondensators übereinstimmt.

f) Wie groß ist die Kapazität eines Kugelkondensators ($r_\mathrm{i} = 10\,\mathrm{cm}$, $r_\mathrm{a} = 11\,\mathrm{cm}$, Luft als Dielektrikum)?

Hinweis: Wir gehen von einer Punktladung Q aus, die wir uns im Zentrum des Kugelkondensators vorstellen. Sie erzeugt einen Verschiebungsfluß und damit D-

Linien, die senkrecht durch Äquipotentialflächen umhüllende Kugeln treten. Im übrigen erfolgt die Berechnung nach der Lösungsmethodik I/Tafel 2.10.

Lösung:

a) Die Feldberechnung erfolgt über $D(r)$, es liegt ein kugelsymmetrisches Feld vor. Wir geben dazu die Ladung $+Q$ auf der Innenkugel vor. Sie influenziert die Ladung $-Q$ auf der Außenkugel. Die Hüllfläche wird konzentrisch um die Innenelektrode gelegt. Dann hat $D(r)$ überall auf der Hüllfläche den gleichen Betrag und der Richtungsvektor von D stimmt mit dem des Flächenvektors A überein. Deshalb gilt:

$$Q = \oint D \cdot \mathrm{d}A = D \cdot A = D_r A(r) = 4\pi\varepsilon r^2 E(r)$$

und wegen $A(r) = 4\pi r^2$

$$E(r) = \frac{Q}{4\pi\varepsilon r^2}. \tag{1}$$

Die vorgegebene Ladung Q wird jetzt durch die anliegende Spannung U ersetzt. Die Spannung zwischen beiden Kugeln ergibt sich durch Integration

$$\begin{aligned} U &= \int_{r_\mathrm{i}}^{r_\mathrm{a}} E(r) \cdot \mathrm{d}r = \int_{r_\mathrm{i}}^{r_\mathrm{a}} E(r)\,\mathrm{d}r = \frac{Q}{4\pi\varepsilon} \int_{r_\mathrm{i}}^{r_\mathrm{a}} \frac{\mathrm{d}r}{r^2} \\ &= \frac{Q}{4\pi\varepsilon} \left(-\frac{1}{r} \right) \Big|_{r_\mathrm{i}}^{r_\mathrm{a}} = \frac{Q}{4\pi\varepsilon} \left(\frac{1}{r_\mathrm{i}} - \frac{1}{r_\mathrm{a}} \right). \end{aligned} \tag{2}$$

Mit U kann die Ladung Q in Gl.(1) eliminiert werden:

$$E(r) = \frac{U r_\mathrm{i} r_\mathrm{a}}{r_\mathrm{a} - r_\mathrm{i}} \frac{1}{r^2}. \tag{3}$$

b) Das Potential ergibt sich aus $E(r)$

$$\varphi(r) - \varphi(r_0) = \int_r^{r_0} E(r')\,\mathrm{d}r' = \frac{Q}{4\pi\varepsilon} \int_r^{r_0} \frac{\mathrm{d}r'}{r'^2} = \frac{Q}{4\pi\varepsilon} \left(\frac{1}{r} - \frac{1}{r_0} \right),$$

gegenüber einem Bezugspotential fällt das Potential mit $1/r$. Üblicherweise wird als Bezugspotential der Wert $\varphi(r_0) = 0$ im Unendlichen $(r_0 \to \infty)$ gewählt. Dann verbleibt

$$\varphi(r) = \frac{Q}{4\pi\varepsilon} \frac{1}{r}. \tag{4}$$

c) Die Kapazität ergibt sich über die Definitionsgleichung zu

$$C = \frac{Q}{U} = \frac{4\pi\varepsilon}{1/r_\mathrm{i} - 1/r_\mathrm{a}}. \tag{5}$$

Im Sonderfall $r_\mathrm{a} \to \infty$ wird daraus

$$C_\infty = 4\pi\varepsilon r_\mathrm{i}. \tag{6}$$

Dies ist die Kapazität einer Kugel vom Radius r_i gegen eine unendlich ferne Gegenelektrode. Beispielsweise ergibt sich für $r_\mathrm{i} = 1\,\mathrm{cm}$ ($\varepsilon_\mathrm{r} = 1$)

$$C_\infty = 4\pi \cdot 8,86 \cdot 10^{-12}\,\mathrm{As/Vm} \cdot 1\,\mathrm{cm} = 1,11\,\mathrm{pF}.$$

Im Vakuum hat eine Kugel vom Radius 1 cm die Kapazität $C \approx 1\,\mathrm{pF}$. (Dies wurde in der Anfangszeit der Elektrotechnik im CGS-Einheitensystem zur Kennzeichnung der Kapazitätseinheit verwendet. Uralte Kondensatoren haben mitunter noch die Kapazitätsangabe z.B. $C = 5\,\mathrm{cm}$.)

d) Eine zweite Berechnungsmöglichkeit ergibt sich aus dem Modell der Reihenschaltung von Einzelkapazitäten (Bild 4.2/4). An der Stelle r existiert zwischen zwei Kugelschalen im Abstand Δr die Kapazität

$$C(r) = \frac{A(r)\varepsilon}{\Delta r} \rightarrow \frac{1}{C(r)} = \frac{\Delta r}{\varepsilon A(r)}. \tag{7}$$

Die Gesamtkapazität zwischen $r_\mathrm{i} \ldots r_\mathrm{a}$ denken wir uns als Reihenschaltung vieler Teilkapazitäten (Gl.(4.2/4)):

$$\frac{1}{C} = \sum_i \frac{1}{C_i(r)} \rightarrow \frac{1}{C} = \int_{r_\mathrm{i}}^{r_\mathrm{a}} \frac{\mathrm{d}r}{\varepsilon A(r)}. \tag{8}$$

Mit der Kugeloberfläche $A(r) = 4\pi r^2$ folgt dann direkt das Ergebnis Gl.(5).

e) Es gilt nach Gl.(5) für große $r_\mathrm{i} \lesssim r_\mathrm{a}$, $r_\mathrm{a} \gg (r_\mathrm{a} - r_\mathrm{i}) = d$

$$C = \frac{4\pi\varepsilon r_\mathrm{i} r_\mathrm{a}}{r_\mathrm{a} - r_\mathrm{i}} \approx \frac{4\pi\varepsilon r^2}{d} = \frac{\varepsilon A}{d}. \tag{9}$$

Das ist die Bemessungsgleichung des Plattenkondensators. Die Bedingungen $r_\mathrm{i} \lesssim r_\mathrm{a}$, $r_\mathrm{a} \gg d$ bedeuten ein praktisch homogenes Feld zwischen den Platten.

f) Die Kapazität beträgt im Beispiel

$$C = \frac{4\pi \cdot 8,85\,\mathrm{pF} \cdot 0,1 \cdot 0,11\,\mathrm{m}^2}{1 \cdot 10^{-2}\,\mathrm{m} \cdot \mathrm{m}} = 122\,\mathrm{pF}.$$

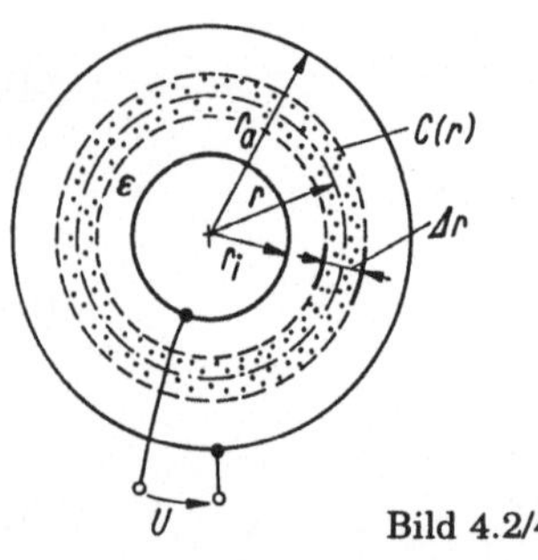

Bild 4.2/4

Aufgabe 4.2/5 Kondensator mit Teildielektrikum

Gegeben ist ein Plattenkondensator mit Luft als Zwischenraum. Die Platten tragen die Ladung $\pm Q$.

a) Skizzieren Sie den Verlauf der Feldgrößen D und E sowie der Flächenladungen, wenn die Kondensatorplatten
   1. aus sehr gut leitenden Materialien (Metall) und
   2. aus schlecht leitenden Materialien (z.B. hochohmige Halbleiter) bestehen. Die Platten haben eine endliche Dicke.

b) In den Zwischenraum werde ein Dielektrikum $\varepsilon_\mathrm{r} > 1$ so eingebracht, daß beiderseits noch Luftzwischenräume verbleiben (man nehme wieder Metallplatten an). Wie verlaufen D und E jetzt?

Lösung:

a) Im Falle der Metallplatten stellen sich im Dielektrikum homogene D-, E-Verläufe ein ($D = Q/A$, $E = D/\varepsilon$); an den Plattenoberflächen treten Sprünge auf bedingt durch die Flächenladungsdichte σ (Bild 4.2/5a). Werden schlecht leitende Kondensatorplatten verwendet, so ändert sich im Zwischenraum nichts, lediglich auf den Elektroden wird die Flächenladungsdichte an der Oberfläche durch eine Raumladungsverteilung mit gewisser Tiefe gebildet, so daß $\int \varrho\,\mathrm{d}x = \sigma$ gilt und D und E in den Elektroden stetig abfallen (Bild 4.2/5b).

b) Die Erhaltung der Ladung erfordert $D = Q/A = $ const., d.h. der D-Verlauf bleibt erhalten (Normalkomponenten an der Grenze Luft - Dielektrikum konstant). Die Feldstärke im Luftzwischenraum bleibt ebenfalls erhalten: $E = D/\varepsilon_0$ (s.o.), im Dielektrikum hingegen sinkt sie ab: $E = D/(\varepsilon_\mathrm{r}\varepsilon_0)$ (Bild 4.2/5c): Feldsprung an der Grenzfläche Luft - Isolator. Auf den Platten bleibt die Ladungsdichte σ die gleiche wie oben, an der Oberfläche des Dielektrikums müssen aber sog. gebundene Ladungen aufgebaut werden (E-Sprung!). Dort kommt es zu einer Flächenladungs-

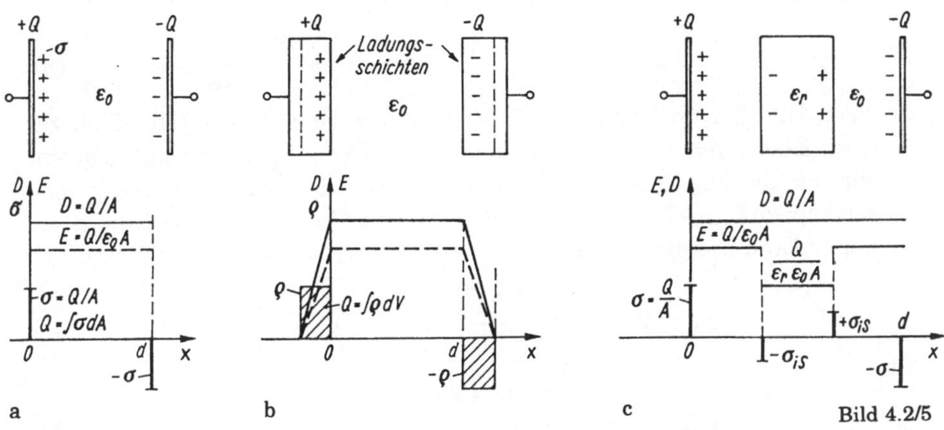

dichte σ_{is}:

$$\frac{D}{\varepsilon_r \varepsilon_0} = \frac{D}{\varepsilon_0} - \frac{\sigma_{is}}{\varepsilon_0} \rightarrow \sigma_{is} = D\left(1 - \frac{1}{\varepsilon_r}\right).$$

Im Bild 4.2/5c wurden die Verhältnisse dargestellt.

Aufgabe 4.2/6 Kapazität zwischen parallelen Drähten

Da sich Strömungs- und elektrisches Feld bezüglich der Stromdichte und Verschiebungsflußdichte S, D bei gleicher Geometrie analog verhalten (gleiche Potential- und Feldstärkeverteilung) können Widerstandsberechnungen des Strömungsfeldes zur Kapazitätsangabe des entsprechenden elektrostatischen Feldes herangezogen werden.

a) Unter Nutzung dieser Analogie bestimme man die Kapazität zweier Leiter (Abstand D, Durchmesser b) in Luft allgemein (vgl. Aufg. 2.4/5).

b) Bestimmen Sie die Kapazität pro m Länge zweier paralleler Drähte (Durchmesser $d = 1\,\mathrm{mm}$, Abstand $D = 20\,\mathrm{mm}$) in Luft.

c) Wie groß ist die Kapazität eines parallel zur Erdoberfläche verlaufenden Drahtes (Höhe h, Durchmesser d)?

Lösung:

a) Nach der Analogie Strömungsfeld – elektrisches Feld gilt (I/Gl.(2.85))

$$RC = \frac{\varepsilon}{\kappa}. \tag{1}$$

Wir erhalten damit (s. Aufg. 2.4/5)

$$C = \frac{\varepsilon}{\kappa} \cdot \frac{1}{R} = \varepsilon \pi l \left(\ln\left(\frac{D}{2R} + \sqrt{\left(\frac{D}{2R}\right)^2 - 1} \right) \right)^{-1}. \tag{2}$$

In dieser Analogie entspricht dem Strom I im Strömungsfeld die Ladung Q bzw. besser der Verschiebungsfluß ψ im elektrostatischen Feld und wird durch κ ersetzt.

b) Für die Zahlenwerte ergibt sich aus Gl.(2)

$$\frac{C}{l} = \pi \varepsilon_0 \left(\ln\left(20 + \sqrt{20^2 - 1} \right) \right)^{-1} = \frac{\pi \cdot 8,85\,\mathrm{pF}}{\mathrm{m}} \cdot \frac{1}{\ln 40} = 7,54\,\frac{\mathrm{pF}}{\mathrm{m}}. \tag{3}$$

c) Nach Bild 2.4/5b (Aufg. 2.4/5) verläuft das Feldbild spiegelbildlich zu einer Ebene $\varphi = 0$, die wir an die Erdoberfläche legen. Deshalb denken wir uns die Kapazität C ersetzt durch die Reihenschaltung zweier Ersatzkapazitäten C_{ers}, die gerade C ergeben: $C = C_{ers}/2$. Die Kapazität Leiter-Erde beträgt deshalb

$$C_{ers} = 2C = 2\pi\varepsilon_0 l \left(\ln\left(\frac{2h}{2R} + \sqrt{\left(\frac{2h}{2R}\right)^2 - 1} \right) \right)^{-1}$$

$$\approx \frac{2\pi\varepsilon_0 l}{\ln 4h/(2R)} = \frac{55,6\,\mathrm{pF/m}}{\ln 4h/(2R)}. \tag{4}$$

Aufgabe 4.2/7 Ladungsinfluenz

Im Dielektrikum eines Plattenkondensators mit homogenem Feld liege bei x eine bewegliche ebene Metallplatte (Dicke δ, vernachlässigbar). Sie kann mit einer Ladung Q versehen werden (Elektroden P, Bild 4.2/7a). Berechnen Sie die Kapazität des Kondensators C_{AB} unter folgenden Bedingungen:

a) Elektroden A, B geerdet, die Platte P trage die positive Ladung Q.
b) Elektroden A und P sind verbunden, B ist geerdet. (Analog sei P mit B verbunden, A geerdet.)
c) A und B haben beide die Ladung $+Q$; P ist geerdet.
d) Elektrode P frei schwebend (isoliert).

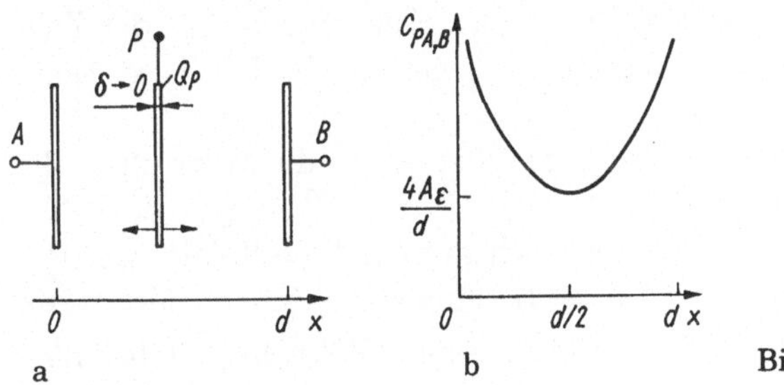

Bild 4.2/7

Lösung:

a) Es gilt für die Ladungen

$$Q_{\mathrm{P}} = Q_{\mathrm{A}} + Q_{\mathrm{B}} \quad \text{(gegeben).} \tag{1}$$

Dazu gehören die Spannungen

$$U = U_{\mathrm{PA}} = U_{\mathrm{PB}}. \tag{2}$$

Damit betragen die Feldstärken im linken und rechten Kondensator (Beträge)

$$E_l = \frac{Q_{\mathrm{A}}}{x}; \quad E_r = \frac{Q_{\mathrm{B}}}{d-x}. \tag{3}$$

Die Spannung der mittleren Platte folgt
- aus der Ladungsbilanz $Q_{\mathrm{P}} = Q_{\mathrm{A}} + Q_{\mathrm{B}}$ und
- den Einzelladungen

$$Q_{\mathrm{A}} = C_l U_{\mathrm{PA}} = \frac{A\varepsilon}{x} U_{\mathrm{PA}}; \quad Q_{\mathrm{B}} = C_r U_{\mathrm{PB}} = C_r U_{\mathrm{PA}} = \frac{A\varepsilon}{d-x} U_{\mathrm{PA}}.$$

Zusätzlich gilt

$$Q_{\mathrm{P}} = U(C_l + C_r) = U A\varepsilon \left(\frac{1}{x} + \frac{1}{d-x} \right) = U A\varepsilon \frac{d}{x(d-x)}.$$

Damit lassen sich die Teilladungen Q_{A}, Q_{B} bestimmen

$$Q_{\mathrm{A}} = \frac{1}{x}\frac{d-x}{d} x Q_{\mathrm{P}} = \frac{d-x}{d} Q_{\mathrm{P}} \tag{4}$$

$$Q_{\mathrm{B}} = \frac{U A \varepsilon}{d - x} = \frac{x(d - x)}{d(d - x)} Q_{\mathrm{P}} = \frac{x}{d} Q_{\mathrm{P}}. \tag{5}$$

Die Gesamtkapazität $C_{\mathrm{PA,B}}$ beträgt damit

$$C_{\mathrm{PA,B}} = C_l + C_r = A\varepsilon \left(\frac{1}{x} + \frac{1}{d - x} \right) = A\varepsilon \frac{d}{x(d - x)}. \tag{6}$$

Über der Plattenlage durchläuft die Kapazität ein Minimum (Bild 4.2/7b).

b) Sind P und A miteinander verbunden, so beträgt die Kapazität rechts

$$C_r = \frac{A\varepsilon}{d - x}. \tag{7}$$

Das Feld bildet sich nur zwischen Platte und Elektrode B aus, der Zwischenraum P, A ist feldfrei. (Ganz analog liegen die Verhältnisse, wenn P mit B verbunden wird.)

c) Jetzt kehren Ladung und Spannung gegenüber a) nur die Vorzeichen, die Kapazität bleibt erhalten.

d) Schwebt die Elektrode P frei, so stellt sich auf der Metallplatte ein Potential $\varphi = \text{const.}$ ein und es werden die Ladungen $\pm Q$ influenziert, wenn z.B. an A eine positive und B eine negative Spannung liegt. Folglich gilt:

$$U_{\mathrm{AB}} = U_{\mathrm{AP}} + U_{\mathrm{PB}} \quad \text{und } C_{\mathrm{AB}} = \frac{Q}{U_{\mathrm{AB}}} \tag{8}$$

mit

$$C_{\mathrm{AB}} = \frac{Q}{U_{\mathrm{AB}}} = \frac{1}{U_{\mathrm{AP}}/Q + U_{\mathrm{PB}}/Q} = \frac{1}{1/C_{\mathrm{AP}} + 1/C_{\mathrm{BP}}}; \tag{9}$$

$$\rightarrow C_{\mathrm{AB}} = \frac{A\varepsilon}{d},$$

da

$$C_{\mathrm{AP}} = \frac{A\varepsilon}{x}; \quad C_{\mathrm{PB}} = \frac{A\varepsilon}{d - x}. \tag{10}$$

Diskussion: Die Gesamtkapazität nach a) hängt von der Lage x der Platte ab (Abstandsänderung). Beide Kapazitäten sind parallelgeschaltet. Im Falle d) liegen beide Kapazitäten in Reihe:

$$\frac{1}{C_{\mathrm{AB}}} = \frac{1}{C_{\mathrm{AP}}} + \frac{1}{C_{\mathrm{PB}}} = \frac{x}{\varepsilon A} + \frac{d - x}{\varepsilon A} = \frac{d}{\varepsilon A}$$

und die Gesamtkapazität bleibt unabhängig von der Lage der Platte.

4.3 Kondensator als Netzwerkelement

Aufgabe 4.3/1 Strom-Spannungsbeziehung des Kondensators

Gegeben ist ein Kondensator (Kapazität $C = 0{,}1\,\mu\mathrm{F}$).

a) Bestimmen Sie den Strom durch C, wenn eine Spannung $u_{\mathrm{C}}(t)$ mit einem gegebenen Verlauf (Bild 4.3/1a) anliegt. Wie kann aus dem Stromverlauf

auf die transportierte Ladung geschlossen werden? Welche Ladung ist zur Zeit $t = 6\,\text{s}$ im Kondensator gespeichert?

b) Nehmen Sie den Kondensator als Plattenkondensator an und bestimmen Sie für die einzelnen Zeitabschnitte
   - Verschiebungs- und Leitungsstrom
   - das Feld der Verschiebungsflußdichte im Dielektrikum

   und stellen Sie letzteres durch ausgewählte Feldlinien dar.

c) Der ladungslose Kondensator werde an eine (ideale) Stromquelle $i_Q(t)$ mit dem Zeitverlauf Bild 4.3/1b angeschaltet. Bestimmen Sie den Zeitverlauf der Spannung $u_C(t)$ und Ladung allgemein und für den gegebenen Verlauf $i_Q(t)$.

d) Dem Kondensator werde durch einen Konstantstrom während einer bestimmten Dauer t_0 eine konstante Ladung Q zugeführt. Welche Werte nehmen Konstantstrom und der Zeitverlauf der Kondensatorspannung an, wenn Q erhalten bleibt, aber die Zeitdauer t_0 immer kürzer gewählt wird? Was geschieht im Grenzfall $t_0 \rightarrow 0$, wie hoch ist der Strom, wie verläuft die Spannung u_C?

e) Berechnen Sie für Aufgabe d) die Spannungsänderung $\mathrm{d}u_C/\mathrm{d}t$, wenn ein Gleichstrom $I_0 = 10\,\mu\text{A}$ für die Dauer $t_0 = 1\,\text{s}$ fließen soll. Wie ändern sich I_0, $\mathrm{d}u_C/\mathrm{d}t$ für eine Stromflußdauer $0,5\,\text{s}$, $1\,\text{ms}$, $1\,\mu\text{s}$, 1ns bei Erhalt der Ladung?

Hinweis: Strom und Spannung am Kondensator stehen "auf zeitlich verschiedener Stufe". Gleichspannung ($\mathrm{d}u_C/\mathrm{d}t = 0$) erzeugt keinen Strom durch den Kondensator, wohl aber eine Ladung auf den Platten.

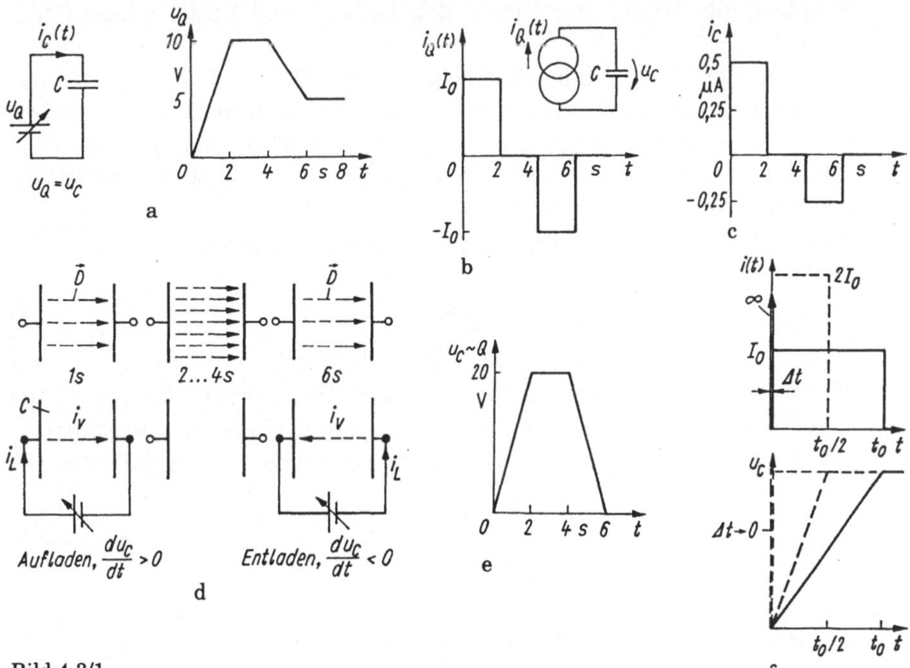

Bild 4.3/1

Lösung:

a) Der Kondensatorstrom ist durch $i_C = C\,du_C/dt$ gegeben. Wir haben die Größen i_C, u_C abschnittsweise zu betrachten (Bild 4.3/1a):

$0 \le t \le 2\,\mathrm{s}$: $du_C/dt = du_Q/dt = 10\,\mathrm{V}/2\,\mathrm{s}$

$\qquad\qquad\qquad i_C = C du_C/dt = 0,1 \cdot 10^{-6}\,\mathrm{As/V} \cdot 5\,\mathrm{V/s} = 0,5\,\mu\mathrm{A}$

$2\,\mathrm{s} \le t \le 4\,\mathrm{s}$: $du_C/dt = 0,\ i_C = 0$

$4\,\mathrm{s} \le t \le 6\,\mathrm{s}$: $du_C/dt = du_Q/dt = -5\,\mathrm{V}/2\,\mathrm{s}$

$\qquad\qquad\qquad i_C = C du_C/dt = -0,1 \cdot 10^{-6}\,\mathrm{As/V} \cdot 2,5\,\mathrm{V/s}$

$\qquad\qquad\qquad\qquad = -0,25\,\mu\mathrm{A}$

$t \ge 6\,\mathrm{s}$: $du_C/dt = 0,\ i_C = 0.$

Im Bild 4.3/1c wurden die Verläufe dargestellt. Es fließt abschnittsweise ein Gleichstrom: Aufladen, Speichern, Entladen. Die vom Strom transportierte Ladung ist das Zeitintegral des Stromes:

$$Q = \int_{t_1}^{t_2} i\,dt.$$

Ladungstransport erfolgt nur während des Auf- und Entladens.

Vom Zeitpunkt $t = 6\,\mathrm{s}$ an bleibt die Spannung $u_C = u_Q = \mathrm{const.}$ $(5\,\mathrm{V})$, mithin speichert der Kondensator dann die Ladung $Q = Cu_C\ (t = 6\,\mathrm{s}) = 0,1\,\mu\mathrm{F} \cdot 5\,\mathrm{V} = 0,5\,\mu\mathrm{As}$.

b) Der Verschiebungsstrom i_V ist an die Ladungs- bzw. Spannungsänderung geknüpft. Weil sich der Verschiebungsstrom i_V im Dielektrikum kontinuierlich als Leiterstrom i_L im Leiter fortsetzt (die Beziehung $i_L = i_C = f(u_C)$ ist Strom-Spannungsbeziehung des Kondensators), fließt der Verschiebungsstrom nur während der Auflade- und Entladephase (Bild 4.3/1d).

Das Feld der Verschiebungsflußdichte $\boldsymbol{D} = \varepsilon\boldsymbol{E}$ (mit $E \sim u_C$) ist proportional der Spannung. Das gilt auch für ausgewählte $\boldsymbol{D}$-Linien. Daher ist die Liniendichte zur Zeit $t = 1\,\mathrm{s}$ halb so groß wie zur Zeit $t = 2\,\mathrm{s}$. Während des Entladevorganges sinkt die Dichte, zur Zeit $t = 6\,\mathrm{s}$ ist sie genau so groß $(u_C!)$ wie zur Zeit $t = 1\,\mathrm{s}$.

c) Es gilt mit $i_Q(t) = i_C = C\,du_C/dt$ für die Kondensatorspannung

$$u_C(t) = \frac{1}{C} \int_0^t i_Q(t')\,dt' + u_C(0). \qquad (1)$$

Dabei ist $u_C(0)$ die Anfangsspannung des Kondensators für $t = 0$. Sie verschwindet aufgabengemäß: $u_C(0) = 0$ (ladungsfreier Kondensator). Wir formulieren $i_Q(t)$ wieder abschnittsweise mit $I_0 = 1\,\mathrm{mA}$ (Bild 4.3/1b) $0 \le t \le 2\,\mathrm{s}$:

$$u_C(t) = \frac{1}{C} \int_0^t I_0\,dt' = \left.\frac{I_0 t}{C}\right|_0^{2\,\mathrm{s}} = 20\,\mathrm{V}$$

mit dem Endwert $u_C(2\,\mathrm{s}) = I_0/C\,2\,\mathrm{s}$ (Bild 4.3/1e).

Gebiet $2\,\mathrm{s} \le t \le 4\,\mathrm{s}$: Jetzt verschwindet $i_Q(t)$, aber die Kondensatorspannung bleibt erhalten:

$$u_C(t) = \frac{1}{C} \int_{2\,\mathrm{s}}^{t} 0 \, dt' + u_C(2\,\mathrm{s}) \rightarrow \text{Speicherwirkung des Kondensators.}$$

Diese Phase währt bis zum Zeitpunkt $t = 4\,\mathrm{s}$.

$4\,\mathrm{s} \leq t \leq 6\,\mathrm{s}$:

$$u_C(t) = \frac{1}{C} \int_{4\,\mathrm{s}}^{t} (-I_0) \, dt' + u_C(4\,\mathrm{s}) = -\frac{I_0}{C}(t - 4\,\mathrm{s}) + u_C(4\,\mathrm{s}),$$

bei $t = 6\,\mathrm{s}$ verschwindet $u_C(t)$ wieder.

Diskussion: Zufuhr (Abfuhr) eines Konstantstromes läßt die Kondensatorspannung zeitlinear ansteigen (abfallen), proportional dazu verläuft die Ladung.

d) Dem Kondensator wird durch einen Konstantstrom I_0 während der Zeit t_0 die Ladung

$$Q = \int_0^{t_0} I_0 \, dt' = I_0 t_0 + \underbrace{Q(0)}_{0} \tag{2}$$

zugeführt. Dabei wächst die Spannung

$$u_C(t) = \frac{1}{C} \int_0^{t_0} i(t) \, dt = \frac{I_0}{C} t \Big|_0^{t_0}$$

zeitlinear an. Erhaltung der Ladung Q erfordert bei abnehmender Stromflußdauer t_0 eine Zunahme von I_0 (Bild 4.3/1f), so daß $Q = I_0 t_0 = \text{const.}$ gilt. Deshalb steigt die Spannung

$$u_C(t) = \frac{Q}{C t_0} t$$

mit sinkender Stromflußdauer t_0 immer steiler an. Sie bleibt von $t \geq t_0$ an immer konstant: $u_C(t_0) = Q/C$. Im Grenzfall $t_0 \rightarrow 0$

- muß ein unendlich hoher Strom während der Zeitdauer $\Delta t \rightarrow 0$ fließen

$$Q = \lim_{\Delta t \to 0} \int_0^{\Delta t} i(t) \, dt \tag{3}$$

- und die Spannung u_C einen Sprung vollführen (Bild 4.3/1f).

Das letzte Ergebnis verstößt gegen die Forderung nach Stetigkeit der Kondensatorspannung (Sprünge sind nie möglich). Daher ist der Stromverlauf Gl.(3) (unendlich hohe Stromspitze verschwindender Dauer) nur ein mathematisches Modell, keine physikalische Realität. Wir werden dafür später den sog. Dirac-Impuls $\delta(t)$ einführen, der sich für viele Aufgaben als sehr nützlich erweist. Technisch reale Fälle erlauben nur Ströme begrenzter Höhe und endlicher Dauer.

e) Für das Beispiel ergibt sich als zugeführte Ladung

$$Q = I_0 t_0 = 10\,\mu\mathrm{A} \cdot 1\,\mathrm{s} = 10\,\mu\mathrm{As} = \text{const.}$$

Dazu gehört

$$\frac{du_{\mathrm{C}}}{dt} = \frac{I_0}{C} = \frac{10\,\mu\mathrm{A}}{0,1\,\mu\mathrm{F}} = 100\,\frac{\mathrm{V}}{\mathrm{s}}.$$

Bei halber Stromflußzeit entsteht

$$\frac{du_{\mathrm{C}}}{dt} = \frac{Q}{Ct_0} = \frac{2\cdot 10\,\mu\mathrm{A}}{0,1\,\mu\mathrm{V}} = 200\,\frac{\mathrm{V}}{\mathrm{s}}$$

die doppelte Spannungsänderung. Die weiteren Werte lauten:

$$t_0 = 1\,\mathrm{ms}: \quad \frac{du_{\mathrm{C}}}{dt} = \frac{Q}{Ct_0} = \frac{10\,\mu\mathrm{As}}{0,1\,\mu\mathrm{F}\cdot 1\,\mathrm{ms}} = 100\cdot 10^3\,\mathrm{V/s}, \; (I_0 = 10\,\mathrm{mA})$$

$$t_0 = 1\,\mu\mathrm{s}: \quad \frac{du_{\mathrm{C}}}{dt} = \frac{Q}{Ct_0} = \frac{10\,\mu\mathrm{As}}{0,1\,\mu\mathrm{F}\cdot 1\,\mu\mathrm{s}} = 100\cdot 10^6\,\mathrm{V/s}, \; (I_0 = 10\,\mathrm{A})$$

$$t_0 = 1\,\mathrm{ns}: \quad \frac{du_{\mathrm{C}}}{dt} = \frac{Q}{Ct_0} = \frac{10\,\mu\mathrm{As}}{0,1\,\mu\mathrm{F}\cdot 1\,\mathrm{ns}} = 100\cdot 10^9\,\mathrm{V/s}, \; (I_0 = 10\,\mathrm{kA}).$$

Diskussion: Ströme, die durch eine ideale Stromquelle am Kondensator eingeprägt werden, können zu extremen Spannungsänderungen führen (je kleiner die Kapazität C, desto größer). Vorstellungsschwierigkeiten bereitet möglicherweise die Spannung über der Stromquelle: Gerade dies war ihr Merkmal: die Spannung über der idealen Stromquelle kann beliebig sein, ohne daß sich i_{Q} ändert.

Aufgabe 4.3/2 Kapazitiver Spannungsteiler

a) Über zwei reihengeschalteten Kondensatoren C_1, C_2 werden die Spannungen U_1, U_2 gemessen. Wird ein bekannter Kondensator $C = 1\,\mu\mathrm{F}$ parallel zu C_1 geschaltet, so sinkt die Spannung U_1 auf U_1'. Wie groß sind C_1 und C_2 allgemein?

b) Für eine spezielle Meßanordnung wurden bestimmt: $U = 12\,\mathrm{V}$, $U_1 = 8\,\mathrm{V}$, $U_2 = 4\,\mathrm{V}$; $C = 1\,\mu\mathrm{F}$, $U_1' = 6\,\mathrm{V}$. Wie groß sind C_1, C_2?

Hinweis: Die Aufgabe ist eine Anwendung der kapazitiven Spannungsteilerregel, die sich aus der Reihenschaltung zweier Kondensatoren ergibt. Man stelle sie zunächst auf.

Lösung:

a) Für den kapazitiven Spannungsteiler (Bild 4.3/2) ergibt sich bei Zuschalten des Kondensators C die Spannung U_1'

$$\frac{U_1'}{U} = \frac{C_2}{C_1 + C_2 + C}, \tag{1}$$

bezogen auf die Gesamtspannung U. Außerdem gelten

$$\frac{U_2}{U} = \frac{C_1}{C_1 + C_2}, \quad \frac{U_1}{U} = \frac{C_2}{C_1 + C_2}. \tag{2}$$

Daraus folgen durch Division $U_2/U_1 = C_1/C_2$ und damit

$$\frac{U}{U_1'} = 1 + \frac{C_1}{C_2} + \frac{C}{C_2} = 1 + \frac{U_2}{U_1} + \frac{C}{C_2}. \tag{3}$$

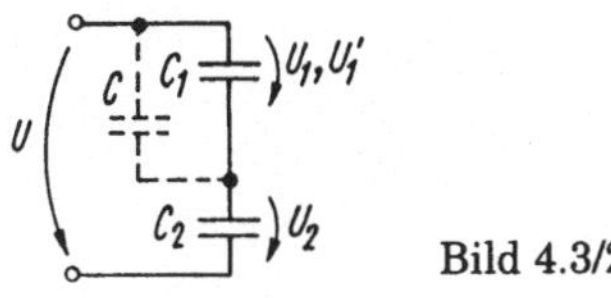

Bild 4.3/2

Auflösung von Gl.(3) nach C_2 liefert

$$C_2 = \frac{C}{U/U_1'} = \frac{C}{U_1 + U_2}\frac{U_1'U_1}{U_1 - U_1'} \tag{4a}$$

$$C_1 = \frac{U_2}{U_1}C_2 = \frac{C}{U_1 + U_2}\frac{U_1'U_2}{U_1 - U_1'}. \tag{4b}$$

b) Für das Zahlenbeispiel ergeben sich

$$C_2 = \frac{1\,\mu\mathrm{F}}{12\,\mathrm{V}}\frac{6\,\mathrm{V}\cdot 8\,\mathrm{V}}{8\,\mathrm{V} - 6\,\mathrm{V}} = 2\,\mu\mathrm{F}, \quad C_1 = \frac{1\,\mu\mathrm{F}}{12\,\mathrm{V}}\frac{6\,\mathrm{V}\cdot 4\,\mathrm{V}}{8\,\mathrm{V} - 6\,\mathrm{V}} = 1\,\mu\mathrm{F}.$$

Diskussion: Dieses sehr einfache Meßverfahren ist an mehrere Voraussetzungen gebunden:

- extrem hochohmiges Meßinstrument, wie es durch Digitalmultimeter heute i.a. realisiert wird
- vernachlässigbare ohmsche Verluste (Leckströme) der Kondensatoren. Das hier angegebene Prinzip basiert auf der Erhaltung der Ladung im Meßknoten. Es ist nicht mehr gewährleistet, wenn den Kondensatoren ohmsche Leitwerte ($\rightarrow$ Leckströme) parallel liegen. Dann gilt die resistive Spannungsteilerregel.

Aufgabe 4.3/3 Kondensatorzusammenschaltung

Für die gegebene Zusammenschaltung von Einzelkondensatoren (Bild 4.3/3) bestimme man

a) die Gesamtkapazität,
b) sämtliche Teilspannungen an den Kondensatoren.
c) Führen Sie die Bestimmung der Spannung mit dem Ähnlichkeitssatz durch.

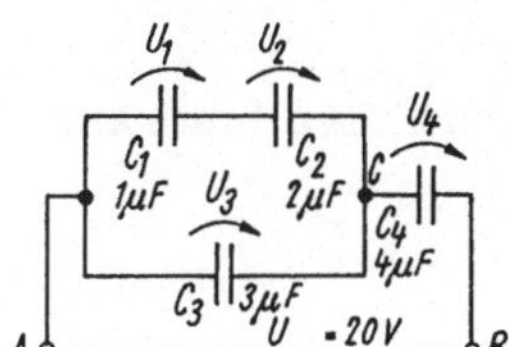

Bild 4.3/3

Hinweis: Ausgang für die Berechnung sind die Grundregeln der Zusammenschaltung von Kondensatoren:

- reihengeschaltete Kondensatoren $\rightarrow$ gleiche Ladung
- parallelgeschaltete Kondensatoren $\rightarrow$ gleiche Spannung.

Lösung:

a) Wir erhalten zunächst als Ersatzkapazitäten
   - C_{12} Reihenschaltung von C_1, C_2

$$C_{12} = \frac{1}{1/C_1 + 1/C_2} = \frac{C_1 C_2}{C_1 + C_2} = \frac{2}{3}\,\mu\text{F} \tag{1}$$

   - Kombination C_3, C_{12}

$$C_{AC} = C_{12} + C_3 = \frac{11}{3}\,\mu\text{F} \tag{2}$$

   - Gesamtkapazität C_{AB}

$$C_{AB} = \frac{C_{AC} C_4}{C_{AC} + C_4} = \frac{44}{23}\,\mu\text{F} = 1,913\,\mu\text{F}. \tag{3}$$

b) Da die Kapazitäten bekannt sind, ergeben sich die vier unbekannten Spannungen $U_1 \ldots U_4$ aus den zugehörigen Ladungen $Q_1 \ldots Q_4$. Dazu sind vier Bestimmungsgleichungen erforderlich:
   - Reihenschaltung C_1, C_2:

$$Q_1 = Q_2 \tag{4a}$$

   - Maschensatz $M_1 \circlearrowleft : U_1 + U_2 = U_3$:

$$\frac{Q_1}{C_1} + \frac{Q_2}{C_2} = \frac{Q_3}{C_3} \tag{4b}$$

   - Maschensatz $M_2 \circlearrowleft : U_3 + U_4 = U$:

$$\frac{Q_3}{C_3} + \frac{Q_4}{C_4} = U \tag{4c}$$

   - Reihenschaltung am Punkt C (Ladungserhaltung)

$$Q_2 + Q_3 = Q_4. \tag{4d}$$

Die letzte Form ist das Integral des Knotensatzes (Bilanzgleichung für die Ladung), es hätte auch dargestellt werden können in der Form (I/Gl.(1.8)):

$$i_2 + i_3 = i_4 \rightarrow \frac{\mathrm{d}}{\mathrm{d}t}(Q_2 + Q_3) = \frac{\mathrm{d}Q_4}{\mathrm{d}t}. \tag{5}$$

Mit den gegebenen Kapazitäten $C_1 \ldots C_4$ und $U = 20\,\text{V}$ ergeben sich der Reihe nach:

$$Q_1 = \quad Q_2 = \quad 160/23\,\mu\text{As} = 6,96\,\mu\text{As}$$
$$Q_3 = \quad 720/23\,\mu\text{As} = 31,3\,\mu\text{As}$$
$$Q_4 = \quad 880/23\,\mu\text{As} = 38,26\,\mu\text{As}.$$

Die Division der Ladungen durch die jeweiligen Kapazitäten führt auf

$$U_1 = \frac{Q_1}{C_1} = 6,96\,\text{V}, \qquad U_3 = \frac{Q_3}{C_3} = 10,44\,\text{V}$$
$$U_2 = \frac{Q_2}{C_2} = 3,48\,\text{V}, \qquad U_4 = \frac{Q_4}{C_4} = 9,56\,\text{V}.$$

Die Ergebnisse lassen sich mit $U_1 + U_2 = U_3$ und $U_3 + U_4 = U$ überprüfen.

c) Wir nehmen nach dem Ähnlichkeitssatz (zulässig für lineare Netzwerke) im Schaltungsinnern eine Spannung U_1 an, hier über C_1 und setzen willkürlich: $U_1 = 1\,\text{V}$. Damit liegt die Ladung Q_1 auf C_1 fest und gleichzeitig auch die Spannung U_2 : $C_1U_1 = C_2U_2 \rightarrow U_2 = U_1C_1/C_2 = 1\,\mathrm{V} \cdot 1/2 = 0,5\,\mathrm{V}$. Die Gesamtspannung U_3 beträgt damit $U_3 = 1,5\,\mathrm{V}$. Dazu gehört eine Gesamtladung Q_{AC} zwischen A,C: $Q_{\mathrm{AC}} = Q_3 + Q_2 = U_3C_3 + C_2U_2$. Q_{AC} und Q_4 stimmen aber (Reihenschaltung!) überein (Gl.(4d)):

$$C_4U_4 \;=\; Q_{\mathrm{AC}} = U_3C_3 + C_2U_2; \rightarrow$$

$$U_4 \;=\; \frac{U_3C_3 + C_2U_2}{C_4} = 1,5\,\mathrm{V} \cdot \frac{3}{4} + 9,5\,\mathrm{V} \cdot \frac{2}{4} = 1,37\,\mathrm{V}.$$

Die Gesamtspannung U zufolge $U_1 = 1\,\mathrm{V}$ lautet dann

$$U = U_3 + U_4 = 1,5\,\mathrm{V} + 1,37\,\mathrm{V} = 2,87\,\mathrm{V}.$$

Sie wäre an den Klemmen AB erforderlich, damit über C_1 gerade $U_1 = 1\,\mathrm{V}$ abfällt. Tatsächlich liegen aber $20\,\mathrm{V}$ an der Schaltung, m.a.W. muß jeder berechnete Wert mit $20\,\mathrm{V}/2,87\,\mathrm{V}$ multipliziert werden:

$$U_1 = 6,968\,\mathrm{V}; \quad U_2 = 3,48\,\mathrm{V}; \quad U_3 = 10,45\,\mathrm{V}; \quad U_4 = 9,55\,\mathrm{V}.$$

Da diese Berechnung unabhängig von Aufgabe b) ist, stellt sie eine bequeme Kontrollmöglichkeit dar.

Aufgabe 4.3/4 Kapazitätsberechnung

Gegeben ist die Schaltung Bild 4.3/4.

a) Wie groß sind die Ersatzkapazitäten C_1, C_2, C_3?
b) Welchem Grenzwert nähert sich C_{AB}, wenn die Anzahl der $C/2$ - C-Grundglieder über alle Grenzen wächst?
c) Verallgemeinern Sie Aufgabe b) für den Fall, daß im Längszweig Kondensatoren der Kapazität C/m liegen. Welchem Wert nähert sich C_{AB}?

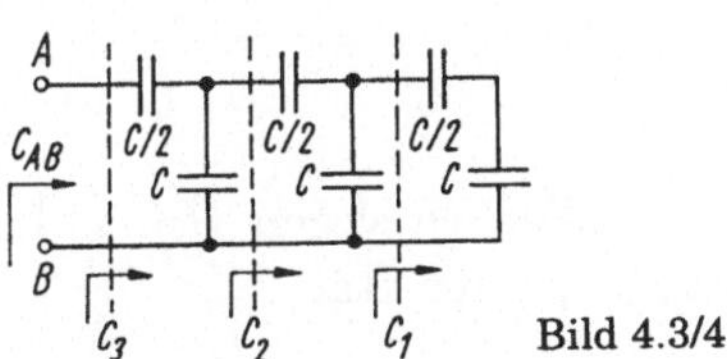

Bild 4.3/4

Hinweis: Wir wenden die Beziehungen für die Zusammenschaltung von Kondensatoren schrittweise an. Später (Aufg. 4.3/9) wird die gleiche Aufgabe mit der Methode der Probeladung behandelt.

Lösung:

a) Die Kapazität C_1 ergibt sich zu

$$C_1 = \frac{CC/2}{C + C/2} = \frac{C}{3}. \tag{1}$$

Ganz analog folgt für C_2 (wegen der Reihenschaltung besser Reziprokwert verwenden)

$$\frac{1}{C_2} = \frac{2}{C} + \frac{1}{C + C/3}; \quad C_2 = \frac{4}{11}C \tag{2}$$

und schließlich für C_3:

$$\frac{1}{C_3} = \frac{2}{C} + \frac{1}{C + C_2} = \frac{41}{15} \cdot \frac{1}{C}; \quad C_3 = \frac{15}{41}C \approx 0,365C. \tag{3}$$

b) Wir erkennen aus Aufgabe a) das allgemeine Bildungsgesetz der Stufe i

$$\frac{1}{C_i} = \frac{2}{C} + \frac{1}{C + C_{i-1}} \text{ für } i = 1, 2, \ldots \text{ mit } C_0 = 0. \tag{4}$$

Es beschreibt - aufgelöst nach C_i - einen Kettenbruch, der für $i \to \infty$ konvergiert. Damit erhalten wir als Bestimmungsgleichung für den Grenzwert C_∞:

$$\frac{1}{C_\infty} = \frac{2}{C} + \frac{1}{C + C_\infty} \tag{5}$$

Diese Bestimmungsgleichung für C_∞ führt nach Lösung einer quadratischen Gleichung auf

$$C_{AB} = C_\infty = \frac{\sqrt{3} - 1}{2}C = 0,366C. \tag{6}$$

Der Unterschied zwischen diesem Grenzwert und dem berechneten Wert C_3 liegt bereits im %-Bereich. Die rasche Konvergenz ist typisch für Kettenbrüche. Wir werden das Ergebnis Gl.(6) später in Aufgabe 4.3/9 mit einem anderen Verfahren (Methode der Probeladung) bestätigen.

c) Für den verallgemeinerten Fall (Ersatz des Längskondensators $C/2$ durch C/m) ergibt sich analog zu Gl.(5) die Lösung

$$C_{AB} = C_\infty = \frac{C}{2}\left(\sqrt{1 + \frac{4}{m}} - 1\right). \tag{7}$$

Wächst der Faktor m immer weiter, so wird schließlich wegen $4/m \ll 1$: $\sqrt{1 + 4/m} \approx 1 + 2/m$. Dann beträgt die Eingangskapazität

$$C_{AB} \approx \frac{C}{m}. \tag{8}$$

Das ist die Längskapazität C/m der ersten Stufe, mit einer Querkapazität $C \gg C/m$ groß gegen die Längskapazität C/m. Sie kann deshalb bei der Reihenschaltung vernachlässigt werden.

Aufgabe 4.3/5 Bestimmung der Dielektrizitätszahl

Zwei gleiche Plattenkondensatoren liegen reihengeschaltet an einer Gleichspannung U_Q. Wird in den Raum des unteren Kondensators C_2 ein Dielektrikum (ε_r) eingeführt, das ihn vollständig ausfüllt, so ändert sich die Spannung U_2 (Bild 4.3/5).

Man bestimme die Spannungsänderung gegenüber dem Ausgangszustand ausgedrückt durch ε_r. Wie groß ist die relative Änderung für $\varepsilon_\mathrm{r} = 2$?

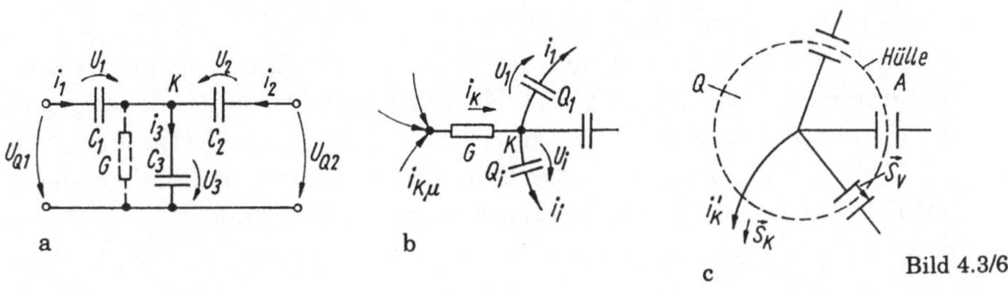

Bild 4.3/5

Lösung:
Nach der kapazitiven Spannungsteilerregel (beruhend auf der Erhaltung der Ladung, $Q_1 = C_1 U_1 = C_2 U_2$, $U_1 + U_2 = U_\mathrm{Q}$) folgt $U_2 = C_1/(C_1 + C_2)$. U_Q, also für gleiche Kondensatoren $U_2 = U_\mathrm{Q}/2$. Wird Kondensator C_2 statt mit Luft mit ε_r gefüllt, so gilt

$$U_2' = \frac{U_\mathrm{Q}}{1 + C_2/C_1} = \frac{U_\mathrm{Q}}{1 + \varepsilon_\mathrm{r}\varepsilon_0/\varepsilon_0} = \frac{U_\mathrm{Q}}{1 + \varepsilon_\mathrm{r}}, \tag{1}$$

da die Abmessungen beider Kondensatoren übereinstimmen. Die Spannungsänderung beträgt:

$$\Delta U = U_2 - U_2' = U_\mathrm{Q}\left(\frac{1}{2} - \frac{1}{1 + \varepsilon_\mathrm{r}}\right) = U_\mathrm{Q}\frac{\varepsilon_\mathrm{r} - 1}{2(1 + \varepsilon_\mathrm{r})} \quad \text{oder} \quad \frac{\Delta U}{U_\mathrm{Q}}$$

$$= \frac{1}{2} \cdot \frac{\varepsilon_\mathrm{r} - 1}{\varepsilon_\mathrm{r} + 1}. \tag{2}$$

Im Beispiel $\varepsilon_\mathrm{r} = 2$ wird $\Delta U/U_\mathrm{Q} = 1/6 = 16,6\%$!

Aufgabe 4.3/6 Kapazitätsknoten, Knotenspannungsanalyse

a) Für das Netzwerk Bild 4.3/6a mit ladungslosen Kondensatoren und gegebenen Spannungen U_{Q1}, U_{Q2} bestimme man die Spannung U_3. Wie groß sind die Ladungen Q_1, Q_2, Q_3? Wie lautet die Ladungsbilanz am Knoten K?

b) Bestimmen Sie zur Kontrolle die Spannungen im Sonderfall $C_1 = C_2 = C_3$ für $U_{Q1} = 0$, $U_{Q1} = U_{Q2}/2$ und $U_{Q1} = U_{Q2}$.

c) Diskutieren Sie die Knotengleichung, wenn außer den Kondensatoren noch ein Leitwert G (wie angedeutet) angeschlossen ist.

d) Welche Folgerungen sind für die Berechnung von Netzwerken mit Kondensatoren, Widerständen und Gleichspannungsquellen zu ziehen?

a   b   c   Bild 4.3/6

Hinweis: Die zur Berechnung notwendigen Gleichungen sind grundsätzlich gegeben durch den Maschensatz, die Knotengleichung in der Form $\sum_\nu Q_\nu = 0$ sowie die NWE-Beziehungen der Kondensatoren. Im Netzwerk sollen sich nach dem Einschalten alle Kondensatoren geladen haben (sog. stationärer Zustand), erst für diesen Zustand möge die Analyse gelten.

Lösung:

a) Wir berechnen die Spannung U_3 auf unterschiedliche Weise:
1. Durch die Kirchhoffschen Gleichungen und Beziehungen der Netzwerkelemente. Es ergeben sich:

$$U_{Q1} - U_{Q2} + U_2 - U_1 \quad = 0 \qquad \text{Maschensatz} \tag{1}$$

$$U_{Q1} - U_1 - U_3 \quad = 0 \qquad \text{Maschensatz} \tag{2}$$

$$Q_3 - Q_1 - Q_2 \quad = 0 \qquad \text{Knotensatz (in Form einer} \tag{3}$$
$$\text{Ladungsbilanz, s.u.)}$$

$$Q_1 = C_1 U_1, \quad Q_2 = C_2 U_2 \qquad \text{NWE-Beziehung}$$

$$Q_3 = C_3 U_3.$$

Das sind drei Gleichungen für die drei unbekannten Spannungen $U_1 \dots U_3$. Wir ordnen Gl.(1) $\dots$ (3), verwenden die NWE-Beziehungen und erhalten folgendes Gleichungssystem in Matrixdarstellung:

$$
\begin{matrix} M_1: \\ M_2: \\ K: \end{matrix}
\begin{pmatrix} -1 & 1 & 0 \\ 1 & 0 & 1 \\ -C_1 & -C_2 & C_3 \end{pmatrix}
\cdot
\begin{pmatrix} U_1 \\ U_2 \\ U_3 \end{pmatrix}
=
\begin{pmatrix} U_{Q2} - U_{Q1} \\ U_{Q1} \\ 0 \end{pmatrix}. \tag{4}
$$

Dieses Gleichungssystem der Dimension 3×3 läßt sich sofort nach der Regel von Cramer auflösen, die Lösung für U_3 lautet (andere analog):

$$
U_3 = \frac{\det \begin{pmatrix} -1 & 1 & U_{Q2} - U_{Q1} \\ 1 & 0 & U_{Q1} \\ -C_1 & -C_2 & 0 \end{pmatrix}}{\det \begin{pmatrix} -1 & 1 & 0 \\ 1 & 0 & 1 \\ -C_1 & -C_2 & C_3 \end{pmatrix}} = \frac{C_1 U_{Q1} + C_2 U_{Q2}}{C_1 + C_2 + C_3}. \tag{5}
$$

Die Spannungen U_1, U_2 ergeben sich analog zu

$$U_1 = \frac{(C_2 + C_3)U_{Q1} - C_2 U_{Q2}}{C_1 + C_2 + C_3}; \quad U_2 = \frac{(C_1 + C_3)U_{Q2} - C_1 U_{Q1}}{C_1 + C_2 + C_3}. \tag{6}$$

Die Ladungen Q_1, Q_2, Q_3 erfüllen die Bilanzgleichung (3), wie sich ansatzgemäß erwarten läßt.

2) Wir führen jetzt die gleiche Überlegung mit der Knotenspannungsanalyse durch und betrachten U_3 als Knotenspannung. Da die Spannungen der Knoten 1, 2 gegeben sind, genügt eine Gleichung zur Bestimmung von U_3. Mit den Strömen $i_1 \dots i_3$ durch die Kondensatoren und die jeweiligen NWE-Beziehungen gilt für Knoten K zu einem Zeitpunkt t:

$$K: i_1 + i_2 - i_3 = 0$$

$$C_1 \frac{dU_1}{dt} + C_2 \frac{dU_2}{dt} - C_3 \frac{dU_3}{dt} = 0 \tag{7}$$

oder beiderseits zwischen $t = 0$ und ∞ integriert

$$\begin{array}{ccccccc} \int_0^\infty i_1\,dt & + & \int_0^\infty i_2\,dt & + & \int_0^\infty i_3\,dt & = 0 & \\ Q_1 & + & Q_2 & - & Q_3 & = 0. & \end{array} \tag{8}$$

Dabei sind $Q_1 \ldots Q_3$ die Ladungen, die während des gesamten Umlade-vorganges durch die betreffenden Zweige transportiert wurden und auf den Kondensatoren $C_1 \ldots C_3$ speichern. Das Ergebnis stellt Gl.(3) dar. Mit den NWE-Beziehungen folgt zu Gl.(8) gleichwertig

$$C_1 U_1 + C_2 U_2 - C_3 U_3 = 0.$$

Wir führen jetzt U_1, U_2 auf die gegebenen Größen und die Knotenspan-nung U_3 zurück (Maschensatz): $U_1 = U_{Q1} - U_3, U_2 = U_{Q2} - U_3$ und erhalten (geordnet und Vorzeichen beiderseits vertauscht):

$$K : (C_1 + C_2 + C_3)U_3 = C_1 U_{Q1} + C_2 U_{Q2}. \tag{9}$$

Dies ist die gesuchte Gleichung U_3 mit der Lösung Gl.(5).
Sie kann sofort nach den Regeln der Knotenspannungsanalyse gewonnen werden, wenn man statt der Leitwerte die Kapazitäten ansetzt. In dieser Form wäre zu schreiben

$$K : -C_1 U_{Q1} - C_2 U_{Q2} + (C_1 + C_2 + C_3)U_3 = 0. \tag{10}$$

Hier treten C_1, C_2 als "Koppelkapazitäten" von Knoten K aus nach U_{Q1}, U_{Q2} auf und $C_1 + C_2 + C_3$ als Summe aller an K angeschlossenen Kapa-zitäten ($=$ Knotenkapazität).

b) Für die angegebenen Sonderfälle können die Ergebnisse leicht mit der kapazitiven Spannungsteilerregel nachgeprüft werden:

$$\begin{array}{lcl} U_{Q1} = 0 & \to & U_3 = 1/3 U_{Q2} \\ U_{Q1} = U_{Q2} & \to & U_3 = 2/3 U_{Q2} \\ U_{Q1} = U_Q/2 & \to & U_3 = 1/2 U_{Q2}, \end{array}$$

im letzten Fall stimmen U_3 und U_{Q1} überein. Dann hat der Kondensator C_1 keinen Einfluß.

c) Sind am Knoten K (Bild 4.3/6b) nicht nur n Kondensatoren angeschlos-sen, sondern fließt z.B. über einen ohmschen Leitwert G ein Konvektions-strom i_K ($=$ Leitungsstrom) zu (oder ab), so gilt (mit Wahl der Zählpfeile nach Bild 4.3/6b)

$$\sum_{i=1}^n i_i - i_K = 0 \quad \text{mit } i_i = \frac{dQ_i}{dt}. \tag{11}$$

Dabei bezeichnen i_i die Teilströme zum Umladen der Kondensatoren. Umgestellt folgt

$$i_K = \sum_{i=1}^n \frac{dQ_i}{dt} = \frac{d}{dt}\sum_{i=1}^n Q_i = \frac{dQ}{dt} = \frac{d}{dt}\sum_{i=1}^n C_i U_i. \tag{12}$$

Hier wurden zusammengefaßt: Die Teilladungen zur Gesamtladung (Definition des Strombegriffs!) und die Einzelladungen jeweils durch ihre Kondensatoren ausgedrückt.

Die Ladungsbilanzgleichung

$$i_{\mathrm{K}} = \frac{\mathrm{d}Q}{\mathrm{d}t} \quad \text{mit } Q = \sum_i C_i U_i \tag{13}$$

drückt dann aus, daß eine Ladungsänderung des Knotens stets mit Zu- ($i_{\mathrm{K}} > 0$) oder Abfluß ($i_{\mathrm{K}} < 0$) von Konvektionsstrom verbunden ist. Fließt dagegen kein Konvektionsstrom: $i_{\mathrm{K}} = 0$ oder verallgemeinert $\sum_\mu i_{\mathrm{K}\mu} = 0$ (wenn sich der gesamte Konvektionsstrom in Teilströme $i_{\mathrm{K}\mu}$ verzweigt), so bleibt die Ladung des Knotens zeitlich konstant: $Q(t) = Q(t_0)$; $\mathrm{d}Q(t_0)/\mathrm{d}t = 0$. Daraus folgt: Für zeitkonstante Größen (Gleichstrom) geht die Knotengleichung über in

- die bisherige verwendete Form

$$i_{\mathrm{K}} = 0 = \sum_\mu i_{\mathrm{K}\mu} = 0 \tag{14}$$

  wenn "ohmsche Leitwerte" zusammengeschlossen sind,
- die Ladungserhaltung

$$Q(t) = 0 \quad \text{mit } \sum_i Q_i = 0, \tag{15}$$

  wenn der Knoten aus ungeladenen Kondensatoren besteht und kein Ladungsausgleich (durch geschaltete Leitungspfade, angeschlossene Spannungsquellen o.ä.) möglich ist.

Wir wollen das Ergebnis Gl.(13) noch mit der Ladungsbilanz innerhalb einer Hüllfläche kommentieren und legen die Hülle durch die Elektroden der Kondensatoren (Bild 4.3/6c). Dann besagt die Kontinuitätsgleichung

$$\int_{\mathrm{Hülle}} \boldsymbol{S} \cdot \mathrm{d}\boldsymbol{A} = 0 = \int_{\mathrm{Hülle}} (\boldsymbol{S}_{\mathrm{K}} + \boldsymbol{S}_{\mathrm{V}}) \cdot \mathrm{d}\boldsymbol{A}, \tag{16}$$

daß eine Ladungskonvektionsstromdichte $\boldsymbol{S}_{\mathrm{K}}$ durch die Hülle immer die Ladung Q innerhalb der Hülle ändert und so einen Verschiebungsstrom $\boldsymbol{S}_{\mathrm{V}}$ über die Hülle zur Folge hat

$$i'_{\mathrm{K}} = \int_{\mathrm{Hülle}} \boldsymbol{S}_{\mathrm{K}} \cdot \mathrm{d}\boldsymbol{A} = -\int_{\mathrm{Hülle}} \frac{\partial \boldsymbol{D}}{\partial t} \cdot \mathrm{d}\boldsymbol{A} = -\frac{\mathrm{d}Q}{\mathrm{d}t}. \tag{17}$$

Der links stehende Konvektionsstrom i'_{K} fließt positiv aus der Hülle heraus ($= -i_{\mathrm{K}}$, s.o.), so daß Gl.(17) gerade Gl.(13) entspricht. Das linke Integral verschwindet, wenn über die Hülle ebensoviele Ladungen zu- wie abtransportiert werden. Das entspricht dem Gleichstromfall. Dann ist $Q = \text{const.}$ und $\mathrm{d}Q/\mathrm{d}t = 0$. Im vorgegebenen Schaltungsbeispiel erzwingt ein Leitwert G zwischen K und Masse die Spannung U_3 auf Null.

d) Für ein Netzwerk mit Gleichspannungsquellen, Widerständen und Kondensatoren folgt im Ergebnis von c): Sobald alle nach dem Einschalten von Quellen- oder Netzänderungen bedingten zeitlichen I-, U-Änderungen abgeklungen sind,

- verschwinden alle Ströme durch die Kondensatoren: → Ersatz der Kondensatoren durch Unterbrechung → Analyse des Gleichstromnetzwerkes (rein resistiv) nach üblichen Verfahren und Bestimmung der Ströme und Spannungen.
- Knoten, in denen Kondensatoren an das resistive Netzwerk angeschlossen sind, wirken als "einprägende Spannungen (Spannungsquellen)" für die Einstellung der Kondensatorspannungen. So könnten die Spannungen U_{Q1}, U_{Q2} Bild 4.3/6a z.B. von einem Netzwerk stammen.
- Für reine Kapazitätsknoten bestimmt man die Knotenspannung jeweils unter der Bedingung der Ladungserhaltung ($Q = 0$) mit üblichen Netzwerkverfahren (Maschengleichung, Knotensatz in Form der Ladungsbilanz, NWE-Beziehungen, Knotenspannungsanalyse mit Ladungsbilanz u.a.). Die Spannungen an den "Gleichstromknoten" sind dabei Vorgabewerte.

Aufgabe 4.3/7 Umladung eines Kondensatornetzwerkes

Gegeben ist die Schaltung Bild 4.3/7a, in der zur Zeit $t = 0$ alle Kondensatoren ladungsfrei sein sollen. Die Schalter S_1, S_2 sind geöffnet.

a) Zur Zeit $t = 0$ wird S_1 geschlossen. Bestimmen Sie die Spannungen U_1, U_3 über den Kondensatoren C_1, C_3 zu einem Zeitpunkt t_1 nach Ablauf des Umladens. Welche Ladung befindet sich zur Zeit $t = 0$ an den Knoten?

b) Zur Zeit t_2 werde S_1 geöffnet, S_2 geschlossen. Welche Spannungen $U_1(t_3)$, $U_3(t_3)$ stellen sich jetzt nach Ablauf des Ausgleichsvorganges $t_3 \gg t_2$ ein? Wie groß sind die Ladungen an den Knoten zu diesem Zeitpunkt?

c) Wie groß sind die Spannungen nach Aufgabe b) für gleiche Kondensatoren $C_1 \ldots C_3 = C$?

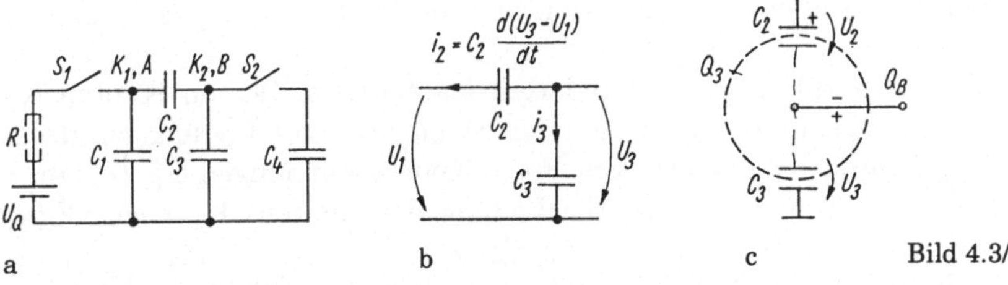

a   b   c   Bild 4.3/7

Hinweis: Man löse die Aufgabe mit der Knotenspannungsanalyse und wähle die Knoten K_1, K_2 aus.

Lösung:

a) Wird der Schalter S_1 zur Zeit $t = 0$ geschlossen, so erzwingt die Spannungsquelle an C_1 die Spannung $U_1 = U_Q$. Für das Netzwerk mit $k = 3$ Knoten können $k - 1 = 2$ unabhängige Knotengleichungen aufgestellt werden. Da eine Knotenspannung $U_1 = U_Q$ vorgegeben ist (ideale Spannungsquelle einseitig am Bezugsknoten → Wegfall der betreffenden Knotengleichung, s. Aufg.4.3/8), genügt die Aufstellung der Knotengleichung für K_2. Sie lautet (Bild 4.3/7b):

$$K_2: \qquad i_2 \qquad + \qquad i_3 \qquad = 0$$
$$C_2 \frac{\mathrm{d}}{\mathrm{d}t}(U_3 - U_1) \quad + \quad C_3 \frac{\mathrm{d}U_3}{\mathrm{d}t} \quad = 0 \tag{1}$$

oder integriert zwischen $t = 0$ und t_1 und geordnet

$$-C_2 U_1 + (C_2 + C_3)U_3 = Q_\mathrm{B}. \tag{2}$$

Die Anfangsladung Q_B des Knotens K_2 verschwindet: $Q_\mathrm{B}(0) = 0$ (Vorgabe aus der Schaltung). Damit folgt:

$$U_3(t_1) = \frac{C_2}{C_2 + C_3} U_\mathrm{Q}. \tag{3}$$

Das ist die kapazitive Spannungsteilerregel eines kapazitiven Spannungsteilers bestehend aus C_2, C_3 (s. Bild 4.3/7a). Die am Knoten K_2 von der Spannungsquelle an das Netzwerk abgegebene Ladung beträgt

$$Q_\mathrm{A} = U_1 \left(C_1 + \frac{C_2 C_3}{C_2 + C_3} \right). \tag{4}$$

Sie verteilt sich auf die Kondensatoren C_1 und die Reihenschaltung C_2, C_3. Wir kontrollieren die Ladung Q_B des Knotens K_2:

$$
\begin{aligned}
Q_\mathrm{B} &= Q_3 - Q_2 = C_3 U_3 - C_2 U_2 = C_3 U_3 - C_2(U_1 - U_3) \\
&= (C_3 + C_2)U_3 - C_2 U_1 = 0,
\end{aligned}
\tag{5}
$$

wie sich durch Einsetzen von Gl.(3) sofort bestätigen läßt. Dies ist nichts anderes als das Integral über den Knotensatz für K_2: Erhaltung der Ladung, wobei hier die positive Ladung auf der oberen Platte von C_3 gleich der negativen auf der unteren von C_2 sein muß und sich beide daher zu Null ergänzen (Bild 4.3/7c).

b) Werden S_1 geöffnet, S_2 geschlossen und die Vorgänge zum Zeitpunkt t_2 betrachtet, so

- stellen sich zufolge der veränderten Knotenkapazität am Knoten K_2 (durch Zuschalten von C_4) und dem so eingeleiteten Ladungsausgleich des gesamten Netzwerkes veränderte Knotenspannungen U_1', U_3' ein,
- ist mit Auftrennen von S_1 die Ladung des Knotens K_1 nach Gl.(4) vorgegeben ($Q_\mathrm{B}(t_2)$ Null, s. Gln.(5), (2)).

Wir erhalten damit als Knotenspannungsgleichungen für t_2:

$$
\begin{aligned}
K_1: & \quad (C_1 + C_2)U_1' - C_2 U_3' = Q_\mathrm{A} \\
K_2: & \quad -C_2 U_1' + (C_2 + C_3 + C_4)U_3' = Q_\mathrm{B} = 0.
\end{aligned}
\tag{6}
$$

Die Lösungen für U_1', U_3' lauten

$$U_1' = \frac{(C_2 + C_3 + C_4)Q_\mathrm{A}}{(C_1 + C_2)(C_2 + C_3 + C_4) - C_2^2} \tag{7}$$

$$U_3' = \frac{C_2 Q_\mathrm{A}}{(C_1 + C_2)(C_2 + C_3 + C_4) - C_2^2} \tag{8}$$

mit der Ladung $Q_\mathrm{A}(t_2)$ nach Gl.(4).

c) Für gleiche Kondensatoren ergibt sich aus Gl.(4): $Q_A = 3/2CU_Q$ und nach Gl.(7):

$$U_1' = \frac{3Q_A}{5C} = \frac{9}{10}U_Q; \quad U_2' = \frac{Q_A}{5C} = \frac{3}{10}U_Q.$$

Aufgabe 4.3/8 Aufladen eines Kondensatornetzwerkes, Methode des Superknotens

a) Man berechne die Kondensatorspannungen $U_1 \ldots U_5$ der Schaltung Bild 4.3/8a als Funktion von $U_Q = U_{Q1}$ nach Schließen des Schalters S (Kondensatoren als ladungsfrei angenommen).

b) Welche Werte stellen sich ein für $C_1 = C$, $C_2 = 2C$, $C_3 = 3C$, $C_4 = 4C$, $C_5 = 5C$?

c) Statt des Kondensators C_3 werde eine Spannungsquelle U_{Q2} mit Schalter eingesetzt (Bild 4.3/8b) und beide Schalter S zur gleichen Zeit geschlossen. Wie lauten die Knotenspannungen U_2, U_3 jetzt allgemein und für die gegebenen Werte?

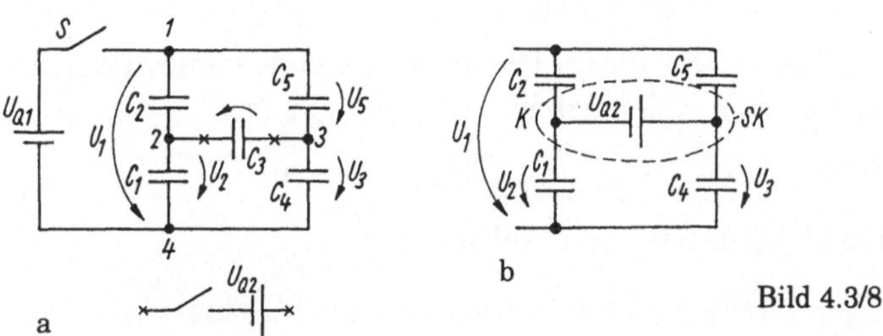

Bild 4.3/8

Hinweis: Man repetiere die Knotenspannungsanalyse mit "schwebender" idealer Spannungsquelle (II/Abschn. 5.3.4.3).

Lösung:

a) Wir lösen die Aufgabe mit der Knotenspannungsanalyse und wählen Knoten 4 als Bezugsknoten. Die Schaltung hat dann $k - 1 = 3$ unabhängige Knoten. Da nach Schließen des Schalters S am Knoten 1 die Spannungsquelle einseitig am Referenzknoten 4 liegt, entfällt für K_1 die Aufstellung einer Knotengleichung. Das Netzwerk war vor Schließen des Schalters S ladungsfrei.

Für die Knoten K_2, K_3 gilt (mit $U_1 = U_Q$) jeweils als Ladungsbilanz (vgl. Aufg. 4.3/6, 4.3/7)

$$\begin{aligned}
K_2: \quad & (C_1 + C_2 + C_3)U_2 - C_3U_3 - C_2U_1 = 0 \\
K_3: \quad & -C_3U_2 + (C_3 + C_4 + C_5)U_3 - C_5U_1 = 0.
\end{aligned} \tag{1}$$

Wir bringen die Terme mit $U_1 = U_Q$ als Erregungen nach rechts und erhalten als Gleichung

$$\begin{pmatrix} C_1 + C_2 + C_3 & -C_3 \\ -C_3 & C_3 + C_4 + C_5 \end{pmatrix} \cdot \begin{pmatrix} U_2 \\ U_3 \end{pmatrix} = \begin{pmatrix} C_2U_Q \\ C_5U_Q \end{pmatrix} \tag{2}$$

für die beiden Unbekannten U_2, U_3 in Matrixform. Die Lösungen lauten:

$$U_2 = \frac{U_Q\,(C_2(C_3 + C_4 + C_5) + C_3 C_5)}{(C_1 + C_2 + C_3)(C_3 + C_4 + C_5) - C_3^2};$$
$$U_3 = \frac{U_Q\,(C_5(C_1 + C_2 + C_3) + C_3 C_2)}{(C_1 + C_2 + C_3)(C_3 + C_4 + C_5) - C_3^2}. \tag{3}$$

b) In diesem Fall gehen die Lösungen Gl.(3) über in

$$U_2 = \frac{U_Q(2(3 + 4 + 5) + 3 \cdot 5)}{6(3 + 4 + 5) - 9} = \frac{13}{21} U_Q;$$

$$U_3 = \frac{U_Q(5 \cdot 6 + 3 \cdot 2)}{6(3 + 4 + 5) - 9} = \frac{12}{21} U_Q. \tag{4}$$

c) Mit Einfügen einer idealen Spannungsquelle U_{Q2} (nach geschlossenem Schalter) liegt ein Superknoten SK mit beiderseits "schwebender" idealer Spannungsquelle vor (Bild 4.3/8b). Sie erzwingt die Bedingung

$$U_3 = U_2 + U_{Q2} \qquad \text{(Maschensatz)}. \tag{5}$$

Dadurch sinkt die Zahl zu lösender Gleichungen auf eine, nämlich die des Superknotens SK mit dem Referenzknoten K_2. Es gilt mit $U_1 = U_{Q1}$

$$K : C_1 U_2 + C_2(U_2 - U_1) + C_4 U_3 + C_5(U_3 - U_1) = 0 \tag{6}$$

oder umgeformt und U_3 durch Gl.(5) substituiert:

$$(C_1 + C_2 + C_4 + C_5)U_2 = (C_2 + C_5)U_{Q1} - (C_4 + C_5)U_{Q2}.$$

Daraus ergibt sich die gesuchte Spannung U_2

$$U_2 = \frac{U_{Q1}(C_2 + C_5) - U_{Q2}(C_4 + C_5)}{C_1 + C_2 + C_4 + C_5}. \tag{7}$$

Die restlichen Größen, nämlich U_3 und die Kondensatorspannungen $U_{C1} = U_1 - U_2$, $U_{C5} = U_1 - U_3$ ergeben sich dann aus Gl.(5) sowie als Differenz zu U_{Q1}.

Diskussion: Das Superknotenprinzip läßt sich auch auf Kondensatornetzwerke anwenden und ermöglicht damit ebenso Spannungs- und Ladungsberechnungen.

Aufgabe 4.3/9 Kapazitätsberechnung mit Probeladung

Die Kapazität C_{AB} eines rein kapazitiven, ungeladenen linearen Netzwerkes läßt sich bestimmen, wenn in seine Klemmen AB eine beliebige Probeladung Q_{Pr} eingeprägt wird und man die sich einstellende Spannung U_{AB} berechnet. Es gilt $C_{AB} = Q_{Pr}/U_{AB}$. U_{AB} stellt sich durch Ladungsausgleich im Netzwerk gemäß der resultierenden Kapazität ein. Die Berechnung der Spannung U_{AB} erfolgt zweckmäßig mit dem Knotenspannungsverfahren. (Die Kondensatoren sind ladungsfrei angenommen.)

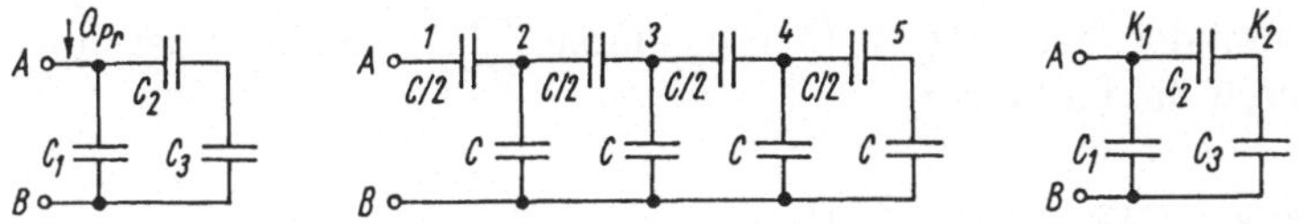

a   b   c   Bild 4.3/9

a) Für die Schaltung Bild 4.3/9a berechne man auf diese Weise C_{AB}.

b) Wie groß ist C_{AB} für Schaltung Bild 4.3/9b (numerische Lösung)? Man vergleiche das Ergebnis mit Aufgabe 4.3/4.

Hinweis: Wir betrachten das Kondensatornetzwerk als einen Zweipol, dem eine Probeladung aufgeprägt wird. (Analoges Vorgehen wie bei der Berechnung des Ersatzwiderstandes resisitiver Zweipole mit Probestrom.)

Lösung:

a) Wir vereinbaren im Netzwerk die Knoten K_1, K_2 (Bild 4.3/9c) und erhalten als Knotengleichungen mit der in Aufgabe 4.3/6 erläuterten Vorgehensweise

$$
\begin{aligned}
K_1: &\quad (C_1 + C_2)U_1 - C_2 U_2 = Q_{Pr} \\
K_2: &\quad -C_2 U_1 + (C_2 + C_3)U_2 = 0.
\end{aligned} \tag{1}
$$

In K_1 steht rechts die eingeprägte Probeladung Q_{Pr}. Die unbekannten Spannungen U_1, U_2 stellen sich als Funktion der Probeladung ein. Die Lösung für $U_1 = U_{AB}$ lautet

$$
U_1 = U_{AB} = \frac{\det \begin{pmatrix} Q_{Pr} & -C_2 \\ 0 & C_2 + C_3 \end{pmatrix}}{(C_1 + C_2)(C_2 + C_3) - C_2^2} = \frac{Q_{Pr}(C_2 + C_3)}{C_1(C_2 + C_3) + C_2 C_3}. \tag{2}
$$

Daraus folgt für die Kapazität C_{AB} gemäß Kapazitätsdefinition:

$$
C_{AB} = \frac{Q_{Pr}}{U_{AB}} = C_1 + \frac{C_2 C_3}{C_2 + C_3} = C_1 + \frac{1}{1/C_2 + 1/C_3}. \tag{3}
$$

Das ist genau die vorgegebene Schaltung, wie sich leicht durch direkte Kapazitätsberechnung zeigen läßt.

b) Für die Schaltung Bild 4.3/9b mit $k = 6 \to k - 1 = 5$ Knoten führen wir 5 Knotenspannungen $U_1 \ldots U_5$ ein und erhalten der Reihe nach über die jeweiligen Knotengleichungen die Matrixgleichung

$$
\begin{array}{c}
K_1: \\ K_2: \\ K_3: \\ K_4: \\ K_5:
\end{array}
\begin{pmatrix}
\frac{C}{2} & -\frac{C}{2} & 0 & 0 & 0 \\
-\frac{C}{2} & 2C & -\frac{C}{2} & 0 & 0 \\
0 & -\frac{C}{2} & 2C & -\frac{C}{2} & 0 \\
0 & 0 & -C/2 & 2C & -\frac{C}{2} \\
0 & 0 & 0 & -\frac{C}{2} & \frac{3C}{2}
\end{pmatrix}
\begin{pmatrix}
U_1 \\ U_2 \\ U_3 \\ U_4 \\ U_5
\end{pmatrix}
=
\begin{pmatrix}
Q_{Pr} \\ 0 \\ 0 \\ 0 \\ 0
\end{pmatrix}. \tag{4}
$$

Für Knoten K_3 lautet die Ladungsbilanz beispielsweise

$$
U_3 C + C/2(U_3 - U_2) + C/2(U_3 - U_4) = 0.
$$

Das ist genau der Knotensatz (Stromsumme $\sum_\nu i_\nu = 0$), aber ausgedrückt durch die Ladungen

$$\int i\,\mathrm{d}t = Q \qquad \text{(s. Aufg. 4.3/6).}$$

Die Matrix ist symmetrisch und dünn besetzt (viele 0-Einträge). Wählen wir z.B. $Q_{\mathrm{Pr}} = 1\,\mu\mathrm{As}$ und $C = 1\,\mu\mathrm{F}$, so ergibt sich als Normierungsgröße $U = 1\,\mu\mathrm{As}/1\,\mu\mathrm{F} = 1\,\mathrm{V}$, also die numerische bestimmte Spannung U in V. Die Lösung mit einem linearen Gleichungslöser des PCs oder Taschenrechners führt auf: $U_1 = 2{,}7321\,\mathrm{V}$, $U_2 = 0{,}732\,\mathrm{V}$, $U_3 = 0{,}196\,\mathrm{V}$, $U_4 = 0{,}0535\,\mathrm{V}$, $U_5 = 0{,}01785\,\mathrm{V}$. Daraus ergibt sich

$$C_{\mathrm{AB}} = \frac{Q_{\mathrm{Pr}}}{U_{\mathrm{AB}}} = \frac{1\,\mu\mathrm{As}}{2{,}7321\,\mathrm{V}} = 0{,}36602\,\mu\mathrm{F}. \tag{5}$$

Das ist der in Aufgabe 4.3/4 Gl.(6) berechnete Wert.

Diskussion: Das Verfahren der Probeladung eignet sich besonders gut für Netze, deren Kapazitätsknoten durch viele kapazitive Zweige verbunden sind und die fortlaufende Wandlung von Reihen- in Parallelschaltung (und Stern-Dreieckknoten) sehr aufwendig wird.

Man erkennt aber auch die Notwendigkeit, ladungslose Kondensatoren anzusetzen. Eine Anfangsladung auf einem Knoten (weiterer Eintrag rechts in Gl.(4) im betreffenden Knoten) würde sofort die gesamte Spannungsverteilung ändern und damit ein falsches Ergebnis liefern. Methodisch ist das Verfahren der Probeladung eng verwandt mit der Methode des Probestromes zur Berechnung resistiver Ersatzzweipole: Vorgabe eines Probestromes und Berechnung des Spannungsabfalles an den Zweipolklemmen mit einem Netzwerkanalyseverfahren.

5. Magnetisches Feld

5.1 Feldgrößen

Aufgabe 5.1/1 Durchflutungssatz

Gegeben ist ein unendlich langer, gerader, vom Strom I durchflossener Leiter von kreisförmigem Querschnitt in der z-Achse. Der Strom fließe in z-Richtung (Bild 5.1/1a).

a) Bestimmen Sie die magnetische Feldstärke $\boldsymbol{H}$ in einem Punkt P im Abstand r außerhalb des Leiters. Geben Sie die Lösung an
   - in Zylinderkoordinaten
   - in Rechteckkoordinaten.
b) Der Leiter habe einen Querschnitt A (Radius r_a), in dem eine konstante Stromdichte $\boldsymbol{S}$ herrscht. Bestimmen Sie die magnetische Feldstärke innerhalb des Leiters in Zylinderkoordinaten.
c) Wie kann eine Richtungsumkehr des Stromes I sicher berücksichtigt werden?
d) Wie muß die Lösung nach Aufgabe a) abgewandelt werden, wenn der Leiter nicht im Ursprung der x-y-Ebene, sondern einem Punkt $\mathrm{P_A}(x_\mathrm{A}, y_\mathrm{A})$ außerhalb lokalisiert ist?

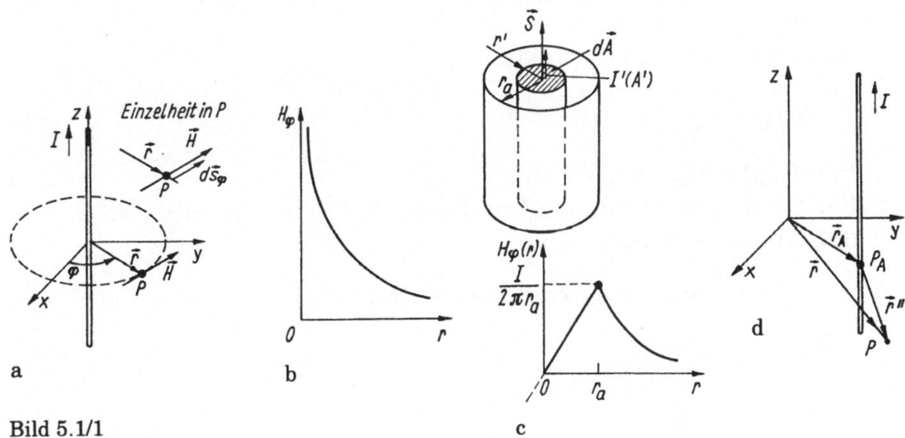

Bild 5.1/1

e) Bestimmen Sie die magnetische Feldstärke H und Induktion B (in Luft) für folgende Fälle:

1. $I = 1\,\mathrm{A}$, $r = 3\,\mathrm{m}$; 2. $I = 1000\,\mathrm{A}$, $r = 10\,\mathrm{m}$; 3. $I = 1\,\mathrm{mA}$; $r = 0,1\,\mathrm{mm}$.

Hinweis: Der gerade, stromdurchflossene, runde Leiter erzeugt außerhalb eine magnetische Feldstärke vom Betrag $H(r) = I/2\pi r$ (I/Gl. (3.9)). Dies ist das Ergebnis des Durchflutungsgesetzes. Wir wollen durch diese Aufgabe die vollständige Angabe (Betrag, Richtung) von H in Bezug zur geometrischen Lage des Leiters in zweckmäßiger Koordinatendarstellung kennenlernen und zugleich Größenordnungen von H diskutieren.

Lösung:

a) Ausgewählte Feldlinien der magnetischen Feldstärke sind konzentrische Kreise um den Leitermittelpunkt; ihre Richtung bildet mit der vereinbarten Stromrichtung eine Rechtsschraube. Letzteres wird durch das Kreuzprodukt seiner Einheitsvektoren ausgedrückt, z.B. $e_x \times e_y = e_z$ oder $e_r \times e_\varphi = e_z$ im Rechteck- oder Zylinderkoordinatensystem. Der Leiter fällt vereinbarungsgemäß mit der positiven z-Achse zusammen (Bild 5.1/1a).

Aus der Aufgabenstellung (unendlich langer, gerader Draht) folgt aus Symmetriegründen, daß H nur Komponenten in der x-y-Ebene hat ($H_z = 0$). Im Durchflutungsgesetz

$$\oint H \cdot \mathrm{d}s = I = \oint (H_r + H_\varphi + H_z) \cdot (\mathrm{d}s_r + \mathrm{d}s_\varphi + \mathrm{d}s_z) \tag{1}$$

besitzt dann H nur eine Komponente in φ-Richtung ($H_r = 0$, $H_z = 0$) und das allgemeine Wegelement $\mathrm{d}s$ ergibt lediglich einen Beitrag $H \cdot \mathrm{d}s_\varphi$:

$$I = \oint H_\varphi \cdot \mathrm{d}s_\varphi = \oint H_\varphi \cdot r\,\mathrm{d}\varphi e_\varphi \tag{2}$$

mit $\mathrm{d}s_\varphi = r\,\mathrm{d}\varphi e_\varphi$. Da H_φ längs einer Feldlinie dem Betrag nach konstant ist, folgt weiter

$$I = H_\varphi \cdot e_\varphi \oint r\,\mathrm{d}\varphi = H_\varphi \cdot e_\varphi \int_0^{2\pi} r\,\mathrm{d}\varphi = H_\varphi \cdot e_\varphi 2\pi r$$

oder (durch Multiplizieren mit e_φ)

$$H_\varphi(r) = \frac{I}{2\pi r} e_\varphi. \tag{3}$$

Bild 5.1/1b zeigt den Verlauf.

Für die Angabe in Rechteckkoordinaten nutzen wir die allgemeinen Koordinatenbeziehungen:

$$e_\varphi = -e_x \sin\varphi + e_y \cos\varphi \quad \text{sowie} \quad \sin\varphi = \frac{y}{r}, \cos\varphi = \frac{x}{r}, r = \sqrt{x^2 + y^2}$$

und erhalten damit

$$H(x,y) = \frac{I}{2\pi} \frac{-y e_x + x e_y}{x^2 + y^2}. \tag{4}$$

Eine andere Möglichkeit besteht in der direkten Umformung über die Einheitsvektoren. So lassen sich $e_\varphi = e_z \times e_r$ durch die Einheitsvektoren e_z, e_r und e_z wieder durch e_z, e_y darstellen: $e_x \times e_y = e_z$.
Wir schreiben daher Gl.(3) mit $e_\varphi = e_z \times e_r$ und $e_r = r/r$ um:

$$H(r,\varphi) = e_z \times \frac{I}{2\pi r}\frac{r}{r} = e_z \times \frac{I}{2\pi r}\left(\frac{x}{r}e_x + \frac{y}{r}e_y\right) \tag{5}$$

und beachten bei der Auswertung der Kreuzprodukte $e_z \times e_x = e_y$; $e_y \times e_z = e_x$. Das Ergebnis stimmt mit Gl.(4) erwartungsgemäß überein.

b) Innerhalb des Leiters trägt im Bereich r' nur der Teilstrom I' zur magnetischen Feldstärke H' bei, I' fließt innerhalb des Teilquerschnittes A' (Bild 5.1/1c):

$$I' = \int_A S \cdot \mathrm{d}A = \int_0^{r'} S \cdot 2\pi r \, \mathrm{d}r \, e_z. \tag{6}$$

Die Stromdichte S lautet $S = I/(\pi r_\mathrm{a}^2)e_z$, weil der Strom I den Gesamtquerschnitt πr_a^2 durchsetzt. S ist in z-Richtung orientiert:

$$I' = S \int_0^{r'} e_z 2\pi r \, \mathrm{d}r \cdot e_z = I\left(\frac{r'}{r_\mathrm{a}}\right)^2. \tag{7}$$

Mit dem Strom I' folgt für die magnetische Feldstärke innerhalb des Leiters

$$H'_\varphi = \frac{I'}{2\pi r'}e_\varphi = \frac{I}{2\pi}\cdot\frac{r'}{r_\mathrm{a}^2}e_\varphi \qquad (0 \le r' \le r_\mathrm{a}). \tag{8}$$

Bild 5.1/1c zeigt den Verlauf. Er steigt proportional r' an. Außerhalb gilt die Lösung Gl.(3).

c) Richtungsumkehr des Stromes wird berücksichtigt
 • anschaulich über die Rechtsschraubenregel zwischen der I-Zählpfeilrichtung und der Richtung des H-Vektors
 • oder besser über die Richtung der Stromdichte S (Aufgabe b). Kehrt z.B. S die Richtung ($\int S \cdot \mathrm{d}A < 0$), so bewirkt dies automatisch eine Richtungsumkehr von H etwa in Gl.(2).

d) Befindet sich der Leiter nicht im Ursprung, sondern einem Punkt P_A in der x-y-Ebene mit dem Radiusvektor r_A (Bild 5.1/1d), so beträgt der tatsächliche Abstand zwischen Aufpunkt P und Lage des Stromes P_A

$$r'' = r - r_\mathrm{A}. \tag{9}$$

Deshalb lautet die magnetische Feldstärke jetzt (Gl.(5))

$$H_\varphi = e_z \times \frac{I}{2\pi r''}\frac{r''}{r''}. \tag{10}$$

Die Komponenten von r'' sind durch das alte Koordinatensystem auszudrücken:

$$r'' = (x - x_\mathrm{A})e_x + (y - y_\mathrm{A})e_y. \tag{11}$$

Das führt anstelle von Gl.(4) auf

$$\boldsymbol{H}_\varphi(x,y) = \frac{I}{2\pi} \frac{-(y - y_A)\boldsymbol{e}_x + (x - x_A)\boldsymbol{e}_y}{(x - x_A)^2 + (y - y_A)^2}. \tag{12}$$

e) Für die Zahlenwerte erhalten wir:

1. $H = \dfrac{1\,\mathrm{A}}{2\pi \cdot 3\,\mathrm{m}} = 0,053\,\dfrac{\mathrm{A}}{\mathrm{m}}, \quad B = \mu_0 H = 66,5 \cdot 10^{-9}\,\dfrac{\mathrm{Vs}}{\mathrm{m}^2} = 66,5 \cdot 10^{-9}\,\mathrm{T}$

2. $H = \dfrac{10^3\,\mathrm{A}}{2\pi \cdot 10\,\mathrm{m}} = 15,9\,\dfrac{\mathrm{A}}{\mathrm{m}}, \quad B = 19,97 \cdot 10^{-6}\,\dfrac{\mathrm{Vs}}{\mathrm{m}^2}$

3. $H = \dfrac{10^{-3}\,\mathrm{A}}{2\pi \cdot 0,1\,\mathrm{mm}} = 1,59 \cdot 10^{-3}\,\dfrac{\mathrm{A}}{\mathrm{mm}} = 1,59\,\dfrac{\mathrm{A}}{\mathrm{m}}, \quad B = 1,99 \cdot 10^{-6}\,\dfrac{\mathrm{Vs}}{\mathrm{m}^2}.$

Die Zahlenwerte entstammen drei typischen Fällen des täglichen Lebens: 1. Einzelleiter z.B. im Haushalt (keine Doppelleitung) mit einem mittleren Stromverbrauch, 2. Magnetfeld unter einer Hochspannungsleitung (im Eisenbahnwagen unter einer elektrischen Fahrdrahtleitung wäre ein Abstand $r = 4\,\mathrm{m}$ anzusetzen) und 3. die magnetische Feldstärke z.B. innerhalb eines integrierten Schaltkreises in unmittelbarer Nähe einer Versorgungsleitung. Als Vergleich möge die Induktion des Erdfeldes ($B \approx 0,5\,\mathrm{Gauß} = 10^{-4}\,\mathrm{T}$) herangezogen werden. In allen drei Fällen (vor allem auch 2.) liegt man in der Größenordnung des Erdmagnetfeldes und deutlich darunter.

Aufgabe 5.1/2 Magnetfeld paralleler Leiter

Gegeben sind zwei gerade, parallele und unendlich lange Leiter (Drahtradius r_a, Abstand $2d$), die von den Strömen I_1, I_2 durchflossen werden (gleichsinnig, gegensinnig).

a) Man berechne Betrag und Richtung der magnetischen Feldstärke in einem beliebigen Punkt P außerhalb der Leiter. Stellen Sie $\boldsymbol{H}$ in kartesischen Koordinaten und in Zylinderkoordinaten dar.

b) Berechnen Sie $\boldsymbol{H}$ in der Ebene genau in der Mitte zwischen beiden Leitern.

c) Geben Sie eine Erweiterung der Ergebnisse von a) an für den Fall, daß sich n Ströme I_n (parallel) an unterschiedlichen Orten befinden, deren Lage durch Radius und Winkel ausgedrückt werden. Was ergibt sich, wenn die Leiterabstände klein gegen die Entfernung des Punktes P werden?

d) Diskutieren Sie den Feldverlauf zwischen und außerhalb der beiden Leiter (Aufgabe a), wenn die Ströme entgegengerichtet fließen.

Hinweis: Wir legen die Leiter zunächst in ein Koordinatensystem, z.B. parallel zur z-Achse (senkrecht zur Zeichenebene), so daß $\boldsymbol{H}$ in der x-y-Ebene zu bestimmen ist ($\boldsymbol{H}_z = 0$). Die Leiter sollen auf der x-Achse liegen (Bild 5.1/2a, b).

Lösung:

a) Der Punkt P habe den Abstand r vom gewählten Koordinatensystem (Bild 5.1/2b). Dort tragen die magnetischen Feldstärken beider Ströme

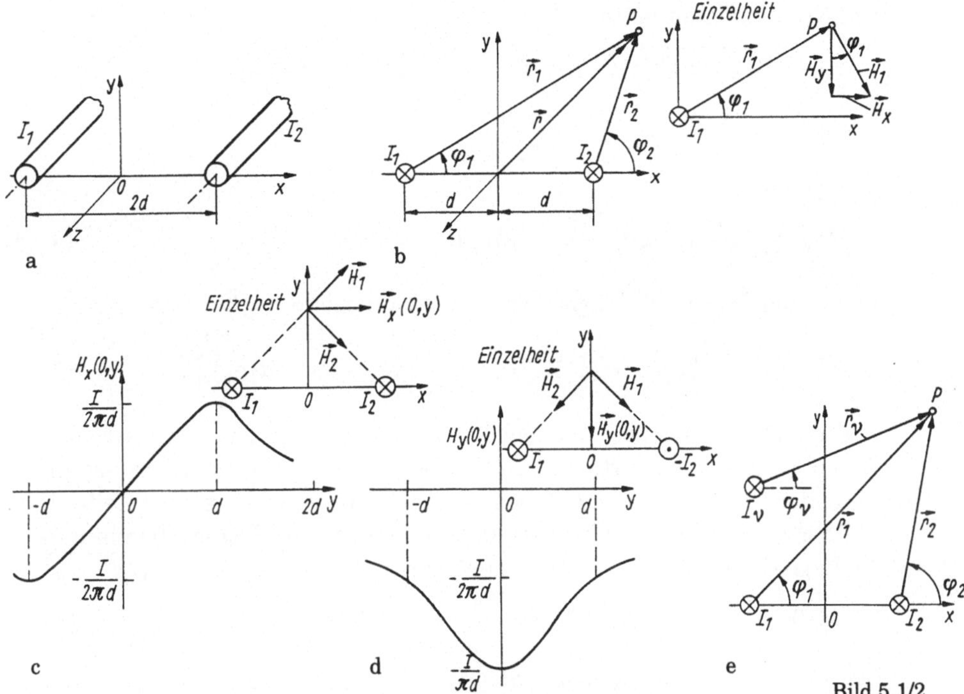

Bild 5.1/2

bei

$$H = H_1 + H_2. \tag{1}$$

Das Magnetfeld eines nicht im Ursprung liegenden Leiters ergibt sich entweder durch direkte Berechnung aus der Anordnung oder Übernahme der Lösung von Aufgabe 5.1/1. In der hier gewählten Stromrichtung folgt z.B. für H_1 im Punkt P (Abstandsvektor r_1) (Bild 5.1/2b)

$$H_{1\varphi} = -e_z \times \frac{I_1 r_1}{2\pi r_1^2},$$

(vgl. Aufgabe 5.1/1). Hier wird jedoch die Angabe im Rechtecksystem gewünscht. Wir berechnen zunächst H_1. Es gilt $H_{1\varphi} = -I_1/(2\pi r_1)e_{\varphi 1}$ mit (da I_1 in z-Richtung fließt)

$$r_1 = \sqrt{(x+d)^2 + y^2}; \quad e_{\varphi 1} = -\sin\varphi_1 e_x + \cos\varphi_1 e_y. \tag{2}$$

Dies folgt aus Bild 5.1/2b mit $\sin\varphi = y/r_1$, $\cos\varphi = (x+d)/r_1$. Daraus wird zusammengefaßt

$$H_1(x,y) = -\frac{I_1}{2\pi r_1^2}(-ye_x + (x+d)e_y). \tag{3}$$

Auf analoge Weise ergibt sich für H_2:

$$H_2 = -\frac{I_2}{2\pi r_2}e_{\varphi 2}.$$

Die Komponenten lauten:

$$r_2 = \sqrt{(x-d)^2 + y^2}, \quad e_{\varphi 2} = -\sin\varphi_2 e_x + \cos\varphi_2 e_y$$

$$\sin\varphi_2 = \frac{y}{r_2}; \quad \cos\varphi_2 = \frac{x-d}{r_2}$$

und damit

$$H_2 = -\frac{I_2}{2\pi r_2^2}(-y e_x + (x-d)e_y). \tag{4}$$

Im letzten Schritt überlagern wir beide Ergebnisse

$$H = \frac{1}{2\pi}\left(\frac{I_1}{r_1^2}(y e_x - (x+d)e_y) + \frac{I_2}{r_2^2}(y e_x - (x-d)e_y)\right). \tag{5}$$

Fließen die Ströme gegensinnig, so ist jeweils nur das entsprechende Stromvorzeichen zu vertauschen. Der Bezugsstrom gibt die Richtung an.
b) Liegt der Punkt P auf einer Ebene in der Mitte zwischen beiden Leitern, so ist $x = 0$ zu setzen. Dann stimmen r_1 und r_2 im Betrag überein und die Lage des Punktes hängt nur noch von y ab. Es gilt mit $r = \sqrt{d^2 + y^2}$

$$H(0,y) = \frac{1}{2\pi r^2}((I_1 + I_2)y e_x + d(-I_1 + I_2)e_y). \tag{6}$$

Bei *gleichgerichteten, gleichen* Strömen $(I_1 = I_2)$ gilt $H_{2y} = -H_{1y}$ und die y-Komponente von H verschwindet. Es verbleibt noch

$$H(0,y) = H_x(0,y) = \frac{2Iy}{2\pi(d^2 + y^2)}e_x. \tag{7}$$

Dieser Verlauf ist in Bild 5.1/2c über y dargestellt. Außerhalb von $y = 0$ wächst H_x zunächst (richtungsabhängig), durchläuft ein Maximum bei $y = d$ und fällt dann ab. Für großen Abstand $y \gg d$ gilt angenähert $H_x \sim 1/y$: Verhalten wie Einzelleiter mit dem Strom $I = I_1 + I_2$. Der Vorzeichenwechsel bei $y = 0$ läßt sich leicht durch qualitative Zusammensetzung der Vektoren $H_1(0,y)$, $H_2(0,y)$ für $y > 0$ und $y < 0$ erklären. Bei *entgegengesetzt* gerichteten, gleichen Strömen $(I_1 = -I_2)$ verschwindet H_x, aber es verbleibt eine Komponente H_y:

$$H_y(0,y) = -\frac{2dI_1}{2\pi(d^2 + y^2)}e_y. \tag{8}$$

Die Komponenten addieren sich (Bild 5.1/2d) zwischen den Leitern. In der Mitte steigt die Feldstärke auf das Doppelte des Einzelleiters. Wir hätten diese Ergebnisse auch aus der Winkeldarstellung erhalten können, denn auf der Verbindungslinie zwischen beiden Leitern gilt $\sin\varphi_1 = \sin\varphi_2 = 0$, $\cos\varphi_1 = 1$, $\cos\varphi_2 = -1$. Dann folgt auch $H = H_y = I/(2\pi)(1/r_1 + 1/r_2)$.
c) Wir übernehmen die Lösung Gln.(2), (3) ausgedrückt durch r_n, φ_n (Bild 5.1/2e):

$$H = \frac{1}{2\pi}\left(+\frac{I_1}{r_1}\sin\varphi_1 e_x - \frac{I_1}{r_1}\cos\varphi_1 e_y + \frac{I_2}{r_2}\sin\varphi_2 e_x - \frac{I_2}{r_2}\cos\varphi_2 e_y\right).$$

Verallgemeinert wird daraus (Bild 5.1/2e):

$$H = \frac{1}{2\pi}\left(e_x \sum_{\nu=1}^{n}\frac{I_\nu}{r_\nu}\sin\varphi_\nu - e_y \sum_{\nu=1}^{n}\frac{I_\nu}{r_\nu}\cos\varphi_\nu\right) \tag{9}$$

als allgemeine Lösung für n verschiedene parallele Leiter.

Werden die Leiterabstände klein gegenüber der Entfernung des Punktes von den Leitern, so nähern sich je die Winkel φ_ν und Radiusvektoren r_ν einander an, und es gilt für den Betrag

$$H = \sqrt{H_x^2 + H_y^2} = \frac{1}{2\pi r}\sum_{\nu=1}^{n} I_\nu. \tag{10}$$

In großer Entfernung vom Leiterbündel verhält sich die Anordnung so, als ob nur ein Leiter vorhanden wäre: Gesamtstrom = Summe der umfaßten Einzelströme.

d) Wir betrachten H auf der Verbindungslinie $y = 0$ abhängig vom Ort x. Anschaulich ergibt sich, daß H nur eine y-Komponente haben kann (H_x ist für alle Ströme Null):

$$H_y = \frac{1}{2\pi}e_y\left(\frac{-I_1(x+d)}{r_1^2} - \frac{I_2(x-d)}{r_2^2}\right).$$

Zwischen den Leitern ($|x| < d$) addieren sich beide Wirkungen, da $I_2 = -kI_1$ gilt ($k > 0$, beliebig). Im Außenraum $|x| > d$ hingegen subtrahieren sich die Wirkungen. Das folgt auch aus ausgewählten Feldlinien, die sich mit der Rechtsschraubenregel leicht angeben lassen.

Diskussion: Die Berechnung der Feldstärke durch Überlagerung erfordert eine aufwendige Überlagerung von Vektoren (vgl. Berechnung der Feldstärke im Felde mehrerer Punktladungen). Es ist daher günstiger, das magnetische Potential zu bestimmen und daraus die Feldstärke anzugeben.

Aufgabe 5.1/3 Stromfaden endlicher Länge

Gegeben ist ein dünner, gerader, vom Strom I durchflossener Leiter begrenzter Länge $2L$ (Bild 5.1/3a).

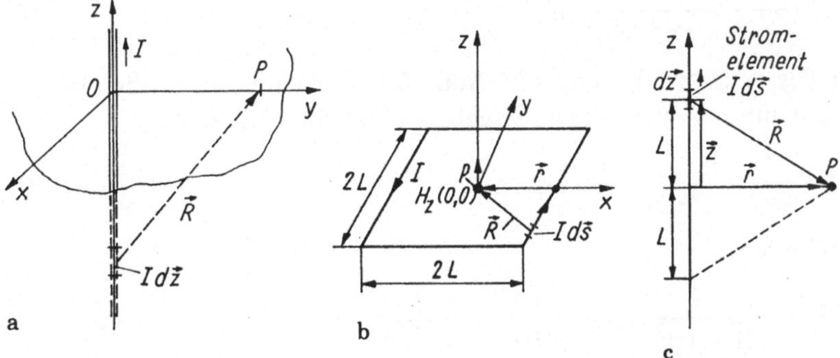

Bild 5.1/3

a) Bestimmen Sie die magnetische Feldstärke $\boldsymbol{H}$ im Punkte P im Abstand $\boldsymbol{r}$ vom Leiter mit dem Gesetz von Biot-Savart.

b) Wie lautet das Ergebnis für den unendlich langen Leiter? Wie lang muß ein Leiter sein, damit sich die Lösung a) nur um 5 % vom unendlich langen Draht unterscheidet?

c) Bestimmen Sie mit den Ergebnissen die magnetische Feldstärke im Zentrum der Schleifenebene einer quadratischen Leiterschleife (Seitenlänge $2L$, s. Bild 5.1/3b) aus sehr dünnem Draht, die vom Strom I durchflossen wird. Beachten Sie Symmetriebeziehungen.

Hinweis: Wir betrachten bei Anwendung des Biot-Savartschen Gesetzes ein Stromelement $I\,\mathrm{d}\boldsymbol{s}$, das im Punkt P eine Teilfeldstärke $\mathrm{d}\boldsymbol{H}$ erzeugt (I/Gl.(3.8)). Die Gesamtfeldstärke ergibt sich durch Integration, wobei aber die Abhängigkeiten der Variablen zu beachten sind.

Lösung:

a) Der Abstandsvektor vom Stromelement $I\,\mathrm{d}\boldsymbol{z}$ zum Punkt P lautet nach Bild 5.1/3c)

$$\boldsymbol{R} = \boldsymbol{r} - \boldsymbol{z} = r\boldsymbol{e}_r - z\boldsymbol{e}_z. \tag{1}$$

Das Biot-Savart-Gesetz lautet in seiner Ausgangsform (I/Gl. (3.8))

$$\mathrm{d}\boldsymbol{H} = \frac{I}{4\pi}\frac{\mathrm{d}\boldsymbol{s} \times \boldsymbol{R}}{R^3}.$$

Das Wegelement $\mathrm{d}\boldsymbol{s} = \mathrm{d}\boldsymbol{z}$ auf dem Stromfaden I führt dann auf das Kreuzprodukt

$$\mathrm{d}\boldsymbol{s} \times \boldsymbol{R} = \boldsymbol{e}_z\,\mathrm{d}z \times (r\boldsymbol{e}_r - z\boldsymbol{e}_z) = \boldsymbol{e}_\varphi r\,\mathrm{d}z.$$

Im vorliegenden Fall wird daraus

$$\boldsymbol{H} = \int \mathrm{d}\boldsymbol{H} = \boldsymbol{e}_\varphi \frac{I}{4\pi}\int_{-L}^{L}\frac{r\,\mathrm{d}z}{(z^2 + r^2)^{3/2}} = \frac{IL\boldsymbol{e}_\varphi}{2\pi r\sqrt{L^2 + r^2}}, \tag{2}$$

weil die Integration über die Leiterlänge erfolgen muß (Bild 5.1/3c).

b) Für den unendlich langen Draht gilt zunächst $L \gg r$ und damit aus Gl.(2)

$$\boldsymbol{H} = \frac{I}{2\pi r(1 + r^2/(2L)^2)}\boldsymbol{e}_\varphi \rightarrow \frac{I}{2\pi r}\boldsymbol{e}_\varphi. \tag{3}$$

Das ist das bekannte Ergebnis (s. Aufg. 5.1/1). Damit ein endlich langer Draht nur um 5 % von diesem Ergebnis abweicht, muß gelten:

$$0,95 \cdot \frac{I}{2\pi r} = \frac{IL}{2\pi r\sqrt{L^2 + r^2}} \tag{4}$$

oder aufgelöst

$$0,95 = \frac{1}{\sqrt{1 + (r/L)^2}} \rightarrow \left(\frac{r}{L}\right)^2 = \frac{1}{0,95^2} - 1.$$

Daraus folgt $r/L = 0,328 \rightarrow L = 3,04r$. Deshalb sollte die Stablänge $2L = 6,08r$ etwa das 6fache des (senkrechten) Feldpunktabstandes betragen.

c) Wir legen die quadratische Stromschleife in die x-y-Ebene (Bild 5.1/3b). Dann hat H aus Symmetriegründen nur die Komponente H_z und zwar das 4fache des Wertes eines Einzelleiters der Länge $2L$. Speziell für die x-y-Ebene gilt dann die Anordnung Bild 5.1/3c für eine Leiterseite. Wir übernehmen daher Gl.(2) und multiplizieren mit 4:

$$H_z = \frac{4IL}{2\pi r \sqrt{L^2 + r^2}} e_\varphi. \tag{5}$$

Dabei gilt im Mittelpunkt ($r = L$)

$$H_z(0,0) = \frac{4IL}{2\pi L^2 \sqrt{2}} e_\varphi = \frac{\sqrt{2}I}{\pi L} e_\varphi. \tag{6}$$

In Aufg. 5.1/6 werden wir eine Kreisspule untersuchen.

Aufgabe 5.1/4 Magnetische Feldstärke in einer Zylinderspule

Man bestimme die magnetische Feldstärke H längs der Mittelachse einer vom Strom I durchflossenen Zylinderspule (Radius a, w Windungen, Bild 5.1/4a). Wie groß ist H in Spulenmitte, wie groß am Spulenende?

Stellen Sie die Abhängigkeit $H(a/l)$ dar.

Hinweis: Wir denken uns die Zylinderspule in dicht gepackte "Kreisringe" zerlegt, von denen jeder nach dem Gesetz von Biot-Savart einen Teilbetrag $\mathrm{d}H$ zum Feld in einem Punkt P liefert. Dabei ist zunächst die Lage der Kreisringe zu formulieren, dann der jeweilige Abstand und schließlich der Teilbetrag zum Magnetfeld.

Lösung:

Die Spule habe die Länge l, w Windungen und den Radius a. Der gesamte Strom an der Oberfläche beträgt wI, pro Länge l also wI/l (Bild 5.1/4b). Im Längenelement $\mathrm{d}z$ fließt der Teilstrom

$$\frac{wI}{l} \cdot \mathrm{d}z. \tag{1}$$

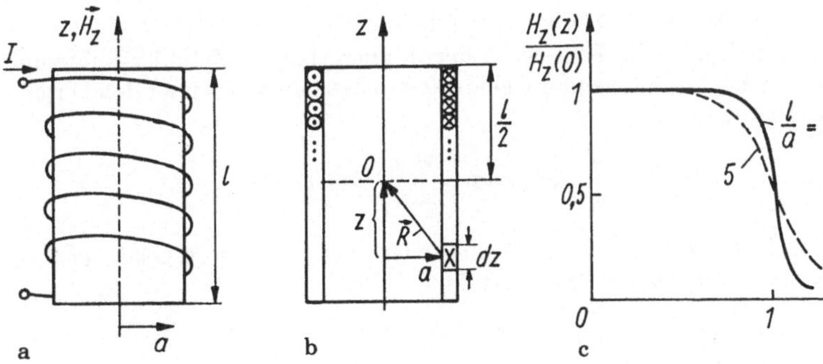

Bild 5.1/4

Wir übernehmen dieses Stromelement der Länge $\mathrm{d}z$ und berechnen die magnetische Feldstärke nach Biot-Savart in der Spulenmitte (Bild 5.1/4b), (s. Aufg. 5.1/6 Gl. (1)ff):

$$\mathrm{d}\boldsymbol{H} = \frac{(wI/l \cdot \mathrm{d}z)a^2}{2(a^2 + z^2)^{3/2}}\boldsymbol{e}_z. \tag{2}$$

Dabei wurde der Strom I durch $wI/l\,\mathrm{d}z$ ersetzt und der Abstand R aus der Geometrie formuliert. Aus Symmetriegründen hat $\boldsymbol{H}$ im Spulenzentrum nur eine z-Komponente. Integration über die gesamte Spulenlänge ergibt

$$\boldsymbol{H} = \frac{wIa^2}{2l} \int_{-l/2}^{l/2} \frac{\mathrm{d}z}{(a^2 + z^2)^{3/2}}\boldsymbol{e}_z = \frac{wI}{(4a^2 + l^2)^{1/2}}\boldsymbol{e}_z \tag{3}$$

für die Feldstärke in Spulenmitte. Um die Feldstärke am Ende zu erhalten, muß die Integration von 0 nach l erstreckt werden. Das Ergebnis lautet (Nachweis!):

$$\boldsymbol{H} = \frac{wI}{2(a^2 + l^2)^{1/2}}\boldsymbol{e}_z. \tag{4}$$

Für die lange Spule $l \gg a$ folgt dann im Zentrum

$$\boldsymbol{H}\left(\frac{l}{2}\right) \approx \frac{wI}{l}\boldsymbol{e}_z, \tag{5}$$

am Rand dagegen nur

$$\boldsymbol{H}(0) \approx \frac{wI}{2l}\boldsymbol{e}_z, \tag{6}$$

d.h. der halbe Wert.

Wir modifizieren schließlich noch die Grenzen in Gl.(3), um das Feld in einem beliebigen Punkt im Abstand z von der Spulenmitte zu erhalten. Die Lösung lautet statt Gl.(3)

$$\boldsymbol{H} = \boldsymbol{e}_z\frac{wI}{2l}\left(\frac{(l/2 - z)}{\sqrt{a^2 + (l/2 - z)^2}} + \frac{(l/2 + z)}{\sqrt{a^2 + (l/2 + z)^2}}\right). \tag{7}$$

Für den Spulenanfang ($z = l/2$) ergibt sich Gl.(4), für die Mitte ($z = 0$) Gl.(3). Bild 5.1/4c zeigt die Verläufe. Das Feld wird homogener, je kleiner der Spulendurchmesser im Vergleich zur Länge ist. Für $a/l \approx 0,1$ setzt der Feldabfall erst kurz vor dem Spulenende ein.

Diskussion: Das magnetische Feld ist in der dünnen, langen Zylinderspule zum größten Teil homogen. Deshalb kann die Feldstärke näherungsweise über den Durchflutungssatz bestimmt werden:

$$\oint \boldsymbol{H} \cdot \mathrm{d}\boldsymbol{s} = \int_A^B \boldsymbol{H}_\mathrm{i} \cdot \mathrm{d}\boldsymbol{s} + \int_B^A \boldsymbol{H}_\mathrm{a} \cdot \mathrm{d}\boldsymbol{s} = \sum I = Iw.$$

Im Innenraum ($\boldsymbol{H}_\mathrm{i}$) ist die Feldstärke insbesondere bei $l \gg a$ groß gegen $\boldsymbol{H}_\mathrm{a}$, so daß das zweite Integral entfallen kann und daher

$$H_\mathrm{i}l \approx Iw$$

gilt.

Aufgabe 5.1/5 Helmholtz-Spule

Zwei gleiche, vom Strom I durchflossene parallele Ringspulen (Radius a) mit je w Windungen sind im Abstand $2d$ angeordnet (Bild 5.1/5, Luftspulen).

a) Wie groß ist die Feldstärke $\boldsymbol{H}_z$ in einem Punkt in der Mitte zwischen beiden Spulen?

b) Man zeige, daß in diesem Punkt $\mathrm{d}B_z/\mathrm{d}z$ verschwindet.

c) Wie müssen die Abmessungen d, a gewählt werden, damit im Mittelpunkt auch $\mathrm{d}^2 B_z/\mathrm{d}z^2$ verschwindet?

d) Stellen Sie $H(z)$ im Raum zwischen beiden Spulen dar für $a = 2d$.

e) Wie groß ist die magnetische Feldstärke H in der Symmetriemitte für $I = 1\,\mathrm{A}$, $w = 100$, $a = 20\,\mathrm{cm}$, $d = 10\,\mathrm{cm}$?

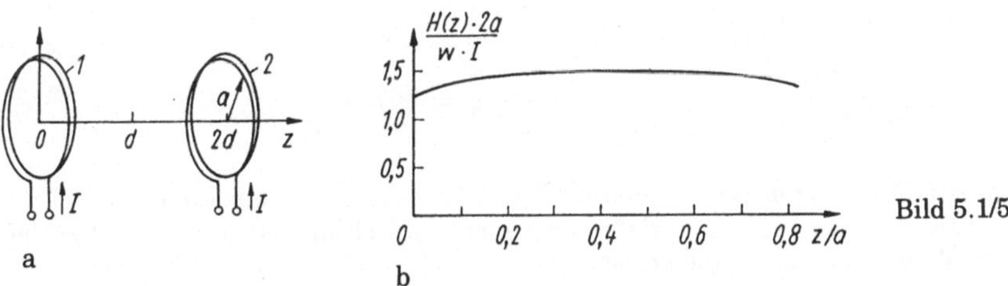

Bild 5.1/5

Lösung:

a) Wir legen den Ursprung der z-Achse in die Ebene der Spule 1. Dann gilt nach Aufgabe 5.1/4 Gl.(2) für die z-Komponente der magnetischen Feldstärke am Ort z:

$$\boldsymbol{H}_1 = \frac{wIa^2}{2(z^2 + a^2)^{3/2}}\boldsymbol{e}_z. \tag{1}$$

Im Strom ist die Windungszahl w berücksichtigt. Eine Spule im Abstand $2d$ auf der z-Achse erzeugt die Feldstärke

$$\boldsymbol{H}_2 = \frac{wIa^2}{2\left((2d - z)^2 + a^2\right)^{3/2}}\boldsymbol{e}_z. \tag{2}$$

am Ort z. An der Stelle $z = d$ beträgt die Gesamtfeldstärke

$$\boldsymbol{H}|_d = \boldsymbol{H}_1 + \boldsymbol{H}_2 = \frac{2wIa^2}{2\left(d^2 + a^2\right)^{3/2}}\boldsymbol{e}_z. \tag{3}$$

b) Im nächsten Schritt bestimmen wir von $\boldsymbol{H}(z) = \boldsymbol{H}_1(z) + \boldsymbol{H}_2(z)$ Gln.(1), (2) die Ableitung an der Stelle $z = d$. Die zu betrachtende Funktion f lautet

$$f(z) = \frac{1}{(z^2 + a^2)^{3/2}} + \frac{1}{\left((2d - z)^2 + a^2\right)^{3/2}}. \tag{4}$$

Es wird $\mathrm{d}f/\mathrm{d}z = 0$ für $z = d$, wie sich leicht zeigen läßt.

c) Die zweite Ableitung $\frac{d^2 f(z)}{dz^2}\big|_{z=d}$ an der Stelle $z = d$ verschwindet für $a = 2d$, d.h. Spulenabstand gleich halben Spulenradius a (Nachweis). Dann entsteht unter dieser Bedingung in der Symmetrieebene zwischen beiden Spulen ein annähernd homogenes Feld. (Wir wollen wegen des Umfangs der Rechnung auf Einzelheiten verzichten.).

d) Es gilt allgemein für $d = a/2$:

$$\boldsymbol{H}(z) = \boldsymbol{H}_1 + \boldsymbol{H}_2$$

$$= \frac{wI\boldsymbol{e}_z}{2a}\left(\frac{1}{\left(1 + (z/a)^2\right)^{3/2}} + \frac{1}{\left(1 + (1 - z/a)^2\right)^{3/2}}\right). \qquad (5)$$

Der Verlauf wurde im Bild 5.1/5b dargestellt bezogen auf $wI/(2a)$. Man sieht die sehr gute Feldhomogenität.

e) Im erwähnten Fall folgt

$$H = \frac{wIa^2}{(a^2/4 + a^2)^{3/2}} = \frac{wI}{a(1 + 1/4)^{3/2}} = 357,7\,\frac{\text{A}}{\text{m}}.$$

Diskussion: Der Vorteil der Helmholtz-Spule besteht darin, ein homogenes Feld in einem Freiraum zu bilden, so daß Experimente durchführbar sind (was bei der Zylinderspule weniger gut möglich ist).

Aufgabe 5.1/6 Kreisspulen

Gegeben ist eine kreisförmige, vom Strom I durchflossene Leiterschleife (Schleifenradius r, Drahtdurchmesser vernachlässigbar).

a) Bestimmen Sie die magnetische Feldstärke $\boldsymbol{H}(z)$ auf der Achse der Leiterschleife. Wie verläuft $\boldsymbol{H}(z)$ über $\boldsymbol{H}(0)$?

b) Der Stromschleife 1 wird im Abstand $z = 2h$ eine zweite, gleich große und vom gleichen Strom durchflossene Schleife parallel angeordnet (Bild 5.1/6a). Wie groß ist die magnetische Feldstärke im Zentrum der Schleife?

c) Wie groß ist die Feldstärke auf der z-Achse in der Mitte zwischen beiden Spulen für $r = 10\,\text{cm}$, $I = 1\,\text{A}$, und $h = 40\,\text{cm}$?

Hinweis: Im Gesetz nach Biot-Savart überlege man zunächst die Bedeutung der Größen, ihre Richtungen und die Richtung von $\boldsymbol{H}$. Dabei prüfe man, ob sich Feldbeiträge, die von gegenüberliegenden Elementen $I\,\text{d}\boldsymbol{s}$ stammen, eventuell kompensieren (Symmetrie der Anordnung).

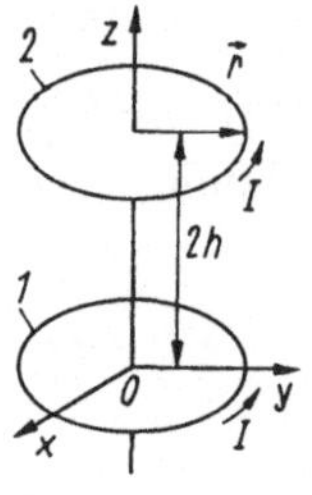
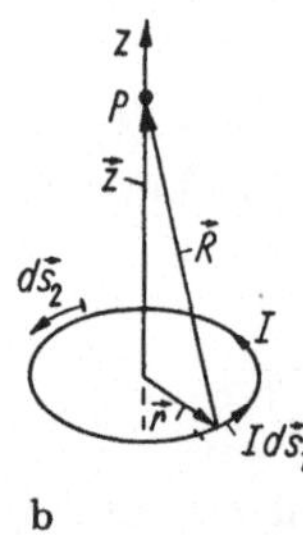
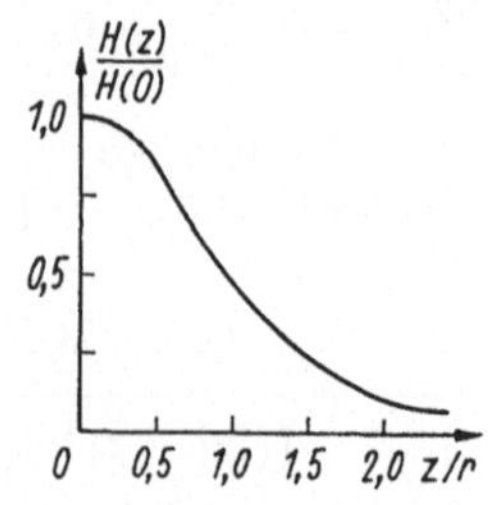

a   b   c   Bild 5.1/6

Lösung:

a) Nach dem Gesetz von Biot-Savart erzeugt ein Strom I durch das Längenelement $\mathrm{d}s$ (Bild 5.1/6b) im Punkt P den Feldstärkeanteil

$$\mathrm{d}\boldsymbol{H} = \frac{I}{4\pi}\,\frac{\mathrm{d}\boldsymbol{s}\times\boldsymbol{R}}{r^3}. \tag{1}$$

Der Abstandsvektor $\boldsymbol{R}$ weist vom Leiter zum Punkt P ($\mathrm{d}s$ liegt in Zählrichtung des Stromes).
Die Gesamtfeldstärke $\boldsymbol{H}$ beträgt dann

$$\boldsymbol{H} = \frac{I}{4\pi}\int_s \frac{\mathrm{d}\boldsymbol{s}\times\boldsymbol{R}}{r^3}. \tag{2}$$

Zur Bestimmung der Vektoren $\mathrm{d}s$ und $\boldsymbol{R}$ führen wir wegen der Kreissymmetrie zweckmäßig Zylinderkoordinaten ein. Der Abstandsvektor vom Leiterstück zu P ergibt sich durch Vektorzerlegung zu

$$\boldsymbol{R} = -r\boldsymbol{e}_r + z\boldsymbol{e}_z; \quad R = \sqrt{r^2 + z^2} \tag{3}$$

für einen Punkt auf der z-Achse.
Das Wegelement $\mathrm{d}s = r\,\mathrm{d}\varphi\,\boldsymbol{e}_\varphi$ läßt sich leicht in Zylinderkoordinaten ausdrücken. Damit wird die Teilfeldstärke

$$\mathrm{d}\boldsymbol{H} = \frac{(Ir\,\mathrm{d}\varphi\,\boldsymbol{e}_\varphi)\times(-r\boldsymbol{e}_r + z\boldsymbol{e}_z)}{4\pi(r^2 + z^2)^{3/2}} = \frac{(Ir\,\mathrm{d}\varphi)(r\boldsymbol{e}_z + z\boldsymbol{e}_r)}{4\pi(r^2 + z^2)^{3/2}}. \tag{4}$$

Man sieht aus der Leitersymmetrie (Bild 5.1/6b), daß sich die $\boldsymbol{R}$-Komponenten gegenüberliegender Stromelemente $I\,\mathrm{d}s$ aufheben. Deshalb kommt von $z\boldsymbol{e}_r$ kein Beitrag. Dann wird

$$\boldsymbol{H} = \int_0^{2\pi} \frac{Ir^2\,\mathrm{d}\varphi}{4\pi(r^2 + z^2)^{3/2}}\boldsymbol{e}_z = \frac{Ir^2}{2(r^2 + z^2)^{3/2}}\boldsymbol{e}_z. \tag{5}$$

Speziell für $z = 0$ folgt daraus

$$\boldsymbol{H} = \frac{I}{2r}\boldsymbol{e}_z. \tag{6}$$

Für große Abstände $z \approx r$ und damit $z \gg r$ sinkt die Feldstärke des stromführenden Ringes mit der dritten Potenz der Entfernung. Der Verlauf $H(z)/H(0)$ folgt mit Gl. (5), (6)

$$\frac{H(z)}{H(0)} = \frac{Ir^2\cdot 2r}{2(r^2 + z^2)^{3/2}I} = \frac{1}{(1 + z^2/r^2)^{3/2}}. \tag{7}$$

Er wurde im Bild 5.1/6c dargestellt. Man erkennt den sehr starken Abfall über z/r.

b) Wir erhalten aus dem Ergebnis a) durch Überlagerung beider Feldstärken

$$\begin{aligned}
\boldsymbol{H} &= (H_1 + H_2)\boldsymbol{e}_z = \left(\frac{I}{2r} + \frac{Ir^2}{2(r^2 + 4h^2)^{3/2}}\right)\boldsymbol{e}_z \\
&= \frac{I}{2}\left(\frac{1}{r} + \frac{r^2}{(r^2 + 4h^2)^{3/2}}\right)\boldsymbol{e}_z.
\end{aligned} \tag{8}$$

c) In der Mitte $(z = h)$ zwischen beiden Spulen ergibt sich (aus Symmetriegründen) mit Gl.(5)

$$H = \frac{Ir^2}{(r^2 + h^2)^{3/2}} e_z = \frac{1\,\text{A} \cdot (0,1\,\text{m})^2}{(0,1^2 + 0,4^2)^{3/2}\,\text{m}^3} = 0,142\,\frac{\text{A}}{\text{m}}, \tag{9}$$

da beide Ringe den gleichen Beitrag liefern.

5.2 Grenzflächen

Aufgabe 5.2/1 Feldbild, Grenzfläche

Auf eine Grenzfläche im Material mit der Permeabilität μ_1 fallen $\boldsymbol{B}$- und $\boldsymbol{H}$-Linien unter einem Winkel α_1 auf (Bild 5.2/1a, es gelte $\mu_2 = \mu_1/2$).

a) Wie verlaufen die $\boldsymbol{B}$- und $\boldsymbol{H}$-Linien im Material mit der Permeabilität μ_2?
b) Welche Verhältnisse stellen sich für $\mu_1 \ll \mu_2$ ein (links Luft, rechts Eisen, z.B. $\mu_2 = 1000\mu_1$)? Wie ändern sich die Verhältnisse, wenn umgekehrt links Eisen und rechts Luft liegt mit z.B. $\mu_1 = 1000\mu_2$?
c) Wie ändern sich die Verhältnisse, wenn der Fluß gegeben ist und die Grenzfläche schräg zum Fluß unter einem Winkel α verläuft (Bild 5.2/1a)?

Hinweis: Aus dem Durchflutungssatz $\oint \boldsymbol{H} \cdot \mathrm{d}\boldsymbol{s} = 0$ (falls kein Strom umfaßt) folgt die Stetigkeit der Tangentialkomponenten von $\boldsymbol{H}$ und aus dem Kontinuitätssatz $\oint \boldsymbol{B} \cdot \mathrm{d}\boldsymbol{A} = 0$, daß die Normalkomponenten von $\boldsymbol{B}$ stetig bleiben. Das Verhältnis der "gebrochenen" Feldgrößen wird durch das Brechungsgesetz I/Gl.(3.17) ff beschrieben (vgl. entsprechendes Verhalten der $\boldsymbol{S}$- und $\boldsymbol{E}$-Linien im Strömungsfeld bzw. $\boldsymbol{D}$-, $\boldsymbol{E}$-Linien im elektrostatischen Feld).

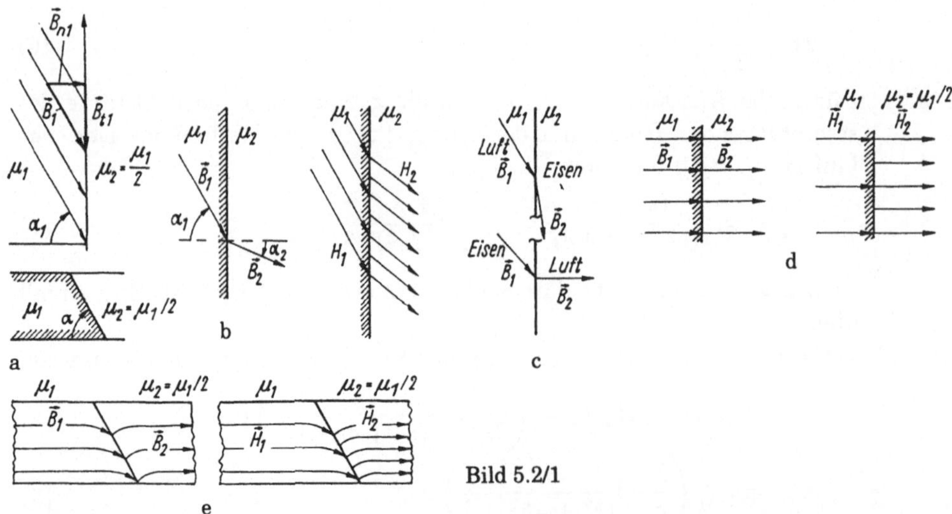

Bild 5.2/1

Lösung:

a) Wir zerlegen zunächst sowohl $\boldsymbol{B}_1$ als $\boldsymbol{H}_1$ im Material μ_1 in die Komponenten $\boldsymbol{B}_{n1}$, $\boldsymbol{B}_{t1}$, $\boldsymbol{H}_{n1}$, $\boldsymbol{H}_{t1}$ (und analog im Medium 2 $\to$ $\boldsymbol{B}_{n2}$, $\boldsymbol{B}_{t2}$, $\boldsymbol{H}_{n2}$, $\boldsymbol{H}_{t2}$). Dann gilt

$$\tan\alpha_1 = \frac{B_{t1}}{B_{n1}} = \frac{H_{t1}}{H_{n1}}; \qquad \tan\alpha_2 = \frac{B_{t2}}{B_{n2}} = \frac{H_{t2}}{H_{n2}}. \tag{1}$$

Die Stetigkeitsforderung $B_{t1} = B_{t2}$; $H_{n1} = H_{n2}$ führt auf

$$\frac{\tan\alpha_1}{\tan\alpha_2} = \frac{B_{t1}}{B_{t2}} = \frac{\mu_1 H_{t1}}{\mu_2 H_{t2}} = \frac{\mu_1}{\mu_2}. \tag{2}$$

Für $\alpha_1 = 60^0$ folgt mit $\mu_2 = \mu_1/2 \to \tan\alpha_2 = \mu_2/\mu_1 \tan\alpha_1 = 0,866$, $\alpha_2 = 40^0$ (s. Bild 5.2/1b). Die Zahl ausgewählter B-Linien bleibt an der Grenzfläche erhalten (keine Quellen/Senken für B an der Grenzfläche vorhanden). Für die H-Linien gilt hingegen: $H_2 = (\mu_1/\mu_2)H_1 > H_1$; daher entstehen an der Grenzfläche weitere H-Linien (Bild 5.2/1b).

b) Befindet sich links Luft und rechts Eisen mit $\mu_2 = 1000\mu_1$, so wird

$$\tan\alpha_2 \;=\; \frac{\mu_2}{\mu_1}\tan\alpha_1 = 1000\tan\alpha_1 \to \alpha_2 = \arctan 1000\tan\alpha_1 \tag{3}$$

$$\to \alpha_2 = 89,97^0.$$

Die Feldlinien verlaufen im Medium 2 nahezu parallel zur Grenzfläche (Bild 5.2/1c).

Ist dagegen links Eisen angebracht und rechts Luft (mit $\mu_1 = 1000\mu_2$), so gilt

$$\alpha_2 = \arctan\mu_2/\mu_1 \tan\alpha_1 = \arctan 1/1000 \tan 60^0 = 0,099^0.$$

Jetzt stehen die Feldlinien im Medium 2 (Luft), also dem "magnetisch schlechter leitenden Medium", nahezu senkrecht auf der Oberfläche des guten magnetischen Leiters (Bild 5.2/1c). Selbst wenn die Feldlinien links fast parallel zur Oberfläche verlaufen würden (z.B. $\alpha_1 = 89^0$), stellt sich mit $\alpha_2 = 3,27^0$ noch ein praktisch senkrechter Austritt in Luft rechts dar.

c) Wäre die Trennfläche senkrecht angebracht (Bild 5.2/1d), so bliebe das B-Feld z.B. unverändert und wegen $\boldsymbol{B}_1 = \mu_1\boldsymbol{H}_1 = \boldsymbol{B}_2 = \mu_2\boldsymbol{H}_2$ würde sich die Zahl der H-Linien im Medium mit kleinerem μ-Wert entsprechend vergrößern (hier verdoppeln, Bild 5.2/1d).

Bei geneigter Grenzfläche hingegen wird der Fluß im magnetisch besser leitenden Material konzentriert (analoges Verhalten des Stromes im Strömungsfeld), d.h. im linken Material nach unten tendieren (Grenzfall große Schrägen, Spitzen), m.a.W. neigen sich auch die B-Linien entsprechend (s. Bild 5.2/1e). Die Entstehung neuer Feldlinien im Material μ_2 bleibt bestehen.

Aufgabe 5.2/2 Schräge Grenzfläche

Zwei Gebiete mit den relativen Permeabilitäten μ_2, μ_1 sind durch die Ebene $y + z = 1$ parallel zur x-Achse getrennt ($\mu_1 = \mu_0$, $\mu_2 = 10\mu_0$, Bild 5.2/2). Im Gebiet 1 mit μ_1 herrsche die Induktion $\boldsymbol{B}_1 = (1,5\boldsymbol{e}_x + 0,8\boldsymbol{e}_y)\,\mathrm{T}$.

Bestimmen Sie die Komponenten $\boldsymbol{B}_2$, $\boldsymbol{H}_2$ im Material 2.

Hinweis: Damit Normal- und Tangentialkomponenten (I/Gl. (3.17) ff) unterschieden werden können, muß zunächst die Flächennormale $\boldsymbol{A}_n$ bestimmt werden.

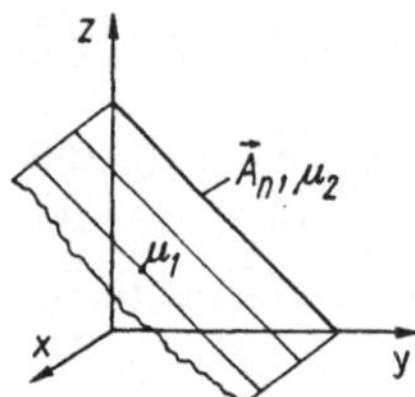

Bild 5.2/2

Lösung:

Die Flächennormale legen wir aus Gebiet 1 nach Gebiet 2 fest und erhalten für die Ebene $y + z = 1$:

$$\boldsymbol{A}_n = \frac{1}{\sqrt{2}}\boldsymbol{e}_y + \frac{1}{\sqrt{2}}\boldsymbol{e}_z. \tag{1}$$

Damit läßt sich $\boldsymbol{B}_1$ in Normal- und Tangentialkomponenten aufspalten:

$$B_{\mathrm{n}1} = \boldsymbol{B}_1 \cdot \boldsymbol{A}_n = \frac{1}{\sqrt{2}}(\boldsymbol{e}_y + \boldsymbol{e}_z) \cdot (1,5\boldsymbol{e}_x + 0,8\boldsymbol{e}_y)\,\mathrm{T} = \frac{0,8}{\sqrt{2}}\,\mathrm{T}. \tag{2}$$

Insgesamt wird

$$\boldsymbol{B}_{\mathrm{n}1} = \frac{0,8}{\sqrt{2}}\,\mathrm{T} \cdot \boldsymbol{A}_n = \frac{0,8}{\sqrt{2}} \cdot \frac{1}{\sqrt{2}}(\boldsymbol{e}_y + \boldsymbol{e}_z)\,\mathrm{T} = \boldsymbol{B}_{\mathrm{n}2}. \tag{3}$$

Es gilt $\boldsymbol{B}_{\mathrm{n}1} = \boldsymbol{B}_{\mathrm{n}2}$ wegen der Stetigkeit der Normalkomponenten von $\boldsymbol{B}$.

Die Tangentialkomponente von $\boldsymbol{B}_1$ ergibt sich aus der Definition von $\boldsymbol{B}_{\mathrm{t}1}$

$$\boldsymbol{B}_1 = \boldsymbol{B}_{\mathrm{n}1} + \boldsymbol{B}_{\mathrm{t}1}, \quad \text{d.h.}$$

$$\boldsymbol{B}_{\mathrm{t}1} = \boldsymbol{B}_1 - \boldsymbol{B}_{\mathrm{n}1} = (1,5\boldsymbol{e}_x + 0,8\boldsymbol{e}_y)\,\mathrm{T} - \frac{0,8}{2}(\boldsymbol{e}_y + \boldsymbol{e}_z)\,\mathrm{T} \tag{4}$$

$$= \left(1,5\boldsymbol{e}_x + \frac{0,8}{2}\boldsymbol{e}_y - \frac{0,8}{2}\boldsymbol{e}_z\right)\,\mathrm{T}.$$

Es ist (aus Übersichtsgründen) zweckmäßig, die bisher bestimmten Vektoren zusammenzustellen

$$\boldsymbol{B}_{\mathrm{n}1} = \frac{0,8}{2}(\boldsymbol{e}_y + \boldsymbol{e}_z)\,\mathrm{T} = \boldsymbol{B}_{\mathrm{n}2}$$

$$\boldsymbol{B}_{\mathrm{t}1} = \left(1,5\boldsymbol{e}_x + \frac{0,8}{2}\boldsymbol{e}_y - \frac{0,8}{2}\boldsymbol{e}_z\right)\,\mathrm{T}. \tag{5a}$$

Die restlichen Komponenten ergeben sich über $B_2 = \mu_2 H$ sowie $H_{t1} = H_{t2}$:

$$H_{t1} = \frac{B_{t1}}{\mu_1} = \frac{1}{\mu_0}\left(1,5e_x + \frac{0,8}{2}e_y - \frac{0,8}{2}e_z\right)\text{T} = H_{t2}$$

$$B_{t2} = \mu_2 H_{t2} = 10\left(1,5e_x + \frac{0,8}{2}e_y - \frac{0,8}{2}e_z\right)\text{T}.$$

(5b)

Damit sind die Normal- und Tangentialkomponenten beider Vektoren bekannt. Wir setzen sie jetzt zu den gesuchten Größen B_2, H_2 zusammen:

$$\begin{aligned}
B_2 &= B_{n2} + B_{t2} = B_{n1} + \mu_2 H_{t2}\\
&= 0,4(e_y + e_z)\,\text{T} + (15e_x + 4e_y - 4e_z)\,\text{T}\\
&= (15e_x + 4,4e_y - 3,6e_z)\,\text{T}
\end{aligned}$$

(6)

$$\begin{aligned}
H_2 &= H_{n2} + H_{t2} = \frac{B_{n2}}{\mu_2} + H_{t1} = \frac{B_{n1}}{\mu_2} + H_{t1}\\[2mm]
&= \frac{0,4}{10}\frac{1}{\mu_0}(e_y + e_z)\,\text{T} + \frac{1}{\mu_0}(1,5e_x + 0,4e_y - 0,4e_z)\,\text{T}\\[2mm]
&= \frac{1}{\mu_0}(1,5e_x + 0,44e_y - 0,36e_z)\,\text{T}.
\end{aligned}$$

(7)

Damit ist die Aufgabe gelöst.

Diskussion: Die Schwierigkeit einer allgemeinen Bestimmung der Brechungsverhältnisse an der gegebenen Grenzfläche besteht zunächst im Auffinden der Tangential- und Normalkomponenten. Dies gelingt nur, nachdem der Normalvektor der jeweiligen Fläche bestimmt wurde.

Aufgabe 5.2/3 Grenzfläche

Ein Halbraum (Permeabilität μ_1) grenze an einen solchen mit μ_2 (Bild 5.2/3). Es gilt (Nachweis)

$$B_1 \sin\alpha_1 = B_2 \sin\alpha_2; \qquad \frac{B_1}{\mu_1}\cos\alpha_1 = \frac{B_2}{\mu_2}\cos\alpha_2.$$

a) Man bestimme eine Beziehung zwischen der Ablenkung $\beta = \alpha_1 - \alpha_2$ der Flußdichten und den Materialeigenschaften μ_2, μ_1. Unter welcher Bedingung erfolgt eine Ablenkung von der Oberflächennormalen weg?

b) Es sei $\mu_1 = \mu_0$ und $\mu_2 = 10\mu_0$. Im Material μ_2 ist die Flußdichte B_2 gegeben:

$$B_2 = (1e_x + 0,7e_y)\,\text{T}.$$

Wie groß sind H_1, B_1?

c) Wie groß ist der Ablenkwinkel $\beta = \alpha_1 - \alpha_2$?

d) Welcher maximale Ablenkwinkel ist für den Fall $\mu_2 > \mu_1$ möglich?

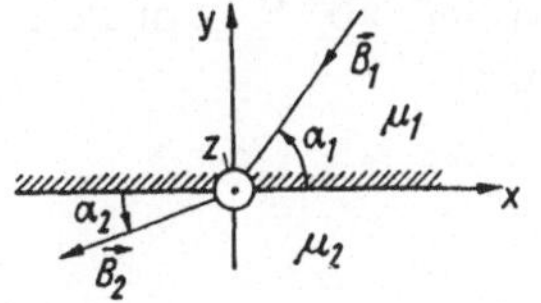

Bild 5.2/3

Lösung:

a) Wir erhalten zunächst aus trigonometrischen Umformungen

$$\tan(\alpha_1 - \alpha_2) = \tan\beta = \frac{\tan\alpha_1 - \tan\alpha_2}{1 + \tan\alpha_1 \tan\alpha_2} = \frac{(\mu_2 - \mu_1)k}{\mu_1\mu_2 + k^2}, \tag{1}$$

wenn gesetzt wird $k = \mu_1 \tan\alpha_1 = \mu_2 \tan\alpha_2$. Eine Ablenkung von der Flächenormalen weg erfolgt nur für $\mu_2 > \mu_1$, wenn also Material 2 höher permeabel ist als Material 1.

b) Aus den Stetigkeitsbedingungen folgt:
für H_t:

$$H_{t1} = H_{t2} = \frac{B_{t2}}{\mu_2} = \frac{1\,\mathrm{T}}{10\mu_0}, \quad \text{damit}$$

$$\boldsymbol{H}_1 = \frac{1\,\mathrm{T}}{10\mu_0}\boldsymbol{e}_x + H_{n1}\boldsymbol{e}_y, \tag{2}$$

für B_n:

$$B_{n1} = B_{n2} = 0,7\,\mathrm{T}, \quad \text{damit}$$

$$\boldsymbol{B}_1 = B_{t1}\boldsymbol{e}_x + 0,7\,\mathrm{T}\boldsymbol{e}_y. \tag{3}$$

Wir ordnen zweckmäßig mit Aufteilung in Normal- und Tangentialkomponenten

$$\begin{aligned}
\boldsymbol{B}_2 &= (1\boldsymbol{e}_x + 0,7\boldsymbol{e}_y)\,\mathrm{T} \\
\boldsymbol{H}_2 &= \frac{\boldsymbol{B}_2}{\mu_2} = \frac{1}{\mu_0}(0,1\boldsymbol{e}_x + 0,07\boldsymbol{e}_y)\,\mathrm{T} \\
\boldsymbol{H}_1 &= \frac{\boldsymbol{B}_1}{\mu_1} = \frac{1}{\mu_0}(0,1\boldsymbol{e}_x + \mu_0 H_{n1}\boldsymbol{e}_y)\,\mathrm{T} \\
\boldsymbol{B}_1 &= (B_{t1}\boldsymbol{e}_x + 0,7\boldsymbol{e}_y)\,\mathrm{T}.
\end{aligned} \tag{4}$$

Durch Vergleich ergeben sich die noch offenen Komponenten:

$$\begin{aligned}
H_{n1} &= \frac{B_{n1}}{\mu_0} = \frac{B_{n2}}{\mu_0} = \frac{0,7\,\mathrm{T}}{\mu_0} \\
B_{t1} &= \mu_1 H_{t1} = \mu_1 H_{t2} = \frac{\mu_1}{\mu_2} B_{t2}.
\end{aligned} \tag{5}$$

c) Es gilt mit $k = \mu_1 \tan\alpha_1 = \mu_2 \tan\alpha_2 = \mu_0(0,7/1/10) = 7\mu_0$ und $\mu_1 = \mu_0$, $\mu_2 = 10\mu_0$:

$$\tan\beta = \frac{(10-1)\cdot 7\mu_0^2}{10\mu_0^2 + 49\mu_0^2} = 1,06 \quad \text{bzw.} \quad \beta = 46,87^0. \tag{6}$$

d) Der Ablenkwinkel hängt von μ_2, μ_1 sowie von $k(\mu_1,\mu_2)$ ab. Wir prüfen daher, ob $\mathrm{d}(\tan\beta)/\mathrm{d}k$ ein Extrem besitzt und erhalten

$$\frac{\mathrm{d}\tan\beta}{\mathrm{d}k} = 0 \rightarrow \quad k = \sqrt{\mu_1\mu_2} \quad \text{(Nachweis)}.$$

Daraus ergibt sich

$$\tan\beta|_{\max} = \frac{\mu_2 - \mu_1}{2\sqrt{\mu_1\mu_2}}, \tag{7}$$

im Beispiel also

$$\tan\beta|_{\max} = \frac{10 - 1}{2\sqrt{10}} = 1,43, \qquad \beta|_{\max} = 54,9^0.$$

5.3 Globale Größen Fluß, magnetische Spannung

Aufgabe 5.3/1 Ringspule

Gegeben ist eine eng bewickelte Ringspule auf einem Eisenkern (w Windungen, Rechteckquerschnitt, Bild 5.3/1a).

a) Bestimmen Sie den magnetischen Fluß abhängig vom Radius im Bereich $0 \le r \le r'$, $r' > r_\mathrm{a}$.

b) Nehmen Sie über dem Spulenquerschnitt konstanten Fluß an und einen arithmetischen Mittelwert für den Radius. Wie groß ist der im Vergleich zur genauen Lösung begangene Fehler für $r_\mathrm{a}/r_\mathrm{i} = 2$?

c) Wiederholen Sie Aufgabe b) unter Nutzung eines geometrischen Mittels für den Radius.

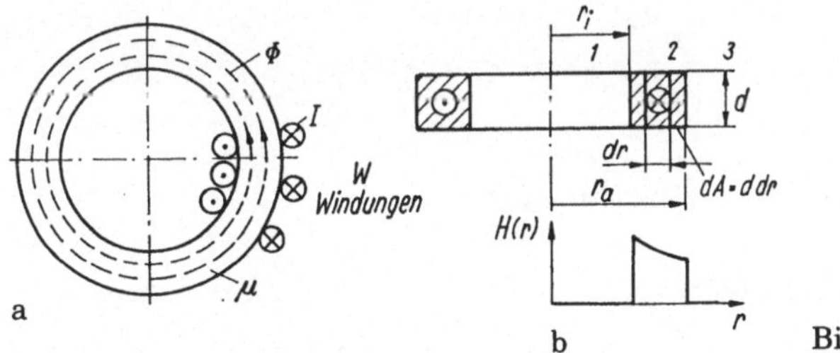

Bild 5.3/1

Hinweis: In der Ringspule herrscht ein Feld kreiskonzentrischer $\boldsymbol{H}$-Linien. Es entsteht, weil man sich die Ringspule als Zylinderspule vorstellen kann, die zu einem Ring zusammengeformt ist. Deshalb bestimmen wir zunächst $H(r)$ mit dem Durchflutungssatz und über $H(r)$ den Fluß.

Lösung:

a) Im Bereich $r < r_\mathrm{i}$ wird kein Strom umfaßt, deshalb gilt hier $\oint \boldsymbol{H} \cdot \mathrm{d}\boldsymbol{s} = 0$ (Bild 5.3/1b).

Im Bereich $r_\mathrm{i} < r < r_\mathrm{a}$ gilt:

$$H_2(r) = \sum \frac{I}{2\pi r} = \frac{wI}{2\pi r}, \tag{1}$$

da der Strom durch die Windungszahl w-fach beiträgt. Wir können $2\pi r$ auch als "Länge der Zylinderspule" auffassen. Im Außenraum $r > r_\mathrm{a}$

treten die Durchflutungen wI und $-wI$ auf (beide entgegengesetzt gerichtet), mithin ist $H_3 = 0$.

Den Fluß erhalten wir aus

$$\Phi = \int_A \boldsymbol{B}(r) \cdot \mathrm{d}\boldsymbol{A}. \tag{2}$$

Da sich B nur in r-Richtung ändert und die Richtungen von $\boldsymbol{B}$ und $\mathrm{d}\boldsymbol{A}$ übereinstimmen, wählen wir als Flächenelement $\mathrm{d}A = h\,\mathrm{d}r$ einen Streifen der Höhe h und Breite $\mathrm{d}r$. Dann folgt

$$\Phi = \int_{r_\mathrm{i}}^{r_\mathrm{a}} \frac{\mu_\mathrm{r}\mu_0 wI}{2\pi r} h\,\mathrm{d}r = \frac{Iwh\mu}{2\pi}\ln\frac{r_\mathrm{a}}{r_\mathrm{i}}. \tag{3}$$

b) Wir setzen näherungsweise als arithmetischen Mittelwert für den Radius $\bar{r} = (r_\mathrm{a} + r_\mathrm{i})/2$ an und erhalten

$$\Phi \approx \frac{Iwh\mu}{2\pi}\frac{r_\mathrm{a} - r_\mathrm{i}}{(r_\mathrm{a} + r_\mathrm{i})/2} = \frac{Iwh\mu}{2\pi}\frac{r_\mathrm{a} - r_\mathrm{i}}{\bar{r}}. \tag{4}$$

Der relative Fehler gegenüber Gl.(3) beträgt

$$\varepsilon = \frac{r_\mathrm{a} - r_\mathrm{i}}{1/2(r_\mathrm{a} + r_\mathrm{i})\ln r_\mathrm{a}/r_\mathrm{i}} - 1 \approx -3,8\% \quad \text{für } \frac{r_\mathrm{a}}{r_\mathrm{i}} = 2.$$

Er ist relativ klein und sinkt weiter ab, je mehr sich r_a und r_i nähern.

c) Im Falle des geometrischen Mittels für den Radius wird

$$\Phi \approx \frac{\mu Iwh}{2\pi}\frac{r_\mathrm{a} - r_\mathrm{i}}{\sqrt{r_\mathrm{a}r_\mathrm{i}}} \tag{5}$$

und damit der Fehler

$$\varepsilon = \frac{r_\mathrm{a} - r_\mathrm{i}}{\sqrt{r_\mathrm{a}r_\mathrm{i}}\ln r_\mathrm{a}/r_\mathrm{i}} - 1 \approx -2\% \quad \text{für } r_\mathrm{a}/r_\mathrm{i} = 2.$$

Er ist hier noch etwas geringer.

Diskussion: Durch die Spulenform (Ring, geschlossen) und den Eisenkreis herrscht in der Ringspule hohe Induktion und damit ein großer Fluß. Er verschwindet praktisch im Außenraum. Das Feld ist relativ homogen. Deshalb ergibt die Verwendung "mittlerer " Radien nur geringe Abweichungen, vor allem dann, wenn sich r_i und r_a nicht stark unterscheiden.

Es sei erwähnt, daß die Berechnung des magnetischen Flusses auch über den magnetischen Widerstand erfolgen kann.

Aufgabe 5.3/2 Magnetfeld im Koaxialkabel

In einem Koaxialkabel (Bild 5.3/2a) fließt der Strom I im Innenleiter hin, im Mantel zurück (Kabel unendlich lang).

a) Wie verlaufen die magnetische Feldstärke im Innenleiter, Zwischengebiet, Außenleiter und Außenraum? (Stellen Sie die Verhältnisse über r dar.)

b) Welche magnetische Feldstärke herrscht am Rand des Innenleiters für $I = 1\,\mathrm{A}$, $r_\mathrm{i} = 1\,\mathrm{cm}$, $r_\mathrm{a} = 1,5\,\mathrm{cm}$, $r_0 = 0,5\,\mathrm{cm}$?

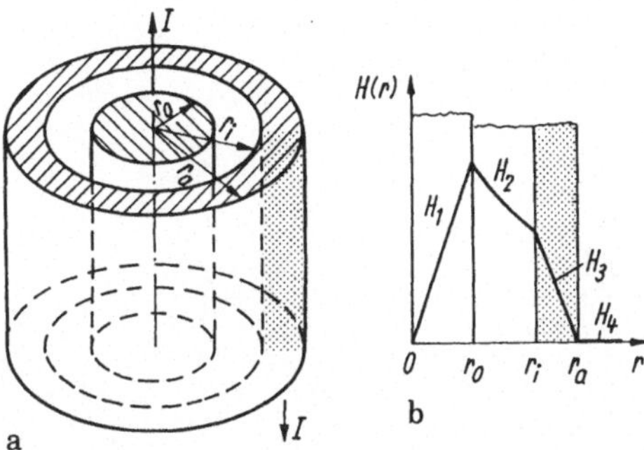

Bild 5.3/2

Hinweis: Wir nehmen konstante Stromdichte in den Leitern an. Da eine zylindersymmetrische Anordnung vorliegt, trifft dies auch auf das Magnetfeld zu. Wir wenden daher zweckmäßig den Durchflutungssatz zur Berechnung von H an, haben jedoch auf den jeweils umfaßten Strom zu achten.

Lösung:

a) Der Durchflutungssatz $\oint H \cdot ds = I$ liefert für eine zylindersymmetrische Anordnung, wie hier vorliegend, auf der linken Seite immer $H(r)2\pi r$, wobei rechts der jeweils innerhalb eines Kreises r liegende Strom $I(r)$ (sog. umfaßter Strom) zu setzen ist. Wir untersuchen diesen umfaßten Strom für die einzelnen Bereiche:

Innenleiter. Innerhalb eines Kreises vom Radius r ($0 \leq r \leq r_0$) fließt der Teilstrom $I'(r)$. Er ergibt sich aus dem Gesamtstrom durch die Konstanz der Stromdichte:

$$S = \text{const.} = \frac{I}{A} = \frac{I'}{\pi r^2} \rightarrow I' = I\frac{r^2}{r_0^2}. \tag{1}$$

Daraus folgt

$$H_1 = \frac{I'}{2\pi r} = \frac{rI}{2\pi r_0^2}. \tag{2}$$

Die Feldstärke steigt linear über dem Radius im Innenleiter an (Bild 5.3/2b).

Im Gebiet $r_0 \leq r \leq r_i$ fließt kein Strom, deshalb ist der umfaßte Strom der des Innenleiters:

$$H_2 = \frac{I}{2\pi r}; \qquad \text{da } H_2 2\pi r = I. \tag{3}$$

H_2 fällt so vom Höchstwert am Innenrand

$$H_2(r_0) = \frac{I}{2\pi r_0} = H_1(r_0)$$

hyperbolisch ab.

Im *Außenleiter* $r_i \leq r \leq r_a$ schließt ein Umlauf längs einer magnetischen Feldlinie sowohl den vollen "Innenstrom I" als auch einen entgegengesetzt fließenden Teilstrom I'' im Außenmantel ein. Auch hier ist die

Stromdichte konstant und es gilt:

$$S = \frac{I}{\pi(r_a^2 - r_i^2)} = \frac{I''}{\pi(r^2 - r_i^2)} \rightarrow I''. \tag{4}$$

Damit wird die Feldstärke

$$H_3 = \frac{I - I''}{2\pi r} = \frac{I}{2\pi r} - \frac{I(r^2 - r_i^2)}{2\pi(r_a^2 - r_i^2)}\frac{1}{r} \tag{5}$$

mit dem Anschlußwert

$$H_3(r_i) = H_2(r_i).$$

Am Außenrand $r = r_a$ verschwindet $H_3(r_a) = 0$, da jetzt $\sum I = 0$ gilt.
Im Außenraum $r > r_a$ schließlich ist $H_4(r) = 0$, weil kein Nettostrom
umfaßt wird. Der Außenraum des Kabels ist frei von einem Magnetfeld.

b) Am Innenleiter $r = r_i$ herrscht die Feldstärke

$$H_3(r_i) = H_2(r_i) = \frac{I}{2\pi r_i} = \frac{1\,\text{A}}{2\pi} \cdot 1\,\text{cm} = 0,159\,\frac{\text{A}}{\text{cm}}. \tag{6}$$

Aufgabe 5.3/3 Magnetischer Kreis

Für den gegebenen magnetischen Kreis (Bild 5.3/3a, μ_r = const.) bestimme
man:

a) die zugehörige magnetische Ersatzschaltung mit magnetischen Widerständen und magnetischer Erregerquelle,
b) den magnetischen Fluß,
c) Flußdichte B und Feldstärke H im Eisen und Luftspalt.
d) Man berechne die gesuchten Größen für $\Theta = Iw = 300\,\text{A}$, $a = 20\,\text{cm}$,
$b = 10\,\text{cm}$, $l_L = 1\,\text{mm}$, $A = 2 \times 2\text{cm}^2$, $\mu_r = 1000$.

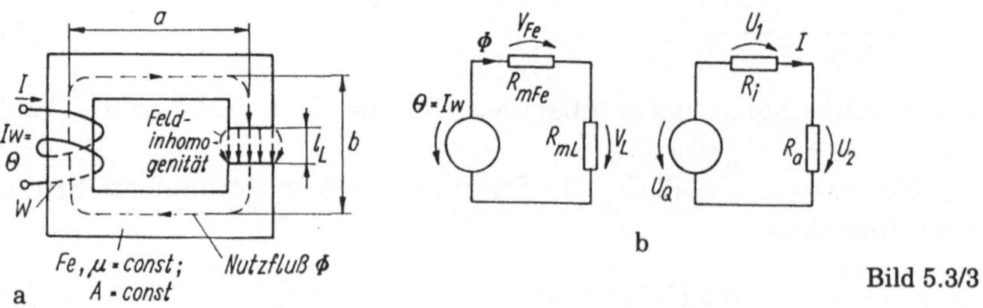

Bild 5.3/3

Eine solche Anordnung modelliert in erster Näherung das Verhalten eines
Elektromagneten, Relais oder Transformators (dort $l_L \rightarrow 0$).
Hinweis: Die Aufgabe kann unterschiedlich gelöst werden:
• über den Durchflutungssatz I/Gl.(3.15) und nur unter Benutzung von Feldgrößen
• mittels der Ersatzschaltung des magnetischen Kreises (Abschn. 5.2.2). Gegeben
sind seine Grundgrößen: magnetische Erregung Θ sowie die magnetischen Widerstände für Eisen und Luftweg. Wir legen die Richtung von Θ mit der Rechtsschraubenregel fest und wählen die Φ-Richtung so, daß für $\Theta > 0 \rightarrow \Phi > 0$
gilt.

Einfache Merkregel: Wird die Spule mit der rechten Hand umfaßt, so daß die Finger mit dem positiven Zählpfeil des Stromes zusammenfallen, so weist der Daumen in Richtung des magnetischen Flusses.

- Voraussetzung für Anwendbarkeit der magnetischen Ersatzschaltung ist, daß der Fluß wegen $\mu_{Fe} \gg 1$ hauptsächlich im Eisenkreis konzentriert ist.

Lösung:

a) Wir führen zunächst die Analyse mit der magnetischen Ersatzschaltung durch und benutzen

  - die Analogie I/Abschn. 3.2.3
  - den magnetischen Knoten- und Maschensatz

$$\sum \Phi_\nu = 0, \quad \sum V_\nu = \sum \Theta_\nu = \sum Iw$$

  - die Φ-, V-Beziehungen der magnetischen Widerstände $V = R_m\Phi$.

Im ersten Schritt ordnen wir jedem Eisen- und Luftweg die magnetischen Widerstände zu

$$R_{mFe} = \frac{l_{Fe}}{\mu_{Fe}A} = \frac{2(a+b)}{\mu_{Fe}A}; \quad R_{mL} = \frac{l_L}{\mu_0 A}. \tag{1}$$

Dabei wurde die Luftspaltlänge l_L links im Eisenweg wegen $l_L \ll 2(a+b)$ vernachlässigt.

Die "magnetische Spannungsquelle" Θ setzen wir als Spannungsabfall an. Der magnetische Maschensatz ergibt dann (Bild 5.3/3b)

$$\Theta = Iw = V_{Fe} + V_L; \quad V_{Fe} = R_{mFe}\Phi; \quad V_L = R_{mFe}\Phi. \tag{2}$$

b) Damit wird der gesuchte Fluß nach Eliminieren von V_{Fe}, V_L

$$\Phi = \frac{Iw}{R_{mFe} + R_{mL}} = \frac{Iw\mu_r\mu_0 A}{l_{Fe} + \mu_r l_L} = \frac{IwA}{l_L/\mu_0 + l_{Fe}/\mu_{Fe}}. \tag{3}$$

Bei gegebener Gesamtlänge $l_{Fe} + l_L$ wird Φ umso größer, je geringer der Luftspalt. Dort tritt wegen $\mu_{Fe} \gg \mu_0$ ein sehr großer magnetischer Spannungsabfall auf. Man sieht, daß der sog. äquivalente Luftspalt $l_L\mu_r$ die gleiche Wirkung hat wie der Eisenweg l_{Fe}: m.a.W. sollte der Luftspalt so gering als möglich sein, um den Fluß groß zu machen.

c) Die Flußdichte B folgt aus

$$B = B_{Fe} = B_L = \frac{\Phi}{A} = \frac{Iw\mu_0\mu_r}{l_{Fe} + \mu_r l_L} = \frac{Iw\mu_0\mu_r}{2(a+b) + \mu_r l_L}. \tag{4}$$

Damit ergeben sich

- die magnetische Feldstärke H_{Fe} im Eisen

$$H_{Fe} = \frac{B}{\mu_0\mu_r} = \frac{Iw}{l_{Fe} + \mu_r l_L} \tag{5}$$

- dto. im Luftspalt

$$H_L = \frac{B}{\mu_0\mu_r} = \frac{Iw\mu_r}{l_{Fe} + \mu_r l_L} = \mu_r H_{Fe} \gg H_{Fe}. \tag{6}$$

(Hohe Feldstärke im Luftspalt analog zum hohen magnetischen Spannungsabfall dort.) Somit liegen die gesuchten Lösungen vor.

Lösung mit Durchflutungssatz. Wir wenden den Durchflutungssatz an und wählen einen Umlauf längs des Eisen- und Luftweges

$$\oint \boldsymbol{H} \cdot \mathrm{d}\boldsymbol{s} = Iw = H_{\mathrm{Fe}}l_{\mathrm{Fe}} + H_{\mathrm{L}}l_{\mathrm{L}}. \tag{7}$$

Dabei wurden homogene Felder in beiden Gebieten angesetzt ($\int H_{\mathrm{Fe}}\,\mathrm{d}s \approx H_{\mathrm{Fe}}l_{\mathrm{Fe}}$). Ferner gilt mit $\oint \boldsymbol{B} \cdot \mathrm{d}\boldsymbol{A} = 0 :\rightarrow B_{\mathrm{Fe}} = B_{\mathrm{L}}$ (kein Verlust von B-Linien am Luftspalt). Weiterhin folgt mit $H_{\mathrm{Fe}} = B_{\mathrm{Fe}}/\mu_{\mathrm{Fe}}$; $H_{\mathrm{L}} = B_{\mathrm{L}}/\mu_0 \rightarrow$

$$\frac{H_{\mathrm{Fe}}}{H_{\mathrm{L}}} = \frac{1}{\mu_{\mathrm{r}}} \tag{8}$$

und schließlich gilt mit Gl.(7)

$$\frac{Bl_{\mathrm{Fe}}}{\mu_{\mathrm{Fe}}} + \frac{Bl_{\mathrm{L}}}{\mu_0} = Iw \rightarrow B = \frac{Iw\mu_{\mathrm{Fe}}}{l_{\mathrm{Fe}} + \mu_{\mathrm{r}}l_{\mathrm{L}}} \tag{9}$$

sowie $\Phi = BA$.

Das Ergebnis stimmt mit dem über die Ersatzschaltung überein.

d) Für die Zahlenwerte ergeben sich der Reihe nach:

$$\begin{aligned}
\Phi &= \frac{Iw\mu_{\mathrm{Fe}}A}{2(a+b) + \mu_{\mathrm{r}}l_{\mathrm{L}}} = \frac{300\,\mathrm{A} \cdot 1,256 \cdot 10^{-6}\,\mathrm{Vs} \cdot 10^3 \cdot 4\,\mathrm{cm}^2}{2 \cdot 30\,\mathrm{cm} + 10^3\,\mathrm{mm}} \\
&= 94,2 \cdot 10^{-6}\,\mathrm{Vs}
\end{aligned}$$

$$B_{\mathrm{L}} = B_{\mathrm{Fe}} = \frac{\Phi}{A} = 0,23\,\frac{\mathrm{Vs}}{\mathrm{m}^2} = 0,23\,\mathrm{T}$$

$$H_{\mathrm{Fe}} = \frac{B_{\mathrm{Fe}}}{\mu_{\mathrm{Fe}}} = 183,12\,\frac{\mathrm{A}}{\mathrm{m}}$$

$$H_{\mathrm{L}} = \mu_{\mathrm{r}}H_{\mathrm{Fe}} = 183,12 \cdot 10^3\,\frac{\mathrm{A}}{\mathrm{m}}.$$

Diskussion: Es fallen die extremen Feldunterschiede im Luftspalt und Eisenweg (H_{L}, H_{Fe}) und analog die großen magnetischen Spannungsabfälle auf.

$$V_{\mathrm{Fe}} = H_{\mathrm{Fe}}l_{\mathrm{Fe}} = 183,12\,\mathrm{A/m} \cdot 60\,\mathrm{cm} = 109\,\mathrm{A}$$

$$V_{\mathrm{L}} = H_{\mathrm{L}}l_{\mathrm{L}} = 183,12\,\mathrm{A/m} \cdot 10^3 \cdot 10^{-3}\,\mathrm{m} = 183,12\,\mathrm{A}.$$

An der Grenzfläche Eisen - Luftspalt kommt es zu einem "Sprung" der H-Liniendichte, sie ist in Luft μ_{r}-mal größer als in Eisen (s. Aufg. 5.2/1).

Die Berechnung über die magnetische Ersatzschaltung ist anschaulich, setzt aber homogene Feldverteilung voraus. Der magnetische Widerstand, z.B. im Eisenzweig, berechnet sich wie der elektrische Widerstand eines stabförmigen Leiters: er steigt mit wachsender Länge, sinkt mit wachsendem Querschnitt und wachsender magnetischer Leitfähigkeit $\rightarrow \mu_0\mu_{\mathrm{r}}$.

Problematisch ist mitunter die Bestimmung der Weglängen: hier helfen in den meisten Fällen (arithmetische) Mittelwerte: sog. mittlere Eisen- und Luftweglängen.

Aufgabe 5.3/4 Linear verzweigter magnetischer Eisenkreis

Für einen gegebenen magnetischen Kreis mit je einer Spule auf jedem Schenkel (Bild 5.3/4a), Windungszahlen w_1, w_2, w_3, Querschnitte $A_1 \ldots A_3$, Längen $l_1 \ldots l_3$ mit Luftspalt l_L (sog. EI-Kern) sind gesucht:

a) die zum magnetischen Kreis äquivalente Ersatzschaltung,
b) die Flüsse in den drei Schenkeln,
c) die Spannungsabfälle zwischen den Punkten P_1, P_2 für den Fall, daß Wicklung w_3 stromlos ist.

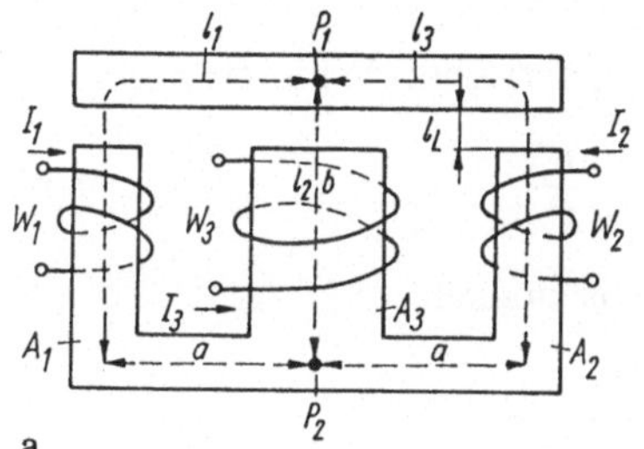
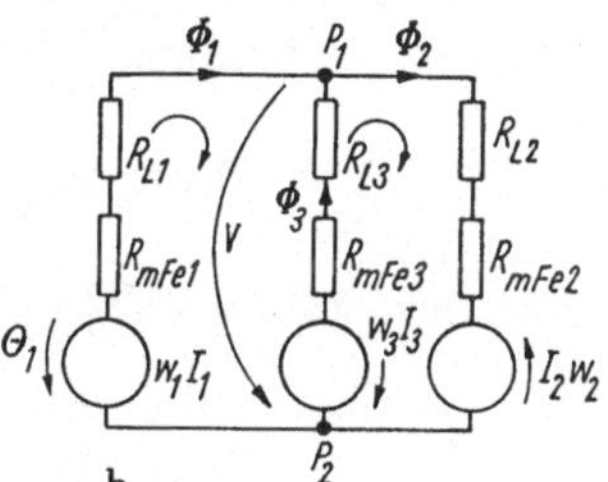

Bild 5.3/4

Hinweis: Führen Sie die Betrachtungen über eine Netzwerkberechnung durch.

Hinsichtlich des magnetischen Ersatzschaltbildes sei auf die Analogie I/Abschn. 3.2.3 und Aufgabe 5.3/3 verwiesen.

Wir setzen linearen B-H-Zusammenhang (μ_{Fe} = const.) und homogene Feldverhältnisse voraus.

Lösung:

a) Wir stellen zunächst die Ersatzschaltung auf (Bild 5.3/4b) und führen je für Eisen- und Luftwege magnetische Widerstände ein. Zur Richtungsfestlegung der Erregungen $\Theta_1 \ldots \Theta_3$ ($w_1 I_1 \ldots w_3 I_3$) legen wir die Rechtehandregel zugrunde (Richtung des Flußantriebs als Rechtsschraube zur gegebenen Stromrichtung) und wählen für $\Theta_1 \ldots \Theta_3$ die sog. Spannungsabfallfestlegung der Quellen (entsprechende üblicher Festlegung bei aktiven Zweipolen).

Analog zur Berechnung in elektrischen Netzwerken gibt es zwei Knoten und drei Zweige, m.a.W. eine unabhängige Knoten- und zwei unabhängige Maschengleichungen. Sie lauten (zusammengefaßt mit $R_m = R_{mFe} + R_{mL}$ für jeden Zweig):

$$R_{m1}\Phi_1 - R_{m3}\Phi_3 = w_1 I_1 - w_3 I_3 \tag{1}$$

$$R_{m2}\Phi_2 + R_{m3}\Phi_3 = w_2 I_2 + w_3 I_3 \tag{2}$$

$$\Phi_1 - \Phi_2 + \Phi_3 = 0. \tag{3}$$

Diese Gleichungen können zur Erhöhung der Übersichtlichkeit als Matrizengleichung geschrieben werden

$$\begin{pmatrix} R_{m1} & 0 & -R_{m3} \\ 0 & R_{m2} & R_{m3} \\ 1 & -1 & 1 \end{pmatrix} \cdot \begin{pmatrix} \Phi_1 \\ \Phi_2 \\ \Phi_3 \end{pmatrix} = \begin{pmatrix} w_1 I_1 - w_3 I_3 \\ w_2 I_2 + w_3 I_3 \\ 0 \end{pmatrix}. \tag{4}$$

b) Grundsätzlich gehen daraus die gesuchten Größen hervor, z.B.

$$\Phi_1 = \frac{(\Theta_1 - \Theta_3)(R_{m2} + R_{m3}) + R_{m3}(\Theta_3 + \Theta_2)}{R_{m1} R_{m2} + R_{m2} R_{m3} + R_{m1} R_{m3}}. \tag{5}$$

Den Fluß Φ_2 berechnet man analog.

Im nächsten Schritt bestimmen wir die magnetischen Widerstände:

$$\text{Eisen: } R_{m\nu} = \frac{l_\nu}{\mu_\nu A_\nu} \quad \text{Luft: } R_{m\nu L} = \frac{l_{\nu L}}{\mu_0 A_\nu}. \tag{6}$$

Wir benötigen noch den Fluß Φ_3 im Mittelschenkel:

$$\Phi_3 = \frac{\det \begin{pmatrix} R_{m1} & 0 & \Theta_1 - \Theta_3 \\ 0 & R_{m2} & \Theta_2 + \Theta_3 \\ 1 & -1 & 0 \end{pmatrix}}{\det \begin{pmatrix} R_{m1} & 0 & -R_{m3} \\ 0 & R_{m2} & R_{m3} \\ 1 & -1 & 1 \end{pmatrix}}$$

$$= \frac{-R_{m2}(\Theta_1 - \Theta_3) + R_{m1}(\Theta_2 + \Theta_3)}{R_{m1} R_{m2} + R_{m1} R_{m3} + R_{m2} R_{m3}}. \tag{7}$$

Varianten. Grundsätzlich können auf das (lineare!) magnetische Netzwerk auch andere Netzwerkverfahren angewendet werden, z.B. die Knotenspannungsanalyse, Zweipoltheorie und der Überlagerungssatz (im letzten Fall nur bei linearen Netzwerken).

c) Bei stromloser Wicklung w_3 entfällt die Erregung $\Theta_3 = w_3 I_3$ im Mittelzweig (Kurzschluß). Die Spannung zwischen den Punkten P_1, P_2 ergibt sich dann über den Durchflutungssatz zu

$$V = \int_{P_1}^{P_2} \boldsymbol{H} \cdot \mathrm{d}\boldsymbol{s} = \Phi_{P_1 P_2} R_{m3} = -\Phi_3 R_{m3} = V_{P_1 P_2}. \tag{8}$$

Mit dem magnetischen Widerstand R_{m3} wird

$$V_{P_1 P_2} = -\Phi_3 \left(\frac{l_{L3}}{\mu_0 A_3} + \frac{l_{Fe3}}{\mu_r \mu_0 A_3} \right) = -\frac{\Phi_3}{\mu_0 A_3} \left(l_{L3} + \frac{l_{Fe3}}{\mu_r} \right). \tag{9}$$

Φ_3 wird mit Gl.(7) übernommen.

Aufgabe 5.3/5 Nichtlinearer magnetischer Kreis

Gegeben ist ein magnetischer Kreis (s. Bild 5.3/5a) aus Dynamoblech mit einem Luftspalt l_L sowie die Magnetisierungskurve $B = f(H)$ des Eisens (als Tabelle). Das Magnetfeld wird in den einzelnen Teilen des Kreises als homogen angenommen ($l_\mathrm{L} = 2\,\mathrm{mm}$, $l_\mathrm{Fe} = 40\,\mathrm{cm}$, $A = 4\,\mathrm{cm}^2$).

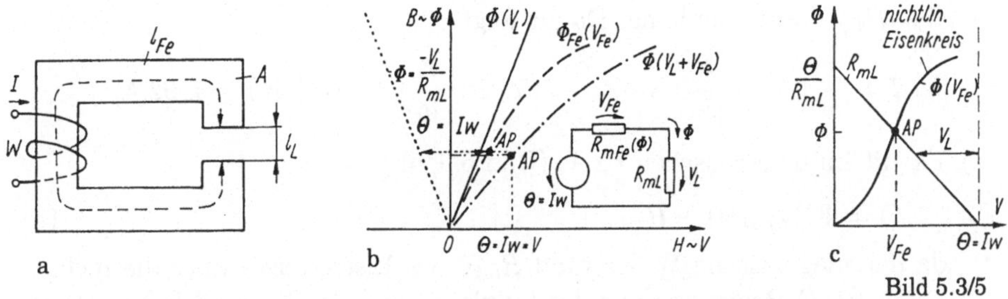

Bild 5.3/5

a) Wie groß ist die magnetische Feldstärke in Luft und Eisen, wenn im Luftspalt eine Induktion $B_\mathrm{L} = 0,7\,\mathrm{T}$ herrschen soll? Welcher Strom gehört dazu ($w = 150$)?

b) Lösen Sie die gleiche Aufgabe unter Verwendung der Ersatzschaltung des magnetischen Kreises. Welche magnetischen Spannungsabfälle entstehen über Luftspalt und Eisenkreis, wie groß ist der magnetische Fluß im Luftspalt?

c) Lösen Sie die Aufgabe unter Nutzung der angegebenen B-H-Zusammenhänge graphisch.

d) Lösen Sie die Aufgabe mit einer Zweipolersatzschaltung übertragen auf den magnetischen Kreis und fassen Sie den Luftspalt als magnetischen Innenwiderstand des aktiven magnetischen Zweipols auf.

e) Welche Flußdichte herrscht im Luftspalt, wenn durch die gleiche Anordnung ein Strom $I = 5\,\mathrm{A}$ fließt?

H/A/cm	0	0,5	1	1,5	2,0	2,5	3,0
B/Vs/m^2	0	0,23	0,46	0,636	0,72	0,8	0,88.

Lösung:

a) Es gilt für die Feldstärke in Luft

$$H_\mathrm{L} = \frac{B_\mathrm{L}}{\mu_0} = \frac{0,7\,\mathrm{Vs/m^2}}{4\pi \cdot 10^{-7}\,\mathrm{Vs/Am}} = 557 \cdot 10^3\,\frac{\mathrm{A}}{\mathrm{m}}. \tag{1}$$

Unter Annahme eines homogenen Feldes (keine Streuung im Luftspalt) herrscht im Eisen- und Luftzweig der gleiche magnetische Fluß und damit auch gleiche Flußdichte:$B_\mathrm{Fe} = B_\mathrm{L}$.

Die magnetische Feldstärke H_Fe ist mit B_Fe über μ_Fe verknüpft: $B_\mathrm{Fe} = \mu_\mathrm{Fe}(B)H_\mathrm{Fe}$, hier liegt jedoch ein nichtlinearer Zusammenhang vor (Tabellenangaben). Da B_Fe bekannt ist, ergibt sich H_Fe aus der Tabelle (durch lineare Interpolation: $B_\mathrm{Fe} = 0,7\,\mathrm{T} \to H_\mathrm{Fe} = 1,88\,\mathrm{A/cm}$).

Der Strom - oder allgemeiner die magnetische Erregung - folgt über den Durchflutungssatz

$$\oint_s \boldsymbol{H} \cdot \mathrm{d}\boldsymbol{s} = Iw = H_\mathrm{Fe}l_\mathrm{Fe} + H_\mathrm{L}l_\mathrm{L}, \tag{2}$$

da der geschlossene Weg über den Eisen- und Luftzweig führt. Durch das als homogen betrachtete Feld gilt $B_{\mathrm{Fe}} = B_{\mathrm{L}} \sim H_{\mathrm{L}}$. Gefordert ist $B_{\mathrm{L}} = 0,7\,\mathrm{T}$, H_{L} und H_{Fe} sind bekannt, letztere über den nichtlinearen B_{Fe}-H_{Fe}-Zusammenhang. Damit folgt

$$I = \frac{1}{w}\left(1,88\,\frac{\mathrm{A}}{\mathrm{cm}}\cdot 40\,\mathrm{cm} + 557\cdot 10^3\,\frac{\mathrm{A}}{\mathrm{m}}\cdot 2\cdot 10^{-3}\,\mathrm{m}\right) = 7,92\,\mathrm{A}.$$

b) Es gilt im magnetischen Kreis (Bild 5.3/5b)

$$\Theta = \Phi R_{\mathrm{mFe}}(\Phi) + R_{\mathrm{mL}}, \tag{3}$$

da der magnetische Widerstand R_{mFe} des Eisenkreises über die nichtlineare $B(H)$-Beziehung von der Induktion und damit vom Fluß abhängt. Wir setzen an

$$R_{\mathrm{mFe}} = \frac{l_{\mathrm{Fe}}}{A\mu_{\mathrm{Fe}}(B)} = \frac{l_{\mathrm{Fe}}}{A}\left(\frac{B_{\mathrm{Fe}}(H_{\mathrm{Fe}})}{H_{\mathrm{Fe}}}\right)^{-1}. \tag{4}$$

Vorgegeben ist $B_{\mathrm{Fe}} = B_{\mathrm{L}}$ durch die Forderung $B_{\mathrm{L}} = 0,7\,\mathrm{T}$, dazu gehörte nach der nichtlinearen Kennlinie $\rightarrow H_{\mathrm{Fe}} = 1,88\,\mathrm{A/cm}$. Damit liegt R_{mFe} prinzipiell fest (l_{Fe}, A, gegeben). Der Fluß Φ ist ebenfalls durch die Forderung $B_{\mathrm{L}} = 0,7\,\mathrm{T}$ bestimmt. Wir erhalten so mit $\Theta = Iw$

$$
\begin{aligned}
I &= \frac{1}{w}\left(R_{\mathrm{mFe}} + R_{\mathrm{mL}}\right)B_{\mathrm{L}}A \tag{5}\\[2mm]
&= \frac{1}{w}\left(\frac{l_{\mathrm{Fe}}}{A}\left(\frac{B_{\mathrm{Fe}}(H_{\mathrm{Fe}})}{H_{\mathrm{Fe}}}\right)^{-1} + \frac{l_{\mathrm{L}}}{A\mu_0}\right)B_{\mathrm{L}}A\\[2mm]
&= \frac{1}{w}\left(l_{\mathrm{Fe}}\left(\frac{B_{\mathrm{Fe}}(H_{\mathrm{Fe}})}{H_{\mathrm{Fe}}}\right)^{-1} + \frac{l_{\mathrm{L}}}{\mu_0}\right)B_{\mathrm{L}}\\[2mm]
&= \frac{1}{150}\left(\frac{40\,\mathrm{cm}\cdot 1,88\,\mathrm{A/cm}}{0,7\,\mathrm{T}} + \frac{2\cdot 10^{-3}\,\mathrm{m}}{4\pi\cdot 10^{-7}\,\mathrm{Vs/Am}}\right)\cdot 0,7\,\mathrm{T}\\[2mm]
&= 7,92\,\mathrm{A}.
\end{aligned}
$$

Das ist die Lösung nach Aufgabe a). Die Spannungsabfälle ergeben sich
- Luftspalt: entweder über die magnetische Feldstärke H_{L}:
$$V_{\mathrm{L}} = H_{\mathrm{L}}l_{\mathrm{L}} = \frac{B_{\mathrm{L}}}{\mu_0}l_{\mathrm{L}} = \frac{0,7\,\mathrm{T}\cdot 2\,\mathrm{mm}}{4\pi\cdot 10^{-7}\,\mathrm{Vs/Am}} = 1114\,\mathrm{A} \tag{6}$$
oder gleichwertig über den magnetischen Kreis
$$V_{\mathrm{L}} = R_{\mathrm{mL}}\Phi_{\mathrm{L}} = \frac{l_{\mathrm{L}}B_{\mathrm{L}}A}{A\mu_0} = \frac{B_{\mathrm{L}}l_{\mathrm{L}}}{\mu_0},$$
- Eisenkreis: über die magnetische Feldstärke H_{Fe}
$$V_{\mathrm{Fe}} = l_{\mathrm{Fe}}H_{\mathrm{Fe}} = l_{\mathrm{Fe}}H_{\mathrm{Fe}}(B_{\mathrm{Fe}}) = 40\,\mathrm{cm}\cdot 1,88\,\mathrm{A/cm} = 75\,\mathrm{A}, \tag{7}$$
wobei die Feldstärke H_{Fe} der nichtlinearen Magnetisierungskennlinie entnommen wird (s.o.) oder gleichwertig über den nichtlinearen magnetischen Widerstand
$$V_{\mathrm{Fe}} = R_{\mathrm{mFe}}(\Phi)\Phi_{\mathrm{L}} = \frac{l_{\mathrm{Fe}}H_{\mathrm{Fe}}(B_{\mathrm{Fe}})}{AB_{\mathrm{Fe}}}AB_{\mathrm{L}} = l_{\mathrm{Fe}}H_{\mathrm{Fe}}(B_{\mathrm{L}}),$$
da $B_{\mathrm{L}} = B_{\mathrm{Fe}}$.

Die Gesamterregung
$$\Theta = Iw = V_{\mathrm{Fe}} + V_{\mathrm{L}} = 75\,\mathrm{A} + 1114\,\mathrm{A} = 1189\,\mathrm{A}$$
stellt die Summe dar. Man erkennt, daß die magnetische Spannung hauptsächlich über dem sehr schmalen Luftspalt l_{L} abfällt.

c) Um die konkreten Abmessungen des Kreises zu berücksichtigen, benötigen wir eine $\Phi(V)$-Darstellung (wobei wegen des homogenen Feldes $\Phi \sim B$ beibehalten werden kann). Aus der B-, H-Kurve des Eisens ergibt sich in der Darstellung $\Phi(V)$ (s. Bild 5.3/5b):

- die Kurve $\Phi_{\mathrm{Fe}} = f(V_{\mathrm{Fe}})$ mit $V_{\mathrm{Fe}} = H_{\mathrm{Fe}}l_{\mathrm{Fe}}$

- die Kurve $\Phi_{\mathrm{L}} = f(V_{\mathrm{L}})$ mit $V_{\mathrm{L}} = H_{\mathrm{L}}l_{\mathrm{L}}$. Das ist wegen $\Phi_{\mathrm{L}} = R_{\mathrm{mL}}^{-1}V_{\mathrm{L}} = (A\mu_0/l_{\mathrm{L}})l_{\mathrm{L}}H_{\mathrm{L}}$ eine Gerade durch den Nullpunkt (sog. Luftspaltgerade).

Die beiden magnetischen Widerstände R_{mFe}, R_{mL} werden vom gleichen magnetischen Fluß durchsetzt: $\Phi_{\mathrm{Fe}} = \Phi_{\mathrm{L}} = \Phi$. Die magnetische Maschengleichung erfordert

$$\Theta = Iw = V_{\mathrm{Fe}} + V_{\mathrm{L}}.$$

Wir haben zu jedem Fluß Φ resp. B beide Spannungsabfälle zu addieren. Das ergibt die sog. gescherte Eisenkennlinie (Bild 5.3/5b). So linearisiert der Luftspalt den nichtlinearen Eisenkreis. Je größer der Luftspalt, desto niedriger der Fluß. Es ergeben sich $Iw \approx 1189\,\mathrm{A}$ und $V_{\mathrm{Fe}} \approx 75\,\mathrm{A}$, $V_{\mathrm{L}} \approx 110\,\mathrm{A}$ für $B = 0,7\,\mathrm{T}$: die graphische Lösung stimmt mit der rechnerischen überein. Zweckmäßig ist es, die Luftspaltkennlinie an der Φ-Achse zu spiegeln. Der Arbeitspunkt stellt sich dann gemäß $\Theta = V_{\mathrm{Fe}} + R_{\mathrm{mL}}\Phi_{\mathrm{L}}$ ein, wenn der Abstand der Kurven bei gleichem Φ gerade Θ beträgt. Bei dieser Konstruktion muß die $\Phi(V)$-Kurve des Eisenkreises nicht erneut konstruiert werden.

d) Der aktive magnetische Zweipol besteht aus der Erregung $\Theta = Iw$ und dem Luftspaltwiderstand $R_{\mathrm{mL}} = V_{\mathrm{L}}/\Phi$, dabei gilt

$$\Phi = \frac{\Theta - V_{\mathrm{L}}}{R_{\mathrm{mL}}}. \tag{8}$$

Wir haben von Θ bei $\Phi = 0$ ausgehend diese Spannung V_{L} als Spannungsabfall über dem "Innenwiderstand" R_{mL} von Θ abzuziehen. Dieser Zweipol ist mit dem nichtlinearen Außenkreis $\Phi(V_{\mathrm{Fe}})$ belastet (Bild 5.3/5c). Der Arbeitspunkt ergibt sich als Schnittpunkt. Diese Interpretation entspricht völlig Aufgabe c), nur sind die Zusammenhänge anders aufgetragen.

e) Während wir bei den bisherigen Aufgaben von einer gegebenen Induktion B_{L} ausgingen, daraus H_{L}, und über die $B_{\mathrm{L}} = B_{\mathrm{Fe}}(H_{\mathrm{Fe}})$-Kennlinie H_{Fe} bestimmten und schließlich über den Durchflutungssatz die Erregung; gilt jetzt der umgekehrte Weg: es ist Θ gegeben und $B_{\mathrm{Fe}}(H_{\mathrm{Fe}})$ gesucht. Wir setzen den Durchflutungssatz an

$$\oint \boldsymbol{H} \cdot \mathrm{d}\boldsymbol{s} = \int_{\mathrm{Fe}} \boldsymbol{H}_{\mathrm{Fe}} \cdot \mathrm{d}\boldsymbol{s} + \int_{\mathrm{L}} \boldsymbol{H}_{\mathrm{L}} \cdot \mathrm{d}\boldsymbol{s} = H_{\mathrm{Fe}}l_{\mathrm{Fe}} + H_{\mathrm{L}}l_{\mathrm{L}} = \Theta = wI \tag{9}$$

mit $H_\mathrm{L} = B_\mathrm{L}/\mu_0$ und $B_\mathrm{L} = B_F$ (Forderung homogenes Feld)

$$H_\mathrm{Fe}l_\mathrm{Fe} + \frac{B_\mathrm{L}}{\mu_0}l_\mathrm{L} = H_\mathrm{Fe}l_\mathrm{Fe} + \frac{B_\mathrm{Fe}}{\mu_0}l_\mathrm{L} = Iw. \tag{10}$$

Umgestellt folgt

$$B_\mathrm{Fe} = \frac{\mu_0}{l_\mathrm{L}}(Iw - H_\mathrm{Fe}l_\mathrm{Fe}). \tag{11}$$

Der Zusammenhang $B_\mathrm{Fe}(H_\mathrm{Fe})$ kann gelöst werden

- direkt, für $\mu_\mathrm{Fe} = \mathrm{const.}$ ($H_\mathrm{Fe} = B_\mathrm{Fe}/\mu_\mathrm{Fe}$)
- grafisch, wenn $B_\mathrm{Fe}(H_\mathrm{Fe})$ als Kurve vorliegt (und zwar in Form der Gl.(10), s. Aufgaben c, d),
- iterativ, mit dem Zusammenhang $B_\mathrm{Fe}(H_\mathrm{Fe})$ als Tabelle.

Wir gehen dazu aus von

$$\begin{aligned}
B_\mathrm{Fe} &= \frac{4\pi \cdot 10^{-7}\,\mathrm{Vs/Am}}{2 \cdot 10^{-3}\,\mathrm{m}}(5\,\mathrm{A} \cdot 150 - H_\mathrm{Fe} \cdot 40\,\mathrm{cm}) \\
&= \left(0,471 - \frac{H_\mathrm{Fe}}{\mathrm{A/cm}} \cdot 25 \cdot 10^{-3}\right)\mathrm{T}.
\end{aligned} \tag{12}$$

Es ergeben sich

$H/\mathrm{A/cm}$	B/T	B_Fe/T
0,5	0,23	0,458
1,0	0,46	0,446
1,6	0,63	0,433.

Die Feldstärke liegt offensichtlich etwas unter $1\,\mathrm{A/cm}$. Wir interpolieren links (der Einfachheit wegen linear). Aus dem Verlauf $B(H)$ im Bereich $0 < H < 1\,\mathrm{A/cm}$ ersieht man Proportionalität, wir schreiben daher als Kurvenapproximation im Sinne einer linearer Näherung

$$H = mB \quad \mathrm{mit}\quad m = 0,46\,\mathrm{T}/1\,(\mathrm{A/cm})$$

für den Punkt $H = 1\,\mathrm{A/cm}$, $B = 0,46\,\mathrm{T}$. Damit folgt für die linke Seite

$$H_\mathrm{Fe} = mB_\mathrm{Fe} = (0,471 - H_\mathrm{Fe}/(\mathrm{A/cm}) \cdot 25 \cdot 10^{-3})\,\mathrm{T}$$

mit der Lösung

$$H_\mathrm{Fe} = \frac{0,471\,\mathrm{T} \cdot \mathrm{A/cm}}{(0,46 + 25 \cdot 10^{-3})\,\mathrm{T}} = 0,971\,\frac{\mathrm{A}}{\mathrm{cm}}. \tag{13}$$

Dazu gehört $B_\mathrm{Fe} = 0,446\,\mathrm{T}$. Der gesuchte magnetische Fluß ergibt sich zu $\Phi = AB_\mathrm{Fe} = 4\,\mathrm{cm}^2 \cdot 0,446\,\mathrm{T} = 1,786 \cdot 10^{-4}\,\mathrm{Vs}$.

Aufgabe 5.3/6 Nichtlinearer magnetischer Kreis

Für eine gegebene nichtlineare $B_\mathrm{Fe}(H_\mathrm{Fe})$-Kennlinie (entweder grafisch oder in Tabellenform) überlege man eine Entwurfsstrategie des magnetischen Kreises mit Luftspalt für folgende Situationen:

a) im Luftspalt soll eine bestimmte Flußdichte herrschen, gesucht ist die magnetische Erregung,

b) es ist eine bestimmte magnetische Erregung vorgegeben, gesucht ist der magnetische Fluß im Luftspalt.
Man benutze zweckmäßig die Zweipolersatzschaltung des magnetischen Kreises.

Hinweis: Wir fassen die nichtlineare $B(H)$-Kennlinie als Eigenschaft des magnetischen Außenkreises auf, die Erregung Θ und den Luftspalt als aktiven magnetischen Zweipol.

Lösung:

a) Aus der Kennlinie $B(H)$ wird zunächst mit den Geometrieabmessungen $(A, l_\mathrm{L}, l_\mathrm{Fe})$ eine nichtlineare Kennlinie $\Phi = f(V_\mathrm{Fe})$ konstruiert (Maßstabs- und Dimensionsänderung der Achsen): nichtlineare Φ-V_Fe-Kennlinie des "magnetischen Außenwiderstandes" (Bild 5.3/6a). Die Kennlinie des (linearen) aktiven Zweipols besteht aus Quelle Θ und dem Luftwiderstand R_mL. Der Arbeitspunkt (= Schnittpunkt beider Kennlinien) bestimmt den im Kreis fließenden Fluß Φ. Soll er konstant bleiben ($\rightarrow$ Vorgabe, wobei $\Phi_\mathrm{Fe} = \Phi_\mathrm{L}$ bei homogenem Feld vorausgesetzt), so bleiben an Variationsmöglichkeiten (Bild 5.3/6a).

$$\Phi = \mathrm{const.} = \frac{V_\mathrm{L}}{R_\mathrm{mL}} = \frac{\Theta - V_\mathrm{Fe}}{R_\mathrm{mL}} = \frac{Iw - H_\mathrm{Fe}l_\mathrm{Fe}}{l_\mathrm{L}} A\mu_0 \tag{1}$$

resp. $B_\mathrm{Fe} = B_\mathrm{L} = \mathrm{const.}$

$$H_\mathrm{Fe}|_{B_\mathrm{Fe}} = \mathrm{const.} = Iw - H_\mathrm{L}l_\mathrm{L} = Iw - \frac{B_\mathrm{L}}{\mu_0}l_\mathrm{L}. \tag{2}$$

Es können somit I, w und l_L gegenseitig variiert werden.

b) Liegt umgekehrt eine gegebene magnetische Erregung $\Theta = Iw$ vor, so stellt sich der Fluß Φ nach Maßgabe von R_mL und der $B(H)$-Kurve ein (Bild 5.3/6b)

$$\Theta - R_\mathrm{mL}\Phi = V_\mathrm{Fe}(\Phi). \tag{3}$$

(Lösung entweder grafisch oder bei Wertetabelle für die $B_\mathrm{Fe}(H_\mathrm{Fe})$-Kurve für ausgewählte Punkte links und rechts getrennt betrachten und Arbeitspunkt durch Iteration suchen.)

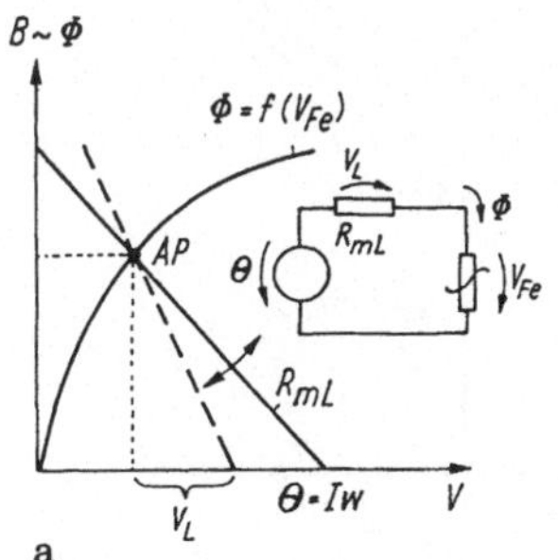

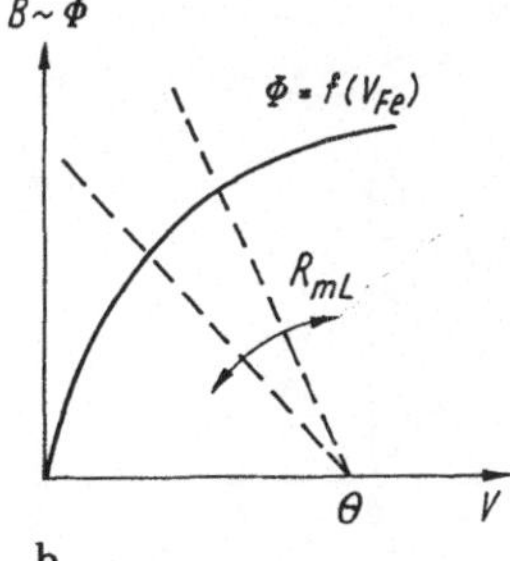

Bild 5.3/6

Aufgabe 5.3/7 Dauermagnetkreis

Gegeben ist ein Dauermagnet mit Luftspalt, letzterer sei durch Einfügen eines gleichen Materialstückes zunächst geschlossen (Bild 5.3/7a).

a) Zeichnen Sie die Arbeitskennlinie des Dauermagneten (Hysterese im II. Quadranten der B-H-Kurve). Tragen Sie Flußlinien im Remanenzpunkt ein. Formulieren Sie das Durchflutungsgesetz.

b) Es werde ein Luftspalt l_L eingefügt. Formulieren Sie die magnetische Feldstärke im Luftspalt und Eisenkreis und tragen Sie magnetische Feldlinien ein.

c) Was geschieht, wenn der Luftspalt weiter vergrößert und anschließend wieder verkleinert wird? Stellt sich der alte Arbeitspunkt ein?

d) Zeigen Sie, daß das Volumen $V_{Fe} = A_{Fe}l_{Fe}$ eines Dauermagneten im Eisenkreis mit homogenem Feld bei gegebenen Kennlinien $B_{Fe}(H_{Fe})$ und vorgegebenem Luftspaltvolumen $V_L = A_L l_L$ minimal ist, wenn das Produkt $(B_{Fe}H_{Fe})$ maximal wird.

Lösung:

a) Im geschlossenen Dauermagnetkreis (Bild 5.3/7a) gilt mit dem Durchflutungssatz $\oint \boldsymbol{H} \cdot \mathrm{d}\boldsymbol{s} = 0$ oder mit $l_L = 0$

$$H_{Fe}l_{Fe} + H_L l_L = H_{Fe}l_{Fe}; \quad \text{d.h. } H_{Fe} = 0. \tag{1}$$

Die Elementarmagneten bilden geschlossene Ketten, die Feldstärke H_{Fe} verschwindet. Die Flußdichte besitzt den Remanenzwert B_r.

b) Mit Luftspalt l_L gilt hingegen analog zu Gl.(1) (Bild 5.3/7b)

$$\oint \boldsymbol{H} \cdot \mathrm{d}\boldsymbol{s} = 0 = H_{Fe}l_{Fe} + H_L l_L = 0.$$

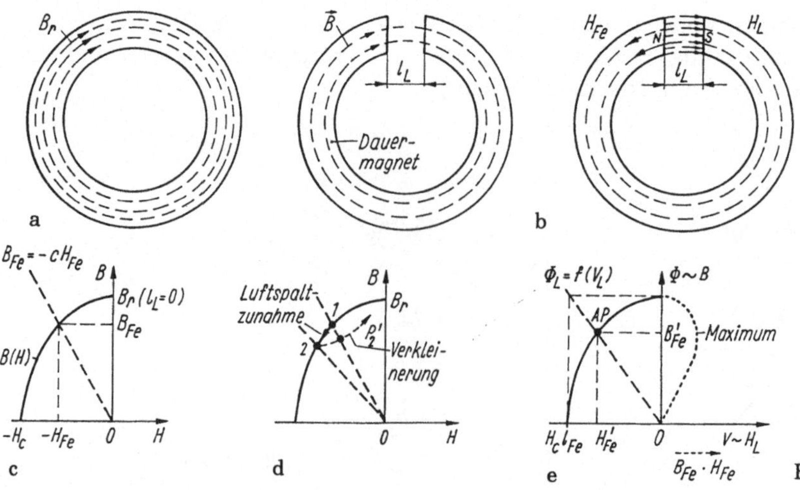

Bild 5.3/7

Mit $\Phi_L = \Phi_{Fe}$ bzw. $B_{Fe}A_{Fe} = B_L A_L$ folgt dann (Bild 5.3/7c)

$$B_{Fe} = \frac{\mu_0 H_L A_L}{A_{Fe}} = -\frac{\mu_0 H_{Fe} l_{Fe} A_L}{l_L A_{Fe}} = -cH_{Fe}. \tag{2}$$

Das Verhältnis der beiden Feldstärken

$$\frac{H_{Fe}}{H_L} = -\frac{l_L}{l_{Fe}} \tag{3}$$

ist direkt durch das Wegverhältnis gegeben. Der Arbeitspunkt in der B-H-Kennlinie des Dauermagneten mit der Kennlinie $B_{Fe} = -cH_{Fe}$ gibt den Arbeitspunkt (Bild 5.3/7c). Die Induktion B_{Fe} sinkt etwas gegenüber B_r, die Feldstärke H_L in Luft ist erheblich größer als im Eisenkreis. Das negative Vorzeichen deutet auf die Richtungsänderung der H_{Fe}-Linien (hinsichtlich der Umlaufrichtung) hin (Bild 5.3/7b). Durch den Luftspalt findet somit eine Entmagnetisierung statt.

c) Bei Luftspaltvergrößerung wandert der Arbeitspunkt zunächst nach P_2 (Bild 5.3/7d), anschließend bei Luftspaltverkleinerung nach P_2' und nicht P_1, weil der Magnet eine Hysterese besitzt (Dauermagneten dürfen daher nie zerlegt und wieder zusammengefügt werden).

d) Wir betrachten den Dauermagnetkreis als nichtlinearen aktiven Zweipol, den Luftspalt als passiven Zweipol (in Aufgabe 5.3/6 war die Zuordnung anders). Das ist zweckmäßig, weil z.B. im Luftspalt eine Lautsprecherspule im Bereich möglichst hoher Energiedichte angeordnet sein kann. Die Luftspaltkennlinie $\Phi_L = f(V_L)$ (Gerade, gespiegelt in den 2. Quadranten) hat dann im Arbeitspunkt AP (Bild 5.3/7e) das größte Produkt, wenn gilt

$$V_L \Phi_L = |\Phi_{Fe} V_{Fe}| = |B_{Fe} H_{Fe} \underbrace{A_{Fe} l_{Fe}}_{V_{Fe}}| \quad (\rightarrow \text{Maximum}) \tag{4}$$

also das Produkt rechts ein Maximum wird. Bei minimalem Volumen V_{Fe} muß dann $|B_{Fe} H_{Fe}|$ ein Maximum werden. Trägt man das Produkt $B_{Fe} H_{Fe}$ der Kennlinie entsprechend über B_{Fe} auf, so ergibt sich tatsächlich ein Maximum (Bild 5.3/7e).

Eine analoge Erklärung schließt an die maximale Leistungsabgabe des aktiven Zweipols mit nichtlinearem Innenleitwert an: maximale Leistung wird für einen Außenwiderstand $R_a = U_L/I_K$ abgegeben, dem entspricht hier $R_{mL} = H_C l_{Fe}/(B_r A_{Fe})$.

Im elektrischen Kreis beträgt die maximal abgegebene Leistung $P_a = \eta I_K U_L$ ($\eta < 1$, Füllfaktor), hier als "magnetische Leistung" $P_m = \eta \Phi_K V_C = \eta B_r A_{Fe} H_C l_{Fe} = \eta B_r H_C V_{Fe} = B'_{Fe} H'_{Fe} V_{Fe}$.

5.4 Induktionsgesetz

Aufgabe 5.4/1 Ruheinduktion

Gegeben ist eine (widerstandslose) Leiterschleife (Fläche A) in der x-y-Ebene, der zwei konzentrierte Widerstände R_1, R_2 zugeschaltet sind. Sie werde senkrecht vom Magnetfeld $B(t)$ durchsetzt. Es gelte $\mathrm{d}B/\mathrm{d}t > 0$.

a) Welcher Strom fließt im Kreis (Richtung), welche Spannung fällt über R_1, R_2 ab? ($R_1 = 10\,\Omega$, $R_2 = 20\,\Omega$, $B(t) = 0,1\,\mathrm{T} \cdot t/t_0$ ($t_0 = 1\,\mathrm{ms}$), $A = 50\,\mathrm{cm}^2$).

b) Das Magnetfeld wirke nur innerhalb der Fläche abcd. Zwischen den Punkten c, d werden Spannungen mit dem Spannungsmesser u_1, u_2, u_3 in der angegebenen Polung und Lage gemessen. Warum zeigen u_1 und u_3 unterschiedliche Ausschläge, obwohl zwischen den gleichen Punkten c, d gemessen wird?

Lösung:

a) Es liegt Ruheinduktion vor. Wir gehen deshalb von I/Gl.(3.45) aus und bestimmen zunächst $\Phi(t)$. Dazu wird ein Flächenelement $\mathrm{d}A = \mathrm{d}x\,\mathrm{d}y(e_x \times e_y)$ in der x-y-Ebene festgelegt (Normalenrichtung e_z) und der Umlaufsinn von s (Rechtsschraube) zugeordnet. Dann gilt mit $B(t) = B(t)e_z$

$$\Phi(t) = \int_s B(t) \cdot \mathrm{d}A(t) = \int B(t)e_z \cdot e_z\,\mathrm{d}x\,\mathrm{d}y = B(t)A \tag{1}$$

mit $A = bl$. Die Umlaufspannung beträgt (Bild 5.4/1b):

$$u_\mathrm{i} = -\frac{\mathrm{d}\Phi}{\mathrm{d}t} = -A\frac{\mathrm{d}B}{\mathrm{d}t}. \tag{2}$$

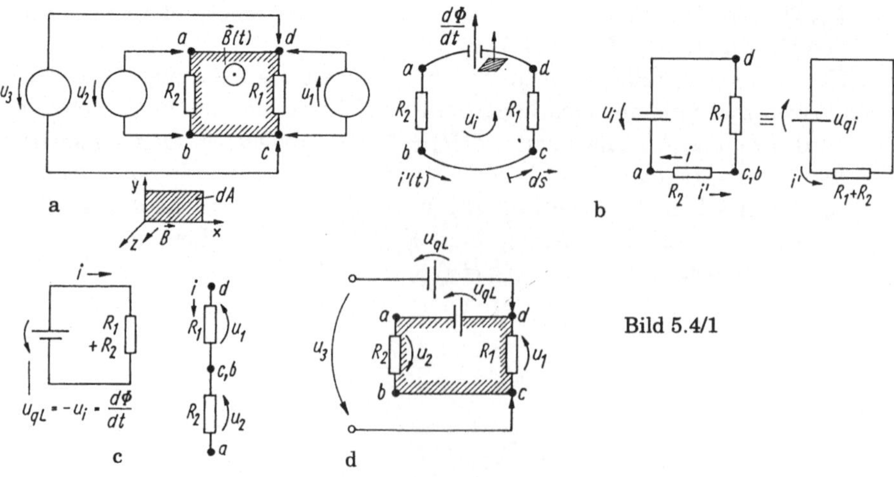

Die Berechnung des Stromes kann erfolgen über die Ersatzschaltung mit u_i (Bild 5.4/1b) mit dem Maschensatz: $u_\mathrm{i} = i'(R_1 + R_2)$:

$$i'(t) = \frac{u_\mathrm{i}}{R_1 + R_2} = \frac{-A}{R_1 + R_2}\frac{\mathrm{d}B}{\mathrm{d}t}, \tag{3}$$

(wobei der tatsächliche Strom i nach der Lenzschen Regel entgegengerichtet zu i' fließt: $i = -i'$) oder über das Modell der Spannungsquellenersatzschaltung Bild 5.4/1c:

$$i = \frac{u_\mathrm{QL}}{R_1 + R_2} = \frac{A}{R_1 + R_2}\frac{\mathrm{d}B}{\mathrm{d}t}.$$

Die Spannungsabfälle betragen (Bild 5.4/1b):

$$u_2 = i'R_2 = \frac{-R_2}{R_1 + R_2}A\frac{\mathrm{d}B}{\mathrm{d}t}, \quad \text{analog } u_1 = i'R_1.$$

Zahlenmäßig gilt mit $u_\mathrm{i} = -50\,\mathrm{cm}^2 \cdot 0,1\,\mathrm{Vs/m}^2 \cdot 1/t_0 = -0,5\,\mathrm{V}$, also z.B.

$$u_1 = \frac{-R_1}{R_1 + R_2}A\frac{\mathrm{d}B}{\mathrm{d}t} = \frac{-10}{30} \cdot 50\,\mathrm{cm}^2 \cdot 0,1\,\mathrm{T} \cdot t_0^{-1} = \frac{-0,5}{3}\,\mathrm{V}.$$

Die tatsächlichen Spannungsabfälle iR_1, iR_2 sind also u_1, u_2 entgegengerichtet. Die Stromrichtung wird über die Lenzsche Regel überprüft.

b) Wie in Aufgabe a) wird die Umlaufspannung u_i induziert. Die Spannung u_1 ergibt sich nach Bild 5.4/1c als Spannungsabfall $i'R_1$ über R_1, analog beträgt die Spannung $u_2 = i'R_2$. Die Messung der Spannung u_3 umschließt das Magnetfeld durch die Meßleitungen, es wird tatsächlich u_dc gemessen in einer Schleife geschlossen über R_1. Insgesamt ergibt sich eine Ersatzschaltung (Bild 5.4/1d), die die Spannung u_dc herrührend vom eigentlichen Induktionskreis (R_1, R_2), die Spannung u_qL durch die flußumfassenden Leiterdrähte und u_3 als Spannungsabfall am Instrument in einer Masche enthält:

$$u_3 - u_\mathrm{dc} + u_\mathrm{qL} = 0$$
$$u_3 = -u_\mathrm{qL} + u_\mathrm{dc} = u_\mathrm{i} + \frac{R_1}{R_1 + R_2}(-u_\mathrm{i}) = \frac{R_2}{R_1 + R_2}u_\mathrm{i}$$
$$= -\frac{R_2}{R_1 + R_2}A\frac{\mathrm{d}B}{\mathrm{d}t}.$$

Der Unterschied u_1 und u_3 resultiert daraus, daß u_1 keinen Fluß umfaßt, u_3 hingegen den Gesamtfluß.

Aufgabe 5.4/2 Ruheinduktion

Gegeben sei eine offene Leiterschleife (Fläche $A = 0,1\,\mathrm{m}^2$) in der Ebene $z = 0$. Sie werde von einem zeitveränderlichen Magnetfeld

$$\boldsymbol{B}(t) = \frac{1}{\sqrt{2}}(\boldsymbol{e}_y + \boldsymbol{e}_z)\,0,1\,\mathrm{T}\cos\omega t$$

durchsetzt ($\omega = 314\,\mathrm{s}^{-1}$).

a) Welche Spannung $u_{AB}(t)$ wird induziert, stellen Sie $B(t)$ und $u_{AB}(t)$ dar und diskutieren Sie den Verlauf.

b) Welcher Strom $i(t)$ (Größe, Richtung) würde fließen, wenn die Klemmen AB mit einem Widerstand R abgeschlossen wären?

Hinweis: Das Induktionsgesetz trifft eine Aussage über das Umlaufintegral (längs eines geschlossenen oder geschlossen gedachten) Weges.

Lösung:

a) Es liegt Ruheinduktion vor (feste relative Lage zwischen Spule und Magnetfeld). Daher gilt nach Zuordnung eines x-y-z-Systems (Bild 5.4/2a) mit I/Gl.(3.45) und $\mathrm{d}\boldsymbol{A} = \boldsymbol{e}_z\,\mathrm{d}A$

$$
\begin{aligned}
u_{\mathrm{i}} &= -\int_s \frac{\partial \boldsymbol{B}}{\partial t}\cdot \mathrm{d}\boldsymbol{A} = -\int_s \frac{1}{\sqrt{2}}(\boldsymbol{e}_y + \boldsymbol{e}_z)\,0,1\,\mathrm{T}\frac{\partial}{\partial t}\cos\omega t \cdot \boldsymbol{e}_z\,\mathrm{d}A \\
&= \frac{0,1\,\mathrm{T}}{\sqrt{2}}A\omega\sin\omega t = \frac{0,1\,\mathrm{Vs}}{\sqrt{2}\,\mathrm{m}^2}0,1\,\mathrm{m}^2 \cdot 314\,\mathrm{s}^{-1}\sin\omega t \\
&= 2,23\,\mathrm{V}\sin\omega t.
\end{aligned}
$$

Mit der Festlegung von $\boldsymbol{A}$ resp. $\mathrm{d}\boldsymbol{A}$ liegt die Umlaufrichtung von $\boldsymbol{s}$ fest und so auch die von u_{i} gemäß einer Rechtsschraube zu $\mathrm{d}\Phi/\mathrm{d}t$ (Bild 5.4/1a). Bild 5.4/2b zeigt den Verlauf beider Größen. In der ersten Halbperiode sinkt die Flußdichte, und die induzierte Spannung u_{i} nimmt positive Werte an. Wäre die Schleife geschlossen, so würde in der Leiterschleife während der ersten Halbperiode ein Strom in einer solchen Richtung induziert, daß er der Abnahme des Magnetfeldes entgegenwirkt.

Im Bild 5.4/2c wurde dieser Fall skizziert und das nach der Lenzschen Regel von ihm erzeugte Magnetfeld angedeutet. Es wirkt der Flußänderung $\mathrm{d}\Phi/\mathrm{d}t < 0$ (nach unten weisend) entgegen. In der nächsten Halbperiode

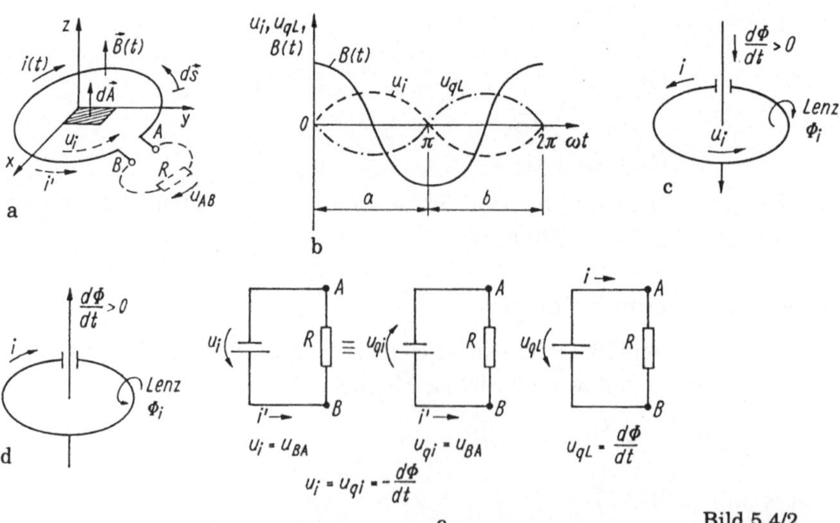

Bild 5.4/2

ist $d\Phi/dt > 0$ und damit $u_i < 0$, wirkt also der im Bild 5.4/2a eingetragenen Richtung u_i entgegen. Die Folge ist Stromrichtungsumkehr (Bild 5.4/2d) und Umkehr des magnetischen Gegenfeldes nach der Lenzschen Regel. Schließlich geht in die Lösung nur die vom Leiter umfaßte Fläche A ein, nicht ihre Form.

b) Liegt zwischen A, B der Widerstand R, so gilt mit der Umlaufspannung in der Masche (sog. EMK-Darstellung, Bild 5.4/2e links):

$$u_i = u_{BA} = i'R, \text{d.h. } i' = u_i/R.$$

Im Bereich $d\Phi/dt < 0$ (Bild 5.4/2c) stimmt dann der nach dem Netzwerkmodell auftretende Strom i' mit tatsächlich fließenden überein, für $d\Phi/dt > 0$ sind beide entgegengerichtet. Statt der EMK-Darstellung (u_i) mit dem Maschensatz $\sum u_i = \sum$ Spannungsabfälle ist auch eine gleichwertige mit einer Spannungsquelle u_{qi} (definiert aus dem Spannungsabfall) möglich mit dem Maschensatz in der Form $\sum u = 0$.

Für die Netzwerkmodellierung des Induktionsgesetzes mit induktivem Spannungsabfall $u_{qL} = d\Phi/dt = -u_i = -2,23\,\text{V}\sin\omega t$ (Bild 5.4/2e rechts) stimmen bei Flußzunahme ($d\Phi/dt > 0$) definierte und tatsächliche Stromrichtung überein.

Aufgabe 5.4/3 Ruheinduktion

Gegeben sei eine Rechteckleiterschleife mit der Querschnittsfläche $A = bh$ in der x-y-Ebene eines Linienleiters, der den Strom $i(t)$ führt (Bild 5.4/3a).

a) Bestimmen Sie die vom Strom $i(t)$ in der Leiterschleife induzierte Spannung $u_{AB}(t)$.

b) Wie groß $u_{AB}(t)$
- für eine Dreieckspannung
- für eine Sinusspannung ($\omega = 314\,\text{s}^{-1}$, $I_0 = 1\,\text{A}$, $T = 20\,\text{ms}$, $\omega = 2\pi f = 2\pi/T$, $f = 1/T = 50\,\text{Hz}$)?

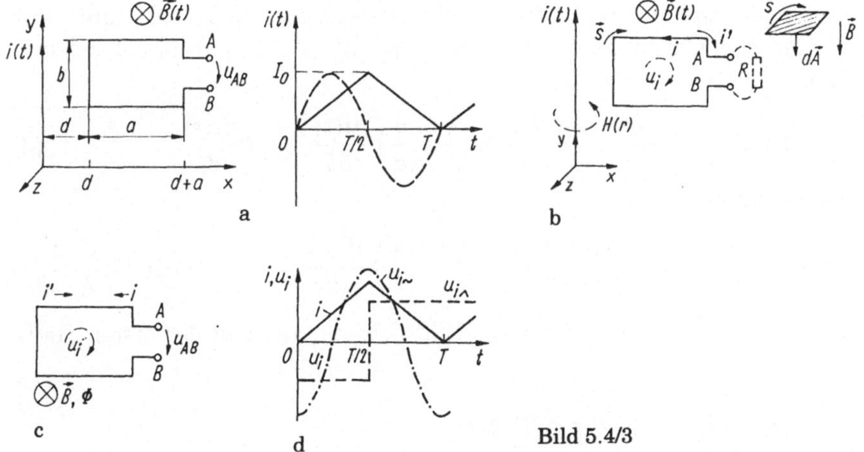

Bild 5.4/3

c) Die Leiterschleife sei geschlossen und habe den Widerstand R. Welcher Strom fließt in der Schleife (Richtung!)? Das von diesem Strom erzeugte Magnetfeld sei vernachlässigt.

Hinweis: Es ist zweckmäßig, zunächst ein Koordinatensystem und die Richtungen der auftretenden Größen zu vereinbaren. Das Induktionsgesetz gibt die Beziehung zwischen Umlaufspannung und Fluß Φ an, letzterer hängt über das Durchflutungsgesetz vom Strom ab. Für die Induktion ist nur der von der Schleife umfaßte Fluß maßgebend.

Lösung:

a) Wir benötigen zunächst die Richtung von B in einem Rechtecksystem, nach der Rechtsschraubenregel weist B in die negative z-Richtung: $B = -B_z e_z$. Diese Richtung folgt über den Durchflutungssatz und die Stromrichtung von $i(t)$ (Bild 5.4/3b). Als nächstes wählen wir die Richtung des Flächenvektors $dA = -b\,dx \cdot e_z$ (Fläche: Länge b, Breite dx). Er weist in die negative z-Richtung. Damit liegt die Umlaufrichtung s im Uhrzeigersinn fest. Es ergeben sich der Reihe nach

- aus dem Durchflutungsgesetz:

$$H_z = -\frac{i(t)}{2\pi r}e_z; \quad B_z = -\frac{i(t)\mu_0}{2\pi r}e_z \tag{1}$$

mit $r = x$

- das Flächenelement $dA = -b\,dx\,e_z$.

Die Umlaufspannung u_i in der Leiterschleife lautet nach I/Gl.(3.45a)

$$u_\mathrm{i} = \oint_s E \cdot ds = -\frac{d\Phi}{dt} = -\int_A \frac{dB}{dt} \cdot dA \tag{2}$$

längs des Weges s, also des Umfangs der Leiterschleife. Umlaufrichtung und Flächenvektor bilden eine Rechtsschraube. Es gilt mit $dA = -e_z b\,dx$ und B mit Gl.(1)

$$\Phi(x) = \int_A B \cdot dA = \int_d^{d+a} \frac{i(t)\mu_0}{2\pi x}b\,dx = \frac{i(t)\mu_0 b}{2\pi}\ln\left(1 + \frac{a}{d}\right). \tag{3}$$

Die Umlaufspannung u_i (Rechtsschraubenzuordnung zu Φ!) führt mit der Maschengleichung in der EMK-Form auf $u_\mathrm{i} = u_\mathrm{AB}$ (Bild 5.4/3c) und damit

$$u_\mathrm{AB} = u_\mathrm{i} = -\frac{d\Phi}{dt} = -\frac{\mu_0 b}{2\pi}\ln\left(1 + \frac{a}{d}\right)\frac{di(t)}{dt} = -k\frac{di(t)}{dt}. \tag{4}$$

Zahlenmäßig ergibt sich

$$u_\mathrm{i} = -4\pi \cdot 10^{-7}\frac{\mathrm{Vs}}{\mathrm{Am}}\frac{0,1\,\mathrm{m}}{2\pi}\ln\left(1 + \frac{4}{2}\right)\frac{di(t)}{dt} = -21,97 \cdot 10^{-9}\frac{\mathrm{Vs}}{\mathrm{A}}\frac{di(t)}{dt}.$$

b) Bei Dreieckverlauf des Stromes (Bild 5.4/3a) ergibt in der ersten Halbperiode

$$\frac{di}{dt} = \frac{I_0}{T/2} \qquad (0 \le t \le T/2))$$

resp. $-2I_0/T$ für $T/2 \leq t \leq T$. Damit folgt für die erste Hälfte

$$u_{\mathrm{i}} = -21{,}97 \cdot 10^{-9} \frac{\mathrm{Vs}}{\mathrm{A}} \frac{2I_0}{T} \approx -22 \cdot 10^{-9} \frac{\mathrm{Vs}}{\mathrm{A}} \cdot \frac{2 \cdot 1\,\mathrm{A}}{20 \cdot 10^{-3}\,s}$$
$$= -2{,}197\,\mu\mathrm{V} = -U_{\max}.$$

In der folgenden Halbperiode kehrt sich das Vorzeichen von $u_{\mathrm{AB}} = u_{\mathrm{i}}(t)$ um.

Bei der Sinusspannung folgt aus $i(t) = I_0 \sin \omega t$, $\mathrm{d}i/\mathrm{d}t = I_0 \cos \omega t$ und damit als Lösung

$$u_{\mathrm{AB}}(t) = u_{\mathrm{i}}(t) = -U_{\max} \cos \omega t \quad \text{mit } U_{\max} = \frac{\mu_0 b}{2\pi} \ln\left(1 + \frac{a}{d}\right) I_0 \omega$$
$$= 21{,}97 \cdot 10^{-9} \frac{\mathrm{Vs}}{\mathrm{A}} \cdot 1\,\mathrm{A} \cdot 314\,\mathrm{s}^{-1} = 6{,}89\,\mu\mathrm{V}.$$

Bild 5.4/3d enthält die Verläufe.

c) Die induzierte Spannung treibt bei geschlossener Schleife nach Bild 5.4/3c den Strom $i' = u_{\mathrm{i}}/R$ an. Der tatsächlich fließende Strom (Richtung) wirkt dabei der Entstehungsursache stets entgegen. Wir erhalten nach Gl.(4)

$$i' = \frac{u_{\mathrm{i}}}{R} = -\frac{1}{R} \frac{\mathrm{d}\Phi}{\mathrm{d}t} = -\frac{k}{R} \frac{\mathrm{d}i}{\mathrm{d}t}.$$

Im Falle des Dreiecksverlaufs (Bild 5.4/3c) ist i' für Stromzunahme ($\mathrm{d}\Phi/\mathrm{d}t > 0$) negativ, d.h. der tatsächlich fließende Strom i wirkt i' entgegen. Das vom induzierten Strom i erzeugte Magnetfeld Φ_{i} schwächt den originären Fluß Φ.

Aufgabe 5.4/4 Ruheinduktion

Durch eine quadratische Leiterschleife (Fläche A, Punkte $P_1 \ldots P_4$) trete eine zeitveränderliche Induktion $B(t)$ (Bild 5.4/4a). Sie verschwinde außerhalb der Fläche. Jedes Seitenteil hat den Widerstand R. An den Punkten A, B ist ein Spannungsmesser u symmetrisch angeschlossen.

a) Welcher Strom $i(t)$ fließt in der Schleife (Größe, Richtung)? Verwenden Sie sowohl die Umlaufspannung als auch den induktiven Spannungsabfall zur Netzwerkmodellierung.

b) Was zeigt das Meßgerät an, welcher Strom würde bei Kurzschluß der Klemmen C, D fließen? (Die Rückwirkung des induzierten Stromes auf das Magnetfeld soll vernachlässigt werden.)

c) Es werde der Leiter 4 entfernt. Welche Spannung (Größe, Vorzeichen) zeigt das Instrument? Am Magnetfeld (Größe, Zeitverlauf) soll sich nichts ändern.

d) Welche Spannung u_{EF} wird für die Anordnung Bild 5.4/4a2 gemessen?

e) Die Zuleitungen des Meßinstrumentes mögen einen Teil (genau die Hälfte) der vom Fluß durchsetzten Fläche beranden (Bild 5.4/4a3). Welche Spannung zeigt das Instrument?

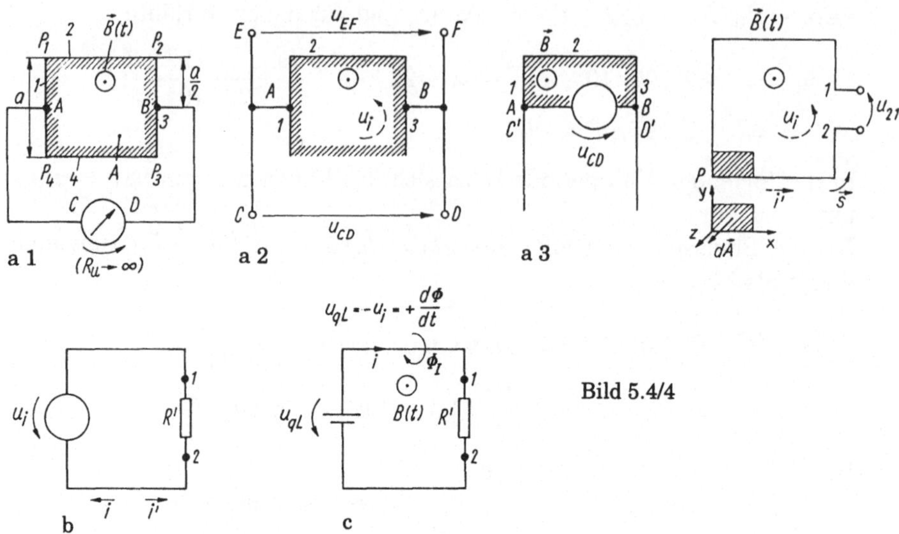

Bild 5.4/4

Hinweis: Achten Sie sorgfältig auf die Richtungszuordnungen, insbesondere zwischen induzierter Spannung und Stromflußrichtung in der Spule. Prüfen Sie letztere mit der Lenzschen Regel.

Lösung:

a) Als Induktionsursache wirkt der zeitveränderliche Fluß $\Phi(t)$ durch den Leiterrahmen. Wir gehen deshalb vom Induktionsgesetz $u_i = -\mathrm{d}\Phi/\mathrm{d}t$ I/Gl.(3.45) aus und führen ein Koordinatensystem ein (Ursprung linke Ecke in P, Bild 5.4/4b). Damit liegen $\mathrm{d}\boldsymbol{A} = \mathrm{d}x\,\mathrm{d}y(\boldsymbol{e}_x \times \boldsymbol{e}_y)$ und die Umlaufrichtung $\boldsymbol{s}$ (Rechtehandregel für Vektor $\mathrm{d}\boldsymbol{A}$) fest. Es gilt mit $(\boldsymbol{e}_x \times \boldsymbol{e}_y) = \boldsymbol{e}_z$

$$\Phi(t) = \int_s \boldsymbol{B}(t) \cdot \mathrm{d}\boldsymbol{A} = B(t)A\boldsymbol{e}_z \cdot (\boldsymbol{e}_x \times \boldsymbol{e}_y) = B(t)A. \quad (>0) \qquad (1)$$

Die induzierte Spannung folgt zu $u_i = -\mathrm{d}\Phi/\mathrm{d}t = -A\,\mathrm{d}B/\mathrm{d}t$. Würde die Spule an einer beliebigen Stelle, z.B. bei 2, 1 unterbrochen, so wäre dort die Spannung $u_i = u_{21}$ zu messen und es gilt (Umlaufmasche)

$$u_{21} = u_i = -A\frac{\mathrm{d}B}{\mathrm{d}t}. \qquad (2)$$

Mit Anschluß eines Widerstandes R' an die Klemmen 2, 1 fließt der (vereinbarte) Strom $i' = u_{21}/R_{\mathrm{ges}}$, hier also mit dem Schleifenwiderstand $4R$:

$$i'(t) = \frac{u_{21}}{R' + 4R} = \frac{u_i}{R' + 4R} = \frac{-A}{R' + 4R}\frac{\mathrm{d}B}{\mathrm{d}t}. \qquad (3)$$

Wir setzen jetzt wieder $R' = 0$. Die Überprüfung der Stromrichtung erfolgt mit der Lenzschen Regel. Das vom Strom $i'(t)$ erzeugte Magnetfeld muß seiner Ursache $\rightarrow B(t)$-Änderung entgegenwirken. Die Rechtsschraubenregel angewandt auf $i'(t)$ zeigt sofort, daß dies nicht zutrifft, m.a.W. tatsächlich der Strom $i = -i'$ in entgegengesetzter Richtung fließt.

Bei Modellierung des Induktionsvorganges mit dem induktiven Spannungsabfall $u_{qL} = -u_i$ (Bild 5.4/4c) fließt der Strom

$$ i = \frac{u_{qL}}{R' + 4R} = \frac{-u_i}{R' + 4R} = \frac{A}{R' + 4R}\frac{dB}{dt} $$

so, daß sein Magnetfeld ($\rightarrow \Phi_i$) der originären Feldänderung entgegenwirkt.

b) Der Spannungsmesser zwischen den Punkten C, B zeigt an: $u_{CB} = u_{AB}$. Wir bestimmen u_{AB} als Spannungsabfall, den der Kreisstrom $i'(t)$ Gl.(3) an den Leiterwiderständen zwischen den Punkten A, P_4, P_3, B erzeugt:

$$ u_{CB} = u_{AB} = i'(t)2R = -\frac{A}{2}\frac{dB}{dt}. \tag{4} $$

c) Fehlt Leiter 4, so kann kein Strom fließen. Das Induktionsgesetz erzeugt aber längs der vorhandenen (oder gedachten!) Berandung von A die induzierte Spannung $u_i = -d\Phi/dt$. Dabei gilt nach Bild 5.4/4a entsprechend der EMK-Darstellung: $u_i = u_{CD}$

$$ u_{CD} = u_i = -A\frac{dB}{dt} $$

oder mit dem Modell des induktiven Spannungsabfalles $u_{qL} = -u_i$ aus $u_{CD} - u_{qL} = 0$:

$$ u_{CD} = -u_{DC} = -u_{qL} = u_i = -A\frac{dB}{dt}. \tag{5} $$

Stromfluß unterbleibt wegen der offenen Schleife. Das Ergebnis stimmt mit Gl.(2) überein, weil der Integrationsweg (Zuleitungen, Leiter 1, 2, 3, Meßinstrument) den gleichen zeitveränderlichen Fluß umschließt.

d) In diesem Fall (Bild 5.4/4a2) umfaßt der Umlaufweg (Zuleitungen, Leiter 1, 2, 3, Meßinstrument) keinen zeitveränderlichen Fluß, daher gilt $u_{CD} = 0$ (keine Induktionswirkung, Strom in der Schleife nicht möglich, daher keine Spannungsabfälle).

e) Jetzt wird nur die Hälfte des Flusses umfaßt (Bild 5.4/4a3) verglichen mit der Ausgangs-Meßanordnung. Daher zeigt das Instrument flächenproportional nur den halben Wert von Aufgabe c) an:

$$ u_{CD} = -\frac{A}{2}\frac{dB}{dt}. $$

Diskussion: Bei Anwendung des Induktionsgesetzes kommt es auf den tatsächlichen, von der Anordnung umfaßten Fluß an, m.a.W. hat die Lage des Spannungsmessers und seiner Zuleitungen stets Einfluß auf das Ergebnis!

Man mißt entweder die Spannung $u_{CD} = 0$ (kein Fluß umfaßt) oder die Spannung $u_{CD} \sim d\Phi/dt$ nach Maßgabe des umfaßten Flusses. (Es sind nur ganze Umlaufspannungen möglich!) Die Spannung sinkt, wenn der umfaßte Fluß kleiner wird ($\rightarrow$ Flächenabnahme).

Die Schwierigkeit des Induktionsgesetzes besteht - im Gegensatz zu anderen Spannungsquellen - darin, daß die induzierte Spannung u_i nicht lokalisierbar ist und sie durch ein Netzwerkmodell in die Stromkreisanalyse einbezogen werden muß.

Aufgabe 5.4/5 Ruheinduktion

Durch ein ebenes Schleifennetz (Bild 5.4/5a) trete ein homogenes zeitveränderliches Magnetfeld $B(t)$ (außerhalb des Netzes Null). Jedes Seitenteil der Schleifen habe den Widerstand R.

a) Welcher Strom fließt in beiden Maschen, wie groß ist die Spannung u_{AB}?

b) Welcher Strom fließt in der linken Masche, wenn A, B kurzgeschlossen werden?

c) Berechnen Sie Aufgabe b) für den Umlauf über beide Maschen.

d) Prüfen Sie die tatsächlichen Stromrichtungen und entwerfen Sie ein Netzwerkmodell unter Benutzung des induktiven Spannungsabfalls.

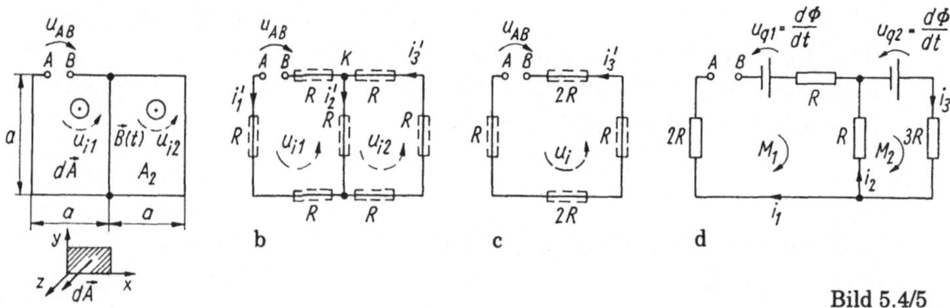

Bild 5.4/5

Hinweis: Wir formulieren zunächst die Umlaufspannung I/Gl.(3.45), wählen ein Netzwerkmodell, prüfen die Richtung der induzierten Ströme und stellen dann die Maschengleichungen auf.

Lösung:

a) Im ersten Schritt legen wir die Richtung des Flächenvektorelementes $\mathrm{d}A$ (in Richtung zu B) fest und damit die Umlaufrichtungen (Rechtsschraube). Dann gelten für beide Umlaufspannungen ($A_1 = A_2 = A$)

$$- \text{links: } u_{i1} = -\frac{\mathrm{d}\Phi}{\mathrm{d}t} = -A\frac{\mathrm{d}B}{\mathrm{d}t} \quad \text{mit } \Phi = \int_s B \cdot \mathrm{d}A = B(t)A \tag{1}$$

$$- \text{rechts: } u_{i2} = -\frac{\mathrm{d}\Phi}{\mathrm{d}t}. \tag{2}$$

Dabei wurde im x-y-z-System $B_z = e_z B\ (> 0)$ und $\mathrm{d}A = (e_x \times e_y)\,\mathrm{d}x\,\mathrm{d}y = e_z\,\mathrm{d}x\,\mathrm{d}y$ gewählt. Man erhält schließlich $A = a^2$.

In der rechten Masche fließt der Strom i'_3 (in Umlaufrichtung):

$$i'_3 = \frac{u_{i2}}{4R} = -\frac{1}{4R}\frac{\mathrm{d}\Phi}{\mathrm{d}t} = -\frac{A}{4R}\frac{\mathrm{d}B}{\mathrm{d}t}. \tag{3}$$

In der linken Masche gilt (Maschensatz gemäß EMK-Zuordnung, $i'_1 = 0$):

$$u_{i1} = -u_{AB} - i'_3 R$$

oder

$$u_{\mathrm{AB}} = -i_3' R - u_{i1} = \frac{A}{4}\frac{\mathrm{d}B}{\mathrm{d}t} + A\frac{\mathrm{d}B}{\mathrm{d}t} = \frac{5}{4}A\frac{\mathrm{d}B}{\mathrm{d}t}.\tag{4}$$

b) Bei Kurzschluß der Klemmen A, B fließen im Netz drei Ströme i_1', i_2', i_3' mit $i_1' + i_2' = i_3'$ (Bild 5.4/5b). Wir formulieren die beiden Maschengleichungen in der EMK-Zuordnung (Leiterwiderstände R im Bild angedeutet):

$$\begin{aligned}
\mathrm{M}_1\circlearrowright : u_{i1} &= i_1'3R - i_2'R &&= -\frac{\mathrm{d}\Phi}{\mathrm{d}t}\\
\mathrm{M}_2\circlearrowright : u_{i2} &= i_2'R + i_3'3R &&= -\frac{\mathrm{d}\Phi}{\mathrm{d}t}.
\end{aligned}\tag{5}$$

Mit dem Knotensatz bei K folgt dann:

$$\begin{aligned}
\mathrm{M}_1\circlearrowright : u_{i1} &= 4Ri_1' - Ri_3' &&= -\frac{\mathrm{d}\Phi}{\mathrm{d}t} = -A\frac{\mathrm{d}B}{\mathrm{d}t}\\
\mathrm{M}_2\circlearrowright : u_{i2} &= 4Ri_3' - Ri_1' &&= -\frac{\mathrm{d}\Phi}{\mathrm{d}t} = -A\frac{\mathrm{d}B}{\mathrm{d}t}.
\end{aligned}\tag{6}$$

Das Gleichungssystem ist symmetrisch, m.a.W. gilt $i_1' = i_3'$ und damit $i_2' = 0$. Daraus folgt schließlich

$$i_1' = i_3' = -\frac{A}{3R}\frac{\mathrm{d}B}{\mathrm{d}t}.\tag{7}$$

c) Wir wählen jetzt (bei sonst gleich bleibenden Orientierungen) den Umlauf über beide Maschen (Fläche $\to 2A$) und erhalten (bei stromlosem Mittelzweig, Bild 5.4/5c)

$$u_\mathrm{i} = i_3'6R \text{ mit } u_\mathrm{i} = -\frac{\mathrm{d}\Phi}{\mathrm{d}t} = -2A\frac{\mathrm{d}B}{\mathrm{d}t}$$

$$i_3' = \frac{u_\mathrm{i}}{6R} = -\frac{1}{6R}\frac{\mathrm{d}\Phi}{\mathrm{d}t} = -\frac{2A}{6R}\frac{\mathrm{d}B}{\mathrm{d}t} = -\frac{A}{3R}\frac{\mathrm{d}B}{\mathrm{d}t}.\tag{8}$$

Das ist genau die Lösung Gl.(7).

d) Wir überprüfen die Stromrichtung, z.B. von i_3'. Nach der Lenzschen Regel würde i_3' einen Fluß Φ_i erzeugen, der die eingeprägte Flußänderung unterstützt: deshalb muß der tatsächlich fließende Strom $i_3 = -i_3'$ entgegengesetzt zu i_3' orientiert sein. (Das trifft auch auf die übrigen Ströme zu.)

Das Netzwerkmodell unter Verwendung der induktiven Spannungsabfälle $u_{\mathrm{qL}} = \mathrm{d}\Phi/\mathrm{d}t$ (rechtswendig zu $\mathrm{d}\Phi/\mathrm{d}t$) ergibt die Anordnung Bild 5.4/5d. Wir erhalten (bei geschlossenen Klemmen A, B):

$$\begin{aligned}
\mathrm{M}_1 : u_{\mathrm{q}1} &= 3Ri_1 - Ri_2 = \frac{\mathrm{d}\Phi}{\mathrm{d}t}\\
\mathrm{M}_2 : u_{\mathrm{q}2} &= Ri_2 + 3Ri_3 = \frac{\mathrm{d}\Phi}{\mathrm{d}t}.
\end{aligned}\tag{9}$$

Ein Vergleich mit Gl.(5) zeigt die Identität.

Diskussion: Die Anwendung des Induktionsgesetzes auf größere Leitergebilde erfordert eine konsequente Netzwerkmodellierung. Dabei sollte dem Modell mit induktivem Spannungsabfall der Vorzug gegeben werden, weil weniger Vorzeichenprobleme auftreten.

Aufgabe 5.4/6 Ruheinduktion

Ein ebenes, in der x-y-Ebene liegendes quadratisches Drahtgitter (Seitenlänge a, Widerstand pro Seite R) werde in z-Richtung vom Magnetfeld $B(t)$ durchsetzt (Bild 5.4/6a1).

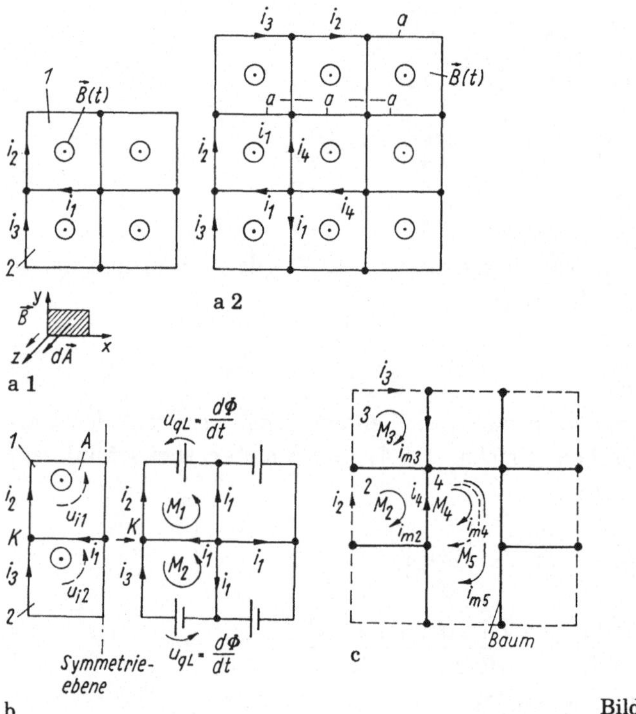

Bild 5.4/6

a) Berechnen Sie die Ströme $i_1 \ldots i_3$ in den eingetragenen Richtungen.

b) Berechnen Sie den Umlaufstrom in der äußeren Masche. Wie ist das Ergebnis zu erklären?

c) Das Drahtgitter werde erweitert (wie in Bild 5.4/6a2 rechts dargestellt). Bestimmen Sie die Ströme in den einzelnen Zweigen!

d) Welche Ströme i_4, i_2, i_3 fließen in den Leiterringen, wenn alle Querverbindungen (Stäbe a im Bild 5.4/6a) unterbrochen werden?

Hinweis: Wir wenden das Induktionsgesetz auf jede Schleife an, beachten aber die Spannungsabfälle in den Zweigen und verwenden zweckmäßig das Modell mit induktivem Spannungsabfall u_{qL}.

Aus Symmetriegründen genügt es, zunächst nur die linke Hälfte zu betrachten (es herrscht sogar Viertelsymmetrie, s.u.).

Lösung:

a) Wir legen zunächst den Flächenvektor $\mathrm{d}\boldsymbol{A} = \mathrm{d}x\,\mathrm{d}y(\boldsymbol{e}_x \times \boldsymbol{e}_y)$ und damit die Umlaufrichtung von s fest (Rechtsschraubenregel, Bild 5.4/6b). Damit wird

$$\Phi(t) = \int_s \boldsymbol{B} \cdot \mathrm{d}\boldsymbol{A} = AB(t)$$

A ist die Fläche eines Leiterquadrates. In Schleife 1 gilt

$$u_{\mathrm{i}1} = -\frac{\mathrm{d}\Phi}{\mathrm{d}t}. \tag{1}$$

Analoge Umlaufspannungen werden in den übrigen Schleifen reduziert, z.B. in Schleife 2: $u_{\mathrm{i}2} = -\mathrm{d}\Phi/\mathrm{d}t$. Anstelle der Umlaufspannungen u_{i} (in Rechtsschraubenzuordnung) und die in gleicher Richtung einzuführenden Ströme i' gehen wir zu den induktiven Spannungsabfällen (u_{qL}, in Rechtsschraubenzuordnung $\mathrm{d}\Phi/\mathrm{d}t$) über (Bild 5.4/6b rechts). Aus Symmetriegründen tritt der Strom i_1 in jedem Zweig des Mittelsternes auf. Dann ergibt sich der Reihe nach:

$$M_1 : -i_1R + i_1R + i_2 2R = u_{\mathrm{qL}} = \frac{\mathrm{d}\Phi}{\mathrm{d}t} = -u_{\mathrm{i}1}$$

$$M_2 : -i_1R + i_1R + i_3 2R = u_{\mathrm{qL}} = \frac{\mathrm{d}\Phi}{\mathrm{d}t} = -u_{\mathrm{i}1}. \tag{2}$$

Daraus folgt

$$i_2 = -\frac{u_{\mathrm{i}1}}{2R} = \frac{A}{2R}\frac{\mathrm{d}\Phi}{\mathrm{d}t} = i_3, \tag{3}$$

d.h. $i_1 = 0$. Aus Symmetriegründen gelten diese Bedingungen auch für die jeweils gegenüberliegenden Ströme. Eine Überprüfung der Stromrichtung mit der Lenzschen Regel bestätigt die positiven Werte i_2, i_3.

b) Für die äußere Masche (Fläche $4A$, 4facher Umlaufwiderstand $\to 8R$) folgt z.B. mit $i_2 = i_3$ nach Bild 5.4/6b:

$$i_3 = \frac{4u_{\mathrm{qL}}}{8R} = \frac{4}{8R}A\frac{\mathrm{d}B}{\mathrm{d}t} = \frac{u_{\mathrm{qL}}}{8R} = \frac{4A}{8R}\frac{\mathrm{d}B}{\mathrm{d}t} \tag{4}$$

d.h. ein unverändertes Ergebnis (s. Gl.(3)).

c) Wir erweitern das Netz wie in Bild 5.4/6a,c dargestellt auf $z = 20$ Zweige und $k = 12$ Knoten und führen ein: die Ströme i_1 in den Querzweigen ($8\times$), die Ströme i_2 in den äußeren Mittelzweigen ($4\times$), die Ströme i_3 ($4\times$) in den Eckzweigen und den Strom i_4 ($4\times$) im inneren Kreis (Bild 5.4/6c). Es ist zweckmäßig, die Lösung mit dem Maschenstromverfahren durchzuführen und einen vollständigen Baum wie dargestellt zu verwenden. Insgesamt treten $m = 9$ Maschenströme auf, die sich folgendermaßen zusammensetzen:

- 4 Maschenströme $i_{\mathrm{m}3} \to M_3$
- 3 Maschenströme $i_{\mathrm{m}2} \to M_2$
- 1 Maschenstrom $i_{\mathrm{m}4} \to M_4$
- 1 Maschenstrom $i_{\mathrm{m}5} \to M_5$.

Die Maschengleichungen lauten der Reihe nach:

$$M_2\circlearrowleft: \quad 4Ri_{m2} - 2Ri_{m3} - Ri_{m4} - Ri_{m5} \quad = -u_i = u_{qL} = \frac{d\Phi}{dt}$$

$$M_3\circlearrowleft: \quad -2Ri_{m2} + 4Ri_{m3} + 0 + 0 \quad = -u_i = u_{qL} = \frac{d\Phi}{dt}$$

$$M_4\circlearrowleft: \quad -3Ri_{m2} + 0 + 4Ri_{m4} + 3Ri_{m5} \quad = -u_i = u_{qL} = \frac{d\Phi}{dt} \tag{5}$$

$$M_5\circlearrowleft: \quad -3Ri_{m2} - 2Ri_{m3} + 3Ri_{m4} + 6Ri_{m5} \quad = -2u_i = 2u_{qL} = 2\frac{d\Phi}{dt}.$$

In der letzten Zeile wurde rechts die doppelte Umlaufspannung berücksichtigt, weil der Fluß die doppelte Fläche durchsetzt (u_i ist die Umlaufspannung eines Quadrates). Im endgültigen Netz muß aus Symmetriegründen $i_{m2} = i_{m5}$ (mittlerer Zweig im Außenkreis) sein, d.h. wir können Spalte i_{m5} mit Spalte i_{m2} zusammenfassen und dann Zeile M_5 streichen. Das endgültige Ergebnis lautet dann:

$$\begin{aligned}
M_2\circlearrowleft: &\quad 3Ri_{m2} &-2Ri_{m3} &\quad -Ri_{m4} &= -u_i \\
M_3\circlearrowleft: &\quad -2Ri_{m2} &+4Ri_{m3} &\quad +0 &= -u_i \\
M_4\circlearrowleft: &\quad 0 &+0 &\quad +4Ri_{m4} &= -u_i.
\end{aligned} \tag{6}$$

Daraus folgt sofort $i_{m4} = -u_i/4R$. Eliminieren von i_{m4} aus Zeile M_1 führt auf

$$\begin{aligned}
M_2\circlearrowleft: &\quad 3Ri_{m2} &-2Ri_{m3} &= -u_i - u_i/4 \\
M_3\circlearrowleft: &\quad -2Ri_{m2} &+4Ri_{m3} &= -u_i.
\end{aligned} \tag{7}$$

Das Gleichungssystem besitzt die Lösungen für die Maschenströme i_{m2}, i_{m3}:

$$i_{m2} = -\frac{7}{8}\frac{u_i}{R}; \quad i_{m3} = -\frac{11}{16}\frac{u_i}{R}. \tag{8}$$

Im letzten Schritt muß statt u_i noch Gl.(1) eingeführt werden. Die Berechnung der Zweigströme Bild 5.4/6c liefert:

$$\begin{aligned}
i_2 &= i_{m2}, &\quad i_1 &= i_{m2} - i_{m3} \\
i_3 &= i_{m3}, & & \\
i_4 &= i_{m4} + i_{m5} - i_{m2} &= i_{m4}.
\end{aligned} \tag{9}$$

Die Ströme i_1 in den Querzweigen verschwinden nicht, sondern betragen

$$i_1 = \left(-\frac{7}{8} + \frac{11}{16}\right)\frac{u_i}{R} = -\frac{3}{16}\frac{u_i}{R}. \tag{10}$$

Man vermutet zunächst verschwindende Ströme i_1, was jedoch wegen der verschiedenen effektiv wirkenden Widerstände in den Außenmaschen nicht zutrifft.

d) Fehlen sämtliche Querverbindungen zwischen inneren und äußeren Knoten, so gilt

- für den inneren Leiterring

$$i_{m4}4R = -u_i \rightarrow i_{m4} = -\frac{u_i}{4R}$$

(unverändert)

- für den äußeren Leiterring $i_2 = i_3$

$$12Ri_{m2} = -u_i'$$

und mit $u_i' = -9A\mathrm{d}B/\mathrm{d}t$ schließlich

$$i_{m2} = \frac{9}{12R}A\frac{\mathrm{d}B}{\mathrm{d}t}. \tag{11}$$

Diskussion: Die Kontrolle der Stromrichtungen mit der Lenzschen Regel ergibt, daß z.B. i_2, i_3 mit den tatsächlichen Stromrichtungen übereinstimmen.

Aufgabe 5.4/7 Ruheinduktion

Eine flache Ringspule (w Windungen, Durchmesser $2R$, sehr dünner Draht) liege in der Ebene eines langen geraden Leiters. Er wird vom Strom $i(t) = I_0 \sin\omega t$ durchflossen (Bild 5.4/7a).

a) Welche Spannung wird in der Schleife induziert?
b) Wie groß ist die Spannung, wenn die Schleife durch eine Quadratspule (Seitenlänge $2R$) ersetzt wird?
c) Welche Werte ergeben sich für $a = 10\,\mathrm{cm}$, $R = 5\,\mathrm{cm}$, $w = 100$, $\omega = 314\,\mathrm{s}^{-1}$, $I_0 = 1\,\mathrm{A}$?
d) Welche Näherung ergibt sich, wenn der Spulenradius R klein gegen den Abstand a ist?

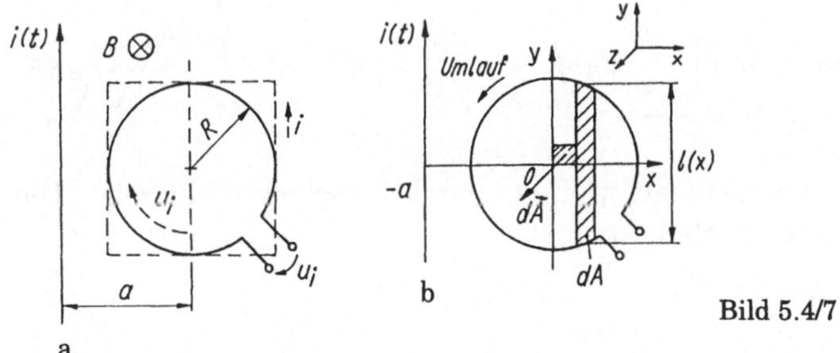

Bild 5.4/7

Hinweis: Der gerade Leiter erzeugt ein Magnetfeld, das nach dem Durchflutungssatz mit wachsender Entfernung sinkt. Die Schleife wird von einem orts- und zeitabhängigen Fluß durchsetzt. Nach dem Induktionsgesetz I/Gl.(3.45) entsteht eine Umlaufspannung in der Schleife.

Lösung:

a) Wir legen ein Rechteckkoordinatensystem in den Schleifenmittelpunkt (Bild 5.4./7b). Die Flußdichte B zeigt dann in die negative z-Richtung (Anwendung des Durchflutungssatzes):

$$B = -\frac{\mu_0 i(t)}{2\pi(x + a)}\boldsymbol{e}_z. \tag{1}$$

Als Fläche $\mathrm{d}\boldsymbol{A}$ wählen wir einen Streifen der Breite $\mathrm{d}x$ und mittleren Länge $l(x)$: ($\rightarrow \mathrm{d}x$, $\boldsymbol{l} \sim \boldsymbol{y}$) $\mathrm{d}\boldsymbol{A} = l(x)\,\mathrm{d}x\boldsymbol{e}_z$. Die Streifenlänge hängt von x ab, denn die Fläche ist beidseitig durch den Kreisring begrenzt. Seine

Kreisgleichung lautet

$$x^2 + \left(\frac{l(x)}{2}\right)^2 = R^2 \rightarrow l(x) = 2\sqrt{R^2 - x^2}. \tag{2}$$

Damit beträgt der Fluß $\Phi(x,t)$ durch die Ringspule:

$$\begin{aligned}
\Phi(t) &= \int_s \boldsymbol{B} \cdot \mathrm{d}\boldsymbol{A} = \frac{-\mu_0 i(t)}{2\pi} \int_{-l_1}^{l_1} \frac{l(x)\,\mathrm{d}x}{x + a} \\
&= -\frac{2\mu_0 i(t)}{2\pi} \int_{-R}^{R} \frac{\sqrt{R^2 - x^2}\,\mathrm{d}x}{x + a}.
\end{aligned} \tag{3}$$

Zur Lösung des Integrals substituieren wir $x + a = \eta$ mit $\mathrm{d}\eta/\mathrm{d}x = 1$ und erhalten

$$\Phi(t) = -\frac{\mu_0 i(t)}{\pi} \int_{a-R}^{a+R} \frac{\sqrt{X}\,\mathrm{d}\eta}{\eta}. \tag{4}$$

Dabei wurde ersetzt:

$$\begin{aligned}
\sqrt{R^2 - x^2} &= \sqrt{R^2 - (\eta - a)^2}; \quad X = R^2 - (\eta - a)^2 \\
&= (R^2 - a^2) + 2a\eta - \eta^2.
\end{aligned}$$

Das Integral Gl.(4) ist tabelliert:

$$\int_{a-R}^{a+R} \frac{\sqrt{X}}{\eta}\,\mathrm{d}\eta = \underbrace{\left.\sqrt{X}\right|_{a-R}^{a+R}}_{0} + a \int_{a-R}^{a+R} \frac{\mathrm{d}\eta}{\sqrt{X}} + (R^2 - a^2) \int_{a-R}^{a+R} \frac{\mathrm{d}\eta}{\eta\sqrt{X}}. \tag{5}$$

Der erste Term verschwindet, wie man durch Einsetzen leicht zeigt. Die beiden folgenden Integrale betragen:

$$\begin{aligned}
I_1 &= \int_{a-R}^{a+R} \frac{\mathrm{d}\eta}{\sqrt{X}} = -\arcsin \frac{2a - 2\eta}{2R} \bigg|_{a-R}^{a+R} \\
&= -\arcsin -\frac{R}{R} + \arcsin \frac{R}{R} = \pi
\end{aligned} \tag{6}$$

$$\begin{aligned}
I_2 &= \int_{a-R}^{a+R} \frac{\mathrm{d}\eta}{\eta\sqrt{X}} = \frac{1}{\sqrt{a^2 - R^2}} \arcsin \frac{2a\eta + 2(R^2 - a^2)}{2R\eta} \bigg|_{a-R}^{a+R} \\
&= \frac{1}{\sqrt{a^2 - R^2}}(\arcsin 1 - \arcsin(-1)) = \frac{\pi}{\sqrt{a^2 - R^2}}.
\end{aligned} \tag{7}$$

Damit ergibt sich zusammengefaßt:

$$\int_{-R}^{R} \frac{\sqrt{R^2 - x^2}\,\mathrm{d}x}{x + a} = a\pi + \frac{\pi(R^2 - a^2)}{\sqrt{a^2 - R^2}} = (a - \sqrt{a^2 - R^2})\pi \tag{8}$$

und schließlich als induzierte Spannung:

$$u_{\mathrm{i}}(t) = -w \frac{\mathrm{d}\Phi}{\mathrm{d}t} = \frac{w\mu_0}{\pi}\pi(a - \sqrt{a^2 - R^2})\frac{\mathrm{d}i(t)}{\mathrm{d}t} \tag{9}$$

oder mit der Zeitfunktion $i(t)$:

$$u_\mathrm{i}(t) = w\mu_0(a - \sqrt{a^2 - R^2})\omega I_0 \cos\omega t. \tag{10}$$

b) Bei Ersatz der Spule durch eine Quadratspule ergibt sich (vgl. Aufgabe 5.3/1) für den Fluß

$$\Phi(t) = \frac{w\mu_0}{2\pi} \int_{a-R}^{a+R} \frac{2R\,\mathrm{d}x}{x} \frac{\mathrm{d}i}{\mathrm{d}t} = \frac{w\mu_0}{2\pi} 2R \cdot \ln\left(\frac{a+R}{a-R}\right) \frac{\mathrm{d}i(t)}{\mathrm{d}t}. \tag{11}$$

Wir erhalten damit:

$$u_\mathrm{i}(t) = w\mu_0 \frac{R}{\pi} \ln\left(\frac{a+R}{a-R}\right) \omega I_0 \cos\omega t. \tag{12}$$

Gegenüber Gl.(10) ändert sich nur der "Vorfaktor".

c) Zahlenmäßig ergibt sich nach Gl.(10)

$$a - \sqrt{a^2 - R^2} = 10\,\mathrm{cm} - \sqrt{100\,\mathrm{cm}^2 - 25\,\mathrm{cm}^2} = 1,33\,\mathrm{cm}$$

nach Gl.(12)

$$\frac{R}{\pi} \ln\left(\frac{a+R}{a-R}\right) = \frac{5\,\mathrm{cm}}{\pi} \ln\frac{15}{5} = 1,74\,\mathrm{cm}.$$

Der Unterschied ist relativ gering. Die übrigen Werte betragen für die Ringspule

$$\begin{aligned} u_\mathrm{i}(t) &= 100 \cdot 4\pi \cdot 10^{-7} \frac{\mathrm{Vs}}{\mathrm{Am}} \cdot 1,33\,\mathrm{cm} \cdot 314 \frac{1}{\mathrm{s}} \cdot 1\,\mathrm{A} \cos\omega t \\ &= 52 \cdot 10^{-2}\,\mathrm{mV} \cos\omega t. \end{aligned}$$

d) Weit entfernt von der Spule, d.h. für $a \gg R$, läßt sich in Gl.(10) nähern

$$a - a\sqrt{1 - \left(\frac{R}{a}\right)^2} \approx a - a\left(1 - \frac{1}{2}\left(\frac{R}{a}\right)^2\right) = \frac{R^2}{2a}. \tag{13}$$

Wir entwickeln analog für die Rahmenspule: $(\ln(1+x)/(1-x) \approx 2x)$

$$\frac{R}{\pi} \ln\frac{a+R}{a-R} = \frac{R}{\pi} \ln\frac{1+R/a}{1-R/a} \approx \frac{R}{\pi} 2\frac{R}{a} = \frac{2}{\pi}\frac{R^2}{a}. \tag{14}$$

Der Unterschied liegt im Faktor $2/\pi \approx 0,63$ gegen $1/2$ und zwar zugunsten der größeren Fläche der Rechteckspule (Rahmenfläche $A = (2R)^2$, Kreis πR^2).

Aufgabe 5.4/8 Ruheinduktion

Ein sog. EI-Eisenkern (ohne Luftspalt) sei mit drei Wicklungen $w_1 \ldots w_3$ versehen, wovon w_2, w_3 in der dargestellten Weise zusammengeschaltet sind (Bild 5.4/8a).

Welche Spannung $u(t)$ entsteht an w_2, w_3, wenn Spule w_1 vom Strom $i(t)$ durchflossen ist? (Es werden homogene magnetische Felder und linea-

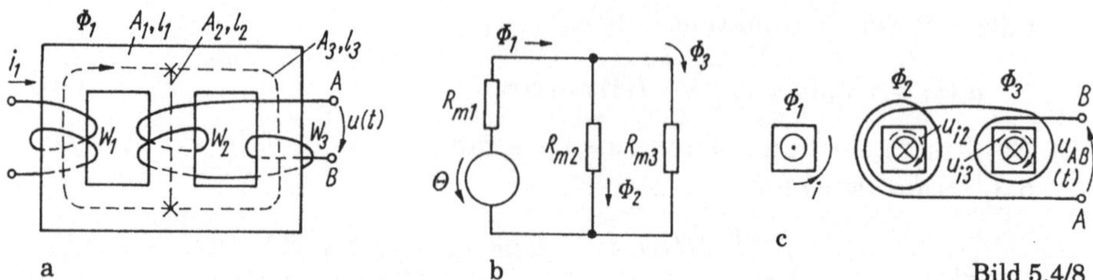

Bild 5.4/8

rer $B(H)$-Zusammenhang vorausgesetzt.) Gegeben: $l_1 \ldots l_3$ (mittlere Eisenweglänge), Querschnitte $A_1 \ldots A_3$, μ_{r}.

Hinweis: Wir bestimmen zunächst den durch i_1 erzeugten magnetischen Fluß im Eisenkreis und die Teilflüsse durch Spule w_1, w_2 mit dem Durchflutungssatz oder über den magnetischen Kreis. Der Windungssinn der Spule bezüglich der Flußrichtung bestimmt die Richtung der induzierten Spannung. Die Flußberechnung selbst kann auf verschiedene Weise erfolgen.

Lösung:

Wir gehen von der magnetischen Ersatzschaltung des Eisenkreises aus (Bild 5.4/8b) und erhalten für die einzelnen Flüsse mit $\Theta = i_1 w$:

$$\Phi_1 = \frac{\Theta}{R_{\mathrm{m1}} + R_{\mathrm{m2}} \parallel R_{\mathrm{m3}}}; \quad \frac{\Phi_2}{\Phi_1} = \frac{1/R_{\mathrm{m2}}}{1/R_{\mathrm{m2}} + 1/R_{\mathrm{m3}}};$$

$$\frac{\Phi_3}{\Phi_1} = \frac{1/R_{\mathrm{m3}}}{1/R_{\mathrm{m2}} + 1/R_{\mathrm{m3}}}. \tag{1}$$

Mit $R_{\mathrm{m1}} = R_{\mathrm{m3}}$ (aus Symmetriegründen) folgt dann (magnetische Widerstände $R_{\mathrm{m1}} \ldots R_{\mathrm{m3}}$ aus Geometrie berechnen)

$$\Phi_2 = \frac{\Theta}{R_{\mathrm{m2}}(2 + R_{\mathrm{m1}}/R_{\mathrm{m2}})} = \frac{i_1 w_1 \mu_{\mathrm{r}} \mu_0 A_2}{l_2(2 + (l_1/l_2) A_2/A_1)}$$

$$\Phi_3 = \frac{\Theta}{R_{\mathrm{m1}}(2 + R_{\mathrm{m1}}/R_{\mathrm{m2}})} = \frac{i_1 w_1 \mu_{\mathrm{r}} \mu_0 A_1}{l_1(2 + (l_1/l_2) A_2/A_1)}. \tag{2}$$

Im nächsten Schritt legen wir die Umlaufrichtungen der induzierten Spannungen u_2, u_3 in den Spulen w_2, w_3 fest. Die Flußrichtung Φ_1, Φ_2, Φ_3 ist jeweils durch die Richtung des Stromes i_1 und den Windungssinn w_1 gegeben. Im Bild 5.4/8c sind Windungen und Flüsse eingetragen. Die Spulen w_2, w_3 haben den gleichen Windungssinn, werden von den Teilflüssen Φ_2, Φ_3 in gleichen Richtungen durchsetzt, und es gilt daher die Zuordnung

$$u_{\mathrm{i2}} + u_{\mathrm{i3}} - u_{\mathrm{AB}} = 0. \tag{3}$$

Mit

$$u_{\mathrm{i2}} = -w_2 \frac{\mathrm{d}\Phi_2}{\mathrm{d}t}; \quad u_{\mathrm{i3}} = -w_3 \frac{\mathrm{d}\Phi_3}{\mathrm{d}t}$$

ergibt sich zusammengefaßt

$$u_{\mathrm{AB}} = -\frac{w_1 \mu_{\mathrm{r}} \mu_0}{2 + (l_1/l_2) A_2/A_1} \frac{\mathrm{d}i}{\mathrm{d}t} \left(\frac{w_2 A_2}{l_2} + \frac{w_3 A_1}{l_1} \right) = M \frac{\mathrm{d}i}{\mathrm{d}t}. \tag{4}$$

Dabei ist M die Gegeninduktivität.

Aufgabe 5.4/9 Induktionsgesetz

Gegeben sind zwei Metallschienen im homogenen Magnetfeld in der x-y-Ebene ($\boldsymbol{B}(t)$ in z-Richtung orientiert, Bild 5.4/9a). Der Leiterwiderstand sei vernachlässigbar. Die Schleife sei links bei A, B offen. Der Leiter L werde durch eine äußere Kraft mit der Geschwindigkeit $\boldsymbol{v}$ nach rechts bewegt, zur Zeit $t = 0$ starte er bei $x_0 = 0$.

a) Bestimmen Sie die Spannung u_{AB} im Zeitbereich $0 \leq t \leq (a - x_0)/v$ mit dem Induktionsgesetz in der Form $u_i = -d\Phi/dt$ (I/Gl.(3.45)). Geben Sie eine Ersatzschaltung an für das Induktionsgesetz je in links- und rechtswendiger Flußzuordnung. Wie fließt ein Strom $i(t)$ in der Schleife, wenn zwischen AB ein Widerstand R liegt?

b) Wiederholen Sie Aufgabe a) mit der induzierten Quellenspannung $u_{qL} = +d\Phi/dt$.

c) Wählen Sie den Flächenvektor $d\boldsymbol{A}$ entgegengesetzt zu $\boldsymbol{B}$ und berechnen Sie u_{AB} entsprechend Aufgabe a) resp. b).

d) Bestimmen Sie die Spannung u_{AB} nach Aufgabe a) (Richtung $d\boldsymbol{A}$) mit dem Induktionsgesetz in der Form I/Gl.(3.45e).

e) Prüfen Sie die Richtung des Beitrages $\oint (\boldsymbol{v} \times \boldsymbol{B}) \cdot d\boldsymbol{s}$ in I/Gl.(3.45e) durch direkte Auswertung der Vektoren $\boldsymbol{v}$, $\boldsymbol{B}$, $d\boldsymbol{s}$.

f) Zeigen Sie, daß die induzierte Spannung $u_i = \oint \boldsymbol{E} \cdot d\boldsymbol{s}$ bei Übergang zu einem bewegten Bezugssystem die Lösung I/Gl.(3.45e) ergibt (s. I/Gl.(3.46c)).

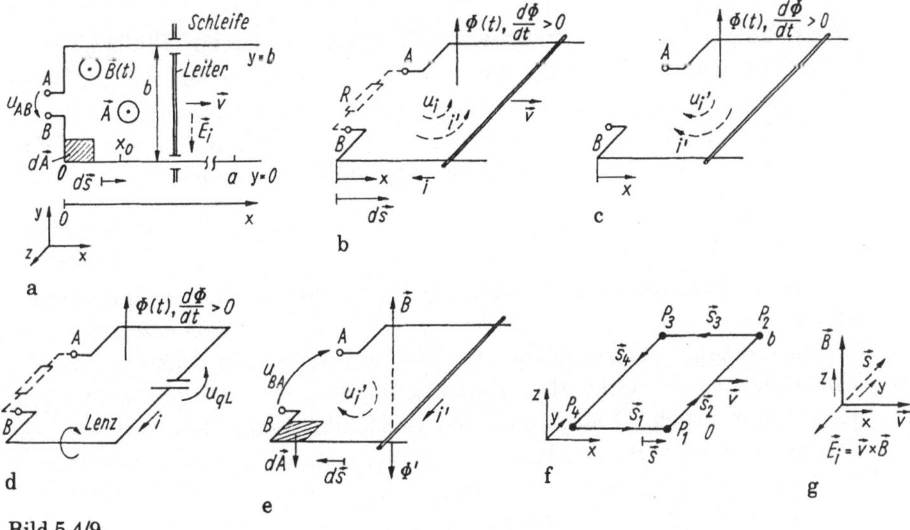

Bild 5.4/9

Hinweis: In der Aufgabe ändern sich im Induktionsgesetz sowohl $\boldsymbol{B}(t)$ als auch die Fläche $\boldsymbol{A}(t)$. Daher ist auszugehen von

$$u_i = -\frac{d\Phi}{dt} = -\frac{d\boldsymbol{B} \cdot \boldsymbol{A}}{dt} = -\boldsymbol{A} \cdot \frac{d\boldsymbol{B}}{dt} + \boldsymbol{B} \cdot \frac{d\boldsymbol{A}}{dt}; \quad (\boldsymbol{B} \parallel \boldsymbol{A})$$

oder gleichwertig auch von

$$u_\mathrm{i} = -\int_A \frac{\partial \boldsymbol{B}}{\partial t}\,\mathrm{d}\boldsymbol{A} + \oint_s (\boldsymbol{v} \times \boldsymbol{B}) \cdot \mathrm{d}\boldsymbol{s}.$$

Lösung:

a) Durch die Stabbewegung vergrößert sich die von $\boldsymbol{B}$ durchsetzte Fläche und damit der Fluß $\Phi(x,t)$. Seine zeitliche Änderung verursacht die induzierte Spannung.
Wir wählen zur Berechnung von Φ die Vektoren $\boldsymbol{A}$ resp. $\mathrm{d}\boldsymbol{A}$ und $\boldsymbol{B} = B_z\boldsymbol{e}_z$, $\mathrm{d}\boldsymbol{A} = \mathrm{d}x\,\mathrm{d}y(\boldsymbol{e}_x \times \boldsymbol{e}_y) = \boldsymbol{e}_z\,\mathrm{d}x\,\mathrm{d}y = \boldsymbol{e}_z b\,\mathrm{d}x$, also für $\mathrm{d}\boldsymbol{A}$ die gleiche Richtung wie für $\boldsymbol{B}$ (Bild 5.4/9a). Mit der Wahl von $\mathrm{d}\boldsymbol{A}$ liegt die Umlaufrichtung s fest (Rechtehandregel) und damit auch die Zuordnung zum Fluß Φ (er weist aus der Papierebene heraus). Insgesamt gilt für den Fluß

$$\begin{aligned}
\Phi(x,t) &= \int_A \boldsymbol{B} \cdot \mathrm{d}\boldsymbol{A} = \int_0^{x_0+vt} B_z\boldsymbol{e}_z \cdot \boldsymbol{e}_z b\,\mathrm{d}x = B_z(t)bx\big|_0^{x_0+vt} \\
&= B_z(t)b(x_0 + v_x t).
\end{aligned} \tag{1}$$

Die Umlaufspannung u_i = induzierte Quellenspannung ergibt sich nach I/Gl.(3.45a) zu

$$u_\mathrm{i} = -\frac{\mathrm{d}\Phi}{\mathrm{d}t} = -\left(b(x_0 + v_x t)\frac{\mathrm{d}B_z}{\mathrm{d}t} + B_z(t)bv_x\right). \tag{2}$$

Die Bezugsrichtung der induzierten Spannung u_i ist zur Flußänderung $\mathrm{d}\Phi/\mathrm{d}t$ nach einer Rechtsschraube festgelegt. Für die an AB meßbare (Spannungsmesser!) Spannung u_AB folgt aus dem Maschensatz (u_i in Umlaufrichtung, EMK-Begriff!) $u_\mathrm{i} = u_\mathrm{AB}$, weil die Summe der EMK ($= u_\mathrm{i}$) gleich der Summe der Spannungsabfälle sein muß:

$$u_\mathrm{AB} = u_\mathrm{i} = -\frac{\mathrm{d}\Phi}{\mathrm{d}t} < 0. \tag{3}$$

Ein Strom $i'(t)$ würde in Umlaufrichtung u_i fließen und den Spannungsabfall $u_\mathrm{AB} = i'R$ an einem Widerstand R zwischen A, B erzeugen. Der Strom i' erzeugt einen Fluß Φ' (Bild 5.4/9b) in gleicher Richtung wie die Flußänderung Φ, wirkt also *nicht* gegenläufig, wie nach der Lenzschen Regel erforderlich. Deshalb muß der tatsächlich fließende Strom $i = -i'$ der angesetzten Stromrichtung entgegenwirken. Wie setzen daher besser:

$$u_\mathrm{BA} = iR = -u_\mathrm{AB} = -u_\mathrm{i} = +\frac{\mathrm{d}\Phi}{\mathrm{d}t} > 0,$$

Diskussion: Der erste Teil in Gl.(2)

$$u_\mathrm{BA} = \underbrace{b(x_0 + v_x t)}_{A(t)}\frac{\mathrm{d}B_z}{\mathrm{d}t} + B_z(t)\underbrace{bv_x}_{\frac{\mathrm{d}A}{\mathrm{d}t}} \tag{4}$$

stellt mit $A(t) = b(x_0 + v_x t)$ die Ruheinduktion dar (insbesondere für $v_x = 0$, Stab bei x_0 in Ruhe), der zweite mit $B_z\, \mathrm{d}A/\mathrm{d}t$ auch für $B_z = \mathrm{const.}$ die Bewegungsinduktion, verallgemeinert:

$$u_{\mathrm{BA}} = \boldsymbol{A} \cdot \frac{\mathrm{d}\boldsymbol{B}}{\mathrm{d}t} + \boldsymbol{B} \cdot \frac{\mathrm{d}\boldsymbol{A}}{\mathrm{d}t} = \frac{\mathrm{d}}{\mathrm{d}t}\boldsymbol{B} \cdot \boldsymbol{A} = \frac{\mathrm{d}\Phi}{\mathrm{d}t}. \tag{5}$$

Aus Gl.(4) ergibt sich mit den gegebenen Größen $\boldsymbol{v}$, $\boldsymbol{B}$ (und Richtungen) $u_{\mathrm{BA}} > 0$ wie erwartet (s.u.).

Wir wählen jetzt eine linkswendige Zuordnung zwischen induzierter Spannung u_i' und Flußänderung $\mathrm{d}\Phi/\mathrm{d}t$ (Bild 5.4/9c). Es gilt $u_i' = -u_i = -(-\mathrm{d}\Phi/\mathrm{d}t) = \mathrm{d}\Phi/\mathrm{d}t$. Im Kreis fließt dann - angetrieben durch u_i' der Strom i' und die Masche liefert (nach der EMK-Auffassung) $u_i' = u_{\mathrm{BA}}$, also

$$u_{\mathrm{BA}} = \frac{\mathrm{d}\Phi}{\mathrm{d}t}, \qquad u_{\mathrm{AB}} = -\frac{\mathrm{d}\Phi}{\mathrm{d}t} \tag{6}$$

übereinstimmend mit Gl.(3).

Der durch u_i' im Kreis angetriebene Strom i' stimmt mit dem tatsächlich fließenden i überein. Dies ist die Form des Induktionsgesetzes mit den induktiven Spannungsabfällen $u_{\mathrm{L}} = u_{\mathrm{qL}} = \mathrm{d}\Phi/\mathrm{d}t$.

Bei der Ausdeutung des Induktionsgesetzes durch eine Ersatzschaltung besteht sowohl in Aufgabe a) wie b) die Schwierigkeit, daß die Quelle u_i resp. u_{qL} nicht lokalisiert werden kann, sie "liegt eben nur in der Masche". In der rechtswendigen Form (Bild 5.4/9b) ist die Spannungsquelle u_i in Richtung zu i' angeordnet (VPS für die Quelle), in der linkswendigen Form (Bild 5.4/9c) wirkt u_i in Richtung i (EPS), also entspricht diese Anordnung dem üblichen aktiven Zweipol.

b) Wird die sog. induzierte Quellenspannung $u_{\mathrm{qL}} = +\mathrm{d}\Phi/\mathrm{d}t$ verwendet (mit den Zuordnungen nach Bild 5.4/9d), so ergibt sich aus der Ersatzschaltung (mit Verwendung des üblichen Spannungsquellensymbols und der Zuordnung von u_{qL} als Spannungsabfall)

$$u_{\mathrm{qL}} = u_{\mathrm{BA}} = \frac{\mathrm{d}\Phi}{\mathrm{d}t}$$

im Leerlauf resp. bei Abschluß mit dem Widerstand R ($u_{\mathrm{BA}} = iR$):

$$i = \frac{1}{R}\frac{\mathrm{d}\Phi}{\mathrm{d}t}\,(> 0).$$

In diesem Fall ist u_{qL} rechtswendig und i linkswendig zu $\mathrm{d}\Phi/\mathrm{d}t(> 0)$ zugeordnet, und es gilt das übliche Modell des Grundstromkreises.

c) Wir wählen jetzt einen Flächenvektor $\mathrm{d}\boldsymbol{A} = (\boldsymbol{e}_y \times \boldsymbol{e}_x)\,\mathrm{d}x\,\mathrm{d}y = -\boldsymbol{e}_z\,\mathrm{d}x\,\mathrm{d}y$, also in negativer z-Richtung (Bild 5.4/9e). Damit liegt die Umlaufrichtung s nach der Rechtehandregel fest. Gleichermaßen definieren wir einen Fluß Φ' in die Papierebene bzw. "nach unten" gerichtet

$$\begin{aligned}
\Phi' &= \int_A \boldsymbol{B} \cdot \mathrm{d}\boldsymbol{A} = \int_A B_z \boldsymbol{e}_z \cdot (-\boldsymbol{e}_z b\,\mathrm{d}x) = -\int_0^{x_0+vt} B_z b\,\mathrm{d}x \\
&= -B_z b(x_0 + v_x t).
\end{aligned} \tag{7}$$

also entgegengesetzt zu Φ (s. Gl.(1)). (Übrigens ergibt sich dies auch aus $\boldsymbol{B} \cdot \mathrm{d}\boldsymbol{A} = B \, \mathrm{d}A \cos \sphericalangle(\boldsymbol{B}, \mathrm{d}\boldsymbol{A})$ mit $\cos \pi = -1$.)

Die Umlaufspannung lautet $u_\mathrm{i}' = -\mathrm{d}\Phi'/\mathrm{d}t$ I/Gl.(3.45a) oder in Verbindung mit u_AB: $u_\mathrm{i}' = u_\mathrm{BA}$ (Bild 5.4/9e)

$$u_\mathrm{BA} = -u_\mathrm{AB} = +u_\mathrm{i}' = -\frac{\mathrm{d}\Phi'}{\mathrm{d}t} = +\frac{\mathrm{d}}{\mathrm{d}t}(B_z(t)b(x_0 + vt)). \tag{8}$$

Das ist aber Gl.(4). Wir vermerken: Die Wahl der Flächenvektorrichtung ist an sich gleichgültig, wenn der Weg s rechtswendig zugeordnet wird und für den sich ergebenden Fluß Φ bzw. Φ' das Induktionsgesetz sinngemäß angewendet wird.

Probleme bereitet hierbei allerdings die Tatsache, daß jetzt $\boldsymbol{B}$ und Φ' entgegengesetzt gerichtet sind, was der Anschauung (gleiche Richtung von $\boldsymbol{B}$ und Φ) zuwiderläuft. Deshalb sollten die Richtungen von $\boldsymbol{B}$ und $\boldsymbol{A}$ stets gleich orientiert werden.

Den Strom i' (bei geschlossener Schleife Bild 5.4/9e) führen wir in Richtung u_i' ein (falls der Kreis bei u_AB geschlossen ist):

$$i' = \frac{u_\mathrm{BA}}{R} = -\frac{u_\mathrm{AB}}{R} = +\frac{1}{R}\frac{\mathrm{d}}{\mathrm{d}t}(B_z b(x_0 + vt)) > 0, \tag{9}$$

er fließt jetzt in Richtung des tatsächlich fließenden Stromes i nach Bild 5.4/9b.

d) Die Lösung nach dem Induktionsgesetz I/Gl.(3.45e) mit Bewegungs- und Ruheanteil verlangt zunächst die Festlegung des Flächenvektors $\mathrm{d}\boldsymbol{A}$. Wir übernehmen ihn von Aufgabe a). Der erste Teil Anteil der induzierten Spannung stammt vom Term

$$I_1 = -\int \frac{\partial \boldsymbol{B}}{\partial t} \cdot \mathrm{d}\boldsymbol{A} = -\frac{\partial \boldsymbol{B}}{\partial t} \cdot \int_A \mathrm{d}\boldsymbol{A} = -\frac{\partial \boldsymbol{B}}{\partial t} \cdot \boldsymbol{A}. \tag{10}$$

Die Fläche $\boldsymbol{A}$ dieses Integrals wird von s berandet. Über s wird jedoch im zweiten Integral von I/Gl.(3.45e) integriert (s.u.). Bei der partiellen Ableitung von $\boldsymbol{B}$ nach der Zeit darf nur die Ableitung nach t (nicht den Ort) durchgeführt werden. Da sich das Magnetfeld $\boldsymbol{B}(t)$ zeitlich ändert, wird aus Gl.(10)

$$I_1 = -\frac{\partial B_z}{\partial t}(b(x_0 + vt)). \tag{11}$$

Dabei gilt $\boldsymbol{A} = \boldsymbol{e}_z b x(t) = \boldsymbol{e}_z b(x_0 + vt)$ und $\partial \boldsymbol{B}/\partial t = \boldsymbol{e}_z(\partial B_z/\partial t)$, also I_1 wie angegeben. Das Ergebnis Gl.(11) entspricht dem ersten Teil der induzierten Spannung u_i Gl.(2) wie erwartet.

Das zweite (Umlauf-)Integral von I/Gl. (3.45e)

$$\begin{aligned} I_2 &= \oint_s (\boldsymbol{v}(s) \times \boldsymbol{B}(s)) \cdot \mathrm{d}\boldsymbol{s} = \oint (v(s)\boldsymbol{e}_x \times B(s)\boldsymbol{e}_z) \cdot \mathrm{d}\boldsymbol{s} \\ &= -\oint v_x(s)B_z(s)\boldsymbol{e}_y \cdot \mathrm{d}\boldsymbol{s} \end{aligned} \tag{12}$$

verlangt, daß überall auf der Leiterschleife das Kreuzprodukt von v und B gebildet und mit ds skalar multipliziert wird und die Ergebnisse zu summieren sind (Bild 5.4/9f).

Die Durchführung des Kreuzproduktes von v und B ergibt im gewählten Koordinatensystem Bild 5.4/9a $v_x(s)B_z(s)e_y$ (Nachweis!). Den Integrationsweg zerlegen wir in vier Abschnitte $s_1 \ldots s_4$ (Bild 5.4/9f):

$$I_2 = -\left(\int_0^{P_1} v(s_1)B_z(s_1)\underbrace{e_y \cdot e_x}_{0}\, ds_1 + \int_0^b v(s_2)B_z(s_2)e_y\, ds_2 + \right.$$

$$\left. \int_{P_1}^0 v(s_3)B_z(s_3)\underbrace{e_y \cdot (-e_x)}_{0}\, ds_3 + \int_{P_2}^0 v(s_4)B_z(s_4)e_y\, ds_4 \right) \quad (13)$$

Mit $ds_2 = e_y\, dy$ und $ds_4 = -e_y\, dy$ liefern nur das zweite und vierte Integral Beiträge, s_1 und s_3 hingegen nicht $(e_x \cdot e_y = 0)$:

$$I_2 = -\left(\int_0^b v(s_2)B_z(s_2)\, dy - \int_{-b}^0 v(s_4)B_z(s_4)\, dy \right). \quad (14)$$

Der Leiter auf dem Weg s_4 ruht $(v(s_4) = 0)$, daher bleibt nur noch der erste Anteil in I_2 mit $v = v_x$

$$I_2 = -v_x(s_2)B_z(s_2)b = -B_z b v_x. \quad (15)$$

Zusammengefaßt wird dann die induzierte Spannung nach Gl.(2)

$$u_\mathrm{i} = I_1 + I_2 = -\frac{\partial B_z}{dt}(b(x_0 + v_x t)) - B_z(t)b v_x \quad (16)$$

(vgl. Gl.(2)).

e) Aus den Richtungen der Vektoren v, B ergibt sich (Bild 5.4/9g):

$$v \times B = |v||B|\sin \sphericalangle(v, B) = vB,$$

da $v \perp B$ und $\sin \pi/2 = 1$.

Das Skalarprodukt $(v \times B) \cdot ds$ wird (abgesehen vom Produkt der Beträge vom Vorzeichen durch $\cos \sphericalangle(v \times B), ds) = \cos \pi = -1$ bestimmt. Beide Komponenten sind entgegengesetzt gerichtet. Damit folgt

$$\oint (v \times B) \cdot ds = \oint vB \sin \sphericalangle(v, B) \cos \sphericalangle((v \times B), ds)\, ds$$

$$= -\oint vB\, ds = -\int_0^b v_x B\, ds = -b v_x B, \quad (17)$$

da die restlichen Anteile des Umlaufintegrals keine Beiträge liefern. Dieser Beitrag hat das gleiche Vorzeichen wie $-d\Phi/dt$, m.a.W. wirkt er additiv zum Ruheanteil. Da $E_\mathrm{i} = v \times B$ gleich der induzierten Feldstärke E_i ist (Richtung Bild 5.4/9a) (und in Richtung des positiven Ladungsträgerantriebs $=$ Strom weist) ergibt sich so die gegenläufige Richtung von u_i und E_i.

f) Zur Beschreibung des Induktionsgesetzes können verschiedene Bezugssysteme gewählt werden. Die bisherigen Betrachtungen gingen von einem ruhenden Bezugssystem aus. Wir wählen jetzt ein bewegtes System: Beobachter auf der bewegten Leiterschleife. Er bemerkt nur "Ruheinduktion" und setzt an

$$u_{\mathrm{i}} = + \oint \boldsymbol{E}^* \cdot \mathrm{d}\boldsymbol{s}. \tag{18}$$

Die Feldstärke $\boldsymbol{E}^*$ setzt sich aber gemäß Lorentzkraft, die auf die in der Leiterschleife befindlichen Ladungsträger wirkt, aus $\boldsymbol{F} = q\boldsymbol{E}^* = q(\boldsymbol{E} + \boldsymbol{v} \times \boldsymbol{B})$ zusammen, dabei sind $\boldsymbol{E}$, $\boldsymbol{B}$ Größen des ruhenden Systems (I/Gl.(3.46c)). Wir erhalten so

$$\begin{aligned} u_{\mathrm{i}} &= \oint \boldsymbol{E}^* \cdot \mathrm{d}\boldsymbol{s} = \oint (\boldsymbol{E} + \boldsymbol{v} \times \boldsymbol{B})\,\mathrm{d}\boldsymbol{s} \\ &= -\int \frac{\partial \boldsymbol{B}}{\partial t} \cdot \mathrm{d}\boldsymbol{A} + \oint (\boldsymbol{v} \times \boldsymbol{B}) \cdot \mathrm{d}\boldsymbol{s}. \end{aligned} \tag{19}$$

Der erste Teil davon stellt die Ruheinduktion (im ruhenden System) dar.

Diskussion: Die Anwendung des Induktionsgesetzes läßt mehreres erkennen:

- Die Wahl der Umlaufrichtung in der Form $\mathrm{d}\Phi/\mathrm{d}t$ I/Gl.(3.45a) hängt direkt mit der (willkürlichen) Wahl des Flächennormalenvektors von $\boldsymbol{A}$ zusammen. Es sollte $\boldsymbol{A}$ in die Richtung von $\boldsymbol{B}$ fallen. Die dann zugeordnete Umlaufrichtung $\boldsymbol{s}$ (Rechtsschraube) weist in die Richtung von $u_{\mathrm{i}} = -\mathrm{d}\Phi/\mathrm{d}t$ (Rechtehandregel) bzw. entgegengesetzt zu $-u_{\mathrm{i}} = \mathrm{d}\Phi/\mathrm{d}t$ (Linkehandregel).
- Läßt sich der von der Berandung $\boldsymbol{s}$ umfaßte Fluß $\Phi(t)$ einfach berechnen, so sollte die Lösung gemäß I/Gl. (3.45a) erfolgen.
- Kann dagegen der Fluß durch eine Fläche nicht einfach bestimmt werden, so ist die Form I/Gl. (3.45e) zweckmäßiger.
- Die Kontrolle der errechneten Stromrichtung sollte stets mit der Lenzschen Regel erfolgen.

Aufgabe 5.4/10 Tachometer-Prinzip

Eine homogene Metallscheibe, die von einem homogenen zeitkonstanten Magnetfeld $\boldsymbol{B}$ (senkrecht) durchsetzt ist, rotiere mit der Winkelgeschwindigkeit (proportional der Drehzahlen der Räder eines Pkws). Zwischen Scheibenrand und Achse wird die Spannung u_{AB} abgegriffen (Bild 5.4/10a).

a) Wie groß ist u_{AB}?
b) Welche Spannung u_{AB} stellt sich für $B = 1\,\mathrm{T}$, $R = 10\,\mathrm{cm}$ und $n = 3000\,\mathrm{U/min}$ ein?

Die Anordnung ist auch als sog. Barlowsches Rad bekannt.

Hinweis: Zur Induktion kommt es offenbar, auch für $B = \mathrm{const.}$. Deshalb ist die Anwendung des Induktionsgesetzes in der Form $u_{\mathrm{i}} = -\mathrm{d}\Phi/\mathrm{d}t$ nicht zweckmäßig, weil der zeitveränderliche Fluß $\Phi(t)$ nicht sofort erkannt wird. Wir gehen deshalb von der vollständigen Form I/Gl.(3.45a) aus. Das erste Integral liefert wegen $\partial B/\partial t = 0$ keinen Beitrag.

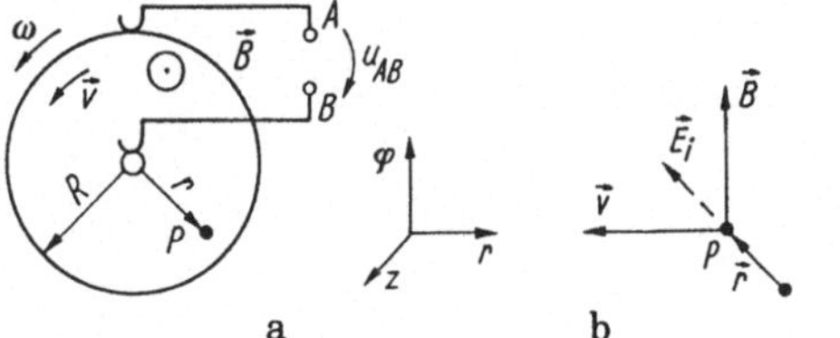

a   b   Bild 5.4/10

Lösung:

a) Wir betrachten einen Punkt auf der Scheibe. Dort greifen an (Bild 5.4/10b): die Induktion $\boldsymbol{B}$, die Geschwindigkeit $\boldsymbol{v}$ (tangential an $\boldsymbol{r}$), folglich entsteht eine induzierte Feldstärke $E_\mathrm{i} = \boldsymbol{v} \times \boldsymbol{B}$ in Richtung von $\boldsymbol{s}$, wobei der Weg $\boldsymbol{s}$ mit dem Radiusvektor zusammenfällt. Wir wählen daher ein r-, ϕ-, z-Koordinatensystem mit $\boldsymbol{B} = B_z \boldsymbol{e}_z$ und $\boldsymbol{v} = \omega r \boldsymbol{e}_\phi$ sowie $\mathrm{d}\boldsymbol{s} = \mathrm{d}\boldsymbol{r}$. Die Geschwindigkeit $\boldsymbol{v}$ des Aufpunktes P ergibt sich aus Winkelgeschwindigkeit und Abstand r zur Achse. Damit wird

$$\oint (\boldsymbol{v} \times \boldsymbol{B}) \cdot \mathrm{d}\boldsymbol{s} = \int_0^R (\omega s \boldsymbol{e}_\phi \times B_z \boldsymbol{e}_z) \cdot \mathrm{d}\boldsymbol{s}, \tag{1}$$

wobei $\mathrm{d}\boldsymbol{s} = \boldsymbol{e}_r\, \mathrm{d}s$. Das Kreuzprodukt ergibt $\omega s B_z \boldsymbol{e}_r$ und somit

$$\int_0^R \omega s B_z \boldsymbol{e}_r \cdot \boldsymbol{e}_r\, \mathrm{d}s = \int_0^R \omega s B_z\, \mathrm{d}s = \omega B_z \frac{R^2}{2}. \tag{2}$$

Im das Umlaufintegral wurde berücksichtigt, daß die einzige bewegte Strecke zwischen beiden Schleifern sitzt, m.a.W. nur dieses Gebiet einen Beitrag liefern kann. Alle restlichen Leiterteile befinden sich in Ruhe und liefern daher keinen Beitrag im Umlaufintegral ($v = 0$). Insgesamt wird dann

$$u_\mathrm{i} = \int_0^R (\boldsymbol{v} \times \boldsymbol{B}) \cdot \mathrm{d}\boldsymbol{s} = \omega B \frac{R^2}{2} = u_{\mathrm{AB}}. \tag{3}$$

b) Zahlenmäßig ergibt sich:

$$u_{\mathrm{AB}} = \frac{1\,\mathrm{Vs}}{\mathrm{m}^2}\, \frac{2\pi \cdot 3000}{60\,\mathrm{s}}\, \frac{0,1^2\,\mathrm{m}^2}{2} = 1,57\,\mathrm{V}.$$

Aufgabe 5.4/11 Flußwassergenerator

Gegeben sei ein Flußbett mit leitendem Wasser ($\kappa = 5\,\mathrm{S/m}$), das mit konstanter Geschwindigkeit $\boldsymbol{v}$ durch ein senkrecht auftreffendes Magnetfeld $\boldsymbol{B}$ strömt. Beiderseits des Flußbettes befinden sich zwei gut leitende Elektroden (Bild 5.4/11a).

a) Welche Spannung u_{AB} entsteht zwischen den Elektroden?

b) Bestimmen Sie den Widerstand des Strömungsfeldes (zwischen den Elektroden) sowie den Strom, wenn zwischen den Elektroden ein Widerstand R_L eingeschaltet ist.

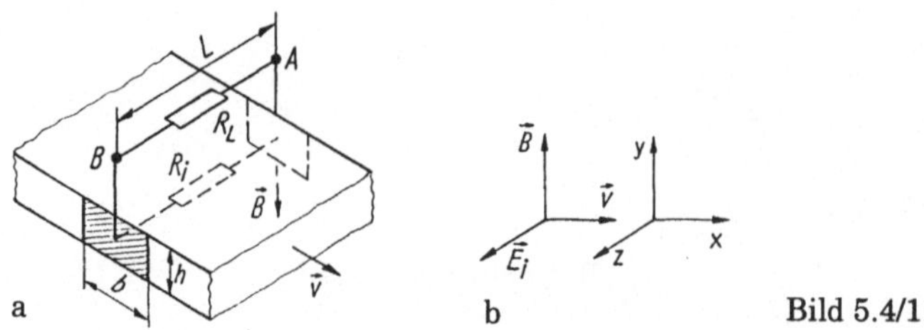

a   b   Bild 5.4/11

c) Welche Leistung wird an den Verbraucher geliefert?

d) Diskutieren Sie die Verhältnisse, wenn das Erdmagnetfeld ($B \approx 0,5 \cdot 10^{-4}\,\mathrm{T}$) auf einen Fluß wirkt, der mit der Geschwindigkeit 10 km/h fließt, 300 m breit ist und die gleiche Leitfähigkeit wie oben haben soll. Wie müßten die seitlichen Elektroden gewählt werden?

e) Läßt sich nach diesem Prinzip die Strömungsgeschwindigkeit messen, in welcher Größenordnung liegt u_{AB} bei Annahme des Erdmagnetfeldes und eines Elektrodenabstandes $L = 1\,\mathrm{m}$?

Hinweis: Es liegt Bewegungsinduktion vor: positive Ladungsträger im Wasser (Ionen) werden in Richtung der Feldstärke $\boldsymbol{E}_i = \boldsymbol{v} \times \boldsymbol{B}$, also zur Elektrode A hin abgelenkt. Diese Ladungstrennung ist Ursache der Spannung zwischen AB.

Lösung:

a) Da $\boldsymbol{v}$ und $\boldsymbol{B}$ senkrecht zueinander stehen (Bild 5.4/11b), ergibt sich eine Lorentz-Feldstärke $\boldsymbol{E}_i = \boldsymbol{v} \times \boldsymbol{B}$, mithin zwischen A, B die Spannung

$$U_{AB} = \oint (\boldsymbol{v} \times \boldsymbol{B}) \cdot \mathrm{d}\boldsymbol{s} = \int_A^B (\boldsymbol{v} \times \boldsymbol{B}) \cdot \mathrm{d}\boldsymbol{s}$$

$$= \int_0^L (v\boldsymbol{e}_x \times B\boldsymbol{e}_y) \cdot \boldsymbol{e}_z \mathrm{d}s = vBL. \tag{1}$$

Dabei wurde $\boldsymbol{s}$ in Richtung von $\boldsymbol{E}_i$ gewählt.

b) Der Widerstand R_i des Strömungsfeldes ergibt sich (homogene Verhältnisse angenommen und Randfeld vernachlässigt) zu

$$R_i = \frac{L}{\kappa b h}. \tag{2}$$

Damit beträgt der Strom durch den Lastwiderstand R_L

$$I = \frac{U_{AB}}{R_i + R_L}. \tag{3}$$

Zahlenmäßig folgen

$$U_{AB} = vBL = 3\,\frac{\mathrm{m}}{\mathrm{s}} \cdot 1\,\frac{\mathrm{Vs}}{\mathrm{m}^2} \cdot 10\,\mathrm{m} = 30\,\mathrm{V}$$

$$R_i = \frac{10\,\mathrm{m} \cdot \Omega\mathrm{m}}{5,1 \cdot 0,5\,\mathrm{m}} = 4\Omega; \quad I = \frac{30\,\mathrm{V}}{4\,\Omega + 10\,\Omega} = 2,14\,\mathrm{A}.$$

c) Die an den Verbraucher gelieferte Leistung ergibt sich zu

$$P = I^2 R_{\mathrm{L}} = (2,14\,\mathrm{A})^2 \cdot 10\,\Omega = 45\,\mathrm{W}. \tag{4}$$

d) Für die Werte eines 300 m breiten Flusses folgen mit $v = 10\mathrm{km/h} = 2,77\mathrm{m/s}$

$$U_{\mathrm{AB}} = 2,77\,\frac{\mathrm{m}}{\mathrm{s}} \cdot 0,5 \cdot 10^{-4}\,\frac{\mathrm{Vs}}{\mathrm{m}^2} \cdot 300\,\mathrm{m} = 15\,\mathrm{mV}(!).$$

Wir wählen den Innenwiderstand R_{i} möglichst klein, z.B. als Elektrodenabmessungen $b = 20\,\mathrm{m}$; $h = 1\,\mathrm{m}$

$$R_{\mathrm{i}} = \frac{L}{\kappa b h} = \frac{300\,\mathrm{m} \cdot \Omega\mathrm{m}}{5 \cdot 20 \cdot 1\,\mathrm{m}^2} = 3\,\Omega.$$

Damit würde im Kreis ein Strom

$$I = \frac{U_{\mathrm{AB}}}{R_{\mathrm{i}} + R_{\mathrm{L}}} = \frac{15\,\mathrm{mV}}{3\,\Omega + 10\,\Omega} = 1,15\,\mathrm{mA}$$

fließen. Aufgrund des geringen Magnetfeldes ist dieser Generator zur Stromversorgung praktisch nicht verwendbar.

e) Die Umstellung von Aufgabe a) liefert

$$v = \frac{U_{\mathrm{AB}}}{BL} \tag{5}$$

unabhängig von κ und der Elektrodenform! Bei einer Flußgeschwindigkeit von $v = 3\,\mathrm{m/s}$ und einem Abstand $L = 1\,\mathrm{m}$ sowie $B = 0,5{\cdot}10^{-4}\,\mathrm{T}$ beträgt

$$U_{\mathrm{AB}} = 3\,\frac{\mathrm{m}}{\mathrm{s}} \cdot 0,5 \cdot 10^{-4}\,\frac{\mathrm{Vs}}{\mathrm{m}^2} \cdot \mathrm{m} = 1,5 \cdot 10^{-4}\,\mathrm{V} = 0,15\,\mathrm{mV}.$$

Diese Spannung ist mit Digitalvoltmetern gut meßbar. Die einzige Unsicherheit bleibt die Lage des Erdfeldvektors B, der durch eine Eichmessung (mit bekannter Geschwindigkeit) als Faktor bestimmt werden muß.

Aufgabe 5.4/12 Bewegungsinduktion

An einer widerstandslosen Stromschleife in der x-y-Ebene (Bild 5.4/12a), die senkrecht vom Magnetfeld $\boldsymbol{B}(t)$ durchsetzt wird ($\boldsymbol{B} = -B_z \boldsymbol{e}_z$, homogenes zeitveränderliches Magnetfeld) liege eine Spannungsquelle u_{q}. Es werde ein Stab L (Widerstand R_{a}) mit der Geschwindigkeit $\boldsymbol{v} = v_x \boldsymbol{e}_x$ von $x = 0$ ($t = 0$) bis $x = l$ gleichförmig bewegt. Der Stirnleiter habe den Widerstand R_{b}.

Welche Ströme fließen in den einzelnen Zweigen des Stromkreises in Ruhe ($v = 0$) und bei Bewegung? (Rückwirkungen der induzierten Ströme auf das Magnetfeld sollen vernachlässigt werden.)

Hinweis: Wir haben hier drei Probleme überlagert:

- es treibt nur die Spannung u_{q} einen Strom an
- es wirkt nur $\boldsymbol{B}(t)$, dadurch entstehen Ströme zufolge Ruheinduktion
- die Leiterschiene bewegt sich: Bewegungsinduktion.

Da sich hier die jeweils umfaßten Flüsse gut berechnen lassen, wählen wir das Induktionsgesetz in der Form $u_{\mathrm{i}} = -\mathrm{d}\Phi/\mathrm{d}t$ I/Gl.(3.45a).

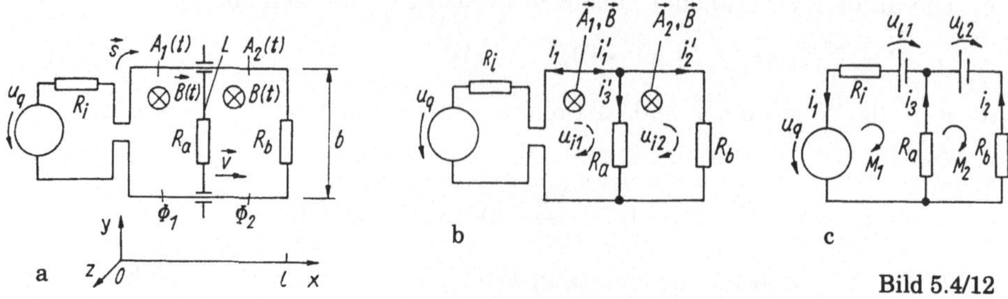

Bild 5.4/12

Lösung:

Wir berechnen zunächst die beiden magnetischen Flüsse $\Phi_1(x,t)$, $\Phi_2(x,t)$, die die veränderlichen Flächen $A_1(t)$, $A_2(t)$ durchsetzen. Die Flächenvektoren werden in die Richtung von $\boldsymbol{B}$ gelegt (Bild 5.4/12a). Damit liegen die Umlaufrichtungen s_1, s_2 fest, und es gelten (Bild 5.4/12b)

$$\Phi_1(x,t) = \int_{A_1} \boldsymbol{B} \cdot \mathrm{d}\boldsymbol{A}_1 = -\int_0^x B_z \boldsymbol{e}_z \cdot (-\boldsymbol{e}_z) b\, \mathrm{d}x = B_z(t) b x(t) \tag{1}$$

und gleichermaßen

$$\Phi_2(x,t) = \int_{A_2} \boldsymbol{B} \cdot \mathrm{d}\boldsymbol{A}_2 = B_z(t) b (l - x(t)). \tag{2}$$

Dann können die Umlaufspannungen u_{i} (Rechtehandregel) berechnet werden:

- in Schleife 1 mit $v = \mathrm{d}x/\mathrm{d}t$

$$\begin{aligned}
u_{\mathrm{i}1} &= -\frac{\mathrm{d}\Phi_1}{\mathrm{d}t} = -\frac{\mathrm{d}}{\mathrm{d}t} B_z(t) b x(t) = -bx(t)\frac{\mathrm{d}B_z}{\mathrm{d}t} - bB_z\frac{\mathrm{d}x}{\mathrm{d}t} \\
&= -bx(t)\frac{\mathrm{d}B_z}{\mathrm{d}t} - bB_z v(t) = -u_{l1}
\end{aligned} \tag{3}$$

- in Schleife 2 analog

$$\begin{aligned}
u_{\mathrm{i}2} &= -\frac{\mathrm{d}\Phi_2}{\mathrm{d}t} = -\frac{\mathrm{d}}{\mathrm{d}t}(B_z(t) b (l - x(t))) = -b(l - x(t))\frac{\mathrm{d}B_z}{\mathrm{d}t} + bB_z v(t) \\
&= \underbrace{-bl\frac{\mathrm{d}B_z}{\mathrm{d}t}}_{} + bx(t)\frac{\mathrm{d}B_z}{\mathrm{d}t} + bB_z v(t) = -u_{l2}.
\end{aligned} \tag{4}$$

$$- u_{\mathrm{i}1}$$

Wir setzen noch $u_{l3} = bl\, \mathrm{d}B_z/\mathrm{d}t$ und erhalten $u_{l2} = u_{l3} - u_{l1}$.

Zur Berechnung der Ströme führen wir die Zweigströme $i_1' \ldots i_3'$ ein (Bild 5.4/12b) mit $i_1' = i_2' + i_3'$. Dabei werden i_1', i_2' in Umlaufrichtung zu $u_{\mathrm{i}1}$, $u_{\mathrm{i}2}$ gewählt. Da im Netzwerk jedoch auch die Spannungsquelle u_{q} vorkommt, empfiehlt sich der Übergang von den induzierten Spannungen $u_{\mathrm{i}1}$, $u_{\mathrm{i}2}$ zu induktiven Spannungsabfällen $u_{\mathrm{q}l1} = u_{l1} = \mathrm{d}\Phi_1/\mathrm{d}t$, $u_{\mathrm{q}l2} = u_{l2} = \mathrm{d}\Phi_2/\mathrm{d}t$ und damit zur Stromrichtungsumkehr (Bild 5.4/12c). Dann ergeben sich aus beiden Maschen:

$$\begin{aligned}
\mathrm{M}_1: \quad & -u_{l1} + i_1 R_i + u_q + i_3 R_a && = 0 \\
\mathrm{M}_2: \quad & -u_{l2} - i_3 R_a + i_2 R_b && = 0 \\
\mathrm{K}: \quad & i_1 - i_2 - i_3 && = 0.
\end{aligned} \tag{5}$$

Wir eliminieren i_3, ordnen und beachten mit Gl.(4): $u_{l2} = u_{l3} - u_{l1}$ ($u_{l3} = bl\,\mathrm{d}B_z/\mathrm{d}t$)

$$\begin{aligned}
i_1(R_i + R_a) - R_a i_2 &= -u_q + u_{l1} \\
-R_a i_1 + (R_a + R_b)i_2 &= +u_{l2}.
\end{aligned} \tag{6}$$

Das Gleichungssystem (5) mit $u_{l3} = -u_{i3}$, $u_{l1} = -u_{i1}$ berücksichtigt, daß alle Quellenspannungen in Richtung eines Spannungsabfalles wirken. Die Lösung des Gleichungssystems (6) lautet

$$\begin{aligned}
i_1 &= \frac{\left| \begin{pmatrix} -u_q + u_{l1} & -R_a \\ u_{l2} & R_b + R_a \end{pmatrix} \right|}{\left| \begin{pmatrix} R_i + R_a & -R_a \\ -R_a & R_b + R_a \end{pmatrix} \right|} \\[2mm]
&= \frac{-(R_a + R_b)u_q + R_a u_{l3} + R_b u_{l1}}{(R_i + R_a)(R_b + R_a) - R_a^2}
\end{aligned} \tag{7a}$$

und analog

$$\begin{aligned}
i_2 &= \frac{\left| \begin{pmatrix} R_i + R_a & -u_q + u_{l1} \\ -R_a & u_{l2} \end{pmatrix} \right|}{\left| \begin{pmatrix} R_i + R_a & -R_a \\ -R_a & R_b + R_a \end{pmatrix} \right|} \\[2mm]
&= \frac{-R_a u_q + (R_i + R_a)u_{l3} - R_i u_{l1}}{(R_i + R_a)(R_b + R_a) - R_a^2}.
\end{aligned} \tag{7b}$$

Im letzten Schritt sind noch $u_{l1} = -u_{i1}$, $u_{l2} = -u_{i2}$ aus Gl.(3), (4) einzusetzen.

Zur Veranschaulichung werden einige Sonderfälle herangezogen:

1. Keine Induktion, $B = $ const., $v = 0 \rightarrow u_{l1} \ldots u_{l3} = 0$. Beide Ströme haben negatives Vorzeichen, sie fließen also entgegen den angenommenen Richtungen. Aus dem Netzwerk (Bild 5.4/12c) wird ersichtlich, daß i_1, i_2 tatsächlich in umgekehrter Richtung fließen.

2. Keine Stabbewegung ($v = 0$, Stab befindet sich an Stelle $x = 0$), es wirkt nur $B(t)$. In diesem Fall verschwindet $u_{l1}(x = 0!)$ und u_{l2} geht über in $+bl\,\mathrm{d}B/\mathrm{d}t$, es fließt in Schleife 2 der volle Induktionsstrom, dem der von u_q herrührende Anteil überlagert ist.

3. Stabbewegung, aber zeitlich konstantes Magnetfeld. Dann hängen beide Ströme nur von u_{l1} (und u_q) ab, weil $u_{l2} = -u_{l1}$ gilt.

4. Offene Leiterschleife, $R_b \rightarrow \infty$. Dann folgen aus Gl.(7) durch Grenzübergang

$$i_1 = \frac{-u_q + u_{l1}}{R_i + R_a}; \quad i_2 = 0. \tag{8}$$

Bei ruhender Schleife und zeitlich konstantem Magnetfeld verschwindet u_{l1} (Gl.(3)), dann wirkt nur u_q und der Strom i_1 fließt entgegengerichtet zur Bezugsrichtung von i_1.

Gilt dagegen $u_q = 0$ und bewegt sich der Stab (in zeitkonstantem Magnetfeld), so fließt i_1 in der angesetzten Richtung (positiv) und erzeugt ein Magnetfeld, das nach der Lenzschen Regel B_z entgegenwirkt.

5. Querverbindung R_b widerstandslos ($R_b = 0$):

$$i_1 = \frac{-u_q + u_{l3}}{R_i} \tag{9a}$$

$$i_2 = \frac{-u_q}{R_i} - \frac{u_{l1}}{R_a} + \frac{R_i + R_a}{R_i R_a} u_{l3} \rightarrow -\frac{u_q}{R_i} - \frac{u_{l1}}{R_a}\bigg|_{u_{l3}=0}. \tag{9b}$$

Der Strom i_1 hängt in diesem Fall nicht von der Bewegungsinduktion (u_{l1}) ab!

Bei zeitlich konstantem Magnetfeld ($B = $ const.) verschwindet u_{l3} (Gl.(4)), ferner wird $u_{l1} = bB_z v(t)(> 0)$. Wir erhalten aus Gl.(9b) rechts einen Strom $i_2 < 0$, d.h. die tatsächliche Richtung ist entgegengesetzt zur angenommenen (Bild 5.4/12c) orientiert. Das trifft anschaulich sofort für den von u_q herrührenden Teil wie auch den Induktionsteil zu. Der Strom i_3 im bewegten Leiter (bei $u_{l3} = 0$)

$$i_3 = i_1 - i_2 = \frac{u_{l1}}{R_a} = \frac{B_z b v(t)}{R_a} > 0.$$

Das ist aber gerade die Richtung von $i_3 \sim \boldsymbol{S} \sim \boldsymbol{E}_i = \boldsymbol{v} \times \boldsymbol{B}$, wie sie als Stromantrieb aus der Lorentzkraft $Q\boldsymbol{E}_i$ resultiert.

5.5 Selbst- und Gegeninduktivität

Aufgabe 5.5/1 Selbstinduktivität

Gegeben ist eine Ringspule mit Eisenkern (μ_r, w_1 Windungen, quadratischer Kernquerschnitt, s. Bild 5.5/1a).

a) Berechnen Sie den magnetischen Fluß im Eisenkern und daraus die Selbstinduktivität L. Welcher Wert ergibt sich für $\mu_r = 500$, $w_1 = 400$, $a = 20\,$mm, $r_i = 9\,$cm, $r_a = 10\,$cm ohne Luftspalt?

b) Wiederholen Sie Aufgabe a) für den Fall, daß der Ringkern einen Luftspalt l_L hat. Stellen Sie den Verlauf $L(l_L)$ normiert dar.

c) Im Luftspalt soll eine bestimmte Induktion B_L herrschen. Bestimmen Sie unter dieser Bedingung den Verlauf $I(l_L)$, $L(l_L)$. Zahlenwert: $B_L = 1\,$T. Wie groß ist I für $l_L = 0$, für $l_L = 1\,$mm?

d) Wie groß ist der Widerstand der Wicklung, wenn Cu-Draht (Durchmesser $d = 0,8\,$mm) verwendet wird? Welche Querschnittsfläche beansprucht die Wicklung maximal? Welche Verlustleistung entsteht, wenn ohne Luftspalt eine Induktion $B = 1\,$T erzeugt werden soll?

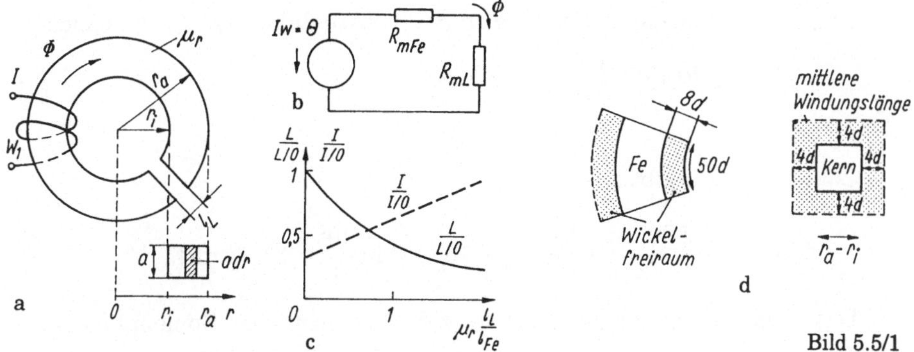

Bild 5.5/1

e) Berechnen Sie die Induktivität über die magnetische Energiedichte $w_\mathrm{m} = H_\mathrm{Fe} B_\mathrm{Fe}/2$ und ihre Integration $\int_V w_\mathrm{m}\,\mathrm{d}V$ über das Volumen des Eisenkreises.

Hinweis: Die Berechnung der Induktivität ist auf mehrere Arten möglich:

- durch Berechnung des Flusses und Anwendung der Definition $L = \Psi/I$ oder des Biot-Savartschen Gesetzes
- durch Berechnung der gespeicherten magnetischen Energie.

Wir benutzen beide Verfahren und greifen speziell im letzten Fall auf die magnetische Energie vor.

Lösung:

a) Der magnetische Fluß Φ kann entweder über die magnetische Ersatzschaltung oder die Feldgrößen bestimmt werden (s. Aufg. 5.3/3). Wir verwenden hier den letzteren Weg und erhalten mit dem Durchflutungssatz

$$\oint \boldsymbol{H} \cdot \mathrm{d}\boldsymbol{s} = \Theta = I w_1 = H_\mathrm{Fe}(r)2\pi r.$$

Die Induktion B_Fe im Eisenkreis beträgt

$$B_\mathrm{Fe}(r) = \mu_\mathrm{r}\mu_0 H_\mathrm{Fe}(r) = \frac{\mu_\mathrm{r}\mu_0 I w_1}{2\pi r}. \tag{1}$$

Daraus folgt der magnetische Fluß Φ im Eisenkreis:

$$\Phi = \int_A \boldsymbol{B}_\mathrm{Fe} \cdot \mathrm{d}\boldsymbol{A} = \int_A B\,\mathrm{d}A_\perp. \tag{2}$$

$\mathrm{d}A_\perp$ stellt das an der Stelle r von B_Fe senkrecht durchsetzte Flächenelement $\mathrm{d}A_\perp = a\,\mathrm{d}r$ dar (Bild 5.5/1a). Wir erhalten so

$$\Phi = \frac{\mu_\mathrm{r}\mu_0 I w_1}{2\pi} \int_{r_\mathrm{i}}^{r_\mathrm{a}} \frac{a\,\mathrm{d}r}{r} = \frac{a\mu_\mathrm{r}\mu_0 I w_1}{2\pi} \ln \frac{r_\mathrm{a}}{r_\mathrm{i}}. \tag{3}$$

Für die Induktivität L ist der sog. verkettete Fluß $\Psi = \sum_w \Phi = w_1\Phi$ maßgebend (weil der Fluß Φ insgesamt w_1 Windungen durchsetzt):

$$\Psi = w_1\Phi = \frac{a\mu_\mathrm{r}\mu_0 w_1^2}{2\pi} I \ln \frac{r_\mathrm{a}}{r_\mathrm{i}}.$$

Über die Definition $L = \Psi/I$ wird die Selbstinduktivität L schließlich

$$L = \frac{\Psi}{I} = \frac{a\mu_r\mu_0 w_1^2}{2\pi} \ln \frac{r_a}{r_i}. \tag{4}$$

Zahlenmäßig ergibt sich

$$L = \frac{2\,\text{cm} \cdot 500 \cdot 4\pi \cdot 10^{-7}\,\frac{\text{Vs}}{\text{Am}}}{2\pi} 16 \cdot 10^4 \ln \frac{10}{9} = 33,76\,\text{mH}.$$

Das ist ein relativ kleiner Wert trotz der beträchtlichen Spulenabmessungen.

b) Wir verwenden jetzt die magnetische Ersatzschaltung (Bild 5.5/1b) und ordnen dem Eisenkreis den magnetischen Widerstand R_{mFe}, dem Luftspalt R_{mL} zu mit

$$R_m = R_{mFe} + R_{mL} = \frac{l_{Fe}}{\mu_r\mu_0 A} + \frac{l_L}{\mu_0 A}. \tag{5}$$

Hierbei wurde eine mittlere Eisenweglänge l_{Fe} angesetzt (s.u.) Dann ergibt sich die Induktivität gemäß I/Gl.(3.34) zu

$$L = \frac{w_1^2}{R_m} = \frac{w_1^2}{l_{Fe}/(\mu_r\mu_0 A)(1 + \mu_r l_L/l_{Fe})} = \frac{w_1^2 \mu_r \mu_0 A}{l_{Fe}(1 + \mu_r l_L/l_{Fe})}. \tag{6}$$

Zur Darstellung normieren wir auf die Induktivität $L|_0$ ohne Luftspalt und erhalten den Verlauf nach Bild 5.5/1c.

In Gl.(6) wurde vereinfacht ein mittlerer Eisenweg l_{Fe} angesetzt, obwohl der Fluß durch die Ringstruktur einen vom Radius abhängigen Weg durchläuft (s. Gl.(3)). Diese Vernachlässigung läßt sich leicht korrigieren, wenn wir das korrekte Ergebnis für Φ nach Gl.(3) verwenden und als magnetischen Widerstand definieren:

$$R_{mFe} = \frac{\Theta}{\Phi} = \frac{I w_1 2\pi}{a\mu_r\mu_0 w_1 I \ln r_a/r_i} = \frac{2\pi}{\mu_r\mu_0 a \ln r_a/r_i}. \tag{7}$$

Mit der Entwicklung $\ln r_a/r_i = \ln(1 + (r_a - r_i)/r_i) \approx (r_a - r_i)/r_i$ folgt dann

$$R_{mFe} = \frac{2\pi r_i}{\mu_r\mu_0 \underbrace{a(r_a - r_i)}_{A}} = \frac{l_{Fe}}{\mu_r\mu_0 A} \tag{8}$$

mit $l_{Fe} \approx 2\pi r_i$. Der Fehler ist für $r_a - r_i \ll r_i$ vertretbar (s. Aufgabe 5.3/1).

c) Soll im Luftspalt eine bestimmte Induktion B_L herrschen (mit $B_L = B_{Fe}$ bei schmalem Luftspalt und damit $\Phi_L = \Phi_{Fe}$), so ergibt sich der zugehörige Strom
- entweder über den Durchflutungssatz (vgl. Aufgabe 5.3/1)
- oder einfach über die Definition der Induktivität I/Gl. (3.33).

Wir erhalten im letzten Fall mit Gl.(4)

$$I \; = \; \frac{w_1\Phi}{L} = \frac{w_1 BA}{L(l_\mathrm{L})} = \frac{w_1 BA l_\mathrm{Fe}}{w_1^2 \mu_\mathrm{r}\mu_0 A}\left(1 + \mu_\mathrm{r}\frac{l_\mathrm{L}}{l_\mathrm{Fe}}\right)$$

$$= \; \frac{B l_\mathrm{Fe}}{w_1 \mu_\mathrm{r}\mu_0}\left(1 + \mu_\mathrm{r}\frac{l_\mathrm{L}}{l_\mathrm{Fe}}\right). \tag{9}$$

Bezogen auf den Strom $I|_0$, der zum Luftspalt $l_\mathrm{L} = 0$ gehört, ergibt sich dann der Verlauf nach Bild 5.5/1c. Zahlenmäßig beträgt $I|_0$ mit $l_\mathrm{Fe} = 2\pi(r_\mathrm{i} + r_\mathrm{a})/2$

$$I|_0 = \frac{1\,\mathrm{Vs}}{\mathrm{m}^2}\,\frac{2\pi \cdot 19\,\mathrm{cm}}{2 \cdot 400 \cdot 500 \cdot 4\pi \cdot 10^{-7}}\,\frac{\mathrm{Am}}{\mathrm{Vs}} = 2,37\,\mathrm{A}.$$

Für einen Luftspalt $l_\mathrm{L} = 1\,\mathrm{mm}$ lautet der Faktor $\mu_\mathrm{r}l_\mathrm{L}/l_\mathrm{Fe} = 500 \cdot 1\,\mathrm{mm}/(2\pi) \cdot 9,5\,\mathrm{cm} = 0,837$, damit erhöht sich der Strom auf $I = 2,37\,\mathrm{A}(1 + 0,837) = 4,35\,\mathrm{A}$.
Werden die $w_1 = 400$ Windungen z.B. in 8 Lagen übereinander angebracht, so ist auf der Innenseite des Eisenkreises (Bild 5.5/1d) eine Bogenlänge von maximal $50d \approx 40\,\mathrm{mm}$ bei einer Wickelhöhe von maximal $8d \approx 6,4\,\mathrm{mm}$ vorzusehen (in Wirklichkeit erfordert die Wicklung weniger Raum, da die Drähte "auf Lücke" liegen). Wir setzen daher als mittlere Windungslänge l_m an: $l_\mathrm{m} \approx 2(r_\mathrm{a} - r_\mathrm{i}) + 2a + 4 \cdot 4d = 2(1\,\mathrm{cm} + 2\,\mathrm{cm} + 8 \cdot 0,8\,\mathrm{mm}) = 7,28\,\mathrm{cm}$ und erhalten als Wicklungswiderstand

$$R = \frac{w_1 l_\mathrm{m}}{A}\varrho = \frac{400 \cdot 7,28\,\mathrm{cm} \cdot 17,8}{0,8^2\,\mathrm{mm}^2 \cdot \pi/4}\,\frac{\mathrm{m}\Omega \cdot \mathrm{mm}^2}{\mathrm{m}} = 1,03\,\Omega.$$

Soll im Eisenkreis eine Induktion $B = 1\,\mathrm{T}$ erzeugt werden, so muß nach Aufgabe c) ein Strom $I = 2,37\,\mathrm{A}$ fließen. Dabei entsteht im Widerstand R die Verlustleistung

$$P = I^2 R = (2,37\,\mathrm{A})^2 \cdot 1,03\,\Omega = 5,78\,\mathrm{W}.$$

Sie erwärmt ausschließlich die Wicklung. Die Aufrechterhaltung der magnetischen Energie wäre auch möglich, wenn die Spule den Wicklungswiderstand $R = 0$ hätte ($\to$ Supraleiter).
d) Die Energiedichte w_m im Eisenkreis beträgt

$$w_\mathrm{m} = \frac{H_\mathrm{Fe}(r)B_\mathrm{Fe}(r)}{2} = \frac{\mu_\mathrm{r}\mu_0}{2}H_\mathrm{Fe}^2(r)$$

mit $H_\mathrm{Fe}(r) = w_1 I/(2\pi r)$ nach dem Durchflutungssatz. Das ergibt die Energiedichte

$$w_\mathrm{m}(r) = \frac{\mu_\mathrm{r}\mu_0}{2}\left(\frac{w_1 I}{2\pi r}\right)^2 \tag{10}$$

innerhalb des Eisenkernes. Im gesamten Kern ist die Gesamtenergie

$$W_\mathrm{m} = \int_V w_\mathrm{m}(r)\,\mathrm{d}V \tag{11}$$

gespeichert, m.a.W. muß die ortsabhängige Energiedichte $w_\mathrm{m}(r)$ über das gesamte Kernvolumen "addiert" (integriert) werden. Da sich $w_\mathrm{m}(r)$ nur in r-Richtung ändert, wählen wir als Volumenelement $\mathrm{d}V$ einen Kreisring der Dicke $\mathrm{d}r$, Höhe a mit dem mittleren Umfang $2\pi r :\to \mathrm{d}V = 2\pi r a\,\mathrm{d}r$. Damit ergibt sich

$$W_\mathrm{m} = \int_{r_\mathrm{i}}^{r_\mathrm{a}} \frac{\mu_\mathrm{r}\mu_0}{2} \left(\frac{w_1 I}{2\pi}\right)^2 \frac{1}{r^2} 2\pi a r\,\mathrm{d}r = \frac{w_1^2 \mu_\mathrm{r}\mu_0 I^2 a}{4\pi} \ln\frac{r_\mathrm{a}}{r_\mathrm{i}}. \tag{12}$$

Sitz dieser gespeicherten magnetischen Energie ist das Bauelement Selbstinduktivität $W_\mathrm{m} = LI^2/2$. Daraus folgt

$$L = \frac{2W_\mathrm{m}}{I^2} = \frac{w_1^2 \mu_\mathrm{r}\mu_0 a}{2\pi} \ln\frac{r_\mathrm{a}}{r_\mathrm{i}} \tag{13}$$

übereinstimmend mit Gl.(4).

Diskussion: Die Selbstinduktivität beschreibt den Zusammenhang zwischen Strom, gespeicherter Energie im Magnetfeld und den magnetischen Feldgrößen.

- Jede Leiteranordnung hat eine Induktivität. Sie läßt sich im Falle der Ringspule besonders einfach berechnen.
- Große Induktivitäten verlangen nach Gl.(13) hohe Windungszahlen und geringen magnetischen Widerstand.

Aufgabe 5.5/2 Ringspule mit mehreren Wicklungen

Gegeben ist eine Ringspule mit drei Wicklungen $w_1 \ldots w_3$ (gleicher Richtungssinn, Bild 5.5/2a). Dafür lassen sich insgesamt 3^2 Induktivitäten definieren:

$$L_{pq} = \frac{\text{Fluß der Spule } p \text{ als Folge des Stromes durch Spule } q}{\text{Strom durch Spule } q}.$$

Für $p = q$ liegen Selbstinduktivitäten, für $p \neq q$ Gegeninduktivitäten vor (mit $L_{pq} = L_{qp}$).

a) Man berechne die Gegeninduktivität zwischen den Spulen p und q ausgedrückt durch Windungszahlen, magnetischen Widerstand und Kopplungskoeffizienten $k_{pq} = k_{qp}$. Betrachten Sie speziell den Fall dreier Spulen. Der Eisenkreis soll linear sein.

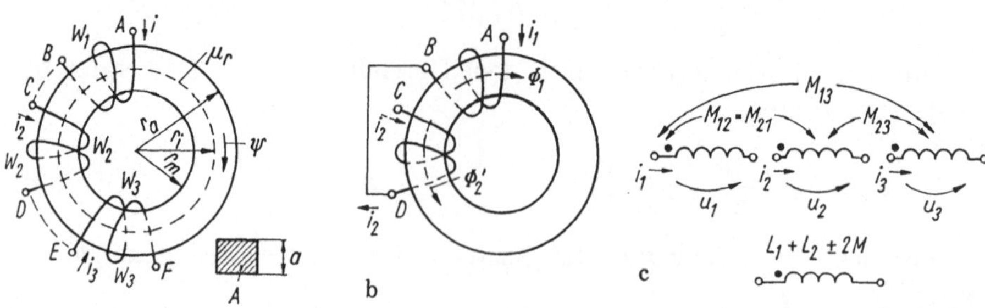

Bild 5.5/2

b) Wie ändern sich die Gegeninduktivitäten z.B. zwischen Spule 1 und Spule 2, wenn nicht $i_1 = i_2$, sondern $i_1 = -i_2$ gewählt werden? (Schaltung, Flußrichtung)?

c) Geben Sie die Strom-Spannungsbeziehungen der Spule mit drei Wicklungen allgemein an und spezialisieren Sie anschließend für zwei Spulen ($i_3 = 0$): Wie lauten die Beziehungen

   • wenn beide Spulen 1, 2 reihengeschaltet

   • wenn beide "antireihengeschaltet" sind ($i_1 = -i_2$)?

   Geben Sie jeweils Ersatzschaltungen an.

d) Verallgemeinern Sie die Ergebnisse von Aufgabe c) für die Anordnung mit drei Spulen, die mit beliebigen Wicklungssinn in Reihe geschaltet werden sollen (alle Spulen mögen vereinfachend die gleiche Induktivität haben, außerdem sei der Kopplungsfaktor jeweils 1).

Lösung:

a) Wird Spule q vom Strom i_q durchflossen, so entsteht der Induktionsfluß $\Psi_q = w_q i_q / R_{\mathrm{mFe}}$ (R_{mFe}: Widerstand des magnetischen Kreises). Von diesem Fluß erreicht der Teil k_{pq} die Spule p und wir erhalten nach der Definition der Gegeninduktivität I/Gl.(3.35)

$$M_{pq} = L_{pq} = \frac{w_p k_{pq} \Psi_q}{i_q} = \frac{k_{pq} w_p w_q}{R_{\mathrm{mFe}}}. \tag{1}$$

Für den magnetischen Widerstand R_{mFe} setzen wir eine mittlere Eisenweglänge l_{Fe} an ($\rightarrow$ mittlerer Radius r_{m}) und erhalten (Bild 5.5/2a):

$$R_{\mathrm{mFe}} = \frac{2\pi r_{\mathrm{m}}}{\mu_{\mathrm{r}} \mu_0 A}. \tag{2}$$

Damit ergeben sich

   • die drei Selbstinduktivitäten

$$L_{11} = L_1 = \frac{w_1^2}{R_{\mathrm{mFe}}}; \quad L_{22} = L_2 = \frac{w_2^2}{R_{\mathrm{mFe}}}; \quad L_{33} = L_3 = \frac{w_3^2}{R_{\mathrm{mFe}}} \tag{3}$$

   • die Gegeninduktivitäten, z.B. zwischen Spule 1 und 2 und 1 und 3:

$$\begin{aligned}
M_{12} &= M_{21} = \frac{\Psi_1(i_2)}{i_2} = \frac{\Psi_2(i_1)}{i_1} = \frac{w_1 w_2 k_{12}}{R_{\mathrm{mFe}}} \\
M_{13} &= M_{31} = \frac{\Psi_1(i_3)}{i_3} = \frac{\Psi_3(i_1)}{i_1} = \frac{w_1 w_3 k_{13}}{R_{\mathrm{mFe}}}.
\end{aligned} \tag{4}$$

Wir erhalten somit 3 Selbstinduktivitäten und 6 (aber bei linearem Eisenkreis nur 3 voneinander verschiedene) Gegeninduktivitäten.

b) Damit die Zwangsbedingung $i_2 = -i_1$ zustande kommt, werden jetzt die Spulenenden B und D verbunden (Bild 5.5/2b). Während der von w_1 erzeugte Fluß Φ_1 seine Richtung beibehält, ändert sich die Flußrichtung von Φ_2. Wir verwenden dabei zur Flußorientierung wieder die Rechtehandregel. Zur Definition von M_{12} setzen wir an (mit $\Phi_2' = -\Phi_1$)

$$M_{21} = \frac{\Psi_2'(i_1)}{i_1} = -\frac{w_2 k_{12} \Phi_1(i_1)}{i_1} = -\frac{w_1 w_2 k_{12}}{R_{\mathrm{mFe}}}. \tag{5}$$

mit

$$\frac{\Phi_1(i_1)}{i_1} = \frac{w_1}{R_{\mathrm{mFe}}}.$$

Analog gilt

$$M_{21} = \frac{\Psi_1(i_2)}{i_2} = -\frac{w_1 k_{12}\Phi_2(i_2)}{i_2} = -\frac{w_1 w_2 k_{12}}{R_{\mathrm{mFe}}}, \tag{6}$$

da sich (bei originärem Strom i_2) jetzt die Stromrichtung i_1 durch Schaltungszwang und damit die Flußrichtung Ψ_1 ändert.

Die Gegeninduktivitäten sind somit vorzeichenbehaftet abhängig davon, ob die von den Strömen erzeugten Durchflutungen iw (und damit die Flüsse) gleichgerichtet sind oder nicht (Angabe durch Richtung des Stromes zum Punkt erkennbar).

c) Sind die drei Spulen im fortlaufenden Windungssinn (Bild 5.5/2a) angeordnet, so ergeben sich die allgemeinen u-i-Beziehungen (Ersatzschaltung Bild 5.5/2c)

$$\begin{aligned}
u_1 &= L_1\frac{di_1}{dt} + M_{12}\frac{di_2}{dt} + M_{13}\frac{di_3}{dt} \\[2mm]
u_2 &= M_{21}\frac{di_1}{dt} + L_2\frac{di_2}{dt} + M_{23}\frac{di_3}{dt} \\[2mm]
u_3 &= M_{31}\frac{di_1}{dt} + M_{32}\frac{di_2}{dt} + L_3\frac{di_3}{dt}
\end{aligned} \tag{7}$$

mit $M_{12} = M_{21}$ usw.

Wir setzen $i_3 = 0$ (oder Entfernung der Spule), so daß die dritte Zeile und Spalte des Gleichungssystems entfällt.

Sind beide Spulen in Reihe geschaltet (d. h. $i_1 = i_2 = i$, Bild 5.5/2c), so wird

$$u_1 = (L_1 + M_{12})\frac{di_1}{dt}; \quad u_2 = (M_{12} + L_2)\frac{di_2}{dt}, \tag{8}$$

außerdem gilt $u = u_1 + u_2$ und wir erhalten

$$u = (L_1 + L_2 + 2M_{12})\frac{di}{dt} = L_{\mathrm{ers}}\frac{di}{dt}. \tag{9}$$

Für einen Kopplungsfaktor $k \approx 1 \rightarrow M_{12} = \sqrt{L_1 L_2}$ wird dann zusammengefaßt

$$u = \left(\left(\sqrt{L_1} + \sqrt{L_2}\right)^2\frac{di}{dt}. \tag{10}$$

Die Gesamtinduktivität ist stets größer als die Summe der Einzelinduktivitäten.

Werden beide Spulen "antiseriell" geschaltet (Bild 5.5/2b), also $i_1 = -i_2$ gewählt und damit $u = u_1 - u_2$; so ergeben sich aus Gl.(7):

$$u_1 = (L_1 - M_{12})\frac{di_1}{dt}; \quad u_2 = (M_{12} - L_2)\frac{di_1}{dt} \tag{11}$$

sowie

$$u = u_1 - u_2 = (L_1 - M_{12} - M_{12} + L_2)\frac{di_1}{dt} = (L_1 + L_2 - 2M_{12})\frac{di_1}{dt}. \quad (12)$$

Für $M \approx L = L_1 = L_2$ verschwindet die Gesamtinduktivität (diese Anordnung heißt bifilare Wicklung, induktivitätsarme Anordnung).

d) Bei der Zusammenschaltung der drei Spulen mit beliebigem Wicklungssinn, also $\pm i_1 = \pm i_2 = \pm i_3$, $u = \pm u_1 \pm u_2 \pm u_3$ ergibt sich als Gesamtinduktivität

$$L_{\text{ges}} = L_1 + L_2 + L_3 \pm 2M_{12} \pm 2M_{13} \pm 2M_{23}. \quad (13)$$

Sie liegt zwischen der Betragssumme ($\to 9L$ bei $L_1 \ldots L_3 = L = M$) und L, nämlich für $M_{12} = -M_{23}$; $M_{12} = -M_{13}$: $L_{\text{ges}} = 3L + 2L - 4L = L$. Würden vier Spulen eingesetzt, so wäre $L_{\text{ges}} = 0$ möglich.

Diskussion: Die Selbstinduktivitäten sind immer positiv, die Gegeninduktivitäten können auch negativ sein: im letzteren Fall schwächen sich die von den beiden Spulen erzeugten Flüsse gegenseitig. Es hängt von der Stromrichtung und dem Windungssinn der Spulen ab, ob sich die Flüsse verstärken oder schwächen.

Aufgabe 5.5/3 Nichtlineare Induktivität

Gegeben ist eine Ringspule mit Eisenkern (vgl. Bild 5.5/2a), wobei die Magnetisierungskennlinie des Eisens für positive B-Werte durch die sog. Fröhlich-Beziehung Bild 5.5/3a:

$$B = \frac{\alpha H}{1 + \beta H} \quad \text{gegeben ist } (\alpha = \frac{1,3\,\text{Vs}}{100\,\text{Am}}; \ \beta = \frac{1\,\text{m}}{100\,\text{A}}).$$

a) Berechnen Sie die Induktivität der Ringspule $L(I)$ unter Annahme einer homogenen Feldverteilung. Welche Korrektur würde sich für inhomogene Verteilung ergeben?
b) Bestimmen Sie $L(I)$ für folgende Zahlenwerte: $r_i = 3\,\text{cm}$, $r_a = 4\,\text{cm}$, $a = 1\,\text{cm}$, $w = 100$.
c) Bestimmen Sie $L(I)$ mit Einschluß eines Luftspaltes l_L. Wie ist vorzugehen?

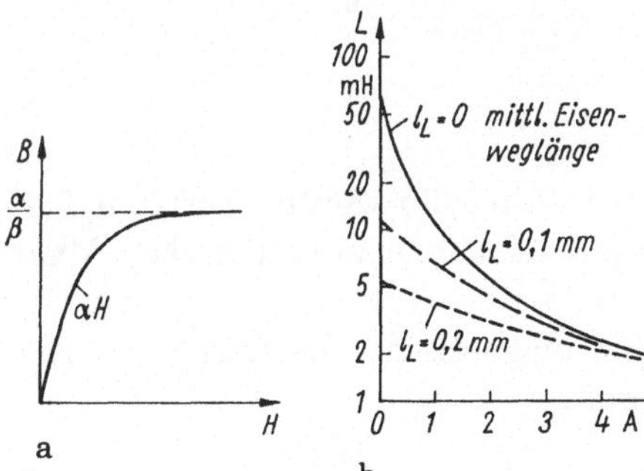

d) Berechnen Sie $L = f(l_\mathrm{L})$ für ausgewählte konstante Stromwerte (z.B. $I = 0$, $I = 1\,\mathrm{A}$, $I = 3\,\mathrm{A}$). Wie ist vorzugehen?

e) Wie ändert sich $L(l_\mathrm{L})$ unter der Vorgabe $B = \mathrm{const.}$ über dem Strom?

Hinweis: Bei nichtlinearer $B(H)$-Kennlinie liegt es nahe, zunächst $\mu_\mathrm{r} = B/(H\mu_0)$ zu berechnen und einen Analyseversuch zu starten. Diese Strategie ist wenig hilfreich, denn der voraussichtliche Arbeitspunkt I ist nicht bekannt. Wir streben daher eine Beziehung $L(I)$ an, wobei $B(H)$ durch die sog. Fröhlich-Beziehung gegeben ist. Deshalb berechnen wir zunächst $\Phi(I)$ und daraus die Induktivität.

Lösung:

a) Zur Berechnung der Induktivität $L = w\Phi(I)/I$ ermitteln zunächst über den Durchflutungssatz die magnetische Feldstärke

$$H(r) = \frac{wI}{2\pi r}. \tag{1}$$

Im Gegensatz zum linearen Fall hängt die Induktion jetzt über die Fröhlich-Beziehung nichtlinear von H ab:

$$B(r) = \frac{\alpha H(r)}{1 + \beta H(r)} = \frac{\alpha wI}{2\pi r}\,\frac{1}{1 + \beta wI/(2\pi r)} = \frac{\alpha wI}{2\pi r + wI\beta}. \tag{2}$$

Daraus folgt der Fluß ($\mathrm{d}A = a\,\mathrm{d}r$, vgl. Bild 5.5/2a)

$$\begin{aligned}
\Phi(I) &= \int_{r_\mathrm{i}}^{r_\mathrm{a}} B(r)a\,\mathrm{d}r = awI\alpha\frac{1}{2\pi b}\,\ln(2\pi br + Iw)\Big|_{r_\mathrm{i}}^{r_\mathrm{a}} \\
&= \frac{\alpha wIa}{2\pi}\,\ln\frac{2\pi r_\mathrm{a} + Iw\beta}{2\pi r_\mathrm{i} + Iw\beta};
\end{aligned} \tag{3}$$

hierbei wurde $\int \mathrm{d}x/(cx + f) = 1/c\ln(cx + f)$ verwendet. Der Induktionsfluß beträgt $\Psi = w\Phi(I)$. Die Induktivität folgt dann zu

$$L = \frac{\Psi(I)}{I} = \frac{\alpha w^2 a}{2\pi}\,\ln\frac{2\pi r_\mathrm{a} + Iw\beta}{2\pi r_\mathrm{i} + Iw\beta}. \tag{4}$$

b) Für die Zahlenwerte $\alpha = 1{,}3/100\,\mathrm{Vs/Am}$, $\beta = 0{,}01\,\mathrm{m/A}$ und die weiter gegebenen Werte wird

$$\begin{aligned}
L &= \frac{100^2 \cdot 1{,}3\,\mathrm{Vs} \cdot 10^{-2}\,\mathrm{mm}}{2\pi\,\mathrm{m}^2 \cdot \mathrm{A}}\,\ln\frac{\frac{2\pi\cdot 100\,\mathrm{A}\cdot 4\cdot 10^{-2}\,\mathrm{m}}{100\,\mathrm{m}} + \frac{I}{\mathrm{A}}}{\frac{2\pi\cdot 100\,\mathrm{A}\cdot 3\cdot 10^{-2}\,\mathrm{m}}{100\,\mathrm{m}} + \frac{I}{\mathrm{A}}} \\
&= 207\,\mathrm{mH}\ln\frac{0{,}2512 + I/\mathrm{A}}{0{,}1885 + I/\mathrm{A}}
\end{aligned} \tag{5}$$

mit $L(0) = 59{,}5\,\mathrm{mH}$ für $I \to 0$. Im Bild 5.5/3b wurden Verläufe $L(I)$ mit verschiedenem Luftspalt dargestellt. Man erkennt den starken Abfall schon bei geringem Strom.

c) Liegt ein Luftspalt l_L vor, so ist die magnetische Feldstärke zunächst durch den Durchflutungssatz bestimmt:

$$H_\mathrm{Fe}l_\mathrm{Fe} + H_\mathrm{L}l_\mathrm{L} = Iw. \tag{6}$$

Dabei gilt $H_L = B_L/\mu_0 = B_{Fe}/\mu_0$ wegen $B_L = B_{Fe}$:

$$H_{Fe}l_{Fe} + \frac{B_{Fe}l_L}{\mu_0} = Iw. \tag{7}$$

Unbekannt sind H_{Fe}, B_{Fe} und I, wobei B_{Fe} und H_{Fe} über die Fröhlich-Beziehung zusammenhängen. Letztere lautet aufgelöst nach H_{Fe}:

$$H_{Fe} = \frac{B_{Fe}}{a - \beta B_{Fe}} \tag{8}$$

und damit folgt der nichtlineare B_{Fe}-I-Zusammenhang

$$\frac{B_{Fe}l_{Fe}}{\alpha - \beta B_{Fe}} + \frac{B_{Fe}l_L}{\mu_0} = Iw. \tag{9}$$

Wir treffen jetzt folgende Vereinfachungen:
- Annahme eines mittleren Eisenweges
$$l_{Fe} = 2\pi\frac{r_i + r_a}{2} \tag{10a}$$
- Annahme einer konstanten Querschnittsfläche:
$$A = a(r_a - r_i). \tag{10b}$$

Dann lautet die Induktivität

$$L = \frac{w\Phi(I)}{I} = \frac{wB_{Fe}(I)\cdot a(r_a - r_i)}{l} \tag{11}$$

mit I nach Gl.(9).

Wir haben damit für vorgegebene B_{Fe}-Werte den Strom I nach Gl.(9) zu berechnen und anschließend die Induktivität L nach Gl.(11). In Bild 5.5/3b wurden einige Verläufe für die exakte Lösung Gl.(5), die Näherungslösung Gl.(11) ohne Luftspalt und zwei Kurven mit $l_L = 0,1\,mm$ und $l_L = 0,2\,mm$ dargestellt. Der Luftspalt übt erwartungsgemäß linearisierenden Einfluß aus, allerdings sinkt die Induktivität dabei beträchtlich.

d) Zur Berechnung der Abhängigkeit $L(l_L)$ für gegebenen festen Strom liegt die Induktion B_{Fe} durch Gl.(9) fest, m.a.W. haben wir zunächst $B_{Fe}(l_L)$ zu ermitteln und anschließend die Induktivität L nach Gl.(11) zu lösen. Bei der hier gegebenen analytischen $B(H)$-Beziehung über die Fröhlich-Kurve gelingt es, B_{Fe} aus Gl.(9) explizit zu berechnen. Wir erhalten auf dieser Grundlage durch Lösung einer quadratischen Gleichung

$$B_{Fe} = \frac{1}{2}\left(\frac{\alpha}{\beta} + \frac{Iw}{l_L}\mu_0 + \frac{l_{Fe}}{l_L}\frac{\mu_0}{\beta}\right) \pm$$
$$\sqrt{\frac{1}{4}\left(\frac{\alpha}{\beta} + \frac{Iw}{l_L}\mu_0 + \frac{l_{Fe}}{l_L}\frac{\mu_0}{\beta}\right)^2 - \frac{Iw\alpha\mu_0}{l_L\beta}}. \tag{12}$$

Im Grenzfall kleiner Luftspalte (streng $l_L \to 0$) folgt daraus (durch Entwicklung der Wurzel nach einer Taylor-Reihe und Nutzung des negativen Vorzeichens)

$$B_{Fe} = \frac{\alpha Iw}{l_{Fe} + Iw\beta + \alpha l_L/\mu_0}. \tag{13}$$

Das ist die Lösung von Gl.(9) für $\beta B_{\mathrm{Fe}} \ll \alpha$ und Berücksichtigung der Fröhlich-Beziehung für B_{Fe}, m.a.W. ist das positive Zeichen der Wurzel auszuschließen. Damit beträgt die Induktivität gemäß Gl.(11)

$$L = \frac{w^2 a(r_{\mathrm{a}} - r_{\mathrm{i}})\alpha}{l_{\mathrm{Fe}} + Iw\beta + \alpha l_{\mathrm{L}}/\mu_0} = \frac{w^2 a(r_{\mathrm{a}} - r_{\mathrm{i}})\alpha}{l_{\mathrm{Fe}}(1 + \alpha l_{\mathrm{L}}/l_{\mathrm{Fe}}\mu_0 + Iw\beta/l_{\mathrm{Fe}})}. \tag{14}$$

Dies ergibt einen abfallenden Verlauf über l_{L}. Beziehen wir jeweils auf die zum Strom I gehörige Induktivität $L|_0$

$$L = \frac{w^2 a(r_{\mathrm{a}} - r_{\mathrm{i}})\alpha}{(l_{\mathrm{Fe}} + Iw\beta)(1 + \alpha l_{\mathrm{L}}/\mu_0(l_{\mathrm{Fe}} + Iw\beta))}, \quad L|_0 = \frac{w^2 a(r_{\mathrm{a}} - r_{\mathrm{i}})\alpha}{l_{\mathrm{Fe}} + Iw\beta} \tag{15}$$

so ist der Abfall klar zu erkennen. Die relative Änderung der Induktivität hängt somit vom Strom I ab. Der Abfall wird mit steigendem Strom schwächer, da sich dann in der Interpretation eines linearen B_{Fe}-H_{Fe}-Verlaufes die relative Permeabilität verringert.

e) Wird $B_{\mathrm{Fe}} = $ const. (und damit $H_{\mathrm{Fe}} = $ const.) gefordert, so muß mit steigendem Luftspalt nach Gl.(7) der Strom proportional zu l_{L} wachsen. Damit kann in Gl.(11) angesetzt werden

$$L = \frac{w^2 a(r_{\mathrm{a}} - r_{\mathrm{i}})B_{\mathrm{Fe}}}{H_{\mathrm{Fe}}l_{\mathrm{Fe}} + (B_{\mathrm{Fe}}/\mu_0)l_{\mathrm{L}}}. \tag{16}$$

Bis auf l_{L} sind alle Werte fest gegeben und die Analyse vollzieht sich nach dem Modell des linearen magnetischen Kreises.

Diskussion:

- Das Beispiel zeigt die beträchtlichen Unterschiede zwischen der L-Berechnung bei linear angenommenem magnetischen Kreis (mit stromunabhängigem L von rd. 59 mH) und dem starken Abfall, wie ihn die nichtlineare Analyse über dem Strom liefert, auch bei kleinem Luftspalt.
- Eine gewisse Linearisierung ist in Umgebung eines eingestellten Stromwertes möglich, für den dann L berechnet werden muß.
- Die Fröhlich-Beziehung stellt ein sehr praktikables Modell zur Nachbildung der nichtlinearen Magnetisierungskurve im ersten Quadranten dar. Der Koeffizient a entspricht $\mu_{\mathrm{r}} \cdot \mu_0$, hier ergibt sich $\mu_{\mathrm{r}} = \alpha/\mu_0 = 10,34 \cdot 10^3$ im Anfangsbereich der Induktion, der allerdings rasch fällt. Bereits bei $H = 1/\beta = 100\,\mathrm{A/m}$ hat sich der Wert halbiert.

Aufgabe 5.5/4 Gegeninduktivität im magnetischen Kreis

Gegeben ist ein magnetischer Kreis mit zwei Wicklungen ($\mu_{\mathrm{r}} = $ const., homogen angenommene Magnetfelder, Bild 5.5/4a).

a) Berechnen Sie die Induktivitäten und die Gegeninduktivität auf Grundlage der magnetischen Widerstände.
b) Wie müssen die Spulen geschaltet werden, damit die Gegeninduktivität positives Vorzeichen erhält?
c) Wie groß sind L_1, L_2, M für $w_1 = 100$, $w_2 = 50$, $\mu_{\mathrm{r}} = 1000$, $A_1 = A_2 = A_3/2$, $l_1 = l_2 = 2l_3$, $A_1 = 10\,\mathrm{cm}^2$, $l_1 = 20\,\mathrm{cm}$.

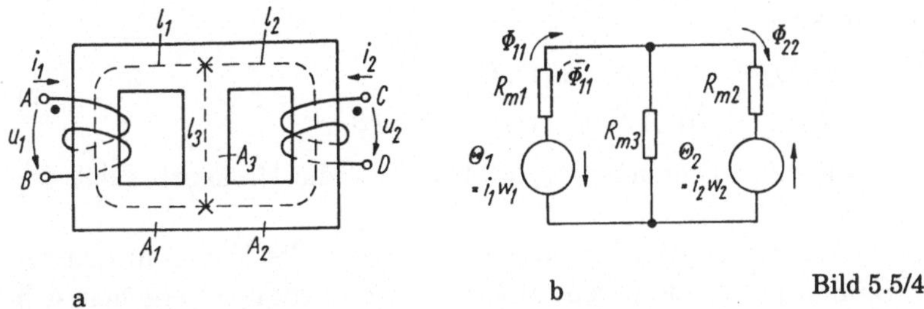

a   b   Bild 5.5/4

Hinweis: Die Selbst- und Gegeninduktivitäten können berechnet werden, indem man in die betreffenden Wicklungen Ströme einspeist, den Induktionsfluß durch die betreffenden Spulen bestimmt und damit L und M berechnet.

Ein anderer Weg besteht darin, die betreffenden magnetischen Widerstände sowie die Kopplungsfaktoren aus den Flußteilungen zu bestimmen (I/Abschn. 3.2/4 bzw. I/Gl.(3.34)).

Lösung:

a) Wir geben zunächst zur Unterstützung der Anschauung die magnetische Ersatzschaltung an (Bild 5.5/4b): Die Induktivität L_1 ergibt sich gemäß $L_1 = w_1^2/R_{\mathrm{m}I}$, wobei $R_{\mathrm{m}I}$ der von der Erregung Θ_1 aus in den Kreis gesehene Gesamtwiderstand ist: $R_{\mathrm{m}I} = R_{\mathrm{m}1} + R_{\mathrm{m}2} \parallel R_{\mathrm{m}3}$ $(R_{\mathrm{m}1} = l_1/(A_1\mu_{\mathrm{r}})$, $R_{\mathrm{m}2} = l_2/(A_2\mu_{\mathrm{r}})$, $R_{\mathrm{m}3} = l_3/(A_3\mu_{\mathrm{r}}))$

$$L_1 = \frac{w_1^2}{R_{\mathrm{m}I}}; \qquad R_{\mathrm{m}I} = R_{\mathrm{m}1} + R_{\mathrm{m}2} \parallel R_{\mathrm{m}3}. \tag{1}$$

Ganz analog ergibt sich L_2:

$$L_2 = \frac{w_2^2}{R_{\mathrm{m}II}}; \qquad R_{\mathrm{m}II} = R_{\mathrm{m}2} + R_{\mathrm{m}1} \parallel R_{\mathrm{m}3}. \tag{2}$$

Die Gegeninduktivitäten folgen der Definition nach zu

$$M_{21} = k_1 \frac{w_1 w_2}{R_{\mathrm{m}I}} = M_{12}. \tag{3}$$

Der magnetische Widerstand $R_{\mathrm{m}I}$ ist bekannt. Der Kopplungsfaktor k_1 gibt den Teil Φ_{21} des Flusses Φ_{11} an (Bild 5.5/4b), der Spule 2 durchsetzt, aber von Spule 1 ausgeht:

$$k_1 = \frac{\Phi_{21}}{\Phi_{11}} = \frac{1/R_{\mathrm{m}2}}{1/R_{\mathrm{m}2} + 1/R_{\mathrm{m}3}} = \frac{R_{\mathrm{m}3}}{R_{\mathrm{m}2} + R_{\mathrm{m}3}}. \tag{4}$$

(analog Stromteilerregel!). Sinngemäß gilt für k_2 als Teil des Flusses Φ'_{12}, der durch Spule 1 geht und von Spule 2 ausgeht:

$$k_2 = \frac{\Phi'_{12}}{\Phi'_{22}} = \frac{1/R_{\mathrm{m}1}}{1/R_{\mathrm{m}1} + 1/R_{\mathrm{m}3}} = \frac{R_{\mathrm{m}3}}{R_{\mathrm{m}1} + R_{\mathrm{m}3}}. \tag{5}$$

Damit wird

$$M_{21} = \frac{w_1 w_2}{R_{\mathrm{m}I}} \frac{R_{\mathrm{m}3}}{R_{\mathrm{m}2} + R_{\mathrm{m}3}} = \frac{w_1 w_2 R_{\mathrm{m}3}}{R_{\mathrm{m}1}(R_{\mathrm{m}2} + R_{\mathrm{m}3}) + R_{\mathrm{m}2} R_{\mathrm{m}3}}, \tag{6}$$

ebenso ergibt sich

$$M_{12} = k_2 \frac{w_1 w_2}{R_{\mathrm{mII}}} = \frac{w_1 w_2 R_{\mathrm{m3}}}{R_{\mathrm{m2}}(R_{\mathrm{m1}} + R_{\mathrm{m3}}) + R_{\mathrm{m1}} R_{\mathrm{m3}}} = M_{21}. \tag{7}$$

Mit dem erwarteten Ergebnis $M_{12} = M_{21}$ wird die Umkehrbarkeit der Anordnung ausgedrückt.

b) Die Gegeninduktivität M wird positiv, wenn sich die Flüsse in den relevanten Spulen jeweils addieren. Mit der Rechtehandregel ergeben sich für die eingetragenen Stromrichtungen i_1, i_2 die gewünschten Flußadditionen. Mithin ist Klemme B mit C zu verbinden. Damit gilt $u_{\mathrm{AD}} = u_{\mathrm{AB}} + u_{\mathrm{BC}} = u_1 + u_2$.

c) Es betragen mit $R_{\mathrm{mI}} = R_{\mathrm{mII}} = 1/\mu_{\mathrm{r}}\mu_0 \cdot 6/5 \cdot l_1/A_1$ (aus Symmetriegründen)

$$L_1 = \frac{w_1^2 \mu_{\mathrm{r}}\mu_0 \cdot 5\,\mathrm{A}}{6l} = \frac{10^4 \cdot 10^3 \cdot 4\pi \cdot 10^{-7} \cdot 5\,\mathrm{Vs} \cdot 10\,\mathrm{cm}^2}{6 \cdot 20\,\mathrm{Am} \cdot \mathrm{cm}}$$

$$= 5{,}23 \cdot 10^{-2}\,\mathrm{H}$$

$$L_2 = \frac{w_2^2 \mu_{\mathrm{r}}\mu_0}{R_{mII}} = \frac{w_2^2}{w_1^2} L_1 = 1{,}3 \cdot 10^{-2}\,\mathrm{H}$$

$$M = \frac{w_2}{w_1} L_1 \frac{R_{\mathrm{m3}}}{R_{\mathrm{m2}} + R_{\mathrm{m3}}} = \frac{50}{100} \cdot 5 \cdot 23 \cdot 10^{-2}\,\mathrm{H} \cdot \frac{1}{5} = 5{,}23\,\mathrm{mH}.$$

Diskussion: Die Berechnung der Selbst- und Gegeninduktivitäten mittels der magnetischen Ersatzschaltung ist relativ einfach durchführbar, setzt allerdings Linearität ($\mu_{\mathrm{r}} = $ const.) voraus.

Aufgabe 5.5/5 Transformatorgleichungen

Gegeben sind zwei gleiche Transformatoren a, b mit Wicklungen wie dargestellt (Bild 5.5/5a,b). Es sei $\mu_{\mathrm{r}} = $ const. angenommen (ohmsche Widerstände der Spulen seien vernachlässigt). Die Abmessungen des magnetischen Kreises sind bekannt.

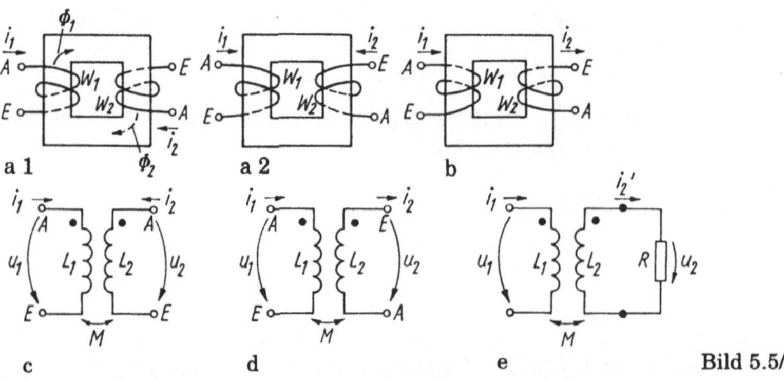

a) Prüfen Sie, ob die Wicklungen jeweils gleich- oder gegensinnig für die angegebenen Stromrichtungen wirken, stellen Sie die entsprechenden Transformatorgleichungen auf und ordnen Sie den Wicklungen "Markierungspunkte" zu.

b) Geben Sie bei sekundärem Leerlauf für die Fälle Bild 5.5/5a,b die Sekundärspannung u_2 als Funktion der Primärspannung an. Welche Spannung entsteht, wenn eingangsseitig die Spannung $u_1(t) = U_{10} + \hat{u}_1 \cos \omega t$ anliegt?

c) Es werde im Falle Bild 5.5/5a1 primärseitig ein sinusförmiger Strom $i_1(t) = \hat{I} \sin \omega t$ eingespeist. Welche Spannungen u_1, u_2 entstehen (bei sekundärseitigem Leerlauf $i_2 = 0$ und der Annahme eines Kopplungsfaktors $k = 1$)?

d) Der Transformator Bild 5.5/5a1 werde sekundärseitig mit einem Lastwiderstand R_2 belastet. Was ändert sich in den Gleichungen?

e) Welche Ersatzinduktivität wirkt auf der Primärseite bei sekundärem Kurzschluß (Fall Bild 5.5/5a)?

Lösung:

a) Ob eine gleich- oder gegensinnige Spulenkopplung vorliegt, wird durch die mit den Strömen nach der "Rechtehandregel" verbundenen Magnetflüsse und ihre vorzeichenbehaftete Überlagerung entschieden (I/Gl. (3.64)).
Bild 5.5/5a1, a2): die von $i_1 w_1$, $i_2 w_2$ ausgehenden Flüsse überlagern sich: gleichsinnige Kopplung (Bild 5.5/5c). Würde die Richtung i_2 vertauscht, so läge gegensinnige Kopplung vor.
Bild 5.5/5b gegensinnige Kopplung, beide Flüsse wirken einander entgegen (Bild 5.5/5d). Punktzuordnung:

- gleicher Wickelsinn der Spulen (Bild 5.5/5a): Hier werden beide Punkte den Spulenanfängen (-enden) zugeordnet. Fließen beide Ströme auf die Punkte zu (von ihnen weg), so liegt Flußaddition vor (gleichsinnige Kopplung, verschiedene Stromrichtungen ergeben Flußsubtraktion).

- entgegengesetzter Wickelsinn (Bild 5.5/5b). Wir ordnen einen Punkt den Spulenanfängen zu, den anderen dem Spulenende zur zweiten Spule zu. Fließen die Ströme auf die Punkte zu, so ergibt sich Flußaddition. Das ist das gleiche, als ob bei gleichem Wickelsinn der Spulen Anfang und Ende einer Spule vertauscht werden.

Generell gilt dann: Zufluß (Wegfluß) beider Ströme auf die Punkte = gleichsinnige Kopplung, sonst gegensinnig.
Mit dieser Zuordnung ergeben die Fälle Bild 5.5/5a1, a2 gleichsinnige Kopplung. (Im Fall a1 fließt i_2 auf den Punkt zu ebenso wie in a2. Bild 5.5/5b entspricht gegensinniger Kopplung.)
Am einfachsten erkennt man den Windungssinn von w_1, w_2 dann, wenn beide Spulen nebeneinander liegen und w_2 mit dem gleichen Wicklungssinn weiter gewickelt werden könnte, mit dem w_1 beendet wurde.
Wir haben daher für die ersten beiden Fälle Bild 5.5/5a1, a2 für gleichsinnige Kopplung die Transformatorgleichungen ($R_1 = R_2 = 0$, Bild 5.5/5c)

$$u_1 = u_{L_1} + u_{M_1} = L_1 \frac{di_1}{dt} + M \frac{di_2}{dt}$$
$$u_2 = u_{L_2} + u_{M_2} = L_2 \frac{di_2}{dt} + M \frac{di_1}{dt}. \qquad M = M_{21} = M_{12} \qquad (1)$$

Für gegensinnige Kopplung ergeben sich hingegen (Bild 5.5/5d)

$$u_1 = L_1 \frac{di_1}{dt} - M \frac{di_2}{dt}$$
$$u_2 = L_2 \frac{di_2}{dt} - M \frac{di_1}{dt}. \qquad (2)$$

In den Ersatzschaltungen werden gekoppelte Spulen durch einen beiderseits gerichteten Pfeil symbolisiert, die Punkte liegen bei gleichsinniger Kopplung an den Anfängen, bei gegensinniger einer am Anfang, der andere am Ende (Bild 5.5/5c, d).

b) Im Fall Bild 5.5/5a ergibt sich mit $i_2 = 0$ und $di_2/dt = 0$ aus Gl.(1)

$$u_2 = M \frac{di_1}{dt} = \frac{M}{L_1} u_1. \qquad (3)$$

Für Bild 5.5/5b resp. 5.5/5d wird dagegen aus Gl.(2)

$$u_2 = -M \frac{di_1}{dt} = -\frac{M}{L_1} u_1, \qquad (4)$$

d.h. Vertauschung der Vorzeichen von u_2 ($\rightarrow$ Umpolung der Spule 2 relativ zum durchsetzenden Fluß!). Liegen eingangsseitig eine Gleich- (U_{10}) und Wechselspannung ($\hat{u}_1 \cos \omega t$) an, so könnte man zunächst aufgrund von Gl.(3) vermuten, daß auch die Gleichspannung U_{10} übertragen wird. Dies ist nicht der Fall, denn als Zwischenträger wirkt das Magnetfeld: $u_1(t)$ erzeugt $d\Phi_1/dt \rightarrow \Phi_2(t)$ und $d\Phi_2/dt \rightarrow u_2$. Die Gleichspannung U_{10} ergibt keinen zeitveränderlichen Fluß, Zerstörung des Transformators bei Anlegen einer Gleichspannung durch Leitungsüberlastung.

c) Generell gilt für die Bedingungen $k = 1$ (ideale Kopplung beider Spulen) $\rightarrow M = \sqrt{L_1 L_2}$ und damit nach Gl.(3) mit $L_1 = w_1^2 \cdot$ const., $L_2 = w_2^2 \cdot$ const.

$$u_2 = \frac{M}{L_1} u_1 = \frac{\sqrt{L_1 L_2}}{L_1} u_1 = \frac{w_2}{w_1} u_1. \qquad (5)$$

Die Spannungen werden nach Maßgabe der Windungszahlen übersetzt!

Zum gleichen Ergebnis führt auch der eingeprägte Strom $i_1(t)$, der bei $\mu_r = $ const. einen sinusförmig zeitveränderlichen Fluß $\Phi(t) = \hat{\Phi} \sin \omega t$ erzeugt. Damit ergeben sich die Spannungen ($\Phi_1 = \Phi_2$, $k = 1$)

$$u_1 = w_1 \frac{d\Phi_1}{dt} = w_1 \omega \hat{\Phi} \cos \omega t$$
$$u_2 = w_2 \frac{d\Phi_1}{dt} = w_2 \omega \hat{\Phi} \cos \omega t$$

und schließlich

$$u_2 = \frac{w_2}{w_1} u_1. \tag{6a}$$

d) Bei sekundärseitiger Belastung des Transformators mit gleichsinniger Wicklung (Fall a1) liegt die Richtung von i_2 über den Lastwiderstand mit der Richtung von u_2 fest: $i_2' = u_2/R$, m.a.W. haben wir die Stromrichtung i_2 in Gl.(1) zu tauschen: $i_2' = -i_2$:

$$\begin{aligned} u_1 &= L_1 \frac{di_1}{dt} - M \frac{di_2'}{dt} \\ u_2 &= i_2' R = -L \frac{di_2'}{dt} + M \frac{di_1}{dt}. \end{aligned} \tag{6b}$$

Der Strich i' soll aus Vereinfachungsgründen jetzt entfallen. Gl.(6b) ist die sog. Transformatorgleichung, weil bei Sekundärlast der Strom i_2 immer durch R_2 festliegt (Bild 5.5/5e).

e) Kurzschluß ($R_2 = 0$) auf der Sekundärseite bestimmt zunächst die Beziehung zwischen di_1/dt, di_2/dt nach Gl.(6):

$$0 = -L_2 \frac{di_2}{dt} + M \frac{di_1}{dt}.$$

Daraus folgt für u_1

$$u_1 = \left(L_1 - \frac{M^2}{L_2} \right) \frac{di_1}{dt} = L_{\mathrm{ers}} \frac{di_1}{dt} \tag{7}$$

mit $L_{\mathrm{ers}} = L_1 - M^2/L_2 = L_1(1 - k^2)$, da $k^2 = M^2/(L_1 L_2)$.
Bei idealer Kopplung $k = 1$ verschwindet L_{ers}. Anschaulich sind dann die beiden von w_1, w_2 erzeugten Flüsse Φ_1, Φ_2 gleich und heben sich in ihrer Nettowirkung auf: der Eingang wirkt wie ein Kurzschluß. Für $k = 0$ umgekehrt folgt $L_{\mathrm{ers}} = L_1$, es wirkt nur die Induktivität von L_1, weil keinerlei magnetische Kopplung zur Spule 2 besteht.
Praktische Werte von k liegen bei $90 \ldots 98\%$. Der Faktor $1 - k^2$ heißt Streufaktor. Er beträgt einige wenige % bei guten Transformatoren. Sekundärseitig kurzgeschlossene Transformatoren wirken auf der Primärseite somit sehr niederohmig und bergen deshalb immer Überlastungsgefahr.

Aufgabe 5.5/6 Idealer Transformator

An einem idealen (streuungsfreien, verlustlosen) Transformator (Bild 5.5/6) wurden gemessen

- bei Sekundärleerlauf

$$i_1(t) = \hat{I}_1 \sin \omega t, \quad u_2(t) = \hat{U}_2 \cos \omega t$$

- bei Sekundärkurzschluß

$$i_1(t) = \hat{I}_1 \sin \omega t; \quad i_2(t) = -\hat{I}_2 \sin \omega t.$$

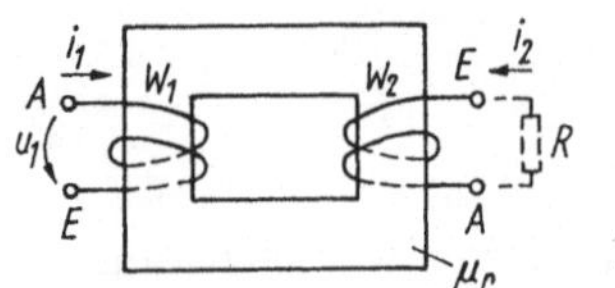

Bild 5.5/6

Zahlenwerte: $\omega = 314\,\mathrm{s}^{-1}$; $\hat{I}_1 = 10\,\mathrm{mA}$; $\hat{U}_2 = 10\,\mathrm{mV}$; $\hat{I}_2 = 8\,\mathrm{mA}$.

a) Wie lauten die Transformatorgleichungen für die im Bild 5.5/6 dargestellte Anordnung im Zeitbereich (Differentialausdrücke):
b) Wie können aus obigen Meßergebnissen die Größen L_1, L_2, M der Transformatorgleichungen bestimmt werden?
c) Welche Quellenspannung $u_1(t)$ lag an, wenn bei Sekundärbelastung mit
   einem Widerstand R die Spannung $u_2(t) = \hat{U}_{21} \cos \omega t$ gemessen wurde?
   ($\hat{U}_{21} = 500\,\mathrm{mV}$)
d) Welche Wirkleistung tritt primärseitig auf, wenn sekundärseitig im Widerstand R die Leistung P umgesetzt wird?

Hinweis: Wir greifen auf die Transformatorgleichungen I/Gl.(3.64c) zurück (I/
Abschn. 3.4.3). Prüfen Sie, ob für die vorgegebenen Strom-Windungsrichtungen
Flußaddition oder -subtraktion vorliegt.

Lösung:

a) Aus der Anordnung erkennt man gegensinnige Wicklungen (Punkte bei
   A_1, E_2), aus der Zuordnung der Ströme gleichsinnige Kopplung (s. Aufg.
   5.5/5) $\rightarrow$ Flußaddition. Damit gelten zunächst die Beziehungen

$$u_1 = L_1 \frac{\mathrm{d}i_1}{\mathrm{d}t} + M \frac{\mathrm{d}i_2}{\mathrm{d}t}$$
$$u_2 = L_2 \frac{\mathrm{d}i_2}{\mathrm{d}t} + M \frac{\mathrm{d}i_1}{\mathrm{d}t}. \tag{1}$$

für die angegebenen Stromrichtungen, insbesondere i_2. Gl.(1) sind die
sog. Transformatorgleichungen. Dazu gehört das Ersatzschaltbild Aufg.
5.5/5c.

b) Bei sekundärseitigem Kurzschluß ($u_2 = 0$) folgt aus Gl.(1)

$$0 = L_2 \frac{\mathrm{d}i_2}{\mathrm{d}t} + M \frac{\mathrm{d}i_1}{\mathrm{d}t} \rightarrow (L_2(-\hat{I}_2) + M\hat{I}_1)\omega \cos \omega t = 0, \tag{2}$$

d.h. $M = L_2 \hat{I}_2 / \hat{I}_1 = 8/10\,L_2$ unabhängig von der Frequenz. Damit liegt
das Verhältnis L_2/M fest. Zum anderen führt sekundärseitiger Leerlauf
($i_2 = 0$) auf:

$$u_2(t) = M \frac{\mathrm{d}i_1}{\mathrm{d}t} \rightarrow \hat{U}_2 \cos \omega t = \omega M \hat{I}_1 \cos \omega t \rightarrow \tag{3}$$

$$M = \frac{\hat{U}_2}{\omega \hat{I}_1} = \frac{10\,\mathrm{mV}}{10\,\mathrm{mA} \cdot 314\,\mathrm{s}^{-1}} = 3,187\,\mathrm{mH}.$$

Daraus ergibt sich $L_2 = 10/8\,M = 3,98\,$mH. Da der ideale Übertrager streufrei $(1 - k^2 = 0)$, d.h. mit $k = 1$ (feste Kopplung) arbeitet, folgt aus

$$k = 1 = \frac{M}{\sqrt{L_1 L_2}} \rightarrow M^2 = L_2 L_1 \rightarrow L_1 = \frac{M^2}{L_2} = 2,55\,\text{mH}. \tag{4}$$

c) Bei Sekundärlast mit $R = u_2/(-i_2)$ (Richtungsumkehr i_2 durch R erzwungen! vgl. Bild Aufg. 5.5/5e) folgt durch Eliminieren von $\mathrm{d}i_2/\mathrm{d}t$ aus der ersten Zeile von Gl.(1)

$$\frac{1}{L_2}\left(u_2(t) - M\frac{\mathrm{d}i_1}{\mathrm{d}t}\right) = \frac{\mathrm{d}i_2}{\mathrm{d}t} \rightarrow$$

$$\begin{aligned}
u_1 &= L_1\frac{\mathrm{d}i_1}{\mathrm{d}t} + \frac{M}{L_2}\left(u_2(t) - M\frac{\mathrm{d}i_1}{\mathrm{d}t}\right) \\
&= \frac{M}{L_2}u_2(t) + \left(L_1 - \frac{M^2}{L_2}\right)\frac{\mathrm{d}i_1}{\mathrm{d}t} = \frac{M}{L_2}u_2(t).
\end{aligned} \tag{5}$$

Für den idealen Übertrager $(M^2 = L_1 L_2)$ entfällt der zweite Term. Damit folgt

$$\hat{U}_1 = \frac{M}{L_2}\hat{U}_{21} = \frac{8}{10}500\,\text{mV} = 400\,\text{mV}.$$

d) Da der ideale Übertrager verlustfrei arbeitet, muß die sekundärseitig abgegebene Leistung primärseitig in gleicher Höhe zugeführt werden.

Diskussion: Durch einfache Leerlauf- und Kurzschlußmessungen am Übertrager lassen sich seine charakteristischen Größen L_1, L_2, M bestimmen. Das Verfahren eignet sich auch (bei Verfeinerung) zur Bestimmung des erweiterten Transformatormodells (z.B. Wicklungswiderstände, sog. Eisenverluste bei Wechselstrom u.a.).

Aufgabe 5.5/7 Gekoppelte Spulen

Gegeben sind zwei ideale gekoppelte Spulen (L_1, L_2, M), die unterschiedlich zusammengeschaltet werden (Bild 5.5/7a...d).

a) Geben Sie die u-i-Beziehungen für Bild 5.5/7a an.
b) Wie lautet die u-i-Beziehung für Bild 5.5/7b?
c) Wie lauten die u-i-Beziehungen für die Bilder 5.5/7c, d?

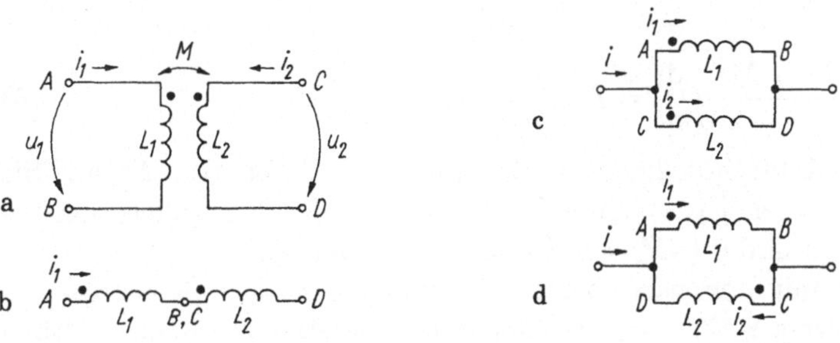

Hinweis: Die Aufgabe ist durch konsequente Anwendung der u-i-Beziehung gekoppelter Spulen lösbar (I/Abschn. 3.4.2).

Lösung:

a) Wir gehen aus von

$$u_1 = L_1\frac{\mathrm{d}i_1}{\mathrm{d}t} + M\frac{\mathrm{d}i_2}{\mathrm{d}t}$$
$$u_2 = L_2\frac{\mathrm{d}i_2}{\mathrm{d}t} + M\frac{\mathrm{d}i_1}{\mathrm{d}t}. \tag{1}$$

mit $u_1 = u_{AB}$, $u_2 = u_{CD}$. Das Vorzeichen von M ergibt sich aus der Richtungszuordnung der Ströme zu den Punkten (gleichsinnige Kopplung, hier tritt vereinbarungsgemäß ein positives Vorzeichen auf).

b) Beide Spulen sind reihengeschaltet mit $i_1 = i_2 = i$ und $u = u_1 + u_2$ als Bedingung der Zusammenschaltung. Daraus folgt mit Gl.(1):

$$u = (L_1 + L_2 + 2M)\frac{\mathrm{d}i}{\mathrm{d}t}; \quad L_{\mathrm{ers}} = L_1 + L_2 + 2M. \tag{2}$$

c) In diesem Falle stimmen die Spannungen $u_1 = u_2 = u_{AD}$ überein, außerdem gilt $i = i_1 + i_2$ und damit auch

$$\frac{\mathrm{d}i}{\mathrm{d}t} = \frac{\mathrm{d}i_1}{\mathrm{d}t} + \frac{\mathrm{d}i_2}{\mathrm{d}t}. \tag{3}$$

Wir lösen Gl.(1) nach den Stromänderungen $\mathrm{d}i_1/\mathrm{d}t$, $\mathrm{d}i_2/\mathrm{d}t$ und erhalten in Matrixform

$$\begin{pmatrix} L_1 & M \\ M & L_2 \end{pmatrix} \cdot \begin{pmatrix} \dfrac{\mathrm{d}i_1}{\mathrm{d}t} \\ \dfrac{\mathrm{d}i_2}{\mathrm{d}t} \end{pmatrix} = \begin{pmatrix} u \\ u \end{pmatrix} \tag{4}$$

mit den Lösungen

$$\frac{\mathrm{d}i_1}{\mathrm{d}t} = \frac{u(L_2 - M)}{L_1 L_2 - M^2}; \quad \frac{\mathrm{d}i_2}{\mathrm{d}t} = \frac{u(L_1 - M)}{L_1 L_2 - M^2}. \tag{5}$$

Zusammengefaßt wird daraus über

$$\frac{\mathrm{d}i}{\mathrm{d}t} = \frac{u(L_1 + L_2 - 2M)}{L_1 L_2 - M^2}$$

schließlich

$$u = \frac{L_1 L_2 - M^2}{L_1 + L_2 - 2M}\frac{\mathrm{d}i}{\mathrm{d}t} = L_{\mathrm{ers}}\frac{\mathrm{d}i}{\mathrm{d}t}. \tag{6}$$

Die Ersatzinduktivität hängt in komplizierter Weise von M ab. Sie schwankt zwischen $L_1 L_2/(L_1 + L_2)$ ($M = 0$, einfache Parallelschaltung beider Spulen) und 0 ($M^2 = L_1 L_2$, ideale Kopplung).

d) Jetzt gelten mit den vereinbarten Spannungen $u = u_{AB} = u_{DC} \rightarrow$ $u_1 = -u_2$, ferner $i = i_1 - i_2$. Wieder bestimmt die Zusammenschaltung grundsätzlich die aufzustellenden Gleichungen. Wir benötigen

$$\frac{\mathrm{d}i}{\mathrm{d}t} = \frac{\mathrm{d}i_1}{\mathrm{d}t} - \frac{\mathrm{d}i_2}{\mathrm{d}t}$$

und erhalten aus Gl.(1) in Matrixform

$$\begin{pmatrix} L_1 & M \\ M & L_2 \end{pmatrix} \cdot \begin{pmatrix} \dfrac{\mathrm{d}i_1}{\mathrm{d}t} \\ \dfrac{\mathrm{d}i_2}{\mathrm{d}t} \end{pmatrix} = \begin{pmatrix} u \\ -u \end{pmatrix} \tag{7}$$

mit den Lösungen

$$\frac{\mathrm{d}i_1}{\mathrm{d}t} = \frac{u(L_2 + M)}{L_1 L_2 - M^2}; \quad \frac{\mathrm{d}i_2}{\mathrm{d}t} = \frac{-u(L_1 + M)}{L_1 L_2 - M^2}.$$

Über

$$\frac{\mathrm{d}i}{\mathrm{d}t} = \frac{\mathrm{d}i_1}{\mathrm{d}t} - \frac{\mathrm{d}i_2}{\mathrm{d}t} = \frac{u(L_1 + L_2 + 2M)}{L_1 L_2 - M^2}$$

folgt schließlich umgeformt:

$$u = \frac{L_1 L_2 - M^2}{L_1 + L_2 + 2M} \frac{\mathrm{d}i}{\mathrm{d}t} = L_{\mathrm{ers}} \frac{\mathrm{d}i}{\mathrm{d}t}. \tag{8}$$

Zusammengefaßt lassen sich durch unterschiedliche Zusammenschaltung der Transformatorklemmen die 6 Induktivitäten L_1, L_2, $L_1 + L_2 \pm 2M$ sowie $(L_1 L_2 - M^2)/(L_1 + L_2 \pm 2M)$ erzeugen.

Diskussion: Man erkennt gerade an diesem Beispiel die Vorteile der Punktzuordnung für die Aufstellung der u-i-Beziehungen, die allein aus Flußüberlegungen wesentlich umständlicher wären. Es ist so einfach möglich, aus den Punktzuordnungen und Stromrichtungen die Flüsse zu konstruieren.

6. Energie und Kraft im elektromagnetischen Feld

6.1 Energie und Leistung

Aufgabe 6.1/1 Leistungsumsatz Grundelemente

Für die Zweipolbauelemente Bild 6.1/1 berechne man die umgesetzte elektrische Leistung und gebe an, ob jeweils ein Verbraucher- oder Erzeugerzweipol vorliegt.

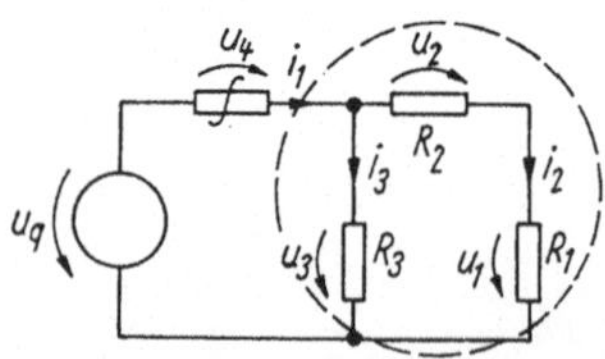

a   b   c   d   e   Bild 6.1/1

Lösung:

Die Leistung lautet bei Verbraucherpfeilrichtung $p = ui$, bei Erzeugerpfeilrichtung $p = -ui$. Damit folgen der Reihe nach

a) $p = i^2 R = 1\,\mathrm{A}^2 \cdot 50\,\Omega = 50\,\mathrm{W}$ (V),

b) $p = -u_\mathrm{q} i = -10\,\mathrm{V} \cdot 1\,\mathrm{A} = -10\,\mathrm{W}$ (E, z.B. Entladung einer Batterie),

c) $p = +i u_\mathrm{q} = +10\,\mathrm{V} \cdot 1\,\mathrm{A} = 10\,\mathrm{W}$ (V, z.B. Aufladen einer Batterie),

d) $p = -ui(t) = -20\,\mathrm{V} \cdot 1\,\mathrm{A}\exp(-t/\tau) = -20\,\mathrm{W}\exp(-t/\tau)$ (E, Entladung eines Kondensators),

e) $p = ui(t) = 30\,\mathrm{V} \cdot 0,1\,\mathrm{A}\exp(-t/\tau) = 3\,\mathrm{W}\exp(-t/\tau)$ (V, Aufbau des magnetischen Feldes einer Spule).

Aufgabe 6.1/2 Maschengleichung

Für die Schaltung Bild 6.1/2 bestimme man die Maschengleichungen der in den Hüllen befindlichen Netzwerke aus der Leistungsbilanz und Knotengleichung.

Bild 6.1/2

Lösung:
Es lauten die Leistungsbilanz $u_q i_1 = i_1 u_4 + i_3 u_3 + i_2 u_2 + i_2 u_1$ und der Knotensatz $i_1 = i_2 + i_3$. Weiter gilt $i_1 u_3 = i_3 u_3 + i_2(u_1 + u_2)$. Daraus folgt zusammengefaßt $u_q = u_4 + u_3$, z.B. aus $i_1(u_q) = i_1(u_3 + u_4) \rightarrow u_q = u_3 + u_4$ und analog $u_3 = u_1 + u_2$.

Aufgabe 6.1/3 Leistung

Eine Doppelleitung (Cu, $l = 1\,\mathrm{km}$) zwischen zwei Punkten soll höchstens einen Spannungsabfall $U = 2\,\mathrm{V}$ haben.

a) Wie hoch sind Stromdichte und Leistungsdichte in der Leitung bei einem Drahtdurchmesser $d = 0,5\,\mathrm{mm}$? Welche Verlustleistung wird in der Leistung umgesetzt?

b) Was müßte geschehen, wenn die Leistungsdichte verdoppelt werden soll?

Hinweis: Wir stellen zunächst die Beziehungen zwischen Strom, Stromdichte, Feldstärke und Leistungsdichte zusammen und nehmen homogene Feldverhältnisse an.

Lösung:

a) Die gegebene Spannung und Leiterlänge gibt zunächst die mittlere Feldstärke $E = U/l = 2V/1\,\mathrm{km}$. Die Stromdichte S folgt über den Strom und Leitungswiderstand zu (Annahme homogenes Feld)

$$S = \frac{I}{A} = \frac{U}{RA} = \frac{UA}{lA} = \frac{U}{\varrho l} \tag{1}$$

dabei beträgt $l = 2\,\mathrm{km}$ (Hin- und Rückleiter) und $\varrho = 17,8\,\mathrm{m\Omega \cdot mm^2/m}$:

$$S = \frac{2\,\mathrm{V \cdot m}}{2 \cdot 10^3\,\mathrm{m} \cdot 17,8 \cdot 10^{-3}\,\mathrm{\Omega mm^2}} = 56,18\,\frac{\mathrm{mA}}{\mathrm{mm^2}}. \tag{2}$$

Der Wert ist außerordentlich gering. Die Leistungsdichte beträgt

$$p' = \boldsymbol{E} \cdot \boldsymbol{S} = ES = \frac{2\,\mathrm{V}}{10^3\,\mathrm{m}} \cdot \frac{56,18\,\mathrm{mA}}{\mathrm{mm^2}} = 112\,\frac{\mathrm{\mu W}}{\mathrm{cm^3}}.$$

Diese Leistungsdichte ist ebenfalls sehr klein. Die in der Leitung umgesetzte Verlustleistung ergibt sich entweder über $P = U^2/R$ oder mit der Leistungsdichte p'

$$P = \int_v p'\,\mathrm{d}V = \int_V p' l\,\mathrm{d}A = p' l A = p' l \frac{d^2 \pi}{4} \tag{3}$$

$$= 112 \cdot 10^{-6}\,\frac{\mathrm{VA}}{\mathrm{cm^3}} \cdot 2 \cdot 10^3\,\mathrm{m}\,\frac{\pi}{4} \cdot 0,5^2\,\mathrm{mm} = 43,98 \cdot 10^{-3}\,\mathrm{W}.$$

b) Doppelte Leistungsdichte ergibt sich z.B.
- bei Verdopplung des Spannungsabfalls
- Erhöhung der Stromdichte
- Verdopplung der Leiterquerschnittes (bei sonst gleicher Stromdichte).

Aufgabe 6.1/4 Energiestromdichte S

Der sog. Energiestromdichte- oder der Poyntingvektor

$$S_W = E \times H$$

erlaubt ein anschauliches Bild vom Energietransport durch das elektromagnetische Feld. Dabei erfolgt der eigentliche Energietransport immer im Dielektrikum. Es ist somit sowohl Sitz der Energie als auch ihr Transportraum.

a) Zeigen Sie, daß innerhalb des idealen Leiters kein Energietransport zum Verbraucher stattfindet.

b) Berechnen Sie die Energiestromdichte und die transportierte Leistung in einem Koaxialkabel (bei Gleichstrom!).

c) Bestimmen Sie S_W auf dem Leiter einer Freileitung mit $E_r \approx 20\,\text{kV/cm}$ und einer Stromdichte $S = 5\,\text{A/mm}^2$ bei einem Leiterradius $r_0 = 1\,\text{cm}$. (Der ohmsche Spannungsabfall sei vernachlässigbar, was bei Freileitungen meist zutrifft.)

Lösung:

a) Im idealen Leiter gilt: $E = S/\kappa$ (S Stromdichte!) und $S_W = E \times H = S \times H/\kappa$. Für $\kappa \to \infty$ wird $E \sim S = 0$, auch für endliche κ hat S_W nur eine radiale, in den Leiter gerichtete Komponente. Sie gibt die Leistungsdichte an, die den Leiter (bei $\kappa \neq 0$) erwärmt. Ein Energietransport im Leiter findet somit nicht statt.

b) Für das Koaxialkabel gelten

$$E_r = \frac{Q}{2\pi\varepsilon l r}; \quad U = \frac{Q}{2\pi\varepsilon l}\ln\frac{r_a}{r_i}, \quad H = \frac{I}{2\pi r}. \tag{1}$$

Damit wird die Tangentialkomponente S_{Wt} des Poyntingvektors

$$S_{Wt} = H E_r = \frac{U}{r\ln r_a/r_i}\frac{I}{2\pi r} \tag{2}$$

und die transportierte Leistung beträgt

$$P = \int_{r_a}^{r_i} S_{Wt} 2\pi r\,dr = \frac{UI}{\ln r_a/r_i}\int_{r_a}^{r_i}\frac{dr}{r} = UI. \tag{3}$$

An der Leiteroberfläche $r = r_i$ entsteht eine tangentiale Feldstärke

$$E_t = \frac{IR}{l} \quad \text{mit } R = \text{Widerstand des Innen- oder Außenleiters.} \tag{4}$$

So ergibt sich beispielsweise am Innenleiter ($r = r_i$) die Verlustleistung (in R_i) bei Eindringen des Feldes durch die Leiteroberfläche

$$P_t = \int_0^{r_i} E_t H 2\pi l\,dr = I^2 R_i. \tag{5}$$

(Das Ergebnis folgt analog für den Außenleiter.) Der Energietransport erfolgt also zusammengefaßt durch das Dielektrikum beschrieben durch

S_t, während die radiale Komponente S_{Wr} (verursacht durch E_t) die Leiterverluste beschreibt.

c) Es gilt für die Leiteroberfläche des Innenleiters:

$$S = E_r H = \frac{E_r S r_0}{2} = 20 \cdot 10^3 \frac{V}{cm} \frac{5\,A}{mm^2} = 1 \frac{cm}{s} = 10^4 \frac{kW}{cm^2}(!).$$

Diese Leistungsdichte ist außerordentlich groß, trifft aber durchaus praktische Gegebenheiten.

Zum Vergleich: Antriebswellen für die mechanische Energieübertragung haben auch bei sehr guten Materialien selten Leistungsdichten über $50\,kW/cm^2$.

6.2 Energie und Kräfte im elektromagnetischen Feld

Aufgabe 6.2/1 Energie des elektrostatischen Feldes

a) Berechnen Sie die Energiedichte eines homogenen elektrischen Feldes in Luft bei der Feldstärke $E = 30\,kV/cm$ (sog. Durchbruchfeldstärke der Luft). Welche Energie ist in einem Kondensator (Plattenabstand $d = 2\,cm$, Fläche $A = 100\,cm^2$) gespeichert, in dem diese Feldstärke herrscht? Wie groß ist seine Kapazität?

b) Bestimmen Sie die Energiedichte in einem Metall-Halbleiter-Kondensator (Dielektrikum Siliziumdioxid, $\varepsilon_r = 7,8$), der bei der Durchbruchsfeldstärke von SiO_2 ($E \approx 10^6\,V/cm$ (!)) betrieben wird (Abmessungen: Plattenabstand $d = 100\,nm$, Plattenfläche $A = 100\,\mu m^2$).

c) Bestimmen Sie die Energiedichte innerhalb eines Koaxialkabels (r_i, r_a), das mit einem Dielektrikum ε_r erfüllt ist. Am Kabel liege die Spannung U.

Hinweis: Wir gehen von I/Gl. (4.9) aus (s. I/Abschn. 4.1.3).

Lösung:
Wir gehen von der allgemeinen Beziehung $w_e = ED/2$ (Energiedichte in einem Feldpunkt) aus und entwickeln daraus die jeweils erforderlichen Beziehungen.

a) Die Energiedichte w_e beträgt mit $D = \varepsilon_0 E$

$$w_e = \frac{E \cdot D}{2} = \frac{\varepsilon_0 E^2}{2} = 8,85 \cdot 10^{-12} \frac{As}{Vm} \frac{30^2}{2} \frac{V^2}{cm^2} \cdot 10^6$$

$$= 0,3983 \cdot 10^{-4} \frac{Ws}{cm^3}.$$

Die Gesamtenergie des Kondensators ergibt sich aus

$$W_e = \int_V w_e \, dV = w_e V = w_e A d$$

$$= 0,3983 \cdot 10^{-4}\,Ws/cm^3 \cdot 2\,cm \cdot 100\,cm^2 = 79,66 \cdot 10^{-4}\,Ws.$$

Aus der Gesamtenergie $W = CU^2/2 = QU/2$ kann bestimmt werden:

- die Kapazität C, da die Spannung U bereits durch Feldstärke und Plattenabstand d gegeben ist (homogenes Feld)

$$C = \frac{2W}{U^2} = \frac{2W}{(Ed)^2} = \frac{79,66 \cdot 10^{-4} \cdot 2\,\mathrm{Ws}}{60^2 \cdot 10^6\,\mathrm{V^2}} = 4,42\,\mathrm{pF}. \tag{1}$$

- Eine Überprüfung über die Bemessungsbeziehung ergibt

$$C = \frac{\varepsilon_0 A}{d} = 8,85 \cdot 10^{-12}\,\frac{\mathrm{As}}{\mathrm{Vm}}\,\frac{10^2\,\mathrm{cm^2}}{2\,\mathrm{cm}} = 4,42\,\mathrm{pF}.$$

b) Wir erhalten für die Energiedichte analog zu Aufgabe a)

$$
\begin{aligned}
w_\mathrm{e} \quad &= \frac{ED}{2} = \frac{\varepsilon_\mathrm{r}\varepsilon_0 E^2}{2} = 7,8 \cdot \frac{8,85 \cdot 10^{-12}}{2}\,\frac{\mathrm{As}}{\mathrm{Vm}} \cdot 10^{12}\,\frac{\mathrm{V^2}}{\mathrm{cm^2}} \\
&= 34,5 \cdot 10^{-2}\,\frac{\mathrm{Ws}}{\mathrm{cm^3}}.
\end{aligned}
\tag{2}
$$

Sie liegt etwa um 4 Größenordnungen über dem Wert für Luft. Die gespeicherte Energie wird jedoch wegen der deutlich kleineren Abmessungen des Kondensators viel geringer.

c) Im Koaxialkabel hängt die Feldstärke nach Aufgabe 2.4/2 vom Ort ab, am Innenleiter war sie am größten: Allgemein galt für die Radialkomponente $E(r)$:

$$E(r) = \frac{U}{r\ln r_\mathrm{a}/r_\mathrm{i}} \qquad (r_\mathrm{i} < r < r_\mathrm{a}). \tag{3}$$

Daraus ergibt sich die Energiedichte

$$w_\mathrm{e} = \frac{E(r)D(r)}{2} = \frac{\varepsilon_\mathrm{r}\varepsilon_0 E^2}{2} = \frac{\varepsilon_\mathrm{r}\varepsilon_0}{2(\ln r_\mathrm{a}/r_\mathrm{i})^2}\,\frac{U^2}{r^2}.$$

Zur Berechnung der Gesamtenergie ist auszugehen von

$$W_\mathrm{e} = \int_V w_\mathrm{e}\,\mathrm{d}V = \frac{\varepsilon_\mathrm{r}\varepsilon_0 U^2}{2(\ln r_\mathrm{a}/r_\mathrm{i})^2} \int_{r_\mathrm{i}}^{r_\mathrm{a}} \frac{1}{r^2} 2\pi l r\,\mathrm{d}r. \tag{4}$$

Als Volumenelement wird eine Zylinderschale der Länge l, vom Umfang $2\pi r$ und Dicke $\mathrm{d}r$ gewählt. Die Lösung lautet

$$W_\mathrm{e} = \frac{\varepsilon_\mathrm{r}\varepsilon_0 U^2 2\pi l}{2(\ln r_\mathrm{a}/r_\mathrm{i})^2} \ln \frac{r_\mathrm{a}}{r_\mathrm{i}} = \frac{CU^2}{2}. \tag{5}$$

Die Energie kann ebenso über die Kapazität C des Koaxialkabels (vgl. Aufgabe 4.2/2) bestimmt werden. (Auf diese Weise ist umgekehrt auch eine Kapazitätsbestimmung über die Energie möglich, s. Gl.(1).)

Aufgabe 6.2/2 Energie, Energiedichte

Vergleichen Sie folgende Beispiele für Energie und Energiedichte:

a) Eine Kondensatorbatterie $C = 20000\,\mu\mathrm{F}$ geladen auf $U = 20\,\mathrm{kV}$. Volumen: $V = 1\,\mathrm{m^3}$,

b) einen Kondensator $C = 1\,\mu\mathrm{F}$ geladen auf $U = 1\,\mathrm{kV}$ mit dem Volumen $V = 100\,\mathrm{cm}^3$,

c) einen Plattenkondensator (sog. Batteriepuffer einer CMOS-Schaltung ($U = 5\,\mathrm{V}$, $0,1\,\mathrm{F}$ (!), $V = 0,5\,\mathrm{cm}^3$),

d) eine Autobatterie ($Q = 100\,\mathrm{Ah}$, $U = 12\,\mathrm{V}$, $V = 20 \times 20 \times 25\,\mathrm{cm}^3$).

Hinweis: Wir gehen von der Energie W_e aus und berechnen daraus die Energiedichte $w_e = W_e/V$ in der Annahme, daß die Energie homogen im Volumen V gespeichert ist (Gl. 6.2/3), I/4.1.3). (Diskutieren Sie Realfälle.)

Lösung:

a) Wir erhalten

$$W = \frac{CU^2}{2} = 2 \cdot 10^4 \cdot 10^{-6}\,\frac{\mathrm{As}}{\mathrm{V}}(20 \cdot 10^3)^2\,\mathrm{V}^2 = 10^6\,\mathrm{Ws}.$$

Energiedichte $w_e = W/V = 10^6\,\mathrm{Ws/m}^3$.

b) Energie

$$W = \frac{CU^2}{2} = \frac{10^{-6}}{2}\,\frac{\mathrm{As}}{\mathrm{V}}(10^3)^2\,\mathrm{V}^2 = 0,5\,\mathrm{Ws}$$

$$w_e = \frac{W}{V} = \frac{0,5\,\mathrm{Ws}}{100\,\mathrm{cm}^3} = 0,5 \cdot 10^{-2}\,\frac{\mathrm{Ws}}{\mathrm{cm}^3} = 0,5 \cdot 10^4\,\frac{\mathrm{Ws}}{\mathrm{m}^3}.$$

c) Energie des Pufferkondensators

$$W = \frac{CU^2}{2} = \frac{0,1}{2}\,\frac{\mathrm{As}}{\mathrm{V}} \cdot 25\,\mathrm{V}^2 = 1,25\,\mathrm{Ws}$$

$$w_e = \frac{W}{V} = \frac{1,25\,\mathrm{Ws}}{0,5\,\mathrm{cm}^3} = 2,5\,\frac{\mathrm{Ws}}{\mathrm{cm}^3} = 2,5 \cdot 10^6\,\mathrm{Ws/m}^3\,(!).$$

d) Autobatterie

$$W = UIt = 12\,\mathrm{V} \cdot 100\,\mathrm{Ah} \cdot 3600\,\mathrm{s} = 4,3 \cdot 10^6\,\mathrm{Ws}$$

Dichte

$$w_e = \frac{W}{V} = \frac{4,3 \cdot 10^6\,\mathrm{Ws}}{20 \cdot 20 \cdot 25\,\mathrm{cm}^3} = 430\,\frac{\mathrm{Ws}}{\mathrm{cm}^3} = 430 \cdot 10^6\,\frac{\mathrm{Ws}}{\mathrm{m}^3}.$$

Diskussion: In unterschiedlichen Bauteilen treten ganz verschiedene Energiedichten auf. Die Energiedichte ist eine spezifische Größe, die sich gut zum Vergleich eignet, während die Energie für technische Belange Bedeutung hat.

Aufgabe 6.2/3 Kondensatorenergie

Gegeben ist ein Plattenkondensator (s. Bild 6.2/3a) mit zwei festen Außenplatten und einer beweglichen Mittelplatte (vgl. Aufgabe 4.2/7). Auf den äußeren Platten befinden sich die Ladungen $+Q$, auf der beweglichen $-2Q$.

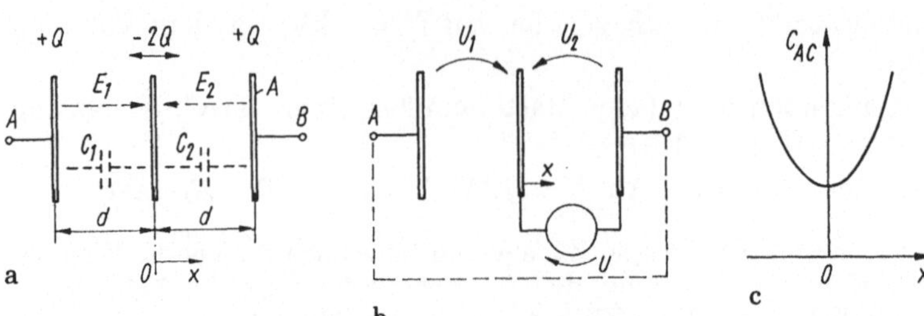

a) Bestimmen Sie die im Kondensator gespeicherte Energie, wenn er auf die Spannung U geladen war und dann von der Spannungsquelle abgetrennt wurde. Welchen Einfluß hat die Verschiebung x der Mittelplatte?

b) Wie ändern sich die Verhältnisse gegenüber Aufgabe a), wenn die äußeren Platten durch einen Leiter verbunden sind? Wie groß ist die gespeicherte Ladung in der Anordnung?

c) Die Mittelplatte werde sinusförmig mit der Amplitude $\hat{x}$ um den Abstand d bewegt: $x(t) = (\hat{x} - d)\sin \omega t$ (ω Kreisfrequenz). Welche Spannung $u_{AB}(t)$ entsteht im Falle a) an den Platten, welcher Strom fließt im Falle b) durch den Draht? Welcher Strom fließt, wenn eine Gleichspannung anliegt?

Hinweis: Wir gehen von der Energiebeziehung $W = CU^2/2$ aus und beachten im Falle a) die Erhaltung der Ladung. Im Falle b) hingegen ist durch die Verbindungsleitung ein Ladungsausgleich möglich.

Lösung:

a) Wird die Mittelplatte um x nach rechts verschoben, so hat der linke Kondensator C_1
  - die Ladung $Q_1 = U_1 C_1 \rightarrow$

$$U_1 = \frac{Q_1}{C_1} = \frac{Q_1}{\varepsilon_0 A}(d + x) \tag{1}$$

  - der rechte die Ladung $Q_2 = U_2 C_2$

$$U_2 = \frac{Q_2}{C_2} = \frac{Q_2}{\varepsilon_0 A}(d - x). \tag{2}$$

Da die Platten A, B nicht verbunden sind, bleibt bei der Verschiebung die Ladung erhalten ($Q_1 = Q_2 = Q$). Dann lauten die gespeicherten Energien

$$
\begin{aligned}
W_1 &= \frac{C_1 U_1^2}{2} = \frac{Q^2}{2C_1} = \frac{Q^2}{2\varepsilon_0 A}(d + x) \\
W_2 &= \frac{C_2 U_2^2}{2} = \frac{Q^2}{2C_2} = \frac{Q^2}{2\varepsilon_0 A}(d - x).
\end{aligned}
\tag{3}
$$

Die Gesamtenergie

$$W_{\text{ges}} = W_1 + W_2 = \frac{Q^2}{2\varepsilon_0 A}((d + x) + (d - x)) = \frac{Q^2 d}{2\varepsilon_0 A} \tag{4}$$

bleibt unabhängig von der Stelle der Mittelplatte erhalten. Zwangsläufig ist eine Plattenverschiebung ohne Aufwendung mechanischer Arbeit möglich (reibungsfreies System angesetzt). Es trifft nämlich von beiden Seiten auf die Mittelplatte stets die gleiche Verschiebungsflußdichte D (unabhängig von der Mittelstellung) mit entgegengesetzten Richtungen auf, deshalb kompensieren sich die beiden Kräfte pro Fläche.

b) Durch die Leitungsverbindung wird $U_1 = U_2 = U$ erzwungen, d.h. die Kondensatoren C_1, C_2 arbeiten unter der Bedingung $U = $ const. (Bild 6.2./3b). Dann ergeben sich:

- links die Ladung

$$Q_1 = UC_1 = \frac{U\varepsilon_0 A}{d + x} \tag{5}$$

- rechts die Ladung

$$Q_2 = UC_2 = \frac{U\varepsilon_0 A}{d - x}. \tag{6}$$

Dabei muß die Summe beider Ladungen Q_1, Q_2 gleich $2Q$ sein.

$$Q_1 + Q_2 = 2Q. \tag{7}$$

Wir haben damit zwei Bedingungen für Q_1, Q_2 (Gl.(5)-(7)), aus denen Q_1, Q_2 hervorgehen:

$$Q_1 = Q\left(1 - \frac{x}{d}\right); \quad Q_2 = Q\left(1 + \frac{x}{d}\right). \tag{8}$$

Dann lauten die Teilenergien

$$W_1 = \frac{C_1 U^2}{2} = \frac{Q_1^2}{2C_1} = \frac{Q^2(d - x)^2(d + x)}{2\varepsilon_0 A d^2} \tag{9}$$

$$W_2 = \frac{C_2 U^2}{2} = \frac{Q_2^2}{2C_2} = \frac{Q^2(d + x)^2(d - x)}{2\varepsilon_0 A d^2} \tag{10}$$

und schließlich die Gesamtenergie

$$W_{\text{ges}} = W_1 + W_2 = \frac{Q^2}{\varepsilon_0 A d}(d^2 - x^2). \tag{11}$$

Sie ändert sich bei Verschieben der Mittelplatte. Dabei muß die Änderung als mechanische Arbeit geleistet werden. Während des Verschiebens ändert sich dC/dx (s.u.) und damit kann prinzipiell ein Ausgleichsstrom durch den Verbindungsdraht fließen.

c) Bewegt sich die Mittelplatte zeitveränderlich, so entsteht im Falle a) wegen der Ladungserhaltung die Spannung

$$u_{\text{AB}}(t) = \frac{Q}{C(t)}. \tag{12}$$

Dabei setzt sich $C(t)$ aus der Reihenschaltung von C_1 und C_2 zusammen

$$\frac{1}{C_{\text{AB}}(t)} = \frac{1}{C_1} + \frac{1}{C_2} = \frac{d + x(t)}{\varepsilon_0 A} + \frac{d - x(t)}{\varepsilon_0 A} = \frac{2d}{\varepsilon_0 A}. \tag{13}$$

$C(t)$ ändert sich nicht und es entsteht keine zeitveränderliche Spannung u_{AB}. Im Falle b) besteht die Kapazität C_{AC} aus der Parallelschaltung von C_1, C_2:

$$C_{AC} = C_1 + C_2 = \varepsilon_0 A \left(\frac{1}{d+x} + \frac{1}{d-x} \right) = \frac{\varepsilon_0 A 2 d}{d^2 - x^2}. \tag{14}$$

Liegt zwischen AB und C eine Gleichspannung U an, so fließt über die Spannungsquelle der Strom

$$
\begin{aligned}
i(t) &= \frac{dQ}{dt} = \frac{d}{dt}(C_{AC}(t)U) = U\frac{dC_{AC}}{dt} + C_{AC}\underbrace{\frac{dU}{dt}}_{0} \\[2mm]
&= U\varepsilon_0 A 2 d \frac{d}{dt}\frac{1}{(d^2 - x^2(t))} = U\frac{\partial C_{AC}}{\partial t}\frac{dx}{dt} \\[2mm]
&= U\frac{2\varepsilon_0 A}{d}\frac{2x}{d^2}\frac{1}{(1 - x^2/d^2)^2}\frac{dx}{dt}.
\end{aligned} \tag{15}
$$

Im Mittelpunkt ($x = 0$) verschwindet $i(t)$, da $dC/dx = 0$ (Bild 6.2/3c, vgl. Aufgabe 4.2/7), außerhalb der Mitte steigt der Strom an.

Diskussion: Der Kondensator mit beweglicher Mittelplatte wird in verschiedenen Varianten als sog. kapazitiver Differentialsensor benutzt. Er ist allerdings wegen der kleinen Kapazität wechselstrommäßig sehr hochohmig und verlangt entsprechende Abschirmmaßnahmen.

Aufgabe 6.2/4 Kondensatorentladung

Zwei auf die Spannungen $u_1(0)$, $u_2(0)$ geladene Kondensatoren C_1, C_2 werden durch Schließen des Schalters S zur Zeit $t = 0$ über einen Widerstand R entladen (Bild 6.2/4a).

a) Welchen Zeitverlauf hat die Spannung $u_2(t)$, welcher Strom fließt durch C_2? Welche Spannungen $u_1(\infty)$, $u_2(\infty)$ stellen sich schließlich für $t \to \infty$ ein? (Gegeben: $u_1(0) = 100\,\text{V}$, $u_2(0) = 50\,\text{V}$, $C_1 = 2\,\mu\text{F}$, $C_2 = 1\,\mu\text{F}$.)
b) Nehmen Sie einen ladungsfreien Kondensator $u_2(0) = 0$ an ($u_1(0) \neq 0$). Wie groß ist die in C_1 vor Schließen des Schalters gespeicherte Energie? Auf welche Spannung lädt sich u_2 nach Schließen des Schalters für $t \to \infty$ auf? Berechnen Sie die dann auf C_2 vorhandene Energie. Wie ist das Ergebnis zu erklären? Wie groß ist die in R umgesetzte Energie? (Nehmen Sie vereinfachend $C_1 = C_2 = C$ an.)

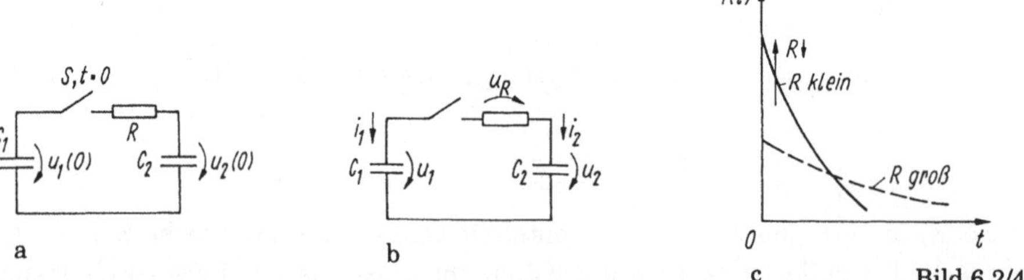

Bild 6.2/4

Hinweis: Wir gehen von der u-i-Beziehung des Kondensators aus und stellen die Maschengleichung nach Schließen des Schalters auf. Es ergibt sich eine Differentialgleichung für die gesuchte Unbekannte $u_2(t)$. Diese Differentialgleichung kann durch einfache Integration gelöst werden. Zum Schluß berücksichtigen wir noch die Anfangswerte $u_1(0)$, $u_2(0)$.

Lösung:

a) Wir gehen von den Kondensatorbeziehungen (Bild 6.2/4b)

$$i_1 = C_1 \frac{du_1}{dt}; \quad i_2 = C_2 \frac{du_2}{dt}$$

aus und beachten $i_1 = -i_2$ sowie $u_R = Ri_2 = u_1 - u_2$. Der Maschensatz führt auf $u_1 - u_2 - u_R = 0$ oder

$$\frac{du_1}{dt} = \frac{du_2}{dt} + \frac{du_R}{dt} = \frac{du_2}{dt} + R\frac{di_2}{dt} = \frac{du_2}{dt} + RC_2 \frac{d^2u_2}{dt^2}.$$

Links schreiben wir noch auf du_2/dt um: $du_1/dt = -C_2/C_1\, du_2/dt$ und erhalten

$$RC_2 \frac{d^2u_2}{dt^2} + \left(1 + \frac{C_2}{C_1}\right) \frac{du_2}{dt} = 0.$$

Diese Differentialgleichung kann mit $i_2 = C_2\, du_2/dt$ in eine solche erster Ordnung für den Strom i_2 überführt werden.

$$R\frac{di_2}{dt} + \left(\frac{1}{C_1} + \frac{1}{C_2}\right) i_2 = 0. \tag{1}$$

(Im Prinzip ist es gleichgültig, ob wir i_2 oder u_2 bestimmen, beide sind über die Kondensatorbeziehung verknüpft.)
Gl.(1) wird umgestellt

$$\frac{di_2}{i_2} = -\frac{1}{R}\left(\frac{1}{C_1} + \frac{1}{C_2}\right) dt = -\frac{dt}{\tau}$$

und liefert nach beidseitiger Integration

$$\ln i_2 - \ln K = -\frac{t}{\tau} \rightarrow \ln \frac{i_2}{K} = -\frac{t}{\tau} \tag{2}$$

mit der Integrationskonstanten K.
Die Lösung $i_2(t)$ lautet dann (durch beiderseitiges Exponieren):

$$i_2(t) = K \exp(-t/\tau) \tag{3}$$

mit der reziproken Zeitkonstanten $1/\tau = 1/R(1/C_1 + 1/C_2)$.
Wir bestimmen die Konstante K aus dem Anfangswert des Stromes (für $t \rightarrow 0$), also im ersten Moment des Schalterschließens

$$i_2(0) = K \quad \text{für } t = 0. \tag{4}$$

Beim Einschalten fließt ein Strom $i_2(0)$, der nur durch die Anfangswerte der Kondensatorspannungen bestimmt ist. Es ergibt sich gemäß Maschen-

satz
$$u_1(0) - u_2(0) - i_2(0)R = 0$$

$$i_2(0) = \frac{u_1(0) - u_2(0)}{R}. \tag{5}$$

(Wird ein Kondensator mit der Spannung $u(0)$ über einen Widerstand R entladen, so bleibt im ersten Moment noch $u(0)$ erhalten und der Strom beträgt $i(0) = u(0)/R$!)
Die Spannung $u_2(t)$ folgt durch Integration von $i_2 = C_2\,du_2/dt$ zu

$$
\begin{aligned}
u_2(t) &= \frac{1}{C_2} \int_0^t i_2\,dt' + u_2(0) \\
&= \frac{u_1(0) - u_2(0)}{RC_2} \int_0^t \exp(-t'/\tau)\,dt' + u_2(0) \\
&= \frac{C_1}{C_1 + C_2}(u_1(0) - u_2(0))(1 - \exp(-t/\tau)) + u_2(0)
\end{aligned}
\tag{6}
$$

mit dem stationären Wert $(t \to \infty)$

$$u_2(\infty) = \frac{C_1 u_1(0) + C_2 u_2(0)}{C_1 + C_2}. \tag{7}$$

Ganz entsprechend folgt $u_1(t)$ aus

$$
\begin{aligned}
u_1(t) &= \frac{1}{C_1} \int_0^t i_1\,dt' + u_1(0) = -\frac{1}{C_1} \int_0^t i_2\,dt' + u_1(0) \\
&= \frac{C_2}{C_1 + C_2}(u_1(0) - u_2(0))(\exp(-t/\tau) - 1) + u_1(0)
\end{aligned}
\tag{8}
$$

mit dem stationären Wert

$$u_1(\infty) = \frac{C_1 u_1(0) + C_2 u_2(0)}{C_1 + C_2} = u_2(\infty). \tag{9}$$

Am Ende des Ladungsausgleichs $(t \to \infty)$ haben beide Kondensatoren gleiche Spannung (Zwangsbedingung, Parallelschaltung!) und damit verschwindet der Strom.
Die Zahlenwerte ergeben:

$$u_1(\infty) = \frac{1\,\mu\mathrm{F} \cdot 100\,\mathrm{V} + 2\,\mu\mathrm{F} \cdot 50\,\mathrm{V}}{(1 + 2)\,\mu\mathrm{F}} = 66,6\,\mathrm{V}.$$

$u_1(\infty)$ ist gegenüber dem Anfangswert kleiner, $u_2(\infty)$ hingegen größer.
b) Zu Beginn des Ausgleichsvorganges hat Kondensator C_1 die Energie

$$W_1(0) = \frac{C_1 u_1(0)^2}{2}$$

gespeichert. Bei gleichen Kondensatoren $C_1 = C_2$ und $u_2(0)$ ergibt sich die Ladespannung $u_2(\infty)$ von C_2 nach Gl.(7)

$$u_2(\infty) = \frac{C_1 u_1(0)}{C_1 + C_2} = \frac{u_1(0)}{2}.$$

Also ist am Ende des Ausgleichsvorganges gespeichert

- in C_2 die Energie

$$W_2 = \frac{C_2}{2}\left(\frac{u_1(0)}{2}\right)^2 = \frac{C_2}{2}\frac{u_1^2(0)}{4}$$

- in C_1 die Energie

$$W_1 = \frac{C_1}{2}\left(\frac{u_1(0)}{2}\right)^2 = \frac{C_1}{2}\frac{u_1^2(0)}{4}$$

m.a.W. beträgt die Gesamtenergie nur noch $(C_1 = C_2 = C)$

$$W_{\text{ges}} = W_1 + W_2 = \frac{C}{2}\frac{u_1^2(0)}{2}, \tag{10}$$

die Hälfte ging offenbar im Widerstand R verloren!

Wir berechnen zur Kontrolle die im Widerstand umgesetzte Energie mit $i_2(t)$ über Gl. (6):

$$
\begin{aligned}
W(t) &= \int_0^\infty p(t)\,\mathrm{d}t = \int_0^\infty i_2^2(t)R\,\mathrm{d}t \\[2mm]
&= \left(\frac{u_1(0)}{R}\right)^2 \int_0^\infty \exp(-2t/\tau)\,\mathrm{d}t\,R \\[2mm]
&= \lim_{t\to\infty} R\left(\frac{u_1(0)}{R}\right)^2 \frac{-\tau}{2}(\exp(-2t/\tau)-1) \\[2mm]
&= \frac{u_1^2(0)R}{2R^2}R\frac{C_1 C_2}{C_1 + C_2} = \frac{u_1^2(0)}{2}\frac{C_1 C_2}{C_1 + C_2} = \frac{u_1^2(0)}{2}\frac{C}{2}. \tag{11}
\end{aligned}
$$

Die in Wärme abgestrahlte Energie ist unabhängig von R gleich dem oben festgestellten Defizit!

Im Bild 6.2/4c wurde der Verlauf $i_2(t)$ mit R als Parameter skizziert. Mit sinkendem R wächst der Strom und die Zeitkonstante nimmt ab: rascherer Abfall. Für $R \to 0$ wächst der Anfangswert von i über alle Grenzen, die Zeitkonstante verschwindet und der Verlauf $i(t)$ geht in die sog. Impulsfunktion (oder den Dirac-Stoß $\delta(t)$) über. In diesem Fall ist die Kondensatorspannung nicht mehr stetig. Damit lautet die Antwort auf das Energiedefizit: die Differenz geht unabhängig von R als Verlustleistung (Strahlungsleistung) irreversibel verloren.

Aufgabe 6.2/5 Kraftwirkung

Zwei positive Ladungen Q_1, Q_2 sind im Abstand d in Luft gelagert (Bild 6.2/5). Es werde eine dritte Ladung Q_3 auf die Verbindungsgerade gebracht.

a) Wo muß Q_3 liegen und welches Vorzeichen muß Q_3 (allgemein) haben, damit das ganze System im Gleichgewicht bleibt?

b) Welche Werte ergeben sich für $Q_2 = 3Q_1 = 3Q$?

Hinweis: Wir gehen von der Kraft zwischen zwei Punktladungen aus und beachten die Kraftrichtungen aus der Anschauung (I/Gl.(4.23)).

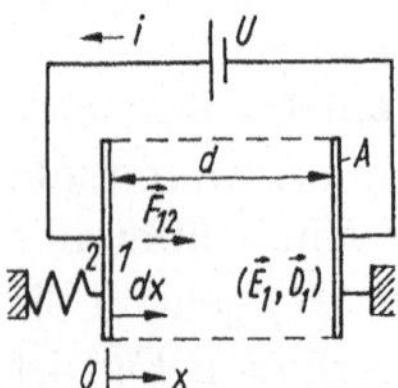

Bild 6.2/5

Lösung:

a) Die unbekannte Ladung muß aus der Anschauung heraus negativ sein (sonst abstoßende Wirkung). Im Gleichgewicht gilt: $F_{13} = F_{23} = F_{12}$ oder (Bild 6.2/5)

$$\frac{Q_1 Q_3}{(d-x)^2} = \frac{Q_2 Q_3}{x^2} = \frac{Q_1 Q_2}{d^2}.$$

Daraus ergibt sich durch Vergleich:

$$\frac{Q_1}{(d-x)^2} = \frac{Q_2}{x^2} \rightarrow \frac{d}{x} = 1 + \sqrt{\frac{Q_1}{Q_2}}$$

$$\frac{Q_3}{x^2} = \frac{Q_1}{d^2} \rightarrow Q_3 = Q_1 \frac{x^2}{d^2}.$$

Zahlenmäßig folgt für $Q_2 = 3Q_1 \rightarrow d/x = 1 + \sqrt{1/3}$; $x = 0,633d$. Dabei ist für das Vorzeichen der Wurzel $x < d$ zu beachten. Die Ladung Q_3 folgt zu $Q_3 = Q_1 \cdot 0,401$ (mit negativem Vorzeichen).

Aufgabe 6.2/6 Kraft auf zwei parallele geladene Platten

An einem Plattenkondensator (Fläche A, Abstand d) liegt eine Spannung U (Zwischenraum Luft, Bild 6.2/6).

Bild 6.2/6

a) Mit welcher Kraft ziehen sich die Platten an? (Die rechte Platte sei fest.)
b) Die linke Platte werde um δ nach innen bewegt. Welche Kraft ist dazu erforderlich, welcher Strom fließt bei $U = $ const. in der Zuleitung?
c) Wie groß ist die Kraft auf die Platte ausgedrückt durch Feldgrößen bei der Durchbruchsfeldstärke $E = 30\,\text{kV/cm}$?

Hinweis: Durch die Plattenladung entsteht zwischen den Platten ein elektrisches Feld verbunden mit einer Kraftwirkung. Die Kraft wirkt senkrecht zur Trennfläche (I/Gl.(4.37)).

Lösung:

a) Die Kraft F auf die Trennfläche ist gegeben durch I/Gl.(4.36) mit $\sigma = Q/A$, der Flächenladung auf der Platte. Wird Index 1 dem Isolatorgebiet und 2 der Metallplatte zugeordnet ($E_2 = D_2 = 0$), so verbleibt

$$F_{12} = \frac{1}{2} \frac{E_1 Q}{A} A. \tag{1}$$

$E_1 = U/d$ stellt das Feld im Kondensator dar. Die Ladung Q ergibt sich aus $Q = CU = (\varepsilon_0 A/d)U$ und damit (Betrag)

$$F_{12} = \frac{A\varepsilon_0}{2} \left(\frac{U}{d}\right)^2 = \frac{C}{2d} U^2. \tag{2}$$

b) Bewegung der linken Platte um δ nach rechts (Abstandsverringerung $\rightarrow d - \delta \rightarrow$ Kapazitätszunahme), bedingt nach dem Energiesatz

$$dW_{\mathrm{el}} = dW_{\mathrm{mech}} + dW_{\mathrm{F}} \tag{3}$$

mit $dW_{\mathrm{mech}} = F_{12} \cdot dx$ und $dW_{\mathrm{el}} = ui\,dt = U^2\,dC$. Die Änderung der Feldenergie beträgt $dW_{\mathrm{F}} = d(CU^2/2) = U^2/2\,dC$, d.h. es gilt $dW_{\mathrm{F}} = dW_{\mathrm{el}}/2$. Die Hälfte der zugeführten elektrischen Energie wird zur Erhöhung der Feldenergie benötigt, die andere Hälfte leistet mechanische Arbeit:

$$F_{12} \cdot dx = dW_{\mathrm{F}} = \frac{1}{2} dW_{\mathrm{el}}. \tag{4}$$

Damit wird schließlich mit $F_{12} = F$

$$F\,dx = \frac{U^2}{2}\,dC \quad \text{oder} \quad F = \frac{U^2}{2}\frac{dC}{dx} = \frac{U^2}{2}\frac{dC}{d\delta}. \tag{5}$$

Der Strom $i(t)$ in der Zuleitung folgt über

$$i = \frac{dQ}{dt} = U\frac{dC}{dt} + C\underbrace{\frac{dU}{dt}}_{0} - U\frac{d}{dt}\frac{\varepsilon_0 A}{d} = -U\frac{\varepsilon_0 A}{d^2}\frac{dd}{dt}. \tag{6}$$

Das negative Vorzeichen bedeutet Ladungsabfluß bei Abstandszunahme ($dd/dt > 0$), also Ladungszufluß bei Abstandssenkung ($dC/dx > 0$, dann wirkt die Kraft nach rechts). Damit geht $dW_{\mathrm{el}}/dC|_{U=\mathrm{const.}} = U^2/2 > 0$ einher: Zufuhr elektrischer Energie, die die Spannungsquelle liefern muß.

c) Wir drücken die Energiebeziehung Gl.(4) durch Feldgrößen aus:

$$dW_{\mathrm{F}} = \frac{ED}{2}\,dV = \frac{D^2}{2\varepsilon_0}\,dV = \frac{D^2}{2\varepsilon_0} A\,dx$$

und erhalten im homogenen Feld über $dW_{\mathrm{mech}} = F\,dx = dW_{\mathrm{F}}$:

$$F = \frac{AD^2}{2\varepsilon_0} = \frac{A\varepsilon_0 E^2}{2}. \tag{7}$$

Zahlenmäßig ergibt sich für Luft und $E = 30\,\mathrm{kV/cm}$:

$$F = \frac{1}{2} \cdot 8{,}85 \cdot 10^{-12}\,\frac{\mathrm{As}}{\mathrm{Vm}} \cdot 9 \cdot 10^8\,\frac{\mathrm{V}^2}{\mathrm{cm}^2} \cdot A \approx 4 \cdot 10^{-3}\,\mathrm{A} \cdot \frac{\mathrm{Ws}}{\mathrm{mm}^2}.$$

Bei $A = 1\,\mathrm{cm}^2$ folgt daraus $F \approx 4\,\mathrm{mN} \approx 0{,}4\,\mathrm{p}$, das ist eine sehr kleine Kraft.

Diskussion: Die Kraftwirkung auf die Platte eines geladenen Kondensators hat grundsätzlich die Tendenz, die Kapazität zu erhöhen. (Ausnutzung z.B. bei der elektrostatischen Anziehung von Papier).

Im Gegensatz zum Fall $Q = \text{const.}$ würde die gespeicherte Energie $W = CU^2/2$ durch die Tendenz zur Kapazitätsvergrößerung vergrößert werden. Deshalb muß die Arbeit $F\,\mathrm{d}x$ und die zusätzliche Energie von der Spannungsquelle aufgebracht werden, mit $\mathrm{d}W_\mathrm{e} = ui\,\mathrm{d}t$ fließt zwangsläufig ein Strom.

Aufgabe 6.2/7 Kraft auf Trennflächen

Gegeben ist ein Plattenkondensator (Fläche A, Abstand d) der teilweise mit einem dielektrischen Stoff (bis zur Höhe z) gefüllt ist. Spezifisches Gewicht des Stoffes ϱ (Bild 6.2/7a).

a) Bestimmen Sie die Kapazität als Funktion von x. Kein Eintauchen bedeutet $z = 0$, volles Eintauchen $z = b$.

b) Welche Kräfte treten auf, wenn sich auf den Platten die Ladung $\pm Q$ befindet?

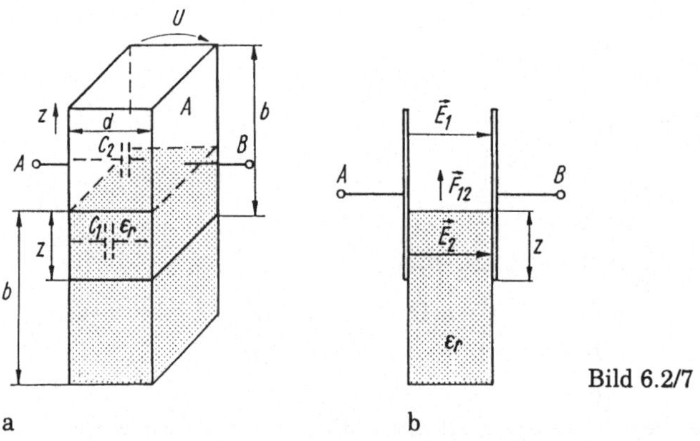

Hinweis: Es liegt eine Anordnung mit längsgeschichtetem Dielektrikum vor. An der Grenzfläche entsteht eine Kraft zum Medium mit kleinerem ε, außerdem wirkt eine Kraft zwischen zwei Platten. Der Isolator sei gut beweglich.

Lösung:

a) Wir setzen den Kondensator als Parallelschaltung zweier Teilkapazitäten C_1, C_2 ohne bzw. mit Dielektrikum an:
- Teil C_2 ohne Dielektrikum ε_r

$$C_2 = \frac{\varepsilon_0 A}{d} \cdot \frac{b-z}{b} \tag{1a}$$

- Teil C_1 mit Dielektrikum ε_r

$$C_1 = \frac{\varepsilon_\mathrm{r}\varepsilon_0 A}{d} \cdot \frac{z}{b}. \tag{1b}$$

Die Gesamtkapazität beträgt dann

$$C = C_2 + C_1 = \frac{\varepsilon_0 A}{db}(\varepsilon_\mathrm{r} z + b - z). \tag{2}$$

An der Grenzfläche entsteht eine Kraftwirkung von Medium 1 (mit ε_r) nach Medium 2 (ε_0), (Bild 6.2/7b, I/Gl. (4.36)):

$$F_{12} = \frac{1}{2}(E_1 \cdot D_1 - E_2 \cdot D_2)\frac{dA}{b}e_z. \tag{3}$$

Die Feldkomponenten E, D hängen von der Anordnung ab:
- es liegt eine Spannung U am Kondensator

$$E_1 = E_2 \quad \text{mit } E_1 = E_2 = E_x e_x \tag{4}$$

und $E_x = U/d$. Dann sind D_1, D_2 über E_1, E_2 bestimmt, und wir erhalten mit $D = De_x$

$$D_1 = \varepsilon_r\varepsilon_0 E_1 = U\frac{\varepsilon_r\varepsilon_0}{d}; \quad D_2 = \varepsilon_0 E_2 = \varepsilon_0 E_1.$$

Damit ergibt sich zusammengefaßt

$$F_{12} = (\varepsilon_r - 1)\varepsilon_0\frac{Ad}{2b} \cdot \left(\frac{U}{d}\right)^2 e_z. \tag{5}$$

- Liegt dagegen der Kondensator nicht an einer Spannung, sondern trägt er eine konstante Ladung (z.B. dadurch, daß er vor Einschieben von ε_r kurzzeitig an die Spannung U gelegt (Aufladen $\rightarrow Q$) und dann abgetrennt wurde), so gilt $Q = $ const. mit

$$U(z) = \frac{Q}{C(z)} = \frac{Qdb}{\varepsilon_0 A(\varepsilon_r z + b - z)}. \tag{6}$$

Die Kraft F_{12} folgt entweder über Gl.(3), indem wir $D = $ const. setzen ($D_1 = D_2 = Q/A = $ const., $E_1 = D_1/(\varepsilon_r\varepsilon_0)$ usw.) oder in Gl.(4) die dort auftretende Spannung U durch $U(z)$ nach Gl.(5) substituieren:

$$F_{12} = \frac{Q^2 db(\varepsilon_r - 1)}{2\varepsilon_0 A(\varepsilon_r z + b - z)^2}. \tag{7}$$

Schließlich kann z.B. noch Q durch die Aufladespannung bei leerem Kondensator ersetzt werden:

$$Q = UC_2 = \frac{\varepsilon_0 A}{d}. \tag{8}$$

Während oben die Querkraft nicht von der Eintauchtiefe abhängt, ist dies jetzt der Fall. Die Kraft liegt nach Gl.(6) zwischen einem Maximalwert F_{max} bei Eintauchtiefe $z = 0$ und einem Mimimalwert F_{min} bei $z = b$ (volles Eintauchen):

$$F_{min} = \frac{Q^2 db(\varepsilon_r - 1)}{2\varepsilon_0 A(\varepsilon_r b)^2}; \quad F_{max} = \frac{Q^2 db(\varepsilon_r - 1)}{2\varepsilon_0 Ab^2}. \tag{9}$$

Diskussion: Anwendung finden Anordnungen mit beweglichem Dielektrikum:
- zur Dickemessung von Folien und Bändern, wenn der Isolator ganz eintaucht und seine Dicke kleiner als d ist (z.B. zur Messung des Materialgehaltes von Papier, Fasern)
- zur Füllstandsmessung von nichtleitenden oder schwachleitenden Flüssigkeiten.

Wird beispielsweise die Anordnung mit anliegender Spannung in eine Flüssigkeit gestellt (Transformatoröl, reines Wasser), so steigt die Flüssigkeit zwischen den

Platten um δ an, solange, bis die Schwerkraft die Grenzflächenkraft kompensiert:

$$\boldsymbol{F}_{\text{mech}} + \boldsymbol{F}_{12} = 0 \quad \text{mit } \boldsymbol{F}_{\text{mech}} = -mg\boldsymbol{e}_z = -\varrho V g\boldsymbol{e}_z = -\frac{g\delta dA}{b}\boldsymbol{e}_z.$$

Wir erhalten daraus mit Gl.(4)

$$\delta = \frac{\varepsilon_{\text{r}} - 1}{g\varrho}\varepsilon_0 \left(\frac{U}{d}\right)^2.$$

6.3 Energie und Kräfte im magnetischen Feld

Aufgabe 6.3/1 Energiedichte, Kraftwirkung

Zwei sehr lange, stromdurchflossene, runde Leiter L_1, L_2 (Radius r_0) berühren sich isolierend (Bild 6.3/1a). In ihnen herrsche die Stromdichte $\boldsymbol{S}$ (homogen). Die Ströme $I_1 = I_2 = I$ fließen in gleicher Richtung.

a) Wie groß ist die Energiedichte $w_{\text{m}}(x)$ längs der x-Achse für $x > 0$? Wie wirkt die Kraft?

b) Wo liegt das Maximum von $w_{\text{m}}(x)$? Bestimmen Sie $w_{\text{m}}(x)$ für den Fall $S = 1\,\text{A/mm}^2$ und $r_0 = 0,5\,\text{cm}$.

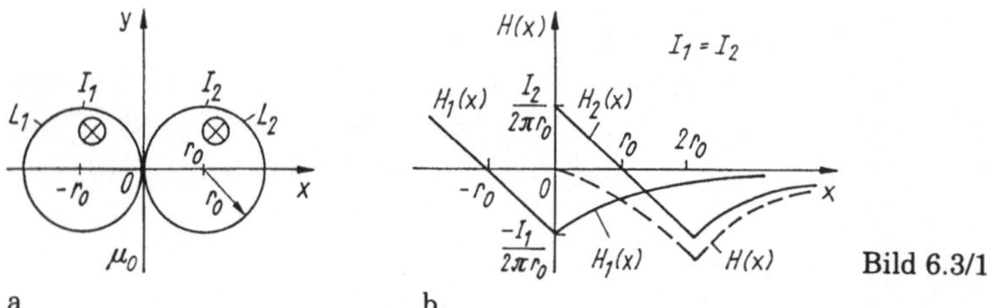

Bild 6.3/1

Hinweis: Wir berechnen zunächst nach dem Durchflutungssatz die magnetische Feldstärke herrührend von beiden Leitern, beachten aber die Unterschiede innerhalb und außerhalb der Leiter. Der Ursprung des Koordinatensystems (x-Achse) liege zwischen beiden Leitern (Bild 6.3/1a).

Lösung:

a) Wir bestimmen zunächst das resultierende Magnetfeld innerhalb und außerhalb der Leiter durch Überlagerung. Im zugrundegelegten Koordinatensystem erzeugt Leiter L_1 die Feldstärke (auf der x-Achse)

$$\boldsymbol{H}_1(x) = \frac{I_1(-\boldsymbol{e}_y)}{2\pi(x + r_0)} \tag{1}$$

im Außenraum. (Der Leitermittelpunkt liegt bei $x = -r_0$). Für Leiter L_2 ist zwischen den Verhältnissen innerhalb und außerhalb des Leiters zu unterscheiden.

Innerhalb gilt zunächst für den Teilstrom $I_2' = I'$

$$I' = \boldsymbol{S} \cdot \text{d}\boldsymbol{A}' = S \int_0^{r'} 2\pi r\,\text{d}r = \frac{I\pi r'^2}{\pi r_0^2}. \tag{2}$$

Da der Mittelpunkt von L_2 bei $x = r_0$ liegt, beträgt die magnetische Feldstärke

$$H_2(x) = \frac{I}{2\pi r_0^2}(r_0 - x)e_y \qquad 0 < x < 2r_0. \tag{3}$$

Damit ergibt sich im Bereich $x > 0$ als Gesamtfeldstärke mit Gl.(1), (3)

$$H(x) = H_1 + H_2 = \frac{I}{2\pi}\left(\frac{-1}{x + r_0} + \frac{r_0 - x}{r_0^2}\right)e_y \quad (x > 0,\ x < 2r_0) \tag{4}$$

Bild 6.3/1b stellt den Verlauf dar. Im Außenraum $x > 2r_0$ hat der Leiter L_2 das Magnetfeld

$$H_2(x) = \frac{I}{2\pi(x - r_0)}(-e_y). \tag{5}$$

Damit beträgt die resultierende Feldstärke (Gln.(1), (5)) im Außenraum

$$H(x) = H_1 + H_2 = \frac{I}{2\pi}\left(\frac{1}{x + r_0} + \frac{1}{x - r_0}\right)(-e_y). \tag{6}$$

Im Bild 6.3/2b sind die Verläufe dargestellt. Die Energiedichte

$$w_m = \frac{B(x)H(x)}{2} = \frac{\mu_0 H^2(x)}{2} \tag{7}$$

läßt sich mit $H(x)$ nach Gl.(4) resp. Gl.(6) sofort angeben.

b) Dem Verlauf nach (Bild 6.3/2b) ist $H(x)$ offenbar am Rand des Leiters 2 am größten, also bei $x = 2r_0$: $w_m(2r_0)|_{max}$. Dabei beträgt $H|_{max}$ nach Gl.(4) oder (6)

$$H(2r) = \frac{I}{2\pi}\left(-\frac{1}{3r_0} + \frac{-r}{r_0^2}\right)e_y = \frac{-I}{2\pi r_0}\frac{4}{3}e_y. \tag{8}$$

Die zugehörige Energiedichte ergibt sich zu

$$w_m = \frac{\mu_0}{2}\frac{I^2}{(2\pi)^2}\frac{1}{r_0^2}\frac{16}{9} \tag{9}$$

oder mit der Stromdichte $S = I/A$

$$w_m = \frac{\mu_0}{2}\frac{\pi^2 r_0^4 S^2}{(2\pi)^2 r_0^2}\frac{16}{9} = \frac{2\mu_0}{9}r_0^2 S^2. \tag{10}$$

Der Zahlenwert beträgt

$$w_m = \frac{2 \cdot 4\pi \cdot 10^{-7}\,\text{Vs}(0,5 \cdot 10^{-2})^2\,\text{m}^2}{9\,\text{Am}}\frac{1\,\text{A}^2}{\text{mm}^2} = 6,98 \cdot 10^{-6}\,\frac{\text{Ws}}{\text{m}^3}.$$

Aufgabe 6.3/2 Elektrodynamisches Kraftgesetz

Ein Metallband (z.B. Cu) wird mit der Geschwindigkeit v gleichmäßig durch den Luftspalt eines begrenzten homogenen Magnetfeldes (Fläche $a \cdot b$, Flußdichte B) hindurchgezogen (Bild 6.3/2a).

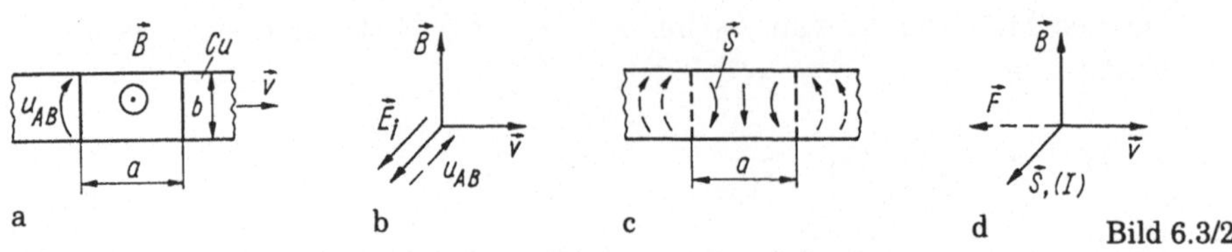

Bild 6.3/2

a) Bestimmen Sie Größe und Richtung der induzierten Feldstärke sowie die induzierte Spannung. Wo tritt sie auf?

b) Welcher Strom fließt im Bereich des Magnetfeldes (Richtung, Verteilung qualitativ), wenn das Metallband die Dicke d hat ($\varrho_{Cu} = 17,8\,\text{m}\Omega \cdot \text{mm}^2/\text{m}$, $d = 1\,\text{mm}$). Tritt Kraftwirkung auf, wie wirkt sie ggf? Zahlenwerte: $B = 1\,\text{T}$, $v = 30\,\text{cm/s}$, $b = 10\,\text{cm}$, $a = 1\,\text{cm}$.

Hinweis: Es liegt das Induktionsgesetz (Bewegungsinduktion) vor mit Rückwirkung des erzeugten Leiters auf die Bewegung in Form einer Kraft.

Lösung:

a) Bewegungsinduktion führt zu einer induzierten Feldstärke $\boldsymbol{E}_i = \boldsymbol{v} \times \boldsymbol{B}$ in der angegebenen Richtung (Bild 6.3/2b), mithin einer induzierten Spannung zwischen den Berandungen des Bandes:

$$u_{\text{AB}} = u_i = \int_0^b \boldsymbol{E}_i \cdot \mathrm{d}\boldsymbol{s} = vBb = 30\,\frac{\text{cm}}{\text{s}} \cdot 1\,\frac{\text{Vs}}{\text{m}^2} \cdot 0,1\,\text{m} = 30\,\text{mV},$$

da $\boldsymbol{v} \perp \boldsymbol{B}$, $\mathrm{d}\boldsymbol{s} \parallel \boldsymbol{E}_i$ (Richtung).

b) Der Strom im Bandleiter ergibt sich über die Stromdichte:

$$\boldsymbol{S} = \kappa \boldsymbol{E}_i = \frac{\boldsymbol{v} \times \boldsymbol{B}}{\varrho}. \tag{1}$$

Er durchsetzt den unter dem Magnetpol befindlichen Bandquerschnitt (Bild 6.3/2c),

$$I = AS = adS = \frac{vBda}{\varrho} = \frac{1\,\text{cm} \cdot 10^{-3}\,\text{m} \cdot \text{m}}{17,8\,\text{m}\Omega \cdot \text{mm}^2} \frac{30\,\text{cm}}{\text{s}} \frac{1\,\text{Vs}}{\text{m}^2} = 168,5\,\text{A}. \tag{2}$$

Dabei wurde der Widerstand außerhalb des vom Magnetfeld beeinflußten Gebietes vernachlässigt. Dieser großflächige Bereich dient als Rückweg des Stromes.

c) Eine Kraftwirkung tritt auf, denn der induzierte Strom wirkt nach der Lenzschen Regel seiner erzeugenden Ursache entgegen (Bild 6.3/2d):

$$\boldsymbol{F} = I(\boldsymbol{l} \times \boldsymbol{B}).$$

Sie sucht die Bewegung zu hemmen. Ihre Größe ist wegen des hohen Stromes beträchtlich.

$$F = IlB = bIB = 0,1\,\text{m} \cdot 168,5\,\text{A} \cdot 1\,\frac{\text{Vs}}{\text{m}^2} = 16,85\,\frac{\text{Ws}}{\text{m}} = 16,85\,\text{N}.$$

Aufgabe 6.3/3 Kraftwirkung zwischen stromdurchflossenen Leitern

Durch zwei lange parallele Drähte (Abstand d) fließt der Strom I hin und zurück (Bild 6.3/3a).

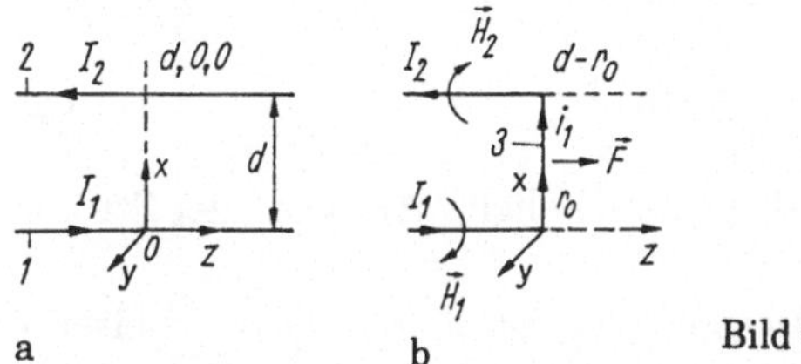

a   b   Bild 6.3/3

a) Welche Kraft wirkt zwischen beiden Leitern pro Länge (Größe, Richtung, Leitungsdurchmesser vernachlässigbar)?

b) Welche Kraft wirkt nach Aufgabe a) für $I_1 = I_2 = 1\,\mathrm{A}$, $d = 1\,\mathrm{m}$? Was geschieht, wenn beide Ströme in gleicher Richtung fließen?

c) Die Leiter werden durch zwei senkrechte (feste) Leiter zu einer geschlossenen Schleife geformt und vom gleichen Strom durchflossen. Zeigen Sie, daß im homogenen Magnetfeld die Translationskraft auf die Schleife verschwindet.

d) Die beiden Leiter werden durch einen beweglichen Leiter 3 verbunden (Bild 6.3/3b). Welche Kraft (Größe, Richtung) wirkt auf den Leiter allgemein und speziell für $I = 1\,\mathrm{A}$ (Hinweis: Nehmen Sie für die Berechnung einen endlichen Leiterradius r_0 der Leiter 1, 2 an.)

e) Wie groß ist die Kraft nach Aufgabe d) für $I = 1\,\mathrm{A}$, $d = 1\,\mathrm{m}$, $r_0 = 1\,\mathrm{cm}$? Wie würde sich die Kraft für $I = 30\,\mathrm{kA}$ bei sonst gleichen Daten vergrößern?

Hinweis: Wir berechnen zunächst die magnetischen Teilfeldstärken zwischen den Leitern durch Überlagerung (vgl. Aufg. 5.1/2). Bei einseitiger Begrenzung über den Querleiter überlagern sich die Feldstärken, herrührend von den Längsleitern sowie das Magnetfeld des Querleiters. Dadurch entsteht eine Kraftwirkung.

Lösung:

a) Wir legen ein x-y-z-Koordinatensystem so (Bild 6.3/3b), daß der Strom im unteren Leiter in die z-Richtung fließt. Anschließend berechnen wir die Kraft auf den oberen Leiter als Folge des Magnetfeldes, des unteren Leiters:

$$\boldsymbol{H}_1 = \frac{I_1}{2\pi d}\boldsymbol{e}_y, \qquad \boldsymbol{B}_1 = \mu_0 \boldsymbol{H}_1. \tag{1}$$

Die Kraft auf Leiter 2 beträgt

$$\boldsymbol{F} = I_2(\boldsymbol{l} \times \boldsymbol{B}_1) = I_2((-l\boldsymbol{e}_z) \times B_1\boldsymbol{e}_y) = I_2 l B_1 \boldsymbol{e}_z, \tag{2}$$

da $\boldsymbol{l} = -l\boldsymbol{e}_z$, $\boldsymbol{B}_1 = B_1\boldsymbol{e}_y$. Damit gilt für die Kraft pro Länge l:

$$\frac{F}{l} = \frac{I_1 I_2 \mu_0}{2\pi d}. \tag{3}$$

Die Kraft, die I_1 auf Leiter 2 (abstoßend) ausübt, wirkt in x-Richtung. Ebenso übt der obere Leiter die gleiche Kraft auf den unteren Leiter aus. Insgesamt kommt es zur Abstoßung, da beide Leiter von entgegengesetzt fließenden Strömen durchsetzt sind.

b) Zahlenmäßig ergibt sich für eine Leiterlänge $l = 1\,\mathrm{m}$:

$$F = \frac{1 \cdot 1\,\mathrm{A}^2 \cdot 4\pi \cdot 10^{-7}\,\mathrm{Vs}}{2\pi \cdot 1\,\mathrm{m}} \frac{\mathrm{Vs}}{\mathrm{Am}} = 2 \cdot 10^{-7}\,\mathrm{N}. \tag{4}$$

Diese Kraft ist die Definitionsgrundlage der Einheit "Ampere" der Stromstärke.

Fließen die Ströme in gleicher Richtung, so ist in Gl.(2) der Leiter l umzuorientieren ($l = l e_x$). Deshalb vertauscht sich die Richtung von F nach Gl.(2). Jetzt ziehen sich die Leiter an.

c) Die Translationskraft $\mathrm{d}F$ auf ein stromführendes Leiterelement der Länge $\mathrm{d}l$ im Magnetfeld $\mathrm{d}B$ beträgt allgemein

$$\mathrm{d}F = I\,\mathrm{d}l \times B. \tag{5}$$

Daraus folgt als Gesamtkraft auf eine geschlossene Schleife:

$$F = \oint_l (I\,\mathrm{d}l \times B). \tag{6}$$

Für räumlich konstantes Magnetfeld B und Gleichstrom I wird daraus

$$F = -IB \times \oint_l \mathrm{d}l = 0, \tag{7}$$

da $\oint \mathrm{d}l = 0$. (Es soll jedoch erwähnt werden, daß das Moment auf die Schleife nicht verschwinden muß, auch wenn keine Translationskraft wirkt!) Die Schleife bleibt unter diesen Bedingungen in Ruhe.

d) Wir stellen vorerst die Teilfeldstärken H_1, H_2 zusammen. Das sind zunächst die Beiträge der Ströme I_1, I_2 am Ort x zwischen den Leitern:

$$H_1 = \frac{I_1}{2\pi x} e_y; \quad H_2 = \frac{I_2}{2\pi} \frac{1}{d - x} e_y. \tag{8}$$

Diese Ergebnisse gelten für unendlich lange Leiter. Wird der Stromfluß bei $z = 0$ unterbrochen (Ablenkung des Stromes in die x-Richtung, Bild 6.3/3a), so halbieren sich die Feldwerte Gl.(8), denn die rechte Halbebene bleibt stromlos. (Das läßt sich durch das Biot-Savart-Gesetz nachweisen.) Damit gilt für das Magnetfeld H zwischen beiden Leitern in Umgebung links des senkrechten Leiters $H = H_1 + H_2$:

$$H = e_y \frac{I}{4\pi} \left(\frac{1}{x} + \frac{1}{d - x} \right). \tag{9}$$

Die Kraftwirkung auf den Senkrechtleiter ist durch

$$\mathrm{d}F = I(\mathrm{d}s \times B) = I(\mathrm{d}x B_y)(e_x \times e_y) = e_z I B y\,\mathrm{d}x$$

mit $\mathrm{d}s = e_x\,\mathrm{d}x$, $B = B_y e_y$ gegeben. Das ergibt eine nach rechts gerichtete Gesamtkraft F mit dem Betrag

$$F = \int_{r_0}^{d-r_0} \frac{I^2\mu_0}{4\pi}\left(\frac{1}{x} + \frac{1}{d-x}\right)\,\mathrm{d}x$$

$$= \frac{I^2\mu_0}{4\pi}\left(\ln x - \ln(d-x)\right)\Big|_{r_0}^{d-r_0} = \frac{I^2\mu_0}{4\pi}2\ln\frac{d-r_0}{r_0} \tag{10}$$

mit $\boldsymbol{F} = F\boldsymbol{e}_z$. Dabei wurde die x-Abhängigkeit von $B_y(x)$ über Gl.(9) erfaßt. Man erkennt, daß die Annahme einer endlichen Leiterdicke $2r_0$ der beiden Hin-Rückleiter notwendig ist, sonst läßt sich die Kraft an den Enden nicht definiert berechnen.

e) Für die angegebenen Zahlenwerte ergeben sich mit Gl.(10)

$$F = \frac{4\pi\cdot10^{-7}\cdot1\,\mathrm{A}^2}{4\pi}\frac{\mathrm{Vs}}{\mathrm{Am}}2\ln\left(\frac{1\,\mathrm{m}}{1\,\mathrm{cm}} - 1\right) = 9,19\cdot10^{-7}\,\frac{\mathrm{Ws}}{\mathrm{m}}$$

$$= 9,19\cdot10^{-7}\,\mathrm{N}.$$

Diese Kraft ist sehr klein. Für $I = 30\,\mathrm{kA} = 3\cdot10^4\,\mathrm{A}$ würde sie um einen Faktor $9\cdot10^8$ anwachsen und den Stab nach rechts bewegen. Ströme dieser Größenordnung treten in Kraftwerksanlagen, in Galvanobetrieben, Ströme von etwa $100\,\mathrm{A}$ auch schon bei Kraftfahrzeuganlassern auf. Vom Grundsätzlichen her läßt sich dieses Prinzip als linearer Bewegungsantrieb ausnutzen.

Aufgabe 6.3/4 Kraftwirkung, kürzeste effektiv wirkende Strecke

Zeigen Sie, daß die Kraft, die im homogenen Magnetfeld von einem dazu senkrecht fließenden Strom I zwischen den Punkten A, B auf den Leiter mit dem Weg $\boldsymbol{s}$ ausgeübt wird, genau so groß ist wie Kraft auf die Verbindungsgerade von A nach B (Bild 6.3/4a).

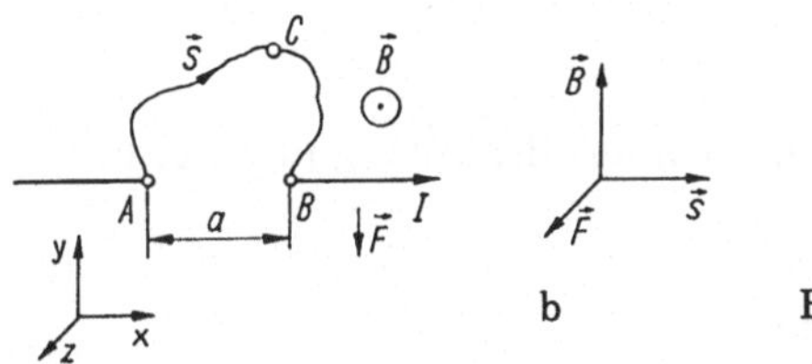

Bild 6.3/4

Hinweis: Auf den stromdurchflossenen Leiter wirkt im Magnetfeld die Kraft $\mathrm{d}\boldsymbol{F} = I(\mathrm{d}\boldsymbol{s}\times\boldsymbol{B})$ mit der Richtungszuordnung gemäß Rechtehandregel. In der Aufgabe ändert sich $\boldsymbol{s}$ zwischen A, B ständig. Wir müssen daher $\mathrm{d}\boldsymbol{s}$ in Komponenten zerlegen, die jeweiligen Kraftbeiträge bestimmen und alle Wirkungen summieren.

Lösung:
Wir legen zunächst ein x-y-z-Koordinatensystem in die Anordnung so, daß der Strom in x-Richtung fließt und $\boldsymbol{B}$ in die z-Richtung weist (Bild 6.3/4b). Dann gilt $\mathrm{d}\boldsymbol{s} = \boldsymbol{e}_x\,\mathrm{d}x$ auf dem geraden Teil des Leiters und $\boldsymbol{B} = B_z\boldsymbol{e}_z$. Aus $\boldsymbol{e}_x\times\boldsymbol{e}_z = -\boldsymbol{e}_y$ folgt, daß die Kraft in diesem Bereich nur eine Komponente in y-Richtung hat. Im Gebiet $A\ldots B$ zerlegen wir $\mathrm{d}\boldsymbol{s}$ in die $x-$ und

y-Komponente $\mathrm{d}s = \mathrm{d}s_x + \mathrm{d}s_y$ und erhalten als Gesamtkraft zwischen A, B

$$\boldsymbol{F} = I \int_A^B (\mathrm{d}s \times \boldsymbol{B}) = I \int_{A|x}^{B|x} (\mathrm{d}s_x \times \boldsymbol{B}) + I \int_{A|y}^{B|y} (\mathrm{d}s_y \times \boldsymbol{B}). \tag{1}$$

Während das erste Integral einen Beitrag liefert, da die Punkte A, B gleiche $y-$, aber verschiedene x-Koordinaten haben, verschwindet das letzte: hier stimmen die y-Koordinaten der Punkte A, B überein. Deshalb ist die Kraft $\boldsymbol{F}$ zwischen A, B proportional der Verbindungsgeraden zwischen A, B ($\to \boldsymbol{s}_x$).

Aufgabe 6.3/5 Kraftgesetz, Beschleuniger, Linearbewegung

Ein bewegliches, reibungsloses Gleitstück zwischen zwei Führungsebenen, das senkrecht von B durchsetzt ist (Bild 6.3/5), erfährt durch einen Strom (Stoß) eine Kraft $F = BIl$.

Welcher Strom ist erforderlich, um einen Körper vom Gewicht 0,5 kg auf eine Geschwindigkeit von 11,3 km/s zu bringen? (Ein solcher Wert ist zum Start in den Weltraum erforderlich.) Abmessungen: $d = 12\,\mathrm{m}$, $l = 0,15\,\mathrm{m}$, $B = 100\,\mathrm{T}$.

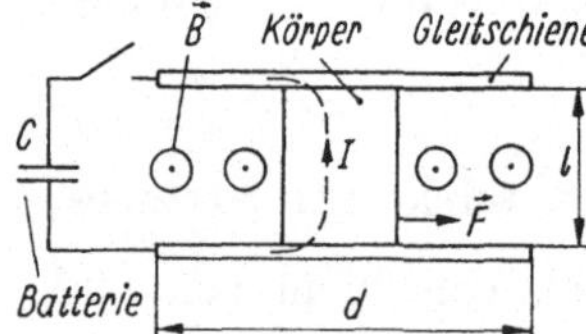

Bild 6.3/5

Hinweis: Aus der geforderten Beschleunigung ergibt sich zunächst nach dem Newtonschen Gesetz die Kraft und daraus über das Kraftgesetz der Strom. Wir nehmen konstante Beschleunigung an.

Lösung:
Die mittlere Beschleunigungsdauer ergibt sich aus der Bewegungszeit in den Führungsschienen mit $v = d/t$ zu

$$t = \frac{d}{v} = \frac{12\,\mathrm{m}}{(11,3/2) \cdot 10^3\,\mathrm{m/s}} = 2,12\,\mathrm{ms}.$$

Während dieser Zeit muß eine Kraft

$$F = ma = m\frac{v}{t} = 0,5\,\mathrm{kg}\frac{11,3 \cdot 10^3}{2,12\,\mathrm{ms}}\frac{\mathrm{m}}{\mathrm{s}} = 2,66 \cdot 10^6\,\mathrm{N}$$

wirken, um am Austritt die Geschwindigkeit v zu erhalten. Dazu muß durch den Querleiter der Strom

$$I = \frac{F}{Bl} = \frac{2,66 \cdot 10^6\,\mathrm{N}}{100 \cdot 0,15\,\mathrm{T} \cdot \mathrm{m}} = 177\,\mathrm{kA}$$

fließen. Die aufzuwendende Energie beträgt

$$W = mv^2/2 = 1/2 \cdot 0,5\,\mathrm{kg}(11,3 \cdot 10^3\,\mathrm{m/s})^2 = 31,9\,\mathrm{MJ}.$$

Damit diese Energie in etwa 2 ms elektrisch aufgebracht werden kann, wird
eine Kondensatorbatterie über die Leiteranordnung mit beweglichem Querleiter entladen. Wir setzen als Gesamtkapazität $C = 50000\,\mu$F an, dann müssen
die Kondensatoren auf die Spannung $\sqrt{2W/C} = U = 35,7\,$kV geladen werden.

Diskussion: Das Beispiel zeigt neben der Tatsache, daß für derart extreme Be-
schleunigungen sehr hohe Kräfte aufgebracht werden müssen, vor allem auch die
Möglichkeit, durch Kondensatorentladungen kurzzeitig hohe Ströme zu erzeugen.

Aufgabe 6.3/6 Linearbewegung

Liegt ein vertikales Magnetfeld zwischen einem Fahrzeug und einer Schiene
(Bild 6.3/6), so entsteht durch das Kraftgesetz $\boldsymbol{F} = I(\boldsymbol{s} \times \boldsymbol{B})$ eine Kraft,
die zur Fortbewegung dienen kann. Im Beispiel fließt der Strom vertikal, und
zwar von einem Mittelleiter ausgehend nach beiden Seiten. Dann entsteht
durch einen Magneten auf dem Fahrzeug eine Kraft, zu der die Ströme durch
beide Leiterhälften in gleicher Richtung beitragen.

Welcher Strom ist erforderlich, um eine Masse m (40 Tonnen) in 60 s
auf die Geschwindigkeit 100 km/h zu beschleunigen? (Leiterbreite $l = 1,5\,$m,
Reibung vernachlässigt, Induktion $B = 2\,$T).

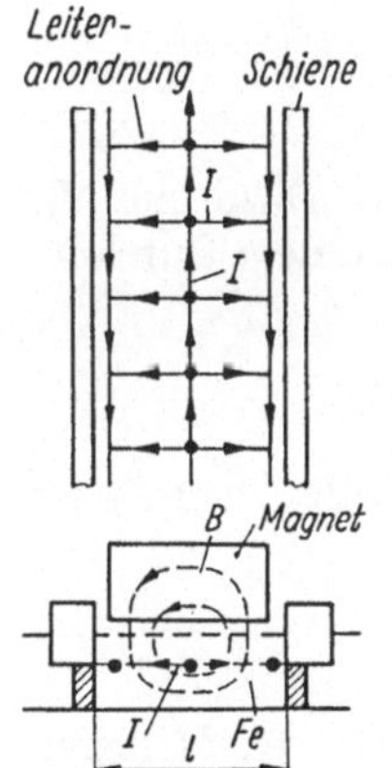

Bild 6.3/6

Lösung:
Damit die Masse m mit $\boldsymbol{a}$ beschleunigt wird, muß eine Kraft $\boldsymbol{F} = m\boldsymbol{a}$ ein-
wirken, die als elektromagnetische Kraft $\boldsymbol{F} = I(\boldsymbol{s} \times \boldsymbol{B})$ aufzubringen ist. Für
die Beträge gilt

$$F = ma = BIl$$

und damit

$$I = \frac{ma}{Bl} = \frac{40 \cdot 10^3\,\text{kg} \cdot 100\,\text{km}}{2\,\text{T} \cdot 1,5\,\text{m} \cdot \text{h}} = 6,13\,\text{kA}.$$

Dabei wurde die Beschleunigung $a = v/t = 100\,$km/s$/60\,$s$ = 0,46\,$m/s^2 zu-
grundegelegt. Nach einer Zeit von 1 min hat das Fahrzeug seine Endgeschwin-

digkeit $v = 100\,\text{km/h}$ erreicht und der Strom kann abgeschaltet werden, denn die Bewegung sollte voraussetzungsgemäß reibungsfrei erfolgen.

Aufgabe 6.3/7 Kraftwirkung mehrerer Stromleiter

Gegeben sind drei parallel liegende gerade (unendlich lange, dünne) Leiter, die von den Strömen $I_1 \ldots I_3$ durchflossen sind (Bild 6.3/7a).

a) Bestimmen Sie die Kraft/Länge (Richtung, Größe) auf den Leiter mit dem Strom I_1 allgemein. Gegeben: r_1, r_2, $I_1 \ldots I_3$.

b) Bestimmen Sie die Kraft nach Aufgabe a) für $r_1 = a(e_x + e_y)$, $r_2 = 2ae_x$, $I_1 = I$, $I_2 = -I$, $I_3 = I$. Erläutern Sie das Ergebnis anschaulich.

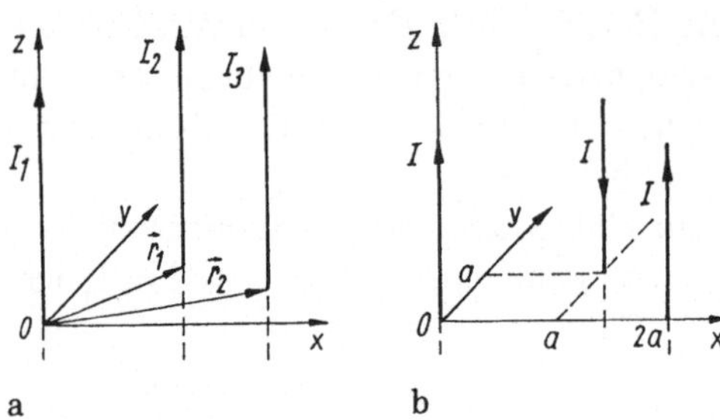

a   b   Bild 6.3/7

Hinweis: Wir gehen von der Kraftgleichung $F = I_1(l \times B)$ aus. Dazu muß die magnetische Feldstärke herrührend von I_2, I_3 an der Stelle I_1 nach dem Durchflutungssatz bestimmt werden.

Lösung:

a) Wir legen ein x-y-z-Koordinatensystem in den Leiter I_1 mit der z-Achse in Richtung von I_1 (Bild 6.3/7a). Dann gilt allgemein

$$F = I_1(l \times B) \quad \text{mit } l = le_z. \tag{1}$$

Die von den Strömen I_2, I_3 erzeugten magnetischen Feldstärken H liegen alle in der x-y-Ebene. Vom Strom I_2 aus gesehen entsteht im Abstand r_2' die magnetische Feldstärke:

$$H_{2\varphi} = \frac{I_2}{2\pi r_2'}e_\varphi = \frac{I_2}{2\pi r_2'}(e_z \times e_{r_2'}),$$

da $e_\varphi = e_z \times e_{r_2'}$. Ferner gilt $r_2' = -r_2$ und $e_{r'} = -e_{r_2}$:

$$H_{2\varphi} = \frac{I_2}{2\pi r_2}(e_z \times (-e_{r_2})). \tag{2}$$

Wir erweitern mit dem Betrag r_2 des Abstandsvektors r_2 und erhalten

$$H_{2\varphi} = e_z \times \frac{Ir_2}{2\pi r_2^2}(-e_{r_2}) = e_z \times \frac{I(-r_2)}{2\pi r_2^2}. \tag{3}$$

Damit muß der Vektor e_φ nicht in Komponenten zerlegt werden. Die Ersetzung des Abstandsvektors r_2 durch seine kartesische Komponenten führt auf

$$H_2 = e_z \times \left(\frac{I_2}{2\pi r_2^2}(-x_2 e_x - y_2 e_y) \right). \tag{4}$$

Zum Schluß bilden wir noch das Kreuzprodukt mit e_z in Gl.(4):

$$H_2 = \frac{I_2}{2\pi r_2^2}(+y_2 e_x - x_2 e_y). \tag{5}$$

Mit der Rechtsschraubenregel läßt sich leicht nachweisen, daß die Komponenten von H_2 die richtige Richtung haben. Ganz analog erhalten wir H_3, nur sind dann die Komponenten von r_3 einzusetzen. Damit ergibt sich als gesamte Induktion (bei n Leitern)

$$B = \mu_0 \sum_{i=2}^{n} H_i = \mu_0 \sum_i \frac{I_i}{2\pi r_i^2}(+y_i e_x - x_i e_y) \tag{6}$$

und schließlich mit Gl.(1) die Kraft auf den Strom I_1 pro Länge l:

$$\frac{F}{l} = I_1 \left(e_z \times \mu_0 \sum_{i=2}^{n} H_i \right).$$

b) Im gegebenen Sonderfall r_1, r_2 (Bild 6.3/7b) beträgt die magnetische Feldstärke

$$\sum_{i=2}^{3} H_i = \frac{-I}{2\pi(a^2 + a^2)}(ae_x - ae_y) + \frac{I}{2\pi(2a)^2}(-2ae_y) = \frac{-I}{2\pi 2a}e_x. \tag{7}$$

Mit der Rechtehandregel lassen sich die Ergebnisse gut erklären: Der Strom I_2 hat zwei Komponenten, eine positive y- und negative x-Komponente, von I_3 stammt eine Komponente in negativer y-Richtung. Die y-Komponenten heben sich auf und es verbleibt nur eine negative x-Komponente.

Diskussion: Nach Gl.(6) ergibt sich das resultierende magnetische Feld durch (vektorielle) Überlagerung der von den einzelnen Strömen herrührenden Teilbeiträge. Dabei ist auf die Orientierung der jeweiligen Ortsvektoren und Stromrichtungen zu achten. Im Sonderfall zweier Leiter ergibt sich I/Gl.(4.42).

Aufgabe 6.3/8 Kraft im inhomogenen Magnetfeld

Die Fläche einer Rechteckleiterschleife werde senkrecht von einem inhomogenen Magnetfeld $B(x,y)$ (in z-Richtung, homogen) durchsetzt. Sie sei vom Strom I durchflossen (Bild 6.3/8).

a) Welche Kraftwirkung entsteht generell auf die Leiterschleife (Größe, Richtung)?

b) Welche Kraft entsteht, wenn $\boldsymbol{B}$ in x-Richtung linear ansteigt und zwar mit $\Delta B/\Delta l = 0,1\,\mathrm{T/m}$ beginnend mit $B(0) = 0$? Zahlenwert: $I = 1\,\mathrm{A}$, $b = 20\,\mathrm{cm}$, $a = 10\,\mathrm{cm}$.

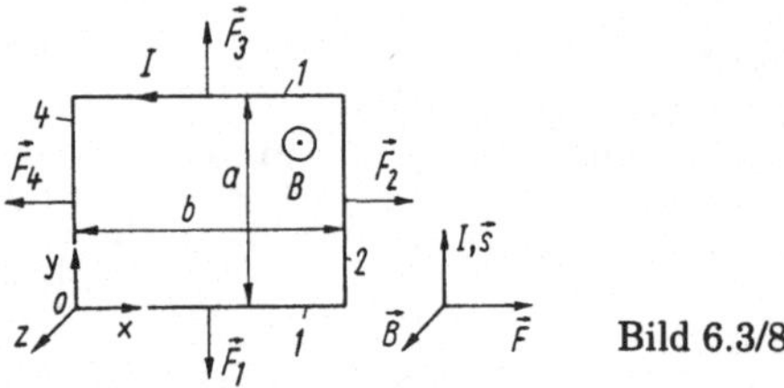

Bild 6.3/8

Hinweis: Die magnetische Flußdichte bildet mit den Leitern jeweils rechte Winkel. Aus der Rechtehandregel folgt dann eine Kraftwirkung längs des Umfangs immer nach außen: Tendenz zur Ausdehnung der Schleife. Durch die Feldinhomogenität sind die einzelnen Kraftkomponenten $\boldsymbol{F}_1 \ldots \boldsymbol{F}_4$ verschieden, und es kommt zu einer Nettobewegung.

Lösung:

a) Alle vier Leiter sind unterschiedlichen Feldintensitäten und damit Kräften $\boldsymbol{F}_1 \ldots \boldsymbol{F}_4$ unterworfen (Bild 6.3/8). Wir betrachten daher jeweils gegenüberliegende Leiter und deren Kräfte und beginnen mit $\boldsymbol{F}_1$:

$$\boldsymbol{F}_1 = I \int_0^b (\mathrm{d}\boldsymbol{s} \times \boldsymbol{B}_1) = I \int_0^b B_{z1}(x,y)\,\mathrm{d}x(-\boldsymbol{e}_y) \tag{1}$$

mit $\mathrm{d}\boldsymbol{s} = \boldsymbol{e}_x\,\mathrm{d}x$; $\boldsymbol{B}_1 = B_{z1}(x,y)\boldsymbol{e}_z$. Der untere Leiter bewegt sich in negativer y-Richtung.

Der obere Leiter 3 erfährt die Kraft $\boldsymbol{F}_3$ $(\mathrm{d}\boldsymbol{s}_3 = -\boldsymbol{e}_x\,\mathrm{d}x,\ \boldsymbol{e}_x \times \boldsymbol{e}_z = -\boldsymbol{e}_y)$

$$\boldsymbol{F}_3 = I \int_b^0 (\mathrm{d}\boldsymbol{s} \times \boldsymbol{B}_3) = I \int_0^b \mathrm{d}\boldsymbol{s}_3 \times \boldsymbol{B}_3$$

$$= I \int_b^0 B_{z3}(x,y)\,\mathrm{d}x(-\boldsymbol{e}_y). \tag{2}$$

Sie wirkt nach oben in $+y$-Richtung. Damit wird die Nettokraft in y-Richtung

$$\boldsymbol{F}_y = \boldsymbol{F}_1 + \boldsymbol{F}_3 = (-\boldsymbol{e}_y)I \int_0^b B_1(x,y_1)\,\mathrm{d}x + (-\boldsymbol{e}_y)I \int_b^0 B_3(x,y_3)\,\mathrm{d}x. \tag{3}$$

Ist z.B. $B_3 > B_1$ (Zunahme des Feldes in y-Richtung), so wirkt eine Nettokraft in y-Richtung, für $\boldsymbol{B}_1 = \boldsymbol{B}_3$ heben sich beide Kräfte auf. Ganz analog verfahren wir für die Komponenten $\boldsymbol{F}_2$ und $\boldsymbol{F}_4$ mit $\mathrm{d}\boldsymbol{s}_2 = \boldsymbol{e}_y\,\mathrm{d}y$, $\mathrm{d}\boldsymbol{s}_4 = -\boldsymbol{e}_y\,\mathrm{d}y$ und $\boldsymbol{B}_2 = B_{z2}(x,y)\boldsymbol{e}_z$, $\boldsymbol{B}_4 = B_{z4}\boldsymbol{e}_z$:

$$\boldsymbol{F}_2 = I \int_0^a (\mathrm{d}\boldsymbol{s} \times \boldsymbol{B}_2) = I \int_0^a (\boldsymbol{e}_y \times \boldsymbol{e}_z)B_2(x,y)\,\mathrm{d}y$$

$$= I \int_0^a B_2(x,y)\,\mathrm{d}y\,\boldsymbol{e}_x, \tag{4}$$

da $\boldsymbol{e}_y \times \boldsymbol{e}_z = \boldsymbol{e}_x$. Analog ergibt sich

$$\boldsymbol{F}_4 = I \int_a^0 (\mathrm{d}\boldsymbol{s}_2 \times \boldsymbol{B}_4) = I \int_0^a \mathrm{d}\boldsymbol{s}_4 \times \boldsymbol{B}_4$$

$$= I \int_a^0 (\boldsymbol{e}_y \times \boldsymbol{e}_z) B_4(x,y)\, \mathrm{d}y \tag{5}$$

mit der Nettokraft $\boldsymbol{F}_x = \boldsymbol{F}_2 + \boldsymbol{F}_4$:

$$\boldsymbol{F}_x = \boldsymbol{e}_x I \int_0^a B_2(x,y)\, \mathrm{d}y + \boldsymbol{e}_x I \int_a^0 B_4(x,y)\, \mathrm{d}y. \tag{6}$$

Die gesamte Kraft auf die Schleifen beträgt dann $\boldsymbol{F} = \boldsymbol{F}_x + \boldsymbol{F}_y$ mit Gl.(3), (6). Sie verschwindet für homogenes Magnetfeld.

b) Ändert sich $B(x,y)$ nur in x-Richtung gemäß $\boldsymbol{B} = B(x)\boldsymbol{e}_z$ mit

$$B(x) = x\frac{\Delta B}{\Delta l} = x \cdot 0,1\,\frac{\mathrm{T}}{\mathrm{m}}, \tag{7}$$

so erhalten wir

- keine Nettokraft in y-Richtung, weil die Induktion $B(x,y)$ nicht von y abhängt und sich deshalb beide Integrale in Gl.(3) aufheben (das wurde erwartet)
- eine Nettokraft in x-Richtung
$$\boldsymbol{F}_x = \boldsymbol{e}_x a I (B_2(x) - B_4(x)). \tag{8}$$

Dabei wurde beachtet, daß $B(x)$ nicht von y abhängt und damit die Integration über y sofort durchführbar ist. Im Beispiel mit $B(x) = x\Delta B/\Delta l$ Gl.(7) beträgt $B_4(x) = B(0) = 0$ und wir erhalten schließlich aus Gl.(6)

$$\boldsymbol{F}_x = \boldsymbol{e}_x a I x\frac{\Delta B}{\Delta l}. \tag{9}$$

Die Kraft wächst proportional zu x nach rechts an. An einer allgemeinen Stelle x unterscheiden sich $B_4(x)$ und $B_2(x)$ immer durch die Schleifenbreite b, d.h.:

$$B_2(x) = B_4(x + b).$$

Daher gilt mit Gl.(8)

$$\boldsymbol{F}_x = \boldsymbol{e}_x a I (B(x + b) - B(x)) = \boldsymbol{e}_x a I b\frac{\Delta B}{\Delta l}. \tag{10}$$

Zahlenmäßig ergibt sich

$$\boldsymbol{F}_x = \boldsymbol{e}_x \cdot 0,1\,\mathrm{m} \cdot 1\,\mathrm{A} \cdot 0,2\,\mathrm{m} \cdot 0,1/\mathrm{m} \cdot \mathrm{Vs/m}^2 = 2 \cdot 10^{-3}\,\mathrm{Ws/m}.$$

Diskussion: Für die auf die Leiter einwirkende Kraft ist die jeweils am Leiterort wirkende Induktion maßgebend, nicht ein Mittelwert (wie man möglicherweise vermuten könnte). Im homogenen Feld ($\Delta B/\Delta l = 0$) verschwindet die Kraftwirkung.

Aufgabe 6.3/9 Kraft auf eine Drehschleife

Eine vom Strom I durchflossene Rechteckleiterschleife sei um die z-Achse drehbar, ein homogenes Magnetfeld B wirke in x-Richtung (Bild 6.3/9a).

a) Berechnen Sie die an den Leiterstäben wirkenden Kräfte $F(\alpha)$ in Abhängigkeit vom Drehwinkel α (Leiterdicke vernachlässigbar).

b) Bestimmen Sie das auf die Leiterschleife wirkende Drehmoment $M(\alpha)$ in Abhängigkeit vom Drehwinkel. In welcher Spulenlage ist $M(\alpha)$ am größten, wie dreht sich die Spule?

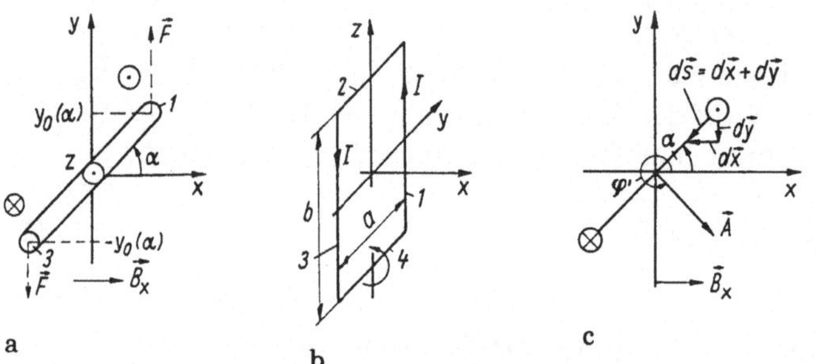

a   b   c

Bild 6.3/9

Hinweis: An allen Leiterstäben entstehen Kraftwirkungen. Überlegen Sie zunächst ihre Richtungen mit der Rechtehandregel. Bestimmen die dann die Komponenten und daraus das Drehmoment.

Lösung:

a) Wir gehen von der Grundbeziehung $\mathrm{d}F = I\,\mathrm{d}s \times B$ eines vom Strom durchflossenen Leiterstückes $\mathrm{d}s$ im Feld B aus: Leiter 1 $(\mathrm{d}s_1 = +\mathrm{d}z e_z)$ erfährt die Kraft

$$\mathrm{d}F_1 = I\,\mathrm{d}s_1 \times B = +I\,\mathrm{d}z e_z \times B e_x = IB\,\mathrm{d}z e_y \tag{1}$$

(wegen $e_z \times e_x = e_y$), also eine Komponente in y-Richtung unabhängig vom Drehwinkel: Gleichermaßen erfährt Leiter 3 mit $\mathrm{d}s_3 = -e_z\,\mathrm{d}z$ die Kraft

$$\mathrm{d}F_3 = I\,\mathrm{d}s_3 \times B = I(-e_z\,\mathrm{d}z \times B e_x) = -IB\,\mathrm{d}z e_y, \tag{2}$$

d.h. eine in negative y-Richtung wirkende Kraft. Damit wirkt auf die Längsleiter die Gesamtkraft: $F = \int \mathrm{d}F$ mit

$$\mathrm{d}F = \mathrm{d}F_1 + \mathrm{d}F_3 = IB(1 - 1)\,\mathrm{d}z e_y = 0. \tag{3}$$

Die Komponente $\mathrm{d}F_4$ auf die Stirnseite beträgt (Bild 6.3/9b)

$$\mathrm{d}F_4 = I\,\mathrm{d}s_4 \times B = I((e_x\,\mathrm{d}x + e_y\,\mathrm{d}y) \times B e_x) = -IB\,\mathrm{d}y e_z, \tag{4}$$

da die Wegkomponente $\mathrm{d}s_4 = \mathrm{d}x + \mathrm{d}y = e_x\,\mathrm{d}x + e_y\,\mathrm{d}y$ sowohl in x- als auch y-Richtung verläuft. Das Vektorprodukt liefert nur eine Komponente in z-Richtung. Wir bestimmen die Gesamtkraft F_4 auf den Stab mit Gl.(4)

$$F_4 = \int_s \mathrm{d}F_4 = -\int_{-y_0(\alpha)}^{+y_0(\alpha)} IBe_z\,\mathrm{d}y = -2IBe_z y_0(\alpha).\tag{5}$$

Der Weg $y_0(\alpha)$ ergibt sich aus der Leitergeometrie zu $a/2\sin\alpha$. Da die Kraft F_4 nicht von z abhängt, muß die Kraft F_2 entgegengesetzt gleich groß sein, denn das Wegelement $\mathrm{d}s_2$ ist entgegengesetzt zu $\mathrm{d}s_4$ orientiert. Wir erhalten mit $\mathrm{d}s_2 = -e_x\,\mathrm{d}x - e_y\,\mathrm{d}y$

$$\mathrm{d}F_2 = I\,\mathrm{d}s_2 \times B = I((-e_x\,\mathrm{d}x - e_y\,\mathrm{d}y)xBe_x) = IB\,\mathrm{d}ye_z,\tag{6}$$

also den erwarteten entgegengesetzten Beitrag zu $\mathrm{d}F_4$. Zusammenfassen aller Kraftelemente Gl.(1),(2), (4), (6) ergibt

$$\mathrm{d}F = \mathrm{d}F_1 + \mathrm{d}F_3 + \mathrm{d}F_2 + \mathrm{d}F_4 = 0.\tag{7}$$

Das ist die bereits in Aufgabe 6.3/9a festgestellte Tatsache, daß auf eine stromdurchflossene Leiterschleife im homogenen Magnetfeld keine Nettokraft wirkt. Dieses Ergebnis gilt auch für beliebige Leiterformen, aber nicht im inhomogenen Magnetfeld!

b) Zur Drehung der Spule kommt es nur durch die Kräfte F_1, F_3, die wir jetzt für die gesamte Stablänge b bestimmen müssen. Aus Gl.(1) wird

$$F_1 = \int_b \mathrm{d}F_1 = \int_0^b IB\,\mathrm{d}ze_y = IBbe_y,\tag{8}$$

analog aus Gl.(2)

$$F_3 = \int \mathrm{d}F_3 = \int_0^b IB\,\mathrm{d}z(-e_y) - -F_1.\tag{9}$$

Das Drehmoment M ist das Vektorprodukt des Abstandsvektors r (Drehpunkt - Kraftangriffspunkt) mit der Kraft F_1:

$$M = 2r(\alpha) \times F_1(\alpha)\tag{10}$$

(Faktor 2 durch unteren Stab aus Symmetriegründen) mit (Bild 6.3/9c)

$$r = xe_x + ye_y = \frac{a}{2}(e_x\cos\alpha + e_y\sin\alpha).\tag{11}$$

Daraus folgt zusammengefaßt mit F_1 Gl.(8) das Drehmoment

$$M = a(e_x\cos\alpha + e_y\sin\alpha) \times IBbe_y = IBbae_z\cos\alpha.\tag{12}$$

Es erreicht seinen Maximalwert für $\alpha = 0$, $\pm\pi$, weil dann die Kraft senkrecht zu der vom Stromfaden mit B aufgespannten Ebene wirkt. Es verschwindet bei $\alpha = \pm\pi/2$ (Spule wird maximal vom Fluß durchsetzt). Dann versuchen die Kräfte, die Spule nur auszudehnen. Im Zwischenbereich ändert sich das Drehmoment cos-förmig über dem Winkel α.
Das Drehmoment wäre winkelunabhängig, würde B ein sog. Radialfeld darstellen. Dann gilt in jeder Spulenlage $\alpha = 0$ und das Drehmoment

ist maximal. Ein derartiges Feld entsteht zwischen einem zylindrischen Eisenkern und einem dazu konzentrisch geformten Polschuh eines Permanentmagneten (z.B. bei Motoren, Drehspulinstrumenten). Wir wollen für das Drehmoment noch eine zweite Beziehung heranziehen, nämlich (mit der Windungszahl $w = 1$, I/Gl. (4.43d))

$$M = Iw(A \times B). \tag{13}$$

Dabei ist A der Flächenvektor (Normalenvektor der Fläche $A = a \times b$, wobei $a = 2r$. Der Strom bildet mit A eine Rechtsschraube (Bild 6.3/9c). Dann gilt mit $\varphi' = \alpha + 3/2\pi$: $A = A(\cos \varphi' e_x + \sin \varphi' e_y) = A(\sin \alpha e_x - \cos \alpha e_y)$ und $A \times B = AB(-\cos \alpha)(e_y \times e_x) = AB \cos \alpha e_z$, da $B = Be_x$, $e_y \times e_x = -e_z$. So ergibt sich aus Gl. (13) ebenso die Lösung Gl. (12).

Aufgabe 6.3/10 Magnetische Abstoßung

Magnetische Abstoßung entsteht nicht nur zwischen entgegengesetzt gepolten Dauermagneten, sondern auch Spulen die von gegensätzlich fließenden Strömen durchflossen sind. (Prinzip der Magnetschwebebahn, Bild 6.3/10).

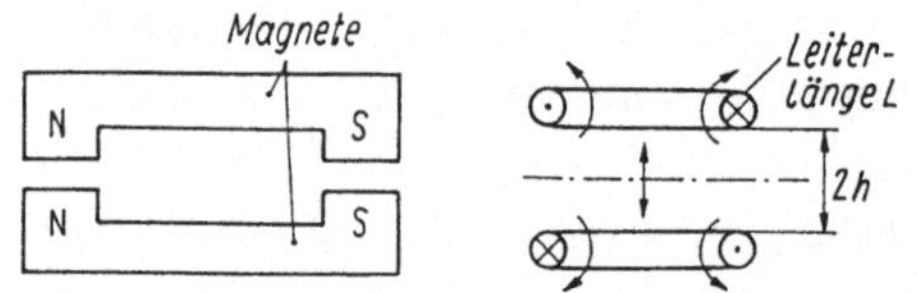

Bild 6.3/10

a) Welche magnetische Erregung ist erforderlich, wenn zwei Rechteckspulen (Breite b, Länge l, Leiterlänge $L = 2(b + l) = 12\,\mathrm{m}$) eine Masse $m = 10$ Tonnen in einer Höhe von $h = 10\,\mathrm{cm}$ über einer Fläche führen sollen?

b) Welche Leistung wäre erforderlich, wenn die Spule aus einer Windung (Cu) mit $10\,\mathrm{cm}$ Durchmesser bestehen würde?

Hinweis: Wir benötigen die Kraftwirkung zwischen zwei Rähmchen (Leiterlänge L), die sich im Abstand $2h$ (beiderseits einer Symmetrieebene) befinden. Die abstoßende Kraft beträgt

$$F = \mu_0 \frac{(wI)^2 L}{2\pi 2h} \qquad (L \text{ Schleifenumfang}). \tag{1}$$

Lösung:

a) Die abstoßende Kraft nach Gl.(1) muß die Schwerkraft $F = mg$ überwinden. Daraus folgt

$$Iw = 2\sqrt{\frac{\pi F h}{\mu_0 L}} = 2\sqrt{\frac{\pi \cdot 9,8\,\mathrm{m} \cdot 10^4\,\mathrm{kg} \cdot 0,1\,\mathrm{m}}{s^2 \cdot 4\pi \cdot 10^{-7}\,\mathrm{Vs/Am} \cdot 12\,\mathrm{m}}} = 0,92 \cdot 10^5\,\mathrm{Aw}.$$

b) Im Falle einer Windung beträgt der ohmsche Widerstand

$$R = \frac{L}{\kappa A} = \frac{12\,\mathrm{m} \cdot 4\,\Omega\mathrm{m}}{57 \cdot 10^6 \cdot \pi \cdot (0,1)^2\,\mathrm{m}^2} = 26,8\,\mu\Omega.$$

Dazu ist die Leistung

$$P = I^2 R = 0,92 \cdot 10^{10}\,\text{A}^2 \cdot 26\,\mu\Omega = 239\,\text{kW}$$

erforderlich. Sie liegt für praktische Zwecke um einen Faktor $10^2 \ldots 10^3$ zu hoch. Maßnahmen zur Senkung könnten sein

- Übergang zum Supraleiter
- Mehrwindungsspule, um die Stromdichte zu senken
- Verringerung des Abstandes. Wird beispielsweise Iw auf die Hälfte gesenkt, so sinkt h auf $h/4$.

Aufgabe 6.3/11 Kraftwirkung im magnetischen Kreis

Im magnetischen Kreis, z.B. eines Elektromagneten (Bild 6.3/11), entsteht eine Kraftwirkung F durch die Tendenz der Feldlinien, sich zu verkürzen. Dadurch wird der untere Eisenschenkel angezogen und die Feder gespannt.

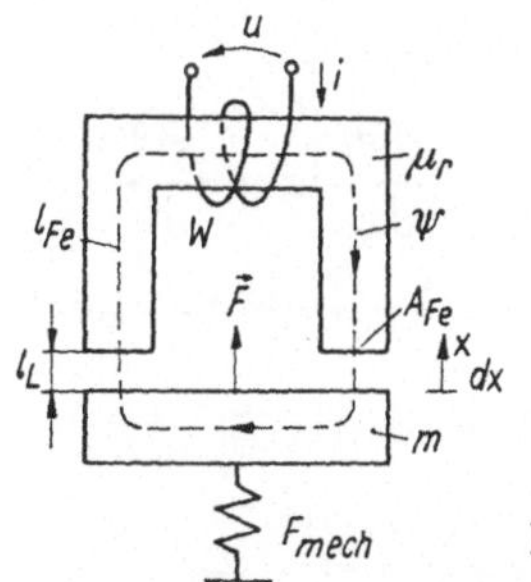

Bild 6.3/11

a) Geben Sie eine Beziehung für die Kraft F als Funktion der zugeführten elektrischen Energie und der Abstandsänderung $\mathrm{d}x$ an, wobei x und der Strom i als unabhängige Variablen aufgefaßt werden sollen. (Das System sei verlustfrei $\rightarrow$ Erhaltung der Energie).

b) Wie vereinfacht sich die Beziehung für einen linearen magnetischen Kreis, bei dem die Induktivität L nur noch vom Abstand x abhängt? (Anleitung: Man ersetze die abhängigen Variablen magnetische Energie W_m und Fluß Ψ durch die Induktivität L.)

c) Zeigen Sie, daß aus Aufgabe a) folgende allgemeine Beziehungen für die magnetische Energie W_m hervorgehen:

- bei konstantem Strom i
$$F = + \left.\frac{\partial W_\mathrm{m}}{\partial x}\right|_{i\,=\,\text{const.}}$$
- bei konstantem Fluß Ψ
$$F = - \left.\frac{\partial W_\mathrm{m}}{\partial x}\right|_{\Psi\,=\,\text{const.}}$$

d) Berechnen Sie die Kraft für die Anordnung nach Bild 6.3/11 über den magnetischen Widerstand für $i = \text{const.}$

Hinweis: Bei Verschiebung des Eisenankers um $\mathrm{d}x$ wird die mechanische Arbeit $\mathrm{d}W_\mathrm{mech} = \boldsymbol{F} \cdot \mathrm{d}\boldsymbol{s} = \boldsymbol{F} \cdot \mathrm{d}\boldsymbol{x}$ geleistet (Erhöhung der Federenergie). Die Berechnung der Kraft erfolgt zunächst aus der Energiebilanz.

Lösung:

a) Wir erhalten nach dem Energiesatz

zugeführte elektrische Energie	geleistete mechanische Arbeit	Erhöhung der im magn. Feld gespeicherten Energie	
$\mathrm{d}W_\mathrm{e}$	$=\ \mathrm{d}W_\mathrm{mech}$	$+\ \mathrm{d}W_\mathrm{m}$	(1)

mit $\mathrm{d}W_\mathrm{e} = ui\,\mathrm{d}t$, $\mathrm{d}W_\mathrm{mech} = F\,\mathrm{d}x$, $\mathrm{d}W_\mathrm{m} = \Psi\,\mathrm{d}i$ ($\Psi = w\Phi$, magn. Fluß) oder

$$ui\,\mathrm{d}t = F\,\mathrm{d}x + \Psi\,\mathrm{d}i.$$

Daraus folgt mit $u = \mathrm{d}\Psi/\mathrm{d}t$ (die Klemmenspannung u entsteht durch die Flußänderung zufolge $\mathrm{d}x$ nach dem Induktionsgesetz!):

$$i\,\mathrm{d}\Psi = F\,\mathrm{d}x + \Psi\,\mathrm{d}i. \tag{2}$$

Aufgelöst nach der magnetischen Energie $\mathrm{d}W_\mathrm{m}$ wird daraus:

$$\mathrm{d}W_\mathrm{m} = -F\,\mathrm{d}x + \mathrm{d}W_\mathrm{e} = -F\,\mathrm{d}x + i\,\mathrm{d}\Psi = -F\,\mathrm{d}x + i\frac{\partial\Psi}{\partial x}\,\mathrm{d}x + i\frac{\partial\Psi}{\partial i}\,\mathrm{d}i,$$

da der magnetische Fluß $\Psi(x,i)$ sowohl von x als auch i (unabhängige Variable!) abhängt. Damit wird zusammengefaßt

$$
\begin{aligned}
\mathrm{d}W_\mathrm{m} &= -F\,\mathrm{d}x + i\frac{\partial\Psi}{\partial x}\,\mathrm{d}x + i\frac{\partial\Psi}{\partial i}\,\mathrm{d}i \\
&= \left(-F + i\frac{\partial\Psi}{\partial x}\right)\mathrm{d}x + i\frac{\partial\Psi}{\partial i}\,\mathrm{d}i \\
&= \frac{\partial W_\mathrm{m}}{\partial x}\,\mathrm{d}x + \frac{\partial W_\mathrm{m}}{\partial i}\,\mathrm{d}i
\end{aligned}
\tag{3}
$$

mit

$$F = -\frac{\partial W_\mathrm{m}}{\partial x} + i\frac{\partial\Psi}{\partial x}\bigg|_{i\,=\,\mathrm{const.}} \tag{4}$$

bei $\mathrm{d}i = 0$, d.h. $i = \mathrm{const.}$
Der erste Term in Gl.(3) schließt nur die Energieänderung durch $\mathrm{d}x$, der zweite durch $\mathrm{d}i$ ein. Unter der Bedingung $\mathrm{d}i = 0 \to i = \mathrm{const.}$ stellt Gl.(4) die allgemeine Beziehung für die Kraft im Luftspalt der Anordnung (Bild 6.3/11) dar.

b) Im linearen magnetischen Kreis mit Luftspalt hängt die Induktivität L zwar von x, nicht aber i ab. Dann gilt $W_\mathrm{m} = Li^2/2$ und $\Psi = Li$ und damit

$$\frac{\partial W_\mathrm{m}}{\partial x} = \frac{i^2}{2}\frac{\partial L}{\partial x}; \quad \frac{\partial\Psi}{\partial x} = i\frac{\partial L}{\partial x}. \tag{5}$$

Wir erhalten so aus Gl.(4)

$$F = -\frac{i^2}{2}\frac{\partial L}{\partial x} + i^2\frac{\partial L}{\partial x} = \frac{i^2}{2}\frac{\partial L}{\partial x} = +\frac{\partial W_\mathrm{m}}{\partial x}. \tag{6}$$

Erinnert werden muß an die Bedingung $i =$ const., unter der Gl.(6) gilt. Dann stimmt die Änderung der mechanischen Energie $F\,\mathrm{d}s$ mit der Änderung der Magnetfeldenergie überein und die Summe beider ergibt die aufzuwendende elektrische Energie.

c) Wir gehen von Gl.(2) aus und betrachten zunächst den Fall des konstanten Stromes (z.B. Einprägung über eine Konstantstromquelle). Ändert sich im magnetischen Kreis z.B. die Länge der magnetischen Feldlinien, so ändert sich (wegen konstanter Erregung $\Theta = iw =$ const.) der magnetische Fluß Ψ und damit die magnetische Feldenergie $\mathrm{d}W_\mathrm{m} = i\,\mathrm{d}\Psi$:

$$i\,\mathrm{d}\Psi = F\,\mathrm{d}x + \Psi\,\mathrm{d}i.$$

Daraus folgt

$$F\,\mathrm{d}x = i\,\mathrm{d}\Psi - \Psi\,\mathrm{d}i = i^2\,\mathrm{d}\frac{\Psi}{i}$$

oder unter Benutzung der gesamten magnetischen Energie $\mathrm{d}W_\mathrm{m} = \mathrm{d}(i\Psi)$ und $\mathrm{d}(W_\mathrm{m}/i^2)^2 = \mathrm{d}(\Psi/i)$ $(i =$ const.) schließlich

$$F = + \left.\frac{\partial W_\mathrm{m}}{\partial x}\right|_{i\,=\,\mathrm{const.}} \qquad (\mathrm{s.Gl.(6)}) \tag{7}$$

Bei konstantem Strom und positiv äußerer Arbeit wächst die Feldenergie auf Kosten der elektrischen Energie.

Wird hingegen der Fluß konstant gehalten $(\mathrm{d}\Psi = 0)$, so folgt aus Gl.(2) direkt:

$$F = - \left.\frac{\partial W_\mathrm{m}}{\partial x}\right|_{\Psi\,=\,\mathrm{const.}}. \tag{8}$$

d) Wir legen einen linearen magnetischen Kreis zugrunde und gehen von Gl.(6) aus mit $L = w^2/R_\mathrm{m}$

$$F = \frac{i^2}{2}\frac{\mathrm{d}}{\mathrm{d}x}\left(\frac{w^2}{R_\mathrm{m}}\right) = \frac{i^2 w^2}{2}\frac{\mathrm{d}}{\mathrm{d}x}\frac{1}{R_\mathrm{mFe} + R_\mathrm{mL}} = -\frac{i^2 w^2}{2 R_\mathrm{m}^2}\frac{\mathrm{d}R_\mathrm{mL}}{\mathrm{d}x}$$

$$= -\frac{i^2 L^2}{2 w^2}\frac{\mathrm{d}R_\mathrm{mL}}{\mathrm{d}x} = -\frac{\Phi^2}{2}\frac{\mathrm{d}R_\mathrm{mL}}{\mathrm{d}x}. \tag{9}$$

Mit $R_\mathrm{mL} = 2l_\mathrm{L}/\mu_0 A = 2x/\mu_0 A$ wird schließlich

$$F = -\frac{\Phi^2}{\mu_0 A} = -\frac{B^2 A}{\mu_0}. \tag{10}$$

Das negative Vorzeichen zeigt, daß die Kraft die Tendenz hat, den Luftspalt und damit die Feldlinienlänge zu verkürzen.

Aufgabe 6.3/12 Kraft auf eine Magnetplatte

Eine U-förmig geformte Eisenspule (Querschnitt $A = 50\,\mathrm{cm}^2$, mittlerer Eisenweg $l_\mathrm{Fe} = 1\,\mathrm{m}$, $\mu_\mathrm{r} =$ const. $= 1000$) befinde sich im Abstand $l_\mathrm{L} = 5\,\mathrm{mm}$ über einer Eisenplatte (Werkstück, Masse $m = 1000\,\text{kg}$, Anordnung sinngemäß wie Bild 6.3/11, nur ohne Feder).

a) Welche Durchflutung $\Theta = iw$ ist erforderlich, um das Werkstück aufzuheben? (Man vernachlässige Feldinhomogenitäten.)

b) Mit welcher Kraft wird das Werkstück nach dem Anziehen gehalten?

c) Es steht für die Cu-Wicklung ein sog. Wickelfenster $A_\text{w} = 100\,\text{cm}^2$ zur Verfügung (bewickelbarer Spulenquerschnitt), außerdem betrage die mittlere Windungslänge $l_\text{m} = 50\,\text{cm}$ mit einer Windungszahl $w = 1000$. Welcher Drahtdurchmesser kann gewählt werden, welche Verlustleistung entsteht in der Spule?

Hinweis: Der Fluß hat die Tendenz, einen möglichst kurzen Weg zu wählen. Dadurch kommt es zur Kraftwirkung, die das Werkstück anhebt. Die Anziehungskraft ergibt sich an der Grenzfläche zwischen zwei Stoffen verschiedener Permeabilität (Eisen, Luft) zu

$$F = \frac{\Phi^2}{2\mu_0 A} = \frac{B^2 A}{2\mu_0}.$$

Lösung:

a) Die vom Magnet erzeugte Kraft an der Grenze Eisen-Luft ergibt sich im Luftspalt zu

$$F = \frac{B^2 A}{2\mu_0} = \frac{B^2 2 A_\text{Fe}}{2\mu_0}. \tag{1}$$

Sie muß das Gewicht der Eisenplatte $F_\text{p} = mg = 1000\,\text{kg} \cdot 9,81\,\text{m/s}^2 = 9810\,\text{N}$ überwinden. Daraus folgt

$$B_\text{Fe} = \sqrt{\frac{2\mu_0}{2A_\text{Fe}} mg} = \sqrt{\frac{2 \cdot 4\pi \cdot 10^{-7} \cdot 10^3 \cdot 9,81}{2 \cdot 0,5 \cdot 10^{-4}\,\text{m}^2} \frac{\text{Vs} \cdot \text{A}}{\text{m}} \frac{\text{Vs}}{\text{Am}}}$$

$$= 0,496\,\text{T}. \tag{2}$$

Die zugehörige Erregung folgt aus dem Durchflutungssatz:

$$iw = H_\text{Fe} l_\text{Fe} + H_\text{L} 2 l_\text{L} \tag{3}$$

(doppelter Luftspalt) mit $B_\text{Fe} = B_\text{L}$ und $H_\text{Fe} = B_\text{Fe}/\mu_0$. Bei nichtlinearem $B(H)$-Zusammenhang wäre hier ein entsprechender H_Fe-Wert aus der B-Kennlinie zu entnehmen. Damit wird schließlich

$$iw = \left(\frac{l_\text{Fe}}{\mu_\text{r}} + 2l_\text{L}\right) \frac{B_\text{Fe}}{\mu_0} = \left(\frac{1\,\text{m}}{10^3} + 0,01\,\text{m}\right) \frac{0,496\,\text{T}}{4\pi \cdot 10^{-7}} \frac{\text{Am}}{\text{Vs}}$$

$$= 4341\,\text{A}w \tag{4}$$

mit B_Fe nach Gl.(2).

Nach Anziehen des Werkstückes ist $l_\text{L} = 0$. Dadurch steigt bei gleicher Erregung B_Fe und analog die Kraft nach Gl.(1). Wir erhalten bei gleichem

iw:

$$B'_{\mathrm{Fe}} = \frac{iw\mu_0}{l_{\mathrm{Fe}}/\mu_{\mathrm{r}}} = \frac{4341\,\mathrm{As} \cdot 10^3 \cdot 4\pi \cdot 10^{-7}}{1\,\mathrm{m}}\frac{\mathrm{Vs}}{\mathrm{Am}} = 5,45\,\mathrm{T}. \tag{5}$$

Diese Induktion liegt weit jenseits der üblichen Eisensättigung ($\approx 1,5\,\mathrm{T}$): m.a.W. könnte die Erregung nach Anziehen des Werkstückes deutlich reduziert werden (Stromsenkung). Die Haltekraft würde mit Gl.(5) rd. das 10fache der Last (10 Tonnen!) betragen; realistisch sind durch Eisensättigung aber nur rd. 3000 N (0,496 Tonnen).

b) Für eine Windungszahl $w = 1000$ muß ein Strom $i = 4,34\,\mathrm{A}$ als Hubstrom fließen. Aus dem Wickelfenster $A_{\mathrm{w}} = 100\,\mathrm{cm}^2$ und der Windungszahl ergibt sich ein Querschnitt A' pro Windung von $0,1\,\mathrm{cm}^2$ (ideal, kein Isolationszwischenraum), d.h. ein Drahtdurchmesser von $d = \sqrt{4A'/\pi} = 0,356\,\mathrm{cm} \approx 3,6\,\mathrm{mm}$. Wir wählen mit Rücksicht auf noch erforderlichen Isolationszwischenraum $d = 2,5\,\mathrm{mm}$ und erhalten

- den Spulenwiderstand ($\varrho = 17,8\,\mathrm{m}\Omega \cdot \mathrm{mm}^2/\mathrm{m}$, Cu)

$$R = \frac{\varrho w l_{\mathrm{m}}}{A} = \frac{4 \cdot 10^3 \cdot 17,8 \cdot 10^{-3}\,\Omega \cdot \mathrm{mm}^2}{\pi(2,5)^2\,\mathrm{mm}^2 \cdot \mathrm{m}} \cdot 0,5\,\mathrm{m} = 1,81\,\Omega$$

- die Verlustleistung

$$P_{\mathrm{V}} = i^2 R = (4,3\,\mathrm{A})^2 \cdot 1,81\,\Omega = 33,5\,\mathrm{W}.$$

Diskussion: Hubmagneten nach diesem Prinzip sind sehr leistungsfähig und vielfältig im Einsatz (Magnetkupplung, Spanntisch, Kranbetrieb, aber auch Relaisprinzip u.a.m.).

Teil B

Selbstkontrolle

1. Kenntnisnachweis

Der Kenntnisnachweis über Ihren erarbeiteten und anwendungsbereiten "elektrotechnischen Sachverstand" erfolgt in der Regel durch abzugebende Hausaufgaben, Teilnahme an Klausuren und vor allem der Abschlußprüfung im Grundgebiet Elektrotechnik. Besonders letztere steht am Ende Ihrer Bemühungen um das Verständnis des Stoffgebietes und vor allem seine mehr oder weniger aktive Beherrschung. Auch wenn Sie an Vorlesung und Übungen teilgenommen haben, werden Sie ohne *gezielte* Prüfungsvorbereitungen ihre Kenntnisse nicht optimal einbringen können.

Die Prüfung erfolgt meist *schriftlich*, und zwar aus mehreren Gründen (gleichgerechte Bedingungen für alle [bei einer mündlichen Prüfung sind subjektive Schwankungen nie ganz vermeidbar], ausreichende Zeit zur Beantwortung der Aufgaben, vergleichbare Anforderungen zu vorherigen Jahrgängen u.a.m.). Nicht zuletzt spricht auch die große Teilnehmerzahl an der Vordiplom-Prüfung für eine schriftliche Prüfung. Daraus folgt umgekehrt:
Üben Sie sich rechtzeitig in der schriftlichen Präsentation ihrer Kenntnisse: lesbare Schrift, übersichtliche Anordnung, klare Markierung gültiger Lösungen, um die wichtigsten zu nennen. Ordnen Sie Nebenrechnungen und Ergänzungen eindeutig zu. Auch ein eigener Hinweis, daß eine Teillösung falsch sein kann, bringt u.U. noch einen Punkt. Geben Sie nie Lösungen ohne erkennbare Herleitung an, weil dann leicht die Frage entsteht, woher sie kommen.

Die Aufgaben selbst sind im Regelfall darauf zugeschnitten, *Grundkenntnisse* anwendungsbereit abzuprüfen, d.h. *typische Problemgruppen* zu lösen. Dies hat den großen Vorteil, daß Standard-Berechnungsverfahren mit großer Wahrscheinlichleit vorkommen und überhaupt solide Grundkenntnisse die beste Vorbereitung sind. Auch läßt sich so besser erkennen, ob grundsätzliche Methoden beherrscht werden. Selbst die Angabe des Weges oder einzelner Lösungsansätze bringt dann Punkte (richtige Zahlenwerte werden i.a. nur untergeordnet bewertet, sehr negativ dagegen falsche Dimensionen, weil sie immer eine gewisse Lösungskontrolle darstellen, aber auch Flüchtigkeit verraten). Sog. *Ankreuzaufgaben* sind nicht unangefochten (auch mit oberflächlichem Wissen beantwortbar, da gewöhnlich eine Antwort richtig ist, mit gewisser Wahrscheinlichkeit auch mit "Nullwissen" Treffer erzielt werden und diese leicht vom Nachbarn übernommmen werden können u.a.). Sie kommen deshalb kaum in Prüfungsklausuren vor. Der elektrotechnische Sachverstand äußert sich ja gerade darin, nicht die einzelnen Schritte einer Lösungsmethodik auswendig gelernt zu haben, sondern mit ihnen ein *Problem lösen* zu können!

Relativ selten sind auch sog. *"Überlegungsaufgaben"*. Zum einen erfordern sie mehr oder wenig intensives Nachdenken, oft unter Einschluß von Grenzfällen und "Tricks" (obwohl es diese natürlich nicht gibt), zum anderen sind sie zeitintensiv und sprechen ohnehin nur einen kleineren Kreis Studierender an (in Oberstufen werden sie sehr wohl benutzt). Zum Vordiplom sollen aber gerade anwendungsbereite Grundkenntnisse von möglichst allen Teilnehmern beherrscht (und nachgewiesen) werden. Die im Buch enthaltenen Übungsaufgaben und Kontrollfragen dieses Abschnittes (ebenso zu einzelnen Kapitel des Lehrbuches) dienen dieser Zielsetzung.

Prüfungsvorbereitung

Prüfungsvorbereitung bedeutet *nicht*, z.B.

- das Auswendiglernen von "Formeln" kurz vor der Prüfung
- das Anstreichen von Schwerpunkten in Ihrer Nachschrift oder Lehrbüchern
- die Beschaffung möglichst vieler Bücher und Unterlagen, etwa wenige Tage vor der Prüfung, die sie mit zur Prüfung nehmen (falls zugelassen),

sondern die Fähigkeit zu erwerben, *Gesetzmäßigkeiten verstehen und zur Problemlösung anwenden* zu lernen, also in einer Aufgabe die Gesetze zu erkennen und sie problemgerecht verbinden zu können (sog. "Finden des Ansatzes"). Die anschließende Lösung der Aufgabe ist dann meist einfacher, weil in der Grundausbildung keine sonderlich tiefen Mathematikkenntnisse erforderlich sind.

Wenn sie so herangehen, werden Sie bald feststellen, daß das scheinbar immense Stoffgebiet der Grundausbildung Elektrotechnik auf relativ wenige Gesetzmäßigkeiten zusammenschrumpft. Und diese gilt es zu verstehen! Sie werden sofort erkennen, daß dazu ein gewisser Zeitraum erforderlich ist.

Die beste Prüfungsvorbereitung ist deshalb die *Verlegung des Zeitaufwandes bereits in das Semester*, nämlich

- durch Teilnahme an der Lehrveranstaltung einschließlich einer mehr oder weniger kontinuierlichen *Nachbereitungszeit* (Richtwert: gleiche Zeit/Woche entsprechend der Vorlesung). Nacharbeit bedeutet dabei eigenes "Erarbeiten" des gebotenen Stoffes, partielle Arbeit mit einem oder mehreren (2...3) Lehrbüchern (jeder Autor hat eine eigene Sicht der Dinge!).
- durch *Stoffverständnis*, das sich durch *Lösung von Übungsaufgaben* aufbaut (dies kann nicht genug empfohlen werden). Dabei sollten sie mit scheinbar einfachen Aufgaben beginnen und zu schwierigen fortfahren. Sehr bald fallen Ihnen Kenntnislücken auf. An diesen Stellen sofort im Vorlesungs- und Lehrbuchmaterial nachlesen. Zahlenwerte vermitteln eine gewisse praktische Vorstellung. Versuchen Sie dabei immer, ihre Ergebnisse zu kontrollieren (Plausibilitätserklärung, Vergleich von Grenzfällen (die sicher lösbar sind), Übergang zu einer anderen Lösungsmethodik (oft gibt es mehrere

Wege), Dimensionskontrolle, direkte numerische Lösung z.B. eines Netzwerkgleichungssystems mit dem Gleichungslöser des Rechners auch, wenn z.B. nur eine Größe zunächst allgemein, dann numerisch gefragt ist u.a.) Die Übungsaufgaben dieses Arbeitsbuches sind zum größten Teil unter diesen Gesichtspunkten verfaßt worden.

- Anlegen einer *Formelsammlung* oder eines *"Stoffexcerptes"* (Formeln, stichwortartige Abfolge bei Lösungsstrategien, stichwortartige Hinweise zu Formeln). Nutzen Sie diese Sammlung bereits ständig bei der Lösung von Übungsaufgaben, lernen Sie mit ihr umgehen. Richtwert des Umfanges: pro Stoffsemester etwa 5-6 Seiten A4 (maximal).

  Die häufig anzutreffende Methode, Stoffschwerpunkte in Lehrbüchern u.a. zu unterstreichen, um "besser lernen zu können", ist viel weniger effizient. Gerade das knappe Formel-Stichwort-Excerpt konzentriert Sie klar auf die Schwerpunkte. Letztere sind dabei sowohl aus den einzelnen *"Lernzielen"* am Beginn der Abschnitte im Lehrbuch, als auch *Selbstkontrollfragen* (dort und im Abschnitt B 2) zu erkennen. Als roter Faden sollte dabei auch das *Repetitorium* in diesem Band herangezogen werden. Mit der Zeit werden Ihnen die wichtigsten Gesetze und Lösungsmethoden so vertraut werden, daß sie viele sofort hinschreiben können, ohne erst in der Nachschrift blättern zu müssen. Dieser Kenntnisstand ist bereits eine sehr gute Klausurvorbereitung.

- *Rückgriff* (Wiederholung von Zeit zu Zeit) auf bereits bearbeitete Stoffgebiete. Gehen Sie gelegentlich einmal Stoffschwerpunkte des vergangenen Semesters u. a. durch, am besten mit dem Versuch, einige Übungsaufgaben zu lösen. Dies ist eine gute Möglichkeit

  – die Effizienz ihrer Studienmethodik festzustellen

  – im Unterbewußtsein vorhandene Kenntnisse wieder zu aktivieren und so weiter zu festigen.

  – allmählich mit dem Stoffgebiet "aus größerer Distanz" umgehen zu lernen (die man braucht, wenn zur Prüfung eine Reihe von Aufgaben zunächst "eingeordnet" werden müssen). Mit der Zeit wird Ihnen auch manches klarer, was beim aktuellen Studium vielleicht Verständnisprobleme bereitete.

Wenn Sie die Hinweise bereits im laufenden Semester befolgen, schrumpft die eigentliche *Prüfungsvorbereitung* dann lediglich auf eine *konzentrierte Aktivierungsphase* zusammen. Sie sollte drei Aspekte umfassen:

a) *Konzentrierte Wiederholung/Vertiefung* der Stoff*schwerpunkte* (am besten anhand Ihrer Formelsammlung), gleichzeitige Lösung von Übungsaufgaben. Dabei sollten leichte Aufgaben problemlos, mittlere in der Mehrzahl der Fälle (mit etwas Nachdenken, auch gelegentlichem Nachschlagen) und nur schwierigere Aufgaben mit intensiverem Nachdenken verbunden sein, wenn sie bereits einen guten Kenntnisstand haben.

   Falls die oben genannten Vorbereitungen *einigermaßen kontinuierlich* durchgeführt wurden, kommen Sie für diese Phase mit einem Zeitaufwand (abhängig vom Stoffumfang) von etwa 8... 10 Tagen aus bei einer mittleren Arbeitszeit von vielleicht 3 Stunden täglich (für Elektrotechnik). *Fehlen* allerdings diese Vorbereitungen, so dürfte dieser Zeitaufwand nicht ausreichen. Ein höherer Zeitaufwand für das Grundgebiet ET kann von Ihnen vielleicht erbracht werden, doch weiß jeder Pädagoge, daß man für ein bestimmtes Stoffpensum eben mit 20 Blöcken a' 3 Stunden einen besseren (zeitlich verteilten) Lerneffekt erreicht als mit 5 x 12 Stunden.

b) Diskutieren Sie - sofern Sie der Typ dafür sind - mit Kommilitonen in einer *kleineren Gruppe*. Das setzt aber voraus, daß sich *jeder* Teilnehmer bereits intensiv mit dem Stoffgebiet vertraut gemacht hat! Lernen ist ein *individueller* Vorgang: man kann nicht "in einer Gruppe" lernen, sondern nur bereits vorhandene Kenntnisse durch Diskussion ungewöhnlicher (scheinbar einfacher) Fragestellungen vertiefen, selbst formulieren zu lernen und Erlerntes zu festigen. Rechnen Sie dabei ruhig einige anspruchsvollere Übungsaufgaben und diskutieren Sie die Lösungsmethodik, andere Wege u.a. Sie werden schnell feststellen, daß manches, was Ihnen selbstverständlich oder klar schien, nicht so präsent ist.

c) Lösen Sie *alte Klausuraufgaben* oder besser *2...3 Klausuren* (sie sind in der Regel bei den Fachschaften oder den Lehrstühlen vorhanden). Sie erkennen daraus etwa den mittleren Schwierigkeitsgrad, Schwerpunkte, Aufgabentypen und Mindestanforderung für das Bestehen der Klausur. (Begehen Sie aber nicht den Fehler, solche Klausuren als Dogma zu verstehen und sich nur darauf vorzubereiten.) Bearbeiten Sie diese Klausuren unter zwei Gesichtspunkten:
Können Sie die Aufgaben (mit möglichst wenig Hilfsmitteln, am besten nur mit Ihrer Formelsammlung) richtig lösen? Dabei spielt die Zahlenrechnung noch keine Rolle. Wenn ja, so beherrschen Sie aller Wahrscheinlichkeit nach den Stoff einigermaßen sicher. Sind Sie in der Lage, die Klausur (mit allen Anforderungen) auch in der gegebenen Zeit zu absolvieren? Wenn ja, so waren Ihre Vorbereitungen einigermaßen erfolgreich. Beachten Sie jedoch, daß Sie die Prüfungsklausur "nicht so eingehend zur Verfügung" haben und bei einer Prüfung noch mehr oder weniger Prüfungspsychose mitspielt, zumindest am Anfang. Sie kennen sich selbst am besten und schließlich sind zum Bestehen einer Klausur wenigstens 35 - 40 % richtige Lösungen erforderlich. Versuchen Sie, Ihrer Probelösung auch eine gute äußerliche Form zu geben (Schrift, Lösungsanordnung, klares Durchstreichen falscher Notizen, eventuelle Kommentare).

Prüfungs-/Klausurablauf

Zur erfolgreichen Teilnahme an einer Prüfungsklausur sollten Sie beachten:

- Sorgfältige Zusammenstellung des Arbeitsmaterials (liniertes Papier, Stifte (2-3 Farben), Heftklammern, ev. Zirkel, 1 Blatt Millimeterpapier, Taschenrechner (ev. Ersatzbatterie), Formelsammlung, weitere zugelassene Unterlagen, Uhr)
- ausreichende Zeit zur Erreichung des Prüfungsortes

- Beachtung der Ankündigung am Klausurbeginn, Kontrolle der Klausur auf Vollständigkeit
- Nach sorgfältigem Durchlesen der Klausur (Auffinden der Aufgabe, mit der Sie sofort beginnen können) sollten Sie mit dieser Aufgabe beginnen. Sie wissen dann die mittlere, pro Aufgabe verfügbare Zeit. Sollten Sie zu einer Aufgabe mehr Zeit verbrauchen, so beginnen Sie besser mit der nächsten (auf diese Weise sind u.U. mehr Punkte erreichbar). Hängen Sie nicht an der Lösung eines Detailproblems fest. Auch Ansätze werden bewertet (dagegen nur schwach fehlerhafte Zahlenwerte am Ende).
- Vermeiden Sie den Umgang mit umfangreichen Ausdrücken. Führen Sie Abkürzungen ein; prüfen Sie in solchen Fällen die Zwischenergebnisse (besonders wenn sie falsch sind, lassen sie sich nicht vereinfachen). Dimensionskontrolle reicht oft schon aus. Zahlenwerte stets erst am Ende der allgemeinen Lösung berechnen.
- Haben Sie sich verrechnet (Weg, Methode, Zahlenwert) und erkennen es selbst, so sollten Sie es auf dem Blatt notieren und kommentieren. Das bringt u.U. noch einen Punkt.
- Streichen Sie ungültige Teile klar durch. Legen Sie wert auf ein gut lesbares, übersichtliches und klar zugeordnetes Klausurbild. Das vermittelt einen besseren Eindruck bei ev. Diskussionen über Punktanerkennungen als eine chaotisch abgefaßte Klausur. Sie kann durchaus zu einem übersehenen Punkt führen. Auch der Korrektor ist weder Hellseher noch Chaosforscher.
- Vermeiden Sie unerlaubte Hilfsmittel, die Ihnen u.U. als Betrugsversuch angelastet werden und ev. das gesamte bisherige Leistungsergebnis zunichte machen.
- Prüfen Sie Ihre Klausur vor der Abgabe auf Vollständigkeit (alle Blätter mit Namen versehen, letzte Kommentare über Erkenntnisse, die Ihnen vielleicht noch gekommen sind). Klammern Sie alle Blätter zusammen.
- Liegen die Prüfungsergebnisse nach einer Weile fest, so sollten Sie die oft mögliche Klausureinsicht nutzen (weniger, um vielleicht noch "Punkte zu ermitteln", obwohl es bei der großen Menge der Klausuren durchaus vorkommen kann, daß ein Punkt übersehen wird). Überprüfen Sie besonders, was falsch gelaufen ist und ziehen Sie daraus Lehren für kommende Klausuren.

2. Selbstkontrolle der Kenntnisse

Bei der Stofferarbeitung dienen die Zielsetzungen der einzelnen Abschnitte des Lehrbuches als Orientierungshilfe, ebenso die in diesem Abschnitt zusammengestellten Testfragen und -aufgaben. Sie sollten dazu auch die Fragen zur Selbstkontrolle am Ende einzelner Abschnitte des Lehrbuches heranziehen. Die Kontrollaufgaben beschränken sich auf grundsätzliche Zusammenhänge. Dabei kommt es nicht darauf an, als Antwort nur die Formel zu sehen, sondern den physikalischen Gehalt (und Zusammenhang) wiederzugeben. Stets werden durch Formeln *physikalische* Größen miteinander verknüpft, also physikalische Sachverhalte wiedergegeben. Auf diese Weise festigt sich mit der Zeit ein *verstandener* Vorrat von Grundkenntnissen, die notwendige Basis zur Lösung von Übungsaufgaben.

Wollen Sie die Bearbeitung der Kontrollfragen zur Kontrolle Ihres Stoffverständnisses einsetzen (wofür sie gedacht sind), so sollten Sie keinerlei weitere Hilfsmittel verwenden. Von den angegebenen Lösungen sind i.a. mehrere gültig (dies schließt das "sichere Empfinden" aus, wenn man weiß, daß nur ein Lösung richtig ist). Dort, wo die Lösung einen Kommentar verdient, ist er angegeben (ggf. auch Bezug auf das Repetitorium). Sie sollten pro Aufgabe nicht länger als 1...2 Minuten verweilen müssen, wenn Sie den Stoff beherrschen. In vielen Fällen wurde auf einige mehr oder weniger fragenrelevante Übungsaufgaben verwiesen, anhand derer Sie sofort überprüfen können, ob Sie Ihr Wissen auch zur Problemlösung anwenden können.

1 Grundgrößen

1.1 Si-Grundeinheiten der elektromagnetischen Erscheinungen sind
a) Temperatur, Ladung, Meter, Kilogramm, b) Meter, Kilogramm, Sekunde, Ampere, c) Meter, Kilogramm, Sekunde, Coulomb.

1.2 SI-Universalkonstanten (Naturkonstanten) des elektromagnetischen Feldes sind

a) Plancksche Konstante, Elementarladung
b) Lichtgeschwindigkeit $c = 3 \cdot 10^8$ m/s

- Permeabilität $\mu_0 = 4\pi \cdot 10^{-7}\,\mathrm{H}/m$
- Permittivität $\varepsilon_0 = 1/c^2\mu_0 = 1/36\pi \cdot 10^{-9}\,\mathrm{F/m}$

c) Wiensche Konstante, Boltzmann Konstante, Erdbeschleunigung.

1.3 Ursache aller elektromagnetischen Erscheinungen sind
a) Ströme und Spannungen, b)elektrisches und magnetisches Feld, c) ruhende und bewegte Ladungen.

1.4 Ladungen
a) können immer nur als ganzes Vielfaches der Elementarladung dargestellt werden, b) bilden ein Kontinuum, c) können neu gebildet werden und verschwinden.

1.5 Strom ist
a) Bewegung von Ladung durch einen vorhandenen oder gedachten Querschnitt pro Zeitspanne, b) Ladungstransport durch einen Leiter, c) Quotient von Spannung und Widerstand, d) $i = \int \boldsymbol{S} \cdot \mathrm{d}\boldsymbol{A}$, e) Summe von Verschiebungs- und Konvektionsstrom.
Aufgaben 1.1/6, 1.2/1, 1.2/2.

1.6 Die Spannung u bedeutet (definitionsgemäß)
a) Intensitätsgröße einer Spannungsquelle, b) eine dem Strom proportionale Größe in Leitern, c) Differenz zweier Potentiale in zwei Punkten, d) spezifische potentielle Energie eines Punktes (gegen einen Bezug) bezogen auf die Ladung.

1.7 Leistung p wird definiert durch
a) $p = u^2/R$, b) Arbeit pro Zeitspanne c) $p = \mathrm{d}W/\mathrm{d}t$, d) $p = ui$.

1.8 Stromeigenschaften. Ordnen Sie die richtigen Eigenschaften zu:

	1. Ursache bewegte Ladungen	2. erzeugt Magnetfeld	3. tritt im Vakuum auf
a) Leitungsstrom			
b) Konvektionsstrom			
c) Verschiebungsstrom			

2 Elektrisches Feld. Strömungsfeld

2.1 Ursache des elektrischen Feldes sind
a) Spannungen, b) Ströme, c) Punktladungen, d) Flächen- und Raumladungen.
Aufgaben 2.2/3, 2.2/7.

2.2 Die Definition der elektrischen Feldstärke
a) hängt von der Größe der Testladung ab, b) ist unabhängig von der Testladung, c) hängt von beiden ab.
Aufgabe 2.2/2, 2.2/3

2.3 Die Beziehungen $\oint \boldsymbol{E} \cdot \mathrm{d}\boldsymbol{s} = 0$ gilt:
a) in jedem elektrischen Feld, b) im konservativen Feld, c) dann, wenn auch
der Maschensatz $\sum_\nu u_\nu = 0$ für ausgewählte Feldpunkte gilt, d) nur im elektrostatischen Feld.
Aufgabe 2.2/12.

2.4 Die Differenz der Potentiale zweier Punkte im elektrischen Feld kann gebildet werden
a) bei unterschiedlichen Potentialbezugspunkten, b) bei gleichen Potentialbezugspunkten, c) eindeutig nur im konservativen Feld.
Aufgabe 2.4/9.

2.5 Das Integral $\int_B^A (-\boldsymbol{E} \cdot \mathrm{d}\boldsymbol{s})$ ist die Definitionsgleichung für

 a) die Spannung u_{AB}, b) die Potentiale φ_A, φ_B, c) die Arbeit W_{AB}.
Aufgaben 2.1/2, 2.2/11.

2.6 Das Potential eines Punktes
a) kann beliebig sein, b) ist nur definiert durch Angabe eines Bezugspotentials, c) ist durch die Spannung gegeben, d) ist bestimmt, wenn für den unendlichen Punkt $\varphi(\infty) = 0$ gewählt wird.
Aufgaben 2.2/8, 2.2/11.

2.7 Stromdichte $\boldsymbol{S}$
a) Beziehung zu $\boldsymbol{E}$ über die Leitfähigkeit, b) ist Konvektionsstromdichte
$\boldsymbol{S} = \varrho\boldsymbol{v}$: Raumladungsdichte, die sich mit der Geschwindigkeit $\boldsymbol{v}$ bewegt,
c) Vektorgröße zu i.
Aufgaben 2.3/1. 2.3/2.

2.8 Die Beziehung $\boldsymbol{S} = \kappa\boldsymbol{E}$ $(\kappa = \mathrm{const.})$
a) ist Definitionsgleichung für Stromdichte $\boldsymbol{S}$, b) gilt für jedes Strömungsfeld,
c) gilt nur in Leitern, d) setzt linearen Zusammenhang $v \sim E$ voraus.

2.9 Die Feldstärke im stromlosen Leiter (eingebracht in ein elektrostatisches
Feld)

 a) erzeugt eine Oberflächenladungsdichte σ
 b) setzt sich mit gleicher Intensität wie außerhalb des Leiters fort
 c) verschwindet in den Komponenten E_t, E_n im Leiter.

2.10 Das Hüllintegral $\oint \boldsymbol{S} \cdot \mathrm{d}\boldsymbol{A} = 0$
a) gilt nur außerhalb von Stromquellen, b) gilt nur für Konvektionsstrom, c)
gilt nicht in einem Netzwerkknoten, d) verlangt, daß $\boldsymbol{S}$ nur Komponente $\perp$
zu $\boldsymbol{A}$ hat, e) gilt allgemein im Strömungsfeld.

2.11 Die Stromdichte $\boldsymbol{S}$
 a) zeigt in die Bewegungsrichtung der Elektronen
 b) steht stellvertretend für die Feldstärke $\boldsymbol{E}$ einer beliebigen Trägerströmung
 c) steht in jedem Strömungsfeld mit dem Strom i in Zusammenhang
 d) steht senkrecht auf den Äquipotentialflächen.

2.12 In einem Leiter mit gegebener Stromdichte $S(r)$ (Geometrie gegeben)

a) ändert sich der Strom über dem Querschnitt $A(r)$
b) tritt die stärkere Belastung am Ort kleinster Stromdichte auf
c) ist der in das Gebiet einfließende Strom gleich dem ausfließenden.

2.13 Ein Viertelkreisleiter (Viertelkreisscheibe) konstanter Dicke d und Leitfähigkeit mit Elektroden an der Innen- und Außenseite
a) hat $i_{\text{ein}} > i_{\text{aus}}$ (Radien r_{i}, r_{a}), b) überall gleiche Stromdichte, c) eine Feldstärke $E(r) \sim 1/r$.
Aufgabe 2.4/4.

2.14 Zwei leitende Materialien gleichen Querschnitts mit schräger Trennfläche (Bild B 2.14) ergeben

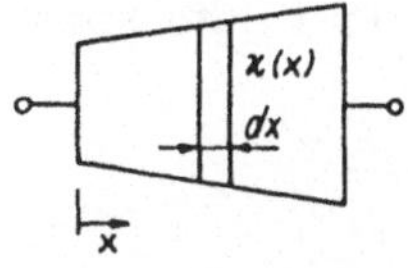

a) $i_1 < i_2$, b) gleiche Tangentialkomponenten der Stromdichte, c) gleiche Beträge der Stromdichten auf beiden Seiten, d) gleiche Normalkomponenten der Stromdichte.
Aufgabe 2.3/7.

2.15 Ein linienhafter Rechteckleiter wird in allen Geometrieabmessungen (Querschnitt, Länge) um einen Faktor a vergrößert. Sein Leitwert G
a) bleibt erhalten, b) wächst $\sim a$, c) sinkt $\sim 1/a$.
Aufgabe 2.4/1.

2.16 Eine leitende Kugel (Radius $r = 10\,\text{cm}$) werde (mit isolierter Zuleitung) 10 m tief in das Erdreich vergraben. Verläuft die Stromdichte in ihrer Umgebung
a) gemäß $\sim 1/r^2$, b) gemäß $\sim 1/r$, c) unabhängig von r?
Aufgabe 2.4/3.

2.17 Der Widerstand eines Trapezes (konstante Dicke d) mit ortsabhängiger Leitfähigkeit (in Axialrichtung, Bild B 2.17) läßt sich berechnen

a) näherungsweise durch die Darstellung von u_{AB} als Funktion von i mit den Zwischengrößen S, E
b) durch Reihenschaltung von Widerstandsscheiben der Dicke dx, deren Breite mit steigendem x wächst
c) durch Bestimmung der Feldkomponenten an der Grenzfläche
d) durch Lösung der Laplace-Gleichung.

2.18 n gleiche Widerstände werden in Reihe und m solcher Anordnungen parallel geschaltet. Der Gesamtwiderstand a)bleibt erhalten, b) wächst, c) sinkt (untersuchen Sie die Angaben für verschiedene n, m).

3 Netzwerke

3.1 Netzwerke werden beschrieben durch
a) Knoten, b) geschlossene Schleifen, c) Kirchhoffsche Gleichungen d) Netzwerkelemente, e) Ladungserhaltung, f) Energieerhaltung.
Aufgaben 3.1/12, 3.1/10, 3.1/11, 3.4/1.

3.2 Ein Baum umfaßt

a) die Netzwerkknoten außer dem Bezugsknoten
b) alle Knoten eines Netzwerkes in einer geschlossenen Masche
c) alle Netzwerkknoten, ohne eine geschlossene Masche zu bilden.

Aufgaben 3.4/2, 3.4/3.

3.3 Ein Knoten umfaßt

a) Verbindungsstellen von zwei und und mehr Zweigen
b) die Verbindungsstelle von nur mehr als zwei Zweigen
c) keine eingeschlossenen Netzwerkelemente
d) die Darstellung $\oint \boldsymbol{S}/\kappa \cdot \mathrm{d}\boldsymbol{s} = 0$.

Aufgaben 3.1/1, 3.1/4.

3.4 Eine Masche ist
a) ein "Fenster" in einer planaren Schaltung, b) ein Pfad, c) ein geschlossener Pfad, der von einem Knoten ausgehend mehrere Knoten durchläuft und wieder zum Ausgangsknoten zurückkehrt.
Aufgaben 3.1/8, 3.4/4.

3.5 Das Netzwerk mit den angegebenen Netzwerkgraphen (Bild B 3.5) wird zweckmäßig analysiert mit
a) der Maschenstromanalyse, b) der Zweigstromanalyse, c) der Knotenspannungsanalyse.
Aufgaben 3.1/14.

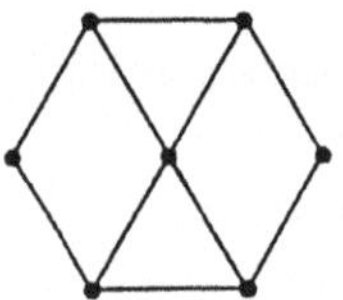

3.6 Das Knotenspannungsverfahren
a) gilt nur lineare Schaltungen, b) gilt auch für nichtlineare Schaltungen,
c) kann planare und nichtplanare Schaltungen umfassen, d) hat nur Ma-

schengleichungen, e) gilt originär nur für Stromquellen, f) erfordert einen
vollständigen Baum.
Aufgaben 3.4/9, 3.4/10.

3.7 Die Knotenspannungsmatrix enthält in der Hauptdiagonalen
a) Widerstände, b) Leitwerte, c) Größen, deren Vorzeichen vom Umlaufsinn
abhängig positiv oder negativ ist, d) auch Nullelemente in den Nebendiagonalgliedern, e) Nullelemente f) Größe, deren Vorzeichen vom Umlaufsinn
abhängig positiv oder negativ ist.
Aufgabe 3.4/9.

3.8 Das Maschenstromverfahren
a) gilt nur für lineare Schaltungen, b) gilt auch für nichtlineare Schaltungen,
c) gilt nur für planare Schaltungen, d) umfaßt nur Maschengleichungen, e)
erfordert eine Baumsuche, f) gilt nur für Spannungsquellen, g) setzt Kenntnis
der unabhängigen Maschen voraus.
Aufgaben 3.4/5, 3.4/6.

3.9 Aus einer gegebenen Maschenstrommatrix (und deren Spannungsquellen
auf der rechten Seite)

a) kann das Netzwerk rückgewonnen werden
b) läßt sich keine Aussage auf die Schaltung machen
c) ergeben sich die einzelnen Netzwerkelemente in den Zweigen des Netzwerkes.

3.10 Überlagerung ist ein Verfahren zur Schaltungsanalyse mit mehreren
Quellen

a) die der Reihe nach einzeln in Betrieb gesetzt und deren Einzelwirkungen
   schließlich überlagert werden
b) keine gesteuerten Quellen einschließen darf
c) lineare Schaltungen voraussetzt.

Aufgabe 3.2/1.

3.11 Eine ideale Spannungsquelle ist
a) ein zweipoliges Netzwerk, dessen Klemmenspannung nicht vom durchfließenden Strom abhängt, b) ein Element, dessen Stromrichtung wechseln
kann, c) ein Modellelement.
Aufgabe 2.4/7.

3.12 Eine ideale Stromquelle ist

a) ein zweipoliges Netzwerkelement, dessen Klemmenstrom nicht von der
   abfallenden Spannung abhängt
b) ein Element, dessen Richtung der abfallenden Spannung wechseln kann
c) ein Modellelement.

Aufgabe 2.4/7.

3.13 Ein aktiver Zweipol kann enthalten
a) nur ideale Spannungsquellen, b) nur ideale Stromquellen, c) beide Quellen-
arten, d) nur lineare Widerstände, e) wird bestimmt durch Leerlaufspannung
u_l und Kurzschlußstrom i_k.
Aufgaben 2.4/7, 3.3/2, 3.4/1.

3.14 Ein linearer aktiver Zweipol

a) läßt sich nur durch ein Erzeugerpfeilsystem (EPS) beschreiben
b) kann nur durch ein Verbraucherpfeilsystem (VPS) beschrieben werden
c) hat im VPS eine Kennlinie im 2. Quadranten
d) kann in beiden Systemen beschrieben werden.

Aufgaben 2.4/7, 2.4/9, 3.3/1, 3.3/2, 3.3/3.

3.15 Ideale Stromquellen mit verschiedenen Quellenströmen
a) können in Reihe geschaltet werden, b) dürfen nicht parallel liegen, c) dürfen
beliebig parallel liegen, d) dürfen bei Parallelschaltung nicht im Leerlauf arbeiten.
Aufgabe 2.4/11

3.16 Ein allgemeiner aktiver Zweipol hat bei Leistungsanpassung
a) einen Wirkungsgrad $\gtrless 50\%$, b) einen Wirkungsgrad von 25% bei linearen
Netzwerkelementen, c) einen Wirkungsgrad von 50% bei linearen Netzwerkelementen.
Aufgaben 2.4/12, 3.3/10.

3.17 Die in einem Widerstand umgesetzte Verlustleistung drückt sich in der
u-i-Kennlinie (VPS) aus als
a) allgemeine Kurve, b) Parabel mit Maximum bei linearem Widerstand, c)
Hyperbel?

3.18 Der Ersatzwiderstand R_{AB} der gegebenen Schaltung Bild B 3.18 beträgt
a) $7/5R$, b) $3/2R$, c) $5R$.
Aufgaben 2.5/8, 2.5/9.

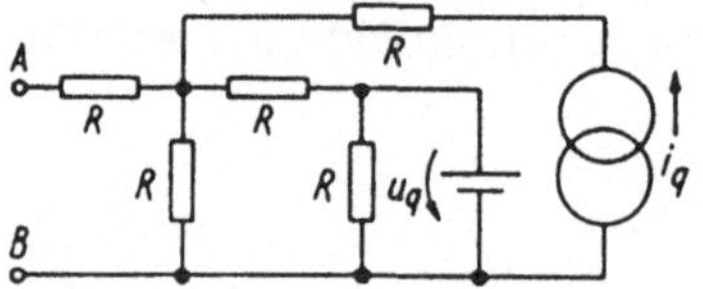

3.19 In einem Netzwerk können

a) ideale Spannungsquellen über Knoten hinweg verschoben werden
b) ideale Stromquellen über weitere Knoten verzweigt werden
c) beide Quellen nicht verändert werden.

Aufgabe 3.2/4.

3.20 In einem linearen Netzwerk (Erregung und Widerstände gegeben)

a) vervierfachen sich alle Ströme, wenn alle Widerstände (bei $U_Q = \text{const.}$) halbiert werden
b) verdoppeln sich alle Ströme bei Halbierung aller Widerstände
c) vervierfachen sich die in den Widerständen (bei Halbierung) umgesetzten Leistungen.

3.21 Die Spannungsteilerregel ist anwendbar

a) auf zwei beliebig reihengeschaltete nichtlineare Widerstände
b) auf reihengeschaltete lineare Widerstände
c) auf die Reihenschaltung eines Kondensators und eines Widerstandes.

Aufgabe 2.5/2.

3.22 Die Stromteilerregel

a) gilt für die Zweigströme in der gleichen Form wie die Spannungsteilerregel, wenn anstelle der Widerstände $\rightarrow$ Leitwerte verwendet werden,
b) besagt, daß am Knoten durch den kleineren Widerstand der kleinere Strom fließt,
c) gilt nur für lineare Leitwerte.

Aufgabe 2.5/3.

3.23 Netzwerkanalyse. Geben Sie die richtigen Antworten an

anwendbar auf	lineare	nichtlineare	zeitabhängige lineare Netzwerke
1) Zweigstromanalyse			
2) Zweipoltheorie			
3) Überlagerungssatz			
4) Maschenstromanalyse			
5) Knotenspannungsanalyse			
6) Versetzungssätze			
7) Ähnlichkeitssatz			

4 Elektrostatisches Feld

4.1 Elektrische Feldstärke E und Verschiebungsdichte D

a) sind verschiedene Bezeichnungen des gleichen physikalischen Sachverhaltes (Ursache)
b) sind auf Ladungen zurückzuführen, c) haben im Dielektrikum die gleiche Richtung.

4.2 Im Gaußschen Satz $\oint_A \boldsymbol{D} \cdot \mathrm{d}\boldsymbol{A} = Q$ tragen bei

a) nur Punktladungen im Zentrum der Hülle
b) nur symmetrische Ladungsverteilungen innerhalb der Hülle
c) alle Ladungen und Ladungsverteilungen innerhalb und auf einer beliebigen Hülle.

Aufgabe 4.1/8.

4.3 Ist der Schlüsselpunkt zur Bestimmung von $\boldsymbol{D}$ mit dem Gaußschen Satz

a) das Koordinatensystem,
b) die Ladungsverteilung
c) die Konstruktion einer geschlossenen sog. Gaußschen Fläche um die Ladungsverteilung?

4.4 Die Divergenz von $\boldsymbol{D}$ in einem Punkt ist gleich

a) der Ladung in einem Punkt
b) der Differenz zu- und wegströmender Verschiebungsflußlinien zu diesem Punkt
c) der Feldstärke $\boldsymbol{E}$ in diesem Punkt
d) der Raumladungsdichte ϱ in diesem Punkt.

Aufgabe 4.1/8.

4.5 Die Bedingung $\oint \boldsymbol{E} \cdot \mathrm{d}\boldsymbol{s} = 0$
a) gilt für jedes elektrische Feld, b) schließt einen Weg s längs der Feldlinie ein, c) gilt nicht, wenn der Weg Ladungen einschließt, d) gilt nur für konservative Felder, e) gilt für jeden beliebigen Weg.

4.6 Die von einer (unendlich ausgedehnten) Flächenladungsdichte (in der x-y-Ebene) ausgehende Feldstärke beträgt in der oberen (unteren) Ebene
a) $\boldsymbol{E} = \sigma \boldsymbol{e}_x / \varepsilon_0$, b) $\boldsymbol{E} = \sigma \boldsymbol{e}_z / \varepsilon_0$, c) $\boldsymbol{E} = \sigma \boldsymbol{e}_z / 2\varepsilon_0$, d) $\boldsymbol{E} = -\sigma \boldsymbol{e}_z / 2\varepsilon$.
Aufgabe 4.1/7.

4.7 Feldverteilungen im elektrostatischen Feld werden erhalten
a) durch Integration von $\varrho\,\mathrm{d}V \boldsymbol{e}_r / (4\pi\varepsilon_0 r^2)$ über die Ladungsverteilung $(\rightarrow \boldsymbol{E})$,
b) durch das Gaußsche Gesetz $\oint \boldsymbol{D} \cdot \mathrm{d}\boldsymbol{A} = Q$, c) durch $\varphi = \int \varrho\,\mathrm{d}V / (4\pi\varepsilon_0 r)$
$(\rightarrow \boldsymbol{E})$, d) durch Lösung der Laplace-Gleichung, e) aus der Kapazität, an der eine Spannung liegt.
Aufgabe 4.1/2.

4.8 Im elektrostatischen Feld stehen die Äquipotentiallinien (-flächen) stets senkrecht auf den Feldstärkelinien, weil

a) das elektrische Feld keine Arbeit an der Ladung verrichtet
b) eine potentielle Energie existiert (Definition des Potentials)
c) rot $\boldsymbol{E} = 0$
d) die Spannung $u_{\mathrm{AB}} = \int_A^B \boldsymbol{E} \cdot \mathrm{d}\boldsymbol{s}$ unabhängig vom Weg zwischen A, B ist

e) die Feldstärke E durch das Potential bestimmt ist

f) die Feldlinien von positiven zu negativen Ladungen gerichtet sind.

Aufgabe 4.1/1.

4.9 Die Spannung $u_{AB} = \int_A^B E \cdot \mathrm{d}s$

a) ist gleich dem Potentialunterschied φ_{AB}, b) wächst mit der Weglänge s, c) schreibt eine Wegrichtung längs s vor, d) ist unabhängig von s, e) gilt nur, wenn E von einer Ladungsverteilung erzeugt wird, f) beschreibt das Potential φ im Punkt A.

4.10 An der Grenzfläche zweier Dielektrika

a) stimmen die Energiedichten beiderseits überein

b) stimmen die Normalkomponenten der elektrischen Feldstärke $E_{n1} = E_{n2}$ überein

c) stimmen die Normalkomponenten der Verschiebungsflußdichten $D_{n1} = D_{n2}$ überein.

Aufgaben 4.1/4, 4.1/5.

4.11 An einer Grenzfläche zweier Dielektrika entsteht eine Kraftwirkung
a) längs der Grenzfläche, b) in Richtung der Flächennormalen, c) abhängig von der Feldrichtung, d) durch die unterschiedliche Polarisationen in beiden Materialien.
Aufgabe 6.2/9.

4.12 Die Flächenladungsdichte σ

a) ist definiert durch $D_{n1} - D_{n2} = \sigma$

b) trifft nur zu für die Grenzfläche zwischen zwei Dielektrika

c) beschreibt die Ladungsverteilung an einer Grenzfläche physikalisch gegeben durch Ladung pro Fläche in einer unendlich dünnen Schicht

d) tritt immer an Metalloberflächen auf, wenn ein elektrisches Feld auftrifft.

4.13 Im elektrischen Feld wird ein Elektron
a) in Richtung der elektrischen Feldlinie beschleunigt, b) in entgegengesetzter Richtung beschleunigt, c) auf Äquipotentiallinien bewegt, d) nicht bewegt, wenn ein elektrostatisches Feld vorliegt.

4.14 Für eine Monozelle (Gleichspannung $U_Q = 1,5\,\mathrm{V}$) mit angeschlossenem Widerstand
a) gilt $\oint E \cdot \mathrm{d}s = 0$ nur im Strömungsfeld im Innern der Zelle, b) nicht über den äußeren Stromkreis, c) nur solange kein Strom fließt, d) für den gesamten Stromkreis.

4.15 Der Verschiebungsfluß

a) ist mathematisch der "Fluß" des Vektors "Verschiebungsflußdichte D"

b) hat keine physikalische Bedeutung

c) ist die Wirkung (Ladungsverschiebung, Influenz) der lokalen Ladung Q im Raum

d) wird gekennzeichnet durch Verschiebungsflußlinien in Richtung von E

e) tritt nur im elektrostatischen Feld auf.

Aufgabe 4.3/1.

4.16 Für einen geladenen Kondensator (Ladung $\pm Q$ pro Platte) gilt
$\oint D \cdot \mathrm{d}A = Q$

a) wenn die Hülle A über den gesamten Kondensator erstreckt wird

b) wenn die Hülle nur eine Elektrode einschließt, c) nur während der Ladephase.

4.17 Die Kapazität

a) ist ein lineares Netzwerkelement, das den Strom durch ein zeitveränderliches Feld im Dielektrikum mit der Spannung in Beziehung bringt. Merkmal: Energiespeicherung im elektrischen Feld. b) beträgt $C = Q(u)/u$, c) erlaubt keine unstetige Änderung der Klemmenspannung, d) kann Energie vernichten und erzeugen, e) kann Energie speichern und wieder abgeben.

4.18 Die Kapazitätsdefinition (einer 2-Elektrodenanordnung) ist gegeben durch
a) $i = C\,\mathrm{d}u/\mathrm{d}t$, b) $C = Q(u)/u$, c) $C = qA/d$, d) $C = \mathrm{d}Q/\mathrm{d}u$, e) $C = 2W/u^2$,
f) $Z_\mathrm{C} = 1/\omega C$.
Aufgabe 4.3/1.

4.19 Ein Plattenkondensator C wird auf die Spannung u geladen, von der Quelle getrennt und anschließend eine dielektrische Platte mit $\varepsilon_0 > 1$ zwischen beide Platten geschoben. Die Spannung u
a) sinkt, b) wächst, c) bleibt erhalten.
Aufgabe 4.3/5.

4.20 Ein Plattenkondensator, der an einer Spannung u liegt, erfährt bei Einschieben einer dielektrischen Platte ($\varepsilon_0 > 1$) zwischen die Kondensatorplatten
a) eine Kapazitätsabnahme, b) einen Strom durch die Zuleitungen, c) eine Spannungsabnahme.
Aufgabe 4.3/5.

4.21 Die Potentialverteilung eines Plattenkondensators mit parallelgeschichtetem Dielektrikum

a) kann durch Anwendung der Laplace-Gleichung bestimmt werden

b) ergibt sich aus der Reihenschaltung beider Kondensatoren

c) erfordert a) und die Angabe der Stetigkeitsbedingungen an der Grenzfläche beider Dielektrika

d) kann überhaupt nicht bestimmt werden.

4.22 Zwei reihengeschaltete Kondensatoren haben folgende Eigenschaften:

a) die Gesamtkapazität ist größer als die Kapazität des kleinsten Einzelkondensators

b) wie a), jedoch kleiner als die kleinste Kapazität
c) die Gesamtkapazität ist größer oder kleiner als die Kapazität der Einzelkondensatoren
d) am kleineren Kondensator fällt die größere Spannung ab
e) der größere Kondensator hat die größere Ladung.

Aufgaben 4.3/2, 4.3/3.

4.23 Die Laplace-Gleichung

a) stellt keine Anforderungen an das Dielektrikum
b) setzt isotropes, ortsunabhängiges ε voraus.

4.24 Ein Koaxialkabel (Länge $l = 1\,\mathrm{m}$) hat die Kapazität von 50 pF. Wie
ändert sich die Kapazität bei einer Länge von $l = 2\,\mathrm{m}$ und wenn Innen- und
Außenradien je verdreifacht werden
a) Kapazitätsverdopplung, b) Kapazitätsvergrößerung auf $2/\ln 3$, c) Kapazitätsvergrößerung auf $2\ln 3$?

5 Magnetisches Feld

5.1 Das magnetische Feld entsteht durch
a) ruhende Ladungen, b) gleichförmig bewegte Ladungen, c) gleichförmig
beschleunigte Ladungen, d) Dauermagneten.

5.2 Das magnetische Feld wird primär beschrieben durch
a) die magnetische Feldstärke H, b) die Induktion B, c) die Kraft auf bewegte
Ladungen, d) Ursache B und Wirkung H, e) das Gesetz von Biot-Savart.

5.3 Das Hüllintegral $\oint_A B \cdot dA = 0$

a) erfordert, daß in der betreffenden Hülle keine Ströme fließen
b) erfordert, daß keine ruhenden elektrischen Ladungen vorhanden sind
c) drückt aus, daß es keine magnetischen Ladungen gibt.

Aufgabe 5.3/3.

5.4 Das Umlaufintegral $\oint_s H \cdot ds = i$

a) umfaßt den von der Berandung s umfaßten Konvektionsstrom
b) die von der Berandung s umfaßte zeitliche Änderung der Verschiebungsdichte durch die Fläche
c) erfordert, daß der Integrationsweg s längs einer magnetischen Feldlinie
erfolgt
d) läßt einen beliebigen, aber kreuzungsfreien Weg s zu.

Aufgabe 5.5/1.

5.5 Ein gerader, unendlich langer stromführender Draht ist (konzentrisch)
umgeben mit a) einem Kupferring (Radius r), b) einem Eisenring (jeweils

geringen Querschnittes). Überprüfen Sie
a) $H_{Fe} > H_{Cu}$, b) $H_{Fe} = H_{Cu}$, c) $B_{Fe} > B_{Cu}$, d) $B_{Fe} = B_{Cu}$.

5.6 Die Beziehung $\boldsymbol{H}_\alpha = (i/2\pi r)\boldsymbol{e}_\alpha$ gilt für das Magnetfeld
a) beliebiger Leiterstücke, b) für begrenzte Leiterstücke, c) für den geraden,
unendlich langen Draht.

5.7 Das Biot-Savart-Gesetz in der differentiellen Form $(\mathrm{d}\boldsymbol{H} \sim i\,\mathrm{d}\boldsymbol{s} \times \boldsymbol{e}_r)$ kann
a) experimentell bestätigt werden, b) experimentell nicht bestätigt werden.

5.8 Wo ist die magnetische Feldstärke in einer Zylinderspule am größten
a) im Außenbereich, b) längs der Mittellinie am Spulenanfang/ende, c) längs
der Mittellinie in Spulenmitte?
Aufgabe 5.1/4.

5.9 Die magnetische Feldstärke $\boldsymbol{H}$ eines stromführenden Koaxialkabels
a) verschwindet im Innenleiter, b) verschwindet im Außenraum, c) beträgt
im Innenraum zwischen den Leitern $H \approx i/(2\pi r)$, d) wächst abstandsproportional im Innenleiter.
Aufgabe 5.3/2.

5.10 Der magnetische Fluß zwischen zwei geraden, stromführenden Leitern

a) wird bestimmt durch die magnetischen Eigenschaften des Raumes zwischen beiden Leitern
b) ist unabhängig von den magnetischen Eigenschaften
c) wird berechnet aus der Flußdichte $\boldsymbol{B}$ eines jeden Leiters
d) aus der Kraftwirkung zwischen beiden Leitern.

Aufgaben 5.1/2, 5.3/1.

5.11 Welche der folgenden Gleichungen $u_i = -\mathrm{d}\Phi/\mathrm{d}t$, $\oint \boldsymbol{H} \cdot \mathrm{d}\boldsymbol{s} = i$, $\mathrm{div}\,\boldsymbol{B} = 0$, $\int \varrho\,\mathrm{d}V = Q$, $\oint \boldsymbol{E} \cdot \mathrm{d}\boldsymbol{s} = 0$ bestimmen das zeitunabhängige magnetische
Feld in der Materie
a) alle Gleichungen 1...5, b) 1, 2, 5, c) 2, 3, d) 1, 2, 3?

5.12 An der Grenzfläche zweier unterschiedlicher Materialien (μ_1, μ_2) sind
möglich

a) Sprünge der Normalkomponenten von $\boldsymbol{B}$: $(B_{n1} = B_{n2})$
b) gleiche Tangentialkomponenten der magnetischen Feldstärke $(H_{t1} = H_{t2})$
c) Ablenkung der $\boldsymbol{B}$-Linien.

Aufgabe 5.2/1.

5.13 Ein Dauermagnet

a) ist eine Quelle magnetischer Flußlinien, die vom Nordpol ausgehen und
   am Südpol münden. Deswegen haben Flußdichte $\boldsymbol{B}$ und Feldstärke $\boldsymbol{H}$
   gleiche Richtung
b) hat eine magnetische Feldstärke, aber keine Flußdichte

c) erzeugt ein B- und H-Feld, wobei im Magnet B und H entgegengesetzt gerichtet sind.

Aufgaben 5.3/7.

5.14 Der magnetische Widerstand eines magnetischen Kreises

a) ist generell für jeden Eisenkreis mit Luftspalt angebbar
b) hat Voraussetzungen (welche?)
c) hängt nur von Material- und Geometrieeigenschaften ab
d) wird definiert durch magnetische Erregung Θ und Fluß Φ.

Aufgabe 5.3/4.

5.15 Im magnetischen Kreis mit Luftspalt und konstantem Querschnitt

a) herrscht im Eisen die größere Induktion
b) stimmen die Induktion im Eisen und Luftspalt überein
c) herrscht im Eisen die kleinere magnetische Feldstärke
d) stimmen die magnetische Feldstärken in Eisen und Luft überein
e) ist die Energiedichte in Luft kleiner als in Eisen
f) ist die Energiedichte in Luft größer als in Eisen.

Aufgaben 5.3/3.

5.16 Die Reluktanz eines magnetischen Kreises

a) stellt eine andere Bezeichnung der Induktivität dar
b) ist gleich $R_{\mathrm{m}} = \int_s \mathrm{d}s/(\mu A(s))$
c) gilt nur für lineare magnetische Kreise
d) steht in Beziehung zur Selbstinduktivität.

Aufgabe 5.4/1.

5.17 Die Definitionsgleichung der Selbstinduktivität lautet
a) $u = L\,\mathrm{d}i/\mathrm{d}t$, b) $L = \Psi(i)/i$, c) $W_{\mathrm{m}} = 1/2Li^2$.
Aufgabe 5.5/1.

5.18 Die (lineare) Induktivität

a) ist ein lineares Netzwerkelement, das die durch zeitveränderliches Magnetfeld induzierte Klemmenspannung und den das Magnetfeld erzeugenden Strom in Beziehung bringt
b) wird beschrieben durch $L = \Psi(i)/i$
c) erlaubt keine unstetige Änderung des Klemmenstromes
d) kann Energie vernichten und erzeugen
e) kann Energie speichern und wieder abgeben.

Aufgaben 5.5/1.

5.19 Die Gegeninduktivität M zweier Spulen hängt ab

a) von der Richtung der beiden Spulenströme

b) von den magnetischen Eigenschaften des verkoppelnden Mediums (Luft, Eisenkreis)

c) von der Leitergeometrie.

Aufgaben 5.4/8, 5.5/2, 5.5/4.

5.20 Wenn ein magnetischer zeitveränderlicher Fluß nur mit einer halben Leiterschleife umgeben wird, mißt ein Spannungsmesser die Spannung u
a) $u = u_\mathrm{i}/2$, b) $u = 0$, c) $u = u_\mathrm{i}$.
Aufgabe 5.4/4.

5.21 In einem Halbleiterstab (Länge l in z-Richtung orientiert), der sich mit der Geschwindigkeit v_x im (zeitkonstanten) Magnetfeld B_y bewegt,

a) entsteht eine induzierte Feldstärke

b) entsteht eine Feldstärke, die durch die Spannung zwischen den Leiterenden bestimmt werden kann

c) keine Feldstärke?

Aufgaben 5.4/9, 5.4/10, 5.4/12.

5.22 In einem Leiterring (spezifischer Widerstand gegeben) im zeitveränderlichen (homogenen) Magnetfeld

a) entsteht ein Induktionsstrom, der das ursächliche Magnetfeld verstärkt
b) wie a) aber Magnetfeld schwächt
c) entsteht eine Spannung als Folge des Stromflusses.

Aufgaben 5.4/2, 5.4/5, 5.4/8.

5.23 Kreuzen Sie matrixartig an, wann in einer Leiterschleife eine induzierte Spannung induziert wird, wenn sie in ein zeitlich konstantes Magnetfeld so eintritt, daß Flußlinien "geschnitten" werden während des 1. Eintrittes, 2. vollständiges Eintauchens, 3. Austrittes
a) homogenes Feld, b) inhomogenes Feld.

5.24 Zwei Leiterschleifen (gleiche Abmessung, gleiches Gewicht, eine mit schmalem Luftspalt) fallen senkrecht in ein homogenes Magnetfeld (Leiterschleifenebene $\perp$ B-Linien)
a) beide Schleifen fallen gleich schnell, b) die geschlossene Schleife fällt langsamer, c) die geschlossene Schleife fällt schneller.

5.25 Das Kraftelement $\mathrm{d}\boldsymbol{F} = i\,\mathrm{d}\boldsymbol{s} \times \boldsymbol{B}$

a) gilt nur für gerade Leiter
b) gilt nur im homogenen Magnetfeld
c) gilt für beliebige Leiteranordnungen in beliebigem (ortsabhängigen) Magnetfeld
d) ist Definitionsgleichung für $\boldsymbol{B}$
e) gibt den Kraftbeitrag eines Stromelementes $i\,\mathrm{d}\boldsymbol{s}$ im Magnetfeld $\boldsymbol{B}$ an.

Aufgaben 6.3/3, 6.3/8.

5.26 Eine Kraft F wird auf eine bewegte elektrische Ladung Q durch das magnetische Feld ausgeübt

a) in Richtung von **B**, b) in Richtung von **v**, c) weder in Richtung von **v** oder **B**, d) weil Energie aus dem magnetischen Feld auf die Bewegung übertragen wird.

Aufgabe 6.3/2.

5.27 Ein elektromagnetisches Relais

a) erfordert zum "Anziehen" den gleichen Strom wie zum "Halten"
b) erlaubt Reduktion des Stromes beim "Halten", da
c) die Remanenz des Eisenkreises ausgenutzt wird
d) erfordert im Haltezustand eine ständig zugeführte elektrische Leistung, damit das Magnetfeld aufrecht erhalten wird.

3. Lösungen

1 Grundgrößen

1.1 b), die Ladung $[C]$ ist wohl Grundgröße, aber nicht Grundeinheit.

1.2 c).

1.3 c), denn die von ihm ausgehenden Kraftwirkungen bedingen die Einführung des elektrischen und magnetischen Feldes.

1.4 a), b) gilt nur angenähert, wenn die Zahl der Ladungsträger sehr groß ist. Grundsätzlich lassen sich nur Ladungsträgerpaare (positive, negative) bilden, die durch Rekombination verschwinden.

1.5 a) Definition (Konvektionsstrom) b) ist zwangsläufig in a) enthalten, d) Strom = Flußgröße der Stromdichte, mathematische Zuordnung nicht Definitionsgleichung für i, e) allgemeinere Beschreibung.

1.6 d) und gleichwertig c).

1.7 c), d) gilt allgemein für ein Zweipolbauelement (unabhängig von seiner u-i-Beziehung).

1.8 a1), a2), b1)...b3), c2), c3), zu c1) bewegte Ladungen können zusätzlich einen Verschiebungsstrom verursachen.

2 Elektrisches Feld. Strömungsfeld

2.1 c), d) Originäre Feldursache sind ruhende Ladungen (und ihre Verteilungen), weil aber eine Spannung stets mit Ladungstrennung verbunden ist, kann auch a) als Ursache von E erklärend herangezogen werden.

2.2 b) E in einem Punkt hängt nicht von der Größe der Testladung ab.

2.3 b) also nicht im induzierten Feld! c) Maschensatz kann für die Potentialdifferenzen ($\rightarrow$ Spannungseinführung) in ausgewählten Feldpunkten gebildet werden und fußt auf b).

2.4 b), c) Im Falle a) bleibt noch die Differenz der Potentialbezugspunkte explizit vorhanden.

2.5 a) Spannung u_{AB} = Potentialdifferenz zwischen A, B = Arbeit, die verrichtet werden muß bei Bewegung einer positiven Ladung Q von B nach A im elektrischen Feld $\boldsymbol{E}$. Wohl gilt $u_{AB} = \varphi_A - \varphi_B$, aber das bestimmte Integral ist nicht Definitionsgleichung für φ.

2.6 a), da Bezugspunkt beliebig wählbar. Angabe eines speziellen Wertes verlangt Bezugspotential b). Der spezielle Fall d) $\varphi(\infty) = 0$ ergibt das absolute Potential eines Punktes.

2.7 b) Physikalischer Inhalt, Definition, c) gibt die mathematische Beziehung zum Vektorfluß Strom i.

2.8 d) $v \sim E$ zutreffend für Leiter und Halbleiter bei geringen Feldern (Voraussetzung: der Linearität $S \sim E$ ist ein raumladungsfreier Leiter).

2.9 c) Leiter sind im stromlosen Zustand feldfrei.

2.10 e) Strom = in sich geschlossener Vorgang.

2.11 c) s. I/Gl.(2.17), d) für isotrope Leiter hat S die gleiche Richtung wie E und die Äquipotentialflächen stehen senkrecht zu E.

2.12 c) Der Strom ist über das gesamte Gebiet konstant.

2.13 c) folgt aus $S(r) = i(A/(r) \sim E(r)$ mit $A(r) = 2\pi r d/4$.

2.14 d) Aus $S_{n1} = S_{n2}$ und $E_{t1} = E_{t2}$ folgt $S_{t1}/\kappa_1 = S_{t2}/\kappa_2$.

2.15 b), da $G = \kappa A/l \to A_0 a^2/l_0 a \sim a$.

2.16 a), wegen $S(r) = i/4\pi r^2 \sim 1/r^2$.

2.17 a), b) Obwohl ein radiales Strömungsfeld vorliegt, kann für ein schlankes Trapez näherungsweise die Stromverteilung über $A(x) \sim x$ bestimmt werden. Dabei nimmt man in Kauf, daß die Äquipotentialflächen nicht genau mit den Anschlußflächen übereinstimmen. Wäre die Anordnung ein Ausschnitt aus einem Zylinderfeld (mit $(r_a - r_i) \ll r_a, r_i$), so könnte der Widerstand exakt ermittelt werden. Für die Trapezform bleibt deshalb (d) nur die Lösung der Potentialgleichung und daraus der Stromverteilung.

2.18 a) Für $n = m$, b) für $n > m$, c) für $n < m$.

3 Netzwerke

3.1 Netzwerktopologie durch a), b) gegeben, a) Anwendung der Kirchhoffschen Gleichungen basiert auf a), b), d)
d) bestimmt die Art des Netzwerkes
e) und f) unterliegen den Kirchhoffschen Gleichungen und werden nicht explizit formuliert (ggf. f) in Form des Tellegen-Satzes zur Lösungskontrolle.
3.2 b).

3.3 a), wenn auch sog. "Zweierknoten" durch Abänderung der Zweigbeziehungen eliminiert werden können, so daß dann b) zutrifft (z.B. ideale Spannungsquelle + Innenwiderstand → reale Spannungsquelle und entsprechende Klemmenbeziehungen). **3.4** a), geschlossener Pfad, c) kann mehrere Fenster einschließen.

3.5 Das Netzwerk hat $z = 12$ Zweige, $k = 7$ Knoten und damit $m = z - (l - 1) = 7$ unabhängige Maschen. Deshalb liefert das Knotenspannungsverfahren die geringste Gleichungszahl, nämlich $k - 1 = 5$.

3.6 b), c); e) stellt keine Einschränkung dar, da auf Spannungsquellen erweiterbar.

3.7 b), e), wenn keine Kopplung zwischen den betreffenden Knoten vorhanden sind. Nebendiagonalelemente sind stets negativ.

3.8 b), c), e); f) (Einschränkung; Stromquellen lassen sich aber nach mehreren Methoden einbeziehen, g) folgt aus e)).

3.9 a) indem Masche für Masche die Gleichungen als umlaufende Maschen interpretiert werden. Die Maschenstromrichtungen ergeben sich aus den Koppelelementen.

3.10 a), c) gesteuerte Quellen bleiben immer in der Schaltung.

3.11 a), b) Stromrichtung bestimmt, ob Quelle Leistung abgibt oder verbraucht (EPS; VPS). Normalbetrieb: EPS (Stromrichtungsumkehr muß von außen erzwungen werden). c) Technisch nur mit Innenwiderstand realisierbar.

3.12 a), b) Spannungsrichtung bestimmt, ob Quelle Leistung abgibt oder verbraucht (EPS, VPS). Normalbetrieb: VPS. c) Technisch nur mit Innenleitwert realisierbar.

3.13 c), e) Dabei kann beim linearen aktiven Zweipol u_l in i_k umgerechnet werden und umgekehrt.

3.14 d), c).

3.15 c), d).

3.16 a) Der sich einstellende Wirkungsgrad hängt von der Art der Nichtlinearität ab. c).

3.17 c), es gilt $p = ui = $ const.

3.18 b).

3.19 a) Versetzungssatz, b) Teilungssatz.

3.20 b).

3.21 b) In originärer Form nur für b) zutreffend. Für beliebige nichtlineare reihengeschaltete Widerstände gilt die Spannungsteilerregel für die Kleinsignalwiderstände (im jeweiligen Arbeitspunkt).

c) Nur ansetzbar, wenn für den Kondensator ein komplexer Widerstand definiert wird (Wechselstrombetrieb → komplexer Widerstand).

3.22 a), c).

3.23 a) 1...7, b1, b4...b6, c1), c4...c6.
Bemerkung zu b2: Netzwerk kann in nichtlinearen aktiven und passiven Zweipol unterteilt werden, doch entfällt wegen der Nichtlinearität die Einführung der (linearen) Innen- und Außenwiderstände und damit die Umrechnung von Leerlaufspannung und Kurzschlußstrom (und umgekehrt).

4 Elektrostatisches Feld

4.1 c), stets gilt ein Ursache-Wirkungszusammenhang: Ladungen Q sind Ursache der Verschiebungsdichte, die Feldstärke übt eine Kraftwirkung auf Ladungen aus (vgl. b!).

4.2 c) Hier sind auch Flächenladungen auf der Hülle eingeschlossen.

4.3 c), b) und zwar so, daß sich Symmetriebeziehungen zwischen Fläche und Ladungsverteilung ergeben (Punktladung → Kugel, Linienladung → Zylinder usw.), nur dann wird die Auswertung des Hüllintegrals einfach. Der Gaußsche Satz gilt aber für eine beliebige Hüllfläche.

4.4 d), in a) muß die Ladung auf ein Volumenelement ΔV mit $\Delta V \to 0$ bezogen werden: Definition der Raumladungsdichte.

4.5 d), e) beide Bedingungen sind gleichbedeutend. Im induzierten elektrischen Feld (Induktionsgesetz) gilt $\oint \boldsymbol{E} \cdot \mathrm{d}\boldsymbol{s} = 0$ nicht.

4.6 c), d), wenn sich o auf die gesamte Oberfläche (Vorder-, Rückseite) bezieht, bei einseitigem Flächenbezug (Vorderseite b).

4.7 a)...c) Grundsätzlich richtig, universeller ist d): Randwerte des Potentials gegeben → φ (Ort) → $\boldsymbol{E}$. e) ist eine spezielle Anwendung von d). Die Anwendung von b) ist nur bei symmetrischen Feldern zweckmäßig. Kennt man das Potential (c), so ergibt sich daraus die Feldstärke durch Gradientenbildung $\boldsymbol{E} = -\mathrm{grad}\,\varphi$.

4.8 b)...e), alles sind gleichwertige Formulierungen des gleichen Sachverhalts.

4.9 a), d), f) bedingt nur, wenn das Potential im Punkt B bekannt ist (sonst nicht richtig).

4.10 c), falls keine Flächenladungen in der Grenzfläche vorhanden sind.

4.11 b), d), denn die verschiedenen Polarisationen sind für die unterschiedlichen ε-Werte verantwortlich.

4.12 a), c), d). a) Ergibt sich für die Normalkomponenten, wenn σ vorhanden, c) beschreibt den physikalischen Sachverhalt und d) ist Grundlage des elektrischen Feldes auf einer Metalloberfläche.

4.13 b), zu c) Der Begriff "elektrostatisch" bezieht sich auf das von ruhenden Ladungen ausgehende elektrische Feld. Bringt man in dieses Feld ein freies Elektron (z.B. Elektronenaustritt aus einer Katode), so wird es sehr wohl bewegt (s.b). Die Strömung ($\rightarrow$ bewegte Elektronen) stellt dann ein Strömungsfeld dar. Damit das elektrische Feld aufrecht erhalten bleibt, muß eine Spannung ($\rightarrow$ Batterie) zwischen den Elektroden anliegen.

4.14 d) Die Bedingung $\oint E \cdot \mathrm{d}s$ ist im vorliegenden Fall identisch mit dem Maschensatz längs ausgewählter Punkte (Anschlüsse) des Stromkreises.

4.15 a), d) (indirekt richtig). Gemäß des allgemeinen Flußbegriffs $\Psi = \oint D \cdot \mathrm{d}A$ und Zuordnung D, $\mathrm{d}A$, positive Richtung von Ψ für spitze Winkel von D, $\mathrm{d}A$. Da aber (in isotropen Dielektrika) $D \sim E$ legt auch E, $\mathrm{d}A$ (b) die Richtung fest) und schließlich das Vorzeichen von $Q(u)$ über dem Gaußschen Satz $Q = \oint D \cdot \mathrm{d}A$.

4.16 b) im Falle a) ist $\oint D \cdot \mathrm{d}A = 0$, da in der Hülle positive und gleich große negative Ladung enthalten ist.

4.17 a), b), c), e) a) Anschauliche Erklärung der u-i-Beziehung, b) Definitionsgleichung, Definition durch b) gegeben, c) bedingt durch Stetigkeit der Speicherenergie.

4.18 b) Hinweis: a) Stellt die u-i-Beziehung eines zeitunabhängigen linearen Kondensators dar (keine Definition!), c) die Bemessungsgleichung des Plattenkondensators, d) die Definition der differentiellen Kapazität (könnte im weiteren Sinn als Antwort zugelassen werden, da Art der Kapazität nicht eingegrenzt). e) Die Energiebeziehung, die zur Kapazitätsberechnung herangezogen werden kann und f) Scheinwiderstand ist nur im Zusammenhang mit der Wechselstromtechnik zu diskutieren.

4.19 a), da C wächst und nach Abschalten die Ladung $Q = Cu$ auf dem Kondensator erhalten bleibt.

4.20 b) Es wächst die Kapazität. Da u erhalten bleibt, wächst die Ladung Q, so daß eine Stromänderung $i = \mathrm{d}Q/\mathrm{d}t$ erfolgt.

4.21 c) Zum Ziel führt auch b), wenn zunächst die Teilspannungen u_1, u_2 über C_1, C_2 bestimmt werden (Spannungsteilerregel), dann homogenes Feld vorausgesetzt und für jeden Kondensator der -Verlauf zwischen den Platten bestimmt wird. (Das ist aber die Lösung nach a).

4.22 b), d)

4.23 b)

4.24 a)

5 Magnetisches Feld

5.1 b), c), d) im Falle c) entstehen Induktionserscheinungen, bei b) nicht. Im Falle d) sind atomare Kreisströme für den Magnetismus verantwortlich.

5.2 b), c) Grundlegende Größe zur Kennzeichnung eines Magnetfeldes ist $\boldsymbol{B}$, definiert aus ihrer *Wirkung* (Kraft auf bewegte Ladungen). Ursache des Magnetfeldes ist die magnetische Feldstärke $\boldsymbol{H}$ gekoppelt mit i über den Durchflutungssatz. (Damit sind in d) die Zuordnungen zu vertauschen.) $\boldsymbol{B}$ und $\boldsymbol{H}$ hängen materialabhängig zusammen. e) Gesetz von Biot-Savart (Gl.(5.1/10)) ist eine spezielle Form zur Berechnung von $\boldsymbol{H}$ für Stromfäden, während der Durchflutungssatz allgemeingültig ist.

5.3 c) Es gibt mit $\oint \boldsymbol{B} \cdot \mathrm{d}\boldsymbol{A} = 0$ (I/Gl.(3.8)) keine magnetischen Ladungen (und damit nur einen in sich geschlossenen magnetischen Fluß) im Gegensatz zu $\oint \boldsymbol{D} \cdot \mathrm{d}\boldsymbol{A} = Q$ des elektrischen Feldes, bei dem die Ladung $\pm Q$ Ausgang/Ende der Verschiebungsflußlinie sind.

5.4 a), b), d) Es gilt $i = \oint_A \boldsymbol{S}_\mathrm{k} \cdot \mathrm{d}\boldsymbol{A} + \int_A \partial \boldsymbol{D}/\partial t \,\mathrm{d}\boldsymbol{A}$, wobei s die Fläche $\boldsymbol{A}$ berandet. Der Weg s des Umlaufintegrals ist nicht vorgeschrieben (obwohl für die praktische Rechnung meist ein Weg mit $|\boldsymbol{H}| = \mathrm{const.}$ gewählt wird).

5.5 b) e) Es gilt $H(r) = i/2\pi r$ materialunabhängig, aber mit $B = \mu H \rightarrow$ $B_\mathrm{Fe} > B_\mathrm{Cu}$.

5.6 c)

5.7 b) Es kann nur $\boldsymbol{H} \sim \oint i\,\mathrm{d}\boldsymbol{s} \times \boldsymbol{r}$ bestätigt werden, weil es unmöglich ist, ein isoliertes Stromelement $i\,\mathrm{d}\boldsymbol{s}$ zu realisieren (es sind stets Zuleitungen erforderlich, damit wird automatisch eine Leiterschleife gebildet).

5.8 c) Wohl ist nach dem Durchflutungssatz $\oint \boldsymbol{H} \cdot \mathrm{d}\boldsymbol{s} = \sum i \rightarrow iw = H_\mathrm{i}l_\mathrm{i} + H_\mathrm{a}l_\mathrm{a} \approx H_\mathrm{i}l_\mathrm{i}(H_\mathrm{a} \ll H_\mathrm{i})$ und damit konstante Feldstärke in den Spulen zu erwarten, doch tritt am Spulenanfang/ende bereits eine gewisse "Streuung" der Feldlinien ein.

5.9 a), da umfaßter Strom null, c) Durchflutungssatz: $H(r)2\pi r = i$, d) da $H(r)/H(r_\mathrm{i}) \sim A(r)/A(r_\mathrm{i}) \cdot l(r_\mathrm{i})/l(r) \sim r$ (für $r < r_\mathrm{i}$).

5.10 c), c) Der Flußdichtebetrag $\boldsymbol{B}$ eines jeden Stromes wird über das Durchflutungsgesetz bestimmt. Durch $\boldsymbol{B} = \mu \boldsymbol{H}$ gehen die magnetischen Eigenschaften des Raumes ein.

5.11 c) Induktionsgesetz gehört für zeitkonstantes Feld nicht dazu, in den Gleichungen fehlt noch die für magnetische Materie zutreffende Beziehung $\boldsymbol{B} = \mu \boldsymbol{H}$. Die zu div $\boldsymbol{B} = 0$ gehörende integrale Form lautet $\oint_A \boldsymbol{B} \cdot \mathrm{d}\boldsymbol{A} = 0$.

5.12 b), c) Es gilt [im Gegensatz zu a), b)]: $B_\mathrm{n1} = B_\mathrm{n2}$ und damit aus $H_\mathrm{t1} = \mu_1 B_\mathrm{t1} = H_\mathrm{t2} = \mu_2 B_\mathrm{t2}$ eine Änderung der Komponenten B_t1, B_t2 (I/Gl.(3.17) ff).

5.13 c) Aus $\oint \boldsymbol{B} \cdot \mathrm{d}\boldsymbol{A} = 0$; $\Phi = \int \boldsymbol{B} \cdot \mathrm{d}\boldsymbol{A}$ folgt angewandt auf eine Hüllfläche, die den Magnet partiell einschließt, daß die Φ-Linien von S nach N verlaufen. Daraus folgt z.B. $\Phi = $ const.: $B_{\mathrm{L}} A_{\mathrm{L}} = B_{\mathrm{Fe}} A_{\mathrm{Fe}}$. Aus einem Umlauf $\oint \boldsymbol{H} \cdot \mathrm{d}\boldsymbol{s} = 0$ längs durch den Stabmagnet wird $H_{\mathrm{Fe}} l_{\mathrm{Fe}} + H_{\mathrm{L}} l_{\mathrm{L}} = 0$, d.h. $H_{\mathrm{Fe}} = -H_{\mathrm{L}} l_{\mathrm{L}} / l_{\mathrm{Fe}}$ (I/Gl.(3.43) ff). Deshalb haben B- und H-Linien im Luftraum gleiche Richtung, im Stabmagnet entgegengesetzte.

5.14 b), c), d) Voraussetzung sind lineare B-H-Beziehung ($\mu = $ const.), homogenes magnetisches Feld im Eisen- und Luftweg. Dann gilt c). Die Definition von R_{m} ist (I/Gl.(3.29)) an den magnetischen Spannungsabfall V gebunden, für einen gesamten magnetischen Kreis gilt aber $\sum V = \Theta$, so daß $R_{\mathrm{mges}} = \Theta / \Phi$ wohl angegeben werden kann, aber nicht Definitionsgleichung ist. Bei nichtlinearem $B(H)$ Zusammenhang läßt sich zwar ein nichtlinearer magnetischer Widerstand $R_{\mathrm{m}}(i)$ einführen, doch müssen dann die Analyseregeln für nichtlineare Kreise beachtet werden.

5.15 b) wenn kein Streufluß auftritt (d.h. $l_{\mathrm{F}} l_{\mathrm{L}} \ll l_{\mathrm{Fe}} / \mu_{\mathrm{r}}$ gilt). Dann ist $\Phi_{\mathrm{L}} = \Phi_{\mathrm{Fe}} \rightarrow B_{\mathrm{L}} = B_{\mathrm{Fe}}$ c) Wegen b) gilt $\mu_0 H_{\mathrm{L}} = \mu H_{\mathrm{Fe}} \rightarrow H_{\mathrm{Fe}} = H_{\mathrm{L}} / \mu_{\mathrm{r}}$. f) Es gilt $w_{\mathrm{L}} = 1/2 B_{\mathrm{L}} H_{\mathrm{L}} = \mu_{\mathrm{r}} / 2 B_{\mathrm{Fe}} H_{\mathrm{Fe}} > B_{\mathrm{Fe}} H_{\mathrm{Fe}} / 2$ (technische Anwendung des Magnetfeldes!).

5.16 b), d) gilt allgemein (I/Gl.(3.29)), geht für lineare magnetische Kreise über in $R_{\mathrm{m}} = l / \mu A$. Zur Selbstinduktivität besteht die Beziehung

$$L = \frac{\Psi(i)}{i} = \frac{wAB(i)}{i} = \frac{wA\mu H(i)}{i} \approx \frac{w^2 A \mu i}{li} = \frac{w^2}{R_{\mathrm{m}}} \qquad \text{(I/Gl.(3.33b))}.$$

5.17 I/Gl.(3.33b).

5.18 a) Anschauliche Erklärung der u-i-Beziehung, Definition durch b) gegeben, c)($\rightarrow$ Stetigkeit der Speicherenergie, e).

5.19 a)...c) M_{12}, M_{21} sind als positive Größen mit Orientierung von Fluß und Strom gemäß Rechtsschraubenregel eingeführt (I/Gl.(3.36)). Trifft dies nicht zu (Richtungsumkehr i), so wird zunächst M aus $|\Psi/i|$ definiert, die endgültige Zuordnung ($\rightarrow$ Vorzeichen von M, Flußaddition $\Psi(r)$ oder Subtraktion (-)) erfolgt über die Punktzuweisung am Spulenanfang in Beziehung zur Stromrichtung. Wegen $M = k\sqrt{L_1 L_2}$ gehen sowohl in k wie auch L_1, L_2 die magnetischen und geometrischen Abmessungen des Kreises ein.

5.20 b), c) Durch die Zuleitungen zum Spannungsmesser wird entweder eine Leiterschleife gebildet oder keine.

5.21 a), b) Es gilt für den bewegten Leiterstab $\boldsymbol{E}_{\mathrm{i}} + \boldsymbol{E} = \varrho \boldsymbol{S} = 0$ (stromlos) mit $\boldsymbol{E}_{\mathrm{i}} = \boldsymbol{v} \times \boldsymbol{B} = v \boldsymbol{e}_x \times B \boldsymbol{e}_y = vB \boldsymbol{e}_z$. Durch diese "Lorentzfeldstärke" ($\boldsymbol{F} = q\boldsymbol{E}_{\mathrm{i}}$) werden positive Träger an das obere, negative an das untere Leiterende verlagert. Dadurch baut sich ein Ladungsfeld $\boldsymbol{E}$ auf (b), mit der Spannung $u = \int_l \boldsymbol{E} \, \mathrm{d}z \neq 0$ (meßbar!). Wenn $\boldsymbol{E}_{\mathrm{i}}$ als induzierte Feldstärke und $\boldsymbol{E}$ als "Ladungsfeldstärke" interpretiert werden, verschwindet die *Netto*feldstärke

$\boldsymbol{E} + \boldsymbol{E}_i = 0$ (c). $\boldsymbol{E}$-Linien haben Anfang und Ende (physikalisch korrekt), $\boldsymbol{E}_i$-Linien aber nicht (es trifft auf $\boldsymbol{E}_i$ lediglich die Dimension einer Feldstärke zu!).

5.22 b) Lenzsche Regel!, c) die Flußänderung erzeugt zunächst (ursächlich!) die induzierte Spannung, diese den Strom und es entsteht ein Spannungsabfall längs des Leiters gleich der induzierten Spannung.

5.23 a) 1, 3), b) 1...3. Im Fall a2) werden netto keine Flußlinien geschnitten.

5.24 b) Weil im Moment des Eintretens in das Magnetfeld ein Strom in der Schleife induziert wird, der durch eigenes Magnetfeld eine Kraftwirkung (Bremskraft) erzeugt, die der Fallbewegung entgegenwirkt. Nach Eintauchen entfällt diese Bremswirkung im homogenen Magnetfeld, weil die Induktion aufhört.

5.25 c), e).

5.26 c) Der elektrischen Ladung kann aus dem Magnetfeld weder Energie zu- noch abgeführt werden.

5.27 b) Vor Anziehen besteht der magnetische Kreis des Relais aus Eisen- und Luftkreis ($\rightarrow$ hoher magnetischer Widerstand). Für einen bestimmten Fluß Φ ($\rightarrow$ Kraft F) ist damit eine höhere Erregung $\Theta = iw$ erforderlich als nach dem Anziehen ($R_{mL} \rightarrow 0$). Remanenz (c) hat damit nicht zu tun. Zur Aufrechterhaltung von Φ ist Stromfluß erforderlich, nicht elektrische Leistung (bei Spulenwiderstand $R = 0$). Die elektrische Leistung $P = i^2 R$ entsteht durch den endlichen Spulenwiderstand und wird voll in Wärme überführt.

Literaturverzeichnis

AEG-Hilfsbuch 1: Grundlagen der Elektrotechnik, 3. Aufl., Heidelberg: Hüthig 1981.

Bronstein-Semendjajew: Taschenbuch der Mathematik, 25. Aufl. Leipzig: Teubner 1991.

Handbuch der Informationstechnik u. Elektronik (Hrg. bisher C. Rint, neu herausgg. von Lacroix, A.; Motz, T.; Paul, R.; Reuber, C.), Band 1: Mathematik. Heidelberg: Hüthig 1988.

Phillipow, E.: Taschenbuch Elektrotechnik, Bd.1: Allgemeine Grundlagen, 3. Aufl., München: Hanser 1986.

Ameling, W.: Grundlagen der Elektrotechnik, Bd. 1, 4. Aufl, Bd. 2, 2. Aufl., Braunschweig: Vieweg 1984-1988.

Bosse, G.: Grundlagen der Elektrotechnik, Bd. I: Elektrostatisches Feld und Gleichstrom. 2. Aufl., Bd. II: Magnetisches Feld und Induktion. 3. Aufl., Bd. III: Wechselstromlehre, Vierpol- und Leitungstheorie. 2. Aufl., Bd. IV: Drehstrom. Ausgleichsvorgänge in linearen Netzen. Mannheim: Bibliogr. Institut 1973-1989.

Fricke, H.; Vaske, P.: Grundlagen der Elektrotechnik, Teil 1: Elektrische Netzwerke, 17. Aufl., Stuttgart: Teubner 1982.

Frohne, H.: Einführung in die Elektrotechnik, Bd. I: Grundlagen und Netzwerke, 5. Aufl., Bd. II: Elektrische und magnetische Felder, 4. Aufl., Bd. III: Wechselstrom, 4. Aufl., Stuttgart: Teubner 1983-1987.

Matthes, H.: Übungskurs Elektrotechnik 1, Berlin, Springer 1992.

Paul, R.: Elektrotechnik Bd. 1: Elektrische Erscheinungen und Felder, 3. Aufl., Berlin: Springer 1993.

Paul, R.: Elektrotechnik Bd.2: Elektrische Netzwerke, 3. Aufl., Berlin: Springer 1994.

Paul, R., Paul, S.: Repetitorium zur Elektrotechnik, Berlin: Springer 1995.

Wiesemann, G./Mecklenbräuker, W.: Übungen in Grundlagen der Elektrotechnik I, 2. Aufl., Mannheim: Bibliogr. Institut 1989.

Wiesemann, G.: Übungen in Grundlagen der Elektrotechnik II, Mannheim: Bibliogr. Institut 1989.

Sachverzeichnis

Springer-Verlag und Umwelt

Als internationaler wissenschaftlicher Verlag sind wir uns unserer besonderen Verpflichtung der Umwelt gegenüber bewußt und beziehen umweltorientierte Grundsätze in Unternehmensentscheidungen mit ein.

Von unseren Geschäftspartnern (Druckereien, Papierfabriken, Verpackungsherstellern usw.) verlangen wir, daß sie sowohl beim Herstellungsprozeß selbst als auch beim Einsatz der zur Verwendung kommenden Materialien ökologische Gesichtspunkte berücksichtigen.

Das für dieses Buch verwendete Papier ist aus chlorfrei bzw. chlorarm hergestelltem Zellstoff gefertigt und im pH-Wert neutral.